PPT 设计与制作技巧大全

邹　函◎著

·北京·

内容提要

熟练使用PPT制作与设计幻灯片，已成为职场人士必备的职业技能。本书不是一本单一讲授PPT软件使用与操作技能的图书，而是一本讲解如何构思、如何设计、如何制作出精美PPT的图书。

全书共17章。第1～4章面向PPT初学者及有一定基础的用户，系统讲解如何设计吸引力强的PPT，内容包括：必知必会设计技巧、素材与模板应用、页面布局方法、配色原则等，为学习PPT设计奠定基础。第5～16章分别详解以下PPT核心技巧：软件基本操作、幻灯片页面与外观设置、文本输入与编辑、图片使用、图示化、表格和图表应用、幻灯片母版设计、多媒体应用、过渡效果与动画、交互设计和缩放定位、放映与演讲、高效协作与输出。第17章则结合当下常用AI工具，讲解如何高效制作PPT。

除本书外，赠送以下资源：同步学习文件与视频教程、600个PPT商务办公模板，以及《电脑入门必备技能手册》《Office办公应用快捷键速查表》《265个电脑常见故障排解速查手册》三本实用电子书。

本书既适合没有PPT设计基础的读者学习，又适合有基础但缺乏设计经验与技巧、缺乏设计灵感与美感的读者借鉴，还可以作为广大职业院校相关专业的教材参考用书。

图书在版编目 (CIP) 数据

PPT 设计与制作技巧大全 : AI 版 / 邹函著 .
-- 北京 : 中国水利水电出版社 , 2025. 7. -- ISBN 978-7-5226-3180-6

Ⅰ. TP391.412

中国国家版本馆 CIP 数据核字第 2025QY1158 号

书　　名	PPT设计与制作技巧大全（AI版） PPT SHEJI YU ZHIZUO JIQIAO DAQUAN（AI BAN）
作　　者	邹函　著
出版发行	中国水利水电出版社 （北京市海淀区玉渊潭南路1号D座　100038） 网址：www.waterpub.com.cn E-mail：zhiboshangshu@163.com 电话：（010）62572966-2205/2266/2201（营销中心）
经　　售	北京科水图书销售有限公司 电话：（010）68545874、63202643 全国各地新华书店和相关出版物销售网点
排　　版	北京智博尚书文化传媒有限公司
印　　刷	河北文福旺印刷有限公司
规　　格	170mm×240mm　16开本　18.5印张　534千字
版　　次	2025年7月第1版　2025年7月第1次印刷
印　　数	0001—4000册
定　　价	89.80元

PERFACE 前言

在信息爆炸的今天，职场沟通不再局限于文字与口头表达，视觉化呈现已成为传递信息、展示成果、赢得认可的重要手段。PowerPoint（简称PPT）作为全球广泛应用的演示文稿软件，其重要性不言而喻。然而，职场中能够熟练且富有创意地运用PPT制作高质量演示文稿的人却并不多。这不仅是因为技术门槛的存在，更在于设计思维、审美能力及创意表达的缺失。正是基于这样的现状，作者精心策划并编写了《PPT设计与制作技巧大全（AI版）》一书，旨在为广大职场人士提供一本全面、系统、实用的PPT制作与设计指南。

◆ 本书的编写目的

1. 职场竞争力的提升需求

在当今职场，无论是项目汇报、产品发布、客户提案还是内部培训，PPT都是不可或缺的沟通工具。一份设计精美、逻辑清晰、表达有力的PPT，不仅能够提升工作效率，更能有效地传达信息，增强说服力，从而在众多竞争者中脱颖而出。然而，许多职场人士在面对PPT制作时，往往感到力不从心，缺乏专业的设计理念和实用的操作技巧。本书正是针对这一痛点，通过系统的讲解和丰富的案例，帮助读者快速掌握PPT制作的核心技能。

2. 弥补设计思维与审美教育的缺失

传统的PPT教程往往侧重于软件操作技能的传授，而忽视了设计思维和审美的重要性。本书在介绍软件操作技巧的同时，更加注重培养读者的设计思维和审美能力，通过讲解设计原则、排版技巧、色彩搭配等内容，引导读者从“会做PPT”向“做好PPT”转变，实现从技术到艺术的飞跃。

3. 紧跟技术迭代与趋势引领

随着科技的进步，PPT软件也在不断地升级迭代，新的功能和工具层出不穷。本书紧跟时代步伐，不仅介绍了PPT软件的基础操作技巧，还融入了AI工具在PPT制作中的应用，帮助读者掌握最新的技术趋势，提升PPT制作效率。

◆ 本书特色

1. 全面系统，由浅入深

本书从PPT设计的基础知识讲起，逐步深入到软件操作、设计技巧、创意表达等多个方面，内容全面且系统。无论是PPT初学者还是有一定基础的用户，都能从中找到适合自己的学习路径，实现从入门到精通的跨越。

2. 实战导向，案例丰富

书中穿插了大量实战案例，通过具体项目演示，让读者在操作中学习，在学习中实践。每个案例都附有详细的操作步骤和注意事项，帮助读者快速掌握技能并应用于实际工作中。

3. 图文并茂，易于理解

本书采用图文并茂的编写方式，通过大量的图表、图示和截图，直观地展示操作步骤和设计效果。这种编写方式不仅易于理解，还能让读者在阅读过程中获得视觉上的享受。

4. 紧跟技术趋势，融入AI工具

本书介绍了AI工具在PPT制作中的应用，帮助读者掌握最新的技术趋势，提升制作效率。通过AI工具的辅助，读者可以更加轻松地完成复杂的设计任务，实现高效与创意的完美结合。

5. 配套同步教学视频与学习文件

本书配有同步的高质量、超清晰的多媒体视频教程，通过扫描书中的二维码，即可同步学习。另外，还提供了书中所有案例的素材文件，方便读者跟着书中讲解同步练习操作。

◆ 超值赠送资源

你花一本书的钱，买到的不仅仅是一本书，而是一套超值的综合学习套餐。除了本书外，还赠送以下超值学习资源。

- 同步学习文件。
- 同步视频教程。
- 600个PPT商务办公模板。
- 《电脑入门必备技能手册》电子书。
- 《Office办公应用快捷键速查表》电子书 。
- 《265个电脑常见故障排解速查手册》电子书。

温馨提示：可以通过以下步骤来获取学习资源。另外，读者可以加入QQ交流群(785653754)与本书的其他读者进行交流和分享。

	第 1 步：打开手机微信，点击【发现】→点击【扫一扫】→对准左侧二维码扫描→成功后进入【详细资料】页面，点击【关注】
	第 2 步：进入公众号主页面，点击左下角的【键盘】图标→在右侧文本框内输入PPT31806→点击【发送】按钮，即可获取对应学习资源包的“下载网址”及“下载密码”

	第 3 步：在计算机中打开浏览器窗口 → 在【地址栏】中输入上一步获取的“下载网址”，并打开网站 → 提示输入密码，输入上一步获取的“下载密码” → 单击【提取】按钮
	第 4 步：进入下载页面，单击书名后面的【下载】按钮，即可将学习资源包下载到计算机中。若资料包太大，则可打开文件夹逐个下载对应的资料文件
	第 5 步：下载完成后，有些资料若是压缩包，则需要使用解压软件（如 WinRAR、7-zip 等）进行解压

◆ 本书适用读者

1. PPT初学者

对于从未接触过PPT或刚刚入门的读者来说，本书将是他们快速掌握PPT制作基础知识的首选读物。通过系统的讲解和丰富的案例演示，他们可以快速入门并建立起对PPT制作的初步认识。

2. 有一定PPT制作基础的读者

对于已经掌握一定PPT制作基础但缺乏设计经验与技巧的读者来说，本书将为他们提供更为深入和专业的指导。通过学习设计思维、排版技巧、色彩搭配、AI工具应用技巧等内容，他们可以进一步提升自己的PPT制作水平与效率。

3. 办公人员

对于需要频繁使用PPT进行工作汇报、项目展示或客户提案的办公人员来说，本书将是他们提升职场竞争力的得力助手。通过学习高效制作PPT的技巧和方法，他们可以更加自信地面对各种职场挑战。

4. 设计师与创意工作者

对于从事设计工作或创意行业的读者来说，本书将为他们提供新的灵感来源和设计思路。通过学习PPT中的设计原则和创意表达技巧，他们可以将其应用于更广泛的设计领域并创作出更具创意的作品。

5. 教育工作者与培训师

对于教育工作者和培训师来说，PPT是他们进行教学和培训的重要工具之一。本书将为他们提供丰富的教学资源和实用的操作技巧，帮助他们制作出更加生动有趣、易于理解的PPT，从而提升教学质量。

本书由新起点教育工作室策划，由邹函副教授编写，在此对老师们辛勤的付出表示衷心的感谢。同时，由于计算机技术发展非常迅速，书中疏漏和不足之处在所难免，敬请广大读者及专家指正。

作 者

CONTENTS 目录

第1章

零基础轻松掌握：PPT必知必会的设计技巧

在职场中，PPT设计已经成为一项必备的技能。无论是在会议中展示工作成果，还是在演讲中分享观点，优秀的PPT设计都能够提升表达效果，吸引观众的注意力，甚至改变观众的思维。因此，了解PPT的核心价值与应用场景，掌握PPT设计的基本原则与理念显得尤为重要。

在本章中，将深入探讨PPT设计的精髓。通过分析PPT在不同场合的应用案例和作品欣赏，读者将领略到PPT设计的无限可能。同时，在构建PPT设计流程和思维导图的过程中，读者将学会如何设计出深受观众喜欢的PPT，并且可以了解PPT的常见结构和最实用的PPT结构。除此之外，还将探讨如何编写引人入胜的PPT标题，如何精练文案，如何选择合适的字体，以及如何利用排版技巧增强PPT的视觉效果。

在接下来的学习过程中，读者可能会思考以下问题。

- 为什么职场人士需要学习PPT设计?
- PPT在不同场合的应用案例有哪些值得分析的地方?
- PPT六大派作品的赏析如何能够影响设计思路?
- 怎样才能设计出让人印象深刻的PPT？
- 在PPT中，如何选择合适的字体和实现统一的风格?
- 为什么在PPT中不能盲目使用动画设计?

希望通过本章内容的学习，读者能够解决以上问题，并学会更多PPT的底层设计理念，掌握PPT设计的基本原则、流程和技巧，从而提高自己的PPT制作水平，创作出更具吸引力和影响力的PPT。

1.1 了解 PPT 的核心价值与应用场景

在探索 PPT 设计的世界之前，首先需要深入了解 PPT 的核心价值与应用场景。为什么职场人士需要学习 PPT 设计呢？PPT 在不同场合的应用案例又有哪些值得我们深入分析的呢？通过赏析 PPT 六大派作品，将能够更好地理解 PPT 设计的精髓所在。让我们一起探索这些内容，为接下来的学习之旅做好准备。

001 职场人士为什么要学 PPT 设计

实用指数 ★★☆☆☆

>>> 使用说明

在当今职场中，大部分岗位都要求掌握 PPT 设计技巧，为什么？职场人士一定要学习 PPT 设计吗？

>>> 解决方法

在当今职场中，PPT 作为一款高效的沟通工具，已经成了至关重要的沟通利器。无论是在项目报告、产品演示，还是在团队分享的场景中，PPT 都扮演着举足轻重的角色。掌握 PPT 的设计技巧，可以让制作者的观点更加清晰、有力地传达给观众，从而提升其专业形象和说服力。

首先，一起来了解一下项目报告。在职场中，项目报告是汇报工作成果、交流项目进展的重要方式。通过巧妙地设计 PPT，可以将复杂的数据和信息变得简洁易懂，使报告更具吸引力。合理运用图表、图片和动画等元素，可以让观众更容易理解汇报者的论述，从而提高报告会的效果。

其次，产品演示也是 PPT 的一大应用场景。在竞争激烈的市场环境下，一份好的产品演示 PPT 可以帮助企业脱颖而出。通过生动的形象、简洁的文字和直观的界面设计，向客户展示产品的功能、特点和优势，进而引导客户产生购买欲望。此时，PPT 的设计能力显得尤为重要，它将直接影响产品的销售业绩。

再来谈谈团队分享。在企业内部，团队分享是一种很好的知识传播和经验交流方式。一份优秀的团队分享 PPT，可以让大家在轻松愉快的氛围中学习新知识、提升技能，如下图所示。分享者可以通过 PPT 展示自己的心得体会、案例分析和实用技巧，从而激发团队成员的积极性和创新精神。

总之，掌握 PPT 设计技巧对于职场人士来说至关重要。它不仅能提升沟通能力，还有助于树立专业形象、增强说服力。为了让 PPT 更好地服务于工作，可以从以下几个方面入手。

（1）学习设计原则：掌握色彩搭配、排版布局、字体选择等基本原则，使 PPT 更具美感。

（2）善于运用图表和图片：用直观的图表展示数据，用生动的图片阐述观点，让观众一目了然。

（3）注重动画和交互效果：合理运用动画和交互效果，增加 PPT 的趣味性和吸引力。

（4）不断实践和总结：多尝试不同的设计风格，积累经验，形成自己独特的 PPT 设计风格。

002 PPT 在不同场合的应用案例分析

实用指数 ★★★☆☆

>>> 使用说明

PPT 的应用场合非常广泛，涵盖了企业内部培训、产品发布、项目汇报、工作总结等。在不同场合中，PPT 的设计风格和内容也有所不同。如何根据场合和目的打造合适的 PPT 呢？

>>> 解决方法

PPT 已经成为现代商务和教育培训领域中不可或缺的工具。下面罗列了职场中常见的四种应用 PPT 的场合。

1. 在培训教学方面的应用

随着多媒体的广泛使用，PPT 在员工培训、学校教学等方面也得到了迅猛发展。在培训教学领域，PPT 作为一款直观、生动的展示工具，能够帮助讲师将知识内容更加清晰地呈现给学员，激发学习兴趣，促进信息的传递和消化。如下图所示的企业内部培训 PPT。

这类 PPT 主要以传授知识和技能为主，设计风格应简洁明了，内容注重实用性和简洁易懂。在设计时，可以采用以下几个技巧。

（1）标题清晰：使用简短、明了的标题，概括课程主题，方便学员快速了解培训内容。

（2）图文并茂：适当使用图片、图表等元素，使 PPT 更具吸引力，同时辅助文字解释，提高信息传递效果。

（3）逻辑结构分明：按照培训内容的层次结构，合理划分 PPT，使学员能够跟随讲师的思路轻松地学习。

（4）举例说明：结合实际案例，让学员更好地理解理论知识，增强培训效果。

2. 在宣传推广方面的应用

在现代社会，企业的发展与宣传息息相关，无论是企业本身还是其产品，都需要通过宣传来提升知名度和吸引力。随着社会的不断进步，宣传方式也在不断地演进，而 PPT 作为一款操作简单、实用性强的工具，已经被广泛运用于企业的宣传推广方面。

在宣传推广方面，PPT 的视觉效果和信息呈现形式可以有效地吸引目标受众的注意力，传达品牌理念和产品信息，帮助企业实现宣传推广的目标，提升品牌形象和知名度。如下图所示的产品发布 PPT。

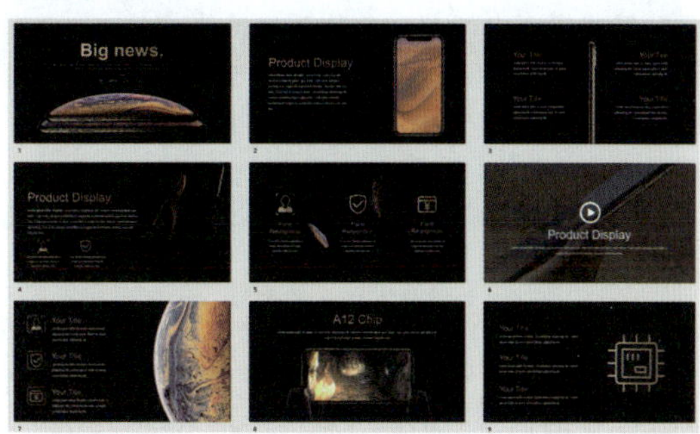

产品发布 PPT 旨在向客户和合作伙伴展示产品的特点、优势和应用场景。在设计此类 PPT 时，应注意以下几点。

（1）设计风格：突出科技感、时尚感，展示产品的设计感和创新性。

（2）内容简洁：用简练的语言介绍产品的基本信息，如外观、功能、性能等。

（3）重点突出：针对产品的核心优势，进行详细解读，让客户快速了解产品的价值。

（4）应用场景：通过实际案例，展示产品在各个领域的应用，提高客户的购买欲望。

3. 在项目汇报方面的应用

在项目汇报中，PPT 可以将项目的进展情况、成果展示、问题分析等内容清晰地呈现给团队成员，帮助团队成员更好地了解项目进展，促进沟通与协作，提高工作效率。如下图所示的项目汇报 PPT。

项目汇报 PPT 主要用于向上级或合作伙伴展示项目进展、成果和计划。在设计时，应注意以下几个方面。

（1）项目背景：简要介绍项目背景和目标，让观众了解项目整体情况。

（2）项目进展：以时间线形式展示项目各个

阶段的成果，让观众一目了然。

（3）成果展示：通过数据、图表等方式，展示项目成果，以便观众评估项目价值。

（4）存在问题及解决方案：分析项目中遇到的问题，提出相应的解决措施，展现团队解决问题的能力。

（5）下一步计划：明确项目下一阶段的目标和计划，为后续工作提供指导。

4. 在工作总结方面的应用

许多企业和公司在制作年终工作总结、个人工作总结以及述职报告等总结性报告时，普遍选择使用 PPT 制作。这是因为使用 PPT 制作可以将工作成果、经验教训、未来规划等内容进行系统整理和展示，更加生动直观，同时通过动态展示的形式呈现内容，深受许多办公人士的喜爱。如下图所示的工作总结 PPT。

工作总结 PPT 主要用于回顾和总结一段时间内的工作成果和经验教训。在设计时，可以参考以下要点。

（1）时间节点：明确总结的时间范围，使观众了解总结的背景。

（2）工作成果：梳理一段时间内的工作成果，展示个人或团队的业绩。

（3）经验教训：分析成功案例和不足之处，提炼经验教训，为今后的工作提供借鉴之处。

（4）改进措施：针对工作中发现的问题，提出相应的改进措施，以提高工作效率。

（5）展望未来：展望未来一段时间的工作，提出目标和计划，激发团队士气。

总之，根据不同场合和目的，打造合适的 PPT，有助于提高沟通效果和信息传递效率。在设计过程中，注意把握风格、内容和结构，使 PPT 更具吸引力。通过以上案例分析，相信读者对如何打造合适的 PPT 有了一些更深入的了解。在实际应用中，可以根据实际情况，灵活调整和优化 PPT 设计，以实现更好的展示效果。

003 PPT 六大派作品赏析

实用指数 ★★★☆☆

>>> 使用说明

对于初涉 PPT 制作的读者而言，制作出优质 PPT 可能会有难度，学习和借鉴网络上优秀的 PPT 作品无疑是一条快速提高技能的有效途径。

>>> 解决方法

随着 PPT 技术的日新月异，多种风格应运而生，它们特色鲜明，为制作者提供了丰富的灵感和学习资源。

1. 全图风格——最具冲击力

全图风格 PPT，顾名思义，即以一张大尺寸图片作为幻灯片背景，辅以少量文字或无文字说明，营造出强烈的视觉冲击力。这种风格仿佛海报般引人注目，能够迅速聚焦观众的视线，使主题内容一目了然。某无人机产品发布会 PPT 便是全图风格的典型代表，其中一张幻灯片如下图所示。

全图风格 PPT 的特点在于其直观性和震撼力。借助高质量的背景图片，能够直观地传递出所要表达的信息，无须过多文字赘述。同时，由于其每页幻灯片的信息承载量相对有限，因此往往需要较多的幻灯片页面来呈现完整内容，这也使页面转换速度较快，增加了演示的动感和节奏感。

此外，全图风格 PPT 对图片质量的要求极高。图片中的每一个细节都需要清晰展现，以便观众能够准确捕捉到所要传递的信息。因此，在选择图片时，需要充分考虑其清晰度、色彩搭配和表现力等因素。

然而，全图风格 PPT 的适用场合相对有限。它更适用于产品展示、企业宣传、作品赏析以及 PPT 封面等，以突出视觉效果和主题内容。

2. 图文风格——最常见

图文风格 PPT 是一种将图片和文字有机结合的风格。图片与文字各占一定空间，相互补充，共同构成完整的幻灯片内容。这种风格以内容页幻灯片为主，布局形式灵活多样，包括上文下图、左文右图、右文左图等多种样式，如下图所示。

图文风格 PPT 的优势在于其可读性和灵活性。通过合理地安排图片和文字的位置与大小，可以使幻灯片内容既丰富又易于阅读。同时，根据不同的主题和内容需求，可以灵活地调整布局形式和元素搭配，以呈现出最佳的视觉效果。

3. 扁平风格——最时尚

扁平风格 PPT 则是一种追求简约和纯净的设计风格。它摒弃了冗余的装饰和厚重的视觉效果，让信息本身成为焦点。这种风格源自手机操作系统界面设计，以简洁的线条、色块和图标为主要元素，呈现出清新、现代的视觉感受。扁平风格 PPT 近年来备受追捧，成为设计界的一大流行趋势。扁平风格 PPT 如下图所示。

在扁平风格 PPT 中，字体选择尤为关键。纤细的字形可以减少受众的认知负荷，使演示内容更加易于理解和接受。同时，通过简化设计和突出内容，扁平风格 PPT 能够更好地传递核心信息，提升演示效果，适用于现代化、时尚的展示场合。

4. 复古风格——最怀旧

复古风格 PPT 是一种融入了中国传统元素的设计风格。它大量运用书法字体、水墨画、剪纸等具有民族特色的元素，营造出一种古朴典雅的氛围，如下图所示。

复古风格 PPT 不仅具有视觉上的美感，还能够传递出深厚的文化底蕴。通过运用传统元素和色彩搭配，可以展现出中国传统文化的魅力和精髓。这种风格的 PPT 在传承和弘扬民族文化方面发挥着积极的作用。

5. 大字风格——最独特

大字风格 PPT 又称高桥流风格，是一种别具一格的演示方式。它采用 HTML 技术制作幻灯片，通过极快的节奏和巨大的文字进行演示，带来强烈的视觉冲击力，如下图所示。

大字风格 PPT 不需要过多的美化和修饰，却能够产生强大的震撼力。简洁的文字内容虽然不多，却能够迅速吸引观众的注意力，将焦点聚焦于演示的核心内容。然而，由于这种风格的独特性，它可能并不适用于所有场合和受众。在商务演示等正式场合中，需要谨慎使用，以免给观众带来不适或误解。

6. 手绘风格——最轻松

手绘风格 PPT 以其独特的艺术感和亲和力而备受青睐。这种风格的 PPT 通过手绘插图和色彩搭配来呈现出轻松愉悦的氛围，给人一种亲切感，如下图所示。

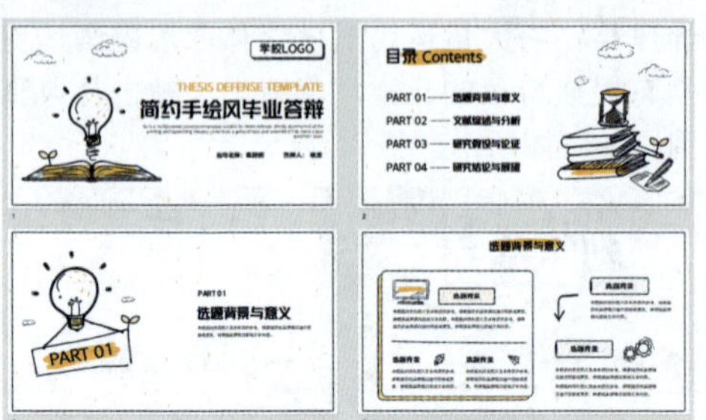

手绘风格 PPT 多用于培训教学、公益宣传等场合。通过手绘插图和生动的文字说明，可以更好地吸引观众的注意力，提升演示效果。同时，手绘风格 PPT 也能够展现出制作者的创意和艺术修养，为演示增添一抹亮色。

1.2 PPT 设计的基本原则与理念

在深入探讨 PPT 设计的细节之前，需要先把握其基本原则与理念。这些原则将为后续的创作提供指导，确保设计的 PPT 既符合视觉审美，又能有效地传达信息。接下来，将详细讲解 PPT 设计的几大原则，包括主题明确、逻辑清晰、简洁性应用、对齐对比、空白排版以及统一风格等方面。

004 PPT 中的主题要明确，逻辑要清晰

实用指数 ★★★★★

>>> 使用说明

许多人错误地认为，制作 PPT 不过是找一个漂亮的模板，然后直接将 Word 中的内容复制粘贴进去。然而，当这样的 PPT 呈现在大屏幕上时，真正愿意投入目光的观众又有多少呢？如果 PPT 模板的背景图案过于复杂，导致文字内容模糊不清，那么这样的演示效果，恐怕还不如直接展示 Word 文档来得直观和舒适。

有时，一些 PPT 中包含了大量的内容，但在仔细浏览完整个演示或听完演讲者的解说后，我们却难以明确其想表达的核心观点。

>>> 解决方法

在制作 PPT 时，若盲目地堆砌内容，极有可能导致主题混乱，使观众难以捕捉到关键信息。

一份成功的 PPT 应该具备明确的主题和清晰的逻辑。在设计过程中，要确保 PPT 内容的层次结构清晰，让观众容易理解和接受。

1. 明确的主题

无论 PPT 的内容如何丰富多彩，其核心目标始终是凸显并传达其主题思想。因此，在制作 PPT 之初，就应明确并确立好整个演示文稿的主题。主题是 PPT 的灵魂，其决定了 PPT 的内容、风格和设计方向。一个好的主题应该具备以下几个特点。

（1）明确性：主题要明确、具体，让观众一听就知道所要表达的核心内容。避免使用模糊、笼统的词语，确保信息的准确性。

（2）针对性：主题要针对特定的观众群体，考虑他们的需求和兴趣。这样才能引起他们的共鸣，进而提高演讲效果。

（3）独特性：独特的主题能够吸引观众的注意力，让他们对你的演讲产生浓厚的兴趣。因此，在设计 PPT 时，可以尝试一些新颖、独特的主题，让你的演讲脱颖而出。

一旦主题确定，还需要在后续的制作过程中注意以下三个方面，以确保所表达的主题精准无误、鲜明突出且引人关注。

（1）要明确中心思想并确保内容充实。在填充 PPT 内容时，应紧密围绕既定的中心思想展开，确保内容客观真实、能够有效阐述问题并引发观众深入思考，避免 PPT 显得空洞无物。

（2）合理选择素材并凸显主题。在选择 PPT 素材时，应充分考虑所选素材对阐释 PPT 主题是否具有积极作用，尽量选择那些能够直观展现 PPT 主题的素材，秉持“宁缺毋滥”的原则，避免过多无关素材的干扰。

（3）精确表达并突出中心。主要体现在对素材的加工处理上，无论是文字描述、图片修饰还是动画效果的使用，都应紧扣主题需求，避免华而不实、喧宾夺主。

2. 清晰的逻辑

除了需要具备明确的主题外，成功的 PPT 还需要具备清晰的逻辑。逻辑是 PPT 的骨架，其决定了 PPT 的结构和内容的展开方式。清晰的逻辑能够让观众更容易理解和接受你的演讲内容。

在设计 PPT 时，要想使逻辑清晰、明了，首先需要围绕确定的主题展开多个节点，并仔细推敲每个节点的内容是否符合主题要求；其次，将符合主题的节点按照 PPT 构思过程中所列的大纲或思维导图进行组织，形成清晰的结构框架；最后，还需要从多个角度思考节点之间的排布顺序、深浅程度以及主次关系等，并反复检查、确认以确保每一部分内容的逻辑准确无误，避免出现跳跃、重复或矛盾的情况。

如下图所示，在“人力资源工作总结”PPT 中根据主题将内容划分为 5 个部分，并进一步细化为多个小点进行讲解（如将第一部分又划分为 5 个小点），可以有效地提升 PPT 的逻辑性和条理性。

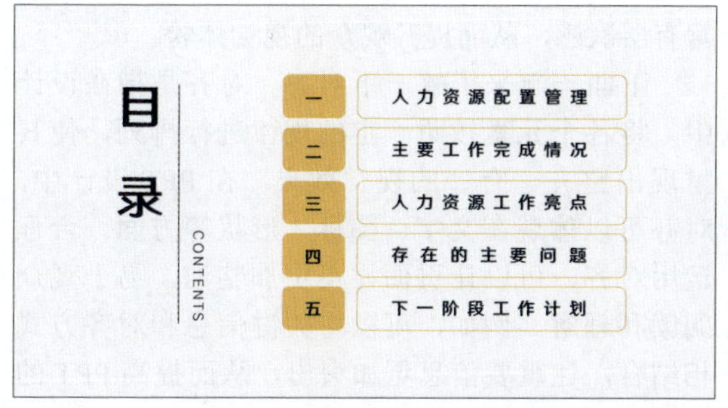

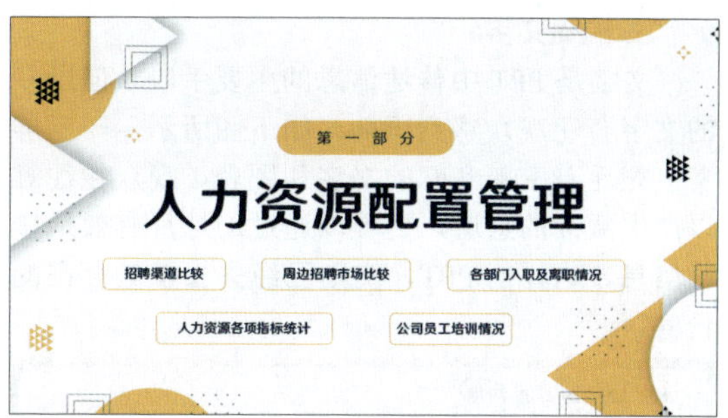

005 简洁性原则在 PPT 中的应用

实用指数 ★★★★☆

>>> 使用说明

尽管 PPT 与 Word 文档和 PDF 文档在某些方面存在共通之处，但它不能像这些文档一样无节制地堆砌内容。

简洁性是 PPT 设计的核心原则。在设计过程中，要尽量减少冗余信息，让 PPT 更加简洁、易懂。

PPT 设计是一门独特的艺术，它需要在有限的空间内传达出清晰、准确且吸引人的信息。因此，简洁性无疑是设计过程中必须遵循的核心原则。那么，简洁性为什么如此重要？我们又该如何在设计中贯彻这一原则呢？

>>> 解决方法

首先，一起来了解一下简洁性的重要性。在快节奏的社会中，人们往往面临大量的信息输入，而人们的注意力资源却十分有限。因此，一个简洁的 PPT 设计能够迅速吸引观众的注意力，并帮助他们快速理解关键信息。相反，如果 PPT 过于复杂，充满了冗余和无关的信息，观众可能会感到困惑，甚至失去兴趣。

那么，如何在 PPT 设计中贯彻简洁性原则呢？

1. 减少不必要的元素

在设计 PPT 时，应该避免使用过多的图形、动画和音效。这些元素可能会分散观众的注意力，使信息传达变得困难。相反，应该尽量使用简洁的字体、清晰的线条和适度的色彩来呈现信息。

2. 突出重点

在有限的空间内，应该将最重要的信息放在最显眼的位置。这可以通过使用大号字体、粗体、斜体或不同颜色来实现。同时，还可以利用空白、对比和排版等技巧来突出关键信息。

3. 精简文字

文字是 PPT 中传达信息的主要手段，但过多的文字会让观众感到压抑。如下图所示，一旦屏幕上充斥着密密麻麻的文字和图表，观众往往难以产生阅读的意愿，更难以通过幻灯片有效地接收信息。这样的 PPT，实则已经失去了其存在的价值。

● 强迫型的心理问题

强迫型是一种以强迫观念、强迫冲动或强迫动作为主要表现的心理问题。自己能意识到这些表现不合理、不必要，但不能控制和摆脱，深为焦虑和不安。它对同学的学习、生活和在校适应有很大的不良影响，应及时接受辅导。具体表现为3种。
强迫观念：见到或听到某一事物时，便出现引起患者不安的联想。例如，看见黑纱，便联想到死亡或即将大难临头，心情非常紧张。有的患者反复深究自然现象或日常生活事件发生的原因。
强迫冲动:是患者自己的思维或冲动，而不是外界强加的，实施动作的想法本身会令患者感到不快，但如果不实施就会产生极大的焦虑。想法或冲动总是令人不快地反复出现。
强迫动作：强迫症的强迫动作，又称强迫行为。即重复出现一些动作，自知不必要而又不能摆脱，如强迫洗涤、强迫检查、强迫性仪式动作、强迫计数等。

因此，应该尽量精简文字，只保留最关键的信息，如下图所示。简洁明了的内容有助于提升演讲者的专业形象，增强观众的信任感，从而提高阅读效率。

● 强迫型的心理问题

强迫型心理问题主要体现为强迫观念、冲动和动作。患者虽意识到不合理但难以摆脱，导致焦虑和不安，严重影响生活。具体表现为：

1. **强迫观念**：遇到特定事物时产生不安联想，反复深究原因。
2. **强迫冲动**：内心不愉快的想法或冲动反复出现，不实施会极度焦虑。
3. **强迫动作**：重复不必要的行为，如洗涤、检查等，明知不必要但难以摆脱。

需及时接受辅导以缓解不良影响。

同时，还可以使用图表、图片和列表等可视化工具来代替部分文字，使信息更加直观易懂。如下图所示，将原先的文字内容转化为图示后，其效果之显著可见一斑。

PPT 的精髓在于可视化表达，即将复杂难懂的文字转化为图示、图片、图表、动画等生动具象的呈现形式，让原本晦涩难明的信息变得直观易懂，便于观众轻松记忆，从而达到高效传达信息的目标。

4. 注重整体风格的一致性

一个简洁的 PPT 设计需要在整体风格上保持一致。这意味着应该使用统一的字体、色彩和布局来呈现所有幻灯片。这样做不仅有助于提升设计的整体美感，还能使观众更容易理解和记忆信息。

总之，简洁性是 PPT 设计的核心原则。通过减少冗余信息、突出重点、精简文字和注重整体风格的一致性，可以设计出一个简洁、易懂且吸引人的 PPT。这样的设计不仅能够迅速吸引观众的注意力，还能帮助他们快速理解关键信息。因此，作为 PPT 设计者，应该始终牢记简洁性原则，并在设计过程中不断贯彻它。

006 对齐与对比的视觉效果设计

实用指数 ★★★★☆

>>> 使用说明

在 PPT 排版过程中，经常会遇到一些版面问题。例如，版面显得混乱、元素摆放杂乱无章，导致观众在浏览时感到迷茫和困惑，难以快速捕捉到关键信息。又如，文本、图片、图表等元素之间缺乏明确的层级关系，使信息传达变得模糊不清，降低了传达效率。此外，页面排版若缺乏统一的对齐方式，会显得杂乱无章，给观众的阅读带来极大困扰，容易引发视觉疲劳，分散注意力。这些问题不仅影响了观众的体验，还可能对演讲者的形象和信誉造成负面影响。

>>> 解决方法

为了解决这些问题，需要关注 PPT 排版中的两个关键要素：对齐和对比。

在视觉效果设计中，对齐和对比是两个至关重要的元素。它们在设计过程中的应用，如同画龙点睛般使 PPT 页面焕发出新的活力。通过巧妙地运用对齐和对比，可以让 PPT 页面更加美观、富有层次感，从而提升观众的视觉体验。

下面一起来了解一下对齐。对齐是指在设计中，将各个元素按照一定的规律进行排列，使其呈现出整齐、有序的视觉效果。在 PPT 设计中，对齐可以体现在文字、图标、形状等方面。合理运用对齐，可以让页面显得更加整洁，易于观众阅读和理解。例如，可以将关键信息和对齐方式相结合，让重要信息更加突出，从而提高 PPT 的传达效果。如下图所示，并没有改变文字内容，只是改变版式并对齐，也快速显示出了重点内容。

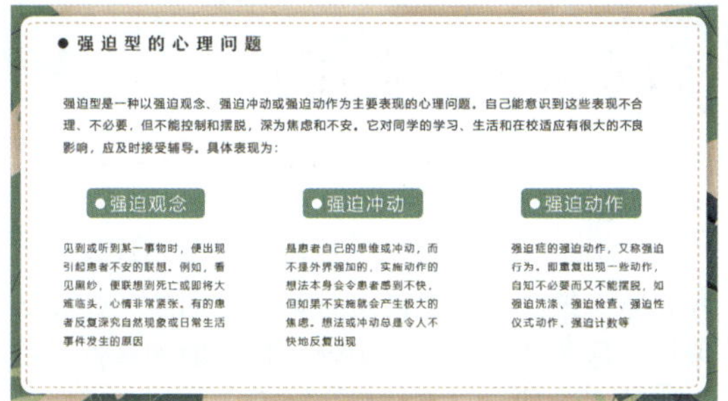

对比则是另一个重要的设计元素。对比是指在设计中，通过调整各个元素的大小、颜色、形状等属性，使其在视觉上产生差异，从而突出重点，增强页面的层次感。在PPT设计中，可以利用对比来突出关键信息，引导观众的视线，使页面更加具有吸引力。例如，可以通过调整字体大小、颜色和形状，将关键信息与其他内容区分开来，让观众一眼就能看到重点，如下图所示。

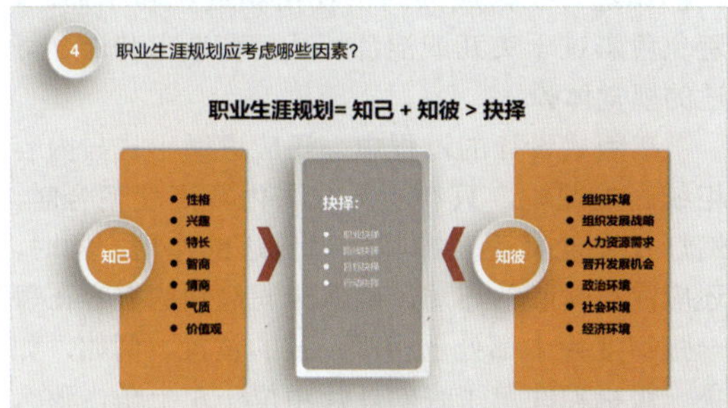

然而，仅仅运用对齐和对比还不够，还需要掌握如何在实际设计中平衡这两个元素。过度的对齐和对比可能会导致页面显得过于烦琐，失去美感。因此，在设计过程中，要注意保持适度的对齐和对比，使页面在保持层次感的同时，又不失简洁。

007 空白与排版的艺术

实用指数 ★★★★☆

>>> 使用说明

PPT作为演示工具，相较于常规办公文档，其独特之处在于不仅要承载丰富的信息内容，更要展现出卓越的视觉表现。因此，要打造一份令人印象深刻的PPT，其设计环节尤为关键。

前面介绍了对齐与对比的排版艺术，然而只使用这两个元素，页面无疑会过于呆板和刻板。

>>> 解决方法

在PPT设计中，平衡空白与排版关系不容忽视。空白是PPT设计的“无声语言”，它能够在视觉上营造出一种轻盈、通透的感觉，使观众在观看PPT时能够更加专注于内容本身。在设计中，空白也称为留白。

页面中适当的留白至关重要，既不能完全填满内容以避免拥挤感，也不宜留太多空白而显得空洞无物。留白的使用应恰到好处，以实现页面在简洁与丰富之间的完美平衡。

根据心理学家George A. Miller的研究，人类一次性处理的信息量大约为7比特，因此，在PPT设计中，应将每张幻灯片中的项目数量控制为5～9个，以保持观众的舒适感和清晰度。若信息量确实过多，则应当进行适当的分组处理，以提高信息的可读性和逻辑性。例如，下图所示的页面中包含了10个关键信息，可以将其分解为两个页面进行展示。

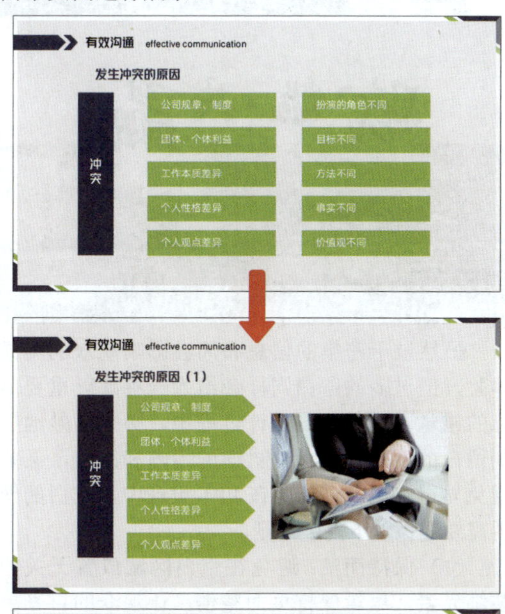

同样地，在以图片为主的幻灯片设计中，也需要注重布局和留白。若一张图片的内容过于密集且占据整个页面，无疑会给人一种压抑和拥挤的感觉；反之，如若能适当地留白，并合理安排图片与文字的比例和位置，则能使幻灯片显得更为明亮和舒适，从而提升观众的阅读体验。如下图所示，第 1 张图片采用俯视的角度拍摄，添加文字就不是很合适；第 2 张图片则采用侧面拍摄，在上方添加文字不仅醒目，而且整个页面看起来还很清爽。

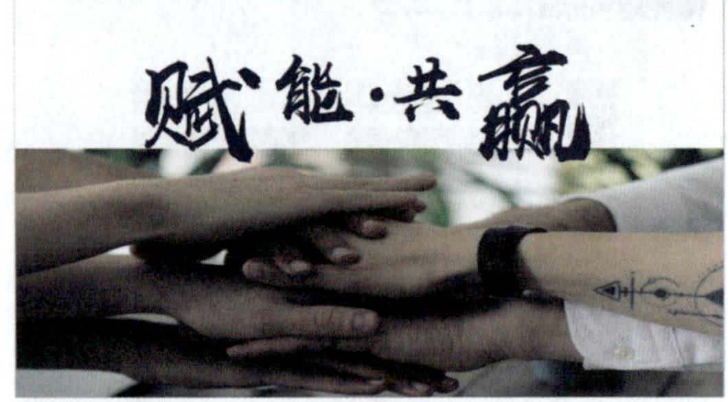

虽然过于密集的信息布局会影响观众的阅读体验，但过多的留白同样会给人一种缺乏重要信息的错觉。因此，在设计过程中，必须巧妙地控制留白的度，既要保持页面的清晰和简洁，又要避免显得空洞或乏味。在 PPT 设计中，空白的使用需要遵循以下几个原则。

（1）保持简洁：避免在空白区域放置无关的装饰元素，尽量保持页面整洁，让观众的目光更容易聚焦在核心内容上。

（2）平衡布局：在 PPT 中，空白区域应与其他元素（如文字、图片等）保持平衡，避免出现过于拥挤或过于空旷的情况。

（3）引导视线：通过合理设置空白区域，可以引导观众的视线沿着预定的轨迹移动，从而使信息传达更加有序、高效。

（4）突出重点：在关键信息周围留出足够的空白，可以使其更加突出，提高信息的可读性和识别度。

008 统一风格的实现方法

实用指数 ★★★★★

>>> 使用说明

在制作 PPT 时，不仅要确保每张幻灯片的内容完整无缺，还需要注意整体设计的统一性和协调性。这包括布局的合理性、色调的和谐性以及主题的明确性。只有这样，观众才能更加流畅地接收我们想要传达的信息。

>>> 解决方法

具体到每张幻灯片的设计，应追求高度的统一感。从字体颜色到字体大小，从背景图片到元素布局，都应当保持一致性。特别是当使用版式相同的幻灯片时，更应确保不同幻灯片之间的对应板块颜色一致，以强化整体的统一性。此外，在色调选择上，应倾向于使用相近色和相邻色，避免色彩过于突兀或混乱，从而营造出和谐、舒适的视觉体验。

在版式设计的过程中，还应遵循形式与内容相统一的原则。只有当形式与内容高度契合时，幻灯片才能真正发挥其信息传达的作用。同时，还应注重排版的布局，确保相同级别的内容在每一张幻灯片中都处于相对一致的位置。例如，如果一级标题在第 1 张幻灯片中位于左上角，那么在后续的所有幻灯片中，一级标题也应保持在左上角的位置。

综上所述，PPT 制作的统一性原则是确保信息传达流畅、观众体验良好的关键所在。设计者应注重整体布局、色调搭配以及内容级别的处理，以打造出既美观又实用的 PPT 作品。如下图所示，就是一个遵循统一性原则设计的优秀 PPT 示例。

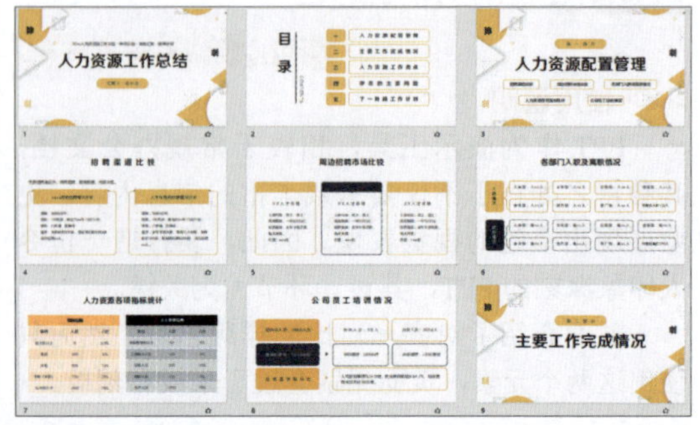

009 动画设计不能盲目

实用指数 ★★★☆☆

>>> 使用说明

动画在PPT中确实是一个重要的亮点，但它同时也是一个极具争议性的元素。有些人认为在PPT中添加动画会使整体显得混乱，影响信息的传达；而另一些人则认为动画能够增强PPT的生动性。

>>> 解决方法

动画设计在PPT中的应用无疑为演示文稿增色不少，但它并非万能钥匙，不能适用于所有场合。是否添加动画应根据PPT的类型和放映场合来决定。

首先需要明确的是动画设计的目的。在PPT中，动画设计的初衷是为了辅助演示，使抽象的概念更具体，使复杂的信息更易于理解。因此，在选择动画效果时，务必紧扣这一目标。

在进行PPT动画设计时，需要遵循一些基本原则，以确保动画能够发挥最佳效果。以下是一些关键的动画使用原则。

1. 醒目原则

动画的首要目的是强调PPT中的重点内容。因此，动画效果必须足够醒目，能够吸引观众的注意力。在设计动画时，可以适当夸张以加深观众印象，但也要避免过于夸张而导致观众反感。

2. 自然原则

动画是一种连续播放的静止画面序列，其本质在于以静态图像展现动态效果。因此，动画设计必须符合观众的视觉习惯和认知规律。例如，物体运动时应遵循物理规律，场景切换应自然流畅，避免突兀的转换带来割裂感。

要想达到自然效果，不仅要在日常工作中善于观察运动规律，还要了解各种动画效果的特性。PPT提供了丰富的动画效果，如进入、退出、缩放、平移等。不同类型的动画效果适用于不同类型的内容。

3. 适当原则

在PPT中添加动画时，应注意控制动画的数量和节奏。过多的动画会使观众感到疲惫不堪，而节奏过快的动画则可能让观众难以跟上节奏。因此，动画的添加应以突出要点、增强视觉效果为目的，避免盲目追求数量和效果。

具体来说，适当原则包括以下几个方面。

（1）动画数量要适宜。许多人误以为动画的数量越多，PPT播放时就会显得越生动。实际上，这是一种误区。PPT的生动性并非取决于动画的多少，而是由其内容的表现形式与整体视觉效果共同决定的。

适度的动画确实能够增添PPT的生动性，但过多的动画往往使人感到眼花缭乱，反而分散了观众的注意力。观众可能会过于关注动画本身，而忽视了PPT中真正有价值的内容，进而无法有效传达信息。因此，在设计动画时，应根据内容的需要和观众的接受程度来适量添加。

（2）动画方向要一致。保持一致的动画方向有助于观众预测和适应接下来的内容。如果动画方向频繁变化，会使观众感到困惑和疲惫。因此，在设计动画时，应尽量保持方向的一致性。

（3）动画效果的强弱要协调。动画的强弱应根据内容的需要来设置。对于需要强调的内容，可以使用强烈的动画效果；而对于次要的内容，则可以采用较弱的动画效果。同时，动画的强弱也应与整体视觉效果相协调。

（4）根据不同的场合选择动画。在不同的场合下，对动画的需求也会有所不同。例如，在党政会议等正式场合下，应尽量减少动画的使用；而在企业宣传、婚礼庆典等场合下，则可以适当增加动画的使用以提升视觉效果。

4. 简洁原则

简洁是PPT动画设计的重要原则之一。过多的动画效果和复杂的动画过程会使观众感到眼花缭乱，难以抓住重点。因此，在设计动画时，应注重简洁明了，遵循“少而精”的原则，突出关键信息，避免过度追求视觉效果而忽略了内容的传达。此外，还要注意动画的重复使用，避免同一动画效果在多个地方出现，以免让观众感到厌烦。

5. 创意原则

虽然PowerPoint提供了多种预设动画效果，但仅仅依赖这些效果往往显得缺乏创意。为了提升PPT的视觉效果和吸引力，可以尝试将不同的动画效果进行组合和创新。通过巧妙地运用进入动画、退出动画、强调动画和路径动画等不同类型的动画效果，可以创造出更加丰富多样的视觉效果。同时，还可以尝试使用逆向动画、同向动画等不同的动画组合方式，以突出内容的层次感和逻辑性。

总之，动画设计是PPT的一大亮点，但合理选择和使用动画效果至关重要。通过遵循以上原则，可以设计出更加生动、简洁且富有创意的PPT动画效果，从而提升观众的参与度和信息传达的效果。

1.3 PPT设计流程与思维导图

接下来，将深入探讨PPT设计的核心环节——设计流程与思维导图。通过合理的流程安排和逻辑清晰的思维导图，可以更好地规划PPT的结构和内容，确保信息的传达既准确又引人入胜。本节将介绍如何构建PPT的设计流程，以及如何利用思维导图规划PPT结构，从而使PPT更具逻辑性和条理性。同时，介绍最实用的PPT结构——总分总，帮助设计者更好地组织PPT内容。

010 如何构建PPT的设计流程

实用指数 ★★★★☆

>>> 使用说明

在设计PPT时，有些人经常直接将所需内容堆砌到幻灯片上，缺乏深思熟虑的构思。事实上，优秀的PPT背后都隐藏着一套严谨的设计流程。若想打造出引人入胜的PPT作品，就必须遵循这一流程，确保每一步都是经过精心打磨的。

>>> 解决方法

一个高效、合理的PPT设计流程可以帮助设计者在设计过程中更加有条理，从而可以提高演示效果。

1. 明确目标与需求

在进行PPT设计之前，首先需要明确演示的目标和需求。这一步骤的重要性不言而喻，它关乎到最终呈现给观众的内容和效果。具体来说，明确目标与需求包括以下几个方面。

（1）了解观众特点：观众是PPT的最终接收者，他们的特点直接影响到PPT能否达到预期效果。因此，在设计PPT之前，需要对观众进行深入的了解，包括他们的年龄、职业、知识背景、兴趣爱好等。了解观众特点后，可以有针对性地进行内容设计和布局，使PPT更符合观众的需求和期望。

（2）确定主题：主题是PPT的核心，它是想要传达给观众的主要信息，是指引后续内容选择和呈现形式的指南针。在明确主题时，需要注意的是，一个PPT应保持单一主题。掺杂多个主题会导致中心思想模糊，使观众难以捕捉重点。因此，应坚守“一个PPT一个主题”的原则，确保作品连贯性和聚焦度。

（3）梳理内容结构：内容结构是PPT的骨架，它决定了演讲能否有条理地进行。在梳理内容结构时，要将主题分解为若干个小主题，再将小主题分解为具体的观点或事实。在这个过程中可以先罗列要呈现的内容和收集的素材，方便分类和排序，厘清思路；然后仔细思考和规划，以确保PPT的内容层次清晰，逻辑严密；再以主题和思维方式为导向，选择对观众有说服力的内容。

（4）拟定演讲大纲：演讲大纲是PPT设计的基础，它是演讲思路的体现。在拟定演讲大纲时，要将内容结构以顺序和层次的形式呈现出来，同时考虑如何在各个环节调动观众的积极性，引导他们参与到演讲中来。

明确目标与需求的工作虽然烦琐，但它为后续的设计环节提供了清晰的方向，使设计者在设计PPT时能够有的放矢。只有明确了目标与需求，才能设计出符合观众期望、具有吸引力的PPT，使演讲更具说服力和影响力。在实际操作中，明确目标与需求是一个持续的过程，需要在PPT设计的各个阶段不断地调整和优化。只有这样，才能创造出既符合观众需求，又能展现独特魅力的PPT。

2. 确定要采用的形式并收集素材

确定好 PPT 要制作的主题和相关内容后，就可以准备需要的素材了。PPT 中包含的素材很多，如字体、文本、图片、图示、音频、视频等。接下来需要仔细规划内容的展现形式。这一过程涉及选择文字型、图片型或是图示型等多种呈现方式。设计者在确定具体的展现形式时，可参考以下两点建议。

（1）根据所掌握的素材类型进行选择。即依据准备的素材内容所呈现的形式来匹配相应的展示方式。若素材内容以文字描述为主，那么设计文字型 PPT 将更为贴切；若图片资源丰富，图片型 PPT 则能更好地发挥其作用；若数据资料众多，那么借助图表的形式来展示则更为直观明了。

（2）依据观众的特点与喜好来定制。观众的喜好是决定展示形式的关键因素之一。例如，对于领导而言，文字型和数据型的 PPT 可能更为合适，因为它们能够更直接地展现工作成果和数据分析，符合领导对于信息呈现的精准和高效需求；而对于客户或学生群体而言，他们往往更偏爱图片型 PPT，因为这样的 PPT 更具有观赏性和吸引力，能够激发他们的兴趣和注意力。

3. 设计模板与风格

根据演示主题和内容，选择合适的模板和风格。模板可以分为企业模板、主题模板和通用模板等；风格包括简约、商务、教育、文艺等。选择合适的模板和风格，可以让 PPT 看起来更加专业和协调，制作起来也更高效。

4. 初步制作 PPT 内容与排版

接下来就可以依据既定的主题来精心打造 PPT 的标题页幻灯片。在这一步骤中，应确保标题页能够准确、鲜明地传达出 PPT 的核心主题；同时，借助吸引人的视觉效果和配色方案，使其在众多幻灯片中脱颖而出。

随后，根据逻辑结构大纲中的各个标题，需要进一步制作目录页幻灯片。目录页作为整个 PPT 内容的索引，应清晰、简洁地展示出各个部分的内容概要，方便观众快速了解 PPT 的整体结构。

紧接着，将根据目录页幻灯片中的每个标题，逐一制作内容页幻灯片。在这一过程中，需要确保每张内容页都紧扣主题，深入浅出地阐述相关知识点或观点。同时，通过插入合适的图片、形状、表格、图表等对象，丰富幻灯片的表现形式，使其更具视觉冲击力。

在完成所有内容页幻灯片的制作后，还需要为 PPT 添加一个恰当的结束语，以总结整个演讲的要点，并给观众留下深刻印象。最后，制作结束页幻灯片，以简洁明了的方式结束整个 PPT 的展示。

通过这一系列的步骤，可以初步构建出一个内容丰富、形式多样的 PPT，为后续的演示工作奠定坚实基础。

5. 装饰处理 PPT

一个好的 PPT 并非仅仅靠在幻灯片中填充相应的内容，而是需要进行全方位的细致打造。这包括对 PPT 内容的深入梳理，精简冗余信息，以突出核心观点；同时，还需要对幻灯片的整体布局、配色方案进行精心设计，从而确保制作出的 PPT 既简洁又富有吸引力。

6. 互动与动画设计

PPT 的魅力在于其能够赋予静态内容以动感，让原本静止的展示对象跃然屏上，给观众带来强烈的视觉冲击，从而激发他们的兴趣，加深记忆。

PPT 中的播放效果主要是指各种动态元素的应用，包括但不限于幻灯片的切换效果、动画效果等。此外，PPT 中的视频和音频素材也能极大地丰富幻灯片的播放效果，为观众带来更加丰富多彩的视听体验。

合理利用 PowerPoint 的动画效果功能，不仅能够让 PPT 更加生动有趣，而且能够有效提升演示文稿的整体品质。同时，PowerPoint 中的交互功能也是值得充分利用的。通过设置交互功能，可以使 PPT 更具针对性和灵活性，以满足不同观众的兴趣和需求，使演讲更加贴合实际，达到更好的传达效果。

还可以在 PPT 中设计有趣的互动环节，引导观众参与，提高演讲效果。

7. 审阅、修改并预演播放

在 PPT 设计完成后，进行审阅和修改。检查内容完整性、一致性、语法和错别字等问题。此外，也可以邀请他人进行审阅，获取更多建设性意见。

在制作好的 PPT 中，一旦为幻灯片设置了页面切换、动画以及交互按钮等丰富多样的效果，为了确保这些动画和交互元素能够顺畅地衔接起来，需要对其进行预演播放。通过预演播放，可以实时查看添加的效果是否达到预期，从而确保PPT的呈现效果能够令人满意。

此外，为了让PPT的播放过程更加流畅和精准，还需要设置一些关键的播放要素。例如，幻灯片放映方式的选择，以及通过排练计时来确保每一张幻灯片的播放时间都恰到好处。当然，设置完这些播放要素后，同样需要进行预演播放，以便直观地查看实际效果。只有对预演播放效果满意后，才会正式输出PPT进行播放。

通过以上7个步骤，可以构建一个高效、合理的PPT设计流程。在实际操作中，应根据具体情况灵活调整和优化设计流程，以满足不同场合的演示需求。只要掌握好PPT设计流程，就能轻松打造专业、吸引人的演示文稿，为演讲增色添彩。

011 怎样设计出深得人心的PPT

实用指数 ★★★★☆

>>> 使用说明

注重PPT的视觉效果、将内容安排得有逻辑性、善用动画和过渡效果，在这些条件都满足的情况下，有时还是无法打造出一款深受喜爱的PPT，这时就要进一步思考应在哪些方面进行改进。

>>> 解决方法

PPT制作的核心理念并不是为了展示制作技巧，而是向观众有效地传达信息。因此，在构思和制作PPT时，必须始终站在观众的角度，确保设计能够深入人心，引起广泛共鸣。

在制作PPT前，可以从以下几个方面深入了解观众的需求和问题，从而确保PPT能够精准地触动他们的心弦。

1. 确定PPT的受众群体

了解观众是设计PPT的第1步。首先需要明确PPT的受众群体，并对他们的背景、行业、学历、经历等基本信息进行深入的了解。此外，观众的人数以及他们在公司中的职务背景也是不可忽视的因素。因为即使PPT内容相同，面对不同背景和职位的观众，其呈现方式和风格也会有所不同。

2. 了解观众对PPT主题的认知程度

观众对PPT主题的认知程度直接影响信息的传达效果。因此，需要了解观众对PPT主题的熟悉程度，以便在制作内容时能够准确地把握大方向。不同类型的PPT，其制作目标也各不相同。

例如，如果是市场推广方案，目标是清晰地传达推广计划和思路，如下图所示。

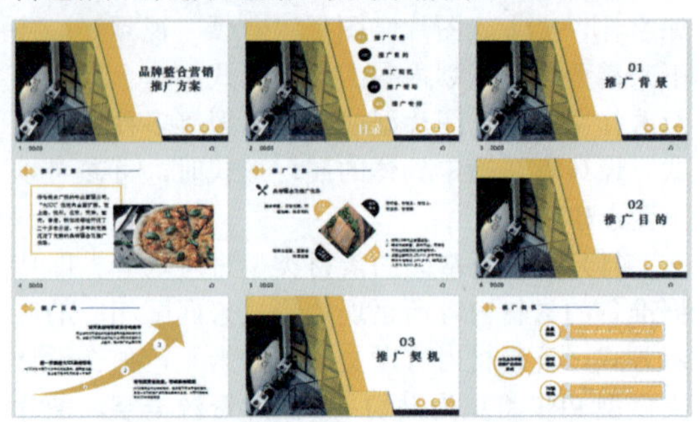

而如果是产品介绍，则更需要强调产品的卖点和特殊功能。如下图所示，同样是菜品的PPT，就与上图用于推广的PPT设计截然不同。

3. 把握观众的价值观

在制作PPT时，还需要关注观众的价值观。价值观是观众认为最重要的事情，它影响观众对信息的接受度和理解能力。每个公司或个人都有自己的价值观，因此需要了解并尊重观众的价值观，以确保PPT内容能够与他们产生共鸣。

4. 适应观众的信息接收风格

不同的观众有着不同的信息接收风格。有些观众可能更偏向于听觉型，注重内容和演示过程；有些则可能是视觉型，更看重PPT设计的美观度；还有些可能是触觉型，关注演示过程中的互动环节。因此，需要根据观众的基本情况和信息接收风格来调整PPT的设计，确保信息能够以最有效的方式被接收和理解。

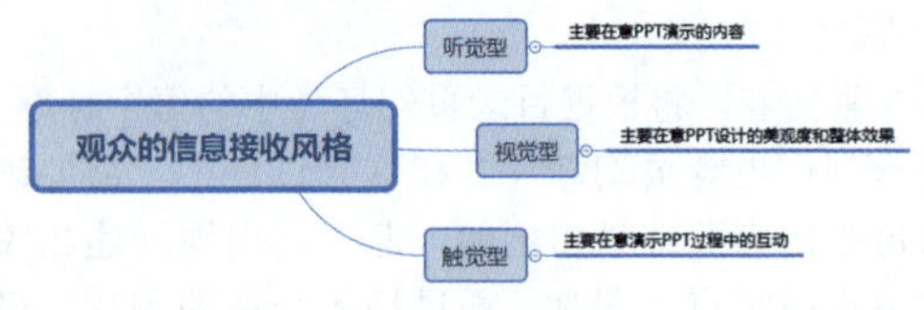

012 利用思维导图规划 PPT 结构

实用指数 ★★★★☆

>>> 使用说明

在设计 PPT 时，需要有效地组织和呈现信息，以使观点更加清晰、有力。思维导图作为一种独特的规划工具，可以帮助设计者梳理 PPT 的逻辑结构和内容，将复杂的信息以简洁、直观的方式呈现出来。

>>> 解决方法

思维导图又称为心智图，是一种将想法、概念、任务等以图形化、层级结构的方式呈现的思维工具。它利用大脑对图像和空间的天然喜好，将文字、图像、颜色等多种元素结合在一起，帮助设计者快速捕捉和整合信息。

思维导图在 PPT 规划中的应用优势如下。

（1）梳理逻辑结构：思维导图可以将 PPT 的主题、要点、分支等以清晰、层级分明的结构呈现，使设计者在制作 PPT 时能够更有条理地组织和呈现内容。

（2）激发创意：在规划 PPT 的过程中，可以利用思维导图的自由、发散性特点，激发创意，寻找更多可能的呈现方式。

（3）提高效率：思维导图可以让设计者迅速捕捉关键信息，减少冗余内容，提高 PPT 制作的效率。

（4）方便修改：思维导图的图形化特点使得修改起来非常方便，可以随时调整 PPT 的结构和内容，使之更为完善。

掌握思维导图的制作方法后，可以边思考边在纸上绘制出来，也可以用对应的软件在计算机中进行制作。

网上提供了很多制作思维导图的软件，如 MindManager、XMind 和百度脑图等，下面以 XMind 软件为例，介绍制作思维导图的方法。

XMind 是一款免费的思维导图制作软件，简单易学，对于初学者来说非常实用。思维导图主要由中心主题、主题、子主题等模块构成，通过这些导图模块可以快速创建需要的思维导图。例如，在 XMind 中创建工作总结汇报 PPT 的框架，具体操作方法如下。

第 1 步 在计算机中安装 XMind 软件，然后启动该软件。打开 XMind 程序窗口，在编辑区中单击“新建空白图”按钮，如下图所示。

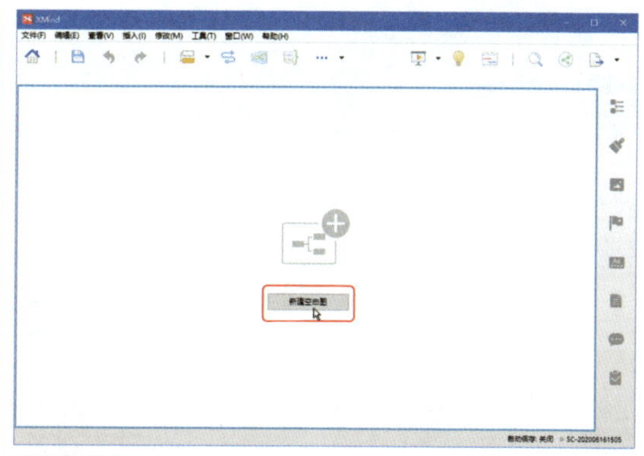

第 2 步 新建一个空白导图，导图中间会出现中心主题。双击可以输入想要创建的导图项目的名称，这里输入“人力资源工作总结”；按 Enter 键完成该主题内容的输入，如下图所示。

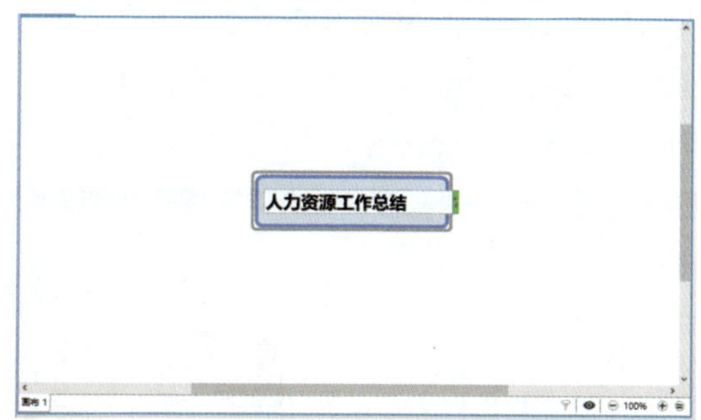

第 3 步 按 Tab 键即可在当前主题后建立一个分支主题，如下图所示。双击输入分支主题内容，输入完成后同样按 Enter 键完成该主题内容的输入。

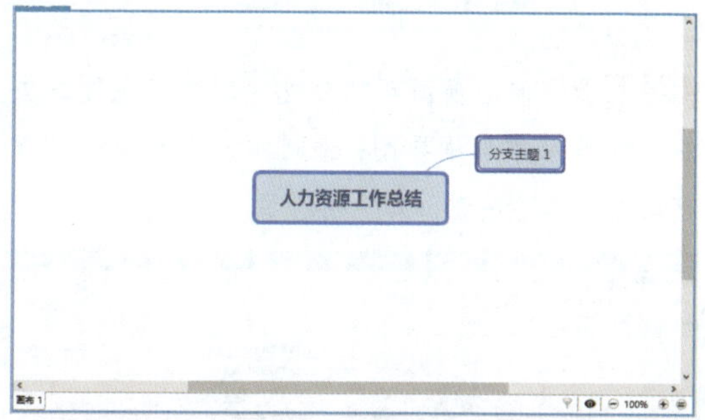

> **小技巧**
>
> 单击工具栏中的“主题”按钮，在弹出的下拉菜单中通过选择“主题”或“主题（之后）（默认）”命令，也可以创建主题或子主题模块。

第 4 步 继续按 Enter 键，即可在当前主题后建立一个同级的主题，如下图所示。

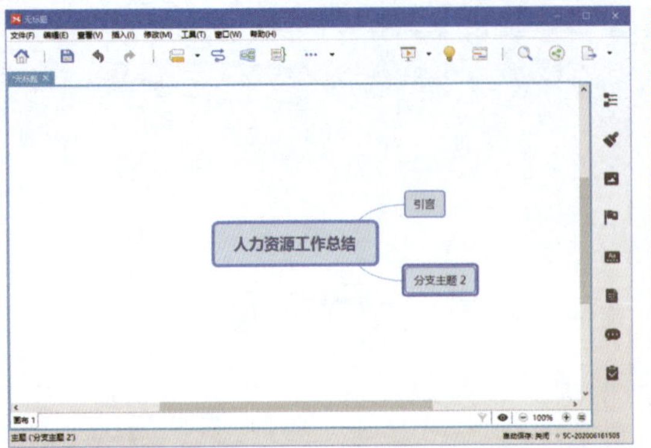

第 5 步 ❶双击输入新的主题内容，输入完成后同样按 Enter 键完成该主题内容的输入；❷使用相同的方法，根据思考中的内容创建思维导图的其他同级主题内容；❸选择需要创建下级主题的主题框；❹按 Tab 键即可在当前主题后建立一个下级子主题，如下图所示。

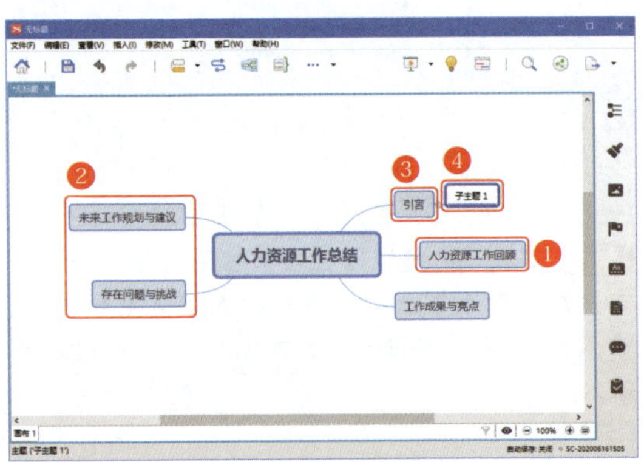

第 6 步 ❶使用前面新建分支主题和子主题的方法，继续制作思维导图；❷制作完成后单击“保存新的版本”按钮，如下图所示。

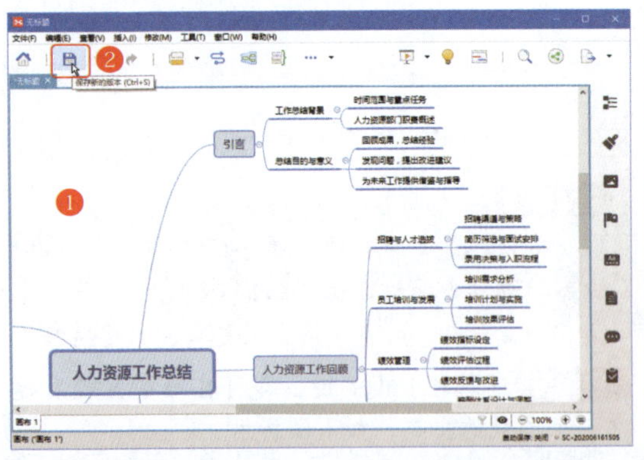

013 最实用的 PPT 结构——总分总

实用指数 ★★★★☆

>>> 使用说明

在众多 PPT 结构中，总分总结构堪称最实用的一种。它清晰明了，逻辑性强，能够有效地传达观点和信息。

>>> 解决方法

总分总结构分为三个组成部分：总述、分述和总结。

1. 总述部分

在总述部分，需要明确 PPT 的主题，对主题进行精练而全面的概述，为观众提供一个整体框架，使他们对接下来的内容有所预期。总述部分的语言应简练、引人入胜，激发观众的兴趣。总述部分往往只需一页内容，通过分点罗列的方式，清晰明了地向观众传达 PPT 的核心内容，如下图所示。

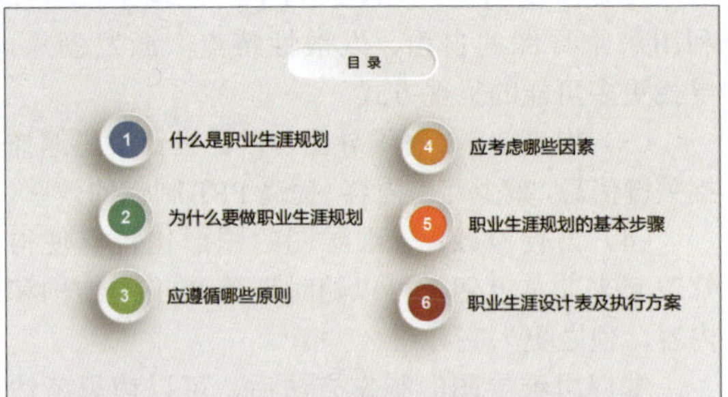

当 PPT 的篇幅过长时，可以依据内容将其划分为 3 ～ 5 个章节，并在开篇页面简明扼要地提出各章节的核心要点。此外，在每个章节的起始部分，也应设置过渡页，用于概述该章节的主要内容，设计效果如下图所示。

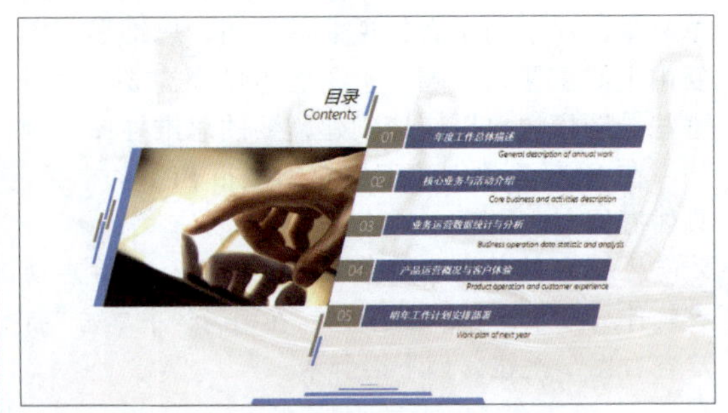

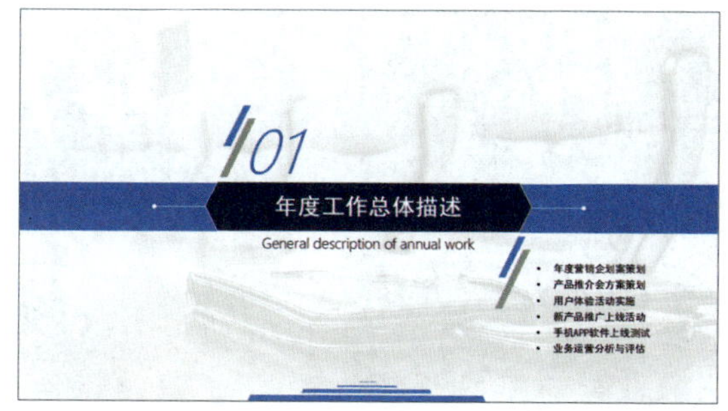

2. 分述部分

分述部分是 PPT 的核心部分，需要在这一部分详细阐述观点或论述论点。分述部分可以分为若干个小节，每个小节讨论一个子主题。在分述部分，一般通过标题串联起整体内容，因此，标题的设置至关重要。另外，还要注意使用恰当的图表、图片和文字来说明问题，使内容更加丰富和有说服力。

3. 总结部分

在总结部分，需要将分述部分的观点和信息进行归纳、概括，以便观众能够更好地理解和记忆。总结部分的语言要简洁明了，强调重点。但这部分内容并非对前文内容的简单重复，而是在原有基础上进一步提炼观点、明确方向，并提出后续行动计划。总结是获取反馈的关键环节，因此，其重要性不言而喻。

在进行总结时，为了使 PPT 更具逻辑性和条理性，可以从以下几个方面着手。

（1）回顾内容：对前文内容进行简明扼要的回顾，重点突出各部分的核心观点，与开篇时的概述相呼应。

（2）梳理逻辑：在总结中，不仅要列出结论，还需要清晰地梳理各观点之间的逻辑关系，帮助观众形成系统化的认知。

（3）得出最终结论：在回顾内容和梳理逻辑的基础上，需要给出明确的最终结论。这一结论应具体、明确，以便获得有针对性的反馈。

（4）规划后续行动：总结的最终目的在于将汇报内容转化为实际行动。因此，需要提出具体的后续工作计划或改进措施。

（5）提出问题，寻求反馈：若需要从领导或听众处获取反馈，总结时应明确提出具体问题或需求，并提供相关数据或信息，以便获得更有价值的反馈。

014 认识 PPT 的常见结构

实用指数 ★★★★☆

>>> 使用说明

PPT 的结构设计应当依据内容的丰富程度与特点进行差异化设定，从而确保每一份 PPT 都能与其核心信息完美契合。

>>> 解决方法

下面介绍 PPT 的常见结构，以便帮助设计者在设计过程中更好地把握 PPT 的制作方向。

1. 打造令人印象深刻的封面页

封面页是 PPT 给观众的第一视觉印象，它在开场白时就已亮相。一个精心设计的封面，不仅能迅速激发观众的热情，更能使他们心甘情愿地驻足聆听，对后续内容充满期待。

每份 PPT 都有其独特的主题，这是整个演示文稿的灵魂所在。封面页设计需要紧扣主题，利用主标题与副标题的巧妙结合，特别是当需要传达说服、激励或建议等意图时，更应力求精准、有力，一矢中的。

此外，封面页还应包含 PPT 的一些关键信息，如企业名称、Logo、日期、演讲者或制作人姓名等，这些信息以简约而清晰的方式呈现，使观众一目了然。

2. 可选的前言页设计

前言页又称引言页或摘要页，主要用于阐述 PPT 的制作目的及对内容的简要概述。在构建前言页时，务必确保内容概括的完整性与精练性，以文字内容为主，适当减少图片等视觉元素的使用，保持页面的整洁与清晰。

需要注意的是，前言页并非所有 PPT 的必备元素。它通常出现在内容较为丰富的 PPT 中，并且更多地用于浏览模式而非演讲模式。在演讲过程中，演讲者往往通过口头表达来概括和解释 PPT 内容，因此前言页在演讲型 PPT 中的使用相对较少。

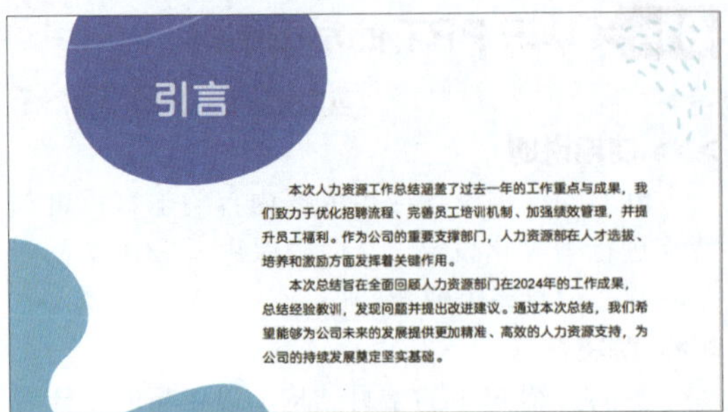

3. 清晰明了的目录页呈现

目录页是PPT内容的概览，它提炼了各章节的大纲，有助于观众对整体内容形成初步了解，并为后续的听讲做好准备。为增强目录页的吸引力，可以巧妙运用形状、图片等视觉元素进行点缀，使页面更加生动有趣。

然而，过度装饰可能会分散观众的注意力，因此，在设计目录页时，应确保标题内容的突出和醒目，以便观众能够快速捕捉关键信息。

4. 自然流畅的过渡页衔接

过渡页又称转场页，在内容较为丰富的PPT中发挥着重要作用。它能够帮助演讲者和观众顺利地从一个章节过渡到另一个章节，确保演示的连贯性和流畅性。

在设计过渡页时，标题内容的突出尤为关键。通过使用醒目的字体、颜色或布局方式，可以有效地吸引观众的注意力，并为他们即将听到的内容做好心理准备。

过渡页可分为章节过渡页和重点过渡页两类。章节过渡页主要回顾目录中的关键点，提示即将讲解的内容，如下图所示。

重点过渡页则用于强调即将介绍的重点内容，通常具有更强的视觉冲击力，如下图所示。

5. 内容页：详细阐述与多元展示

内容页是PPT的主体部分，承担着详细阐述和展示幻灯片主题的重任。在这一部分，可以运用文字、图片、数据、图表等多种形式来呈现信息，以丰富多样的方式传达观点和思想。

需要注意的是，章节与内容应相互呼应、相辅相成。章节标题作为目录的分段表现，应与所介绍的内容保持高度一致，确保信息的连贯性和准确性。

此外，内容页的设计也应注重美观与实用性的平衡。在追求视觉效果的同时，避免过度装饰或过于复杂的布局，以免干扰观众对信息的理解和吸收。

6. 完美收尾的封底页设计

封底页作为PPT的结束页，其设计同样重要。一个精美的封底页不仅能够为整个演示文稿画上圆满的句号，还能给观众留下深刻的印象。

封底页的设计可分为封闭式和开放式两种类型。封闭式封底页常用于项目介绍或总结报告类PPT，内容多使用启示语或谢词，并附上Logo、联系方式等信息，以表达感激和期待下一次的合作，如下图所示。

而开放式封底页则更多地运用于培训课件等需要互动和讨论的场合。这类封底通常包含问题启发内容，引导观众进行深入思考或参与讨论，促进知识的共享和交流。

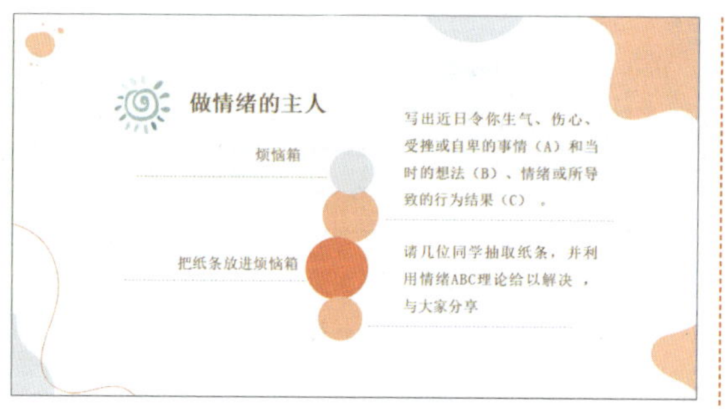

无论选择何种类型的封底页，都应注意保持与整体风格的协调性和一致性，以确保 PPT 的完整性和美观性。

1.4 PPT 中的文案与排版技巧

优秀的文案和排版不仅能够有效传达信息，更能提升观众的视觉体验，使 PPT 内容更加引人入胜。接下来将从标题的撰写、文案的精练与提炼、字体的选用以及点、线、面的排版技巧等多个方面为大家详细解读 PPT 中的文案与排版之道。

015 如何写出引人入胜的 PPT 标题

实用指数 ★★★★☆

>>> 使用说明

在当今信息爆炸的时代，一个引人入胜的 PPT 标题对于吸引观众的注意力至关重要。一个优秀的标题能够引人入胜，激发观众探求正文的兴趣。如何才能创作出既吸引人又具有竞争力的 PPT 标题呢？

>>> 解决方法

一个好的标题不仅能概括演讲主题，还能激发观众的好奇心，让他们想要深入了解所要演讲的内容。以下打造出吸引人的 PPT 标题的几条建议。

（1）简洁明了：标题应简洁易懂，避免使用冗长的词汇和复杂的句子。简短的标题更易于观众理解和记忆。

（2）突出关键词：确保标题中包含与演讲主题密切相关的关键词，有助于观众快速了解演讲的核心内容。

（3）创造好奇心：用悬念、疑问或夸张的手法制作标题，可以激发观众的好奇心，让他们想要一探究竟。

（4）运用修辞手法：运用比喻、拟人等修辞手法，使标题更具表现力和感染力。

（5）适应观众需求：考虑观众的兴趣和需求，制作具有针对性的标题。例如，针对年轻观众，可以采用时尚、潮流的词汇；针对专业人士，可以突出行业热点和趋势。

（6）遵循格式规范：标题应符合 PPT 的格式规范，字体、字号和颜色等方面要与整体风格保持一致。

（7）适时调整：在演讲前根据实际情况对标题进行调整，以确保其具有吸引力。

通过以上建议，将能创作出更具吸引力的 PPT 标题，使演讲更具说服力和影响力。下面用一个与环保相关的 PPT 例子简单说明一下。

糟糕的标题：关于环境保护的探讨。

较好的标题：揭秘环保产业未来发展趋势。

优秀的标题：从雾霾治理看我国环保产业的变革与发展。

016 文案的精练与提炼方法

实用指数 ★★★★★

>>> 使用说明

PPT 中通常会将制作人的想法、思路等以文字内容表现出来，对于 PPT 来说，PPT 中的文字内容就是文案的体现。一份优秀的 PPT，除了精美的视觉效果，还需要有吸引力的文案。

>>> 解决方法

在 PPT 的展示中，单张幻灯片所能承载的文字内容相对有限，加上长篇大论的文案往往会让观众感到疲惫，甚至失去兴趣。而简洁的文案则能够迅速抓住观众的注意力，让他们更容易理解和接受所要传达的信息。因此，需要格外注意每张幻灯片上的文字内容量。为确保信息能够清晰传达，文字内容应当精简明了，不宜过多。

精练文案是提高 PPT 质量的关键之一，下面讲解如何将冗长复杂的文案精练成简洁、有力量的语言，从而让 PPT 更具吸引力。

（1）抓住核心信息：在编写文案时，首先要弄清楚核心信息是什么。将核心信息提炼出来，其他无关紧要的细节可以适当删减。

（2）使用简洁的词语：尽量使用简洁、通俗易懂的词语，避免使用冗长复杂的句子。这样可以让观众更容易理解，提高阅读速度。

（3）删除重复内容：在文案中，经常会发现一些重复的内容。将这些内容删除，不仅可以简化文案，还能提高阅读效率。

（4）运用修辞手法：适当运用修辞手法，如比喻、拟人等，可以让文案更加生动有趣，更容易引起观众的共鸣。

（5）注意语言的韵律：在文案中，注意句子的韵律和节奏。合理的韵律可以让文案更具美感，更容易让观众记住。

（6）适当留白：在 PPT 设计中，适当留白也是一个重要的技巧。给文案留出一定的空间，可以让观众有喘息的时间，避免视觉疲劳。

通过以上方法，可以将冗长的文案精练成简洁、有力量的语言。但需要注意的是，精练文案并不意味着简化信息。在提炼文案的过程中，要确保信息的准确性和完整性。

修改、精简文字内容前后的对比效果如下图所示。

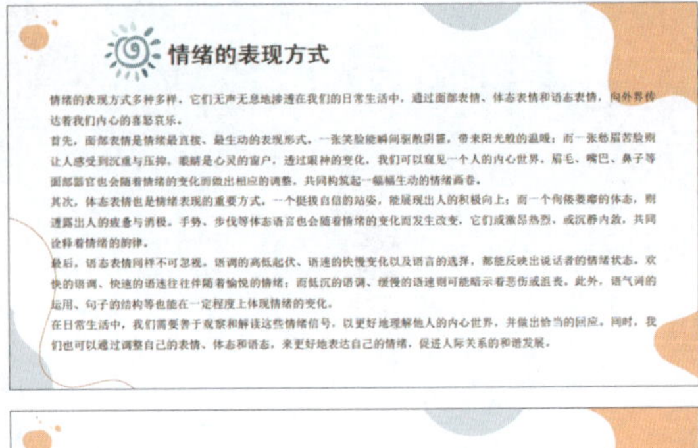

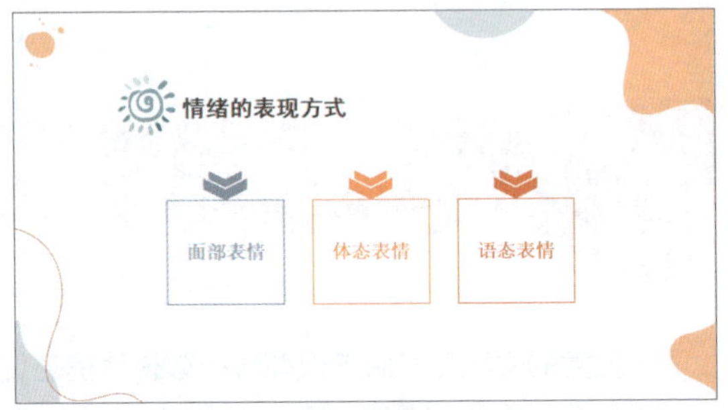

017 文本字体选用的大原则

实用指数 ★★★★☆

>>> 使用说明

在 PPT 设计中，字体的选择不仅决定了文字的表现形式，更能够传递出不同的情感和氛围。因此，根据 PPT 的类型和主题，精心挑选字体，可以使 PPT 更具个性化和专业性。

>>> 解决方法

如下图所示，各种字体呈现出不同的视觉效果，为观众带来丰富多样的阅读体验。所以，字体选用的合理性直接影响到 PPT 的整体效果。

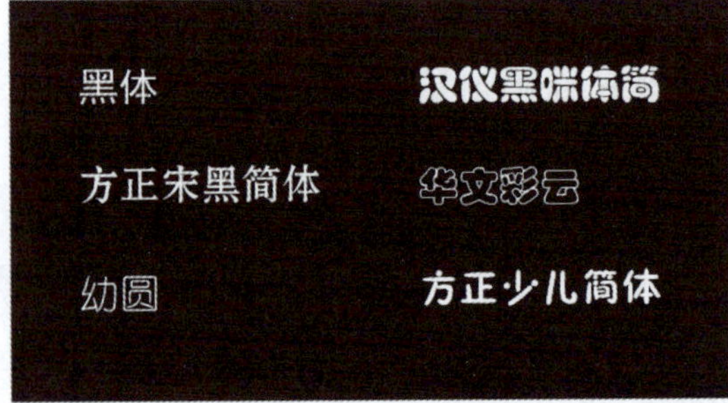

一款合适的字体，不仅能提升文本的可读性和视觉吸引力，还能强化 PPT 的主题和氛围。因此，掌握文本字体选用的大原则，对于每一个 PPT 设计者来说，都是必不可少的。

首先，要了解的是，字体选用的原则并非一

成不变，而是需要根据 PPT 的类型、内容和目标受众来进行灵活调整。以下是一些通用的大原则，可以帮助设计者在字体选用过程中更加注重字体的搭配，以提升 PPT 的整体效果。

（1）简洁清晰：在选用字体时，应尽量选择简洁、易读的字体。避免选用过于复杂、烦琐的字体，以免影响观众的阅读体验。特别是对于标题、摘要等重要内容，更需要选用清晰、易读的字体。近些年，PPT 设计中字体选择日趋简洁明了，通常优先选用无衬线字体，避免使用衬线字体。

小提示

衬线字体在笔画起始和结束处往往带有额外的装饰元素，且笔画粗细不一，如宋体、Times new roman 等；而无衬线字体则没有这些装饰，笔画粗细相对均匀，如微软雅黑、Arial 等。在 PPT 设计中，尤其是在投影播放的情境下，无衬线字体由于其粗细一致、无过细笔锋的特点，往往能够呈现出更好的显示效果，特别是远距离观看时。

（2）搭配协调：字体搭配是 PPT 设计中的一个重要环节。一般情况下，建议选用 2 ～ 3 款字体进行搭配，以保证整体视觉效果的协调。过多或者过少的字体选用，都可能导致视觉效果失衡。

（3）突出重点：根据 PPT 的内容，选用不同大小、粗细、颜色的字体，以突出重点，引导观众的视线。例如，可以使用较大、加粗的字体来表示重要信息，或者使用颜色对比来突出关键内容。

（4）适应场景：根据 PPT 的类型和场景，选择合适的字体。例如，在商务场合，可以选择较为正式、庄重的字体；而在创意设计中，可以选择独特、富有创意的字体。

（5）统一风格：确保 PPT 中的字体风格统一，避免使用过于突兀的字体。统一字体风格，有助于强化 PPT 的整体感和专业性。

（6）适当创新：在遵循字体选用原则的基础上，可以适当尝试创新。尤其可以通过网络下载并拓展一些独特且美观的字体，如下图所示。这些拓展字体不仅能够丰富设计元素库，还能为 PPT 设计增添一抹独特的色彩。另外，也可以将字体进行艺术化处理，以增加 PPT 的视觉吸引力。

方正兰亭黑简体　　汉仪综艺体简
庞门正道标题体　　文鼎习字体
字体圈欣意冠黑体　　问藏书房体
站酷庆科黄油体　　思源黑体

小技巧

安装字体的过程简便快捷。只需双击所需字体文件，便会弹出安装字体的对话框。在对话框中，可以预览字体的样式，单击“安装”按钮后，字体便会被成功安装到系统中，便于使用。

通过以上六大原则，相信设计者在设计过程中能够更加注重字体的搭配，打造出更具吸引力的 PPT。当然，实践是最好的老师，只有不断地尝试和积累经验，才能真正掌握字体选用的精髓。在此过程中，不断地学习和借鉴优秀的设计作品，也是提高自己设计水平的重要途径。只要用心去学，每个人都能成为字体选用的专家，从而更好地为 PPT 增色添彩。

018　6 种经典字体搭配

实用指数　★★★★☆

>>> 使用说明

为了让 PPT 设计更加规范与美观，一般建议同一份 PPT 中的字体不超过 3 种（包括标题和正文的不同字体）。

>>> 解决方法

下面列举了一些经典的字体搭配方案，供设计者在设计 PPT 时作为参考。

1. 微软雅黑（加粗）+ 微软雅黑（常规）

Windows 系统自带的微软雅黑字体，以其简洁、美观的特性受到广泛欢迎。作为一种无衬线字体，其显示效果十分出色。为避免 PPT 文件在不同计算机上播放时因字体缺失而引发的设计变形问题，标题可选择微软雅黑加粗字体，而正文则采用微软雅黑常规字体，如下图所示。这种搭配方案在商务场合的 PPT 中尤为常见，同时，在时间紧迫或不想在字体上过多纠结时，也是一个值得推荐的选择。然而，使用该方案时，对字号大小的美感把控能力要求较高，因此设计过程中需要在不同显示比例下多次查看、调试，直至达到最佳效果。

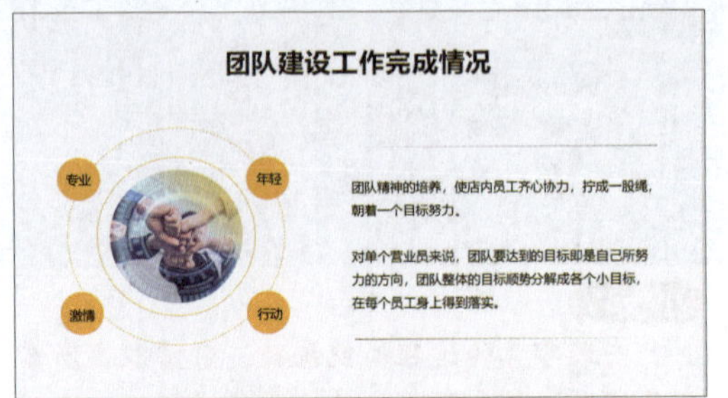

2. 方正粗雅宋简体 + 方正兰亭黑简体

这种字体搭配方案兼具清晰、严整和明确的特点，十分适合政府、事业单位公务汇报等较为严肃的场合。如下图所示，这种搭配能够凸显PPT的正式感和专业性。

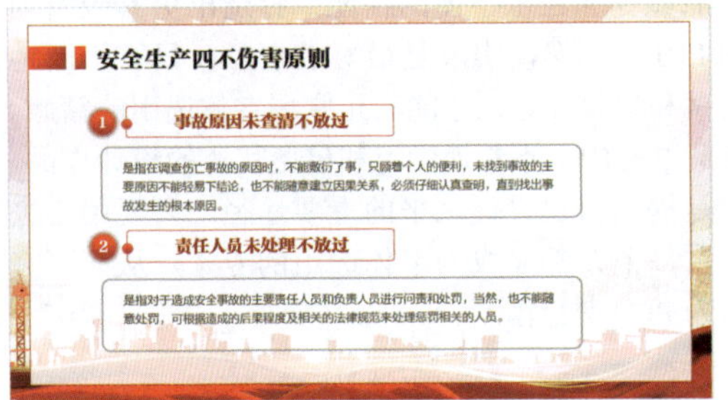

3. 汉仪综艺体简 + 微软雅黑

对于学术报告、论文、教学课件等类型的PPT，汉仪综艺体简与微软雅黑的搭配则显得尤为合适。如下图所示，标题部分采用汉仪综艺体简，正文则采用微软雅黑字体，既展现了学术的严谨性，又避免了过于古板的风格，整体呈现出简洁而清晰的视觉效果。

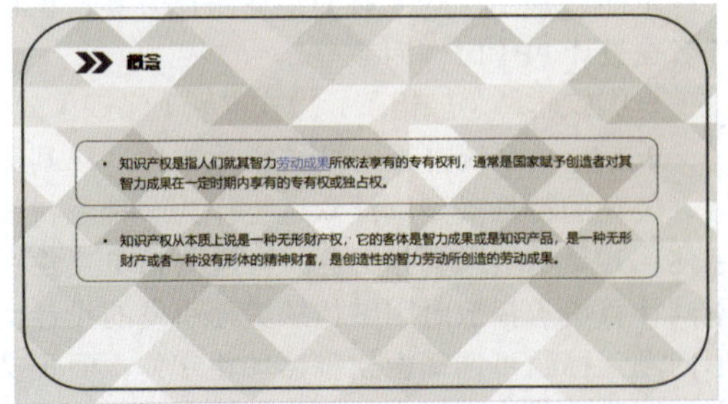

4. 方正兰亭黑体 +Arial

在PPT设计中融入英文元素，能够有效提升整体的时尚感和国际化氛围。Arial作为一款Windows系统自带的英文字体，与方正兰亭黑体搭配，能够营造出一种现代商务风格，间接展现公司的实力。如下图所示，这种搭配使得PPT更具现代感。为了更好地突出中英文的区别，可以适当调整英文字符的亮度或透明度，以达到更佳的视觉效果。

5. 文鼎习字体 + 方正兰亭黑体

该字体搭配方案非常适合制作展示传统题材和历史文化内容的中国风类型PPT，其主次分明、文化韵味浓厚的特点使得整体设计更具特色。如下图所示，文鼎习字体 + 方正兰亭黑体的搭配在中医文化介绍的PPT中得到了很好的应用，具有较强的视觉冲击力。

6. 方正胖娃简体 + 方正幼线简体

对于儿童教育、漫画、卡通、娱乐等轻松场合下的PPT，方正胖娃简体与方正幼线简体的搭配则显得尤为轻松有趣。如下图所示，这种搭配使得学校组织家庭亲子活动的PPT充满了童真和趣味。

019 点、线、面的排版技巧在PPT中的应用

实用指数 ★★★☆☆

>>> 使用说明

点、线、面是构成视觉空间的基本元素和设计语言。在PPT中，点、线、面又分别指代什么？应该如何运用呢？

>>> 解决方法

在PPT中，点代表小元素；线则是多个点的排列；面由线的移动或文字块形成。PPT设计即处理好这三者的关系，因为所有视觉形象和版式都由它们构成。

掌握点、线、面的排版技巧，不仅能够让PPT页面更加美观，而且还能增加页面的层次感和视觉效果。

1. 点的运用

在制作PPT时，通常需要运用数量不等、形状各异的点来构建整体的视觉效果。点在排版设计中可以看作一个小的单元，它可以是一个文字、一个图标或者一个色块。点在页面中发挥着至关重要的作用，能够赋予页面以生动活泼的氛围。合理运用点元素，可以起到突出重点、引导视线和营造氛围的作用。

例如，在PPT页面的关键信息位置放置一个较大的点，可以吸引观众的注意力，如下图所示；在页面底部放置一个红色的点，可以起到强调作用，使观众更容易记住。

2. 线的运用

线具有连接、分割和引导的作用。在排版设计中，线可以表现为直线、曲线或者折线。巧妙地运用线元素，可以使页面更具动感和立体感。例如，在PPT页面中使用线条将不同板块连接起来，可以增强页面的整体感，如下图所示；使用曲线或折线作为页面背景，可以为页面增添一种动态美。

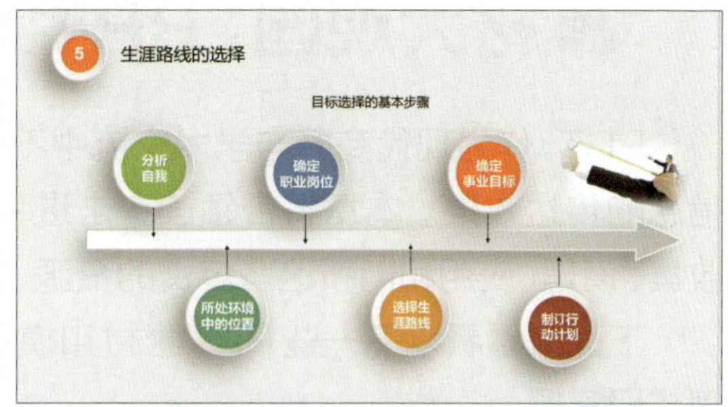

3. 面的应用

面可以看作点的扩展，也可以看作线的交会。面在排版设计中具有承载信息和塑造形象的作用。面的运用可以改变页面的风格和氛围。例如，在PPT页面中使用大面积的纯色背景，可以营造出简约、大气的设计风格，如下图所示。使用带有图案或纹理的面，可以为页面增添一种独特的视觉效果。

第2章

素材大观园：PPT素材和模板应用技巧

PPT，作为现代商务与学术交流中不可或缺的工具，其美观与实用性直接影响着信息的传达效果。本章将带领读者走进PPT素材与模板的奇妙世界，探索如何高效收集、管理、应用和创新这些宝贵的资源，让PPT设计更上一层楼。

下面来看看以下一些PPT素材和模板应用时常见的问题，请自行检测是否会处理或已掌握。

- 你在收集PPT素材时，是否有固定的渠道和高效的搜索策略？
- 面对海量的PPT素材，你如何进行有效的筛选和整理，建立自己的素材库？
- 在使用图片素材时，你是否了解并遵循了相应的使用原则？
- 模板使用的误区有哪些？你是否有过类似的错误操作？
- 如何从众多的模板中挑选出适合自己需求的优质模板？
- 在模板的基础上进行创新设计时，你有哪些独特的想法和技巧？

希望通过本章内容的学习，读者能够解决以上问题，并能够熟练运用各类PPT素材和模板，制作出具有高度说服力、视觉冲击力的专业PPT。同时，学会在实际应用中不断挖掘和创新，使PPT更具个性和魅力。

2.1 PPT素材的收集与管理

当已经明确 PPT 的制作主题与相关内容后，接下来就可以着手准备所需的素材文件了。PPT 中涉及的素材种类繁多，涵盖了字体、文本、图片、图示、音频以及视频等多个方面。

- 字体素材：不同类型的 PPT 往往需要搭配不同的字体来展示文本，这样能够更好地提升文字的视觉效果，增强信息的传达力。
- 文本素材：通常包括那些富有指导性、印象深刻且具有高度启示意义的名言名句。这些文字不仅能为 PPT 增添深度，还能引导观众深入思考。
- 图片素材：可以选择那些具有美感、设计感的照片、绘画以及设计图等图片形式的素材。这些图片能够直观地展现信息，为观众带来更加丰富的视觉体验。
- 图示素材：通过具有一定结构性的图形组合来呈现信息，如流程图、层次关系图等。它们能够清晰地展示信息之间的关系，帮助观众更好地理解内容。
- 音频素材：PPT 中不可或缺的一部分。这些音频文件可以作为开场音乐、背景音乐或特效音乐，为 PPT 增添氛围，提升观众的观看体验。
- 视频素材：视频片段可以对某一问题进行说明，或对大众进行教育，由于其具有较高的权威性，因此能够更好地增强 PPT 的说服力。

总之，PPT 素材作为展示内容的载体，通过对各类素材的深入了解与合理应用，可以制作出更加精彩、生动的 PPT。素材的质量和丰富程度直接影响到最终呈现的效果。如何有效地收集、筛选和管理 PPT 素材，对于提高制作效率、确保演示质量具有十分重要的意义。下面从素材的收集渠道、高效搜索与筛选方法，以及建立个人素材库三个方面来详细探讨 PPT 素材的收集与管理技巧。

020 收集素材的 4 个渠道

实用指数 ★★★★★

>>> 使用说明

在制作精美实用的 PPT 时，素材的收集与整理是关键环节。为了使 PPT 更具说服力和吸引力，需要持续关注并积累与主题紧密相关的素材。如何才能快速且有效地找到高质量的 PPT 素材呢？

>>> 解决方法

下面介绍 4 个收集素材的渠道，帮助设计者轻松获取丰富的 PPT 素材。

1. 高效利用搜索引擎

在 PPT 制作过程中，经常需要借助互联网来收集各种素材。要在海量的互联网信息中迅速而精准地定位到所需的 PPT 素材，搜索引擎无疑是不可或缺的得力助手。在搜索过程中，它扮演着至关重要的角色。目前，市面上广泛使用的搜索引擎包括百度、谷歌、360 和搜狗等。

搜索引擎主要依赖于用户输入的关键词来进行搜索。因此，为了确保搜索结果的准确性，必须确保输入的关键词精准且具体。例如，在百度搜索引擎中搜索“登山”相关的图片时，首先打开百度，❶在搜索框中输入“登山”；❷单击“百度一下”按钮，如下图所示。这样，搜索引擎便会筛选出相关的图片，并在页面上展示搜索结果。

2. 专业的素材网站资源

国内外有许多专业的PPT素材网站，如微软OfficePLUS、演界网、锐普PPT、第1PPT等，这些平台为设计者提供了丰富的PPT素材和模板。在挑选素材时，可根据主题和需求选择适合的模板，或对现有素材进行修改和组合，以打造出独具特色的PPT。

其中，微软OfficePLUS是微软Office的官方在线模板网站。该网站不仅涵盖了丰富的PPT模板，还提供了大量精美的PPT图表。这些资源均免费提供给用户下载并直接修改使用，极大地方便了用户的工作和学习，如下图所示。

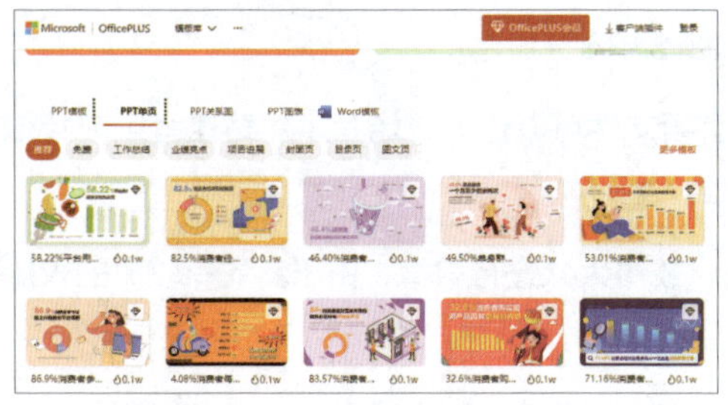

3. 社交媒体和PPT论坛

在微博、微信公众号、知乎等平台上，有许多用户分享了自己的PPT作品和素材。另外，网络上还存在着许多与PPT相关的论坛，如锐普PPT论坛、扑奔PPT论坛等，如下图所示。设计者可以关注这些论坛，学习借鉴他人的优秀作品，同时也可以与其他PPT制作爱好者互动交流，共同成长。

通过这种方式，用户在解决问题的同时，还能提升自己的PPT制作水平，是提升PPT操作技能的有效途径。

4. 线下资源也要好好利用

平时多与他人分享和交流PPT素材，不仅可以拓宽视野，还能获取更多有价值的素材。加入相关领域的学习群组，向有经验的同行请教，互相学习，共同进步。

当无法在互联网上找到满意的PPT素材时，可以向同事、朋友和学习群组请教。若仍无合适的，还可以发挥自己的创造力，借助相关软件制作或根据实际需求创造出所需的素材。虽然这种方法相较于其他收集素材的方式而言更为烦琐且耗时，但在某些特定情况下，亲手打造素材却能带来意想不到的效果。当然，在收集PPT相关素材时，仍应优先考虑通过前面介绍的渠道来收集，只有在实在无法找到满意素材的情况下，才考虑自己动手制作或创作。

021 高效搜索与筛选PPT素材

实用指数 ★★★★☆

>>> 使用说明

在准备PPT素材阶段，一般会提前准备一些相关的素材，后面再进行选取。在收集到丰富的素材后，对其进行筛选和整理是一项至关重要的任务。

>>> 解决方法

一个杂乱无章的素材库不仅难以高效利用，还可能影响创作质量和效率。因此，需要采取一些策略来有序地搜索和筛选这些宝贵的资源。

（1）使用关键词过滤。使用关键词过滤是一种非常实用的方法。通过输入具体、明确的关键词，可以迅速缩小搜索范围，从而更快地找到符合需求的素材。例如，如果要制作一份关于自然风景的PPT，可以输入“高山”“流水”“日出”等关键词，以便快速找到相关的图片或视频片段。

（2）选择高质量的素材。选择高质量的素材也是至关重要的。在筛选素材时，需要注意分辨素材的分辨率、清晰度和版权等因素。高分辨率和清晰的素材可以使PPT作品更加生动、逼真，而版权问题则涉及法律风险和道德责任。因此，应该选择那些质量上乘、来源可靠的素材，以确保PPT作品既美观又合法。

022 建立自己的 PPT 素材库

实用指数 ★★★★☆

>>> 使用说明

经常制作 PPT 的人，一般会建立一个属于自己的 PPT 素材库，旨在高效整合和管理珍贵的素材资源。

>>> 解决方法

打造个性化的 PPT 素材库，不仅可以统一管理和保存收集到的优质素材，提升工作效率，还能让 PPT 更具专业性和吸引力。以下步骤有助于设计者轻松构建专属的素材宝库。

（1）准备一个合适的存储设备。由于 PPT 素材库可能会包含大量的图片、图表、模板等文件，因此存储设备的性能直接影响到素材库的管理和使用体验。所以，确保拥有适宜的存储设备是构建素材库的基础。选择一个容量充足、传输速度快的硬件设备，如高速硬盘或稳定的云盘服务，以确保素材得到妥善存储且易于访问。

（2）创建文件夹结构。精心规划文件夹结构是组织素材的关键。可以根据素材的类别和主题创建不同的文件夹，如图片、图表、视频、模板等，如下图所示，还可以进一步将图片素材分为“自然风景”“城市风光”“人物肖像”等类别，将视频素材分为“教学演示”“广告宣传”“产品介绍”等主题。这样的分类方式可以让设计者在查找和使用素材时更加便捷。此外，建议使用统一的命名规范，以便于后期整理和维护。

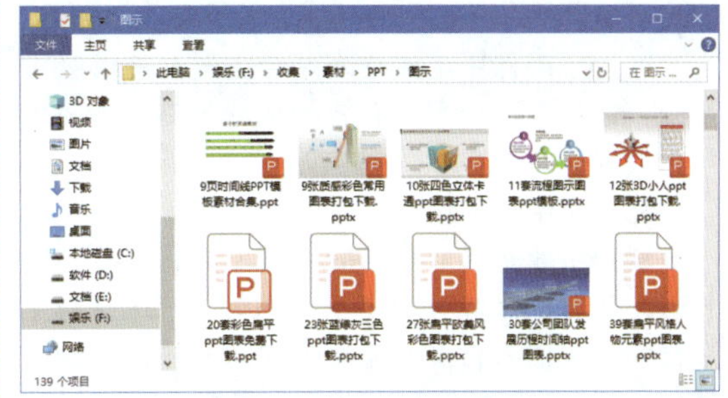

（3）归类整理。当准备好存储设备并创建好文件夹结构之后，即可归类整理素材。在这一步骤中，可以将收集到的各类素材按照文件夹结构和分类进行归类，确保每份素材都能找到其合适的归宿。这一步骤需要耐心和细心，但整理后的成果将令设计者受益匪浅。对于已有的素材，也可以重新进行整理，确保素材库的整洁和有序。

（4）定期更新和维护。定期更新和维护素材库是非常重要的。随时补充新收集的素材，可以保持库内资源的鲜活和丰富。同时，请定期清理过期或不再需要的素材，这样可以确保库内空间的整洁和高效利用，让素材库始终保持在最佳状态，为 PPT 制作提供强大的支持。

通过以上步骤，设计者拥有一个功能强大的 PPT 素材库，可以为创作提供源源不断的灵感和支持。后期不断地完善和更新，让素材库成为助力 PPT 制作的得力助手。

2.2 PPT 素材的有效运用

在 PPT 制作过程中，素材的选择与使用很重要。接下来将深入探讨如何在 PPT 中用好素材，包括素材的取舍过滤原则、不适宜素材的再加工方法，以及图片素材的使用原则。通过这些内容的学习，相信设计者会在 PPT 制作中更加得心应手，呈现出更加专业和精彩的演示效果。

023 素材的取舍过滤原则

实用指数 ★★★★★

>>> 使用说明

在收集素材的过程中，往往会面临大量可供选择的素材。然而，并非所有符合主题的素材都适合用于 PPT 的制作。因此，需要对收集到的素材进行精心取舍和过滤，以确保最终使用的素材既符合主题又具有较高的质量。

>>> 解决方法

在挑选 PPT 素材的过程中，关键在于“精选”二字。为了确保所选素材既贴合主题又能够吸引观众，需要掌握一系列有效的挑选策略，下面列举出最基础的三点。

1. 紧扣中心主题

紧扣主题是选取素材的首要原则。在整理素材时，要时刻保持对 PPT 主题的关注，选择与主题密切相关的素材，避免将无关紧要的内容纳入其中。这样可以确保 PPT 的内容集中、有针对性，提高观众的兴趣和参与度。

2. SUCCES 原则

SUCCES 原则作为一种经典的创意构思原则，同样适用于 PPT 素材的挑选过程。这六大原则——简洁（Simple）、意外（Unexpected）、具体（Concrete）、可信（Credibility）、情感（Emotion）和故事（Story）——为设计者提供了一个全面而系统的素材挑选框架，如下图所示。

SUCCES 原则

简洁（Simple）——挑选的素材要抓住核心，提炼精华
意外（Unexpected）——挑选的素材要出奇制胜，能吸引受众注意力
具体（Concrete）——挑选的素材要容易理解，方便受众记忆
可信（Credibility）——挑选的素材要真实可靠
情感（Emotion）——挑选的素材能激发受众的情感，引起共鸣
故事（Story）——挑选的素材一定要体现出主题思想，获得受众的认同

在挑选素材时，应注重素材的简洁性，避免冗余和复杂；同时，可以适当加入一些新奇元素，以引发观众的好奇心和兴趣；此外，素材应尽可能具体、生动，以便观众更好地理解和接受；在可信性方面，应选择权威、可靠的素材来源，以增强 PPT 的说服力；情感因素同样重要，通过选取能够触动观众情感的素材，可以让 PPT 更具感染力和共鸣；最后，运用故事化的叙述方式将素材串联成一个完整的叙事体系，有助于提升 PPT 的整体呈现效果。

3. 确保素材质量

在取舍过滤素材时，还可以采用中心点过滤法、事实性过滤法和 SO WHAT 过滤法等多种策略。

（1）中心点过滤法：要求筛选出与 PPT 中心论点紧密相关且能够有效支持论点的素材。

（2）事实性过滤法：强调去除无关紧要的素材，保留核心且必要的信息。

（3）SO WHAT 过滤法：站在观众的角度思考问题，通过提问的方式判断素材的实用性和吸引力。

小技巧

对于以说服为目的的 PPT，如向客户推荐新产品、说服领导批准项目等，素材的选择可以借鉴罗伯特·B·西奥迪尼博士总结的说服力六原则，包括互惠原则、稀缺性原则、权威原则、承诺与一致原则、喜好原则和社会认同原则。例如，通过挑选对观众具有实际帮助的素材来体现互惠原则；选择独特且稀缺的素材来凸显其珍贵性；利用权威观点和数据来增强 PPT 的说服力；确保所选素材与主题和观点保持一致；根据观众的喜好来选择素材以提高接受度；根据大多数观众的心理倾向来挑选素材以增强共鸣。

024 不适宜素材的再加工

实用指数 ★★★★★

>>> 使用说明

在收集 PPT 素材的过程中，常常会遇到种种问题，如文本素材可能存在语句不流畅、错别字的情况，图片和模板素材则可能带有水印，这些素材肯定不能直接使用，在取得授权后进行必要的加工和改造。

>>> 解决方法

在 PPT 制作过程中，会遇到各种各样的素材，有的可能不够理想，无法直接使用。这时，可以通过一些方法对这些素材进行再加工，使其满足制作需求。

1. 文本内容优化与精简

如果 PPT 中所需的文本素材来源于网络复制，那么对其内容的审查和修改便必不可少。毕竟网页中的文本内容并不能保证百分之百的准确性和适用性。

由于 PPT 的版面限制，每张幻灯片所承载的文字内容应当适度，避免冗长繁杂。如果文本内容偏多，则需要对其进行条理化的梳理和精练，使之转化为个性化的表述，以更有效地传达信息。

2. 去除图片水印与多余文字

网络上虽然图片资源丰富，但其中很多都带有网址、图片编号等水印，甚至包含一些说明性文字，如下图所示。

这些水印和文字会严重影响 PPT 的专业性，因此不能直接使用。需要在制作过程中去除图片中的水印，并剔除那些不必要的文字。如下图所示，这样处理后的图片将更符合 PPT 的整体风格，更能提升演示的专业感。

3. 调整图示颜色与 PPT 主题一致

在 PPT 制作过程中，为了清晰展示幻灯片的内容结构并便于观众记忆，通常会使用图示来辅助说明。

然而，图示往往并非自行制作，而是从 PPT 网站中下载所得。在下载图示时，会根据幻灯片内容的层次结构来选择合适的图示。然而，网上下载的图示颜色通常是基于特定主题色设定的，因此可能与当前演示文稿的主题色不搭配。此时，需要根据 PPT 的主题色对图示颜色进行相应的调整，以确保图示与整体风格相协调，下图所示为调整颜色前后的图示效果，调整后更加符合 PPT 的整体风格了。

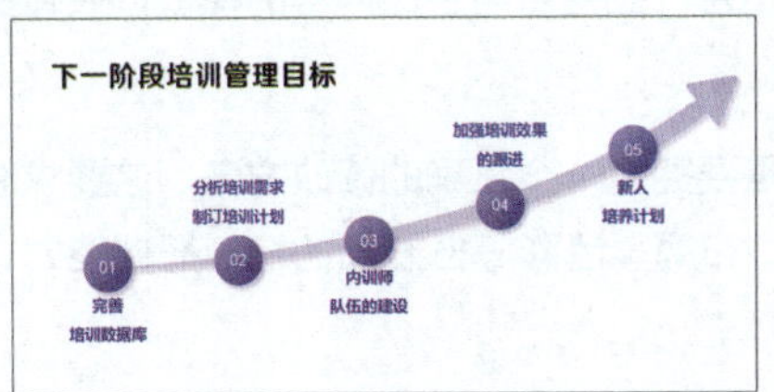

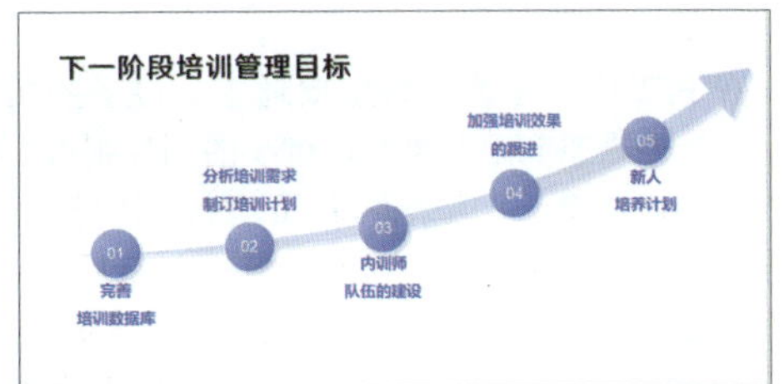

025 图片素材的使用原则

实用指数 ★★★★☆

>>> 使用说明

图片由于其直观性和强烈的视觉冲击力，常常在 PPT 中被用作辅助文字说明的工具。那么，在使用图片时需要注意哪些问题呢？

>>> 解决方法

为了确保图片能够更有效地传达信息并提升 PPT 的整体效果，需要遵循一系列使用原则。

1. 分辨率适中

在选择图片时，首先要考虑分辨率的问题。分辨率过低会导致图片模糊不清，分辨率过高则可能导致文件过大，影响 PPT 的加载速度。因此，我们要根据 PPT 的大小选择适合分辨率的图片，以保证图片的清晰度和观感。

2. 尊重版权

在选用图片时，要具备强烈的版权意识。未经授权随意使用他人拍摄或创作的图片，可能会触犯版权法，引发侵权纠纷。为了避免这种情况，可以选择使用免费且无版权问题的图片，或者购买图片库中的图片。此外，还可以通过注明图片来源的方式表达对原作者的尊重和感谢。

3. 色彩搭配

图片的色彩搭配也是非常重要的。要选择与 PPT 主题和氛围相符合的图片颜色，以营造出协调、统一的视觉效果。在挑选图片时，可以适当运用对比色和类似色，使图片更具层次感和视觉冲击力。同时，要避免使用与主题无关或过于花哨的图片，以免分散观众的注意力。

4. 图片内容

选用具有代表性和寓意的图片，能够更好地传达 PPT 的主题。在挑选图片时，要注意图片的内容是否与主题紧密相关，是否能够说明问题、引发思考。此外，图片中的元素要简洁明了，避免过于复杂的画面影响观众的理解。

5. 图片数量

在 PPT 中，图片的数量要适中。过多的图片可能会让观众感到眼花缭乱，过少的图片则可能导致内容显得单调。一般来说，每页幻灯片搭配 1～2 张图片较为合适，可以根据实际情况进行调整。

在幻灯片中使用多张图片时，尤其要注意图片之间的关系。例如，当幻灯片中包含多个人物图片时，需要确保这些人物的视线相对或保持一致。相对视线可以营造出和谐融洽的氛围，而一致的视线则有助于将观众的注意力集中在幻灯片内部，避免视线分散。如下图所示，将混乱的视线调整成一致的视线后，整个内容看起来就更协调了。

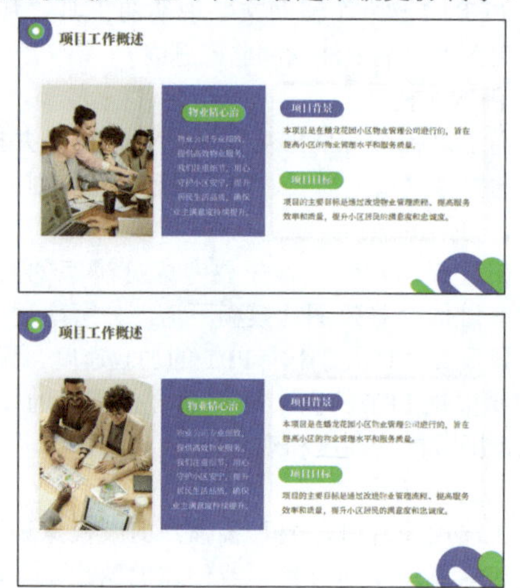

另外，还需要注意所选图片的拍摄位置和显示比例。例如，在幻灯片中使用风景图片时，所有图片的地平线应保持一致，并遵循“上天下地”的构图原则，以确保整体视觉效果的协调性和美观性；否则，不一致的地平线可能会给观众带来视觉上的不适和别扭感，如下图所示。

6. 图片排版

图片的排版方式也会影响 PPT 的整体效果。要注意图片与文字的间距，避免出现拥挤或空洞的感觉。可以尝试使用图片遮罩、阴影等效果，增加图片的立体感。同时，合理运用图片排列方式，如横向、纵向或对角线排列，使画面更具动感。

2.3 PPT 模板的选择与使用

运用 PPT 模板以迅速构建幻灯片已成为广大用户所推崇的便捷方法。然而，即便是采用相同的模板，制作出的幻灯片效果却大相径庭。

这背后的原因，实则是网络上模板的品质五花八门，难以一概而论。要想制作出高水平的 PPT，关键在于能否筛选出那些既具高质量，又能紧密贴合行业特点与主题内容的模板。只有找到了这样的模板，才能确保 PPT 的最终呈现效果达到预期。

而在找到合适的模板后，更为关键的一步是制作者需要拥有一个正确的修改方向。这要求制作者不仅要具备对模板的基本操作能力，更要具备对内容、布局、色彩等各方面的综合把握能力，从而能够真正有效地利用模板，打造出别具一格的 PPT。

026 模板使用的误区

实用指数 ★★★★☆

>>> 使用说明

对于 PPT 制作新手而言，要想在短时间内打造出形式与内容并存的 PPT，可谓是一项挑战。在这种情境下，许多设计者会倾向于借助网络上的丰富资源，寻找并应用各类模板，再通过简单的加工来完成 PPT 的制作。然而，这种看似高效的方式实则隐藏着诸多误区。若是不加筛选地随意套用模板，那么 PPT 的最终效果往往会大打折扣。

>>> 解决方法

模板设计者的能力水平千差万别，这也导致了他们所创作的模板在视觉效果和实用性上存在显著的差异。因此，作为 PPT 的设计者，需要深入了解使用模板的方法，避免陷入以下几个误区。

1. 盲目追求模板的复杂性

许多初学者认为，模板越复杂、越花哨，就越能吸引观众的眼球、体现其价值。然而，实际上，一个好的模板应注重实用性和简洁性。简洁明了的模板更能聚焦观众的注意力，使信息传达更加高效。

如下图所示，一些初学者在选择模板时过于追求立体效果和倾斜效果等复杂元素，却忽略了这些元素对文字阅读的影响。

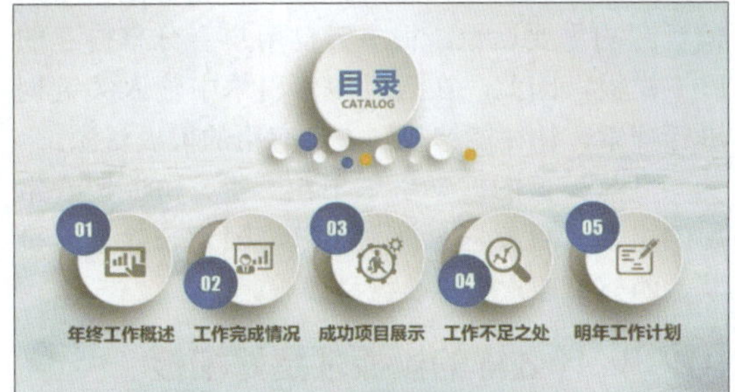

近年来，PPT 设计界越来越倾向于“扁平风”的设计趋势，即去除多余的效果和装饰，以简洁明了的方式呈现内容。这种设计风格更符合现代观众的审美需求，也更有利于信息的有效传达。因此，在选择模板时，应该摒弃“花哨＋复杂＝好模板”的错误观念，而是选择那些简洁、明了、符合主题的模板，以确保信息的高效传达和观众的良好体验。

2. 忽视内容与模板的契合度

有些人为了图方便，选择了与 PPT 内容不符的模板，这往往导致整体效果欠佳。一个合适的模板应与 PPT 的主题和内容相协调，相辅相成，从而提升 PPT 的观赏性和说服力。

还有许多初学者误以为使用模板就是简单地替换其中的文字内容，而忽视了模板中的内容与文字之间的匹配度和协调性。这种片面理解往往导致“文不对题”的现象出现，即文字内容与模板的视觉风格、主题色彩等不相符合。

例如，在下图中，虽然该幻灯片的整体配色和谐，视觉效果良好，但细读文字内容却发现，它讲述的是物业公司的服务成果内容，而模板的配色却以咖啡色为主，图片也选用了咖啡图片。这显然是因为制作者仅仅被模板的视觉效果所吸引，而没有考虑到它与自己 PPT 主题的契合度。因此，在修改模板文字时，必须确保文字内容与模板的主题、色彩、风格等保持一致，以实现形式与内容的和谐统一。

3. 过度依赖模板

过度依赖模板容易导致缺乏自主设计和创新。模板固然可以为我们提供便利，但我们需要在借鉴模板的基础上，结合自己的特点和需求进行调整和创新，使 PPT 更具个性化和独特性。

综上所述，在使用模板时，我们应注重实用性、简洁性，确保模板与 PPT 内容相协调，同时避免过度依赖，勇于创新。只有这样，我们才能制作出既美观又实用的 PPT。

027 模板下载好去处

实用指数 ★★★★★

>>> 使用说明

PPT 模板一般可以通过网站和网盘两种渠道来获取。在网络资源的海洋中，PPT 模板的质量参差不齐，因此，选择高质量的模板显得尤为重要。若能找到设计精良的模板，那么演示文稿的整体效果将会大幅提升。

>>> 解决方法

为了获取高质量的 PPT 模板，制作者首先应了解有哪些网站提供优质的模板资源，并熟知这些网站中模板的特色。此外，掌握在云盘和网页中搜索模板的技巧也是必不可少的，以便在需要时能够迅速找到所需资源。

1. 优秀模板的下载网站

在众多的 PPT 设计网站中，有几个值得特别推荐的优秀模板下载网站。

（1）微软官方模板库：作为 PowerPoint 的开发者，微软官方模板库无疑是首选资源。它提供了丰富的 PPT 模板，适用于各种场合。这些模板设计精美，风格各异，能满足设计者的不同需求。

（2）演界网：演界网是我国知名的 PPT 模板交易平台，拥有大量优质原创模板。这里的模板种类繁多，包括商务、教育、个人、节日等，可以根据自己的需求挑选合适的模板。此外，演界网还支持定制服务，如果有特殊需求，可以联系设计师进行定制。

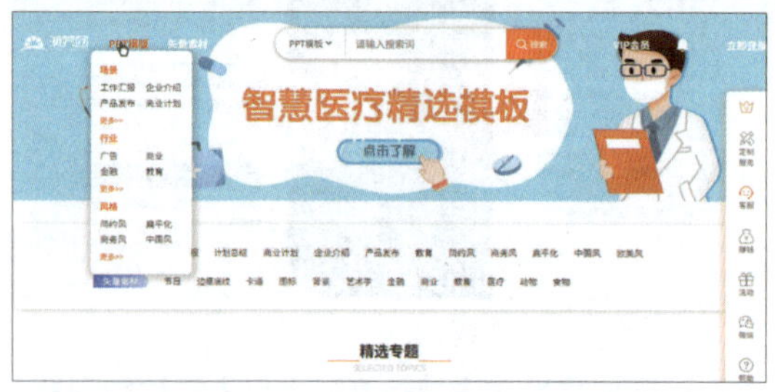

（3）第 1PPT：第 1PPT 汇集了大量免费和付费的 PPT 模板，涵盖了各种类型，质量上乘且更新迅速，深受 PPT 设计者的喜爱。同时，第 1PPT 还提供了丰富的素材和设计灵感，有助于设计者提升 PPT 制作水平。

（4）优品 PPT：优品 PPT 提供各类 PPT 模板，且每种类型都进行了细致的分类，同时还提供素材和设计灵感，方便设计者快速找到所需的模板。此外，优品 PPT 还定期更新热门模板，可以让设计者紧跟潮流，制作出更具吸引力的 PPT。

（5）PPTSTORE：PPTSTORE 是一个以收费模板为主的网站，其中的模板质量偏高，且支持私人高端定制。如果对模板的要求比较高，又没时间去寻找优质模板，可以到 PPTSTORE 中去寻找或定制。

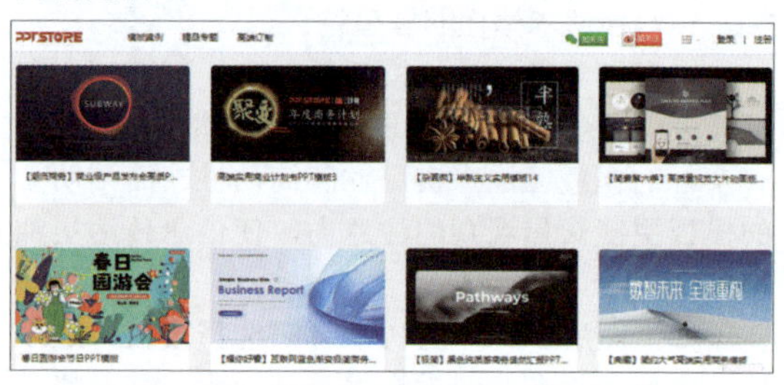

2. 在云盘中搜索模板

除了专业的 PPT 设计网站，云盘也是获取模板资源的重要途径。很多云盘用户会分享自己的 PPT 模板，因此，在云盘搜索引擎中输入关键词进行搜索，往往能够找到大量有用的模板资源。

目前云盘的搜索引擎不止一个，PPT 搜索常用的引擎有百度网盘搜索引擎、阿里云盘搜索引擎、西林街搜索引擎、盘易搜等。

028 什么样的模板才是好模板

实用指数 ★★★★☆

>>> 使用说明

当前，能够为设计者提供 PPT 模板的在线平台不胜枚举，这些平台上各式各样的模板更是层出不穷，令人眼花缭乱。对于设计者而言，想要从中找到真正符合自身需求的优质模板，不仅要有丰富的搜索技巧，更需要具备一双善于发现的“慧眼”。

>>> 解决方法

在挑选模板的过程中，设计者需要综合考虑多个方面的因素。

首先，好模板应该具备高度的专业性和规范性。这意味着模板的设计应当符合行业标准和商务礼仪，避免过于花哨或夸张的设计元素，以免分散观众的注意力。同时，模板中的字体、颜色、排版等元素也应当统一协调，确保整个 PPT 的视觉效果一致。

其次，好模板应该具有高度的可定制性和灵活性。一个优质的模板应该能够适应不同场合和主题的需求，能够方便地进行调整和修改。例如，模板中的标题、副标题、内容页等部分应该可以轻松替换，以便演示者根据自己的需求进行个性化定制。尤其要结合内容来深入分析模板的可定制性。在 PPT 设计的过程中，如果发现图片不合适，替换起来通常较为便捷。然而，一旦图形或图表不符合预期，设计者就需要投入更多的时间和精力进行修改。其中的原因在于，图形主要用于展示内容间的逻辑关系，而图表则用于表现不同的数据，这两者均是 PPT 设计的核心内容。

此外，好模板还应该注重细节和用户体验。在设计中，应充分考虑观众的视觉感受和使用习惯，避免过于拥挤或难以阅读的布局。同时，模板的加载速度也应该尽可能快，避免因等待时间过长而影响观众的体验。

最后，好模板应该能够体现出演示者的个性和创意。虽然模板是标准化的设计，但好的模板应该能够让演示者在其中发挥自己的个性和创意，使 PPT 更具特色和吸引力。

总之，一个好的 PPT 模板应该具备专业性、规范性、可定制性、灵活性、细节关注和个性创意等特点。在选择和使用模板时，应该根据自己的需求和场景进行综合考虑，选择最适合自己的模板，以展现出最佳的演示效果。

029 如何选择适合不同场合的 PPT 模板

实用指数 ★★★★☆

>>> 使用说明

在当今社会，PPT 已经成为商务、教育、政务等领域中不可或缺的沟通工具。如何选择适合不同场合的 PPT 模板，成了一项关键技能。

>>> 解决方法

下面讲解选择适合不同场合的 PPT 模板的技巧。

1. 了解场合特点

不同场合的 PPT，其内容和风格有很大差异。在选择模板之前，首先要充分了解场合的特点，包括主题、氛围、观众需求等。例如，商务场合的 PPT 通常要求简洁大气，强调专业性；教育场合的 PPT 则注重知识传授，可采用生动活泼的模板。

2. 注重模板设计风格

设计风格是 PPT 模板的核心要素，直接影响到演示效果。在选择模板时，要根据场合的性质和需求挑选符合氛围的设计风格。例如，政府部门的 PPT 可以选用庄重大气的风格，企业宣传可以使用现代简约的风格，而产品发布会则可以选择富有科技感的风格。

3. 考虑模板的通用性

一个好的 PPT 模板应具备一定的通用性，能够适应不同场景的需求。在选择模板时，可以关注那些模块化设计、可自由组合的模板，这样在实际使用中可以灵活调整，满足多种场合的需求。

4. 关注模板的实用性

实用性是评价一个 PPT 模板的重要指标。在选择模板时，要关注其是否具备丰富的组件、图表、动画等元素，这些元素可以帮助演示者更好地展示内容，提高观众的关注度。同时，还要确保模板的兼容性，以便在不同环境下正常使用。

5. 结合个人喜好和需求

制作 PPT 的过程中，个人喜好和需求也是不可忽视的因素。在选择模板时，可以结合自己的审美观和演讲风格，挑选符合自己特点的模板。此外，还可以通过定制模板，将自己的独特风格融入其中，使 PPT 更具个性化。

030 模板的个性化调整与定制

实用指数 ★★★★☆

>>> 使用说明

选择合适的 PPT 模板作为设计基础后，仅仅依靠简单的模板套用，往往难以凸显个性和特色。因此，PPT 模板的个性化调整与定制就显得尤为重要。

>>> 解决方法

PPT 模板的个性化调整涉及多个层面。首先，关注模板的设计风格、色彩搭配、字体选择等因素，以确保其与 PPT 主题或品牌形象相吻合。一般根据自身的需求和主题搜索到的模板都会尽可能地满足这些条件，但有时难免找不到十全十美的模板，就需要通过更改幻灯片的主题、背景或者字体搭配等方法来进行完善。下图所示为更改 PPT 的主题配色。

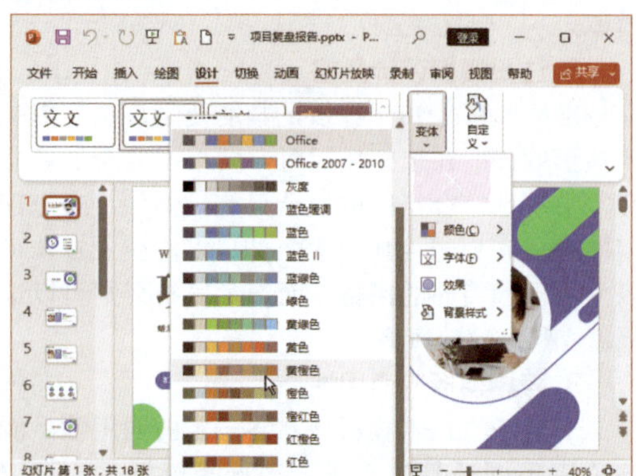

其次，需要在模板的基础上进行适当的修改和调整。这包括调整幻灯片的布局、更换图片和图标、添加自定义的动画效果等。通过这些调整，可以使 PPT 更加符合自己的审美和表达需求，同时也能提升观众的观看体验。下图所示为进入幻灯片母版视图中对某个版式页面进行重新布局。

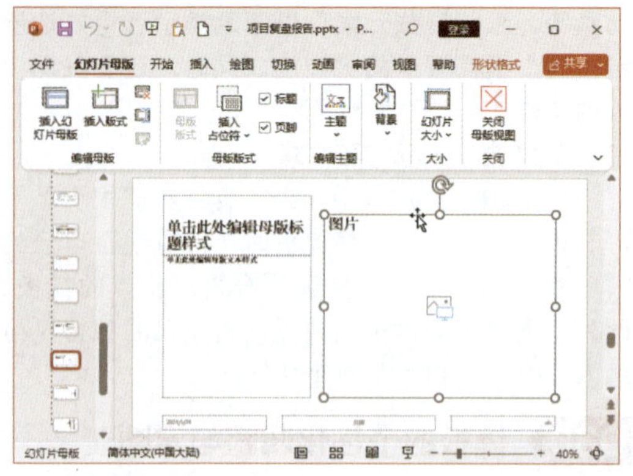

此外，PPT 模板的个性化定制也是提升演示文稿品质的重要途径。可以根据实际需求，对模板进行深度的定制，如添加自定义的配色方案（见下图）、设计独特的标题页和结尾页、设置个性化的字体和背景等。这些定制化的设计不仅能使 PPT 更具辨识度，还能给观众留下深刻的印象。

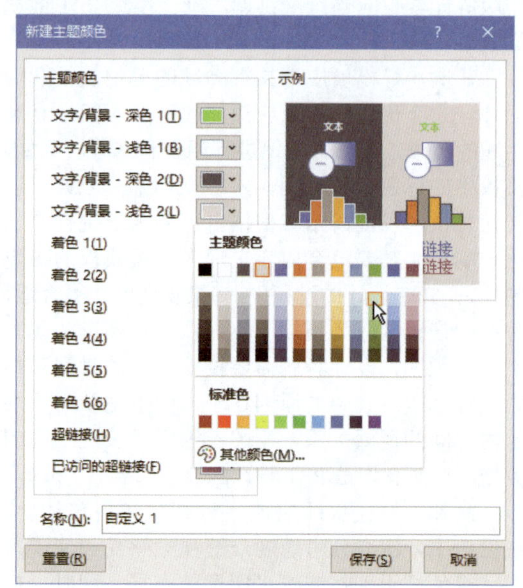

在进行 PPT 模板的个性化调整与定制时，还需要注意一些细节问题。首先，要确保调整后的模板清晰、简洁和易读，避免过多的装饰和复杂的排版影响观众的阅读体验；其次，要注意色彩搭配的协调性，避免使用过于刺眼或过于暗淡的颜色。同时，还要确保字体大小和样式的一致性，以便观众能够轻松地阅读和理解演示内容。

总之，PPT 模板的个性化调整与定制是一项既需要技巧又需要耐心的工作。通过不断地尝试和实践，可以逐渐掌握这项技能，并制作出更具个性和特色的 PPT。

2.4 素材与模板的融合与创新

PPT的设计水平直接影响信息的传达效果和观众的接受度。因此，如何将PPT素材与模板巧妙地结合，以及如何在模板基础上进行创新设计，成了PPT设计者们必须面对的问题。

031 如何将素材与模板巧妙结合

实用指数 ★★★★☆

>>> 使用说明

通过模板制作PPT的目的是快速完成高质量的PPT，那么，如何将素材与模板巧妙结合，才不容易被看出是套用模板完成的呢？

>>> 解决方法

关于如何将素材与模板巧妙结合，需要深入理解两者的关系。模板是PPT设计的基础框架，它规定了页面的布局、配色和字体等基本要素，为设计者提供了一个统一的视觉风格；而素材则是填充这个框架的具体内容，包括图片、图表、图标和文字等。在结合时，需要注意以下几点。

（1）深入了解素材特点。在进行设计与模板结合之前，首先要深入了解素材的属性、色彩、排版等。这将有助于设计者更好地运用素材，使其与模板相得益彰。此外，了解素材的来源和背景也有助于创意的发挥，让PPT设计更具有针对性和个性化。

（2）保持风格一致。在融合素材与模板时，要注意保持设计风格的一致性。这包括字体、颜色等方面，以确保整体视觉效果和谐统一。如果模板以简洁明了为主，那么素材也应以清晰、直观为主；如果模板以活泼生动为主，那么素材可以适当增加一些有趣的元素。同时，注重细节处理，如边框、图标、按钮等设计元素，与整体风格保持一致，使设计更加精致。

（3）素材的布局要与模板的排版相呼应。在设计过程中，要学会运用素材的优势，突出展示重点内容。通过合理布局和搭配，让素材与模板相互呼应，提升整体视觉效果。在放置图片、图表等素材时，要考虑到模板中已有的元素和排版规律，避免出现冲突或重叠的情况。在排版布局时，运用对比、对称、层次等设计手法，可以有效突出重点，使画面更具张力和吸引力。

小技巧

在将素材与模板结合的过程中，鼓励创意发挥，打破常规。通过新颖的构思和表现手法，将素材与模板有机结合，为设计增添亮点。同时，注重实践，不断尝试和总结，提高设计能力。

（4）素材的使用要适度。过多的素材可能会让页面显得拥挤，影响观众的阅读体验；而过少的素材则可能让页面显得空洞，缺乏说服力。

（5）留白处理。合理利用留白和间距，可以让素材与模板更好地融合。避免过于拥挤的设计，让画面更加舒适和易于阅读。适当增加留白和间距，可以让画面更具呼吸感，提升观众的阅读体验。

032 在模板基础上进行创新设计

实用指数 ★★★★★

>>> 使用说明

在模板基础上进行创新设计，是提升PPT品质的关键。

>>> 解决方法

创新设计并不意味着完全颠覆模板，而是在保持模板整体风格的基础上，加入一些个性化的元素和创意点。这可以通过以下途径实现。

（1）调整配色方案。在保持主色调不变的前提下，可以尝试调整辅助色或点缀色的搭配，使页面看起来更加新颖和活泼。

（2）更换字体或调整字号。选择合适的字体和字号，可以突出重要信息，提升观众的阅读体验。

（3）增加动态效果或转场动画。适当的动态效果和转场动画可以让PPT更加生动有趣，吸引观众的注意力。

（4）引入个性化元素。例如，可以在页面中加入公司的 Logo、标语或特色图案等，以彰显品牌特色和文化底蕴。

总之，在素材与模板的融合与创新过程中，需要设计者具备敏锐的洞察力、丰富的想象力和高超的技术水平。通过不断尝试和突破传统思维，发掘素材潜力、合理运用模板，以及关注用户需求，使 PPT 作品脱颖而出。

另外，还需要了解的是，PPT 素材与模板的融合与创新是一个不断学习和实践的过程。随着设计水平的提高和经验的积累，可以不断探索新的方法和技巧，使 PPT 设计更加符合观众的需求和审美。同时，也需要保持对新技术和新趋势的敏感度，以便及时将最新的设计理念和技术应用到 PPT 设计中。

第3章

布局之美尽在掌握：PPT页面布局技巧

PPT作为一种独特的办公文档形式，其要求远高于普通的文本处理。它不仅追求内容的充实与精准，更要求拥有出色的视觉表现力，从而能够吸引并留住观众的注意力。因此，在制作PPT的过程中，必须以设计者的视角，对每一页幻灯片、每一个元素都进行深入的打磨与优化。

然而，许多人在制作PPT时，往往忽略了布局的重要性，导致页面显得杂乱无章，难以传达出清晰的信息。本章将深入探讨PPT页面布局的技巧，帮助读者掌握布局之美，提升PPT的视觉效果和传达效率。

下面来看看以下一些PPT内容布局中常见的问题，请自行检测是否会处理或已掌握。

- 你是否了解F型与Z型浏览布局的设计原理，并能灵活应用于PPT中？
- 黄金分割点在PPT布局中究竟有何妙用？你如何巧妙运用它来提升视觉效果？
- PPT排版的五大原则是什么？你能否熟练掌握并应用于实践？
- 常见的PPT页面布局模式有哪些？你能否根据内容选择合适的布局？
- 如何打破常规，设计出独特且吸引人的PPT布局？你有哪些创新布局的实践经验？
- 图表美化的3个方向是什么？你如何运用这些方向来优化PPT中的图表布局？

希望通过本章内容的学习，读者能够解决以上问题，并探索更多PPT页面布局的奥秘，发现其中的美学价值，最终提升PPT制作水平。

3.1 PPT 页面的基本布局原则

PPT 页面的布局设计是提升演示效果、确保信息清晰传达的关键环节。在本节中，将重点介绍 PPT 页面的基本布局原则，并辅以实际案例来解析如何运用这些原则打造出专业、美观且易于理解的 PPT 页面。首先，将从 F 型与 Z 型浏览布局的设计开始，探讨如何根据观众的浏览习惯来优化页面布局；其次，将探讨黄金分割点在 PPT 布局中的应用，以科学的视觉原理提升页面的美观度和阅读体验；最后，总结了 PPT 排版的五大原则，帮助设计者在实际操作中更加得心应手。现在，让我们进入正题，一起探索 PPT 页面布局的魅力吧！

033 F 型与 Z 型浏览布局的设计

实用指数 ★★★★☆

>>> 使用说明

PPT 应用范围很广，如何提高 PPT 的信息传达效果使其更具吸引力是每一个 PPT 设计者关心的问题。

>>> 解决方法

许多研究表明，观众在观看 PPT 时的目光浏览路径通常呈 F 型或 Z 型。因此，可以根据这一特点来设计幻灯片，将关键信息放在观众的视线路径上，提高信息的传达效果。

1. F 型浏览布局设计方法

F 型浏览布局是指观众在观看 PPT 时，目光浏览的路径呈现出字母 F 的形状。这种浏览路径通常包括三个部分：头部、中部和尾部。根据这一特点，可以将重要信息放在以下几个位置。

（1）幻灯片的头部：观众在观看 PPT 时，首先关注的是幻灯片的头部。因此，将关键信息放在头部，可以让观众一目了然，提高信息的传达效果，如下图所示，这也是最常见的排版方式。

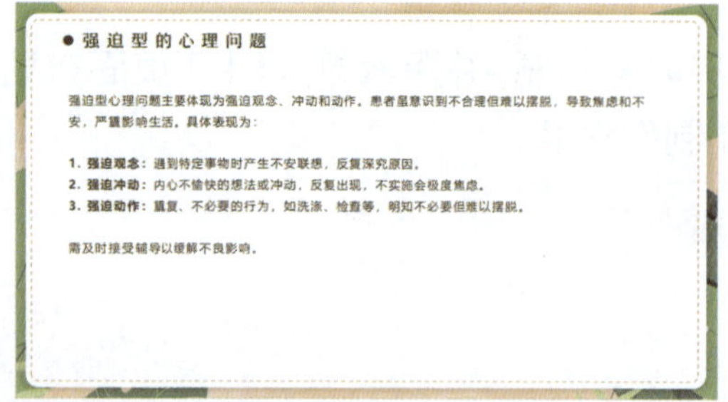

（2）幻灯片的中部：观众在浏览幻灯片时，目光会停留在中部一段时间。将重要信息放在中部，可以吸引观众的注意力，使其更加关注幻灯片的内容，如下图所示。

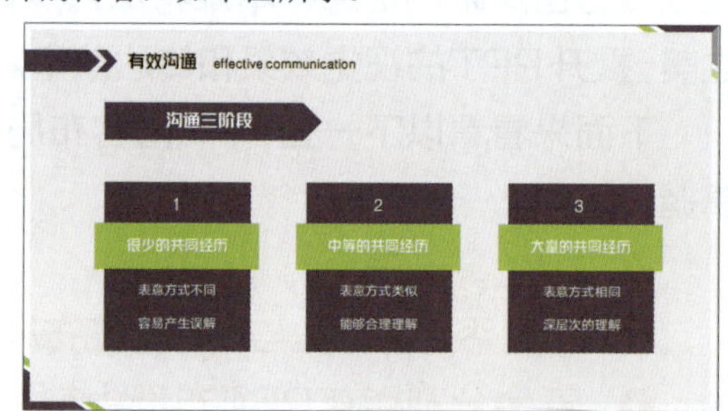

（3）幻灯片的尾部：在 PPT 的结尾部分，观众的心情相对放松，可以将一些总结性、强调性的信息放在尾部，加深观众对 PPT 内容的印象，如下图所示。

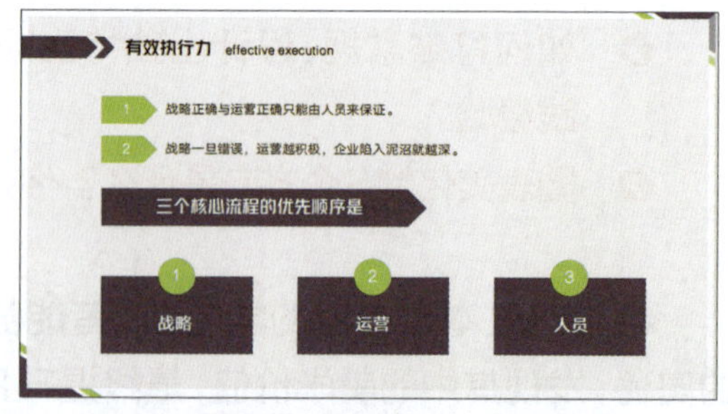

2. Z 型浏览布局设计方法

Z 型浏览布局是指观众在观看 PPT 时，目光浏览的路径呈现出字母 Z 的形状。这种浏览路径通常包括两个部分：左侧和右侧。根据这一特点，可以将关键信息沿着路径分布，引导观众逐步关注。

（1）左侧：将重要信息放在幻灯片的左侧，可以吸引观众的注意力，使其关注幻灯片的内容，如下图所示。

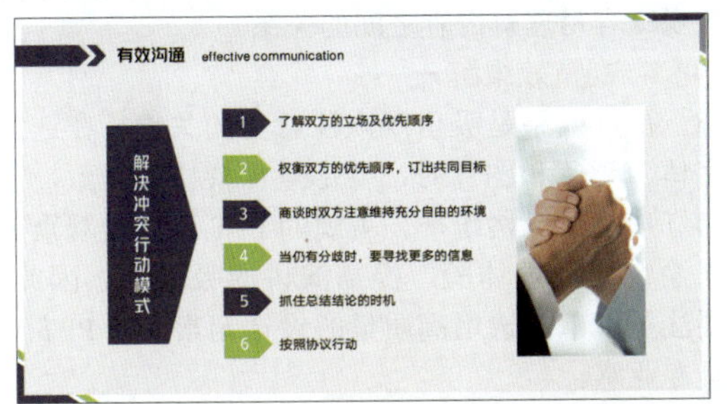

（2）右侧：在幻灯片的右侧，可以放置一些补充信息、细节或图表，让观众在观看过程中逐步了解和掌握，如下图所示。

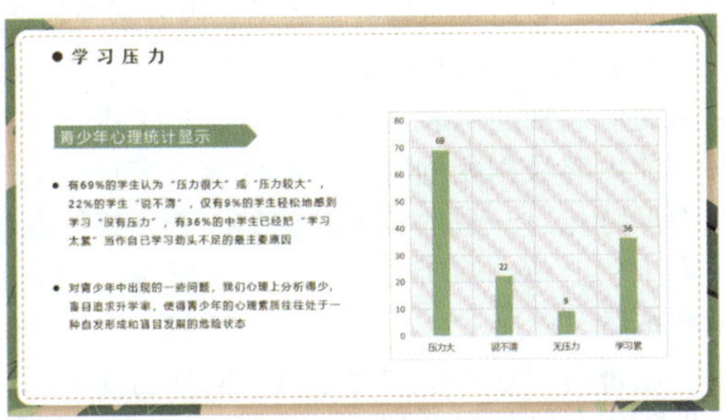

3. F型与Z型浏览布局在PPT设计中的重要性

在PPT中采用F型与Z型浏览布局，主要有以下效果。

（1）提高信息传达效果：根据观众目光浏览的路径，将关键信息放在合适的位置，有助于提高信息传达效果。

（2）提升观众体验：合理的布局可以让观众在观看PPT时，感受到舒适的视觉体验，从而提高PPT的吸引力。

（3）突出重点：通过布局设计，将重要信息放在观众容易关注到的位置，有助于突出PPT的重点。

（4）引导观众关注：通过F型和Z型布局，可以有效地引导观众关注PPT的内容，使观众在观看过程中更加关注和理解。

总之，F型与Z型浏览布局在PPT设计中具有重要意义。作为一名PPT设计者，了解并掌握这两种布局方法，能够提高PPT的质量，使其更具吸引力和说服力。在实际制作过程中，可以根据PPT的内容和目的，灵活运用F型与Z型布局，让观众在观看过程中，更好地了解和掌握相关信息。

034 黄金分割点在PPT布局中的应用

实用指数 ★★★★★

>>> 使用说明

黄金分割点，这一古老的美学原则，自古以来便被广泛应用于艺术、建筑、设计等领域。它不仅体现了人类对美的追求，更是大自然和数学规律的完美展现。在PPT制作中，黄金分割点的运用同样能够使整体布局更加和谐，提升幻灯片的视觉效果，让观众的目光得以更好地聚焦。

>>> 解决方法

黄金分割点是一种自然界的规律，它在PPT布局中的应用既是一种美学原则的传承，又是现代演示艺术的发展趋势，符合人类的视觉习惯，让观众在观看时更加舒适。同时，通过合理运用黄金分割点，还可以在PPT制作中实现视觉效果的优化，提高信息传达效率，让观众在欣赏过程中获得更好的体验。

黄金分割点的计算方法如下：

（1）将幻灯片宽度分为两部分，较大部分与较小部分的比例应为1∶0.618。

（2）将幻灯片高度分为两部分，较大部分与较小部分的比例也应为1∶0.618。

这种比例关系不仅符合人类视觉的舒适度，还能够使幻灯片具有较强的美感。在实际应用中，可以将关键元素（如标题、图片、图表等）放置在黄金分割点上，使整体布局更加协调，提高观众的观赏体验，如下图所示。

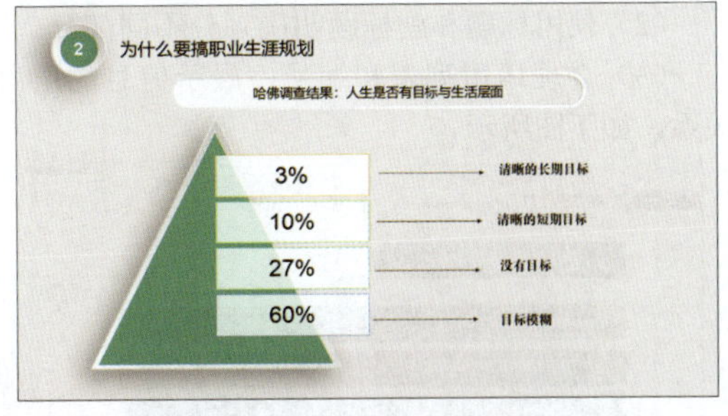

035 PPT排版的五大原则

实用指数 ★★★★☆

>>> 使用说明

在信息爆炸的时代，掌握PPT设计的关键布局原则，能够帮助设计者更好地应对各种场合的演示需求。

>>> 解决方法

熟练掌握 PPT 的版式设计原则，不仅能显著提升 PPT 的视觉效果，还能使内容呈现方式更为丰富多元。这些原则旨在让观众在享受审美愉悦的同时，更好地理解和接受作者想要传达的信息。

1. 简洁明了

在设计 PPT 时，首先要遵循简洁明了的原则。这意味着每一张幻灯片都应该有明确的主题和核心信息，避免使用过多的文字和复杂的图表。通过精简内容，突出重点，让他们专注于演示者所传达的关键信息。此外，简洁的布局还可以提高幻灯片的观赏性，使观众在观看时更加舒适。

2. 重点突出

在 PPT 中，可以使用加粗、颜色、形状等元素，将关键信息凸显出来，并根据前面提到的 F 型、Z 型、黄金分割点进行布局。这样，观众在观看 PPT 时，能够迅速捕捉到重要信息，提高演讲的实效性。需要注意的是，突出重点时要避免过度使用花哨的效果，以免分散观众的注意力。

3. 结构清晰

一份结构清晰的 PPT 有助于观众更好地跟随演示者的思路。在设计幻灯片时，应注重层次感和逻辑性，合理布局幻灯片，使整个演示过程连贯、易懂。可以通过以下方法构建结构清晰、有条理的版面。

（1）根据主从关系，将主体形象放大并置于视觉中心，以凸显主题思想。

（2）使用标题和副标题明确划分不同部分。

（3）合理运用列表和编号，展示信息的层次关系，如下图所示。

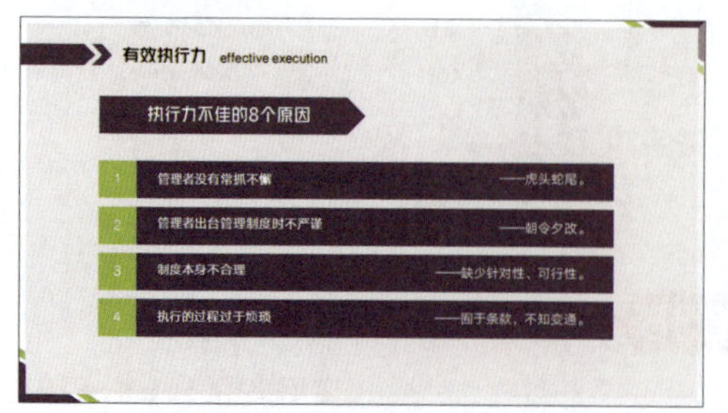

（4）相同类型的内容应集中在一起，避免交叉展示。

（5）在主体形象周围增加留白，使被强调的主体更加醒目突出。

（6）过渡页面设计简洁自然，避免突兀感，让观众容易理解内容之间的关系。

4. 视觉效果统一

视觉效果是吸引观众注意力的关键。在选用字体、颜色和图片时，要尽量保持协调一致，使幻灯片整体风格统一。美观的 PPT 可以给观众带来愉悦的视觉体验，提高演讲的吸引力。因此，要注重细节，选用高质量的设计元素，让 PPT 更具专业感。

在设计 PPT 时，形式与内容必须保持高度统一。若版式设计与主题脱节，就如同无根之花，即便再美也缺乏神韵。版式设计的前提是，其所追求的完美形式必须与主题的思想内容紧密相连。

实现形式与内容的统一，关键在于通过新颖、完美的形式来准确表达主题，即当 PPT 中某些幻灯片的内容级别相同时，这些内容应在每张幻灯片中保持相对一致的位置。例如，若一级标题统一置于左上角，则所有幻灯片的一级标题均应遵循此布局。

在布局幻灯片中的对象时，同样需要遵循统一性原则。对象间的间距、长度、宽度等要素应尽可能保持“横向同高，纵向同宽”的视觉效果，即横向排列的对象高度一致，纵向排列的对象宽度一致。如下图所示，对比凌乱版面与协调版面，显然第 2 张幻灯片更具视觉吸引力。

整体规划 PPT 版面很重要，不仅强调内容的

布局位置，还注重布局风格的统一。强化整体布局意味着在编排结构和色彩运用上进行整体设计，以营造和谐统一的视觉效果。

在构建整体结构时，应注重视觉秩序的引导。无论是水平结构、垂直结构、斜向结构还是曲线结构，都应保持内容布局的连贯性和一致性。例如，若幻灯片中的文字以水平方向为主，则其他内容也应遵循水平布局；若采用垂直或旋转布局，则整体内容应保持相应的垂直或旋转趋势。

同时，应注重文案的集合性处理。通过将文案中的各类信息整合成块状结构，使版面的条理更加清晰，如下图所示。

此外，在制作展开页时，无论是产品目录还是跨页版，都应在同一视线下展示，以强化整体视觉效果。

5. 适度创新

适度创新是提升 PPT 吸引力的关键，可以让 PPT 更具审美价值。在保持简洁明了的基础上，可以尝试新颖的设计元素，如独特的布局、动画效果等。适度创新能让 PPT 更具个性，让观众耳目一新。但要注意，创新应适度，避免过度追求花哨而忽略 PPT 的本质目的。

3.2 常见的 PPT 页面布局模式

在前面的章节中，深入探讨了 PPT 页面布局的核心原则和技巧。接下来，将进一步细化这些原则，聚焦于 PPT 页面的具体布局模式。不同的布局模式能够适应不同的内容和场景，从而提升观众的阅读体验和信息的传达效率。本节将介绍几种常见的 PPT 页面布局模式，包括标题与内容布局、左右分栏布局、上下分栏布局以及图片与文字结合布局。通过了解这些布局模式，能够从中获得宝贵的布局技巧和丰富的灵感来源。

036 标题与内容布局

实用指数 ★★★★☆

>>> 使用说明

在 PPT 制作中，有一种布局模式备受推崇，那就是将标题与内容分开呈现。标题有标题的常用布局效果，内容又是内容的布局效果。

>>> 解决方法

一般情况下，标题和内容都会分开布局，互不影响。这种布局模式以其简洁明了的特点，深受广大用户的喜爱。它不仅能够帮助观众一目了然地了解幻灯片的主要信息，还能有效地强调主题和内容，提高信息的传达效率。

标题部分通常是幻灯片的核心概括，它可以包含幻灯片的主题、子主题或者关键词。标题的作用在于，让观众在浏览幻灯片时能够迅速理解幻灯片的主要议题，为接下来的内容部分做好铺垫。一个好的标题应该简洁、有力，能够引人入胜，激发观众的好奇心。

内容部分是标题的延伸和详细阐述，它负责具体阐述主题相关的观点、理论或者实证研究。内容部分应当做到有逻辑、有条理，以便观众能够跟随演讲者的思路，深入理解主题。此外，内容部分还应该注重实证数据的呈现，通过图表、图片等形式，让观众更直观地感受到研究的结果和观点。上面两个标题幻灯片对应的内容效果如下图所示。

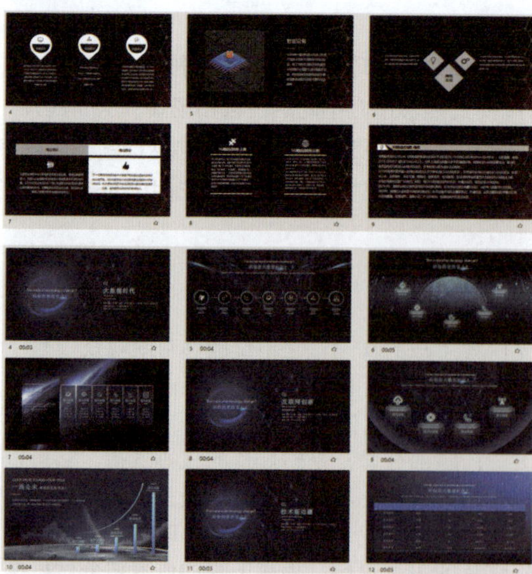

另外，在具体的内容页中，也经常将标题和内容分开呈现，如下图所示，使观众能够一目了然地了解幻灯片的主要信息。

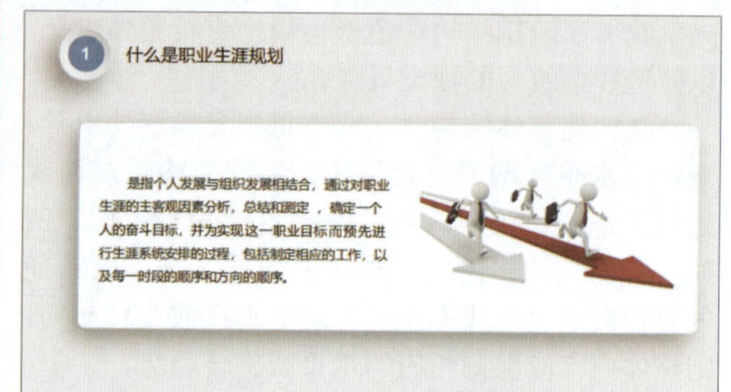

总的来说，标题与内容分开呈现的布局模式，既保证了信息的清晰度，又强调了主题的重要性。在这种布局模式下，观众可以快速抓住幻灯片的核心要点，有效地提高了信息的传达效率。同时，这种布局模式也符合人们阅读和理解信息的习惯，更能引起观众的共鸣。因此，无论是新手还是经验丰富的PPT制作人员，都可以尝试采用这种布局模式，让幻灯片更加出彩。

037 左右分栏布局

实用指数 ★★★★★

>>> 使用说明

左右分栏布局在PPT设计中是一种非常实用的布局模式，它能有效地将页面分为左右两个部分或三个部分，如下图所示，以呈现不同的内容，适用于需要对比或展示多个主题的场景。

二分法　　三分法
平均　非平均　平均　非平均

>>> 解决方法

左右分栏布局模式可以让观众在短时间内获取到丰富的信息，并能够直观地对比和分析不同主题之间的关联性和差异。

在设计左右分栏布局的PPT时，需要注意以下几点。

（1）明确主题：要明确PPT的主题，确保左右两侧的内容具有明显的对比或关联性。例如，左侧栏位展示其中一个主题的详细信息，右侧栏位则呈现另一个主题的相关内容。如下图所示，左侧栏显示学历相关数据，右侧栏显示人员类别相关数据。

人力资源各项指标统计

学历结构		
学历	人数	占比
硕士及以上	5	0.5%
本科	300	6%
大专	500	10%
中专（中技）	700	20%
高中及以下	1500	75%

人员类别结构		
类别	人数	占比
中层管理及以上	50	5%
工程技术人员	100	9%
营销人员	300	20%
辅助人员	100	9%
生产人员	1500	75%

（2）结构清晰：为了使观众更容易理解内容，左右分栏布局的 PPT 应具备清晰的结构。可以将左侧栏位分为几个小部分，分别呈现不同主题的详细信息。右侧栏位同样需要合理安排内容，与左侧栏位形成良好的呼应，如下图所示。

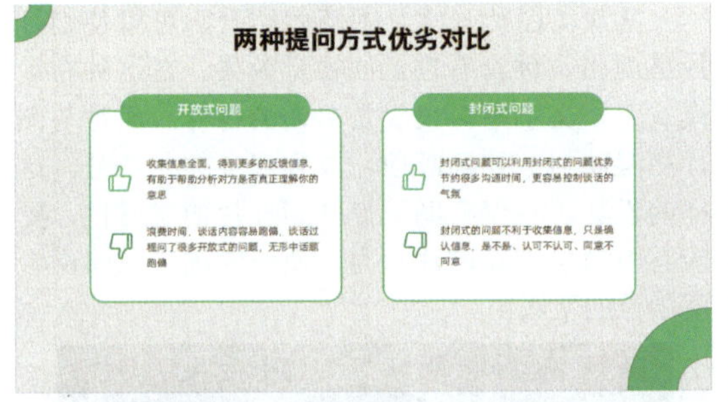

（3）突出重点：在左右分栏布局中，要学会突出重点。可以通过加大字体、改变颜色、使用图表等方式，强调重要观点和信息。这样既能吸引观众的注意力，也能使他们更容易记住关键内容。如下图所示，通过背景色的深浅不同，让左侧的信息明显强过右侧的观点。

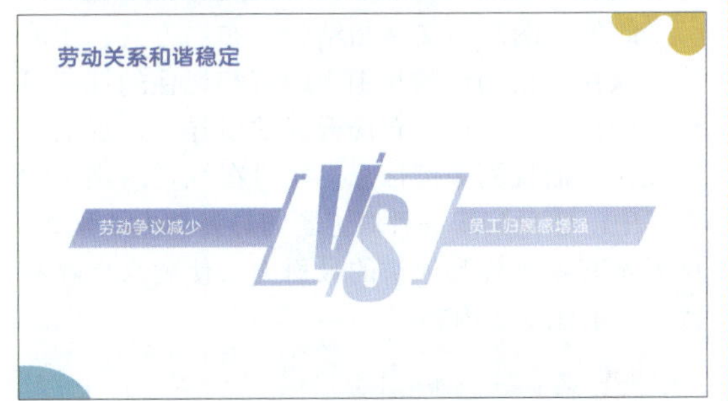

（4）视觉平衡：在设计左右分栏布局时，要注重视觉平衡。避免出现一侧内容过多，另一侧内容过少的情况。可以通过调整字体大小、行间距、图片大小等元素，使两侧内容在视觉上达到平衡。如下图所示，通过调整颜色和字体大小，尽量平衡了左右两侧的关系。

（5）适当使用过渡和连接：为了使左右两侧内容更加紧密相连，可以适当使用过渡和连接词。这样既能增强 PPT 的逻辑性，又能帮助观众更好地理解不同主题之间的关联。

038 上下分栏布局

实用指数 ★★★★★

>>> 使用说明

在 PPT 制作中，上下分栏布局是一种常见的布局方式，它将页面垂直划分为上下两个部分或三个部分，如下图所示，以便于展示具有层次结构或时间序列的信息。

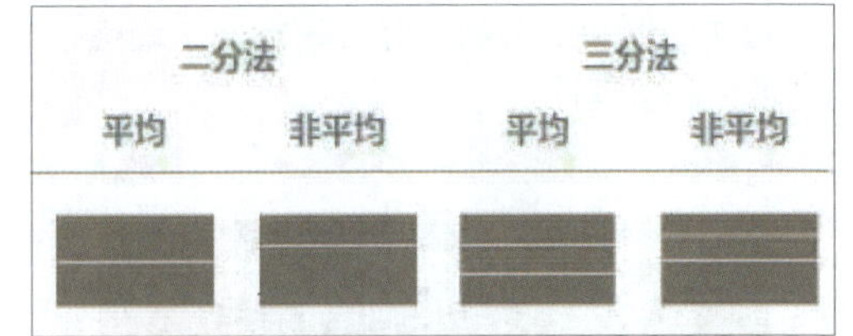

>>> 解决方法

上下分栏布局模式类似于左右分栏布局，但前者主要适用于展示纵向的分类或对比信息，如下图所示。

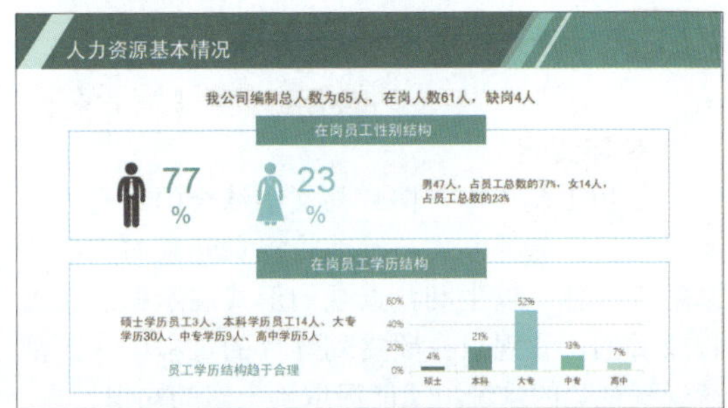

上下分栏布局的优势在于，它能够让观众在短时间内清晰地把握住信息的层次结构和时间序列的发展脉络。在上方栏位，可以展示高层次的观点或者总体情况，如项目的背景、目标、愿景

等。这些信息能够为观众提供一个宏观的认知框架，帮助他们更好地理解下方的具体内容。

而在下方栏位，可以详细介绍层次结构中的每个层次或者时间序列中的每个阶段。例如，可以列出实施方案的各个步骤，展示阶段性成果的详细情况。这种方式有助于观众深入理解每个层次或阶段的具体内容，从而提高信息的易懂性。

也可以交换上下方栏位的内容，如下图所示，将市场分析后锁定的几个定位理由分别罗列在上方，然后将定位结论突出显示在下方。

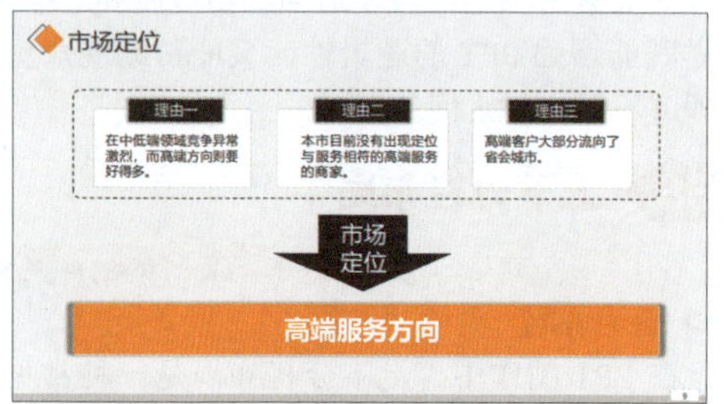

此外，上下分栏布局还可以帮助设计者更好地组织信息。上方栏位可以用来展示主题内容，下方栏位则可以用来阐述细节，如下图所示。这种方式使主题和细节相互呼应，有助于增强信息的逻辑性和条理性。

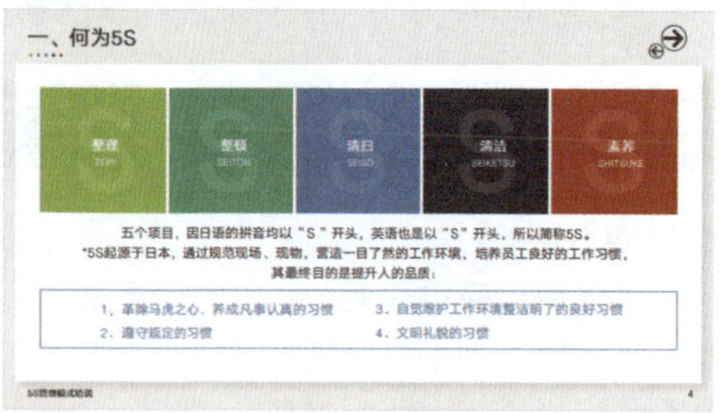

039 图片与文字结合布局

实用指数 ★★★★☆

>>> 使用说明

在PPT制作中，图片与文字结合的布局方式备受瞩目。这种方式巧妙地将视觉元素与文字信息融为一体，以生动、直观的形式展示概念、过程或实例，让观众在欣赏幻灯片的过程中，既能感受到视觉的愉悦，又能汲取到丰富的知识。

>>> 解决方法

图片与文字相结合的布局模式富有创意，能有效吸引观众注意力。

首先，图片在PPT中的运用，可以清晰地表达出概念的内涵、过程的步骤或者实例的特点。一张贴切的图片犹如一把钥匙，能瞬间开启观众的心扉，让他们对接下来的内容产生浓厚的兴趣；而文字则承担着补充和解释图片的作用，进一步阐述图片所表达的意义，让观众在欣赏图片的同时，也能对相关内容有更深入的了解。

其次，图片与文字的巧妙结合，可以使幻灯片呈现出一种富有创意的视觉效果。在这种布局模式下，文字不再仅仅是单调的符号，而是与图片相互映衬、相互呼应，成为视觉的一部分。这样的设计，不仅有助于提高幻灯片的观赏性，更能有效吸引观众的注意力，使他们沉浸在演讲者所创设的氛围中。

此外，图片与文字相结合的布局方式，还能让观众在轻松愉快的氛围中理解和记住幻灯片所传达的信息。在这种布局模式的引导下，观众可以轻松地捕捉到关键信息，同时在视觉与文字的交织中，感受到演讲者对主题的热爱和专业素养。这无疑有助于提高演讲的吸引力，使观众更容易接收和消化演讲内容。

3.3 创新布局的探索与实践

通过前面对 PPT 页面布局原则和常见布局模式的探讨，可以更好地掌握 PPT 设计的技巧，创建出具有吸引力和高效传达信息的幻灯片。在实际应用中，不断创新和实践，挑战传统布局观念，也有助于提升 PPT 的设计水平。

040 打破常规，设计独特布局

实用指数 ★★★☆☆

>>> 使用说明

在当今这个充满竞争和挑战的时代，与众不同已经成为一种竞争力。而这种竞争力在设计领域表现得尤为明显。打破常规，设计出独特的布局，不仅能够吸引观众的目光，还能够展现设计者的个性和创意。

>>> 解决方法

除了前面介绍的几种常见页面布局版式外，还有许多其他排版方式能够营造出活泼、轻快的氛围。

1. 满版型

满版型版式强调以图像为主导，整版图像充满视觉冲击力，通过直观的视觉传达方式，形成强烈的视觉效果。文字作为辅助元素，通常被安排在图像的上部、下部、左侧、右侧或中心位置，形成与图像的有机融合。满版型设计给人一种大方、舒展的视觉感受，广泛应用于 PPT 封面和过渡页的设计之中，如下图所示。

在设计满版型的 PPT 内容页时，要么将文字放在图片中的纯色部分，要么需要对图片进行合理的处理，如添加渐变色，如下图所示，或者在文字内容下方添加色块进行区分。

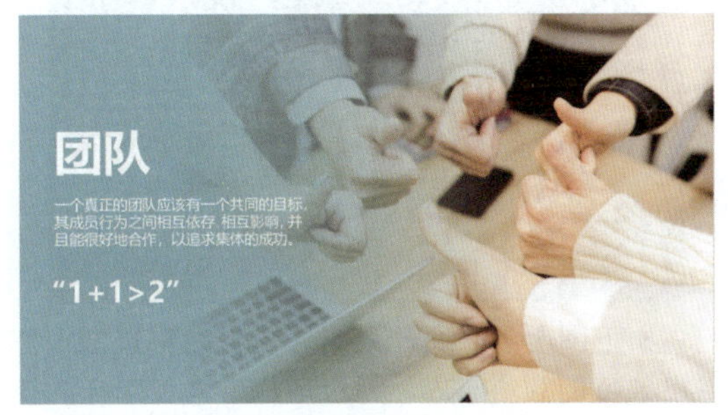

2. 中轴型

中轴型版式以水平或垂直中轴线为基准，将版面元素进行对称分布。标题、图片、说明文字以及标题图形等元素被精心安排在中轴线的两侧，呈现出平衡、和谐的视觉效果。根据视觉流程的规律，设计师通常会将主要诉求点放置在版面的左上方或右下方，以引导观众的视线。水平排列的中轴型版面给人一种稳定、安静、平和的感觉，如下图所示。

也有些设计更为简单，直接在页面的上方和下方留出相同的空白条，压缩内容显示区域，如下图所示，有点模仿卷轴的效果。

3. 斜置型

斜置型版式在构图时，将主体形象或多张图片以一定的倾斜角度进行排列，这种布局方式使视线能够上下流动，为版面增添强烈的动感和不稳定因素，从而吸引观众的注意力，如下图所示。

如下图所示，通过将图片裁剪为斜置型，打造出独特的倾斜布局，为幻灯片带来了别样的视觉体验。

4. 圆图型

圆图型版式以正圆或半圆为版面中心，围绕其安排标题、说明文和标志图形等元素。这种布局方式在视觉上具有强烈的吸引力，能够突出主题并引导观众的视线。如下图所示，半圆图型版式的设计案例展示了其独特的视觉效果。

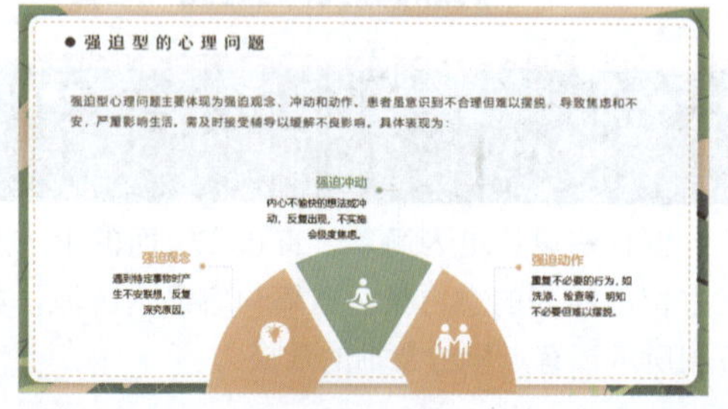

如下图所示，圆图型版式的设计案例通过巧妙的圆形布局，将版面元素有机地结合在一起，形成了引人注目的视觉效果。

5. 棋盘型

棋盘型版式将版面分割成若干等量的方块形态，通过明显的区别和对比来营造出独特的视觉效果。设计者可以根据需要选择不同的分割方式和色彩搭配，以呈现出丰富多彩的版面效果。如下图所示，棋盘型版式的设计案例展示了其整齐划一、条理清晰的特点。

除了中规中矩的棋盘型设计，还可以通过合并部分方块，或形成不规则的方块布局，为版面带来富有创意的视觉效果，如下图所示。

6. 散点型

散点型版式将版面元素在版面上进行不规则的排放，以形成随意轻松的视觉效果。设计者在运用这种版式时需要注意统一气氛和色彩或图形的相似处理，以避免版面显得杂乱无章。同时，还要突出主体元素并符合视觉流程的规律，以实现最佳的诉求效果。如下图所示，散点型版式的设计案例展示了其灵活多变的排版特点，营造出了轻松活泼的版面氛围，为观众带来了愉悦的视觉享受。

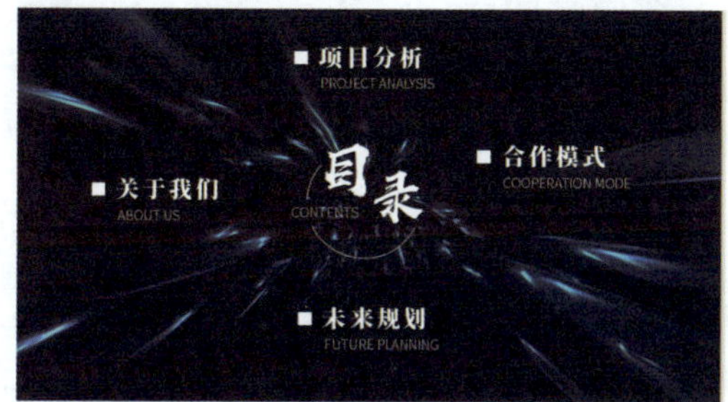

除了上述介绍的几种页面布局版式外，PPT的布局还有许多其他形式可供选择，如曲线型、对称型、交叉型、重复型等。设计者在制作PPT时可以充分发挥自己的想象力，对所需展现的内容进行布局排列。

041 布局与内容巧妙结合的案例分享

实用指数 ★★★★☆

>>> 使用说明

一份成功的PPT不仅需要有吸引力的布局，而且需要将布局与内容巧妙地结合在一起，以提高其观赏性和说服力。

>>> 解决方法

排版是布局的核心，优秀的排版能够更高效地传达信息。在排版布局时考虑与内容相结合，主要具有以下两个作用。

（1）提高观赏性：合理的布局可以使PPT看起来更加美观、清晰，从而吸引观众的注意力；优质的内容则能传达出演讲者的专业知识和观点，使观众更容易理解和接受。

（2）增强说服力：一份优秀的PPT应该能够通过合理的布局和有说服力的内容，使观众更容易被说服，从而达到演讲者的目的。

在实际制作过程中，结合内容进行布局，要打破常规，设计出独特的布局，就需要在色彩、形状和排版等多个方面进行创新。这里主要说明在排版方面可以从以下几点入手。

1. 文字排版

在设计PPT时，人们往往更关注图片、图形、图表的布局，却忽视了文字布局的重要性。事实上，文字的布局同样关乎到观众的阅读体验和信息的有效传达。

优秀的PPT在文字布局上都有着精心的设计，它们会通过合理的字号、字体、颜色、行间距以及文字的对齐方式，甚至会将文字进行拆分、重组，形成独特的视觉效果等手法来划分重点、引导阅读节奏，如下图所示。因此，不仅需要考虑所输入的文字，而且需要充分考虑观众在阅读过程中对文字的感受和认知规律，通过调整文字布局来提升信息的可读性和易读性。

具体来说，应该避免文字布局的两大忌讳：一是没有重点，胡乱堆积文字，让观众在阅读时无法迅速抓住关键信息；二是不会断句，导致文字的分行显示打乱了字意，影响了阅读体验。

2. 图文混排

图文混排在PPT排版布局中最为常见，需要注意以下几种情况。

（1）在满版型图片上排版文字的正确方式。将图片作为背景，尤其采用满版图时，为了突出文字内容，需要为文字添加蒙版，使文字在幻灯片中脱颖而出。如下图所示，页面上方的文字放在了图片中接近纯色的位置，不影响观看，但下方的文字比较多，而且图片内容比较复杂，就在图片上方添加了蒙版，然后再放置文字。

蒙版实质上是通过对特定形状进行无轮廓的半透明设置实现的，这在图文混排的场景中尤为常见。

当 PPT 的背景图片色彩丰富，可能遮挡住放置在图片上的文字时，可以根据文字内容的多少，为其划分特定的空间区域，并巧妙地调整文字与形状的效果，实现文字、形状与图片的和谐统一，如下图所示。

也可以对图片进行景深处理，使其部分区域变得模糊，从而凸显出图片上的文字或其他重要元素。

在 PPT 设计中，除了为文字添加蒙版外，还可以尝试为图片添加蒙版。通过降低图片的明亮度，使图片整体色调更为柔和，避免过于刺眼，如下图所示。

（2）人物图片的使用。在制作幻灯片时，人物图片的应用十分普遍，稍不注意就会给观众带来不协调的视觉感受。

当幻灯片中插入的图片仅包含单个人物且无文字时，人物的视线应朝向内部，即面向观众。这种安排能使观众感受到图片中的人物仿佛在注视自己，从而营造出一种受到关注和重视的氛围。

在幻灯片中，人物的视线往往能引导观众的注意力。因此，当幻灯片同时包含单个人物和文字时，人物的视线应自然地转向文字。这样的设计有助于观众顺着人物的视线关注到文字内容，从而提高信息的传达效率，如下图所示。

（3）图片的留白处理。在制作带有图片的幻灯片时，为了保持幻灯片的清晰度和易读性，通常将空白区域留在幻灯片的一侧。这意味着在安排文本内容时，应尽量将文本放置在图片的一侧，以便观众能够轻松地浏览和理解信息，如下图所示。这样的布局可以有效地避免观众视线跳跃和分散注意力。

当需要在带有人物图片的幻灯片中运用留白技巧时，需要注意避免在人物后方留下大面积的空白区域。相反，应将空白区域留在人物前方。这样的设计有助于保持画面的平衡和美观，并与“人物要向内看”的原则相呼应，如下图所示。

3. 信息架构

打破传统的线性叙事方式，尝试将信息进行跳跃式、立体式的呈现，提高布局的趣味性。

例如，在介绍人力资源的主要工作内容时，直接将多个关键词提取出来，罗列到页面中，实现跳跃式排版，如下图所示。

在介绍职场成功铁三角内容时，将关键信息用三个三角形组合的方式呈现，实现简单的立体化效果，如下图所示。

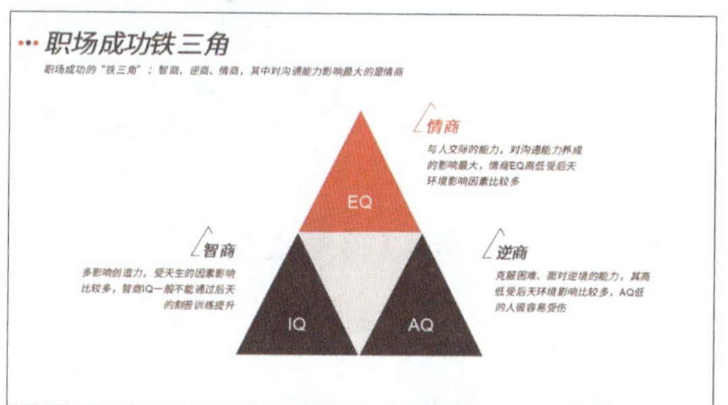

在介绍流程内容时，根据流程环节的先后顺序用路线图进行布局，页面信息看起来就会十分丰富，如下图所示。

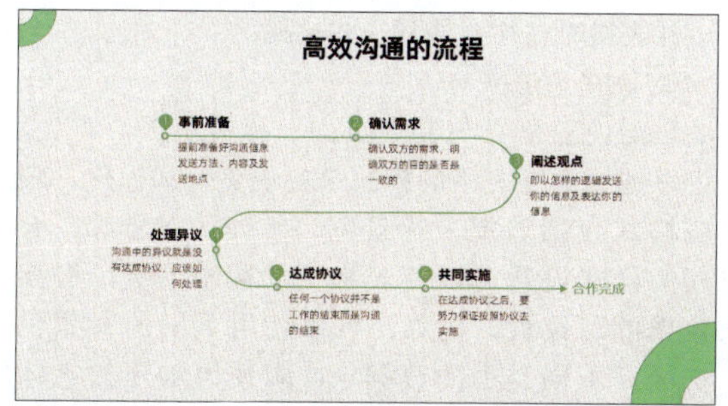

总之，在打破常规、设计独特布局时，也要注重审美和实用性，确保布局能够更好地为内容和观众服务，这样才是有效的页面设计。

042 图片的排版布局巧思

实用指数 ★★★★★

>>> 使用说明

在信息的传达中，图片往往比长篇的文字更具吸引力。因此，要想在PPT中通过图片牢牢抓住观众的视线，精心设计的排版布局显得尤为重要。

>>> 解决方法

对图片进行合理的排版布局不仅能提升PPT的整体美感，更能凸显图片的价值，增强信息的传达效果。

一般情况下，将图片进行创意性的裁剪、合成、拼接，或者与文字、形状等元素进行组合，就可以打破传统的图片排版方式。

（1）裁剪图片。提到裁剪图片，许多人可能只是简单地选择图片并单击“裁剪”按钮。然而，要想让图片在PPT中发挥最大的作用，需要根据图片的用途和主题进行巧妙的裁剪。此外，还可以根据需要将图片裁剪成特定的形状，如圆形、三角形或六边形等，以满足特定的设计需求，如下图所示。

（2）图片合成。将多张图片进行合成，形成一幅全新的画面。可以根据演讲内容将相关图片进行组合，以表达更丰富的意义。例如，将多张人物图片合成一张，表达团队合作的精神。

（3）拼接。当需要在一张幻灯片中展示多张图片时，应避免随意和凌乱的排版方式。可以根据图片的形状、颜色和内容，通过巧妙地裁剪和对齐，使这些图片以统一的尺寸整齐地排列在幻灯片上，从而营造出一种干净、清爽的拼接视觉效果，使版面更具设计感。例如，将多张室内图片拼接成一张大图片，从不同角度展示室内效果，如下图所示。

（4）图片处理。运用图片处理软件对图片进行创意加工，如添加滤镜、贴纸、文字等元素，使图片更具个性化。还可以将一张图片裁剪成多个部分，并分别进行排版和着色，以呈现出不同的视觉效果，如下图所示。

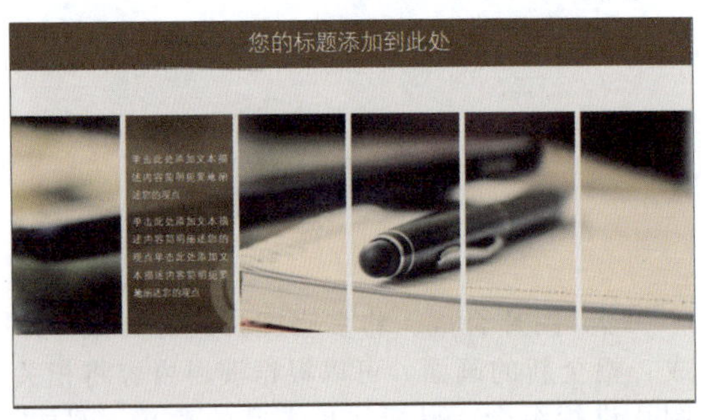

（5）插画创作。根据演讲主题创作一系列插画，这些插画可以用来点缀PPT，使整个演示更具特色。例如，制作一套卡通人物插画，讲述一个有趣的故事。

（6）图形组合。利用PPT内置的图形功能进行创意组合，将多个图形进行组合，形成一幅具有视觉冲击力的画面。例如，利用形状、线条、色块等元素，构建一个具有现代感的图案，如下图所示。

3 企业优势
天下武功 唯快不破
Work Experience

（7）利用SmartArt图形提升排版效果。对于不擅长排版的用户来说，SmartArt图形是一个强大的助手。SmartArt图形本身预制了多种形状和图片排版方式，只需将形状替换为图片，即可轻松创建出丰富多样的版式，如下图所示。

043 表格也可以布局美化

实用指数 ★★★★☆

>>> 使用说明

表格在处理数据和展示信息方面具有重要作用。在PPT中表现数据内容时，经常会用到表格。一张美观、布局合理的表格，有助于观众更快地理解数据，提高工作效率。但在追求美观的过程中，设计表格时往往会遇到一些挑战。

>>> 解决方法

要使表格页与其他页面一样吸引人，首先，可以通过调整表格的样式来实现美化和优化。表格样式包括边框、背景色、字体、字号等。合理的样式设置可以使表格更加清晰易读，提高数据的可读性。例如，可以使用不同的背景色来区分不同类型的数据，或者使用加粗的字体来突出关键信息。如下图所示，表格最上方的表头、左侧的数据分类及最下方的汇总数据通过添加鲜明的填充色和加粗放大文字进行了突出设计。

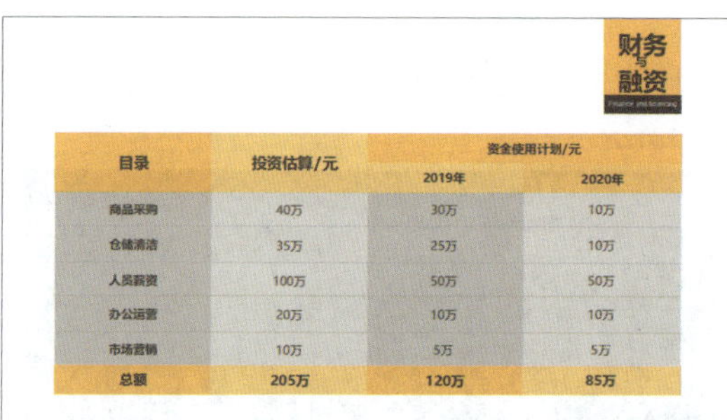

目录	投资估算/元	资金使用计划/元	
		2019年	2020年
商品采购	40万	30万	10万
仓储清洁	35万	25万	10万
人员薪资	100万	50万	50万
办公运营	20万	10万	10万
市场营销	10万	5万	5万
总额	205万	120万	85万

其次，颜色的运用也是表格美化的关键。巧妙地使用颜色，可以让表格更加生动活泼，同时有助于区分不同类型的数据。可以使用颜色来标注特定的数据范围，或者为表格的不同部分设置不同的颜色，使之一目了然，如下图所示。但需要注意的是，颜色的使用要适度，避免过多或过于鲜艳的颜色导致视觉疲劳。

此外，合理的排版也是表格美观的重要因素。可以根据数据的特点和需求，调整表格的行列布局、间距等，使数据展示更加清晰，如下图所示。

当单元格中的内容相对简单时，还可以考虑取消内部的边框以简化表格的设计。这种简化设计不仅能使表格看起来更加清爽，同时也能达到美化的效果。如果数据很少，也可以采用下图所示的布局方法，审阅详细数据。

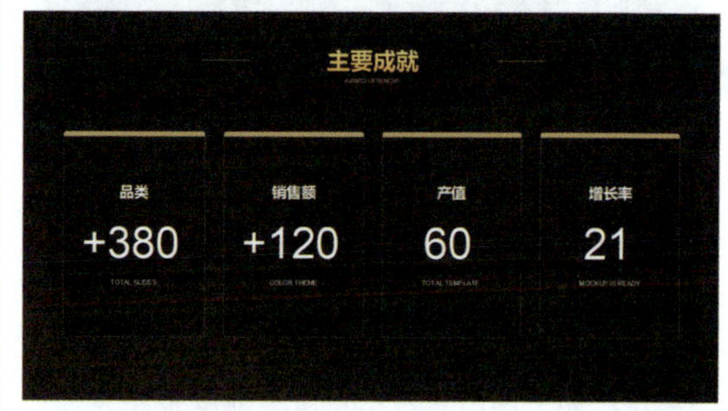

总之，通过对表格的布局美化，可以使数据更加直观易懂，提高工作效率。在实际应用中，要根据需求和场景，灵活调整表格的样式、颜色和排版，让表格变得更加美观实用。同时，也要注重美化的程度，避免过度修饰，以免影响数据的准确性和可读性。通过不断实践和尝试，可以掌握更多表格美化的技巧，让工作和生活更加便捷。

044 图表美化的三个方向

实用指数 ★★★★☆

>>> 使用说明

图表美化的重要性在于，它能够使数据更加具有说服力，让读者更容易理解和接受所传达的信息。

>>> 解决方法

一个实用的图表能够帮助观众更好地理解和分析数据，为实际应用提供便利。在注重实用性的基础上再提高图表的设计感，主要包括以下几个方面：色彩搭配、字体选择、布局规划以及创新图表形式。

色彩搭配要遵循简洁、协调的原则，使图表看起来更加和谐。一般情况下，根据整个 PPT 的色彩应用规范，统一设置所有图表的配色即可。统一的配色能增强图表的设计感，并赋予其专业的外观。如下图所示，同一张幻灯片中根据插图效果为图表设置了蓝绿、白、灰的配色方案，与整个幻灯片的色彩搭配相协调，营造出和谐统一的视觉效果。

字体选择要注重易读性，避免使用过于复杂的字体，如下图所示。毕竟，清晰度是图表美的基础。一个清晰的图表能够使读者快速获取所需信息，提高阅读效率。

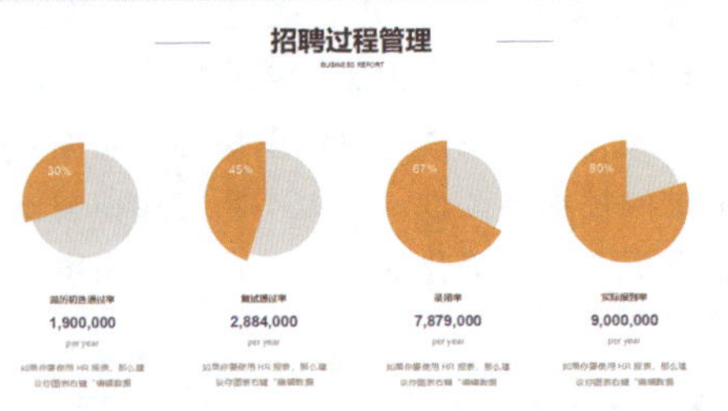

布局规划要合理，使数据之间的关系更加清晰。主要包括以下几个方面：优化数据展示、合理划分区域、突出重点信息。优化数据展示要注意合理选择图表类型，根据数据特点选择最合适的展示方式；合理划分区域可以使图表更加整洁，避免拥挤不堪；突出重点信息有助于引导观众关注关键数据，加深对信息的理解，如下图所示。

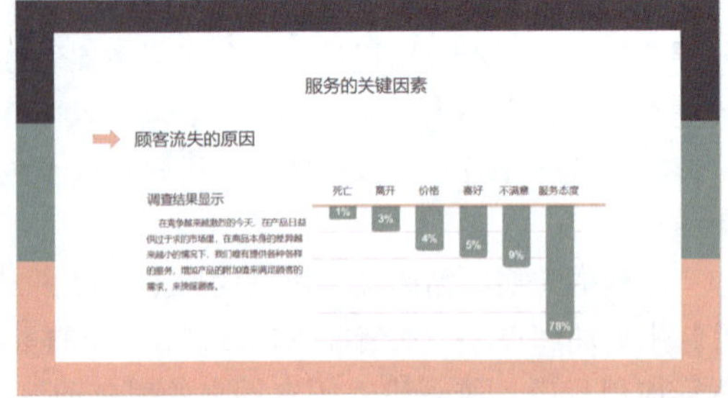

创新图表形式能够使图表更具特色，提高其观赏价值。例如，可以通过调整柱形图的“系列重叠”和“间隙宽度”值来改善柱形的外观，再通过边框和填充色的设置，让它变得“高级”，如下图所示。

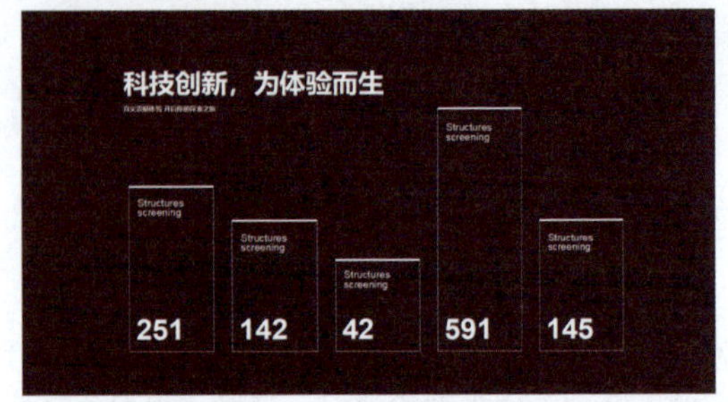

在制作图表时，可以尝试使用图形或图片进行填充，以丰富图表的视觉效果。如下图所示，将条形图用形状进行填充。

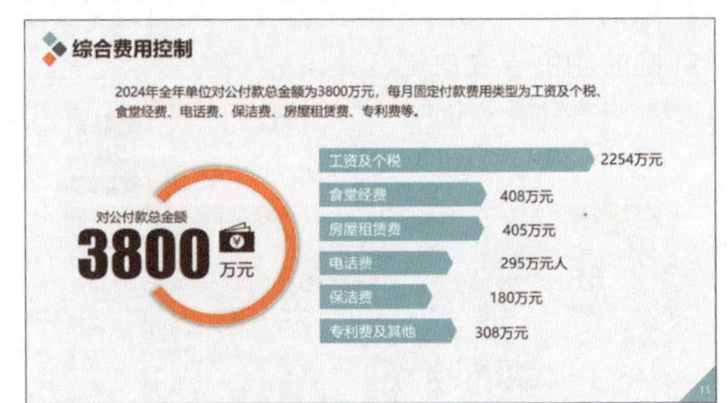

除了通过图形来填充图表，还可以巧妙地运用图片来实现图表的填充，从而使图表更加生动形象。观众在浏览图表时，一旦看到图表中融入的图片，就能迅速联想到相关的产品或内容。如下图所示，该图表就采用了在男性和女性的图片中按占比进行填充，视觉效果极具吸引力。

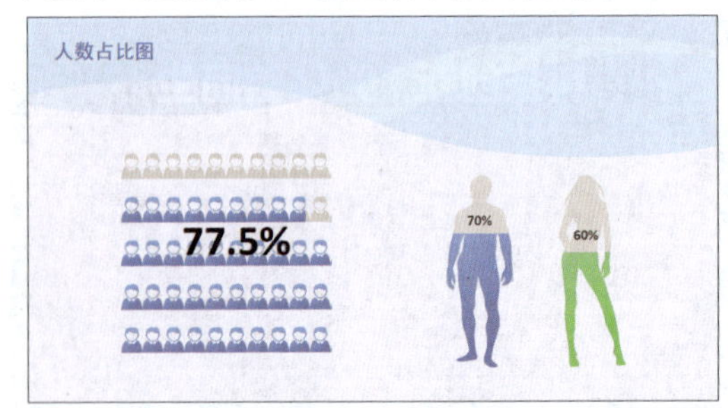

第4章

色彩魔法师：PPT配色技巧

在PPT的制作过程中，配色方案的选择无疑是决定其整体视觉效果的关键因素。正确的配色方案不仅能够让PPT看起来更加美观，而且能够有效地传达信息，增强观众的感知和记忆。因此，在制作PPT时，需要认真考虑配色方案的选取，以打造出一份既美观又富有表现力的PPT。本章将带领读者走进色彩的魔法世界，学习PPT配色的基本原理、常见的配色方案以及配色工具的使用。

下面来看看以下一些PPT色彩搭配中常见的问题，请自行检测是否会处理或已掌握。

- 你是否了解色彩的三要素及其在PPT中的应用？
- 你知道如何利用色彩的心理效应来传达特定的情感吗？
- 在为PPT配色时，你通常考虑哪些关键因素？
- 你是否熟悉并尝试过多种不同的PPT配色方案？
- 如何使用在线配色工具来快速生成适合PPT的配色方案？
- 如何在具体的PPT项目中灵活运用和调整配色方案，使其达到最佳效果？

希望通过本章内容的学习，读者能够解决以上问题，并学会在PPT制作中运用色彩的力量打造出让人眼前一亮的作品。

4.1 PPT 配色的基本原理

色彩是视觉的第一印象，好的色彩搭配能够让人眼前一亮，印象深刻。在深入探讨 PPT 配色的细节之前，首先需要了解 PPT 配色的基本原理。这些原理不仅能够帮助我们更好地把握色彩运用的精髓，还能为后续的配色实践提供坚实的理论基础。接下来，将从多个维度展开分析，首先是色彩的三要素及其在 PPT 中的应用，其次是了解 PPT 中的色彩搭配原则，最后是 PPT 配色时需要注意的若干事项。通过这一系列的讲解，相信读者能够对 PPT 配色有更深入的理解和掌握。

045 了解色彩的三要素及其在 PPT 中的应用

实用指数 ★★★☆☆

>>> 使用说明

色彩是视觉传达的重要元素，它包含三个基本要素：色相、明度和纯度。在 PPT 制作中，掌握这些要素的应用，可以更好地传达信息和表达观点。

>>> 解决方法

色彩作为视觉传达的重要元素，一直以来都在无声地影响着人们的情绪和感知。要更好地运用色彩，首先需要深入了解其基本构成要素。色彩的三要素包括色相、明度和纯度，这些要素在色彩搭配和应用中起着关键作用。

（1）色相：色相是色彩的基本属性，是人们在日常生活中所说的颜色。它是由光线的波长和频率决定的。下图所示为十二色相环。

色相分为三个基本类别：暖色调、冷色调和中性色调。暖色调给人温暖的感觉，如红、橙、黄等；冷色调给人清冷的感觉，如蓝、绿、紫等；中性色调则较为中性，如黑、白、灰等。在 PPT 制作中，根据内容和场景选择合适的色相，有助于营造特定的氛围和情感。

（2）明度：明度是色彩的亮度与暗度，它决定了色彩的明亮程度。下图所示是几种色相不同明度的演变，高明度的色彩显得明亮，低明度的色彩则显得暗淡。

在色彩搭配中，明度的运用可以影响整体的视觉效果。通过合理调整明度，可以使画面更加丰富、立体和生动。在 PPT 制作中，可以利用明度差异来突出重点，引导观众的视线，提高信息的传达效果。

（3）纯度：纯度又称为饱和度，是色彩的鲜艳与灰暗程度。高纯度的色彩鲜艳夺目，低纯度的色彩则显得灰暗。纯度与明度、色相相互影响，共同决定色彩的视觉效果。所以，色相、明度、纯度三者构成了色立体的概念，让色相环由二维变成了三维的概念，如下图所示。

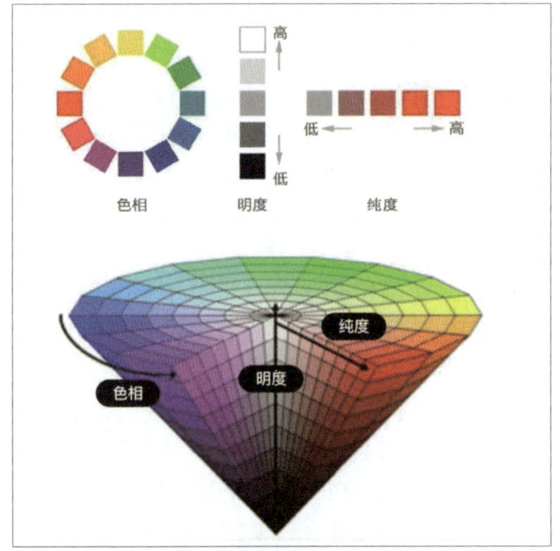

在色彩搭配中，通过提高或降低纯度，可以调整色彩的鲜艳程度，使画面更具表现力。在PPT制作中，适当运用高纯度的色彩，可以有效吸引观众的注意力，增强视觉冲击力。

在了解了色彩三要素的基本概念后，如何在PPT制作中灵活运用这些知识，提升视觉效果和信息传达效果呢？以下是一些实用技巧。

（1）冷色调搭配，营造氛围。根据PPT内容的主题和氛围，选择合适的冷暖色调搭配。例如，暖色调可以营造温馨、热烈的氛围，适用于工作总结、产品发布等场合；冷色调则显得清新、冷静，适用于学术报告、企业宣传等场合。

（2）明度对比，突出重点。通过调整色彩的明度，使其具有明显的对比，可以有效突出重点，引导观众视线。例如，在标题和正文之间使用明度差异，使标题更加醒目；在关键信息处使用高明度的色彩，强调重要性，如下图所示。

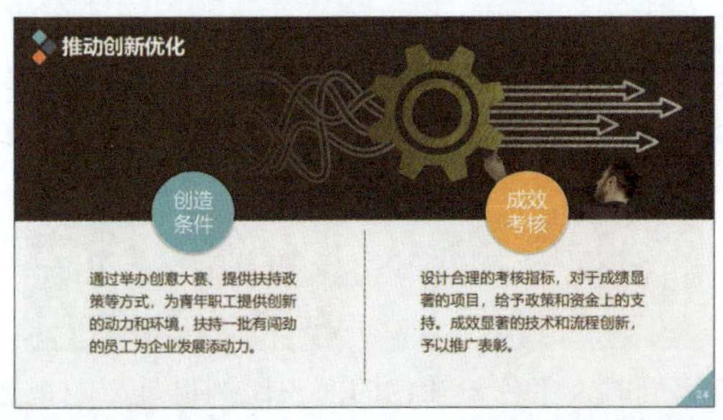

（3）纯度变化，增加视觉冲击力。在PPT中适当运用高纯度的色彩，可以增加视觉冲击力。例如，在图片、图表等元素中使用高纯度的色彩，使画面更具表现力，吸引观众注意力。

（4）色彩平衡，保持和谐。在PPT制作中，要注意色彩的平衡，避免使用过多高纯度、高明度的色彩，以免显得杂乱无章。通过合理搭配色彩三要素，保持画面的和谐与统一，使观众在观看过程中感受到舒适、愉悦的视觉体验。

046 了解PPT中的色彩搭配原则

实用指数 ★★★★☆

>>> 使用说明

色彩作为视觉元素中的重要一环，在PPT中扮演着不可或缺的角色。它不仅具有独特的物理属性，如反射光线、吸收热量等，还具有深远的心灵影响力。色彩能够直接触动人的视觉神经，进而影响人的心理状态和情感表达。因此，需要谨慎使用。

>>> 解决方法

在PPT的色彩搭配过程中，设计者需要遵循一系列的原则，以确保整体配色效果的和谐统一，避免在配色方向上出现问题。

1. 依据主题选择色调

PPT配色的首要原则是依据演示文稿的主题来确定整体的色调。由于主题与演示内容紧密相关，因此不同主题所需传达的信息也会通过相应的颜色表现出来。例如，当主题聚焦于职场训练时，考虑到其严肃正式的氛围，设计者应当选择冷色调的颜色作为主导；若是面向公益演讲，当主题传达出希望与活力的信息时，则可选用象征希望与生命的颜色，如鲜艳的绿色。

在这一过程中，建议设计者深入思考与主题相关的元素或事物，并从中提取与之相匹配的颜色进行搭配。例如，在关于咖啡商品的宣传PPT中，可以从咖啡本身的色泽中提取颜色元素，以确保整体配色与主题相得益彰，如下图所示。

小技巧

如果主题配色比较灵活，还可以考虑观众的年龄段和行业差异。

不同年龄段的观众对颜色的喜好不同，年轻观众偏好鲜艳色彩，年长观众则偏好严肃深沉色调。设计幻灯片时，应根据观众的年龄段更换配色，以呈现不同风格。

各行业有代表性颜色，PPT配色需要考虑目标行业。行业象征色能让观众联想到特定行业，如红色代表政府机关，黄色代表金融行业。颜色还具有心理效应，需要通过配色强化PPT宣传效果。

2. 确定主色与辅色搭配

在PPT配色中，一个明确的主色调至关重要，它可以成为观众视觉的焦点，并帮助确定页面的视觉重心。而辅色则起到衬托和点缀的作用，使整体色彩搭配更加丰富而不显得单调。在选择主色和辅色时，需要根据PPT的主题内容来确定主色，并据此寻找与之相协调或形成对比的颜色。例如，在上图所示的咖啡商品宣传PPT中，选择了深咖色作为主色，而与之相搭配的辅色是棕红色和浅咖色。

3. 限制颜色数量以保持统一

在同一份PPT中，应严格控制所使用的颜色数量，以确保整体视觉效果的统一与和谐。通常情况下，同一份PPT的颜色数量不应超过4种，以避免给人带来杂乱无章的感觉。为了检查颜色数量是否合理，可以切换到幻灯片浏览视图，仔细观察页面中所使用的颜色种类。

047 了解PPT配色的注意事项

实用指数 ★★★★☆

>>> 使用说明

在为PPT进行配色时，除了需要遵循色彩搭配的基本原则外，还需要注意哪些事项呢？

>>> 解决方法

PPT设计者需要知道一些色彩选择的禁忌，避免色彩使用不当，以及注意颜色面积的搭配和背景颜色的选择技巧，以确保幻灯片页面的颜色既美观又得体。

1. 色彩不能乱用

PPT色彩的乱用轻则影响整体美观，重则可能导致内容意义的误传，甚至引发误会和矛盾。

在特定情况下，某些颜色会被赋予固定的意义。例如，在国内股票市场中，红色通常代表涨势，而绿色则代表跌势。如果在制作股票行业的PPT时违反了这一约定俗成的规则，将绿色用于表示涨势，那么这种错误的颜色使用会让人感到十分滑稽。

因此，在制作PPT时，需要了解并遵循各种颜色的固定含义。类似的还有根据严重程度表示预警级别的蓝色、黄色、橙色、红色等；用于区分权威研究报告的书皮颜色，如白皮书、蓝皮书、绿皮书、红皮书等。这些颜色在特定领域中具有特定的象征意义。PPT设计者在制作页面时，必须从内容出发，确保所选颜色与页面内容相匹配，避免使用与内容不符的颜色。

以股票行业为例，当涉及股票涨跌的展示时，需要明确区分代表涨跌的颜色。在国际市场中，通常是绿色代表涨势、红色代表跌势，而在中国则是相反的。因此，在面向国际市场的PPT中，如果错误地使用红色来表示股票增涨，那么这将是一个严重的错误。

2. 注意色彩的面积搭配

为了创造出理想的视觉效果，不仅要确定主色与辅色，还需要仔细考虑它们各自所占的面积比例。因为不同的颜色纯度和基调会对观众的注意力产生不同的影响，进而影响整个画面的平衡感。因此，在配色时，建议先分析清楚主色与辅色的纯度与基调，再依据这些信息来合理分配颜色的面积。

当主色与辅色的基调存在显著差异时，需要对比两者的纯度来决定哪个颜色更适合作为主色，占据更大的面积。如果主色与辅色的纯度相同，那么画面的平衡感将更为突出，如下图所示，右图比左图的画面更平衡。

同时，主色与辅色的面积比例也是影响视觉效果的关键因素。当主色的面积大于辅色时，应确保纯度较高的颜色作为主色，以免辅色过于抢眼而打破整体画面的和谐。如下图所示，左图的搭配失去了平衡，不能有效突出重点，这时可以通过增加主色纯度的方法来保持平衡，结果如右图所示。

另外，当主色与辅色的纯度和色调相近时，颜色的面积便成为决定其视觉效果的主导因素。面积更大的颜色将更容易吸引观众的注意力，成为画面的主角，如下图所示。

4.2 常见的PPT配色方案

为了提高配色效率，可以参考一些有效的配色方案。其中，单色系配色法尤其适合初学者或对色彩搭配不够敏感的设计者。这种方法通过选择一种主色，并搭配黑、白、灰等中性色作为辅色，来确保画面的统一性和质感。主色＋黑、白、灰的单色系配色法之所以有效，是因为黑、白、灰作为百搭色，能够平衡并突出主色的效果，同时不会引发观众的情绪波动。

当然，如果觉得单色系配色法过于单调，也可以尝试使用多色系配色法。这种方法需要更加深入地分析页面所希望呈现的效果，选择合适的配色方案。例如，为了突出冲击感，可以选择对比色或互补色进行搭配；而为了保持页面的颜色统一，则可以选择同类色或邻近色。

接下来将深入讲解几种常见的PPT配色方案，包括经典商务配色方案、创意活泼配色方案以及科技未来配色方案。每种方案都有其独特的魅力和适用场景，一起来看看吧！

048 经典商务配色方案

实用指数 ★★★★★

>>> 使用说明

在为PPT配色时，可以借鉴优秀的设计案例和模板，学习他们的色彩搭配技巧。通过对比、分析和实践，逐步形成自己的色彩搭配风格。同时，多参加相关行业的培训和交流，提升自己的色彩搭配能力。

例如，商务场合的PPT配色应显得稳重、专业。具体如何配色才能体现出专业和稳重的氛围呢？

>>> 解决方法

在商务场合，配色方案应遵循以下原则。

（1）稳重：商务场合的PPT配色应显得稳重、成熟，避免使用过于跳跃、鲜艳的颜色。

（2）专业：颜色搭配要体现出专业性，使观众能够更容易地理解和接受所传达的信息。

（3）简洁：配色方案应简洁明了，避免使用过多色彩，以免造成视觉疲劳。

（4）层次分明：颜色搭配要体现出层次感，使关键信息更加突出。

根据以上原则，提供以下常见的商务配色方案。

（1）黑色：黑色是商务场合的经典颜色，象征着稳重、权威。在PPT中，可以使用黑色作为主色，搭配其他颜色，如白色、灰色、金色等，如下图所示。

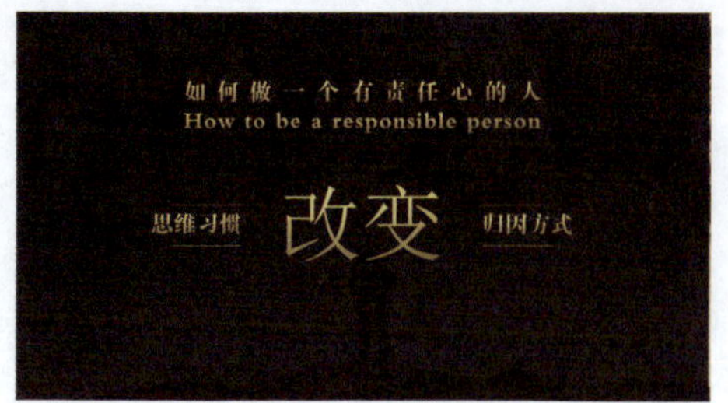

（2）白色：白色具有简洁、清新的感觉，与黑色搭配使用，能形成鲜明的对比，使内容更加突出，如下图所示。

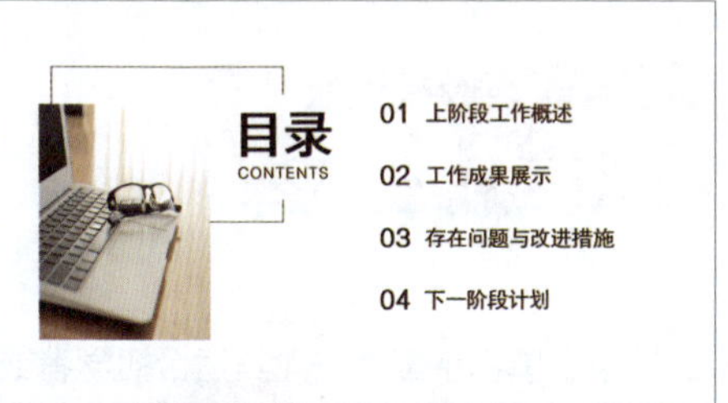

（3）深蓝色：深蓝色给人以沉稳、深邃的感觉，适合用于商务 PPT 的背景色或标题颜色。可以与白色、灰色、深红色等搭配使用，如下图所示。

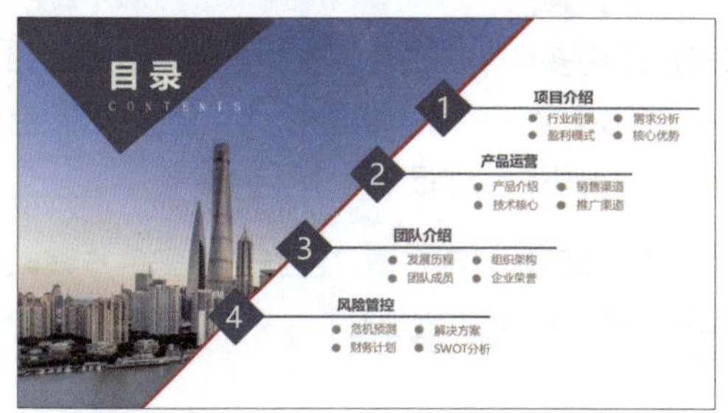

（4）深灰色：深灰色是一种中性颜色，与黑色、白色等搭配，能体现出商务场合的稳重感，如下图所示。

（5）绿色：绿色象征着生机与活力，在商务 PPT 中，可以作为辅色使用，使整体配色更加丰富。

（6）棕色：棕色代表着稳重和优雅，与黑色、白色等搭配，能营造出商务场合的气氛。

049 创意活泼配色方案

实用指数 ★★★★☆

>>> 使用说明

针对年轻、活泼的场合，可以选择一些明快、跳跃的色彩来制作 PPT，以体现出年轻人的活力和独特个性。

>>> 解决方法

在创意活泼配色方案中，要注重色彩的搭配和运用，以满足年轻、活泼场合的需求。通过选用明快、跳跃的色彩，可以营造出充满活力和年轻氛围的空间，展现年轻人的独特魅力。

以下是一些建议采用的色彩。

（1）橙色：橙色是一种充满活力的颜色，它代表着热情、友好和温暖。在年轻、活泼的场合中，橙色能够使人心情愉悦，并营造互动和交流的氛围，如下图所示。

（2）黄色：黄色象征着阳光、希望和快乐，具有很高的视觉冲击力。在年轻、活泼的场合中，黄色能够凸显出年轻人的个性魅力，让人充满激情和力量，如下图所示。

（3）绿色：绿色是一种生机勃勃的颜色，代表着自然、成长和生命力。在年轻、活泼的场合中，绿色能够给人带来清新、舒适的感觉，增加空间的活力和生命力，如下图所示。

（4）蓝色：蓝色是一种富有创意和想象力的颜色，代表着无限的可能。在年轻、活泼的场合中，蓝色能够激发人们的创新思维，拓宽视野。

（5）紫色：紫色是一种神秘而高贵的颜色，代表着独特的个性。在年轻、活泼的场合中，紫色能够展现出年轻人的独特气质，引人注目。

（6）红色：红色是一种充满热情和动力的颜色，代表着激情和能量。在年轻、活泼的场合中，红色能够调动人们的积极性，激发热情，如下图所示。

在实际应用中，可以根据场合的特点和需求，灵活选用这些明快、跳跃的色彩。可以将它们单独使用，也可以进行巧妙的搭配，以创造出充满活力和年轻氛围的空间。此外，还可以根据年轻人的喜好和个性，适当加入一些独特的元素和图案，使配色方案更加丰富和有趣。

050 科技未来配色方案

实用指数 ★★★★☆

>>> 使用说明

科技主题的 PPT 配色应具有未来感，可以选用蓝色、绿色、紫色等色彩。

>>> 解决方法

为了让科技主题的 PPT 更具吸引力及表达出未来感，可以从以下几个方面来考虑配色方案。

首先，要了解科技主题的核心色彩。一般来说，科技领域与未来感紧密相连，因此可以选择蓝色、绿色、紫色等色彩作为主要色调。这些颜色既能体现出科技的严谨与专业，又能表达出未来感的神秘与创新。

（1）蓝色：蓝色是科技领域中最常用的颜色，它代表着冷静、沉稳、理智。在 PPT 设计中，可以将蓝色与白色、灰色等中性色调搭配，以表现出科技文档的清晰与简洁。

（2）绿色：绿色象征着生机与活力，在科技主题的 PPT 中，绿色可以与其他颜色相互融合，营造出一种充满活力的科技氛围。例如，将绿色与白色、灰色搭配，既能表达出科技的环保理念，又能呈现出未来感的清新气息，如下图所示。

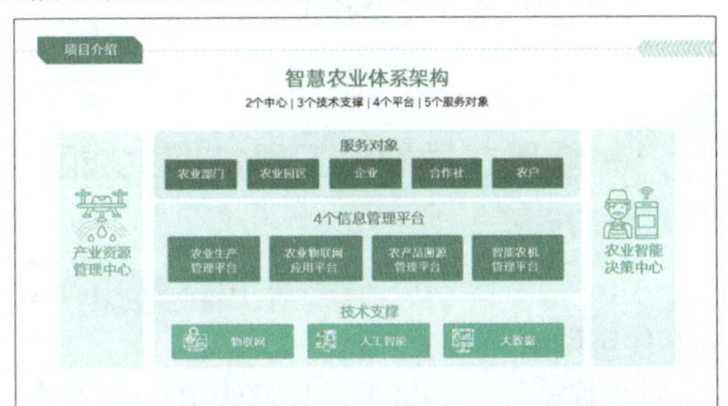

（3）紫色：紫色是科技领域中一种较为少用的颜色，但它能很好地表达出未来感。将紫色与其他颜色搭配，如白色、灰色、蓝色等，可以呈现出一种高贵、典雅的科技形象，如下图所示。

其次，为了使科技主题的 PPT 更具层次感，可以在配色方案中加入一些对比明显的颜色。例如，黑色与白色的搭配，既能突出科技主题的核

心内容，又能表达出未来感的简约与时尚。此外，还可以尝试一些渐变色、金属质感等色彩搭配，以增强 PPT 的视觉冲击力，如下图所示。

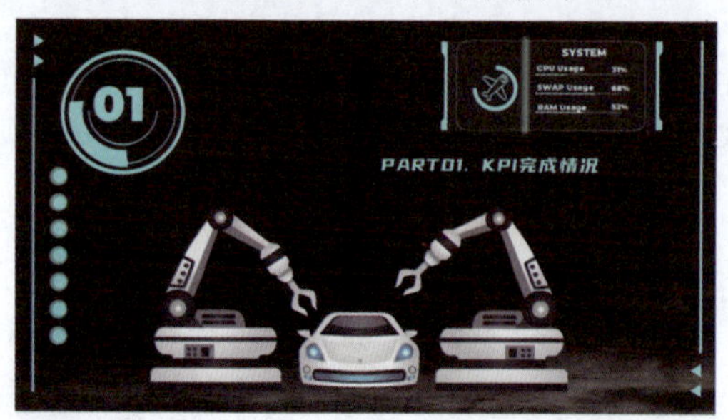

最后，要注意色彩的搭配与平衡。在科技主题的 PPT 中，避免使用过多鲜艳的颜色，以免破坏整体氛围。可以将鲜艳的颜色作为点缀，与其他中性色调相互搭配，营造出一种既充满科技感又富有创意的视觉效果。

4.3 配色工具的使用与配色实践

本节将深入研究如何在实际操作中运用配色工具快速生成配色方案，并探索配色方案在实际 PPT 项目中的应用与调整技巧。

051 使用在线配色工具快速生成配色方案

实用指数 ★★★★★

>>> 使用说明

对于许多设计者来说，如何快速生成和谐的配色方案是一项挑战。幸运的是，现在有许多在线配色工具可以为设计者提供便捷的解决方案。

>>> 解决方法

在线配色工具通常基于预设的色彩算法，通过随机生成或用户输入关键词（如颜色、主题）等方式，为用户推荐适合的配色方案。这些方案通常都遵循色彩搭配的基本原则，如对比度、色调、饱和度等，以确保搭配出的颜色和谐且美观。

市面上有许多在线配色工具，用户可以根据自己的需求和喜好选择合适的工具。以下是一些值得推荐的在线配色工具。

（1）配色表。配色表是网页设计中不可或缺的色彩搭配参考。如下图所示，它提供了丰富的色彩组合，使网页在视觉上呈现出多样、和谐的效果。在制作 PPT 时，如果没有明确的配色方案，但有一个大致的色彩倾向，如追求品位、艳丽或温馨的感觉，那么利用印象配色工具网站来生成配色方案便是一个极好的选择。

在该网站的左侧，有一个“印象搭配”选项，它为设计者提供了多样化的印象分类。通过选择符合需求的印象分类，可以在页面右侧看到相应的配色方案建议。这些方案不仅具有美感，还充分考虑了色彩搭配的原则，使整体视觉效果更加和谐统一。

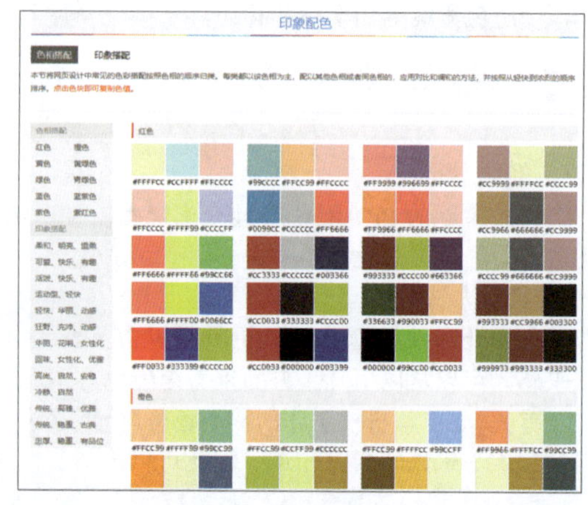

当选定一个满意的配色方案后，只需单击色块即可复制色值，也可以简单截图，然后在PPT中使用取色器工具即可轻松获取所需的颜色。这样，便可以轻松地将这个配色方案应用到PPT中，使整体风格更加协调统一。

（2）中国色。中国色主要用于收集并展示传统中国色，每个颜色都以色卡的形式呈现，并附有详细的CMYK和RGB数值。当设计者单击色卡上的颜色时，页面会随之变化，为设计者提供一个直观的视觉效果。

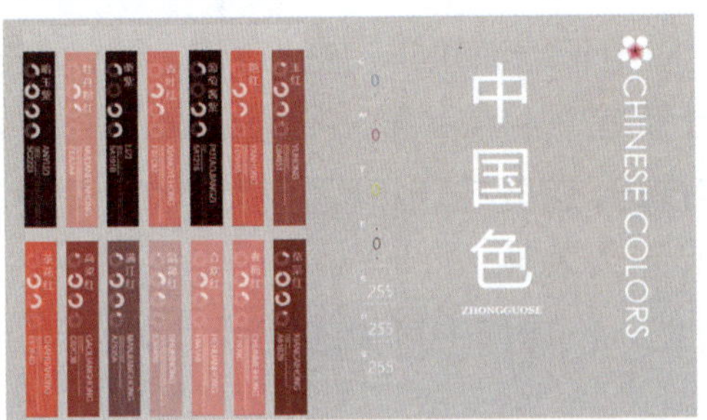

（3）coolors。coolors是一个非常方便的配色工具，其提供了一系列预先设计好的配色方案供设计者浏览和选择。只需单击颜色色块，即可复制其色值并应用到PPT中，极大地提高了配色效率。

（4）WebGradients。WebGradients网站提供了大量的渐变色配色方案。不仅具有丰富的配色案例，而且操作简便，使设计者可以轻松地将这些渐变色应用到PPT中，提升整体的视觉效果和美感。

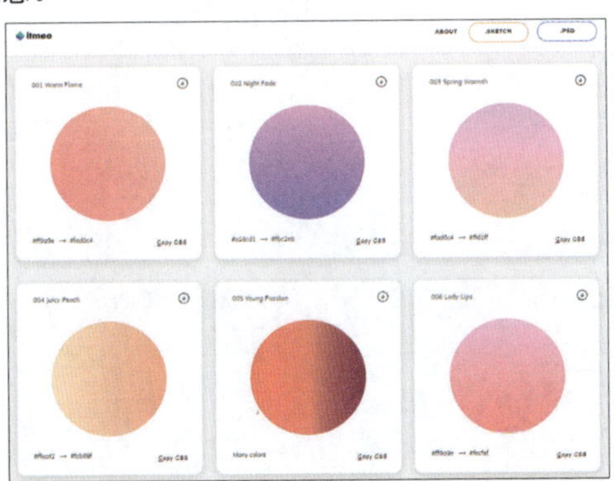

052 配色方案在实际PPT项目中的应用与调整

实用指数 ★★★★★

>>> 使用说明

在线配色工具为设计者提供了便捷的色彩搭配方案，但设计者不能完全依赖这些工具。在使用这些工具的同时，要不断提高自己的色彩搭配能力，并在实际PPT项目中灵活应用与调整，才能使设计作品更具个性和创意。

>>> 解决方法

在实际制作PPT时，主要会将生成的配色方案应用于以下方面。

（1）标题：根据配色方案调整标题文字的颜色、字体、大小等。

（2）内容：为列表、段落、图表等元素选择合适的颜色。

（3）背景：根据配色方案设置PPT背景色或添加渐变、纹理等效果。

（4）按钮、链接：使用配色方案中的颜色来设计按钮、链接等交互元素。

配色方案并非一成不变，而是需要根据PPT项目的特点和需求进行灵活调整。在实际应用过程中，可能需要对配色方案进行调整以满足PPT项目的特定需求。以下是一些调整建议。

（1）色调调整：根据PPT的主题和内容，调整配色方案中的主色、辅色等。

（2）色彩比例：根据PPT元素的分布和重要性，调整各颜色的使用比例。

（3）色彩明度与饱和度：根据PPT风格，适当调整颜色的明度和饱和度，使之更符合视觉效果。

（4）添加中性色：为避免视觉疲劳，可在配色方案中添加一定比例的中性色（如黑、白、灰等）。

总之，在实际PPT项目中，需要根据内容和场景对配色方案进行灵活调整。

第5章

基础操作轻松上手：PPT软件基本操作技巧

PPT作为一款功能强大的演示工具，广泛应用于培训教学、企业宣传、会议报告、科研报告等多个领域。对于大学生和职场人士而言，熟练掌握PPT的基本操作技巧至关重要。本章将介绍PPT的一些基本操作技巧，这些技巧不仅能极大地提升设计者的创作效率，而且能使PPT更加专业、生动，引人入胜。

下面来看看以下一些PowerPoint 2021的入门操作中常见的问题，请自行检测是否会处理或已掌握。

- 如何定制PowerPoint 2021界面以满足个人的工作风格和偏好？
- 当时间紧迫时，如何迅速且有效地构建演示文稿？
- 如何在不同平台上迅速访问和打开最近编辑的演示文稿？
- PPT的不同视图模式分别适用于哪些场景？
- 如何根据幻灯片内容选择合适的版式？
- 如何高效地组织和管理大型演示文稿？

希望通过本章内容的学习，读者能够解决以上问题，并学会PowerPoint 2021软件相关的操作技巧。

5.1 界面管理与优化技巧

扫一扫 看视频

对于初学者来说，了解并熟悉 PowerPoint 2021 工作界面的各组成部分以及掌握相关的操作技巧，对于提高演示文稿的制作效率至关重要。

PowerPoint 2021 的工作界面主要由标题栏、功能区、幻灯片窗格、幻灯片编辑区、备注窗格、状态栏等部分组成，如下图所示。

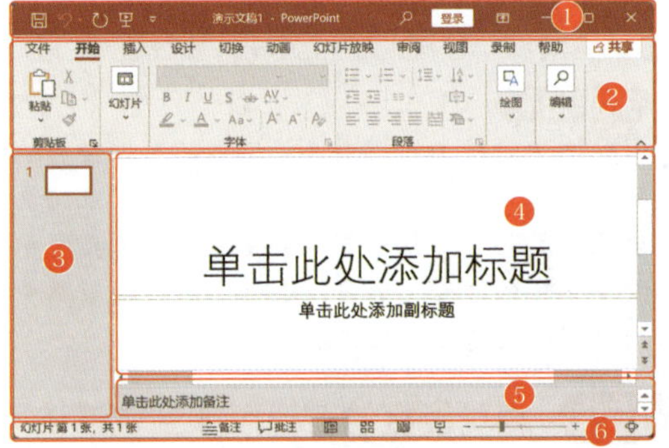

❶标题栏：是 PowerPoint 2021 工作界面中的重要组成部分，从左到右依次由快速访问工具栏、演示文稿标题和窗口控制按钮组成。

❷功能区：是 PowerPoint 2021 工作界面的核心组成部分，由“文件”“开始”“插入”“设计”“切换”“动画”“幻灯片放映”“视图”“录制”等选项卡组成，每张选项卡又包含多个功能组，满足用户在创建和编辑演示文稿时的各种需求。

❸幻灯片窗格：用于浏览和编辑各个幻灯片的缩略效果。通过幻灯片窗格，用户可以轻松掌握整个 PPT 的视觉效果和流程，从而进行必要的调整和优化。

❹幻灯片编辑区：是 PowerPoint 2021 工作界面中最为核心的区域，通过插入与编辑文本、图片、形状、表格、图表等元素来制作精美的幻灯片。

❺备注窗格：为幻灯片添加详细的备注信息，以便在演示时提醒自己或与他人分享。

❻状态栏：用于显示当前演示文稿的基本信息，如幻灯片总数、当前页数以及调整幻灯片的显示方式和大小。

初次打开 PowerPoint 2021 时，通常会呈现一些默认设置，这些设置可能并不完全符合每位用户的操作习惯或需求。为了提高制作幻灯片的工作效率，用户可以根据个人喜好和需求对 PowerPoint 2021 的界面进行个性化设置，并掌握一些优化技巧。

053 灵活移动快速工具栏，适应个人习惯

实用指数 ★★★★☆

>>> 使用说明

默认情况下，快速访问工具栏位于界面的左上角，但为了满足不同用户的使用习惯和需求，可以轻松地进行位置调整，从而提升整体的操作便捷性。

>>> 解决方法

用户可以根据自己的使用习惯将快速访问工具栏调整到功能区下方，具体操作方法如下。

第 1 步 ❶单击“快速访问工具栏”右侧的下拉按钮；❷在弹出的下拉菜单中选择“在功能区下方显示”命令，如下图所示。

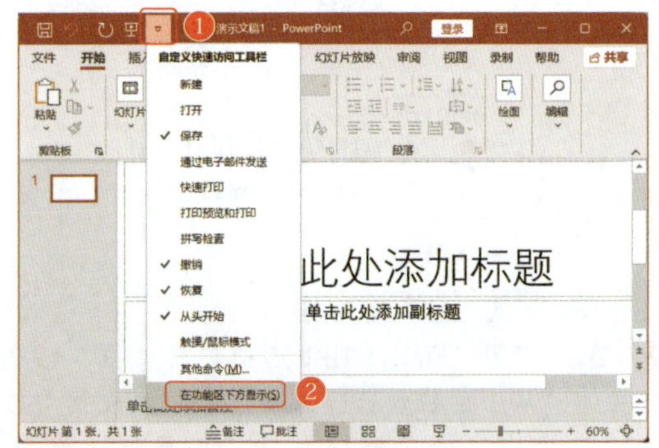

第 2 步 经过第 1 步的操作后，快速访问工具栏将移至功能区下方，如下图所示。

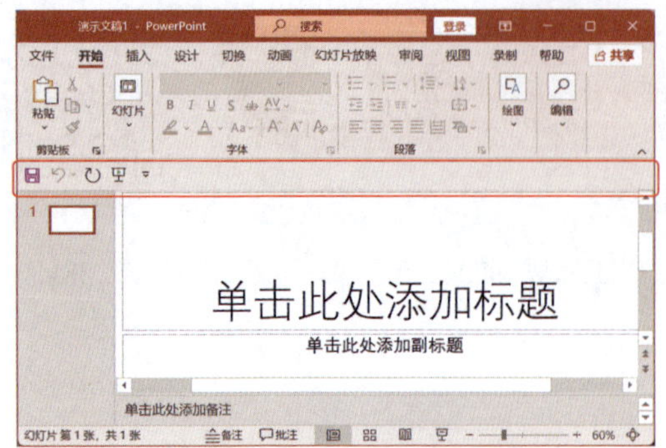

054 添加快速访问工具栏按钮，优化操作体验

实用指数 ★★★☆☆

>>> 使用说明

通过快速访问工具栏可以快速访问常用的命令和功能，从而大幅减少在功能区域中搜索和寻找的时间。因此，可以将常用的按钮添加到快速访问工具栏中，以提高工作效率。

>>> 解决方法

默认情况下，快速访问工具栏中只提供了保存、撤销、恢复和从头开始4个按钮，用户可根据使用习惯添加其他按钮，具体操作方法如下。

第1步 ❶单击“快速访问工具栏”右侧的下拉按钮 ；❷在弹出的下拉菜单中选择需要添加的常用命令，如果没有找到要添加的命令，可以选择“其他命令”命令，如下图所示。

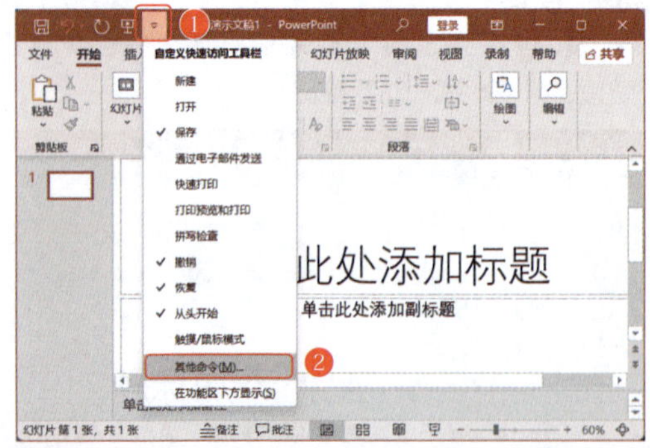

第2步 打开“PowerPoint选项”对话框，❶在中间的“从下列位置选择命令”下拉列表框下方的列表框中选择需要添加的“格式刷”选项；❷单击“添加”按钮将其添加到右侧的列表框中；❸单击“确定”按钮，如下图所示。

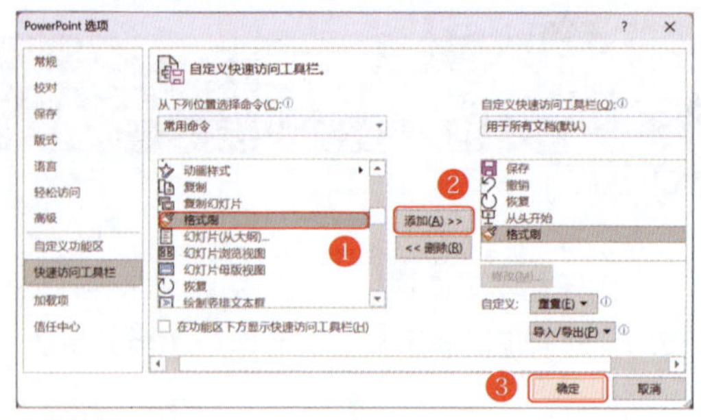

第3步 经过以上操作后，“格式刷”按钮将添加到快速访问工具栏中，如下图所示。

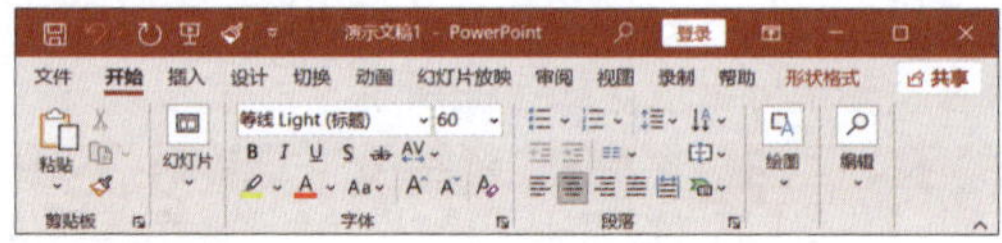

知识拓展

快速访问工具栏中存放过多的按钮会影响操作速度，因此，对于不常用的按钮可以将其删除。其操作方法如下：在快速访问工具栏中需要删除的按钮上右击，在弹出的快捷菜单中选择“从快速访问工具栏删除”命令。

055 将功能区的按钮添加到快速访问工具栏中，提升工作效率

实用指数 ★★★☆☆

>>> 使用说明

若在功能区中可以找到要添加到快速访问工具栏中的按钮，那么可以直接将其直接添加到快速访问工具栏中。

>>> 解决方法

例如，将功能区中的“图表”按钮添加到快速访问工具栏中的具体操作方法如下。

❶在功能区中单击“插入”选项卡；❷在“插图”组中的“图表”按钮上右击；❸在弹出的快捷菜单中选择“添加到快速访问工具栏”命令，如下图所示。

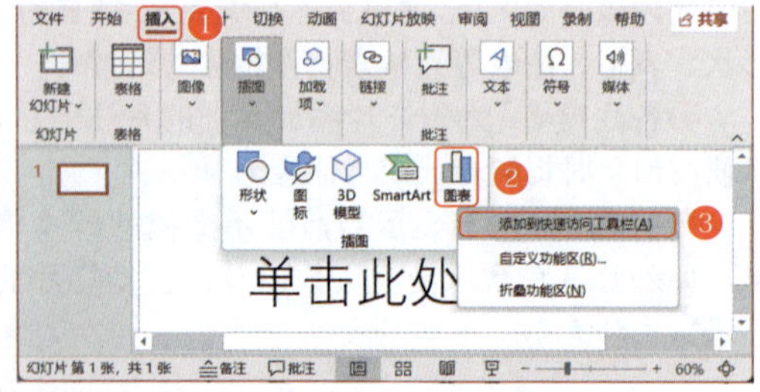

056 隐藏与显示功能区，让界面更简洁

实用指数 ★★★☆☆

>>> 使用说明

在编辑演示文稿时，为了将更多屏幕空间用于展示幻灯片，从而提升编辑和审阅的效率，可以将功能区进行隐藏或显示。

>>> 解决方法

默认情况下，功能区都是以显示状态呈现的，用户可以根据情况隐藏和显示功能区，具体操作方法如下。

第 1 步 在选项卡上右击，在弹出的快捷菜单中选择“折叠功能区”命令，如下图所示，便可以隐藏功能区。

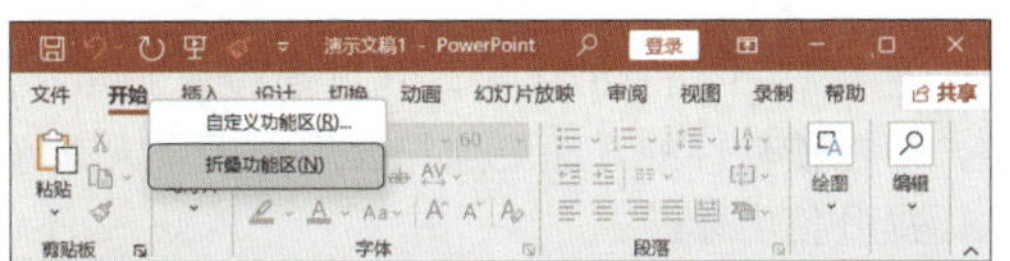

第 2 步 隐藏功能区后，在功能区选项卡的空白处右击，在弹出的快捷菜单中再次选择“折叠功能区”命令，如下图所示，即可显示出功能区。

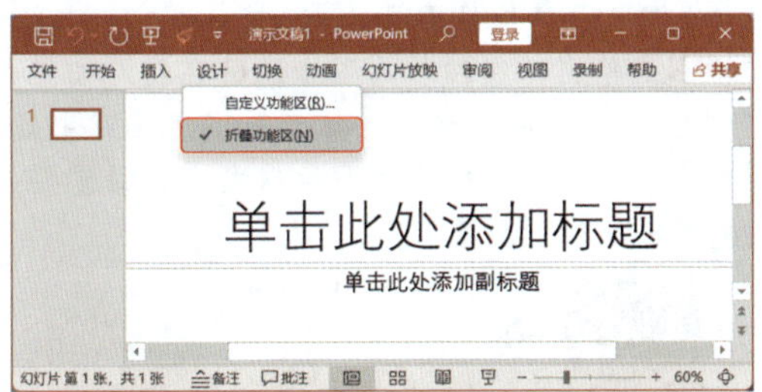

温馨提示

按 Ctrl+F1 组合键，可以快速隐藏或显示功能区。

057 添加常用组，操作更高效

实用指数 ★★★★☆

>>> 使用说明

功能区中的每个选项卡都汇集了多个相关按钮，而这些按钮又根据操作方式的不同被划分成不同的组。为了提高工作效率，可以在选项卡中新建一个工具组来专门放置这些常用的按钮。

>>> 解决方法

将常用的按钮集中在一起，可以提高访问速度，具体操作方法如下。

第 1 步 ❶单击“文件”选项卡，在打开的界面左侧选择“更多”选项；❷在弹出的快捷菜单中选择“选项”命令，如下图所示。

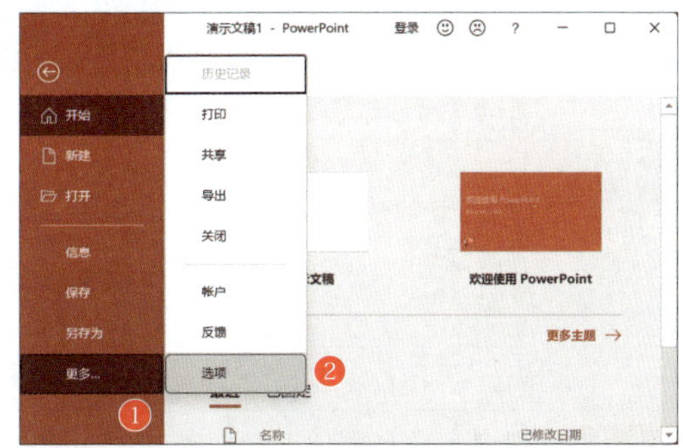

第 2 步 打开“PowerPoint 选项”对话框，❶单击左侧的“自定义功能区”选项卡；❷在右侧的列表框中选择需要添加工具组的选项卡，这里选择“开始”选项卡；❸单击“新建组”按钮，自动选择新建的组；❹单击“重命名”按钮，如下图所示。

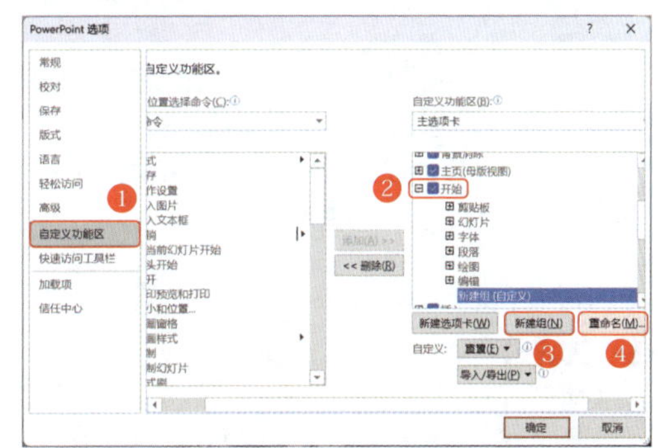

第 3 步 打开“重命名”对话框，❶选择需要作为新建组的符号；❷在“显示名称”文本框中输入新建组的名称“常用工具”；❸单击“确定”按钮，如下图所示。

第 4 步 返回“PowerPoint 选项”对话框，在“常用命令”列表框中选择需要添加到“常用工具”组中的命令。❶单击“添加”按钮，将需要的命令都添加

至“常用工具”组；❷单击“确定”按钮，如下图所示。

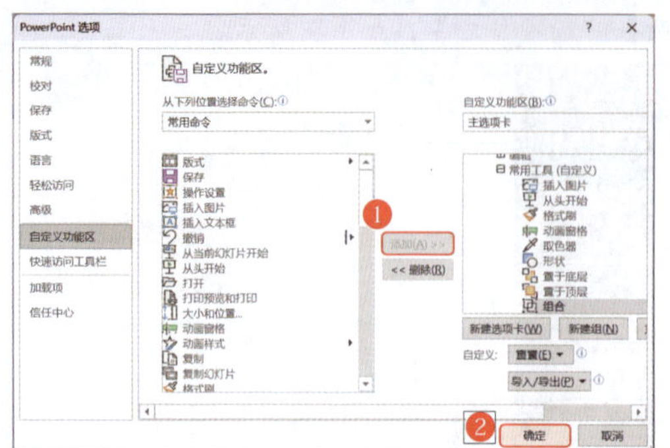

第 5 步 返回窗口中，在“开始”选项卡下可以看到新建的“常用工具”组以及其中添加的按钮，效果如下图所示。

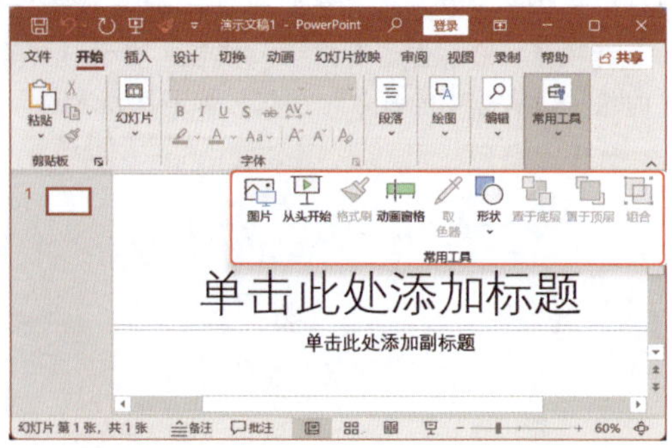

知识拓展

除了可以新建组外，还可以根据需要新建选项卡。其操作方法如下：选择“PowerPoint 选项”对话框中的“自定义功能区”选项卡右侧的“自定义功能区”下拉列表框下方列表框中的某个选项卡选项，单击“新建选项卡”按钮，可在所选选项卡后面新建一个选项卡。保持选项卡的默认选择状态，单击“重命名”按钮，在打开的“重命名”对话框中对选项卡进行命名。

058 显示或隐藏网格线，对齐更轻松

实用指数 ★★★☆☆

>>> 使用说明

网格线有助于用户更精确地放置和排列幻灯片中的元素，从而达到更专业、更整洁的视觉效果。

>>> 解决方法

显示或隐藏网格线的具体操作方法如下。

在“视图”选项卡下的“显示”组中勾选“网格线”复选框，幻灯片中将显示出网格线，如下图所示。取消勾选“网格线”复选框，则会隐藏网格线。

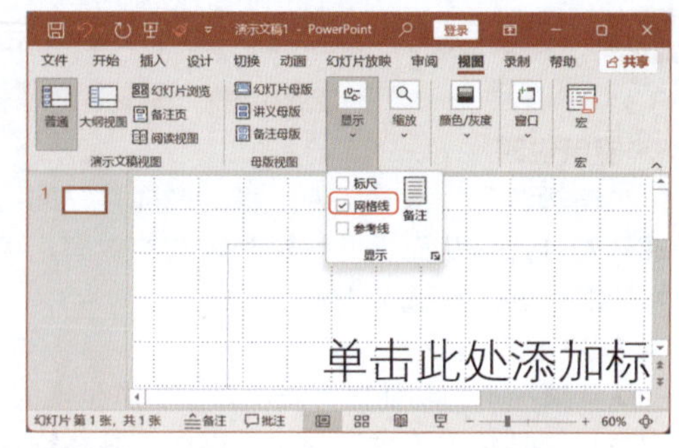

059 定制个性化工作界面，打造专属风格

实用指数 ★★★★☆

>>> 使用说明

在 PowerPoint 2021 中，巧妙地设置 Office 主题，可以使软件的界面更加符合用户的个人喜好，从而提升使用体验。

>>> 解决方法

PowerPoint 2021 中提供了彩色、深灰色、黑色和白色等多种 Office 主题，用户可以根据需要进行选择，具体操作方法如下。

第 1 步 单击“文件”选项卡，❶在打开的界面左侧选择“账户”选项；❷单击“Office 主题”下拉列表框；❸在打开的下拉列表中选择需要的主题选项，如下图所示。

第 2 步 此时，PowerPoint 2021 工作界面将应用设置的“深灰色”Office 主题，如下图所示。

知识拓展

要设置个性化的工作界面，除了可以设置Office主题外，还可以对Office背景进行设置，但前提是必须登录到Microsoft账号。其操作方法如下：登录自己的Microsoft账号，在“账户”界面的“Office主题”下拉列表框。前面会出现“Office背景”下拉列表框。该下拉列表框中提供了14种背景样式，选择需要的背景样式，可直接在工作界面看到设置背景后的效果。

060 使用智能搜索功能，快速解决问题

实用指数 ★★★★★

>>> 使用说明

在使用PowerPoint 2021制作演示文稿时，若对某些功能或按钮的位置及作用感到疑惑，可以使用智能搜索功能。智能搜索功能可以帮助用户快速定位问题，提供解决方案，提高演示文稿的制作效率。

>>> 解决方法

使用智能搜索功能解决问题的具体操作方法如下。

第1步 ❶在标题栏的搜索框中输入问题，如输入“重用幻灯片”；❷在弹出的下拉列表中显示出搜索到的相关操作及帮助，选择“获得相关帮助”栏中的“重用幻灯片”选项；❸在弹出的子列表中显示出相关帮助，选择第1个选项，如下图所示。

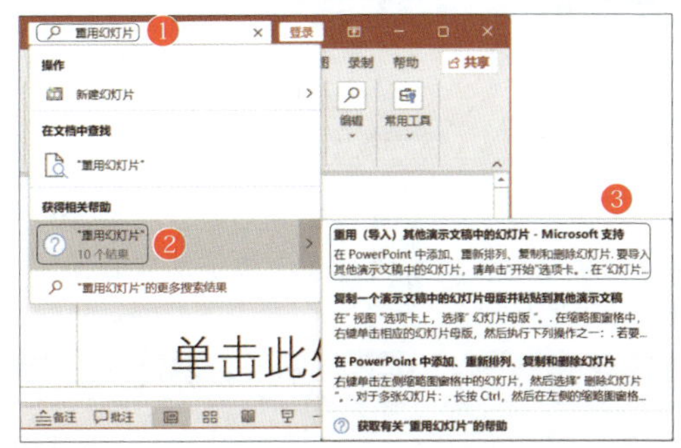

第2步 打开“帮助”任务窗格，在其中显示帮助的详细信息，如下图所示。

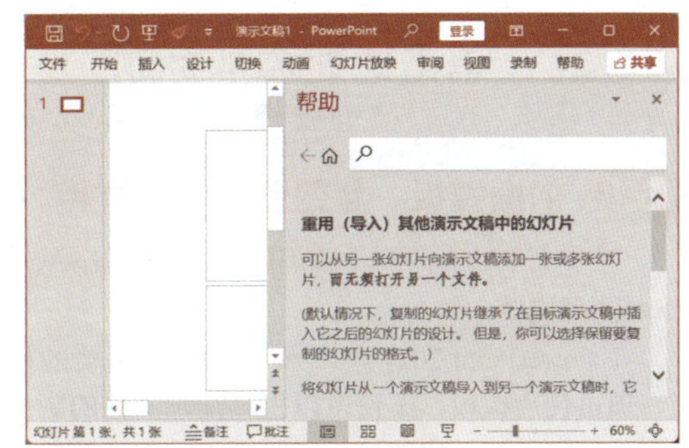

5.2 演示文稿的基本操作技巧

扫一扫　看视频

演示文稿的管理是制作高质量幻灯片的基础，涵盖了新建、保存、编辑和打开等多个环节。在学习幻灯片设计之前，掌握这些基本的操作技巧至关重要。

061 新建空白演示文稿，从零开始

实用指数 ★★★★★

>>> 使用说明

通常，用户会首先新建一个空白演示文稿作为起点，随后根据实际需求逐步输入和编辑演示文稿的内容。

>>> 解决方法

启动PowerPoint 2021后，需要进行以下操作，才能新建空白演示文稿。

第1步 在计算机桌面双击PowerPoint快捷方式图标，启动PowerPoint程序。在打开的工作界面中单击“空白演示文稿”按钮，如下图所示。

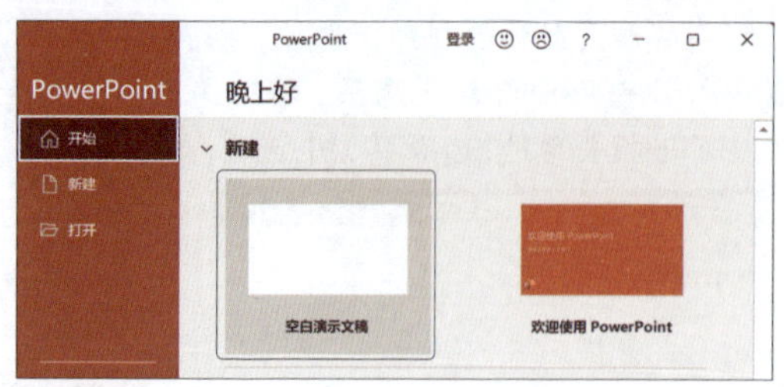

第 2 步 新建一个名为"演示文稿 1"（数字会根据当前新建的演示文稿自动递增）的空白演示文稿，如下图所示。

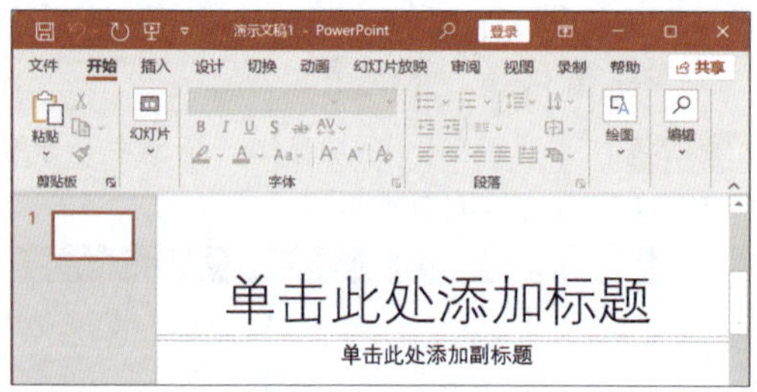

062 依据模板，高效创建演示文稿

实用指数 ★★★★☆

>>> 使用说明

在 PowerPoint 2021 中，预设了众多精美的模板，通过使用模板，不仅可以提高演示文稿的制作效率，还能确保制作的演示文稿更加美观和专业。

>>> 解决方法

模板中包含了主题、整体框架、颜色搭配以及对象占位符等内容，用户只需在模板的基础上对文本内容和图片进行更改，即可轻松完成个性化的演示文稿的制作。根据模板新建演示文稿的具体操作方法如下。

第 1 步 ❶单击"文件"选项卡，在打开的界面左侧单击"新建"选项卡；❷界面右侧提供了许多模板和主题，单击需要的模板或主题样式，如选择"徽章"选项，如下图所示。

第 2 步 在打开的对话框中显示了该主题样式及主题的配色，❶选择需要的配色；❷单击"创建"按钮，如下图所示。

第 3 步 开始下载主题，下载完成后，即可创建该主题的演示文稿，如下图所示。

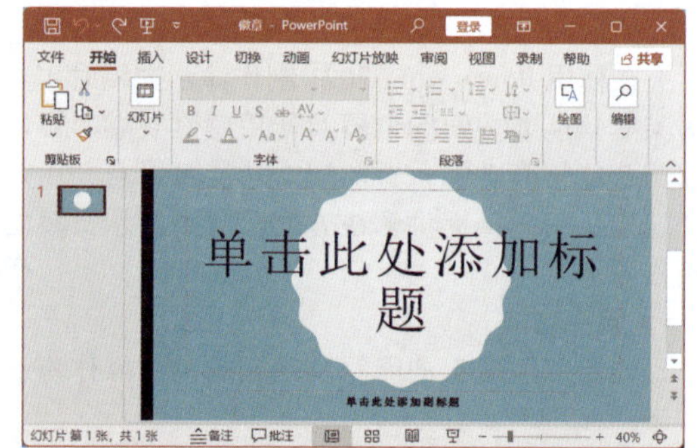

知识拓展

在计算机正常连接网络的情况下，在"新建"界面的搜索框中输入关键词，然后单击其后的"搜索"按钮 🔍，还可以搜索相关的 PPT 模板。

063 一键复制，相同演示文稿轻松建

实用指数 ★★★★☆

>>> 使用说明

有时需要对当前演示文稿进行其他处理，但又希望保留当前页面的布局和效果。在这种情况下，可以通过新建窗口功能快速新建一个与当前文档完全相同的窗口。这样，既可以在新窗口中自由地进行编辑、调整或其他设计，又可以让原始窗口的内容保持不变。

>>> 解决方法

快速新建一个与当前演示文稿完全相同的演示文稿的具体操作方法如下。

第 1 步 在当前演示文稿窗口中单击"视图"选项卡下"窗口"组中的"新建窗口"按钮，如下图所示。

第 2 步 新建一个与当前演示文稿完全相同的演示文稿，且当前演示文稿名称后将自动添加“:1”，新建的演示文稿名称后将添加“:2”，如下图所示。

064 保存到本地计算机，安全又放心

实用指数 ★★★★★

>>> 使用说明

创建演示文稿后，将其保存到本地计算机是一种既安全又可靠的方式，以避免在编辑过程中因各种意外而丢失文件。

>>> 解决方法

将演示文稿保存到本地计算机中是最常用的保存方式，具体操作方法如下。

第 1 步 ❶单击“文件”选项卡，在打开的界面左侧单击“另存为”选项卡；❷在中间列表中选择“浏览”命令，如下图所示。

第 2 步 打开“另存为”对话框，❶在地址栏中选择要保存文件的路径；❷在“文件名”文本框中输入文件名称；❸单击“保存”按钮，如下图所示。

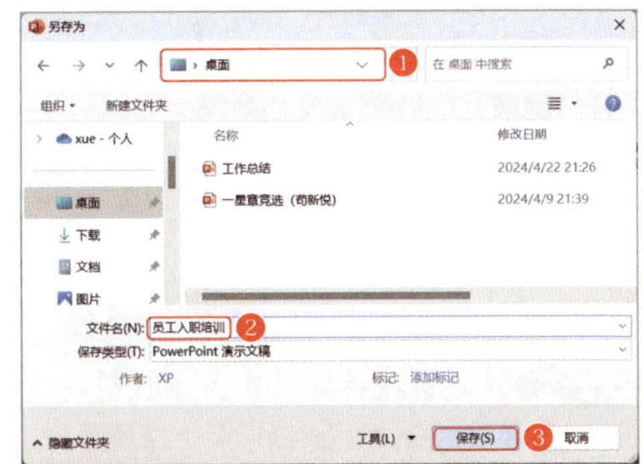

> **温馨提示**
>
> 若是首次进行保存，单击“保存”选项卡和“另存为”选项卡的操作是一样的。若已经进行保存，再次单击“保存”选项卡，将在原位置进行保存；单击“另存为”选项卡，则可以执行另存为操作，可以对文件位置、名称、保存类型等进行修改。

065 保存到 OneDrive，轻松实现共享

实用指数 ★★★★★

>>> 使用说明

OneDrive 是微软倾力打造的一款云存储服务，它为用户提供了将数据存储在云端的高效方式，实现了跨平台、跨设备的数据同步与共享。一旦将演示文稿保存到 OneDrive，用户只需登录自己的 Microsoft 账户，即可随时随地访问和管理自己的文件。

>>> 解决方法

将演示文稿保存到 OneDrive 的具体操作方法如下。

第 1 步 ❶单击“文件”选项卡，在打开的界面左侧单击“另存为”选项卡；❷在中间列表中选择 OneDrive 选项；❷在右侧单击“登录”按钮，如下图所示。

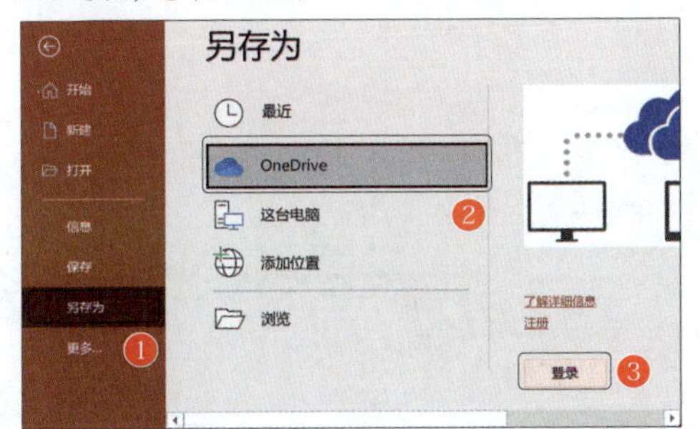

第 2 步 打开 Microsoft 对话框，❶在其中输入注册的 Microsoft 账号；❷单击“下一步”按钮，如下图所示。

第 3 步 ❶在对话框中输入 Microsoft 账号对应的密码；❷单击“登录”按钮，如下图所示。

第 4 步 在“另存为”界面中间将显示登录的 Microsoft 账号，在右侧选择“文档”选项，如下图所示。

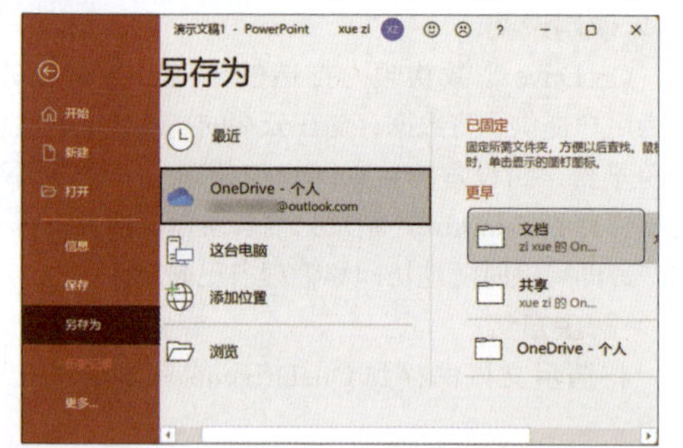

第 5 步 打开“另存为”对话框，❶设置保存的文件名；❷单击“保存”按钮，如下图所示。

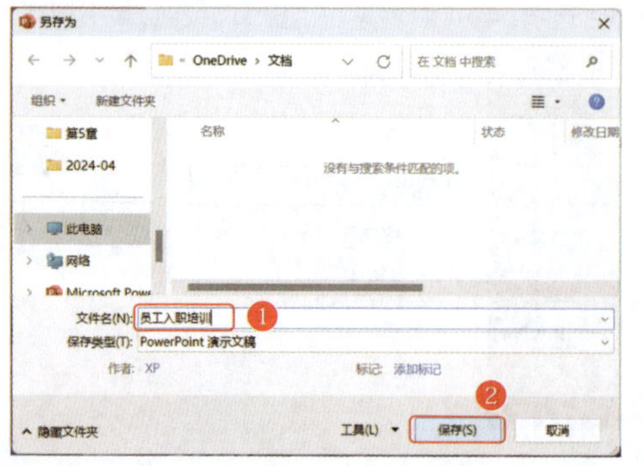

066 设置默认保存格式，省时又省力

实用指数 ★★★☆☆

>>> 使用说明

每次保存演示文稿时，若需要频繁设置保存格式，可以提前设置演示文稿的默认保存格式，减少手动设置的麻烦，从而提高工作效率。

>>> 解决方法

设置演示文稿默认保存格式的具体操作方法如下。

第 1 步 ❶单击“文件”选项卡，在界面左侧单击“更多”选项卡；❷在弹出的快捷菜单中选择“选项”命令，如下图所示。

第 2 步 打开“PowerPoint 选项”对话框，❶在左侧选择“保存”选项卡；❷在“将文件保存为此格式”下拉列表中选择保存选项；❸单击“确定”按钮，如下图所示。

知识拓展

在“PowerPoint 选项”对话框中，“保存”选项卡下的“保存演示文稿”栏中的“默认本地文件位置”文本框，可以输入自己常用的文件夹位置，作为演示文稿的默认保存位置，以避免每次都要选择文档的保存位置。

067 定时自动保存，防止数据丢失

实用指数 ★★★★☆

>>> 使用说明

在 PowerPoint 2021 中，默认情况下，每隔 10 min 会自动对演示文稿进行保存。为了减少因突然断电或计算机故障导致的损失，可以将自动保存的时间缩短。

>>> 解决方法

设置定时自动保存演示文稿的具体操作方法如下。

打开“PowerPoint 选项”对话框，❶单击“保存”选项卡；❷在“保存自动恢复信息时间间隔”复选框后面的数值框中设置文档自动保存的时间间隔；❸单击“确定”按钮，如下图所示。

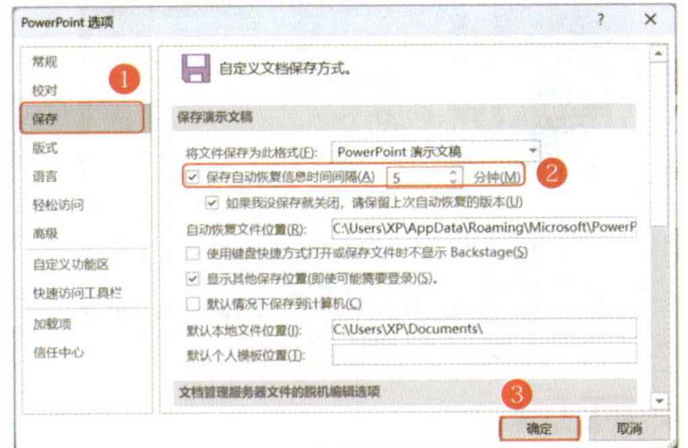

068 加密保护演示文稿，确保安全

实用指数 ★★★★★

>>> 使用说明

为防止他人未经授权访问或擅自修改演示文稿，从而泄露或篡改重要信息，可以对文档进行加密保护，以确保文档的安全。

>>> 解决方法

加密保护演示文稿后，只有输入正确的密码才能打开演示文稿，加密保护演示文稿的具体操作方法如下。

第 1 步 ❶单击“文件”选项卡，在打开的界面左侧单击“信息”选项卡；❷单击“保护演示文稿”按钮；❸在弹出的下拉列表中选择“用密码进行加密”选项，如下图所示。

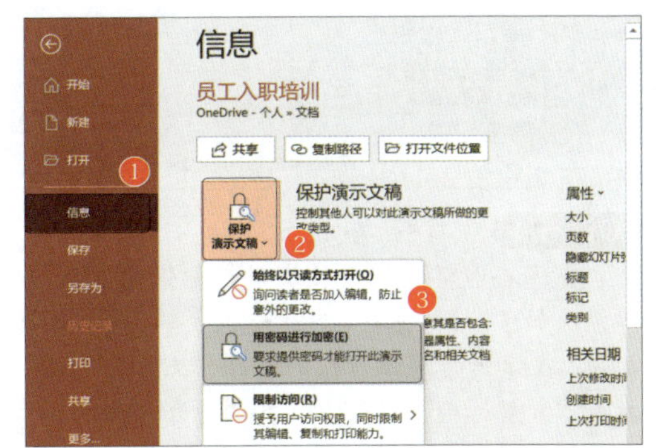

第 2 步 打开“加密文档”对话框，❶在“密码”文本框中输入设置的密码；❷单击“确定”按钮，如下图所示。

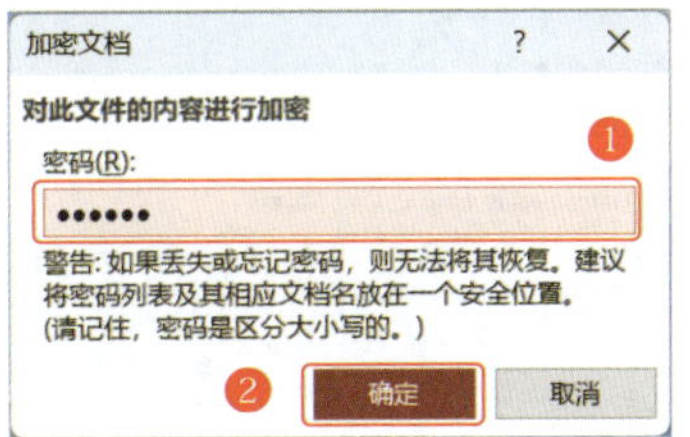

第 3 步 打开“确认密码”对话框，❶在“重新输入密码”文本框中输入设置的密码；❷单击“确定”按钮，如下图所示。

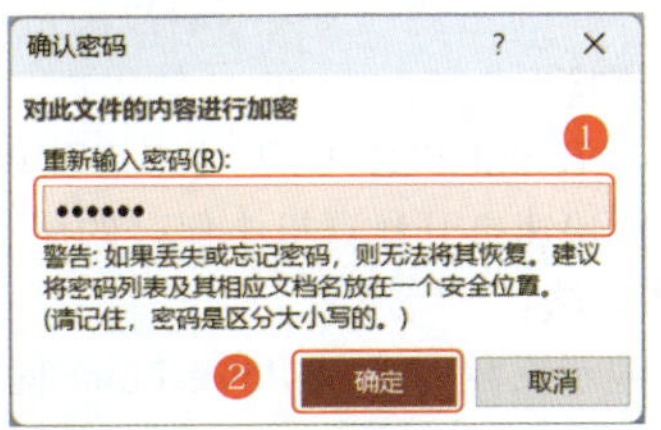

第 4 步 此时，“信息”界面的“保护演示文稿”按钮右侧的文本将添加黄色底纹，如下图所示。

第 5 步 保存演示文稿后，关闭演示文稿，再次打开时，就会打开“密码”对话框。在“密码”文本框中输入正确的密码后，单击“确定”按钮，如下图所示，才能打开此演示文稿。

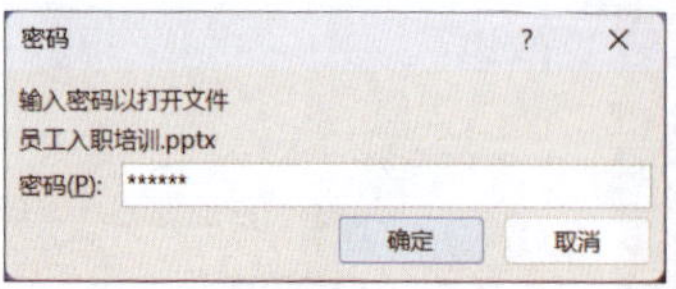

知识拓展

在保存时可直接设置密码进行保存。其操作方法如下：在“另存为”对话框中单击“工具”按钮，在弹出的下拉列表中选择“工具”选项，打开“常规选项”对话框。在“打开权限密码”文本框中输入打开演示文稿的密码，单击“确定”按钮，如下图所示，再进行保存即可。

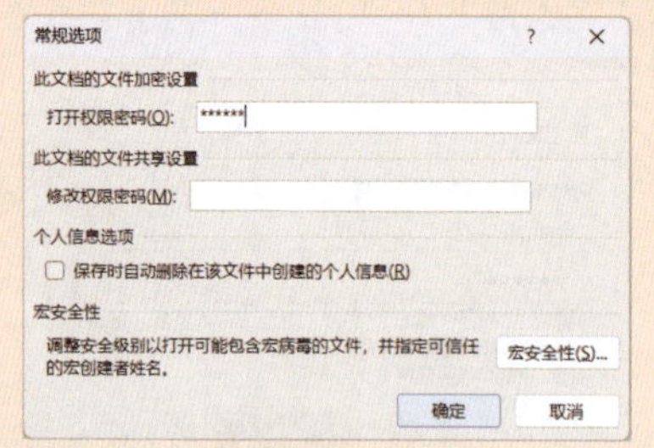

069 一键启动，轻松打开计算机中的演示文稿

实用指数 ★★★☆☆

>>> 使用说明

在 PowerPoint 2021 中，即便未启动 PowerPoint 程序，也能快速打开计算机中保存的演示文稿。

>>> 解决方法

打开演示文稿时启动 PowerPoint 程序的具体操作方法如下。

在需要打开的演示文稿上右击，在弹出的快捷菜单中选择“打开”命令，如下图所示。启动 PowerPoint 程序，并打开当前演示文稿。

温馨提示

选择需要打开的演示文稿，按 Enter 键也能直接打开。

070 告别烦琐，一次性关闭所有演示文稿

实用指数 ★★★★☆

>>> 使用说明

当不再需要对 PowerPoint 2021 中的演示文稿进行操作时，需要将其关闭。如果同时打开了多个演示文稿，逐个关闭则非常耗时，此时可以采取一些快捷操作一次性关闭所有演示文稿。

>>> 解决方法

一次性关闭所有演示文稿的具体操作方法如下。

第 1 步 在计算机桌面下方任务栏中的 PowerPoint 图标上右击，在弹出的快捷菜单上方显示了当前打开的演示文稿，选择“关闭所有窗口”命令，如下图所示。

温馨提示

在 PowerPoint 2021 中，若打开了多个演示文稿窗口，每次按 Alt+F4 组合键都会关闭当前活动的演示文稿窗口。

第 2 步 若当前打开的演示文稿经编辑后未进行保存，会打开提示对话框。单击“保存”按钮，如下图所示，会先保存演示文稿，再关闭所有演示文稿。

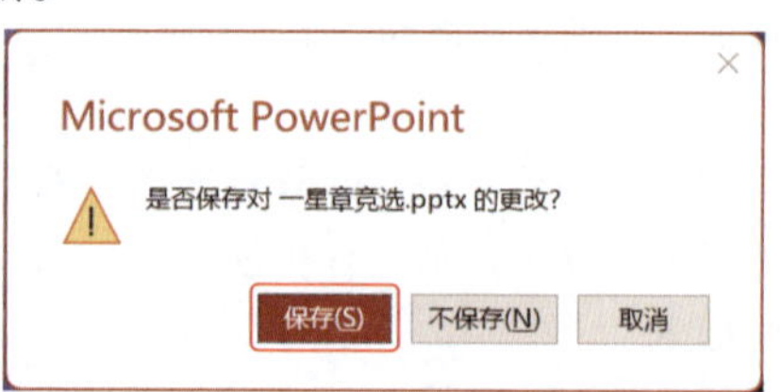

071 高效打印，一键完成演示文稿的输出

实用指数 ★★★★★

>>> 使用说明

对于精心制作好的演示文稿，有时为了便于

查看和分享，需要将其打印为纸质文档。

>>> 解决方法

将演示文稿快速打印为纸质文档的具体操作方法如下。

第 1 步 ❶单击“文件”选项卡，在打开的界面左侧单击“打印”选项卡；❷在中间单击“整页幻灯片”下拉列表框；❸在弹出的下拉列表中选择打印版式，这里选择“讲义”栏中的“3 张幻灯片”选项，如下图所示。

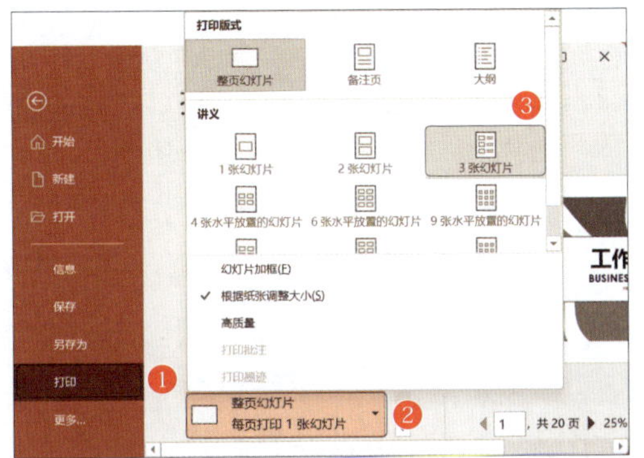

第 2 步 ❶在“打印机”下拉列表框中选择连接的打印机；❷在“份数”数值框中输入打印份数；❸单击“打印”按钮开始打印文档，如下图所示。

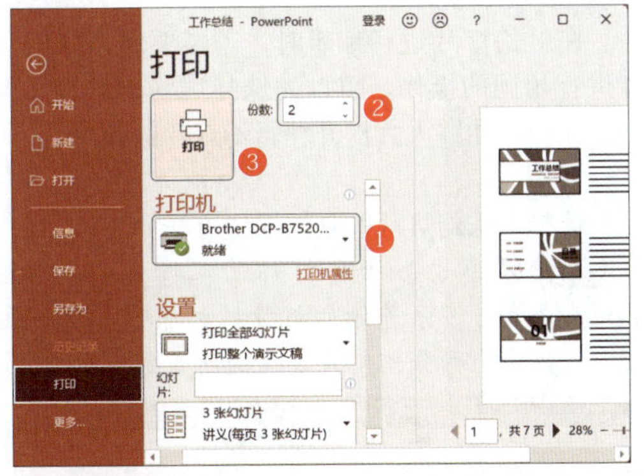

知识拓展

默认情况下，打印操作通常只会在纸张的一面进行打印。若想要进行双面打印以节省纸张，就需要在“打印”界面单击“打印机属性”超链接，在打开的对话框的“方向”选项卡中的“双面打印”下拉列表中选择“短边翻转”或“长边翻转”选项，再单击“确定”按钮。

072 视图切换，轻松探索演示文稿的不同面貌

实用指数 ★★★★★

>>> 使用说明

在 PowerPoint 2021 中提供了普通视图、幻灯片浏览视图、大纲视图、备注页视图和浏览视图 5 种视图，每种视图都有其独特的功能和适用场景，以满足用户在制作和编辑演示文稿时的不同需求。

>>> 解决方法

在不同视图模式中进行切换的具体操作方法如下。

第 1 步 单击“视图”选项卡下“演示文稿视图”组中的视图按钮，如单击“阅读视图”按钮，如下图所示。

第 2 步 将会以窗口的形式对演示文稿进行放映，在该模式下，只能对幻灯片进行切换和放映控制，不能对幻灯片内容进行编辑，如下图所示。

5.3 幻灯片的基本操作技巧

扫一扫 看视频

幻灯片是演示文稿的主体，一个演示文稿可以包含多张幻灯片。因此，熟练掌握幻灯片的一系列基本操作技巧，能够更高效地编辑和设置幻灯片，确保演示文稿的流畅性和逻辑性。

073 调整幻灯片显示比例，提升观看与编辑体验

实用指数 ★★★☆☆

>>> 使用说明

在对幻灯片进行编辑时，用户可以根据当前需要调整幻灯片的显示比例，以便更好地选择对象进行编辑。

>>> 解决方法

指定幻灯片显示比例的具体操作方法如下。

第 1 步 单击“视图”选项卡下“缩放”组中的“缩放”按钮，如下图所示。

知识拓展

单击“视图”选项卡下“缩放”组中的“适应窗口大小”按钮，可以快速让幻灯片以最适合当前窗口的比例显示。若想随意放大/缩小窗口的显示比例，还可以在按住 Ctrl 键的同时滚动鼠标滚轮进行调整。

第 2 步 打开“缩放”对话框，❶选中需要的显示比例对应的单选按钮，如 200%，或在“百分比”数值框中输入需要显示的百分比值；❷单击“确定”按钮，如下图所示。

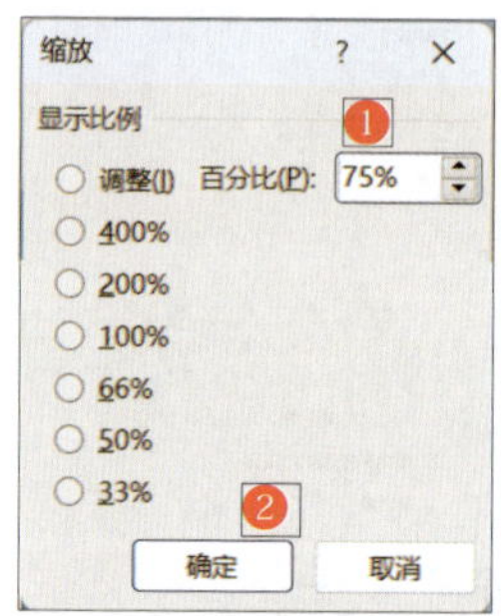

074 一键选择多张幻灯片，轻松提升编辑效率

实用指数 ★★★☆☆

>>> 使用说明

在对幻灯片进行编辑时，若需要对多张幻灯片进行相同的操作，可以先选择这些幻灯片，再进行操作，能够大大提升编辑幻灯片的效率。

>>> 解决方法

选择多张幻灯片的具体操作方法如下。

第 1 步 ❶单击多张幻灯片的起始页；❷按住 Shift 键单击多张连续幻灯片的结束页，如下图所示，可选中两张幻灯片之间的所有幻灯片。

第 2 步 ❶单击需要选择的多张幻灯片中的其中一张；❷按住 Ctrl 键依次单击需要选择的其他幻

灯片，如下图所示，可选择不连续的多张幻灯片。

075 轻松新建幻灯片，快速构建演示文稿框架

实用指数 ★★★★☆

>>> 使用说明

在制作演示文稿的过程中，新建幻灯片是不可或缺的一环。为了更加高效地构建出完整且有条理的演示文稿框架，可以选择合适的方法快速新建幻灯片。

>>> 解决方法

新建幻灯片的具体操作方法如下。

❶单击“插入”选项卡下“幻灯片”组中的“新建幻灯片”按钮下方的⌄按钮；❷在弹出的下拉列表中提供了一些幻灯片版式，选择需要新建的幻灯片版式，如下图所示，可新建所选版式的幻灯片。

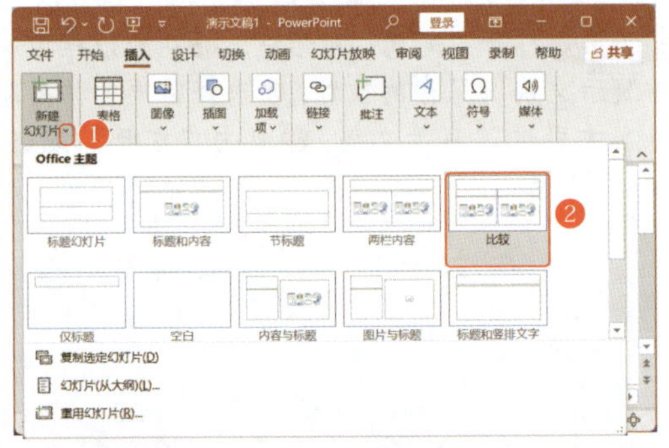

温馨提示

单击“插入”选项卡下“幻灯片”组中的“新建幻灯片”按钮，或者按Enter键或Ctrl+M组合键，可新建内容版式的幻灯片。

076 灵活移动幻灯片，优化演示文稿结构

实用指数 ★★★★☆

>>> 使用说明

在编辑演示文稿的过程中，幻灯片的顺序和内容往往需要根据实际需求进行灵活调整。通过灵活移动幻灯片，可以轻松地优化演示文稿的结构，使其更加合理、流畅。

>>> 解决方法

移动幻灯片的具体操作方法如下。

第 1 步 将鼠标指针指向需要移动的第 3 张幻灯片，按住鼠标左键不放再拖动鼠标指针至需要移动到的位置，即第 5 张幻灯片后，如下图所示。

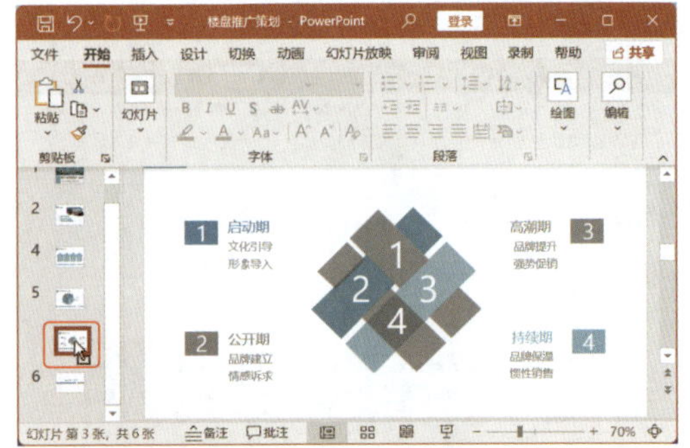

温馨提示

还可以选择需要移动的幻灯片，按Ctrl+X组合键剪切幻灯片，在目标位置按Ctrl+V组合键，将剪切的幻灯片粘贴到目标位置。

第 2 步 释放鼠标，原来的第 3 张幻灯片移动为第 5 张幻灯片，且幻灯片序号将自动进行更改，如下图所示。

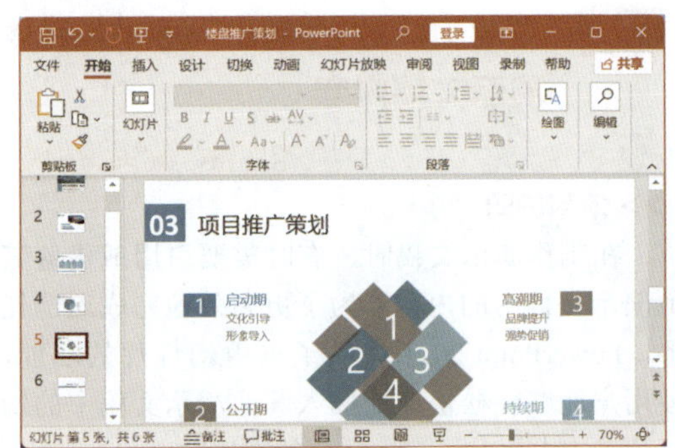

077 快速复制幻灯片，轻松制作相似内容

实用指数 ★★★★☆

>>> 使用说明

在制作演示文稿的过程中，当需要制作与现有幻灯片内容相似的新幻灯片时，可以复制现有幻灯片，在其基础上进行修改和补充，从而快速生成新的幻灯片。这样做既保证了内容的一致性，又大幅提升了制作效率。

>>> 解决方法

快速复制幻灯片的具体操作方法如下。

❶选择需要复制的幻灯片；❷在其上右击，在弹出的快捷菜单中选择“复制幻灯片”命令，如下图所示，即可在所选幻灯片下方新建一张完全相同的幻灯片。

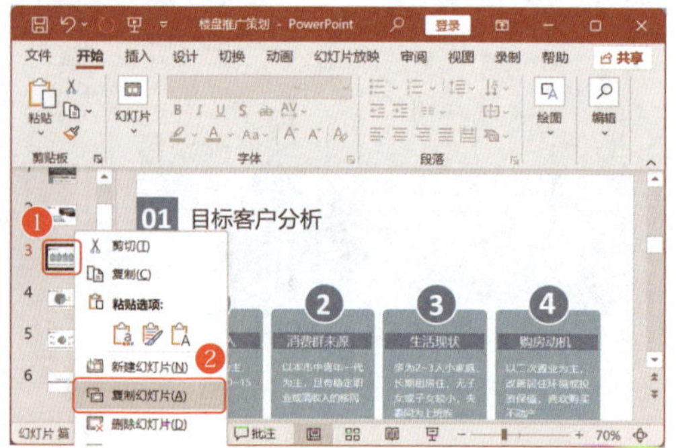

知识拓展

对于演示文稿中多余的幻灯片，可以将其删除。其操作方法如下：选择需要删除的单张或多张幻灯片，按Delete键，或在所选幻灯片上方右击，在弹出的快捷菜单中选择“删除幻灯片”命令。

078 重用幻灯片，轻松快速插入其他演示文稿内容

实用指数 ★★★★★

>>> 使用说明

在制作演示文稿时，有时需要引用或借鉴其他演示文稿中的内容。为了更高效地完成这一任务，PowerPoint 2021 提供了重用幻灯片的功能，使用户能够轻松快速地插入其他演示文稿中的幻灯片，大大提升了演示文稿的制作效率。

>>> 解决方法

将其他未打开演示文稿中的幻灯片插入当前演示文稿中的具体操作方法如下。

第 1 步 ❶单击“插入”选项卡下“幻灯片”组中的“新建幻灯片”按钮下方的⌄按钮；❷在弹出的下拉列表中选择“重用幻灯片”选项，如下图所示。

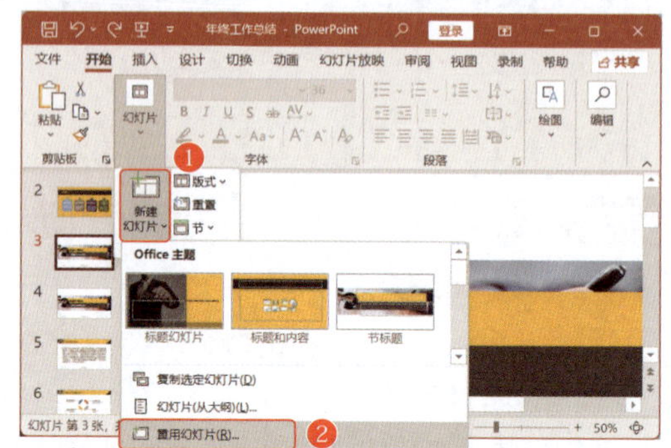

第 2 步 打开“重用幻灯片”任务窗格，单击“浏览”按钮，如下图所示。

第 3 步 打开“浏览”对话框，❶在地址栏中选择演示文稿所保存的位置；❷选择需要的“招聘与人才引进”演示文稿；❸单击“打开”按钮，如下图所示。

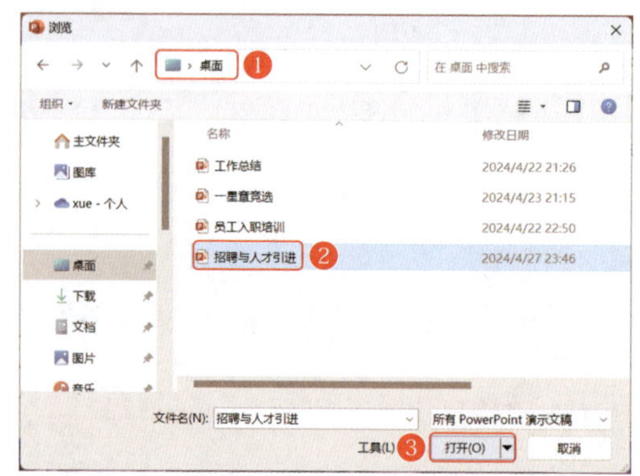

第 4 步 在“重用幻灯片”任务窗格中显示幻灯片所保存的路径，以及演示文稿中的幻灯片。选择需要的幻灯片，即可将所选幻灯片插入当前演示文稿中，如下图所示。

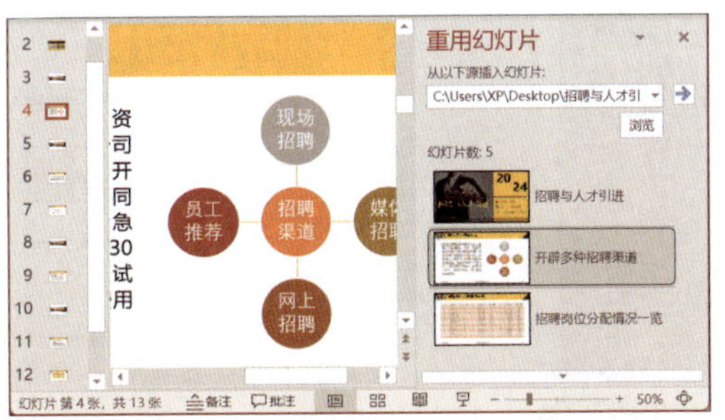

温馨提示

在“重用幻灯片”任务窗格的“从以下源插入幻灯片”文本框中可直接输入所调用演示文稿的保存路径。

079 使用“节”功能，有序管理幻灯片内容

实用指数 ★★★★☆

>>> 使用说明

在 PowerPoint 2021 中处理庞大而复杂的演示文稿时，合理地使用“节”功能，可以轻松地对幻灯片内容进行分组和整理，使整个演示文稿的结构更加清晰、有条理。

>>> 解决方法

使用“节”功能管理幻灯片的具体操作方法如下。

第 1 步 ❶单击定位需要新增节的位置；❷单击“开始”选项卡下“幻灯片”组中的“节”按钮；❸在弹出的下拉列表中选择“新增节”命令，如下图所示。

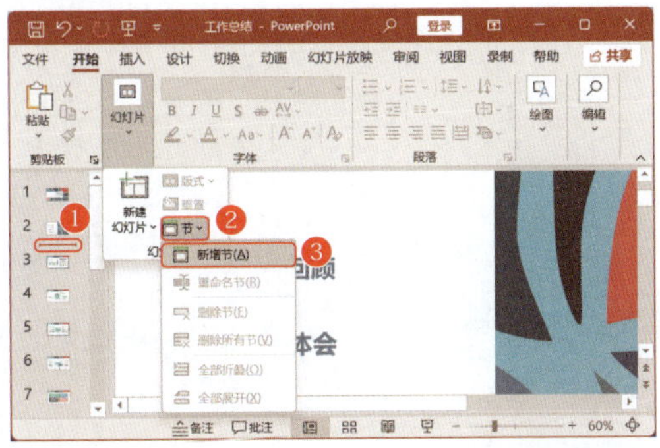

第 2 步 打开“重命名节”对话框，❶在“节名称”文本框中输入“工作回顾”；❷单击“重命名”按钮，如下图所示。

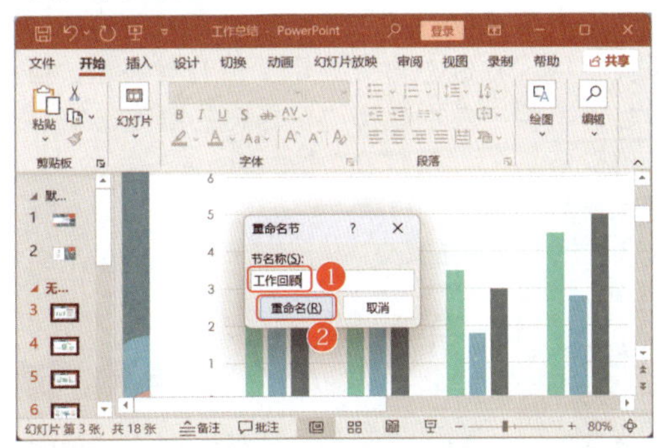

第 3 步 使用相同的方法可继续新建节，单击节标题左侧的三角符号，可以隐藏和显示本节标题下方的幻灯片，如下图所示。

知识拓展

若不再需要使用节对演示文稿进行管理，可以将其删除。其操作方法如下：在需要删除的节名称上右击，在弹出的快捷菜单中选择“删除节”命令，删除当前的节名称，并保留该节的幻灯片；选择“删除节和幻灯片”命令，删除当前节和该节下的所有幻灯片；选择“删除所有节”命令，删除演示文稿中的所有节，但保留演示文稿中的幻灯片。

080 精确打印特定幻灯片，满足个性需求

实用指数 ★★★★☆

>>> 使用说明

在制作演示文稿的过程中，经常需要根据不同的场合和需求，精确打印出特定的幻灯片，以便于备份、分享和展示。

>>> 解决方法

下面将打印演示文稿的第4、6、9、10~12张幻灯片，具体操作方法如下。

第1步 ❶按Ctrl+P组合键，进入打印界面，在中间单击“打印全部幻灯片”下拉列表框；❷在弹出的下拉列表中选择“自定义范围”选项，如下图所示。

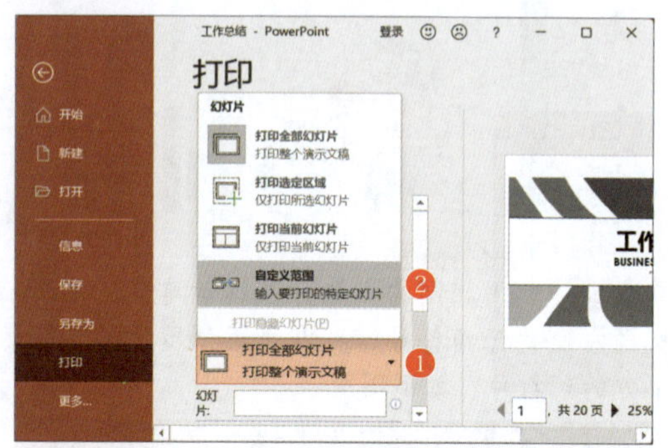

第2步 ❶在下方的“幻灯片”文本框中输入需要打印的幻灯片的页码“4,6,9,10-12”；❷单击“打印”按钮，如下图所示。

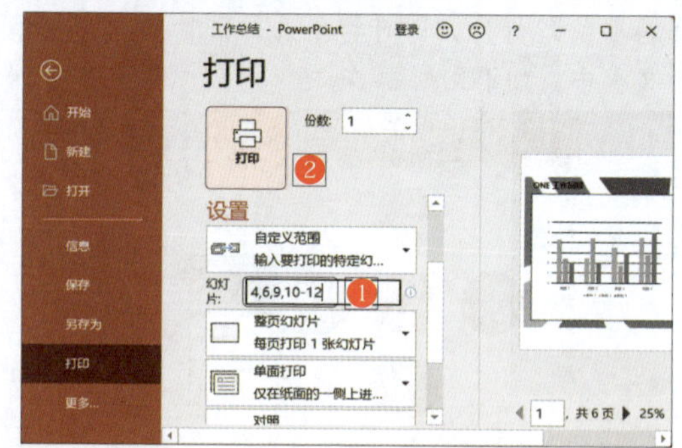

知识拓展

选择需要打印的多张幻灯片，在“打印”界面中间的“打印全部幻灯片”下拉列表中选择“打印选定区域”选项，再单击“打印”按钮，可直接打印当前选择的所有幻灯片。

第6章

页面外观精细调校：PPT 幻灯片页面与外观设置技巧

在制作演示文稿时，内容的精彩固然重要，但外观和页面设置同样不容忽视。精心雕琢的外观和布局，能在瞬间抓住观众的眼球，并留下深刻的印象。本章将对幻灯片页面设置和外观设计的一些实用技巧进行讲解，旨在帮助读者打造既专业又引人入胜的演示文稿。

下面来看看以下一些PPT 幻灯片页面与外观设置中常见的问题，请自行检测是否会处理或已掌握。

- 如何自定义幻灯片尺寸以满足个性需求？
- 不同的填充效果如何为幻灯片带来独特的视觉效果？
- 取色器如何助力我们快速挑选幻灯片的背景色？
- 内置的幻灯片主题如何直接应用，以快速美化幻灯片？
- 当主题的字体和颜色无法满足我们的需求时，我们应该采取什么措施？
- 如何将其他演示文稿中的主题应用到当前幻灯片中？

希望通过本章内容的学习，读者能够解决以上问题，并学会更多的PPT 幻灯片页面与外观设置技巧。

6.1 幻灯片版面与背景设置技巧 

扫一扫 看视频

幻灯片版面和背景不仅是演示文稿的外在形象，更是提升信息传达效率与吸引力的核心驱动力。通过深思熟虑的版面设计和别出心裁的背景优化，能够让演示文稿焕发出独特的视觉魅力，使信息以更加直观、生动的方式展现。

081 应用标准幻灯片大小，轻松起步

实用指数 ★★★☆☆

>>> 使用说明

PowerPoint 2021 默认的幻灯片大小是宽屏（16：9），若需要应用以前的标准（4：3）幻灯片大小，则需要进行设置。

>>> 解决方法

为有内容的演示文稿应用标准（4：3）幻灯片大小的具体操作方法如下。

第 1 步 ❶单击“设计”选项卡下“自定义”组中的“幻灯片大小”按钮；❷在弹出的下拉列表中选择“标准（4:3）”选项，如下图所示。

温馨提示

若为空白演示文稿设置标准幻灯片大小，选择“标准（4:3）”选项后，即可直接应用到演示文稿幻灯片中。

第 2 步 打开 Microsoft PowerPoint 对话框，单击“确保适合”按钮，如下图所示。

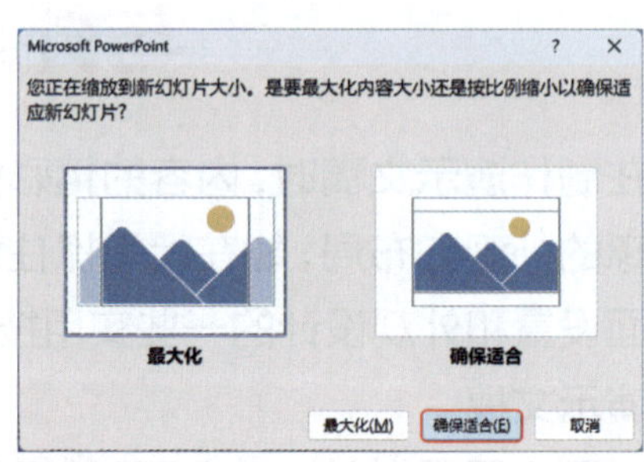

温馨提示

“最大化”选项会尽量保持幻灯片内容的比例，但在改变幻灯片大小时，部分内容可能会被裁剪；“确保适合”选项会尝试在改变幻灯片大小时保持幻灯片内容的完整性和可读性，但可能会导致幻灯片内容变形。

第 3 步 幻灯片中的内容将自动适应幻灯片大小进行显示，如下图所示。

082 自定义幻灯片尺寸，满足个性需求

实用指数 ★★★☆☆

>>> 使用说明

当内置的幻灯片大小不能满足特定需求时，用户可按需求自定义幻灯片的大小。

>>> 解决方法

在自定义幻灯片大小时，无论是空白演示文稿还是有内容的演示文稿，都需要确定幻灯片的缩放方式，具体操作方法如下。

第 1 步 ❶单击“设计”选项卡下“自定义”组中的“幻灯片大小”按钮；❷在弹出的下拉列表中选择“自定义幻灯片大小”选项，如下图所示。

第 2 步 打开“幻灯片大小”对话框，❶在“幻灯片大小”下拉列表中选择“自定义”选项；❷在“宽度”和“高度”数值框中输入幻灯片大小；❸单击“确定”按钮，如下图所示。

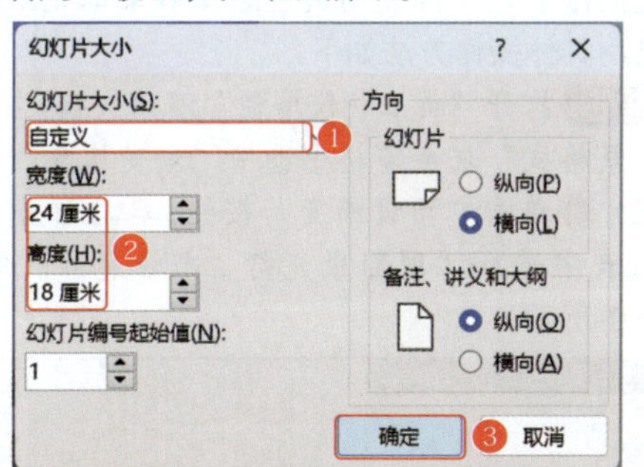

知识拓展

在“幻灯片大小”对话框的“幻灯片编号起始值”数值框中可设置幻灯片编号的开始值。

第 3 步 打开 Microsoft PowerPoint 对话框，选择“最大化”选项，如下图所示。

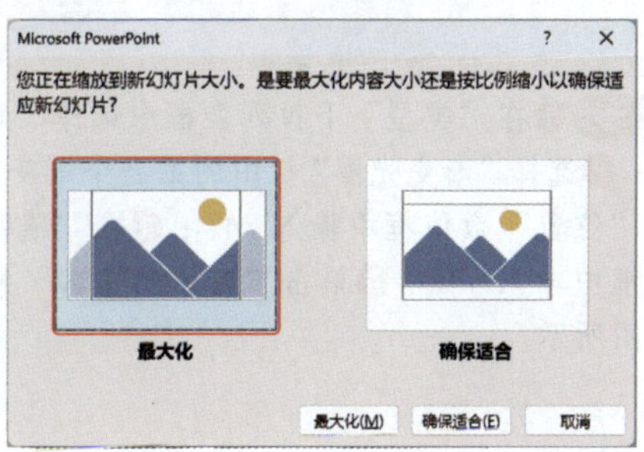

第 4 步 经过以上操作后，将自动调整幻灯片大小，如下图所示。

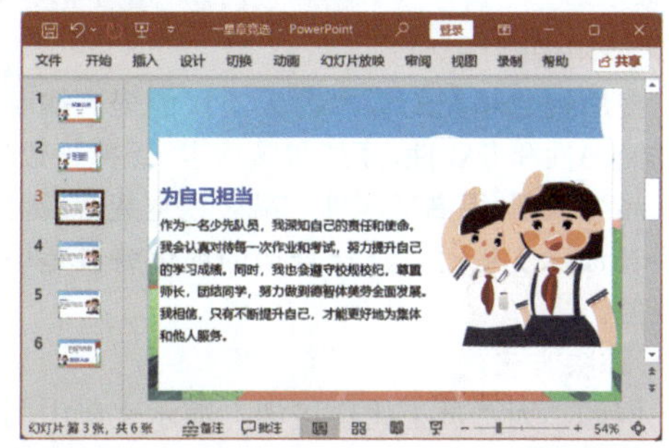

083 一键切换幻灯片版式，高效快捷

实用指数 ★★★★★

>>> 使用说明

当发现当前幻灯片的版式不能满足需求时，可以利用 PowerPoint 2021 提供的版式功能来快速更改幻灯片的版式。

>>> 解决方法

例如，将标题幻灯片版式更改为图片与标题版式，具体操作方法如下。

第 1 步 ❶选择幻灯片，单击“开始”选项卡下“幻灯片”组中的“版式”按钮；❷在弹出的下拉列表中选择“图片与标题”选项，如下图所示。

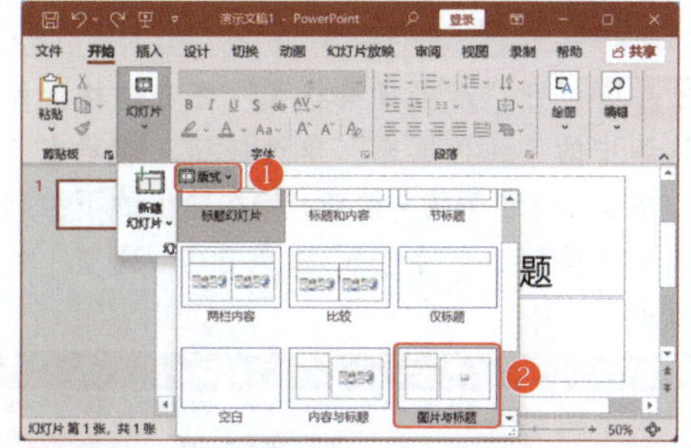

第 2 步 经过以上操作后，所选幻灯片的版式将变成“图片与标题”版式，如下图所示。

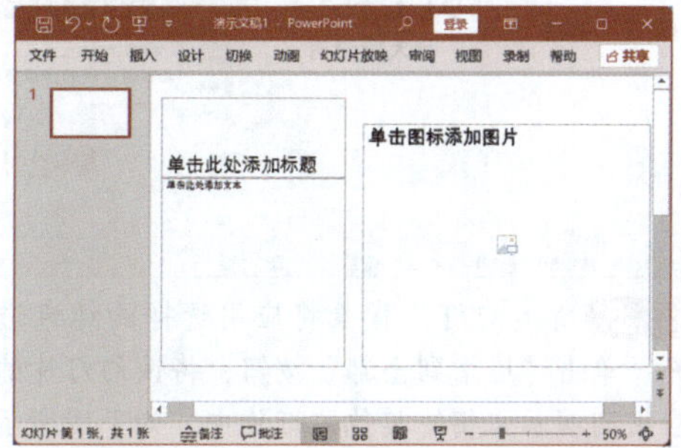

084 纯色背景，打造简约风格

实用指数 ★★★★★

>>> 使用说明

使用纯色填充幻灯片背景不仅能提高演示文稿的简约性和专业性，还能强调内容、保持一致性、增强品牌识别、提高适应性和减轻视觉疲劳。因此，在设计演示文稿时，选择合适的纯色背景是非常重要的。

>>> 解决方法

例如，为“员工礼仪培训”演示文稿中的所有幻灯片设置纯色背景填充效果，具体操作方法如下。

第 1 步 打开“员工礼仪培训”演示文稿，单击“设计”选项卡下“自定义”组中的“设置背景格式”按钮，如下图所示。

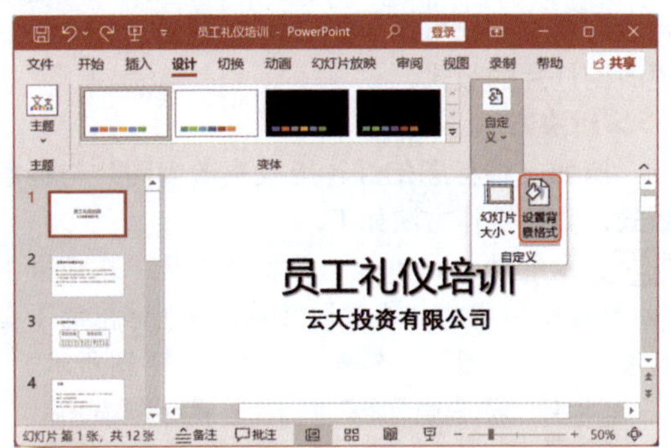

第 2 步 打开“设置背景格式”任务窗格，保持默认选中的“纯色填充”单选按钮，❶单击“颜色”按钮右侧的▾按钮；❷在弹出的下拉列表中选择“蓝色，个性色 5，淡色 60%”选项，如下图所示。

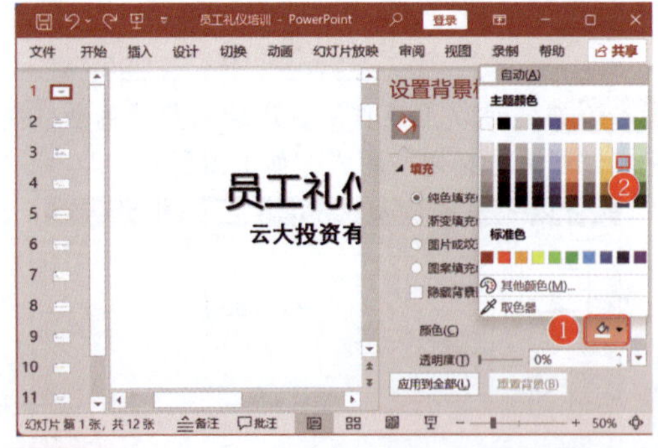

第 3 步 所选幻灯片背景将应用选择的纯色进行填充。单击“应用到全部”按钮，将该幻灯片的背景应用到演示文稿的其他幻灯片中，如下图所示。

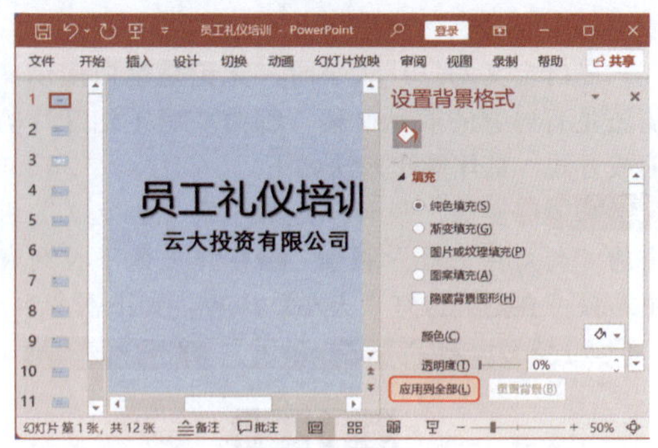

085 渐变背景，展现动态美感

实用指数 ★★★★☆

>>> 使用说明

渐变填充是指使用颜色的渐变作为幻灯片的背景，可以为幻灯片增添一种动态美感。同时，渐变背景还能有效地强调主题、营造氛围和统一设计风格，提升演示文稿的整体质量。

>>> 解决方法

渐变填充通常选择同色系的一种浅色和一种深色的渐变，下面使用黄色渐变效果填充幻灯片背景，具体操作方法如下。

第 1 步 打开“员工礼仪培训”演示文稿，在“设置背景格式”任务窗格中选中“渐变填充”单选按钮，❶单击“预设渐变”按钮；❷在弹出的下拉列表中选择“顶部聚光灯，个性色 4”选项，如下图所示。

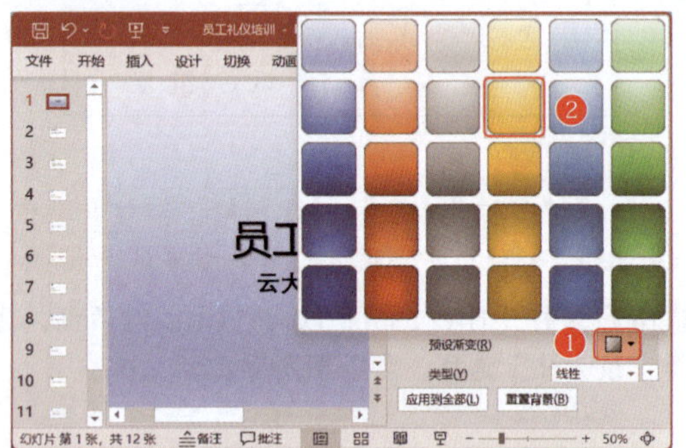

第 2 步 ❶在“类型”下拉列表框中选择“路径”选项；❷选择“渐变光圈”栏中的第 2 个渐变光圈；❸在“位置”数值框中输入 74%；❹在“透明度”数值框中输入 48%；❺单击“应用到全部”按钮，如下图所示。

知识拓展

在“渐变光圈”栏中选择不需要的渐变光圈，单击“删除渐变光圈”按钮，可删除所选渐变光圈；单击“添加渐变光圈”按钮可增加一个新渐变光圈。

第3步 经过以上操作后，演示文稿中的所有幻灯片将应用相同的渐变填充背景效果，如下图所示。

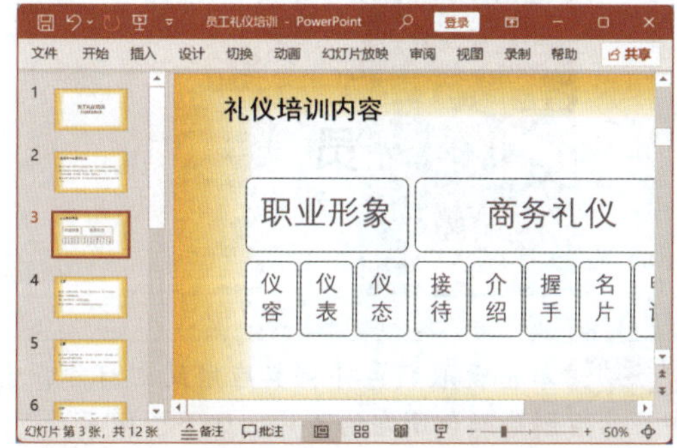

086 图案填充，简单又有创意

实用指数 ★★★☆☆

>>> 使用说明

运用图案填充作为幻灯片背景，不仅能够为展示增添别具一格的视觉魅力，更能在确保内容清晰传达的同时，维持整体设计的和谐与易读性。

>>> 解决方法

使用图案填充幻灯片背景的具体操作方法如下。

在“设置背景格式”任务窗格中选中“图案填充”单选按钮，❶在“图案”栏中选择需要的图案；❷设置图案的“前景”和“背景”颜色，如下图所示。

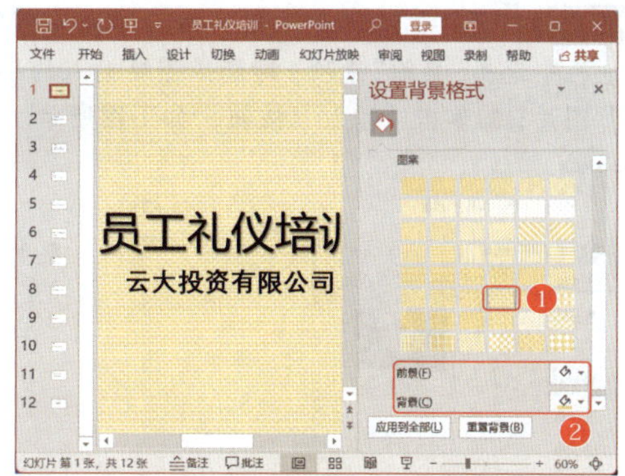

087 将图片设为背景，个性化定制幻灯片

实用指数 ★★★★☆

>>> 使用说明

除了利用纯色、渐变和图案来丰富幻灯片背景外，巧妙地运用网络或计算机中存储的个性化图片进行背景填充，可以让幻灯片更具独特魅力和个人风格，使幻灯片脱颖而出。

>>> 解决方法

下面将计算机中保存的图片设置为幻灯片背景，具体操作方法如下。

第1步 ❶在“设置背景格式”任务窗格中选中“图片或纹理填充”单选按钮；❷单击“图片源”栏中的“插入”按钮，如下图所示。

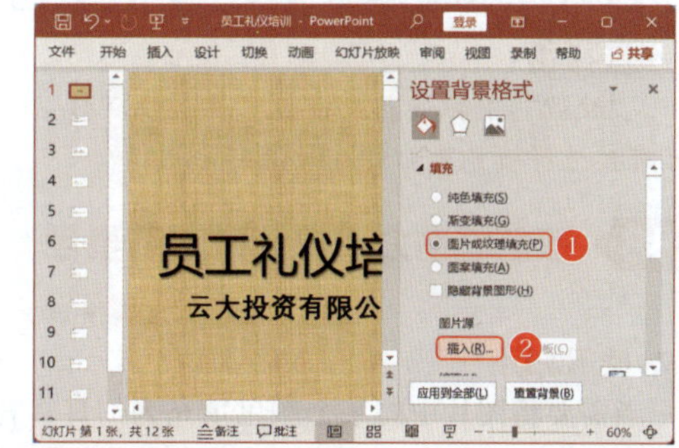

第2步 打开“插入图片”对话框，选择“来自文件”选项，如下图所示。

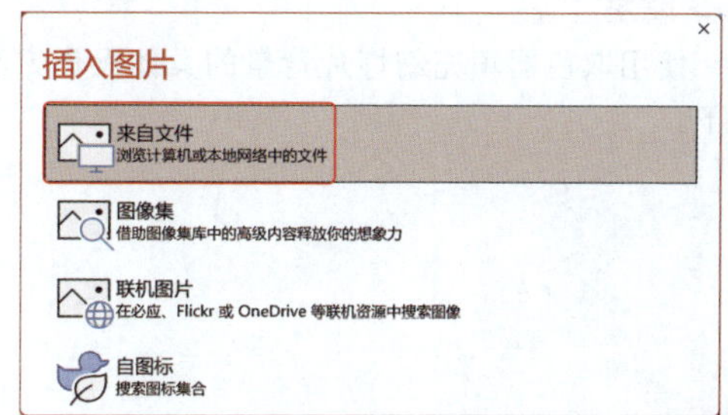

第 3 步 打开“插入图片”对话框，❶在左侧的地址栏中选择“桌面”选项；❷选择需要插入的“商务”图片；❸单击“插入”按钮，如下图所示。

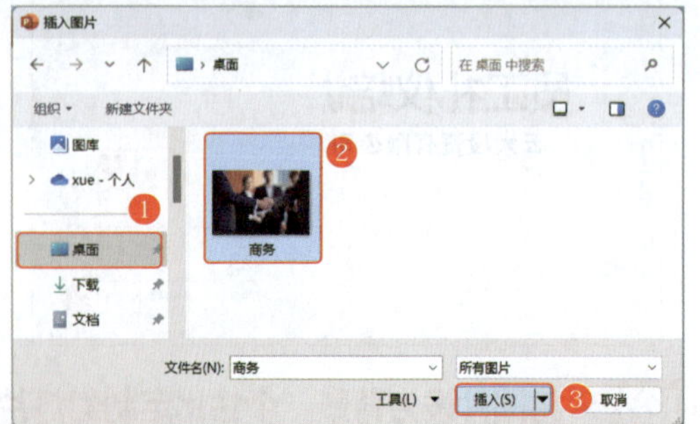

第 4 步 所选图片将设置为幻灯片背景。在“透明度”数值框中输入 71%，淡化幻灯片背景，突出幻灯片中的文字内容，如下图所示。

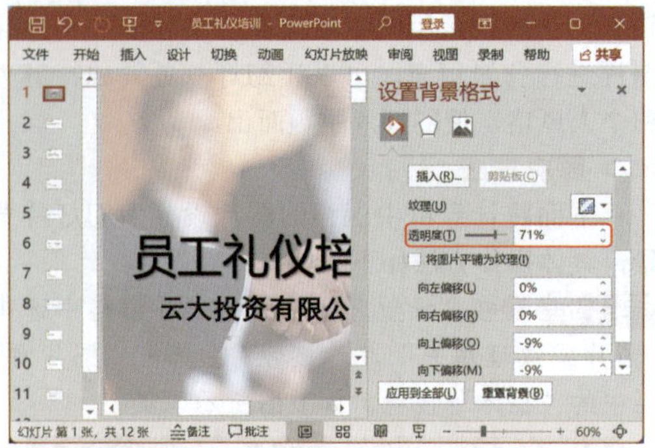

温馨提示

“纹理”下拉列表中提供了多种纹理效果，可直接选择填充为幻灯片背景。

088 取色器助力，快速挑选背景色

实用指数 ★★★★★

>>> 使用说明

当需要将图片中的某个颜色填充为幻灯片背景时，可以使用取色器（或称为颜色选择器）这一工具来快速吸取颜色。

>>> 解决方法

使用取色器填充幻灯片背景的具体操作方法如下。

第 1 步 将颜色所在的图片复制到幻灯片中，❶单击“设置背景格式”任务窗格中“颜色”按钮 右侧的 ▾ 按钮；❷在弹出的下拉列表中选择“取色器”选项，如下图所示。

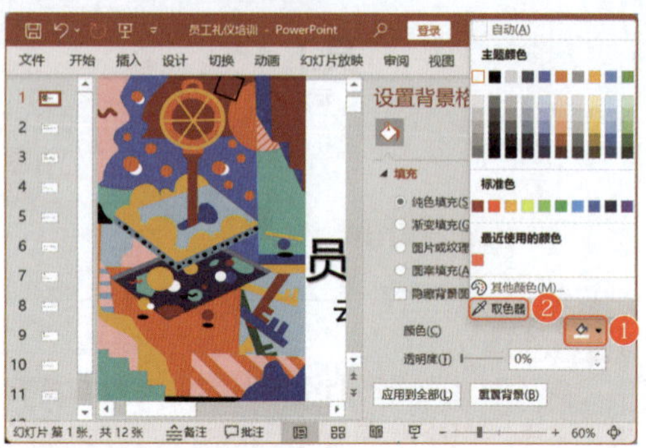

第 2 步 此时鼠标指针将变成 形状，将鼠标指针移动到图片中所需的颜色上，将显示颜色值，如下图所示。

第 3 步 单击吸取颜色并将其应用到幻灯片背景中，然后删除颜色所在的图片，如下图所示。

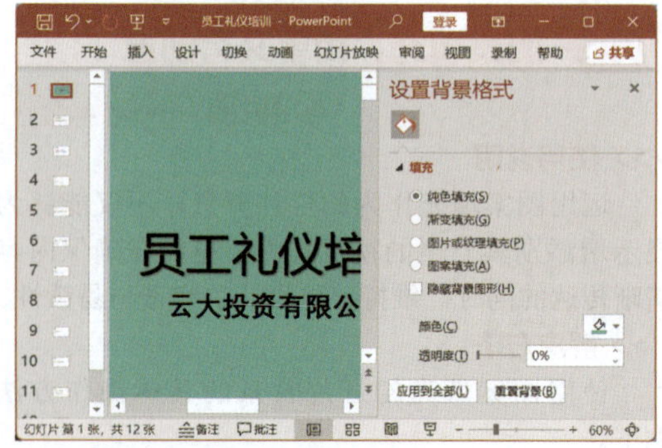

6.2 幻灯片外观设计技巧

扫一扫 看视频

幻灯片外观设计是演示文稿中不可或缺的一环，它不仅能够迅速吸引观众的注意力，而且能够精准地突出演示的重点。因此，掌握并熟练运用幻灯片外观设计技巧对于每一位演示文稿的设计者来说都至关重要。

089 内置主题直接应用，快速美化幻灯片

实用指数 ★★★★★

>>> 使用说明

主题是为演示文稿提供的一套完整的格式集合，包括主题颜色、主题文字和相关主题效果等，通过应用主题，可以快速为演示文稿中的幻灯片设置统一的风格。

>>> 解决方法

PowerPoint 2021 中提供了多种主题样式，可直接应用到演示文稿中，具体操作方法如下。

第 1 步 打开“员工礼仪培训”演示文稿，选择需要应用主题的幻灯片，❶单击“设计”选项卡下“主题”组中的“主题”按钮；❷在弹出的下拉列表中选择需要的“木材纹理”选项，如下图所示。

第 2 步 经过以上操作后，为演示文稿中选择的幻灯片应用选择的主题，如下图所示。

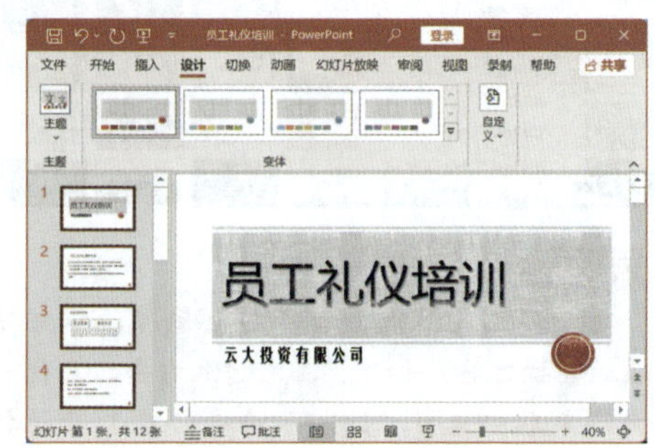

090 混合多种主题，创造独特风格

实用指数 ★★★☆☆

>>> 使用说明

在设计演示文稿时，混合多种主题不仅能够展现出创意与个性，还能为观众带来新颖的视觉体验。

>>> 解决方法

在 PowerPoint 2021 中，为同一演示文稿应用多种主题的具体操作方法如下。

第 1 步 选择需要应用同一主题的多张幻灯片，❶单击“设计”选项卡下“主题”组中的“主题”按钮；❷在弹出的下拉列表中选择需要的“引用”主题，右击，在弹出的快捷菜单中选择“应用于选定幻灯片”命令，如下图所示。

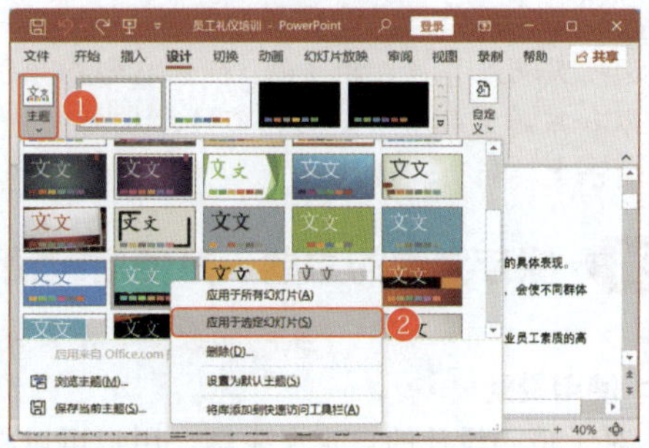

第 2 步 选择需要应用其他主题的幻灯片，❶单击“设计”选项卡下“主题”组中的“主题”按钮；❷在弹出的下拉列表中选择需要的“水汽尾迹”主题，右击，在弹出的快捷菜单中选择“应用于选定幻灯片”命令，如下图所示。

知识拓展

对于不用的主题，可以将其删除，以方便管理。其操作方法如下：在主题上右击，在弹出的快捷菜单中选择“删除”命令，在打开的提示对话框中单击“是”按钮，即可删除当前主题。

第 3 步 经过以上操作后，可以查看应用不同主题后的效果，如下图所示。

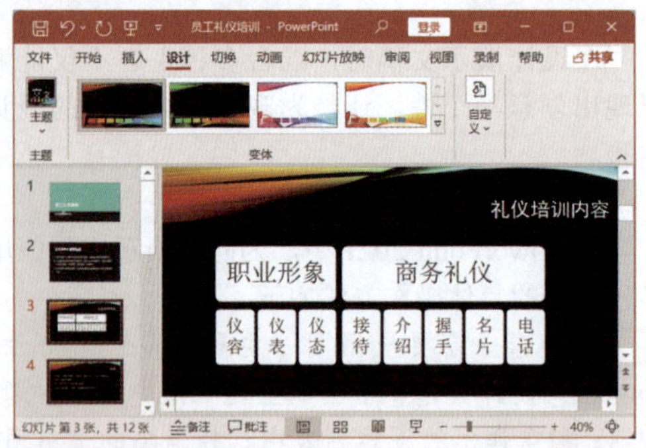

温馨提示

虽然使用多个主题可以带来新颖的视觉体验，但整体风格还是应保持一致性，避免选择过于冲突或差异过大的主题，确保它们在颜色、字体和布局上具有一定的相似性，从而保持整个演示文稿的协调性。

091 保存喜欢的主题，方便后续使用

实用指数 ★★★★☆

>>> 使用说明

对于精心设计的自定义主题，用户可以将其妥善保存，这样在下次需要制作具有相同视觉效果的幻灯片时，就能轻松调用并重复使用，极大地提升了工作效率。

>>> 解决方法

将当前演示文稿中的主题保存到计算机中的具体操作方法如下。

第 1 步 打开“新员工入职培训”演示文稿，❶单击“设计”选项卡下“主题”组中的“主题”按钮；❷在弹出的下拉列表中选择“保存当前主题”选项，如下图所示。

第 2 步 打开“保存当前主题”对话框，❶在“文件名”文本框中输入主题名称“培训”；❷单击“保存”按钮，如下图所示。

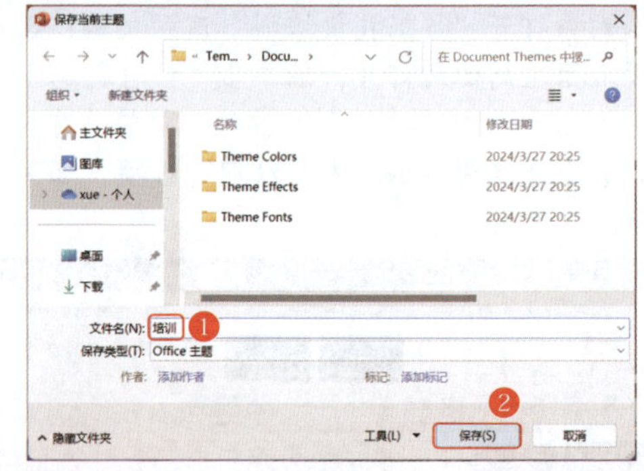

温馨提示

保存主题时，只有将主题保存到默认的计算机主题保存位置（C:\Users\XP\AppData\Roaming\Microsoft\Templates\Document Themes），保存后的主题才会在“主题”下拉列表中显示。

第 3 步 经过以上操作后，在“主题”下拉列表的“自定义”栏中将显示保存的主题，如下图所示。

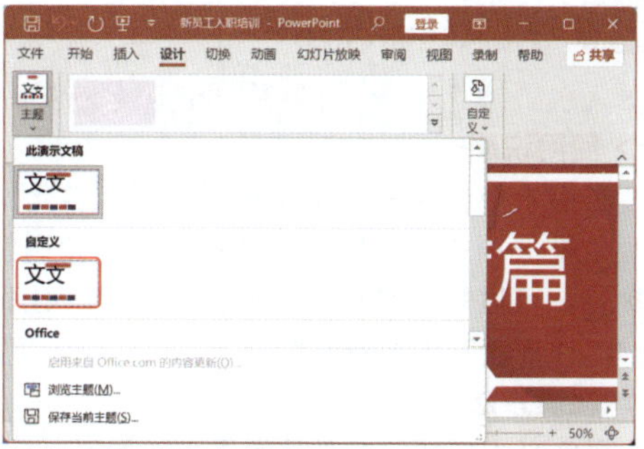

092 通过选择变体，实现快速微调

实用指数 ★★★★☆

>>> 使用说明

在 PowerPoint 2021 中，很多主题都提供了变体功能，通过选择不同的变体，可以在不改变整体主题风格的基础上，快速对主题的背景颜色、形状样式、字体样式等方面进行细微的调整，从而轻松创建出具有个性化风格的演示文稿。

>>> 解决方法

更改主题变体的具体操作方法如下。

为演示文稿应用主题后，在“设计”选项卡下“变体”组中的列表框中提供了多种变体样式，选择需要的样式应用于演示文稿主题中，如下图所示。

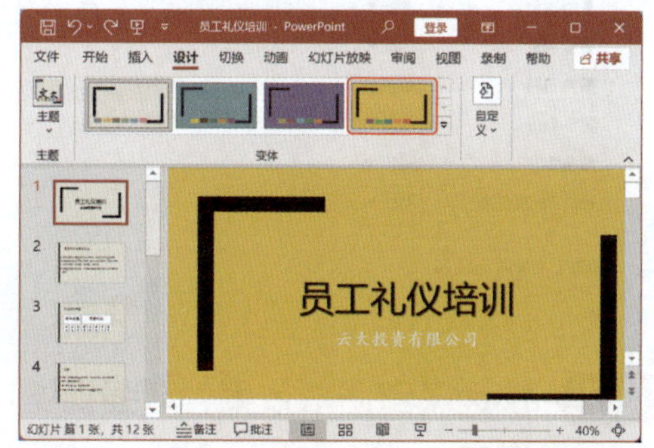

093 轻松调整主题字体，提升可读性

实用指数 ★★★★★

>>> 使用说明

在应用主题后，若发现主题中的默认字体不符合需求或偏好，可以轻松地对主题字体进行更改，以满足特定要求。

>>> 解决方法

PowerPoint 2021 中提供了多种字体方案，可以快速对主题中的字体进行更改，具体操作方法如下。

为演示文稿应用主题后，单击“变体”组中的“其他”按钮，❶在弹出的下拉列表中选择“字体”选项；❷在弹出的子列表中选择需要的字体方案应用到演示文稿中，如下图所示。

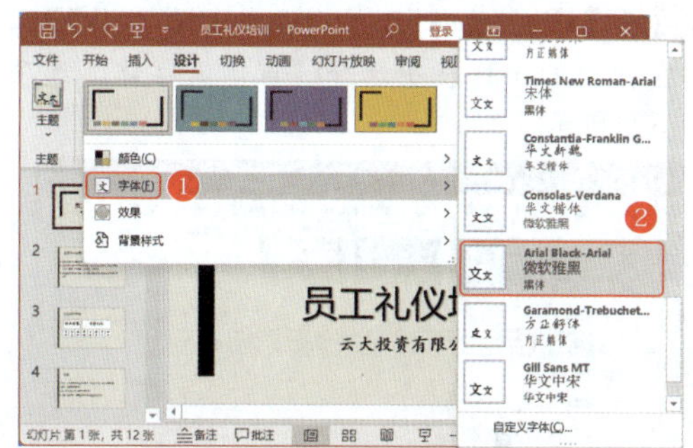

094 一键切换配色方案，焕发新活力

实用指数 ★★★★★

>>> 使用说明

应用主题后，还可以进一步调整主题中的配色方案，以获得更加贴合演示文稿氛围和视觉效果的色彩搭配。

>>> 解决方法

更改主题配色方案的具体操作方法如下。

为演示文稿应用主题后，单击“变体”组中的“其他”按钮，❶在弹出的下拉列表中选择“颜色”选项；❷在弹出的子列表中选择需要的配色方案应用到演示文稿中，如下图所示。

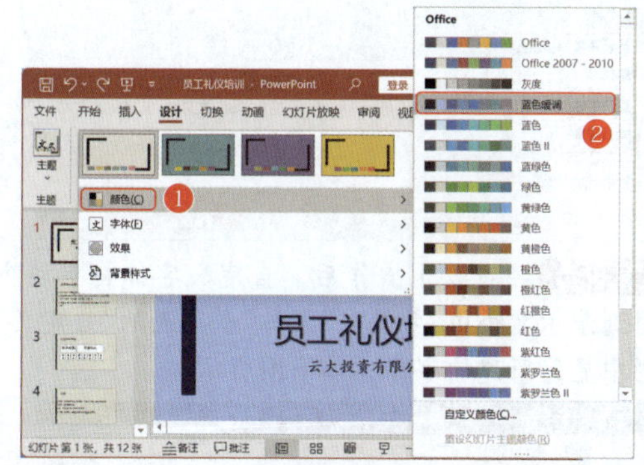

095 自定义主题字体，彰显个性

实用指数 ★★★★☆

>>> 使用说明

当内置的主题字体无法满足特定需求时，用户可以自定义主题字体，并将其保存为预设选项。这样，在后续制作演示文稿时，用户便能方便地应用这些自定义的主题字体，为演示文稿增添独

特的风格和专业感。

>>> 解决方法

自定义主题字体的具体操作方法如下。

第 1 步 ❶在“变体”下拉列表中选择“字体”选项；❷在弹出的子列表中选择“自定义字体”选项，如下图所示。

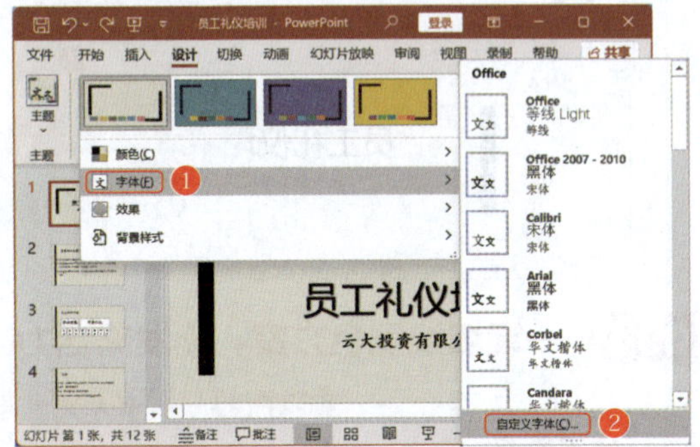

第 2 步 打开“新建主题字体”对话框，❶在“西文”栏中设置英文、数字等的标题字体和正文字体；❷在“中文”栏中设置标题字体和正文字体；❸在“名称”文本框中输入主题字体名称；❹单击“保存”按钮，如下图所示。

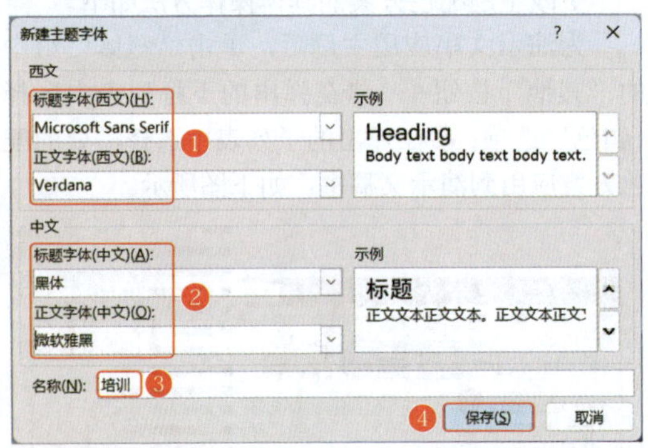

第 3 步 经过以上操作后，自定义字体将自动应用到演示文稿中，并且在“字体”子列表的“自定义”栏中显示新建的字体，如下图所示。

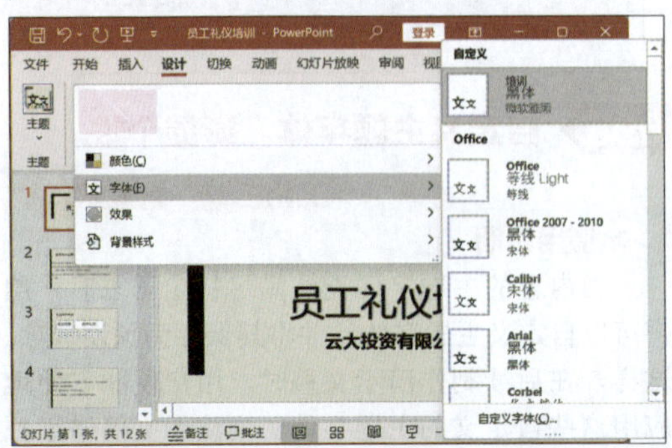

096 自定义主题颜色，打造专属风格

实用指数 ★★★★☆

>>> 使用说明

在追求个性化的演示文稿设计时，自定义主题颜色是一项关键步骤。通过精心选择和调整主题颜色，可以轻松打造专属的演示风格，让每一张幻灯片都散发出独特的魅力。

>>> 解决方法

自定义主题颜色的具体操作方法如下。

在“变体”下拉列表中选择“颜色”选项，在弹出的子列表中选择“自定义颜色”选项，打开“新建主题颜色”对话框。❶在“主题颜色”栏中对文字颜色、背景色、超链接颜色等进行设置；❷在“名称”文本框中输入主题颜色名称；❸单击“保存”按钮，如下图所示。

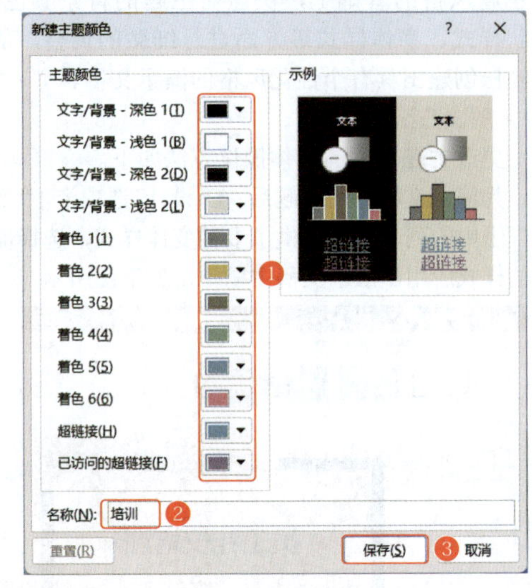

097 快速调整图形效果，增强视觉冲击力

实用指数 ★★★☆☆

>>> 使用说明

通过调整主题的图形效果，可以增强幻灯片的视觉冲击力，使幻灯片的内容呈现更加生动且引人入胜。

>>> 解决方法

更改主题图形效果的具体操作方法如下。

❶在“变体”下拉列表中选择“效果”选项；❷在弹出的子列表中选择需要的图形效果，如下图所示。

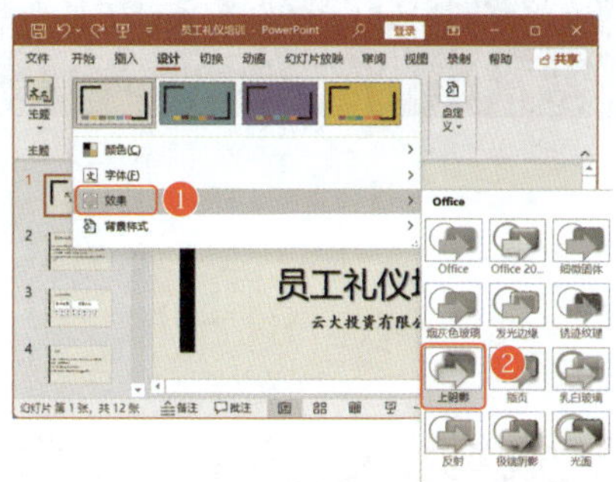

098 更改背景样式，让幻灯片更出众

实用指数 ★★★★☆

>>> 使用说明

除了对主题的变体、颜色和字体进行个性化调整外，用户还可以对主题的背景样式进行更改，以确保主题与幻灯片的整体风格和需求完美契合。

>>> 解决方法

更改主题背景样式的具体操作方法如下。

第 1 步 ❶在“变体”下拉列表中选择“背景样式”选项；❷在弹出的子列表中选择“设置背景格式”选项，如下图所示。

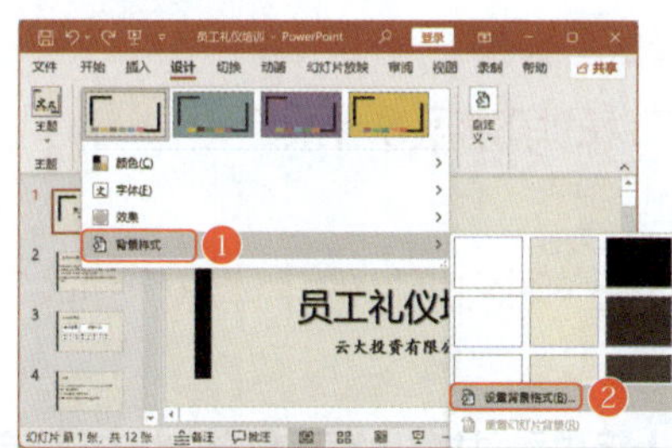

第 2 步 打开“设置背景格式”任务窗格，在其中根据需要对背景填充效果进行设置，如下图所示。

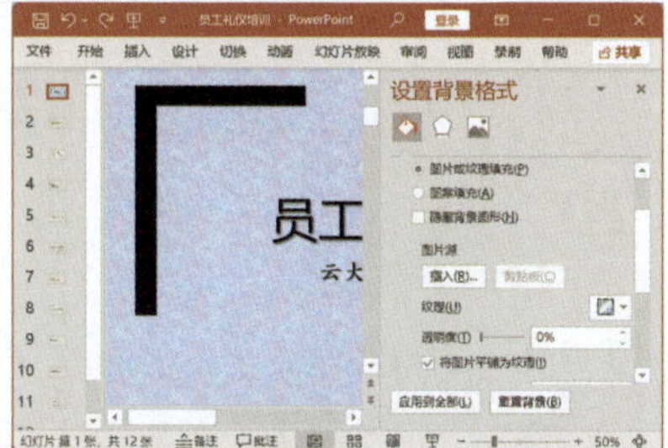

温馨提示

若对设置的幻灯片背景填充效果不满意，可单击“设置背景格式”任务窗格下方的“重置背景”按钮，重新对幻灯片背景进行设置。

099 将其他演示文稿中的主题应用到当前演示文稿中

实用指数 ★★★☆☆

>>> 使用说明

在设计幻灯片效果时，如果希望将其他演示文稿中的主题应用到当前演示文稿中，可以通过PowerPoint 2021 提供的浏览主题功能快速将其他演示文稿中的主题应用到当前演示文稿中。

>>> 解决方法

将其他演示文稿中的主题应用到当前演示文稿中的具体操作方法如下。

第 1 步 ❶在当前演示文稿中单击“设计”选项卡下“主题”组中的“主题”按钮；❷在弹出的下拉列表中选择“浏览主题”选项，如下图所示。

第 2 步 打开“选择主题或主题文档”对话框，❶在地址栏中设置要应用主题的演示文稿所保存的位置；❷在中间的列表框中选择需要的演示文稿；❸单击“应用”按钮，如下图所示。

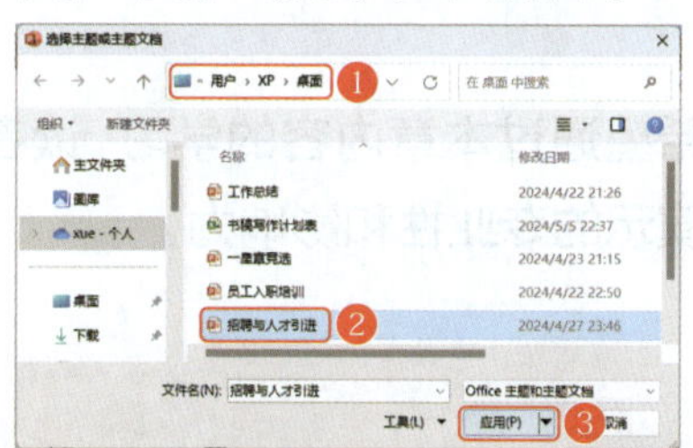

第 3 步 经过以上操作后，所选演示文稿的主题将自动应用到当前演示文稿的所有幻灯片中，如下图所示。

第7章

文本处理高效简洁：PPT文本输入与编辑技巧

幻灯片中的文本是传达信息的核心，而高效的文本编辑技巧则是提升幻灯片质量的关键。为了让文本编辑变得更加高效与省力，必须熟练掌握并运用各种编辑技巧。接下来，将深入讲解这些技巧，助力读者轻松优化幻灯片文本，提升演示的吸引力和效果。

下面来看看以下一些在文本编排中常见的问题，请自行检测是否会处理或已掌握。

- 在幻灯片中，可以通过哪些方式快速输入文本？
- 如何快速设置文本的字体和字号？
- 在制作教学课件时，如何高效地输入数学公式？
- 在幻灯片中，可以通过哪些方法来组织幻灯片的段落层次结构？
- 文本的上标和下标应怎样进行设置？
- 幻灯片制作好后才发现字体效果不佳，如何统一对幻灯片的字体进行更改？

希望通过本章内容的学习，读者能够解决以上问题，并能够更有效地传达信息，提升演示的专业性和影响力。

7.1 文本内容录入与编辑技巧

扫一扫 看视频

在制作幻灯片的过程中，文本作为核心的信息载体，其录入与编辑的流畅性至关重要。下面将讲解如何在幻灯片中高效录入所需文本，并对其进行精细的编辑，以确保信息的准确传达与视觉效果的优化。

100 利用占位符，轻松输入文本

实用指数 ★★★★☆

>>> 使用说明

占位符是幻灯片中的高效工具，它以虚线框的形式预设了文本输入区域，无须额外设置即可直接输入内容，极大地提升了文本输入的效率和便捷性。

>>> 解决方法

默认新建的幻灯片通常都包含占位符，以便用户快速填充内容。在幻灯片占位符中输入文本的具体操作方法如下。

在幻灯片中选择需要输入文本的占位符，将鼠标光标定位到占位符中，然后输入需要的文本即可，如下图所示。

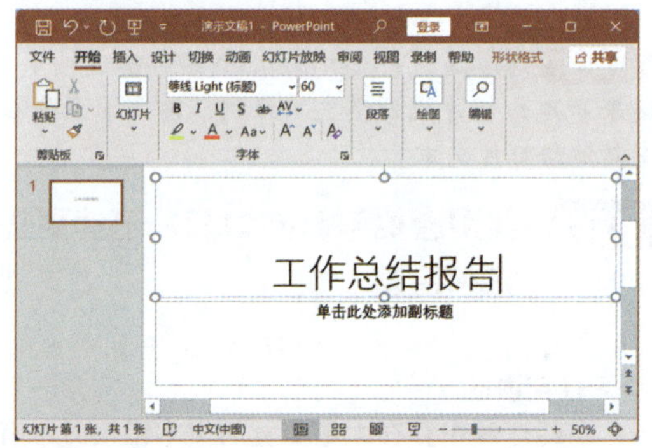

101 借助文本框，自由输入文本

实用指数 ★★★☆☆

>>> 使用说明

若在设计幻灯片时，所需的文本内容不适合使用预设的占位符位置，用户可以通过在幻灯片中插入文本框的方式来输入内容，这样可以灵活地调整文本的位置和布局，以满足特定的设计需求。

>>> 解决方法

使用文本框输入文本内容的具体操作方法如下。

第1步 ❶单击“插入”选项卡下“文本”组中的“文本框”按钮下方的下拉按钮⌄；❷在弹出的下拉列表中选择“绘制横排文本框”选项，如下图所示。

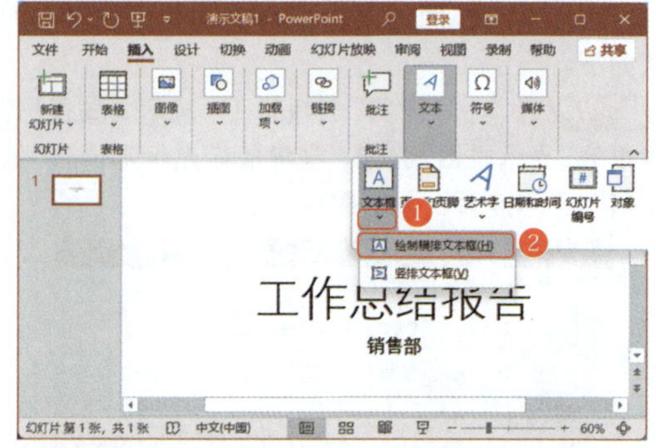

第2步 此时，鼠标光标呈↓状时，按住鼠标左键（按住鼠标左键后，鼠标光标会变成+状）不放，拖动鼠标光标绘制出文本框，如下图所示。

第3步 拖动到合适位置后释放鼠标，然后在绘制的文本框中输入需要的文本“2025”，如下图所示。

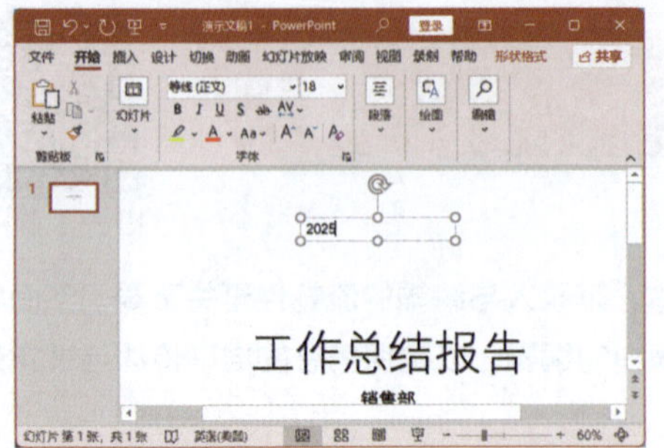

102 利用大纲视图，结构化输入文本

实用指数 ★★★☆☆

>>> 使用说明

在制作文本内容繁多的幻灯片时，利用大纲视图输入文本，不仅可以显著提升输入的便捷性，而且可以在深层次上优化幻灯片内容的组织结构，使其更加清晰、有条理。

>>> 解决方法

利用大纲视图输入幻灯片文本的具体操作方法如下。

第 1 步 ❶单击“视图”选项卡下“演示文稿视图”组中的“大纲视图”按钮；❷将鼠标光标定位到“销售部”文本后面，如下图所示。

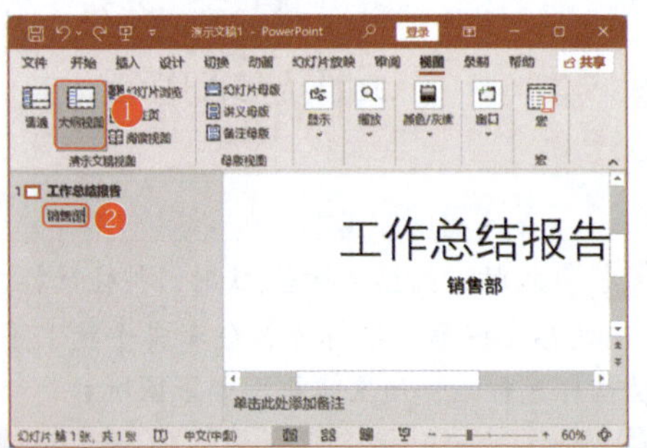

第 2 步 按 Ctrl+Enter 组合键新建一张幻灯片，输入幻灯片标题，如输入“目录”，在幻灯片编辑区标题占位符中也显示输入的文本，如下图所示。

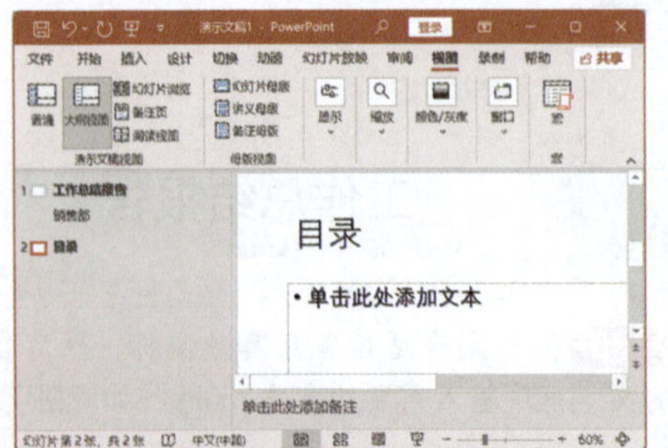

第 3 步 将鼠标光标定位到“目录”文本后，按 Enter 键新建一张幻灯片，输入标题文本“销售总体情况”，如下图所示。

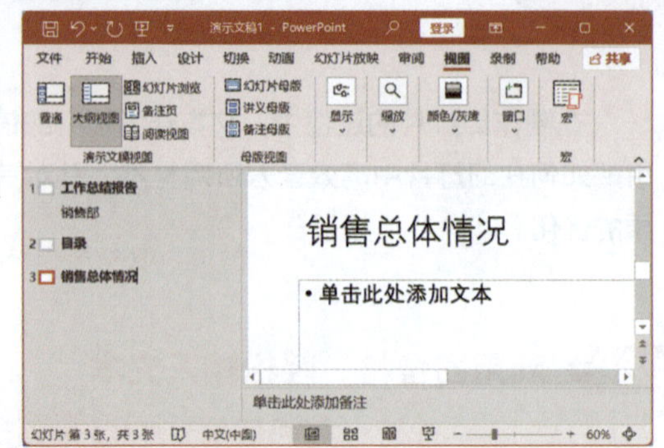

第 4 步 按 Tab 键，“销售总体情况”下降一个级别，变成第 2 张幻灯片的正文文本；然后按 Enter 键分段，继续输入其他文本内容，如下图所示。

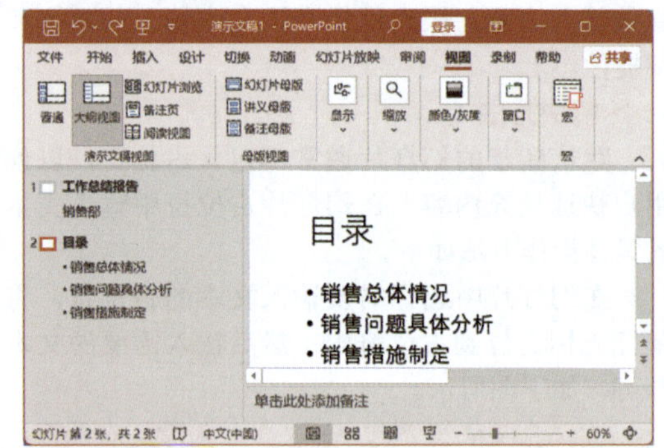

第 5 步 继续通过按 Ctrl+Enter 组合键或按 Tab 键来新建幻灯片或调整文本级别，输入演示文稿中其他幻灯片文本。

103 利用查找与替换功能，迅速更正文本错误

实用指数 ★★★★☆

>>> 使用说明

当幻灯片中存在大量重复的文本错误时，有效利用查找与替换功能能够显著提升修改效率与准确性，确保无一遗漏地批量更正这些错误，从而节省宝贵的时间与精力。

>>> 解决方法

例如，利用替换功能对幻灯片中的标点符号进行批量修改，具体操作方法如下。

第 1 步 在幻灯片中单击“开始”选项卡下“编辑”组中的“替换”按钮，如下图所示。

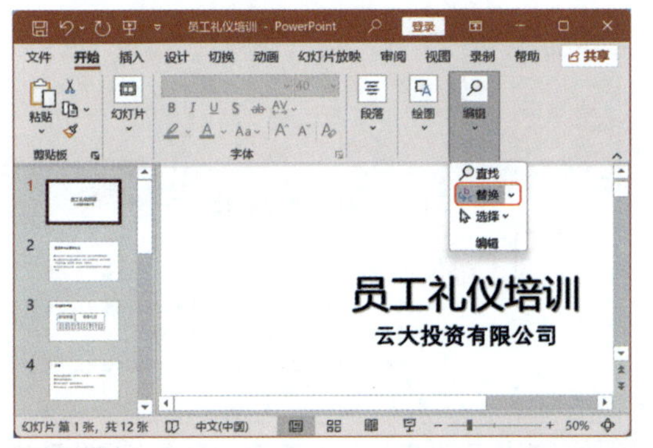

第 2 步 ❶打开“替换”对话框，在“查找内容”下拉列表框中输入要查找的内容，如输入英文状态下的“:”；❷在“替换为”下拉列表框中输入正确内容，如输入中文状态下的“：”；❸勾选“区分全 / 半角”复选框；❹单击“查找下一个”按钮，如下图所示。

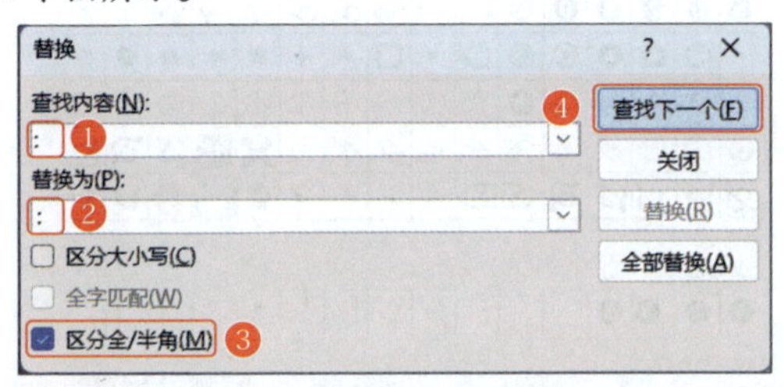

第 3 步 在演示文稿中从头开始进行查找，确认是否为要查找的内容，❶单击“全部替换”按钮对整个演示文稿中的“:”进行替换；❷替换完成后，弹出的提示对话框中显示替换的次数，单击“确定”按钮，如下图所示。关闭对话框并完成替换操作。

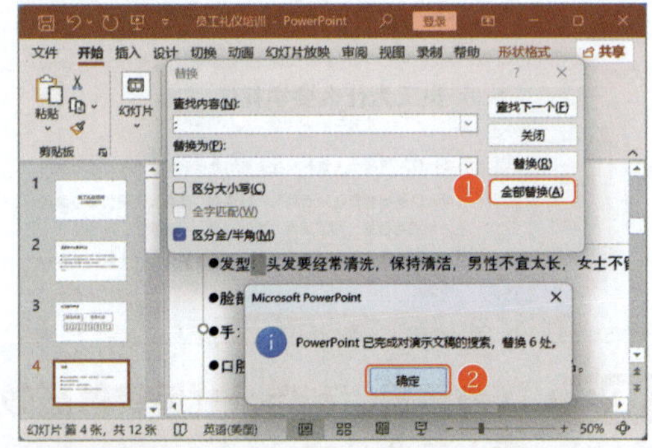

温馨提示

按 Ctrl+F 组合键可以打开“查找”对话框；按 Ctrl+H 组合键可以打开“替换”对话框。

104 创意融入艺术字，打造独特魅力标题

实用指数 ★★★★☆

>>> 使用说明

为了增强幻灯片中标题的视觉冲击力，可以巧妙地融入艺术字样式，并通过精细调整其填充色彩、边框颜色以及应用多样化的艺术字效果，从而打造出既独特又引人注目的文字展示效果。

>>> 解决方法

在幻灯片中插入艺术字样式，并对艺术字效果进行更改的具体操作方法如下。

第 1 步 ❶在幻灯片中单击“插入”选项卡下“文本”组中的“艺术字”按钮；❷在弹出的下拉列表中选择需要的艺术字样式，如选择“填充：白色；边框：橙色，主题色 2；清晰阴影：橙色，主题色 2”选项，如下图所示。

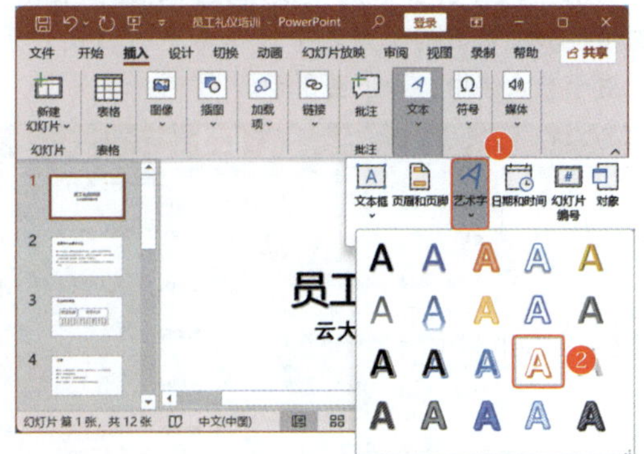

第 2 步 ❶在幻灯片中插入一个艺术字文本框，输入需要的文字内容，如输入 2024；❷单击“形状格式”选项卡下“艺术字样式”组中的“文本填充”按钮右侧的下拉按钮 ⌄；❸在弹出的下拉列表中选择需要的艺术字填充色，如下图所示。

第 3 步 ❶单击“形状格式”选项卡下“艺术字样式”组中的“文本轮廓”按钮右侧的下拉按钮

；❷在弹出的下拉列表中选择需要的艺术字轮廓颜色，如下图所示。

第 4 步 ❶单击“形状格式”选项卡下“艺术字样式”组中的“文本效果”按钮；❷在弹出的下拉列表中选择需要的文本效果，如选择“转换”选项；❸在弹出的子列表中选择需要的转换效果应用于艺术字中，如下图所示。

105 巧用特殊符号，凸显幻灯片关键信息

实用指数 ★★★★★

>>> 使用说明

为了增强幻灯片中文本的吸引力，确保关键信息能够迅速吸引观众的注意力，可以在编辑文本内容时巧妙地融入一些符号，从而使幻灯片中的文本内容更加醒目，层次结构更加清晰。

>>> 解决方法

在幻灯片中为文本插入特殊符号的具体操作方法如下。

第 1 步 ❶将鼠标光标定位到需要插入符号的位置；❷单击“插入”选项卡下“符号”组中的“符号”按钮，如下图所示。

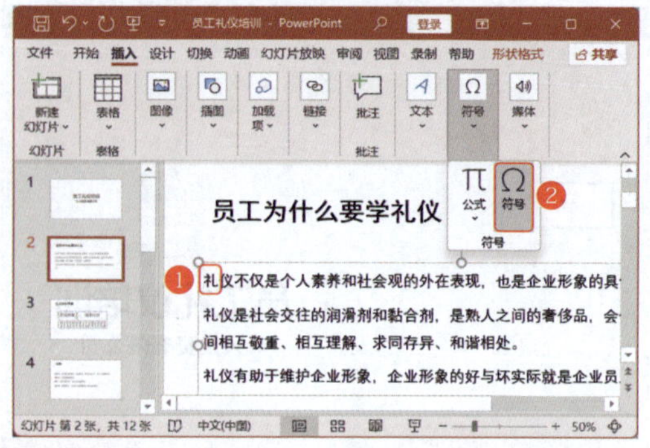

第 2 步 打开“符号”对话框，❶在“字体”下拉列表框中选择需要插入的符号类型；❷单击选择需要插入的符号；❸单击“插入”按钮，如下图所示。

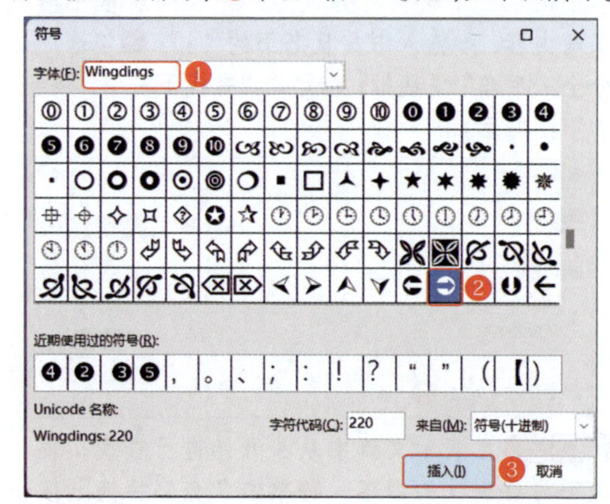

第 3 步 在鼠标光标处插入符号，然后使用相同的方法继续插入需要的符号即可，如下图所示。

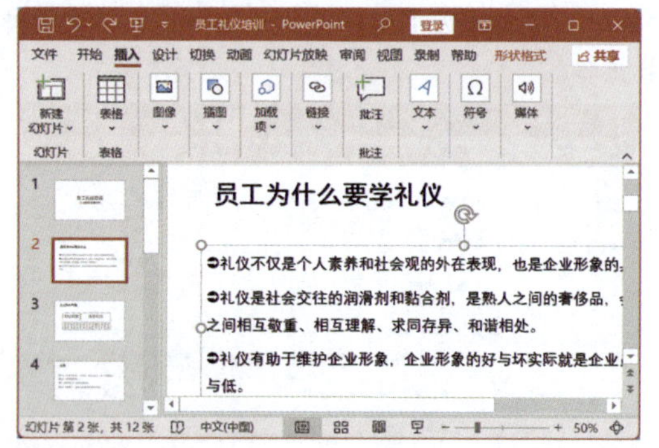

106 精准呈现：利用公式编辑器高效插入专业公式

实用指数 ★★★☆☆

>>> 使用说明

在制作课件演示文稿时经常会涉及公式，利

用 PowerPoint 2021 内置的功能强大的公式编辑器可以迅速构建出需要的公式，从而提升课件的专业性和清晰度。

>>> 解决方法

下面将以创建一个求根公式为例，讲解在幻灯片中插入公式的具体操作方法。

第 1 步 单击"插入"选项卡下"符号"组中的"公式"按钮，如下图所示。

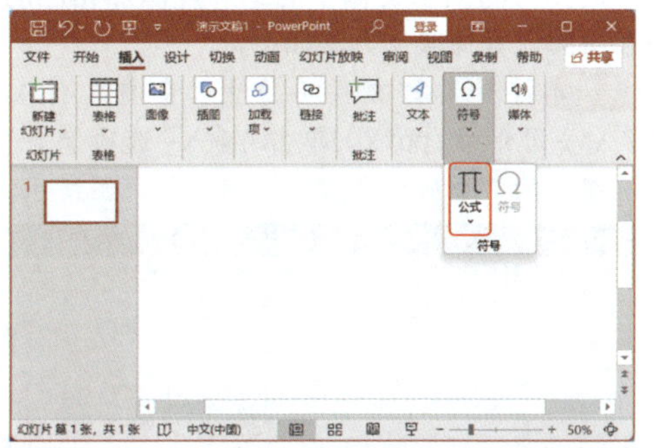

第 2 步 ❶在幻灯片中插入公式文本框，输入"x="文本；❷单击"公式"选项卡下"结构"组中的"分式"按钮；❸在弹出的下拉列表中选择"分式（竖式）"选项，如下图所示。

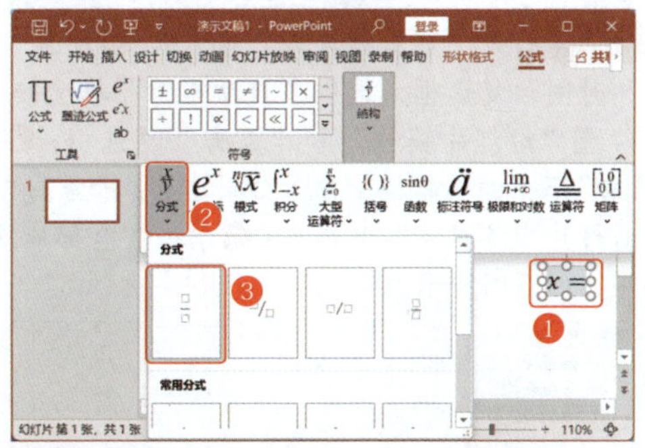

第 3 步 ❶插入分式样式，在分母中输入"2a"，在分子中输入"-b"；❷单击"公式"选项卡下"符号"组中的"其他"按钮，在弹出的下拉列表中选择需要的符号，如下图所示。

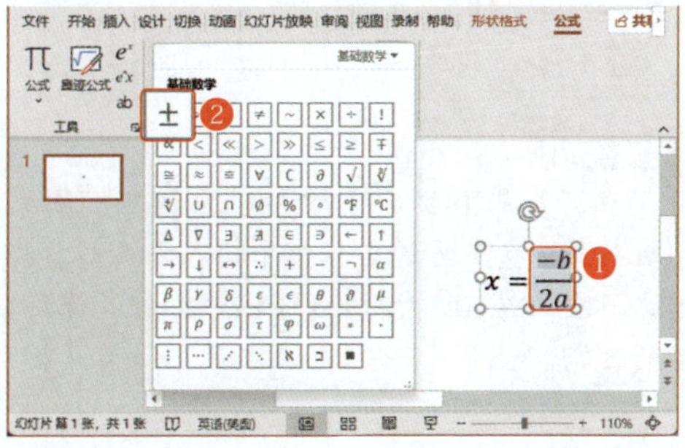

第 4 步 ❶单击"公式"选项卡下"结构"组中的"根式"按钮；❷在弹出的下拉列表中选择"平方根"选项，如下图所示。

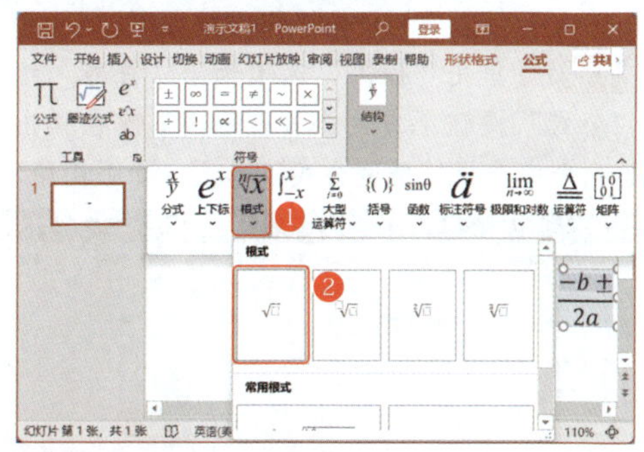

第 5 步 ❶选择根号中的框；❷单击"结构"组中的"上下标"按钮；❸在弹出的下拉列表中选择"上标"选项，如下图所示。

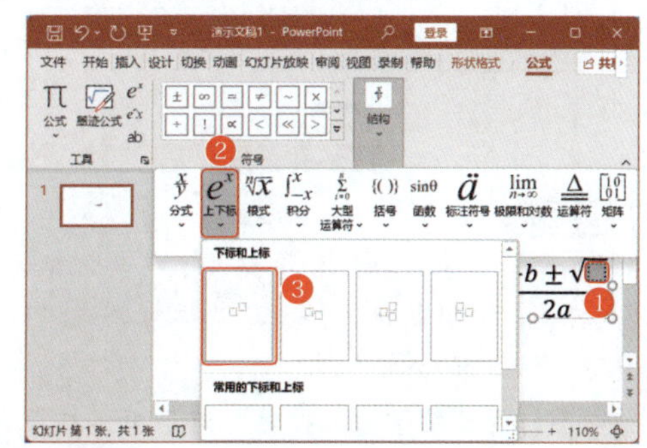

第 6 步 插入上标样式，输入上标内容，再根据需要输入公式根号中的其他内容，完成公式的输入，如下图所示。

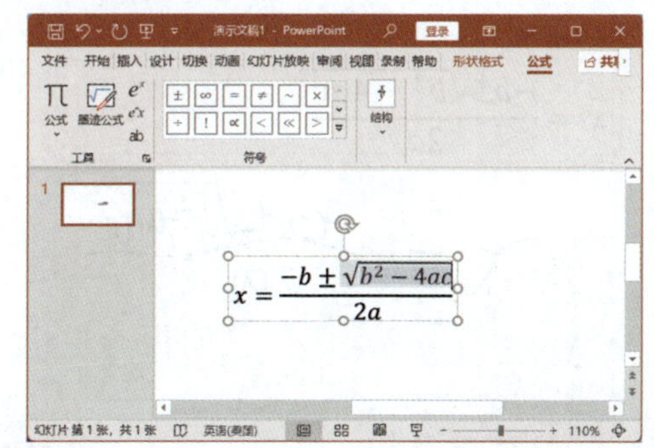

107 手写公式，精准又高效

实用指数 ★★★☆☆

>>> 使用说明

在 PowerPoint 2021 中，除了利用高效的公式编辑器来编辑复杂公式外，还可以借助手写公式功能，极大地提升公式输入的便捷性和准确性，使演示文稿的制作更加流畅与高效。

>>> 解决方法

输入手写公式的具体操作方法如下。

第1步 ❶单击“插入”选项卡下“符号”组中的“公式”按钮下方的下拉按钮；❷在弹出的下拉列表中选择“墨迹公式”选项，如下图所示。

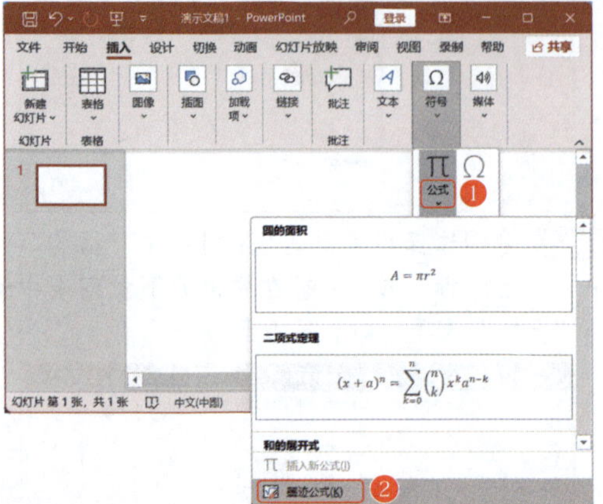

> **温馨提示**
>
> 在“公式”下拉列表中提供了一些常见的公式样式，可直接选择插入，然后对公式进行修改，以提高公式输入效率。

第2步 打开“数学输入控件”对话框，在黄色格子区域拖动鼠标手写公式，并在上方的文本框中显示识别出的公式。输入完成后，单击“插入”按钮，如下图所示，可将公式插入幻灯片中。

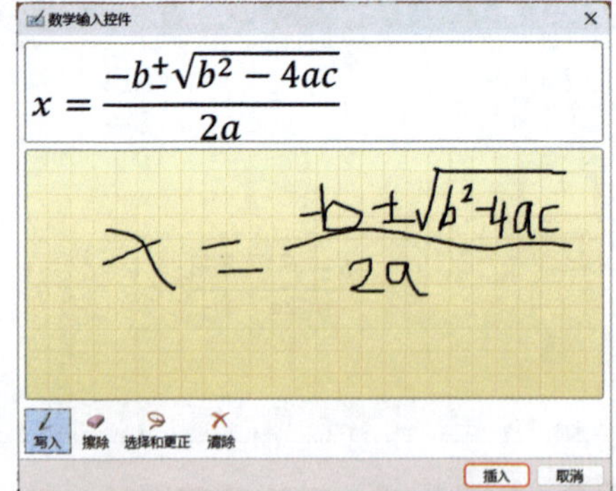

> **温馨提示**
>
> 若输入的公式识别有误，可在“数学输入控件”对话框中单击“擦除”按钮，擦除公式错误的部分，然后重新输入。

108 添加页眉/页脚，让幻灯片更专业

实用指数 ★★★☆☆

>>> 使用说明

在制作演示文稿时，可以为幻灯片添加统一的页眉/页脚，如公司名称、页码、时间等，以增强幻灯片的整体美观度与专业感。

>>> 解决方法

例如，为演示文稿中的幻灯片添加相应的页眉和页脚，具体操作方法如下。

第1步 打开素材文件（位置：素材文件\第7章\公司介绍.pptx)，单击“插入”选项卡下“文本”组中的“页眉和页脚”按钮，如下图所示。

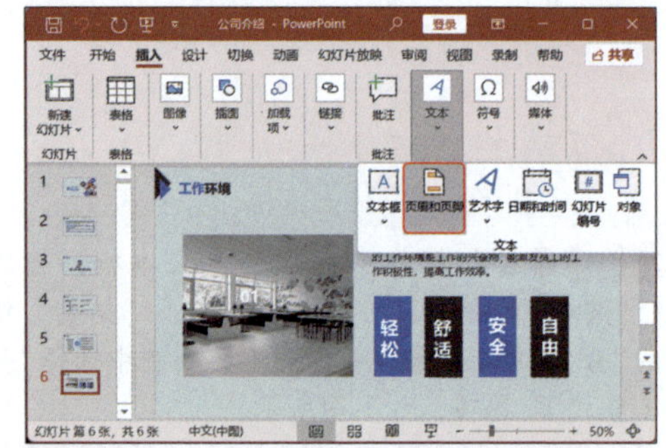

第2步 打开“页眉和页脚”对话框，❶勾选“日期和时间”复选框，选中“自动更新”单选按钮；❷勾选“幻灯片编号”和“页脚”复选框；❸在“页脚”下方的文本框中输入公司名称；❹勾选“标题幻灯片中不显示”复选框；❺单击“全部应用”按钮，如下图所示。

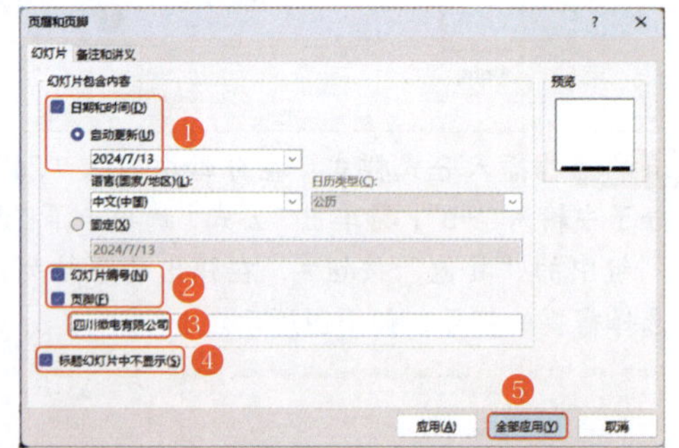

> **温馨提示**
>
> 在“页眉和页脚”对话框中选中“固定”单选按钮，在下方的文本框中输入需要的日期，单击“全部应用”按钮，可以为幻灯片添加固定的日期。

第 3 步 为演示文稿中除标题幻灯片外的所有幻灯片添加设置的页眉 / 页脚，如下图所示。

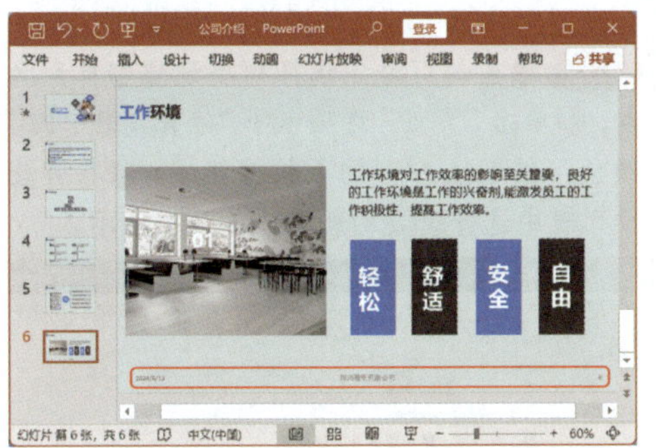

109 一键撤销 / 恢复，轻松修正误操作

实用指数 ★★★☆☆

>>> 使用说明

编辑幻灯片文本时，若不慎犯错，可借助撤销与恢复功能，轻松撤销错误操作，甚至恢复被撤销的更改，提升编辑效率。

>>> 解决方法

撤销操作可以一次撤销多步，但恢复操作只能恢复上一步操作，具体操作方法如下。

第 1 步 ❶单击快速访问工具栏中的“撤销”按钮右侧的下拉按钮；❷在弹出的下拉列表中显示了最近的 20 步，可选择需要撤销到的步骤，如下图所示。

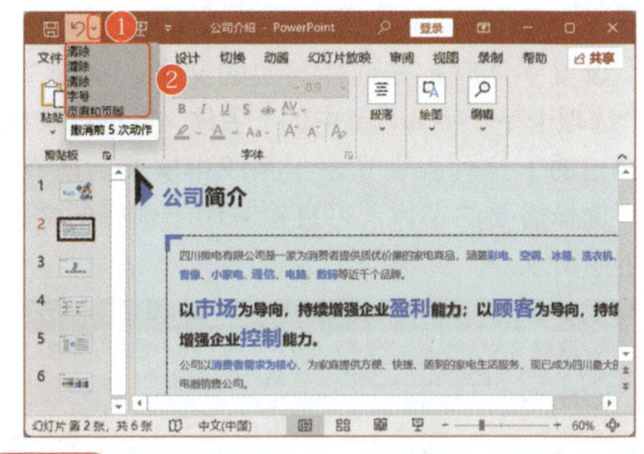

第 2 步 单击快速访问工具栏中的“恢复”按钮，可恢复到上一步操作，连续单击可以恢复到多步撤销之前的状态，如下图所示。

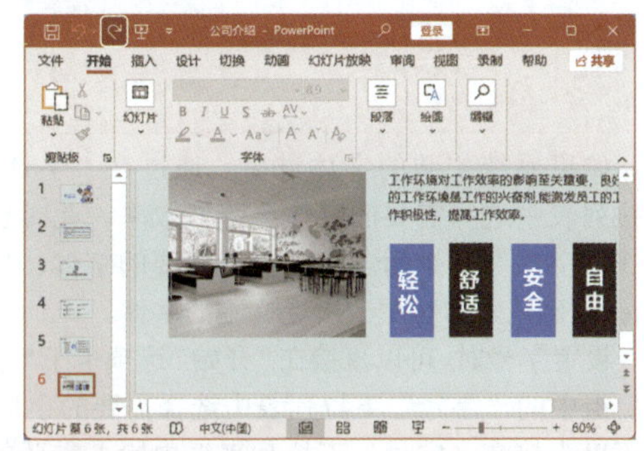

知识拓展

PowerPoint 2021 默认仅支持最多 20 步撤销操作，若需超越 20 步的撤销能力，可在“PowerPoint 选项”对话框的“高级”选项卡下的“最多可取消操作数”数值框中进行设置，完成后单击“确定”按钮。

7.2 文本字体格式美化技巧

扫一扫 看视频

在幻灯片中输入文本后，需要根据情况对文本的字体、字号、加粗、阴影、颜色、文本底纹等字体格式进行设置。掌握这些设置技巧，可以使幻灯片内容更加生动、引人入胜，确保信息传达既准确又富有吸引力。

110 一键操作，高效定制文本字体与字号

实用指数 ★★★★★

>>> 使用说明

在幻灯片设计中，对文本字体与字号进行设置，不仅能够确保重要文字内容在众多信息中脱颖而出，还能够通过视觉层次的构建，引导观众更加聚焦并深刻地理解演示内容，从而提升整体的演示效果与观众体验。

>>> 解决方法

设置字体时，先选择需要的文本，单击“开始”选项卡下“字体”组中的“字体”下拉列表框，在弹出的下拉列表中显示了系统中安装的所有字体。选择需要的字体，可直接应用于选择的文本，如下图所示。

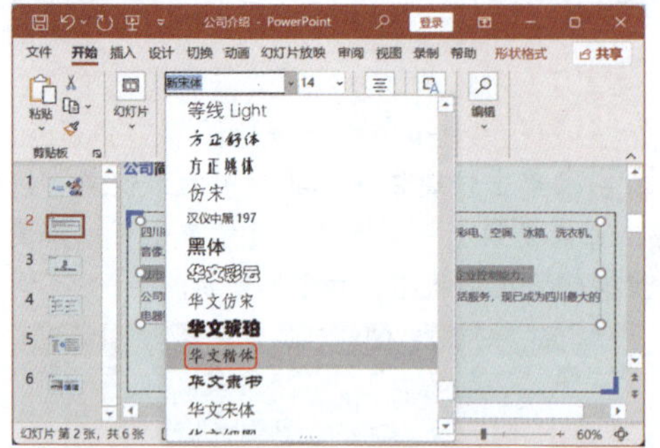

如果系统安装的字体过多，通过在“字体”下拉列表中选择需要的字体会降低效率。此时直接在“字体”下拉列表框中输入需要的字体，按Enter 键确认，即可更改所选文本的字体。

设置字号时，可以直接在“开始”选项卡下“字体”组中的“字号”下拉列表中选择需要的字体；也可以直接在“字号”下拉列表框中输入需要的字号大小，如下图所示，再按 Enter 键确认。

> **温馨提示**
>
> “字号”下拉列表中的最大字号选项是96，如果要设置超过96的超大字号，则只能通过输入字号大小来设置。

111 设置字体颜色，增强视觉吸引力

实用指数 ★★★★★

>>> 使用说明

在幻灯片设计中，字体颜色的巧妙设置不仅可以提升视觉效果，还可以突出重点内容，吸引观众的注意力，增强信息的传达效果。

>>> 解决方法

设置字体颜色的具体操作方法如下。

第 1 步 ❶在幻灯片中选择需要设置字体颜色的文本；❷单击“开始”选项卡下“字体”组中的“字体颜色”按钮A右侧的下拉按钮⌄；❸在弹出的下拉列表中选择需要的颜色，如下图所示。

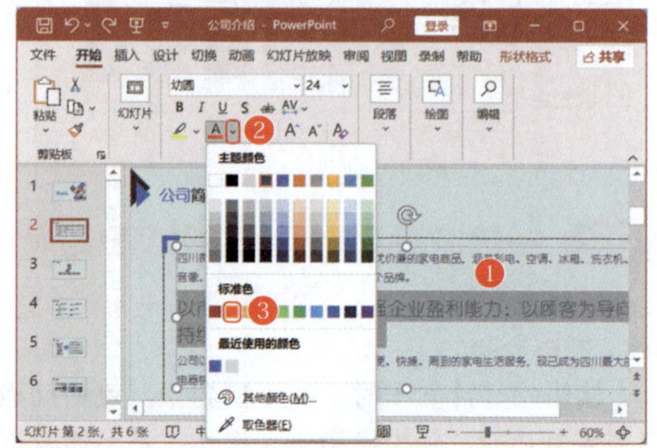

第 2 步 将所选字体设置为选择的红色，效果如下图所示。

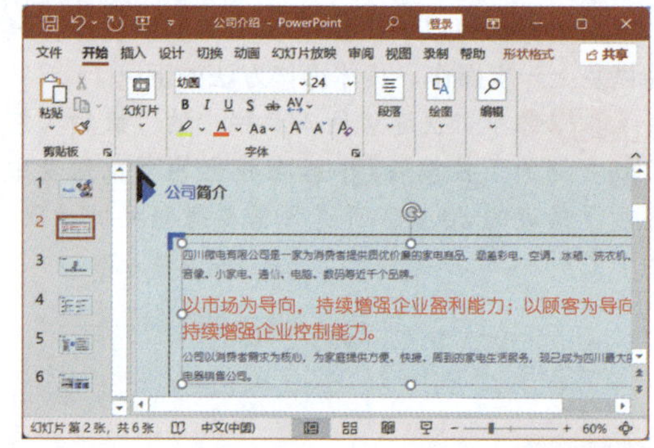

112 迅速转换英文大小写，提升编辑效率

实用指数 ★★★☆☆

>>> 使用说明

在幻灯片编辑过程中，处理英文内容时，为了提高效率，可以先输入英文单词，然后再通过更改大小写功能统一调整所有英文的大小写格式，从而大幅提升工作效率。

>>> 解决方法

更改英文大小写的具体操作方法如下。

第 1 步 ❶在幻灯片中选择需要设置的英文；❷单击“开始”选项卡下“字体”组中的“更改大小写”按钮Aa⌄；❸在弹出的下拉列表中选择更改方案，这里选择“大写”选项，如下图所示。

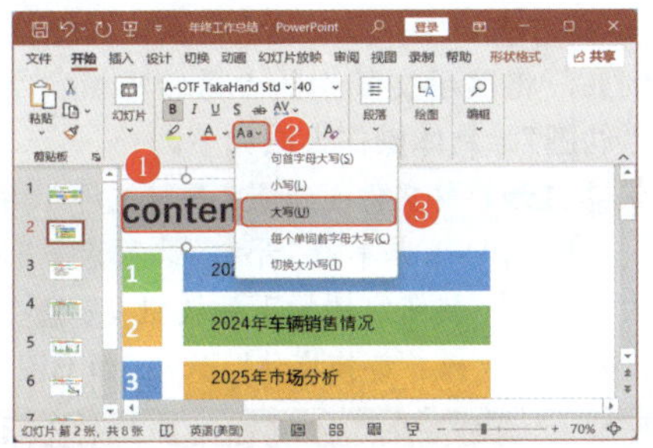

第 2 步 将小写更改为大写，效果如下图所示。

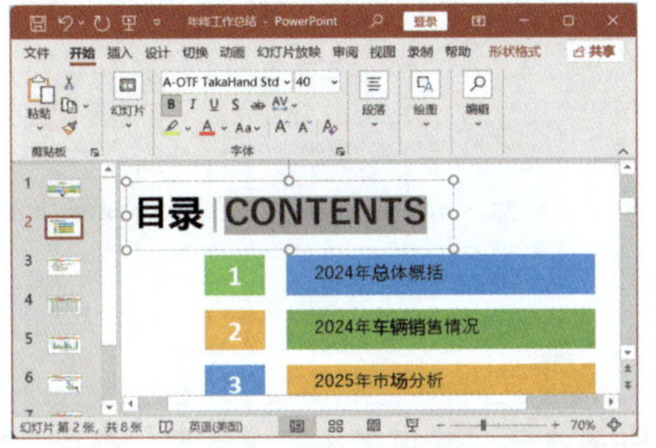

113 灵活应用上标与下标，精准呈现字符位置

实用指数 ★★★☆☆

>>> 使用说明

在编写数学、化学课件或撰写调研报告时，上标与下标的频繁应用是不可或缺的。除了专业的公式编辑器外，巧妙地运用字体格式设置，同样能够迅速且准确地实现上标与下标的编排，让演示文稿既专业又高效。

>>> 解决方法

例如，为幻灯片中的字符设置上标，具体操作方法如下。

第 1 步 打开素材文件（位置：素材文件\第7章\数学.pptx），❶选择需要设置为上标的“2”；❷单击“开始”选项卡下“字体”组右下角的“字体”按钮，如下图所示。

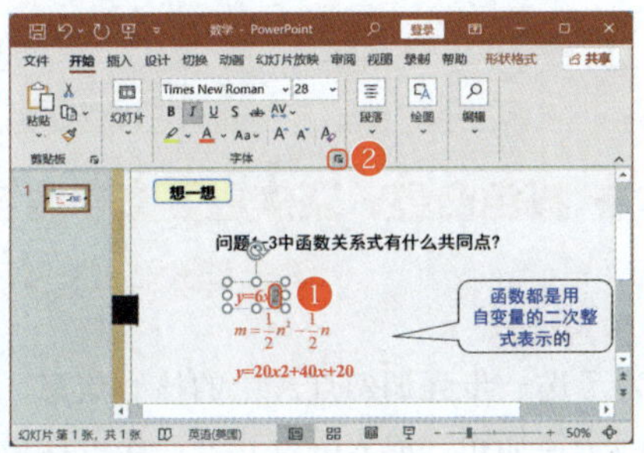

第 2 步 打开“字体”对话框，❶在“字体”选项卡下的“效果”栏中勾选“上标”复选框；❷在其后的“偏移量”数值框中输入上标与前一字符的距离；❸单击“确定”按钮，如下图所示。

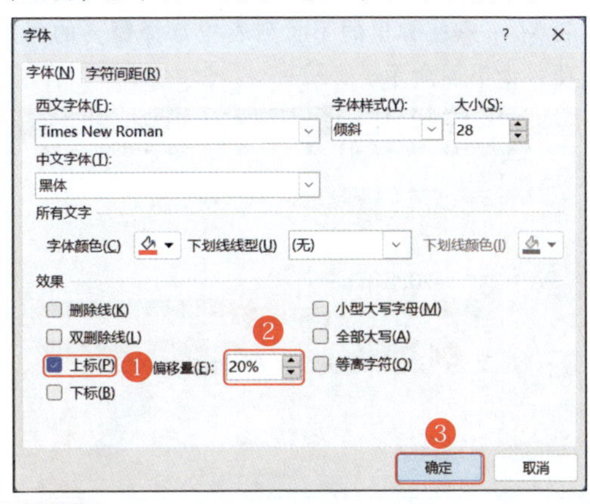

第 3 步 所选字符将变成前一字符的下标。使用相同的方法继续设置其他字符为上标，效果如下图所示。

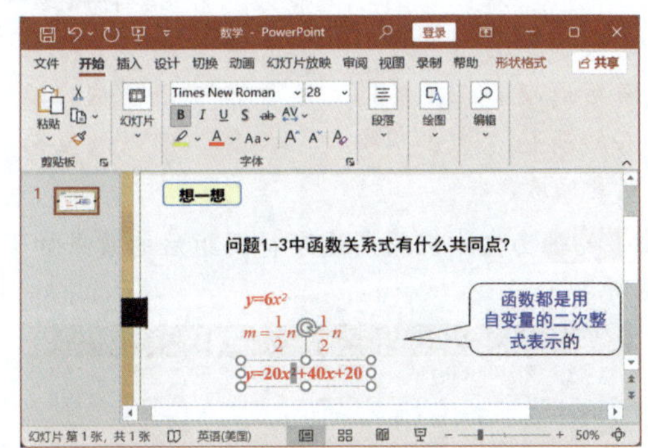

> **温馨提示**
>
> 在“字体”对话框中勾选“下标”复选框，再单击“确定”按钮，可设置字符下标。

114 微调字符间距，延长文本视觉长度

实用指数 ★★★★★

>>> 使用说明

在编辑幻灯片文本，特别是针对并列排版的内容时，若遇到各段文字字数不等、长度参差不齐的情况，可以通过调整字符间距来平衡文本长度，使各段文字在视觉上更加统一和谐，这样不仅能提升幻灯片的整体美观度，还能增强信息的可读性。

>>> 解决方法

为字符设置间距的具体操作方法如下。

第 1 步 ❶选择幻灯片中需要设置间距的文本；❷单击“开始”选项卡下“字体”组中的“字符间距”按钮AV；❸在弹出的下拉列表中选择需要的间距选项，如下图所示。

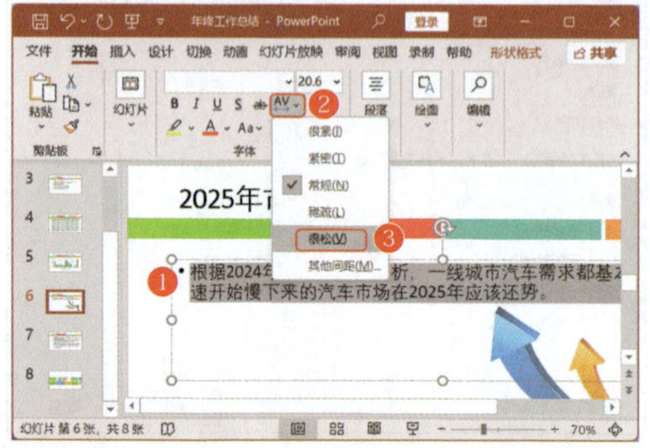

温馨提示

在“字符间距”下拉列表中选择“其他间距”选项，打开“字体”对话框。在“字符间距”选项卡下的“间距”下拉列表中选择需要的间距选项，在其后的“度量值”数值框中输入间距值，单击“确定”按钮，可以调整为所需间距。

第 2 步 为文本应用所选字符间距后的效果如下图所示。

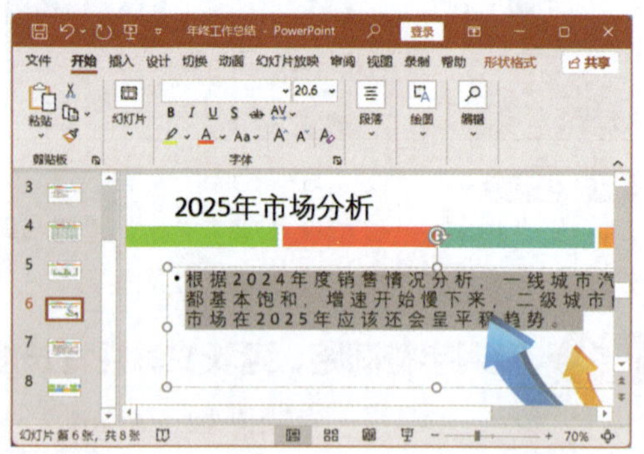

115 轻松替换，快速统一字体

实用指数 ★★★★★

>>> 使用说明

设计好幻灯片后，若发现字体效果不好，或保存时遭遇部分字体无法嵌入演示文稿的情况，重新调整字体耗时且易遗漏。此时，可以通过替换字体功能进行更改，提高效率。

>>> 解决方法

例如，将演示文稿中的“微软雅黑”字体更改为“幼圆”，具体操作方法如下。

第 1 步 打开素材文件（位置：素材文件\第 7 章\公司介绍 .pptx），❶单击“开始”选项卡下“编辑”组中的“替换”按钮右侧的下拉按钮；❷在弹出的下拉列表中选择“替换字体”选项，如下图所示。

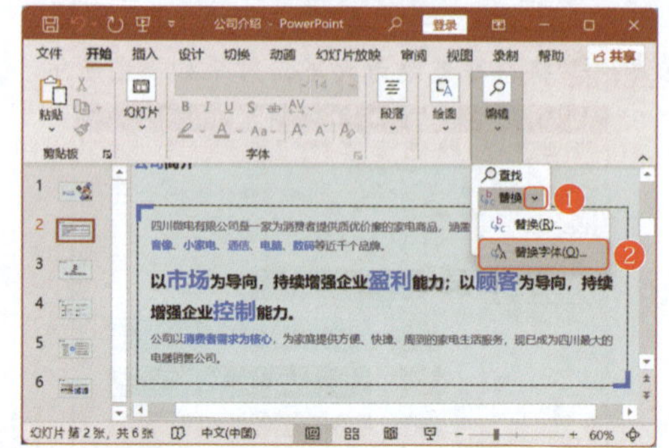

第 2 步 打开“替换字体”对话框，❶在“替换”下拉列表框中选择需要被替换的字体；❷在“替换为”下拉列表框中选择需要使用的字体；❸单击“替换”按钮，如下图所示。

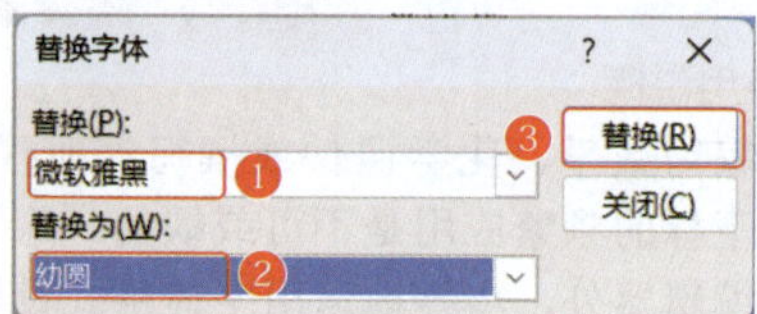

第 3 步 演示文稿所有幻灯片中的“微软雅黑”字体全部替换为“幼圆”字体，效果如下图所示。

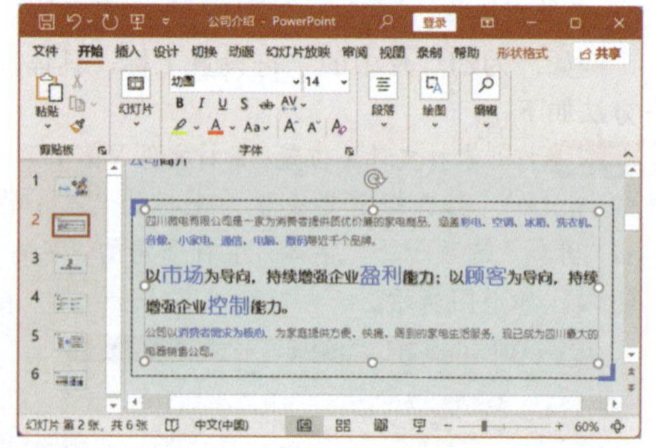

116 亮色凸显，聚焦重要文字内容

实用指数 ★★★☆☆

>>> 使用说明

为了进一步强调幻灯片中的核心信息，除了常规的字体加粗、放大等方式外，还可以借助高

亮显示这一视觉利器，不仅能够瞬间吸引观众的注意力，还能有效区分重要文本与辅助信息，使演示内容更加层次分明，让观众轻松抓住重点。

>>> 解决方法

高亮显示文本的具体操作方法如下。

第 1 步 ❶在幻灯片中选择需要高亮显示的文本；❷单击“开始”选项卡下“字体”组中的“文本突出显示颜色”按钮右侧的下拉按钮；❸在弹出的下拉列表中选择需要的颜色，如下图所示。

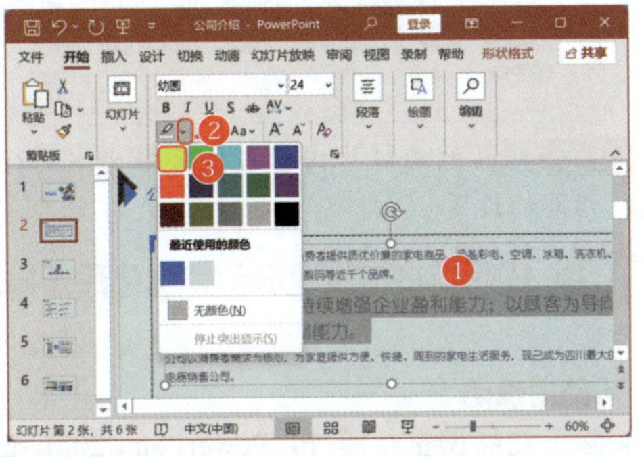

第 2 步 为选择的文本添加底纹突出显示的效果如下图所示。

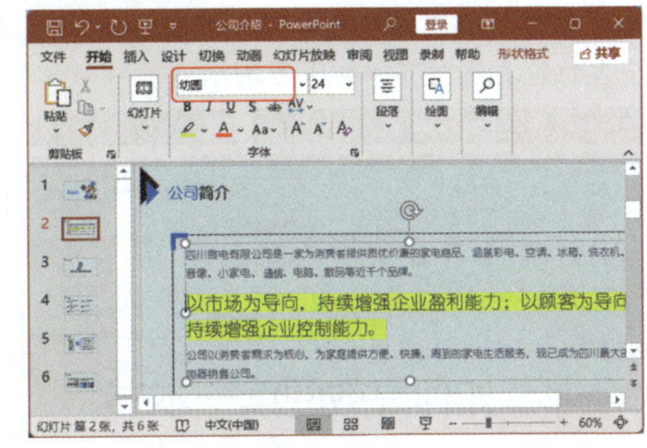

7.3 文本段落格式的设置技巧

扫一扫　看视频

在编辑幻灯片文本的过程中，为了提升文本的可读性与视觉美感，PowerPoint 2021 提供了对齐方式、编号、项目符号、行距、段间距等段落格式设置功能。接下来，将逐一揭开这些功能的设置方法，帮助用户更好地掌握文本编辑的艺术，从而使演示文稿更加出彩。

117 优化段落对齐方式，打造规整排版效果

实用指数 ★★★★☆

>>> 使用说明

在 PowerPoint 2021 中，用户可以灵活选择多种段落对齐方式，以便根据具体需求调整文本布局，确保内容呈现既整洁又专业。

>>> 解决方法

例如，设置段落居中对齐和右对齐，具体操作方法如下。

第 1 步 打开素材文件(位置：素材文件\第7章\如何高效阅读一本书.pptx)，❶选择第 1 张幻灯片中的“如何高效阅读一本书”占位符；❷单击“开始”选项卡下“段落”组中的“居中”按钮，如下图所示。

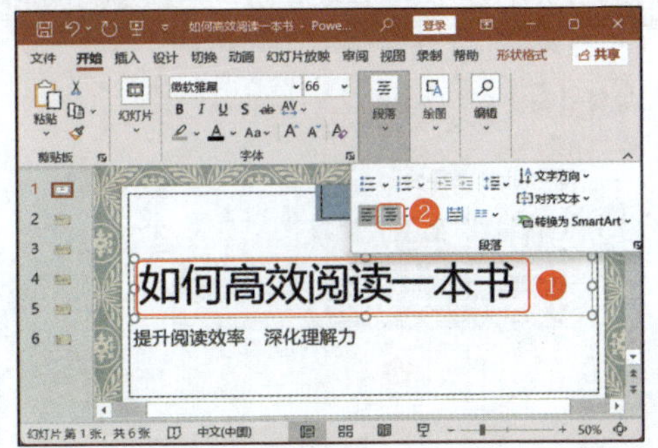

第 2 步 占位符中的文本将居于占位符中间对齐，❶选择副标题占位符；❷单击“开始”选项卡下“段落”组中的“右对齐”按钮，使文本居于占位符右侧对齐，如下图所示。

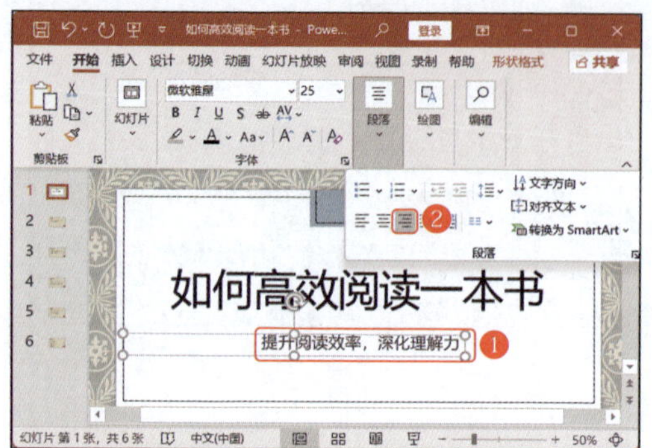

知识拓展

选择占位符，单击“开始”选项卡下“段落”组中的“对齐文本”按钮，在弹出的下拉列表中可以设置文本居于占位符的底端对齐、顶端对齐或中部对齐等对齐方式。

118 合理设置行间距，提升文本可读性

实用指数 ★★★★☆

>>> 使用说明

在幻灯片设计中，合理调整段落之间的行距，以匹配版面内容的密集程度，可以有效提升文本的阅读流畅性和视觉舒适度。

>>> 解决方法

继续上例操作，对幻灯片中文本的行距进行设置，具体操作方法如下。

第 1 步 ❶选择第 2 张幻灯片中的内容占位符；❷单击“开始”选项卡下“段落”组中的“行距”按钮；❸在弹出的下拉列表中选择需要的行距，如选择 1.5 选项，如下图所示。

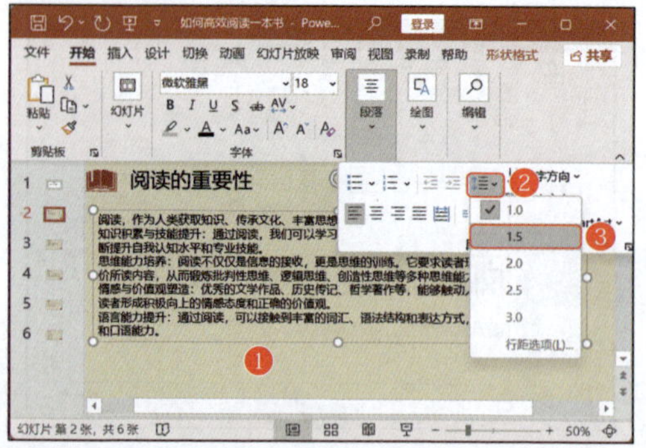

第 2 步 所选占位符中的文本行距将变成“1.5”，效果如下图所示。

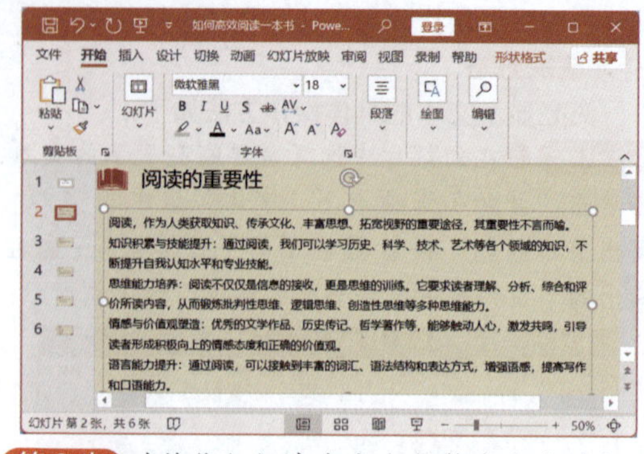

第 3 步 对其他幻灯片内容占位符中文本的行距进行相同的设置。

119 段落缩进与间距调整，优化段落排版

实用指数 ★★★★☆

>>> 使用说明

除了能够调整行距外，PowerPoint 2021 还允许用户自定义段前、段后的空白间距，并灵活设置段落首行的缩进量，以满足多样化的版面设计与阅读需求。

>>> 解决方法

继续上例操作，对内容占位符中文本的段前间距和首行缩进进行相应的设置，具体操作方法如下。

第 1 步 ❶保持第 2 张幻灯片内容占位符的选择状态；❷单击“开始”选项卡下“段落”组右下角的“段落”按钮，如下图所示。

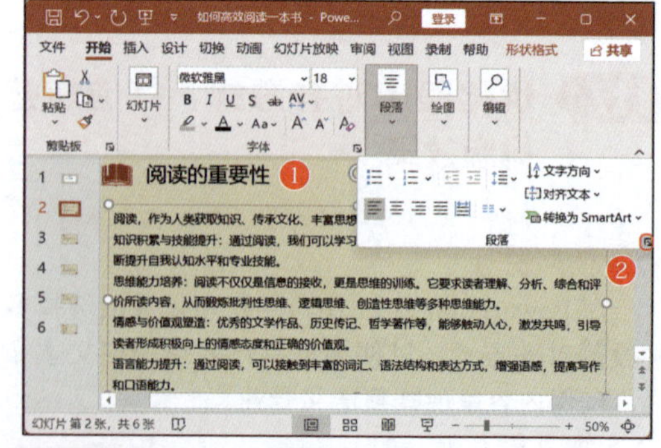

第 2 步 ❶打开“段落”对话框。在“缩进和间距”选项卡下的“特殊”下拉列表中选择“首行”选项，在其后的“度量值”数值框中输入缩进值，这里保持默认不变；❷在“间距”栏中的“段前”

数值框中输入“6 磅”；❸单击“确定”按钮，如下图所示。

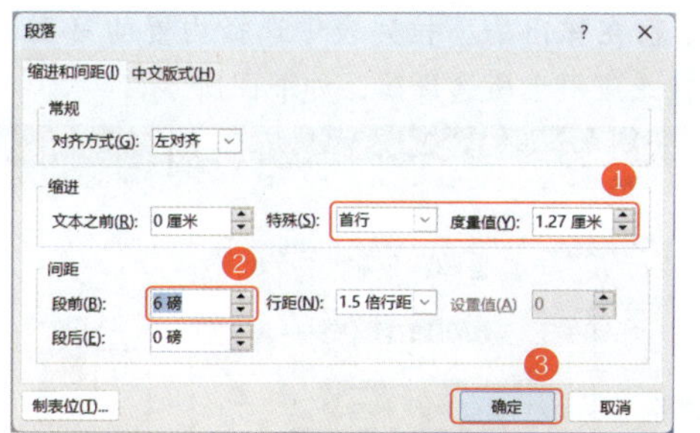

温馨提示

在“段落”对话框“间距”栏中“行距”下拉列表中选择需要的行距选项，在其后的“设置值”数值框中可以输入详细的行距值。

第 3 步 返回幻灯片编辑区，可以查看设置的首行缩进和段前间距效果，如下图所示。

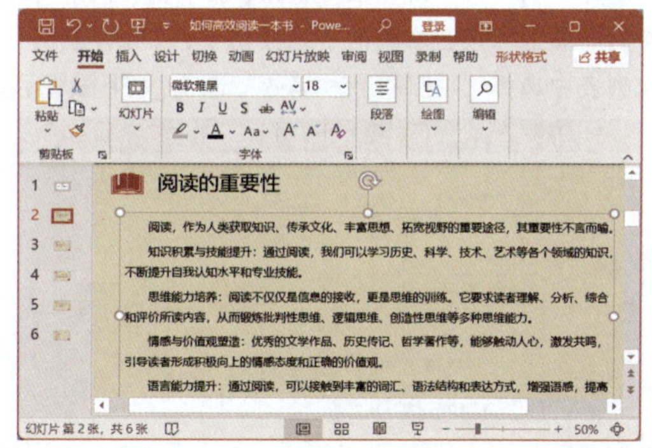

120 巧用项目符号，层次分明展现段落要点

实用指数 ★★★★★

>>> 使用说明

在幻灯片中，针对多个层级相同的段落，项目符号是有效区分它们的工具。当内置的预设项目符号无法满足用户的独特风格或视觉呈现需求时，用户可以灵活地自定义项目符号，以创造出更加个性化、与内容紧密相连且视觉效果出众的展示方式。

>>> 解决方法

继续上例操作，为段落添加需要的项目符号，并对项目符号的颜色进行更改，具体操作方法如下。

第 1 步 ❶选择占位符中需要添加项目符号的段落；❷单击“开始”选项卡下“段落”组中的“项目符号”按钮右侧的下拉按钮⌄；❸在弹出的下拉列表中可以选择内置的项目符号，这里选择“项目符号和编号”选项，如下图所示。

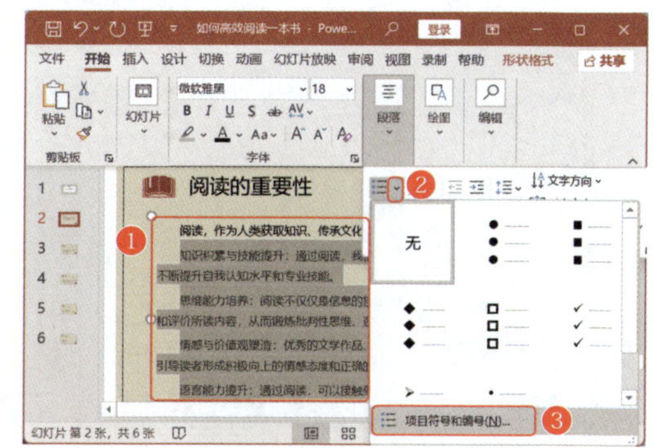

第 2 步 打开“项目符号和编号”对话框，单击“自定义”按钮，如下图所示。

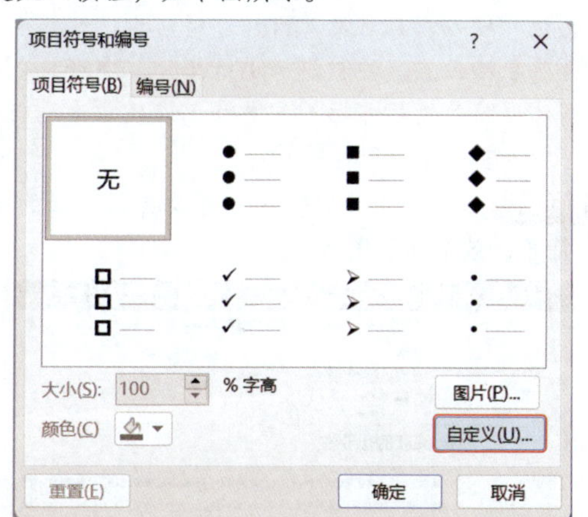

第 3 步 打开“符号”对话框，❶在“字体”下拉列表框中选择符号类型；❷单击选择需要使用的项目符号；❸单击“确定”按钮，如下图所示。

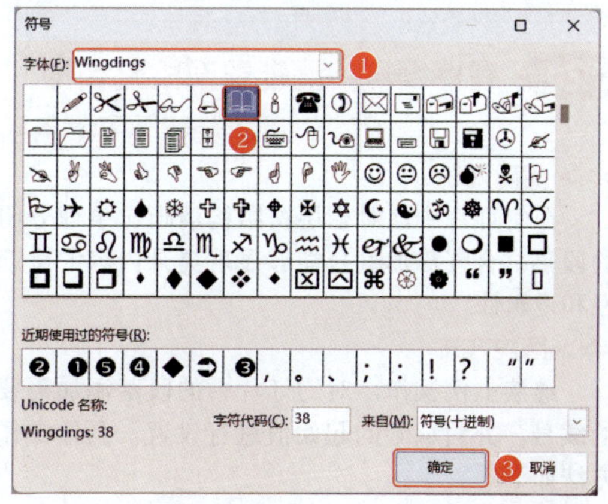

第 4 步 返回“项目符号和编号”对话框，❶单击“颜色”按钮，在弹出的下拉列表中选择“深红”选项；❷单击“确定”按钮，如下图所示。

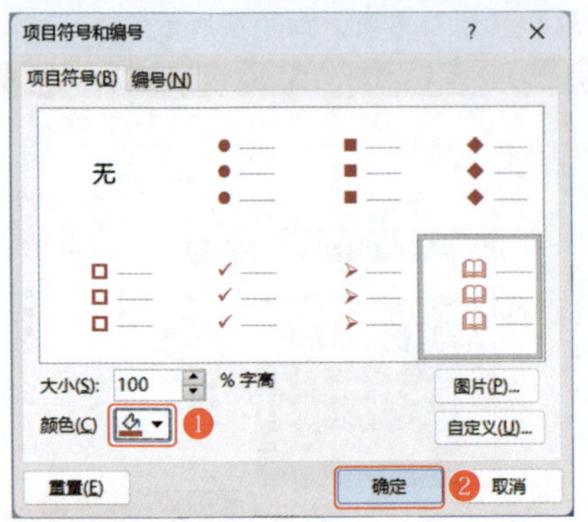

知识拓展

在“项目符号和编号”对话框中单击“图片”按钮，可以打开“插入图片”对话框。选择图片所在的位置，按照提示进行操作，即可插入图片（图片的具体插入方法将在第 8 章中进行详细讲解）作为项目符号。

第 5 步 返回幻灯片编辑区，可以看到添加的项目符号，效果如下图所示。

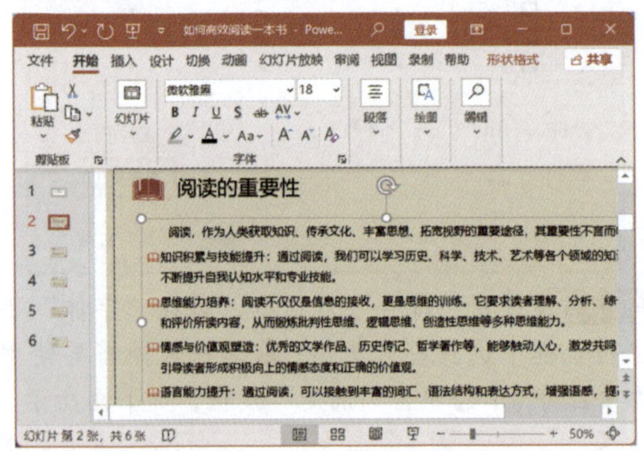

121 有序编号，清晰呈现段落结构

实用指数 ★★★★★

>>> 使用说明

在幻灯片中，对于层次结构清晰、条理分明的段落，合理添加编号能够显著提升内容的可读性和逻辑性。

>>> 解决方法

继续上例操作，对幻灯片中的段落添加需要的编号，并对编号的起始值进行设置，具体操作方法如下。

第 1 步 选择第 3 张幻灯片中的内容占位符，❶单击“段落”组中的“编号”按钮右侧的下拉按钮；❷在弹出的下拉列表中选择内置的第 1 种编号样式应用于所选段落，如下图所示。

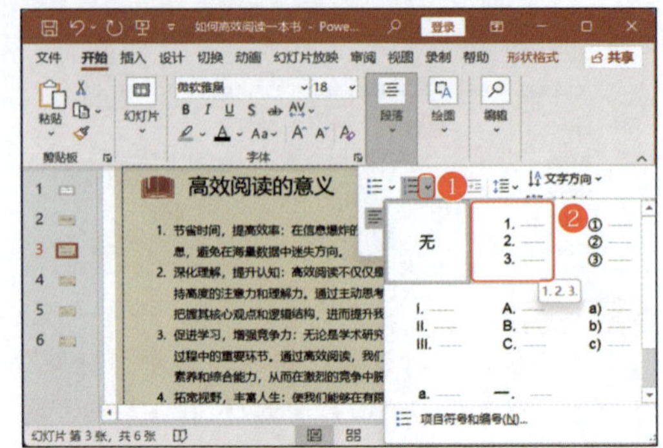

第 2 步 使用相同的方法为其他幻灯片中的段落应用内置的编号样式，❶选择第 5 张幻灯片中需要更改编号值的“一. 跳读法”段落；❷单击“段落”组中的“编号”按钮右侧的下拉按钮；❸在弹出的下拉列表中选择“项目符号和编号”选项，如下图所示。

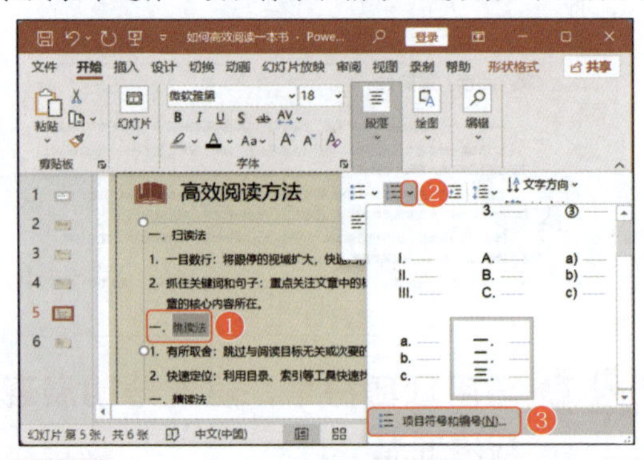

第 3 步 打开“项目符号和编号”对话框，❶在“编号”选项卡下的“起始编号”数值框中输入编号的起始值，这里输入 2；❷单击“确定”按钮，如下图所示。

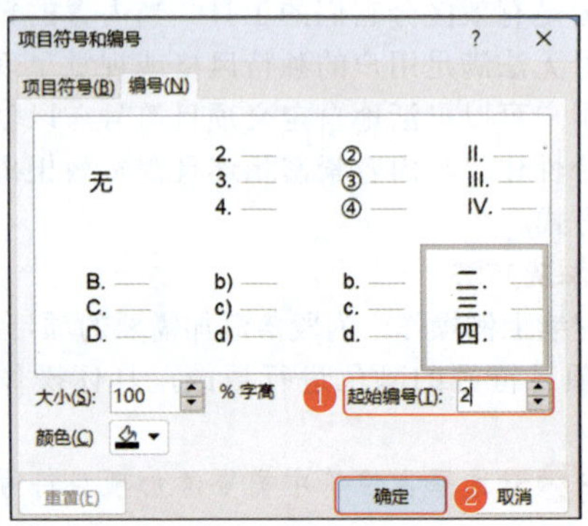

第 4 步 将编号"一."更改为"二."，并同时将"一. 精读法"的编号值修改为"三."，如下图所示。

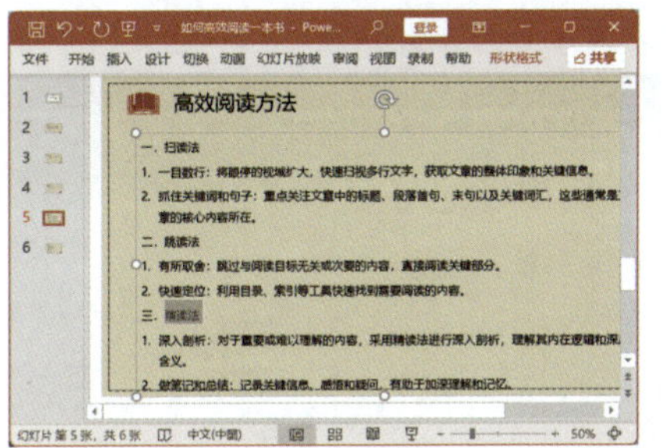

122 灵活运用分栏布局，打造多变排版效果

实用指数 ★★★☆☆

>>> 使用说明

PowerPoint 2021 默认采用简洁的单栏布局，适合大多数基础展示需求。但为了增强文本内容的可读性和视觉吸引力，特别是在需要横向并列展示多项信息时，可采用多栏进行排列，有助于优化演示文稿的整体布局。

>>> 解决方法

例如，继续上例操作，设置第 6 张幻灯片中的内容占位符，使其双栏排列，具体操作方法如下。

第 1 步 ❶选择第 6 张幻灯片中的内容占位符；❷单击"段落"组中的"添加或删除栏"按钮 ☰ ▾；❸在弹出的下拉列表中选择"更多栏"选项，如下图所示。

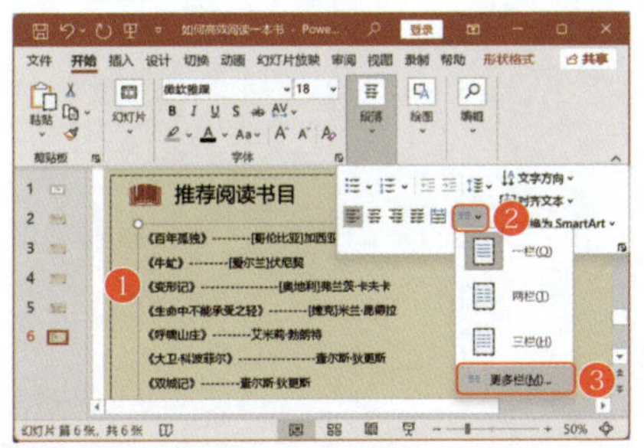

第 2 步 ❶打开"栏"对话框，在"数量"数值框中输入分栏数"2"；❷在"间距"数值框中输入栏与栏之间的距离为"3 厘米"；❸单击"确定"按钮，如下图所示。

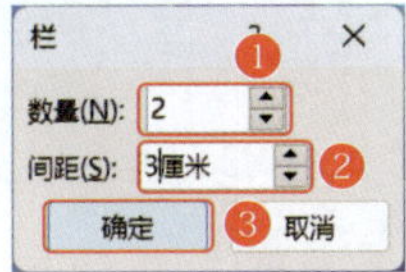

第 3 步 此时就完成了对文本内容的分栏操作，调整文本框的大小后，即可看到设置分栏后的效果，如下图所示。

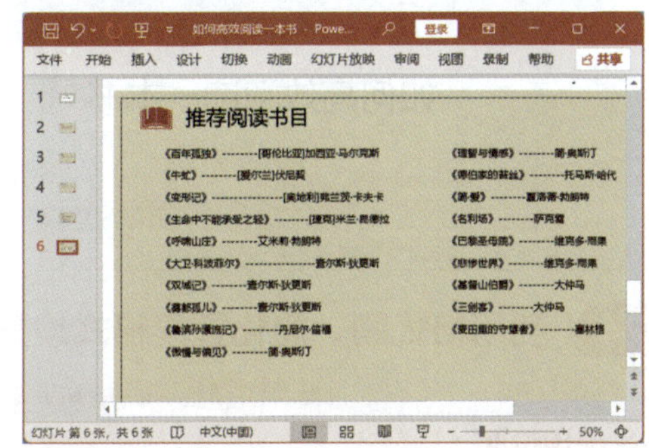

知识拓展

若需要取消分栏，单击"段落"组中的"添加或删除栏"按钮 ☰ ▾，在弹出的下拉列表中选择"一栏"选项即可。

123 文字方向随心变，创新排版更吸睛

实用指数 ★★★☆☆

>>> 使用说明

当需要调整占位符中文字的排列方向，以符合特定的布局或视觉效果时，可以通过设置文字方向来轻松实现。

>>> 解决方法

设置文字方向的具体操作方法如下。

第 1 步 ❶选择需要设置文字方向的占位符；❷单击"开始"选项卡下"段落"组中的"文字方向"按钮；❸在弹出的下拉列表中选择需要的文字方向，如下图所示。

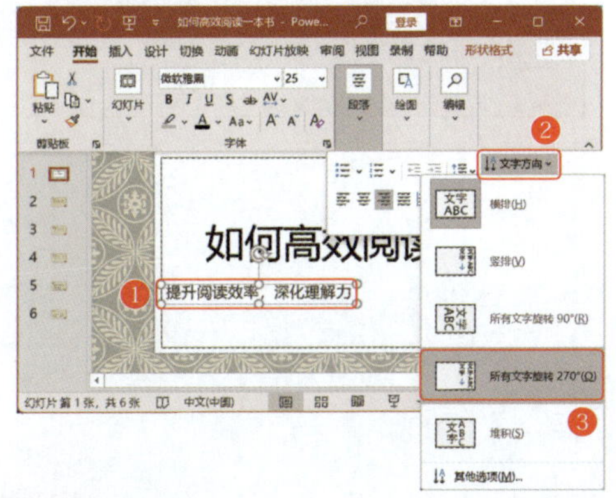

第 2 步 调整占位符大小，可以使占位符中的文字按照指定的方向进行排列，效果如下图所示。

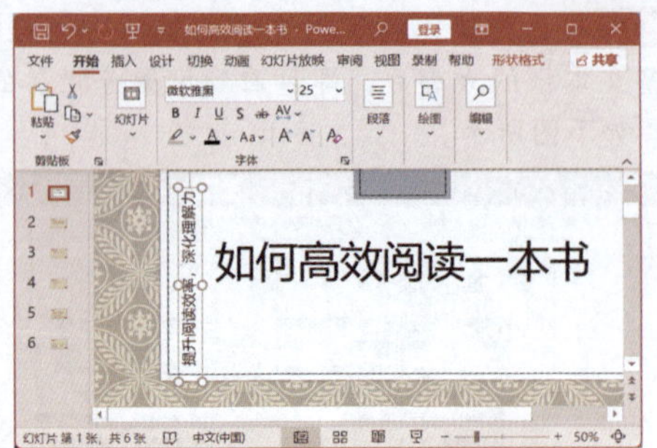

124 利用格式刷，简化重复格式设置

实用指数 ★★★★★

>>> 使用说明

在编辑演示文稿时，若需要为多处文本统一设置字体与段落格式，可以先精细设定一处文本的样式，随后利用格式刷工具快速复制该样式。之后，可以轻松将复制的格式批量应用于其他幻灯片中的文本，以提升编辑效率。

>>> 解决方法

使用格式刷工具复制并应用格式的具体操作方法如下。

第 1 步 ❶选择第 2 张幻灯片中设置好格式的标题；❷双击“开始”选项卡下“编辑”组中的“格式刷”按钮，如下图所示。

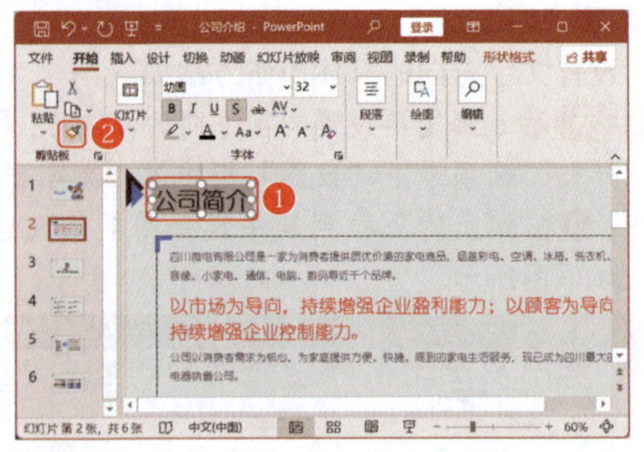

第 2 步 此时，鼠标光标变成形状，切换到第 3 张幻灯片，拖动鼠标选择“公司组织结构”标题文本，如下图所示。

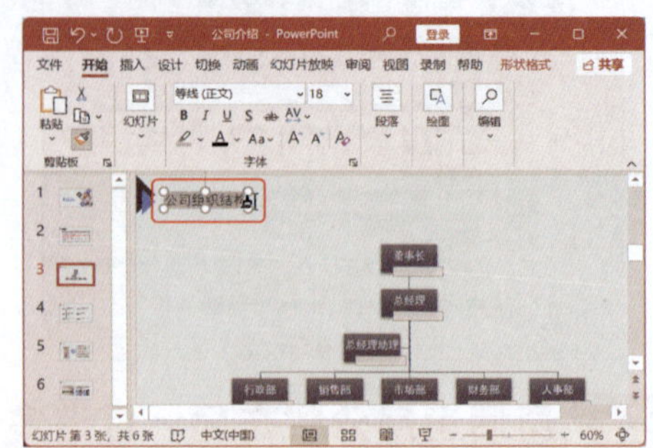

第 3 步 选中的标题文本将应用复制的字体格式、段落格式，效果如下图所示。

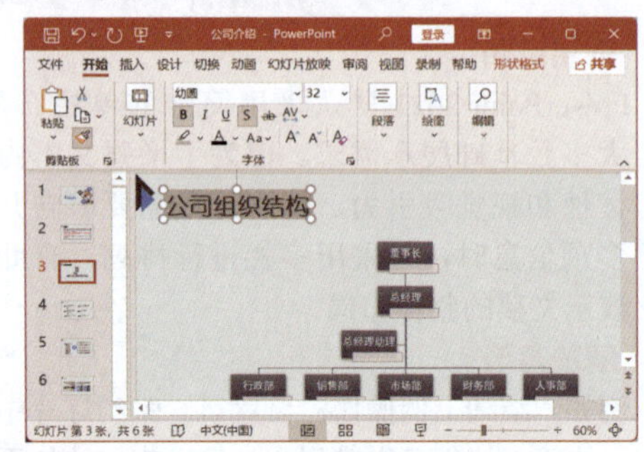

第 4 步 继续拖动鼠标选择其他幻灯片中的标题，应用相同的格式。完成后再单击“格式刷”按钮，使鼠标光标恢复到正常状态。

第8章

图片魔术师：PPT图片使用技巧

除了文字，图片在PPT中的应用无疑是至关重要的。它们不仅承担着传达信息的核心功能，更是吸引观众目光、增强视觉吸引力的关键元素。在幻灯片中巧妙地插入图片，能够显著提升幻灯片的生动性和观赏性，使页面内容更加丰富多彩。接下来，本章将深入讲解图片在幻灯片中的具体应用技巧。

下面来看看以下一些在PPT中使用图片的常见问题，请自行检测是否会处理或已掌握。

- 在幻灯片中使用图片，你知道有哪些注意事项吗？
- 当幻灯片中既有文字又有图片时，应该怎样实现图文搭配效果才最好？
- 你是不是经常插入图片就完了？有些图片的局部效果不好，你会裁剪吗？
- 找不到合适像素的图片，仅有一些小图，如何保证幻灯片的整体质量呢？
- 特殊情况下，需要将文本、文本框、艺术字处理成图片，你会操作吗？
- PowerPoint 2021中可以直接对图片进行简单的处理，相关操作你都掌握了吗？

希望通过本章内容的学习，读者能够解决以上问题，并学会在PPT中应用图片的相关技巧。

8.1 图片插入技巧

扫一扫 看视频

在 PowerPoint 2021 中，插入图片的方式丰富多样，用户完全可以根据自身需求和创意选择最合适的插入方式，以极大地丰富幻灯片的视觉效果和内容表达。

125 插入计算机中保存的图片，快捷又安全

实用指数 ★★★★★

>>> 使用说明

当计算机中已存储用于幻灯片制作的图片时，用户可以直接借助 PowerPoint 2021 的图片插入功能，高效地将这些图片添加到幻灯片中，从而丰富演示内容。

>>> 解决方法

例如，在“着装礼仪培训”演示文稿的第 3 张幻灯片中插入计算机中保存的图片，具体操作方法如下。

第 1 步 打开素材文件（位置：素材文件\第 8 章\着装礼仪培训 .pptx），❶选择第 3 张幻灯片；❷单击“插入”选项卡下“图像”组中的“图片”按钮；❸在弹出的下拉列表中选择“此设备”选项，如下图所示。

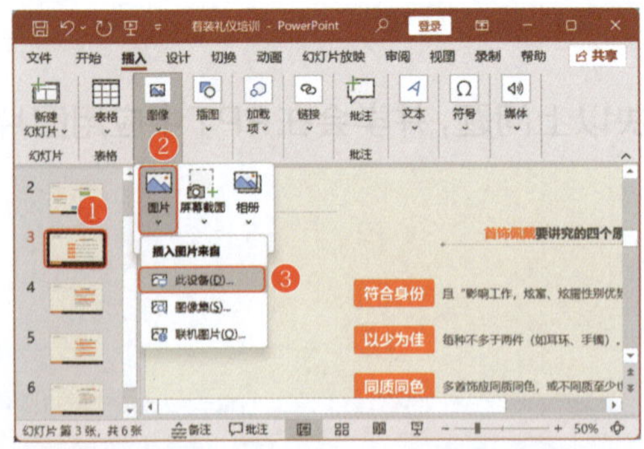

第 2 步 打开“插入图片”对话框，❶在地址栏中设置图片保存的位置；❷选择需要插入的图片，如选择“饰品”；❸单击“插入”按钮，如下图所示。

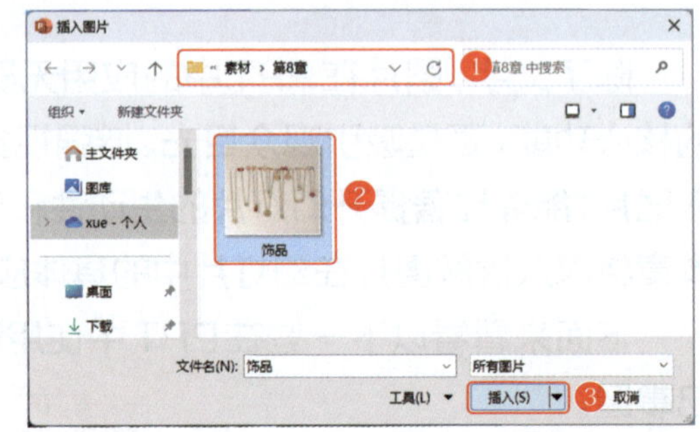

第 3 步 返回幻灯片编辑区，可以看到插入的图片，效果如下图所示。

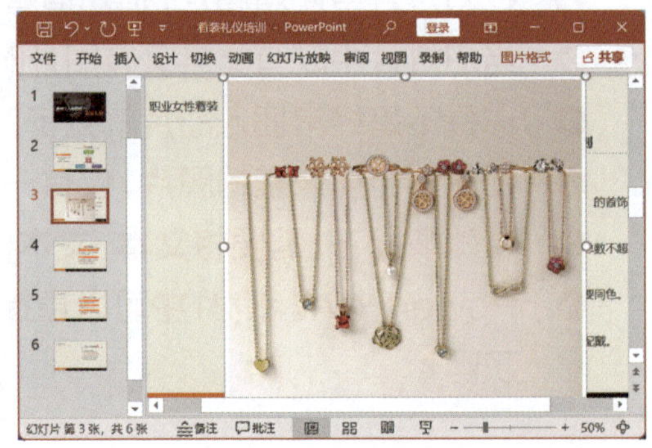

126 插入图像集，灵活多样随心选

实用指数 ★★★★★

>>> 使用说明

PowerPoint 2021 图像集功能中提供了丰富的资源，包括图像、图标、视频、人物抠图、贴纸、卡通人物等，用户可以灵活选择需要的资源插入幻灯片中，以创建出更加生动、有趣的演示文稿。

>>> 解决方法

例如，在“着装礼仪培训”演示文稿的第 5 张幻灯片中插入图像集中的图片，具体操作方法如下。

第 1 步 ❶在“着装礼仪培训”演示文稿中选择

第 5 张幻灯片；❷单击“插入”选项卡下“图像”组中的“图片”按钮；❸在弹出的下拉列表中选择“图像集”选项，如下图所示。

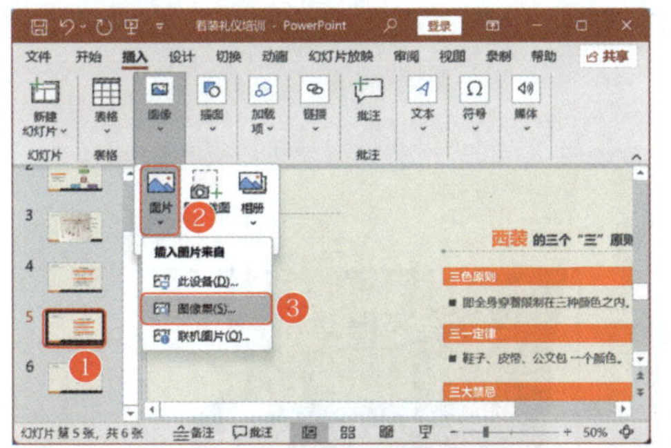

第 2 步 打开“图像集”对话框，❶单击“人像抠图”选项卡；❷在下方列表框中需要的图片右上角勾选对应的复选框；❸单击“插入”按钮，如下图所示。

> **温馨提示**
>
> 也可以在“图像集”对话框的搜索框中通过输入关键词进行搜索。

第 3 步 开始下载选择的图片，下载完成后插入幻灯片中，效果如下图所示。

> **温馨提示**
>
> 若幻灯片中是内容占位符，则可以单击占位符中的“图像集”图标，也可以打开“图像集”对话框。

127 插入联机图片，轻松获取网络资源

实用指数 ★★★☆☆

>>> 使用说明

在制作幻灯片时，若计算机中缺乏合适的图片，可利用 PowerPoint 2021 的联机搜索功能直接从网络获取并插入所需图片，但前提是必须保证计算机正常连接网络。

>>> 解决方法

例如，在“着装礼仪培训”演示文稿的第 4 张幻灯片中插入联机图片，具体操作方法如下。

第 1 步 ❶在“着装礼仪培训”演示文稿中选择第 4 张幻灯片；❷单击“插入”选项卡下“图像”组中的“图片”按钮；❸在弹出的下拉列表中选择“联机图片”选项，如下图所示。

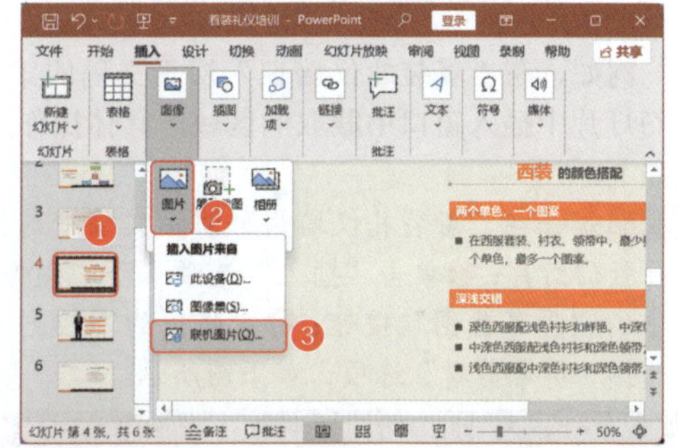

第 2 步 打开“联机图片”对话框，❶在搜索框中输入关键词“西装”；❷按 Enter 键开始搜索，并在下方的列表框中显示搜索结果，勾选所需图片对应的复选框；❸单击“插入”按钮，如下图所示。

第 3 步 开始下载图片，下载完成后插入幻灯片中，效果如下图所示。

128 屏幕截图，轻松捕获所需画面

实用指数 ★★★☆☆

>>> 使用说明

当需要在幻灯片中展示当前网页窗口或其特定区域的界面时，可以利用屏幕截图功能，轻松捕捉并以高清图片的形式直接嵌入幻灯片中，实现快速、直观的内容呈现。

>>> 解决方法

例如，在“着装礼仪培训”演示文稿的第 6 张幻灯片中插入窗口中截取的区域，具体操作方法如下。

第 1 步 ❶在“着装礼仪培训”演示文稿中选择第 6 张幻灯片；❷单击“插入”选项卡下“图像”组中的“屏幕截图”按钮；❸在弹出的下拉列表中选择“屏幕剪辑”选项，如下图所示。

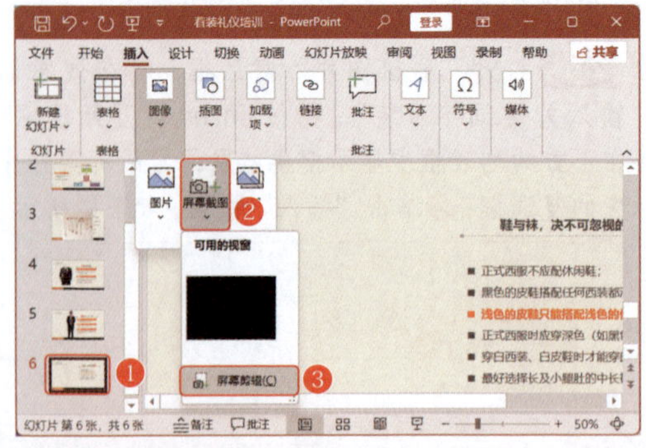

> **温馨提示**
>
> 在“屏幕截图”下拉列表中的“可用的视窗”栏中显示了当前打开的活动窗口。如果需要插入窗口图，可以直接选择相应的窗口选项插入幻灯片中。

第 2 步 此时当前屏幕将以半透明状态显示，鼠标光标变为十形状，按住鼠标左键并拖动鼠标选择需要截图的范围，所选部分将以正常状态显示，如下图所示。

> **温馨提示**
>
> 在进行屏幕截图时，需要截取的窗口必须显示在计算机桌面上，这样才能截取。

第 3 步 截取完所需的部分，释放鼠标左键，所截取的部分将直接插入第 6 张幻灯片中，效果如下图所示。

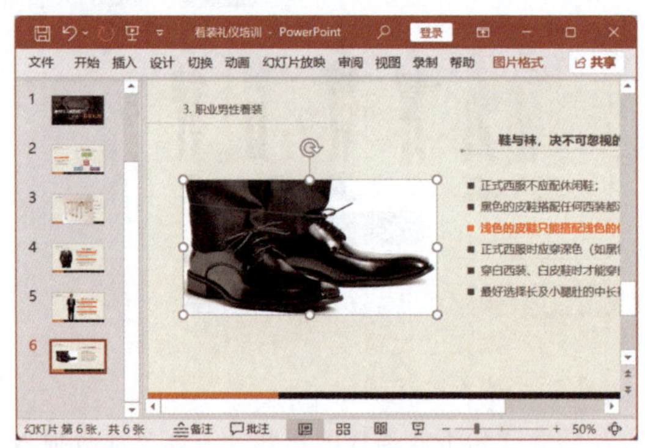

129 创意制作，打造精美电子相册

实用指数 ★★★★☆

>>> 使用说明

当幻灯片中需要插入的图片数量众多，并且希望这些图片能按照特定的规律整齐排列时，借助 PowerPoint 2021 的相册功能，可以轻松且快速地制作出既精美又专业的演示文稿。

>>> 解决方法

例如，将多张产品图片制作成图片型演示文稿，具体操作方法如下。

第1步 在空白演示文稿中单击“插入”选项卡下“图像”组中的“相册”按钮，如下图所示。

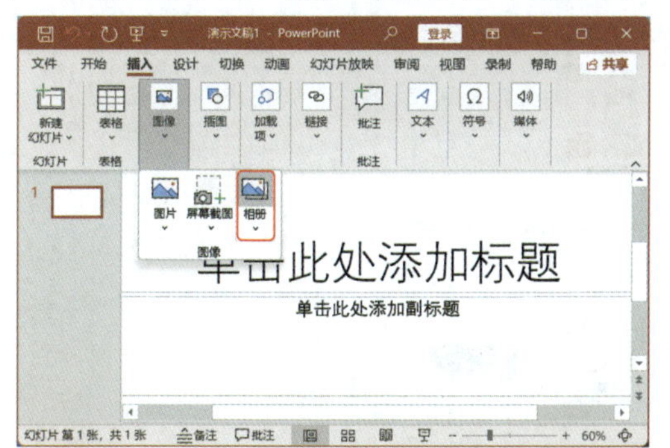

第2步 打开“相册”对话框，单击“文件/磁盘”按钮。

第3步 打开“插入新图片”对话框，❶在地址栏中设置图片保存的位置；❷按住Shift键选择需要插入的多张图片；❸单击“插入”按钮，在弹出的下拉列表中选择“插入和链接”选项，如下图所示。

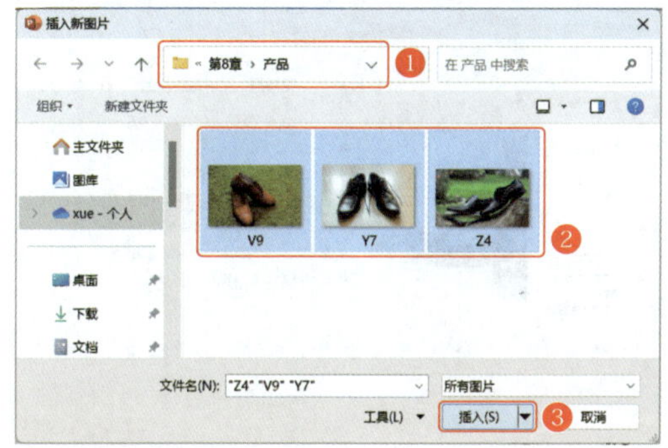

知识拓展

在“插入新图片”对话框中单击“插入”按钮右侧的▾，在弹出的下拉列表中选择“链接到文件”选项，执行相应操作后，将图片插入幻灯片中。幻灯片中的图片将成为一个链接，指向源文件。这意味着如果源文件中的图片发生更改，幻灯片中的图片也会自动更新。但需要注意的是，若删除或移动了源文件，幻灯片中的链接将会失效，需要更新链接或重新插入图片。

第4步 返回“相册”对话框，❶在“相册中的图片”栏中勾选需要用到的图片对应的复选框；❷在“图片版式”下拉列表中选择“1张图片”选项；❸在“相框形状”下拉列表中选择“圆角矩形”选项；❹在“图片选项”栏中勾选“标题在所有图片下面”复选框；❺单击“浏览”按钮，如下图所示。

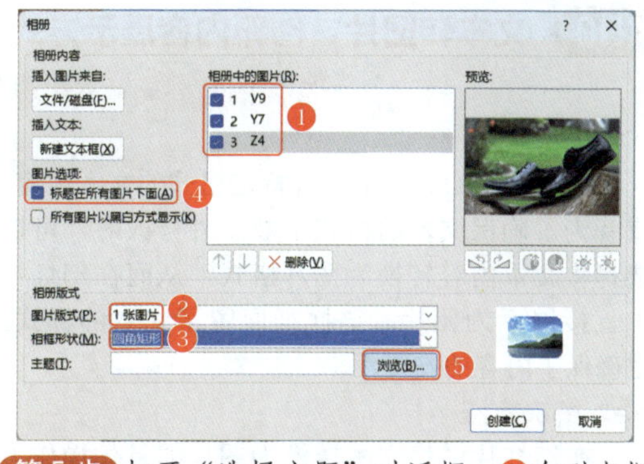

第5步 打开“选择主题”对话框，❶在列表框中选择需要的主题样式；❷单击“选择”按钮，如下图所示。

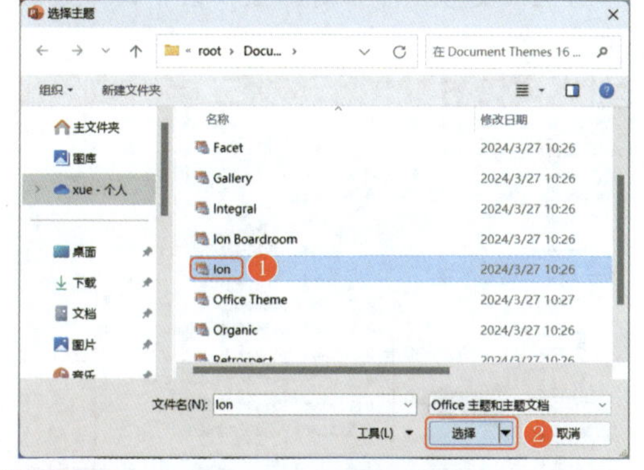

第6步 返回“相册”对话框，单击“创建”按钮，开始按照设置创建相册，创建完成后将演示文稿以“相册”为名进行保存，效果如下图所示。

知识拓展

若对创建的相册不满意，可以单击“插入”选项卡下“图像”组中“相册”按钮下方的⌄按钮，在弹出的下拉列表中选择“编辑相册”选项，打开“编辑相册”对话框。在其中对图片、图片版式、相册形状、主题、图片选项等进行更改，完成后单击“更新”按钮，即可按照更改对相册进行更新。

130 文本转图片，创新内容展示方式

实用指数 ★★★☆☆

>>> 使用说明

当需要在幻灯片中呈现特定格式的文本内容，或者为了确保文本的格式不被意外修改时，可以选择将文本内容转换为图片格式，从而在幻灯片中直接展示为图片。这样既保留了文本的样式，也确保了内容的安全性。

>>> 解决方法

在幻灯片中将文本转换为图片的具体操作方法如下。

第 1 步 ❶选择需要转换为图片的文本内容；❷单击“开始”选项卡下“剪贴板”组中的“剪切”按钮，如下图所示。

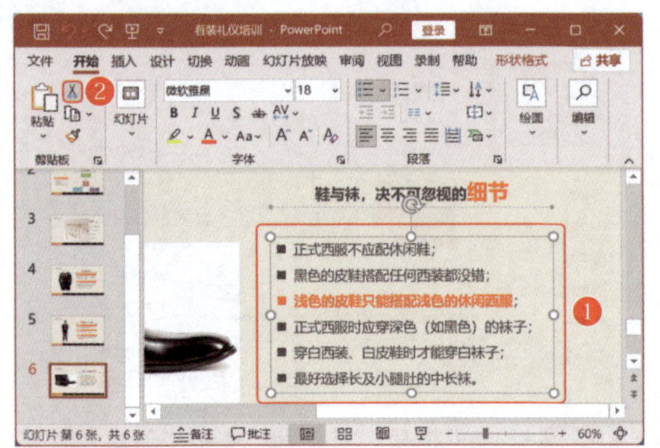

第 2 步 ❶单击“粘贴”按钮下方的按钮；❷在弹出的下拉列表中单击“图片”按钮，如下图所示。

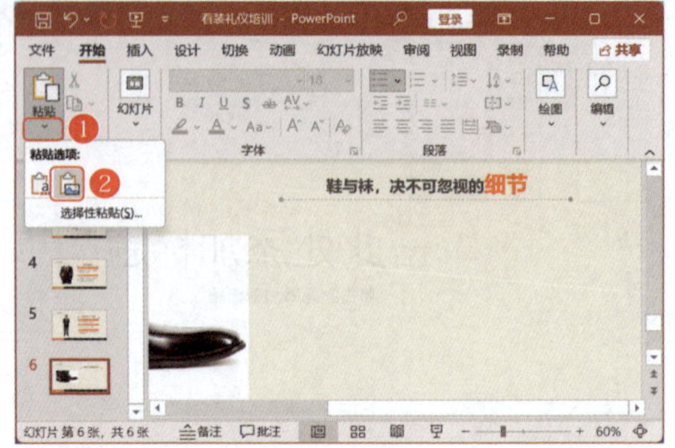

第 3 步 将文本转换为图片后，其外观不会发生任何变化，如下图所示，但如果要对其进行设置，只能设置其图片格式，不能设置文本格式。

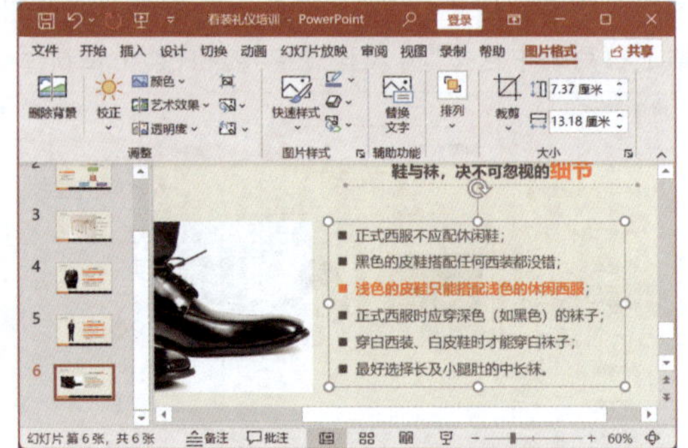

8.2 图片调整与编辑技巧

扫一扫 看视频

在幻灯片中插入图片后，若其大小、位置、亮度、对比度、颜色或叠放顺序等属性不符合预期的视觉效果，可以利用 PowerPoint 2021 提供的强大功能对图片进行细致的调整和编辑，以满足个性化的展示需求。

131 精准调整图片大小和布局位置

实用指数 ★★★★★

>>> 使用说明

在幻灯片中插入图片后，由于图片的大小和分辨率可能与幻灯片的布局与文本内容不匹配，为了确保图片与文本内容的和谐融合，通常需要对图片的大小和位置进行精确的调整。

>>> 解决方法

例如，在“着装礼仪培训 1”演示文稿中对图片的大小和位置进行调整，具体操作方法如下。

第1步 打开素材文件（位置：素材文件\第8章\着装礼仪培训1.pptx），❶选择第3张幻灯片；❷选择幻灯片中的图片；❸在"图片格式"选项卡下"大小"组中输入图片的高度或宽度值，如在"高度"数值框中输入"8.5厘米"，如下图所示。

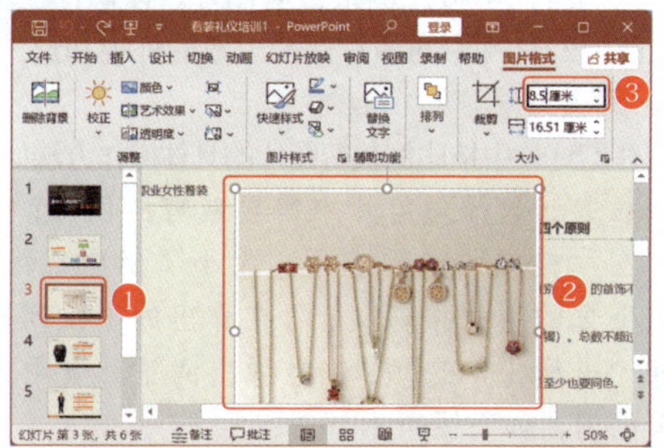

温馨提示

选择图片，将鼠标光标移动到图片4个角的圆形控制点上，当鼠标光标变成双向箭头时，按住鼠标左键不放进行拖动，可以等比例调整图片的大小；若将鼠标光标移动到图片上下中间或左右中间的控制点上拖动，则只能调整图片的高度或宽度，这样调整的图片将变形。

第2步 按Enter键确认，图片的宽度将随着图片的高度等比例进行缩放。将鼠标光标移动到图片上，按住鼠标左键不放并进行拖动，拖动到合适位置后释放鼠标即可调整图片位置，如下图所示。

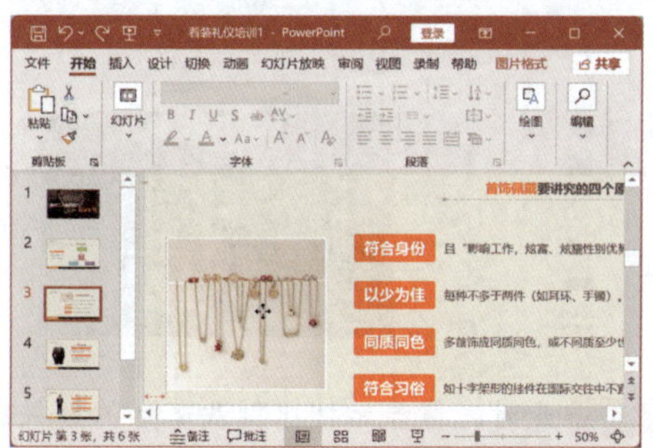

温馨提示

拖动图片时按住Shift键不放，图片将按垂直或水平方向移动；若按住Ctrl键的同时拖动图片，可以将当前图片复制至指定位置。

132 直接裁剪图像，凸显重点区域

实用指数 ★★★★★

>>> 使用说明

当图片周围存在不必要的区域，想要更加聚焦图片中的核心内容时，可以巧妙地利用PowerPoint 2021的裁剪功能，直接对图片进行精准裁剪，从而凸显图片的关键信息。

>>> 解决方法

直接裁剪图片的具体操作方法如下。

第1步 ❶在幻灯片中选择需要裁剪的图片；❷单击"图片格式"选项卡下"大小"组中的"裁剪"按钮，如下图所示。

第2步 进入裁剪状态，图片四周将出现黑色裁剪标记，将鼠标光标移动到图片裁剪标记上，❶当鼠标光标变成裁剪标记形状时，按住鼠标左键不放进行拖动，调整裁剪区域；❷调整完成后，再次单击"裁剪"按钮，如下图所示。

第3步 幻灯片中将只显示图片保留的区域，效果如下图所示。

温馨提示

直接裁剪图片时，按住Ctrl键不放，可同时等比例裁剪图片的左右边缘；若按住Shift键和Ctrl键不放，可同时等比例裁剪图片的上下左右边缘。

133 自定义形状裁剪，塑造个性图片

实用指数 ★★★★★

>>> 使用说明

为了提升幻灯片的视觉效果和整体排版的美感，在PowerPoint 2021中可以将图片裁剪成各种形状，如圆形、椭圆形、多边形等，不仅能凸显图片的关键内容，还能让幻灯片更加生动有趣。

>>> 解决方法

例如，同时将幻灯片中的4张图片裁剪为“流程：数据”形状，具体操作方法如下。

第1步 ❶按住Shift键选择演示文稿中的第4张幻灯片；❷单击“图片格式”选项卡下“大小”组中“裁剪”按钮下方的下拉按钮⌄；❸在弹出的下拉列表中选择“裁剪为形状”选项；❹在弹出的子列表中选择需要裁剪为的形状，这里选择“流程图”栏中的“流程图：数据”选项，如下图所示。

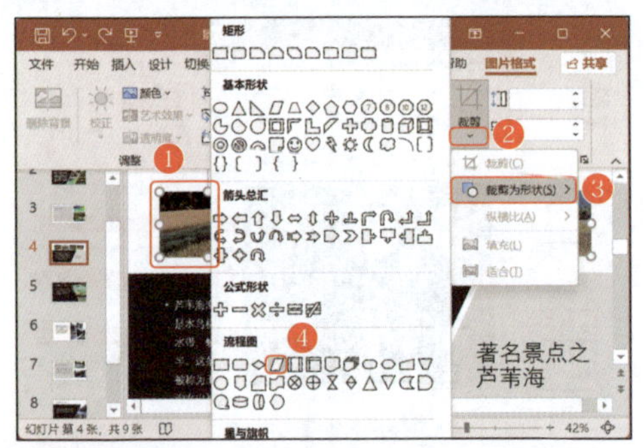

第2步 此时，就可以将图片裁剪为选择的形状，效果如下图所示。

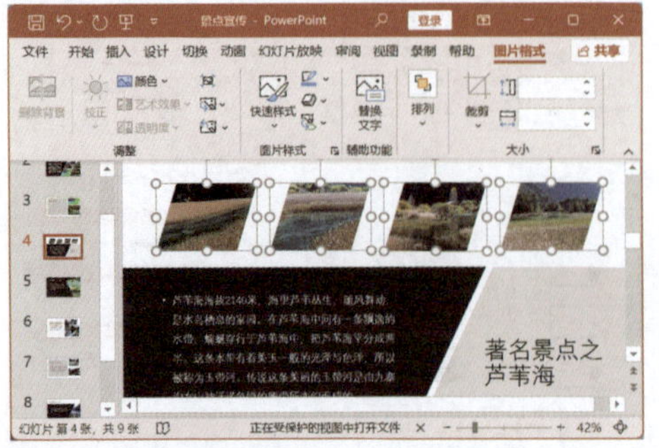

134 按比例裁剪图片，保持原图比例

实用指数 ★★★★☆

>>> 使用说明

当需要将幻灯片中的多张图片裁剪成统一的大小和比例时，可按比例来裁剪图片，以确保在排版时能够使幻灯片中的图片保持一致的外观和尺寸。

>>> 解决方法

在幻灯片中按比例裁剪图片的具体操作方法如下。

第1步 ❶选择幻灯片中需要裁剪的图片；❷单击“图片格式”选项卡下“大小”组中“裁剪”按钮下方的下拉按钮⌄；❸在弹出的下拉列表中选择“纵横比”选项；❹在弹出的子列表中选择裁剪比例，如下图所示。

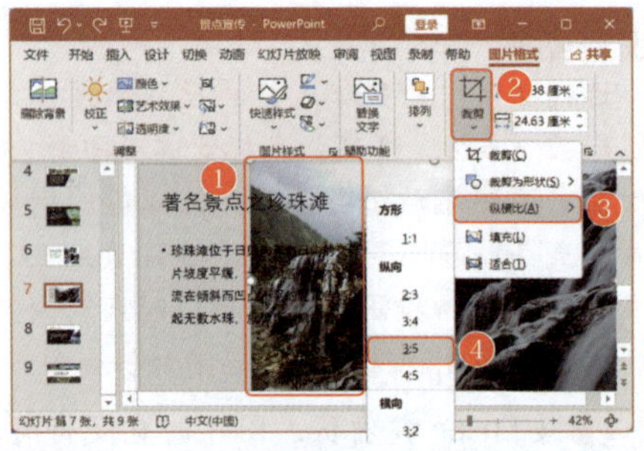

第2步 图片将按照设置的比例进行裁剪，并显示裁剪区域，再次单击“裁剪”按钮，如下图所示。

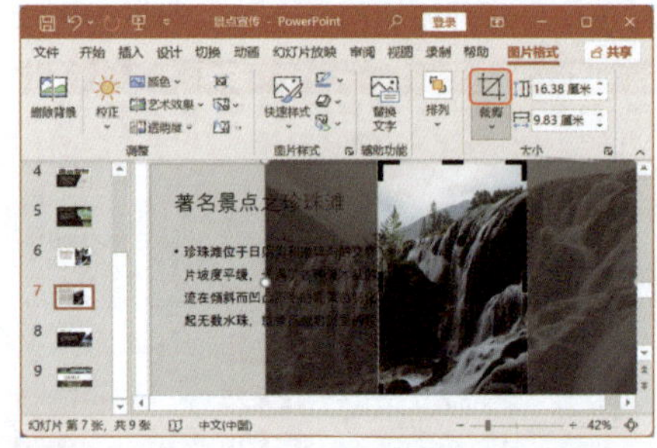

第3步 此时，将显示按比例裁剪后的效果，如下图所示。

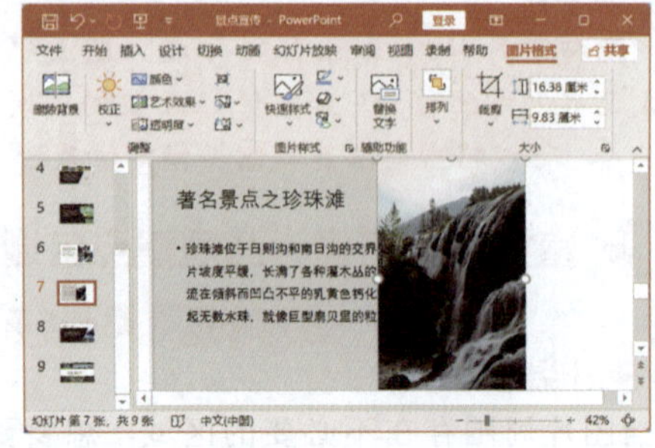

135 优化裁剪区域，提升图片展示效果

实用指数 ★★★★☆

>>> 使用说明

在对图片进行裁剪后，若发现图片显示的区域并非重点内容，为了提升图片的显示效果和信息传达的准确性，可以进一步对裁剪区域进行调整，从而更好地吸引观众的注意力并传达所需的信息。

>>> 解决方法

在幻灯片中对图片裁剪区域进行调整的具体操作方法如下。

第 1 步 ❶选择被裁剪过的图片，❷单击“图片格式”选项卡下“大小”组中的“裁剪”按钮。此时图片进入裁剪状态，将鼠标光标移动到图片正常显示的区域，按住鼠标左键不放，拖动鼠标调整图片的裁剪区域，如下图所示。

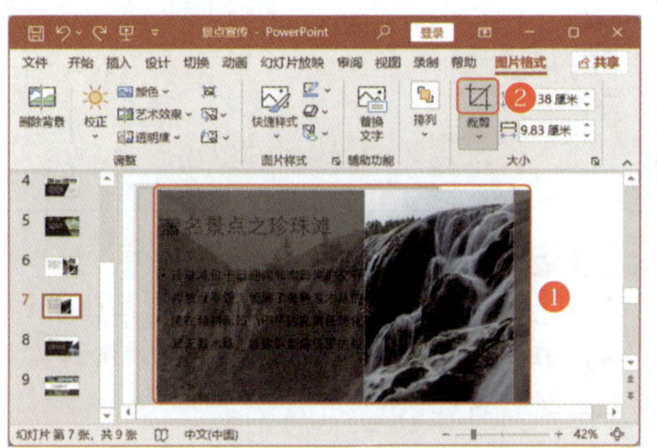

第 2 步 释放鼠标，在幻灯片空白区域单击，退出图片裁剪区域，效果如下图所示。

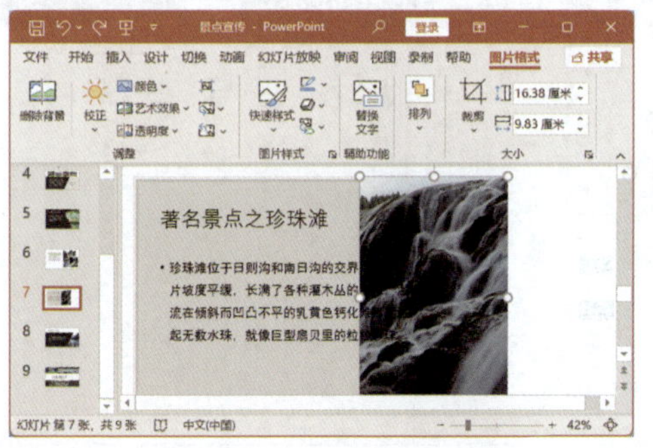

136 精确调整图片的旋转角度

实用指数 ★★★★☆

>>> 使用说明

在制作幻灯片时，图片的旋转角度对于整体的视觉效果至关重要。如果图片的旋转角度不正确，可根据需要进行调整，以确保图片能完美呈现，提升幻灯片视觉效果。

>>> 解决方法

在幻灯片中对图片旋转角度进行调整的具体操作方法如下。

第 1 步 ❶在幻灯片中选择需要调整旋转角度的图片；❷单击“图片格式”选项卡下“排列”组中的“旋转”按钮；❸在弹出的下拉列表中选择需要的裁剪方式，如选择“水平翻转”选项，如下图所示。

温馨提示

在“旋转”下拉列表中选择“其他旋转选项”选项，打开“设置图片格式”任务窗格。在“旋转”数值框中可以直接输入图片的旋转角度。

第 2 步 所选择的图片将进行水平翻转，效果如下图所示。

温馨提示

选择图片，将鼠标光标移动到图片上方的 ⟳ 图标上，当鼠标光标变成黑色曲线箭头时，按住鼠标左键不放进行旋转，可自由调整图片的旋转角度。

137 校正图片亮度与对比度，提升图片质感

实用指数 ★★★★☆

>>> 使用说明

在幻灯片中插入图片后，可以巧妙地利用

PowerPoint 2021 内置的更正功能，对图片的亮度、对比度、锐化以及柔化等参数进行细致的调整，从而确保图片在幻灯片中呈现出最佳效果。

>>> 解决方法

例如，对图片的亮度和对比度进行调整的具体操作方法如下。

第 1 步 打开“手机宣传”演示文稿（位置：素材文件\第 8 章\手机宣传.pptx），选择第 4 张幻灯片中的图片，❶单击“图片格式”选项卡下“调整”组中的“校正”按钮；❷在弹出的下拉列表中选择需要的选项，如选择“亮度 / 对比度”栏中的“亮度 :+20% 对比度 :+40%”选项，如下图所示。

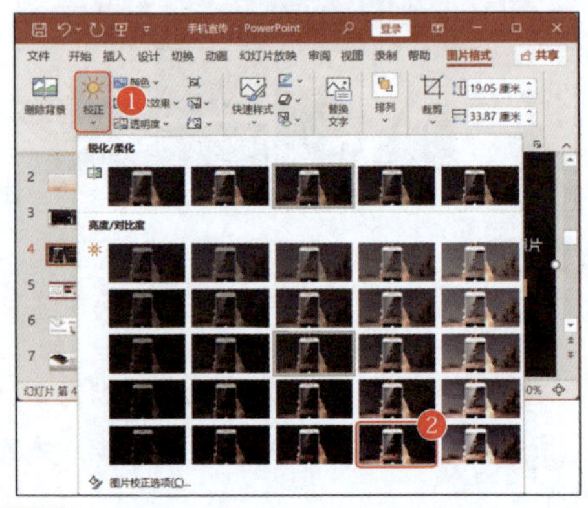

第 2 步 经过以上操作，图片亮度和对比度将发生变化，效果如下图所示。

温馨提示

若对校正后的图片效果不满意，可单击“图片格式”选项卡下“调整”组中的“重置图片”按钮，使图片还原到校正前的原始效果。

138 灵活调整图片色彩，提升视觉效果

实用指数 ★★★☆☆

>>> 使用说明

当一张幻灯片中包含多张图片，且图片亮度、色彩饱和度差异较大导致页面显得凌乱时，可以使用 PowerPoint 2021 中的颜色功能进行统一着色，从而提高幻灯片的整体视觉效果和协调性。

>>> 解决方法

例如，继续上例操作，统一调整第 2 张幻灯片中两张图片的颜色，具体操作方法如下。

第 1 步 选择第 2 张幻灯片中的两张图片，❶单击“图片格式”选项卡下“调整”组中的“颜色”按钮；❷在弹出的下拉列表中选择需要的着色选项，如选择“褐色”选项，如下图所示。

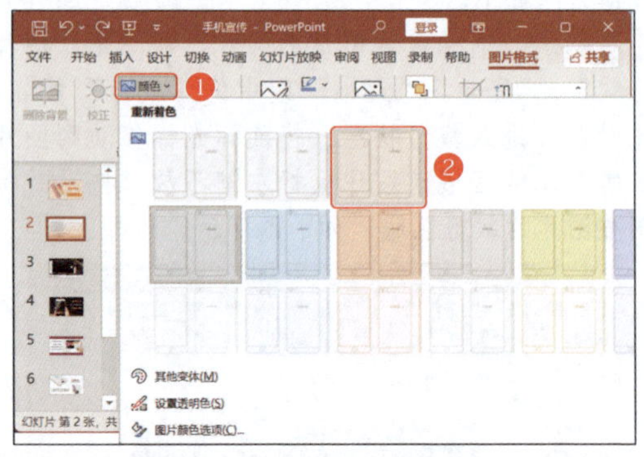

温馨提示

在“颜色”下拉列表中选择“其他变体”选项，在弹出的子列表中可以为图片选择需要的颜色进行着色。

第 2 步 经过以上操作，可以将图片颜色统一设置为褐色，效果如下图所示。

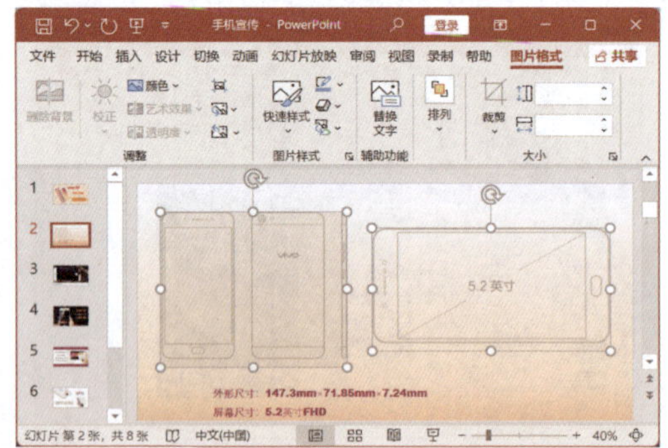

139 定制图片透明度，优化内容融合效果

实用指数 ★★★☆☆

>>> 使用说明

当图片透明度无法融合幻灯片背景时，可以根据需要对图片的透明度进行调整，以使幻灯片展现出更加专业、吸引人的视觉效果。

>>> 解决方法

继续上例操作，对第3张幻灯片的图片透明度进行调整，具体操作方法如下。

第1步 ❶选择第3张幻灯片中的图片；❷单击“图片格式”选项卡下“调整”组中的“透明度”按钮；❸在弹出的下拉列表中选择需要的透明度选项，如选择“30%”选项，如下图所示。

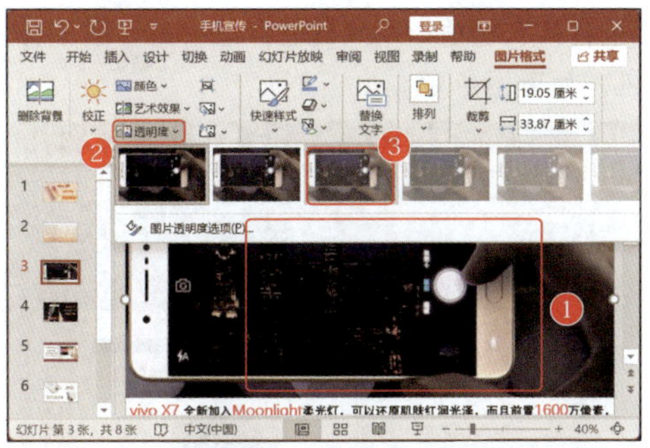

第2步 此时，图片的透明度将调整为30%，效果如下图所示。

知识拓展

编辑和美化图片后，若对图片的效果不满意，可单击“图片格式”选项卡下“调整”组中的“重置图片”按钮，在弹出的下拉列表中选择“重置图片”选项，将删除图片效果，使图片恢复到刚插入时的效果；选择“重置图片和大小”选项，既会重置图片效果，又会重置图片大小。

140 设置纯色背景为透明，提升图片质感

实用指数 ★★★★★

>>> 使用说明

当幻灯片中的图片背景是纯色时，为了使其与幻灯片背景或主题融合得更加和谐，可以利用“设置透明色”功能，轻松地将图片的背景变为透明，从而达到无缝融合的效果。

>>> 解决方法

例如，继续上例操作，将第7张幻灯片中图片的白色背景设置为透明，具体操作方法如下。

第1步 选择第7张幻灯片中的图片，❶单击“图片格式”选项卡下“调整”组中的“颜色”按钮；❷在弹出的下拉列表中选择“设置透明色”选项，如下图所示。

第2步 将鼠标光标移动到图片上需要变成透明色的颜色区域，此时鼠标光标将变成形状，如下图所示。

第3步 在图片的背景上单击，图片白色背景变成透明色，效果如下图所示。

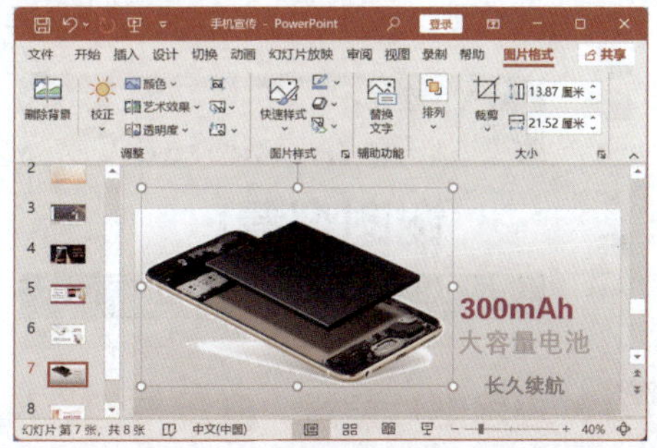

知识拓展

图片背景设置为透明色后，若图片周围出现一些比较明显的白色齿轮，可为图片设置柔化边缘效果，淡化图片周围的白色齿轮。

141 调整图片叠放顺序，营造丰富层次感

实用指数 ★★★★☆

>>> 使用说明

在编辑幻灯片时，若多张图片重叠在一起，有时就需要对图片的叠放顺序进行调整，以确保图片能够按照预期的方式展示在幻灯片上。

>>> 解决方法

PowerPoint 2021 中提供了置于底层、置于顶层、上移一层和下移一层 4 种叠放顺序，用户可以根据需要进行选择。调整叠放顺序的具体操作方法如下。

第 1 步 选择需要调整叠放顺序的图片，❶单击“图片格式”选项卡下“排列”组中的“上移一层”按钮下方的下拉按钮 ⌄；❷在弹出的下拉列表中选择“置于顶层”选项，如下图所示。

第 2 步 所选图片将置于幻灯片最上方，效果如下图所示。

142 去除图片背景，实现与幻灯片背景的完美融合

实用指数 ★★★★☆

>>> 使用说明

如果图片背景较为复杂，单纯地设置透明背景色可能无法满足去除背景的需求。此时，可通过 PowerPoint 2021 提供的删除背景功能轻松地去除图片背景，只保留关键部分。

>>> 解决方法

继续上例操作，删除第 5 张幻灯片中图片的背景，具体操作方法如下。

第 1 步 ❶选择第 5 张幻灯片中的图片；❷单击“图片格式”选项卡下“调整”组中的“删除背景”按钮，如下图所示。

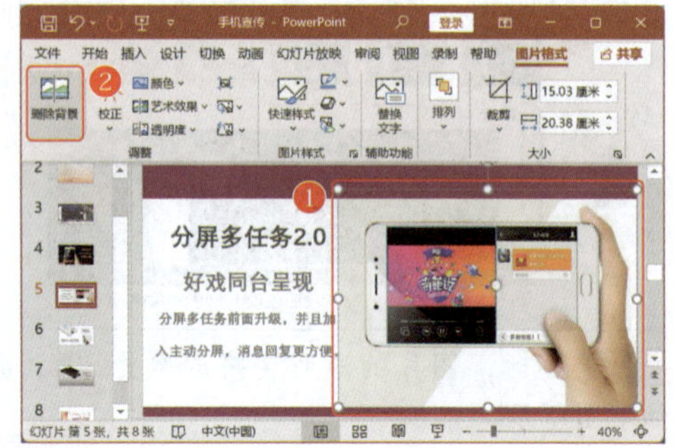

第 2 步 此时，图片中被紫色覆盖的区域为删除的区域，其他区域为保留区域。单击“背景消除”选项卡下“优化”组中的“标记要保留的区域”按钮，如下图所示。

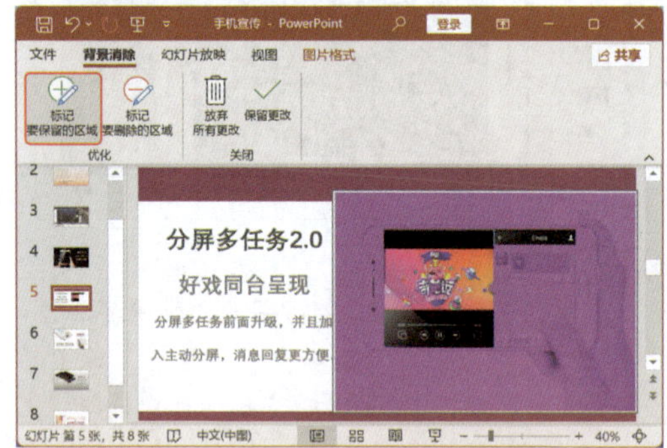

> **温馨提示**
>
> 若需要删除的部分已正常显示，可以单击“背景消除”选项卡中的“标记要删除的区域”按钮，在图片中拖动鼠标勾画出需要删除的区域。

第 3 步 此时，鼠标光标将变成 ✎，❶在紫色区域需要保留的部分上拖动鼠标画线，使保留的区域正常显示；❷图片中要保留的区域全部显示出来后，单击“背景消除”选项卡下“关闭”组中的“保留更改”按钮，如下图所示。

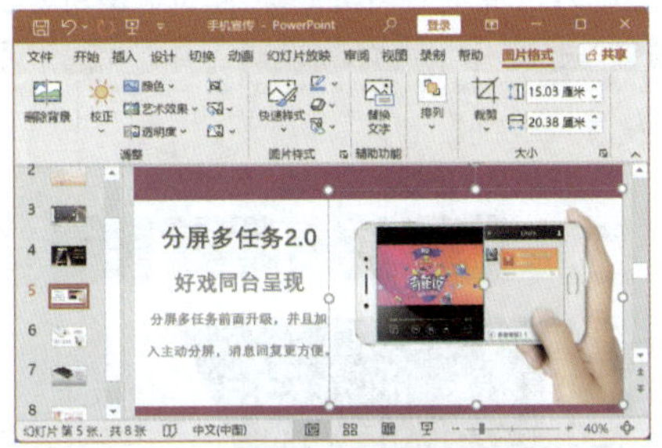

第 4 步 删除图片中的紫色区域，完成图片背景的删除，效果如下图所示。

143 保留效果，快速替换图片

实用指数 ★★★★★

>>> 使用说明

在幻灯片编辑过程中，当对图片设置了特定的效果后，若想替换为另一张图片，可利用 PowerPoint 2021 提供的更改图片功能迅速替换，同时确保原先设置的图片效果得以保留，无须重新调整。

>>> 解决方法

更换的图片既可以是计算机中的图片，也可以是网络中搜索到的图片。例如，将图片更改为网络中搜索到的图片，具体操作方法如下。

第 1 步 ❶选择需要更改的图片；❷单击“图片格式”选项卡下“调整”组中的“更改图片”按钮；❸在弹出的下拉列表中选择“来自在线来源”选项，如下图所示。

第 2 步 打开“联机图片”对话框，❶在搜索框中输入关键词“九寨沟”；❷按 Enter 键，开始根据关键词搜索图片，并显示搜索结果，选择需要的图片；❸单击“插入”按钮，如下图所示。

第 3 步 开始下载图片，下载完成后开始替换图片，但图片原有效果不变，如下图所示。

144 压缩图片，减小演示文稿的文件大小

实用指数 ★★★☆☆

>>> 使用说明

通过指定压缩演示文稿中某张具体图片的大小，可以有效地减小图片的占用空间，从而减小整个演示文稿的文件大小。

>>> 解决方法

在幻灯片中压缩指定图片的具体操作方法如下。

第 1 步 ❶选择需要压缩的图片；❷单击“图片格式”选项卡下“调整”组中的“压缩图片”按钮，如下图所示。

第 2 步 打开“压缩图片”对话框，❶在“压缩选项”栏中选择合适的压缩选项；❷在“分辨率”栏中选择合适的输出分辨率；❸单击“确定”按钮，如下图所示。

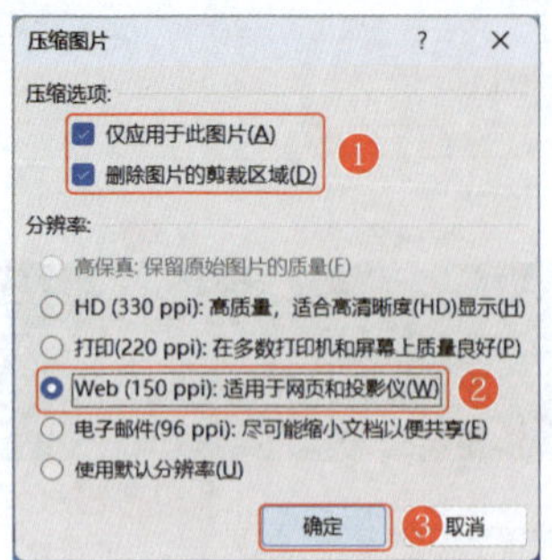

145 精准对齐图片，提升页面布局

实用指数 ★★★★☆

>>> 使用说明

当一张幻灯片中插入了多张图片，且需要使这几张图片按照一定规律进行排列时，可使用 PowerPoint 2021 提供的对齐功能快速对齐图片。

>>> 解决方法

例如，将幻灯片中的 4 张幻灯片进行顶端对齐放置，具体操作方法如下。

第 1 步 ❶选择需要调整的多张图片；❷单击“图片格式”选项卡下“排列”组中的“对齐”按钮；❸在弹出的下拉列表中选择需要的对齐方式，如选择“顶端对齐”选项，如下图所示。

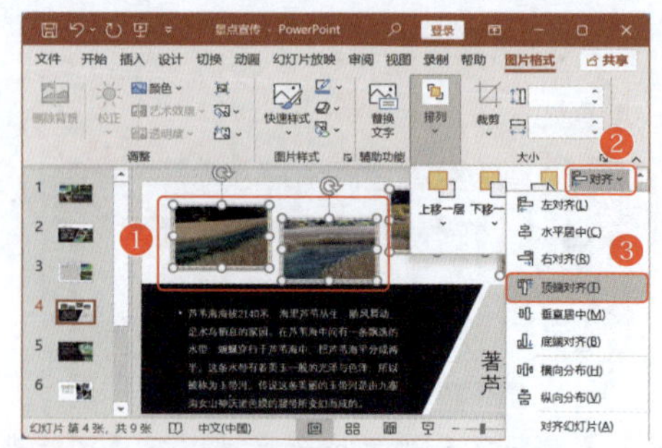

第 2 步 选择的 4 张图片将根据其中顶点较高的一张图片的顶端进行对齐，效果如下图所示。

知识拓展

对齐排列图片后，为了方便对对齐的多张图片进行相同的操作，可将多张图片组合为一个对象。其操作方法如下：选择需要组合的多张图片，单击“图片格式”选项卡下“排列”组中的“组合”按钮，在弹出的下拉列表中选择“组合”选项，将所选图片组合成一个对象。

8.3 图片美化技巧

扫一扫 看视频

为了使幻灯片中的图片更具个性和吸引力，可以根据设计需求对图片进行精心美化，如应用独特的艺术效果、选择适合的样式、添加精致的边框等，从而显著提升幻灯片的整体视觉效果和表现力。

146 艺术效果加持，提升图片品质

实用指数 ★★★★★

>>> 使用说明

PowerPoint 2021 中集成的艺术效果功能允许用户快速将各种别具一格的艺术风格应用到图片中，从而显著提升幻灯片的视觉效果，使其更具个性和吸引力。

>>> 解决方法

PowerPoint 2021 中提供了 22 种图片艺术效果，以增加图片的艺术感。为图片添加艺术效果

的具体操作方法如下。

第 1 步 选择幻灯片中的图片，❶单击“图片格式”选项卡下“调整”组中的“艺术效果”按钮；❷在弹出的下拉列表中选择需要的图片艺术效果，如选择“线条图”选项，如下图所示。

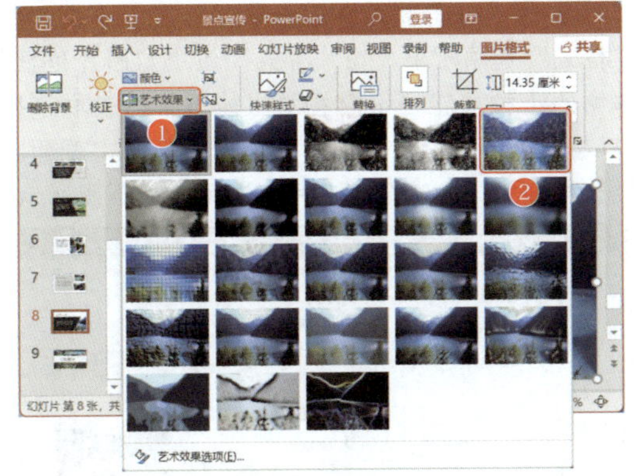

第 2 步 为选择的图片应用选择的艺术效果，如下图所示。

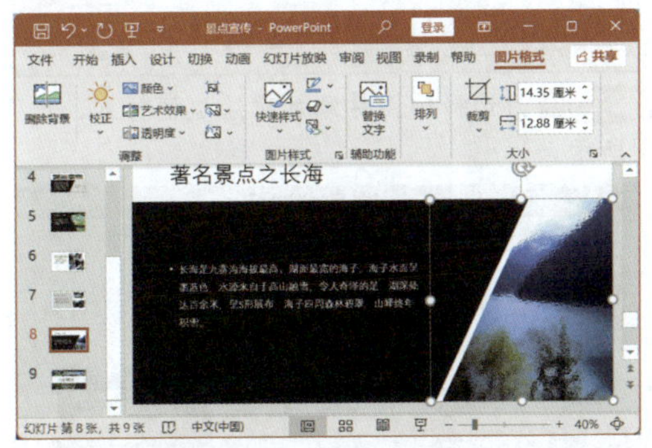

147 快速美化工具，一键提升图片观感

实用指数 ★★★★☆

>>> 使用说明

PowerPoint 2021 中提供了丰富的图片样式选项，用户可以轻松选择并应用这些样式，以快速增强图片在幻灯片中的视觉效果和吸引力。这些样式不仅优化了图片的外观，还使整个幻灯片的设计更加统一和专业。

>>> 解决方法

为图片应用样式的具体操作方法如下。

第 1 步 选择需要应用图片样式的图片，❶单击“图片格式”选项卡下“图片样式”组中的“快速样式”按钮；❷在弹出的下拉列表中选择需要的样式，如选择“旋转，白色”选项，如下图所示。

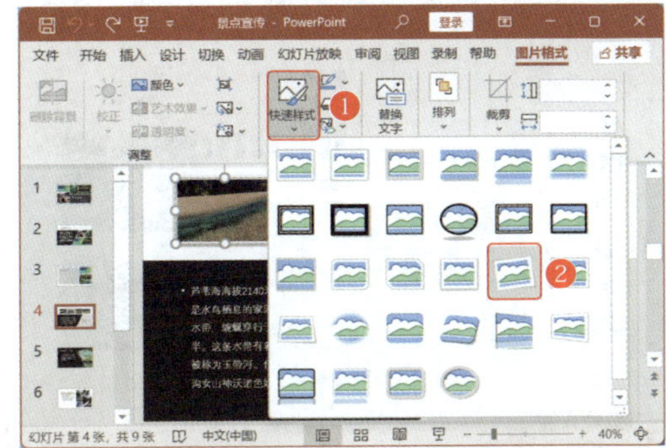

第 2 步 为选择的图片应用选择的图片样式，效果如下图所示。

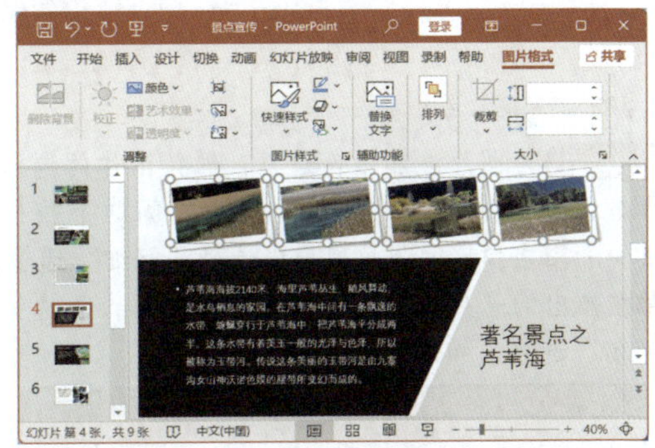

148 添加边框，增强图片表现力

实用指数 ★★★☆☆

>>> 使用说明

当幻灯片背景色与图片颜色相近时，巧妙地添加边框可以增强图片与背景的对比效果，进而让图片内容在视觉上更为凸显。这样不仅能提高幻灯片的整体视觉吸引力，还有助于引导观众的视线，使其快速聚焦于幻灯片中的关键信息，从而让演示更具专业性和易读性。

>>> 解决方法

为图片添加边框时，既可以对边框颜色进行设置，又可以对边框粗细进行调整，具体操作方法如下。

第 1 步 选择需要添加边框的图片，❶单击“图片格式”选项卡下“图片样式”组中的“图片边框”右侧的下拉按钮 ⌄；❷在弹出的下拉列表中选择边框颜色，如选择“白色，背景色 1，深色 25%”选项，如下图所示。

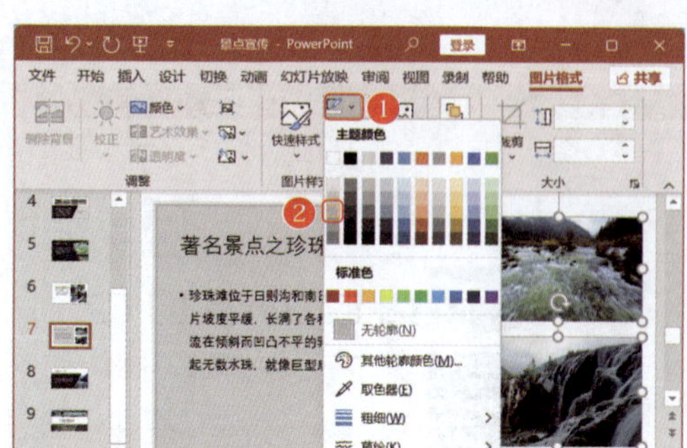

温馨提示

若"图片边框"下拉列表中没有需要的颜色，可以选择"其他轮廓颜色"选项，打开"颜色"对话框。在"标准"选项卡下单击需要的颜色色块；在"自定义"选项卡下输入需要的颜色值，单击"确定"按钮。

第 2 步 为图片添加白色边框，保持图片的选择状态，❶再次单击"图片边框"右侧的下拉按钮 ⌄；❷在弹出的下拉列表中选择"粗细"选项；❸在弹出的子列表中选择图片边框粗细，如选择"6 磅"选项，如下图所示。

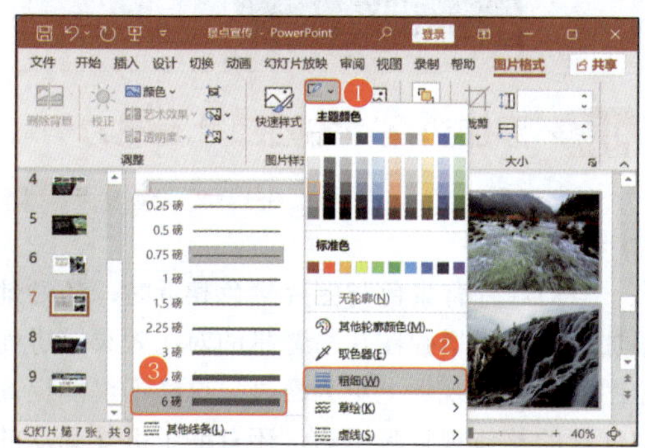

知识拓展

在"图片边框"下拉列表中选择"虚线"选项，在弹出的下拉列表中提供了一些虚线边框样式，选择需要的样式可以直接应用于选择的图片中。

149 草绘边框，创意美化新选择

实用指数 ★★★★☆

>>> 使用说明

PowerPoint 2021 中提供的草绘边框能够模拟出独特的手绘效果，为演示文稿增添一种轻松、活泼且富有创意的氛围，特别适用于儿童教学课件、绘画展示等场合。不仅能吸引儿童的注意力，还能让演示文稿显得更加生动有趣。

>>> 解决方法

为幻灯片中的图片添加草绘边框的具体操作方法如下。

第 1 步 选择需要添加边框的图片，❶单击"图片格式"选项卡下"图片样式"组中"图片边框"右侧的下拉按钮 ⌄；❷在弹出的下拉列表中选择"草绘"选项；❸在弹出的子列表中选择需要的草绘边框样式，如选择"曲线"选项，如下图所示。

第 2 步 为选择的图片添加草绘边框样式，如下图所示。

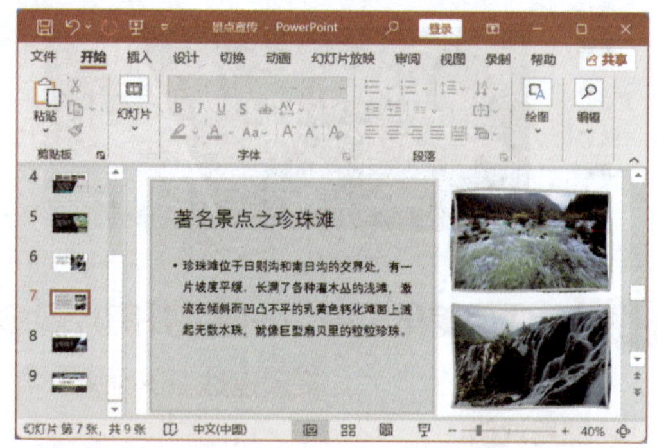

温馨提示

在"图片边框"下拉列表中选择"无轮廓"选项，可以取消为图片添加的边框。

150 应用三维效果，增强立体感

实用指数 ★★★★☆

>>> 使用说明

当 PowerPoint 2021 内置的图片样式无法满足用户的独特需求时，可以通过添加阴影、映像、发光、柔化边缘、棱台和三维旋转等效果，来个性化并提升图片的视觉效果，使其更具立体感和吸引力。

>>> 解决方法

例如，为幻灯片中的图片添加阴影和映像效果，具体操作方法如下。

第1步 选择需要添加效果的图片，❶单击“图片格式”选项卡下“图片样式”组中的“图片效果”按钮；❷在弹出的下拉列表中选择需要的图片效果，如选择“阴影”选项；❸在弹出的子列表中选择需要的阴影效果，如选择“偏移：右下”选项，如下图所示。

温馨提示

在“图片效果”下拉列表中的“阴影”子列表中选择“阴影选项”选项，打开“设置图片格式”任务窗格。在“阴影”栏中可以对图片阴影的透明度、大小、模糊、角度和距离等进行详细的设置。

第2步 ❶单击“图片格式”选项卡下“图片样式”组中的“图片效果”按钮；❷在弹出的下拉列表中选择“映像”选项；❸在弹出的子列表中选择“紧密映像：4 磅偏移量”选项，如下图所示。

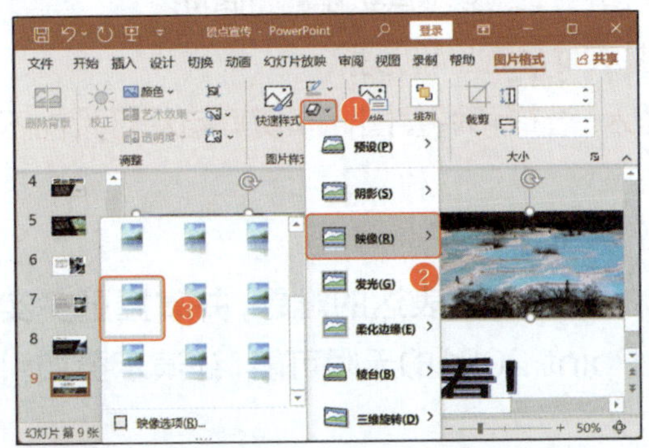

第3步 为图片应用选择的映像效果如下图所示。

151 统一版式，让多张图片和谐共存

实用指数 ★★★☆☆

>>> 使用说明

PowerPoint 2021 中提供了图片版式功能，通过该功能可以快速将图片转换为带文本的 SmartArt 图形，以便于对图片进行说明。

>>> 解决方法

例如，为幻灯片中的多张图片应用相同的图片版式，具体操作方法如下。

第1步 选择幻灯片中的多张图片，❶单击“图片格式”选项卡下“图片样式”组中的“图片版式”按钮；❷在弹出的下拉列表中选择需要的图片版式，如选择“蛇形图片题注”选项，如下图所示。

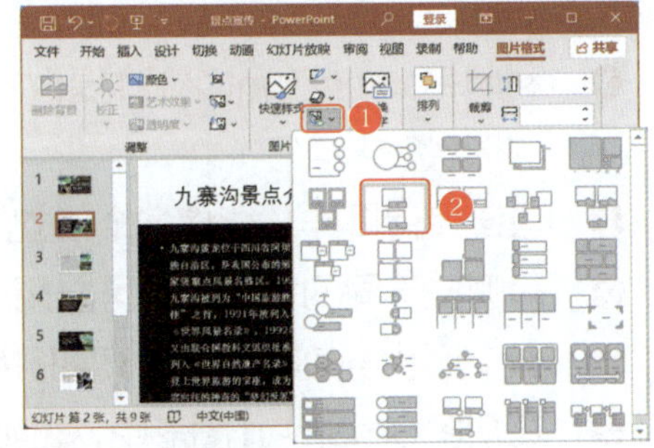

第2步 为图片应用选择的图片版式，将文本插入点定位到各文本占位符中，输入需要的文字即可，效果如下图所示。

第9章

图示化表达一目了然：PPT图示化技巧

PPT作为信息传达的利器，其核心在于言简意赅、直观易懂。虽然图像能直观传达信息，但面对复杂的内容，单纯依赖图片往往难以完整表达。此时，若仅依赖文字型幻灯片，恐怕难以抓住观众的眼球。然而，巧妙地运用图形，即使是文字型幻灯片，也能焕发出别样的魅力。在PowerPoint 2021中，形状、图标和SmartArt图形就是幻灯片的法宝，它们能将文字内容图示化，使信息呈现更为直观易懂。接下来，将深入探索这些功能，分享一系列实用的操作技巧，助力读者在PPT制作中更加得心应手。

下面来看看以下一些在PPT中将内容图示化过程中常见的问题，请自行检测是否会处理或已掌握。

- 利用PowerPoint 2021提供的形状工具，如何能够创造出与众不同、具有个性的形状？
- 应该如何操作才能将多个独立的形状合并成一个全新的形状？
- 有哪些不同的填充效果可以用来增强形状的视觉吸引力？
- 多个形状重叠时，如何体现形状的层次？
- 在众多SmartArt图形中，如何选择最适合体现文本层级结构的图形？
- SmartArt图形中的形状数量不满足需求时，应如何处理？
- 在PowerPoint 2021中，应该如何插入、选择和调整图标来使其与幻灯片内容相得益彰？

希望通过本章内容的学习，读者能够解决PPT内容表达的难题，并掌握更多实现图示化的高级技巧。下面一起探索PowerPoint 2021的无限可能，让演示更加引人入胜吧！

9.1 形状的使用技巧

在 PowerPoint 2021 中，形状功能的引入极大地丰富了演示文稿的视觉表现力，不仅允许用户在幻灯片中轻松插入或绘制各种规则和不规则的形状，还能对绘制的形状进行编辑和美化，使形状变得生动且具有吸引力，从而提升整体演示的专业度和观赏性。

152 精确绘制：创建理想形状

实用指数 ★★★★★

>>> 使用说明

在打造幻灯片时，形状功能的运用极为关键，它不仅可以帮助设计者以灵活多样的方式排布内容，还能通过直观的图形表达增强信息的视觉传达效果。巧妙地使用形状，可以让幻灯片的展示效果更加生动鲜明，为观众呈现内容丰富且富有创意的演示文稿。

>>> 解决方法

PowerPoint 2021 中提供了矩形、线条、箭头等各种需要的形状，用户可以选择需要的形状类型进行绘制。例如，为封面插入需要的形状，具体操作方法如下。

第 1 步 新建一个“封面”演示文稿，删除幻灯片中的占位符，❶单击“插入”选项卡下“插图”组中的“形状”按钮；❷在弹出的下拉列表中选择需要的形状，如选择“矩形”选项，如下图所示。

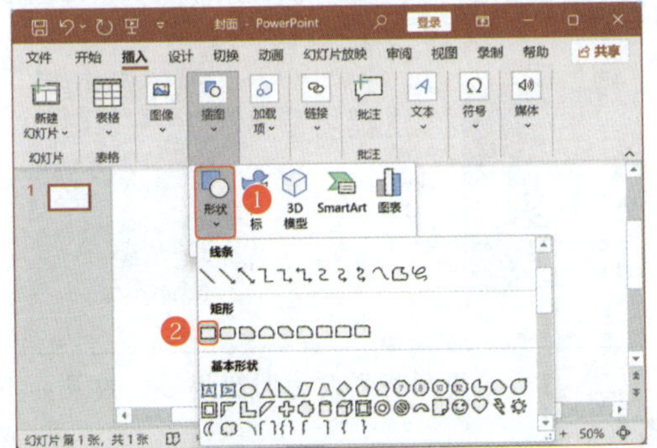

第 2 步 此时，鼠标光标将变成十形状，将鼠标光标移动到幻灯片中需要绘制形状的位置，然后按住鼠标左键不放进行拖动，拖动到合适位置后释放鼠标，如下图所示。

第 3 步 在页面中绘制 7 个大小不同的矩形，❶单击“插入”选项卡下“插图”组中的“形状”按钮；❷在弹出的下拉列表中选择“椭圆”选项，如下图所示。

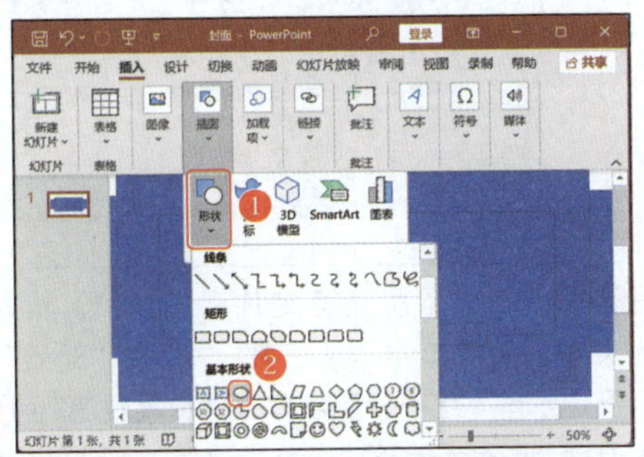

第 4 步 此时，鼠标光标将变成十形状，按住 Shift 键的同时拖动鼠标绘制正圆形，如下图所示。

温馨提示

绘制形状时，按住 Ctrl 键拖动绘制，可以使鼠标光标位置作为图形的中心点；按住 Shift 键拖动绘制，则可以绘制出固定宽度比的形状，如绘制正方形、正圆形和直线等。

153 文字艺术：将形状变成信息传递工具

实用指数 ★★★★☆

>>> 使用说明

在幻灯片中插入形状后，有时还需要为插入的形状添加文字，以提升幻灯片信息传达的效率和增强视觉效果。

>>> 解决方法

例如，继续上例操作，在插入的形状中添加需要的文字，并为文字设置相应的格式，具体操作方法如下。

第 1 步 选择需要添加文字的矩形，在其上右击，在弹出的快捷菜单中选择"编辑文字"命令，如下图所示。

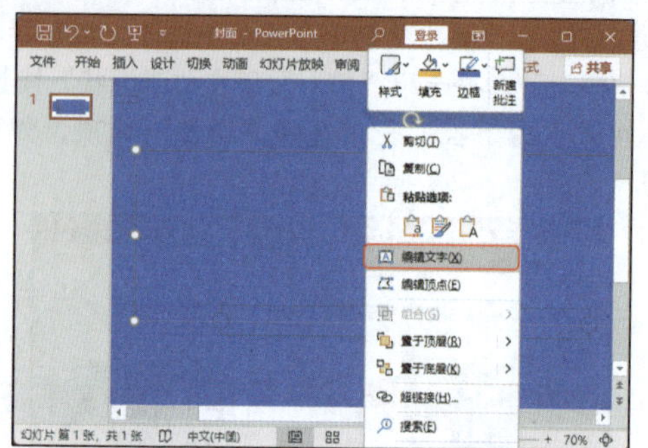

第 2 步 此时，鼠标光标定位到矩形中，输入需要的文字"年终工作总结汇报"，❶在"开始"选项卡下"字体"组中设置字体为"微软雅黑"；❷设置字号为 66；❸选择"年终"文本，设置字体颜色为"红色（HGB：223,31,38）"，如下图所示。

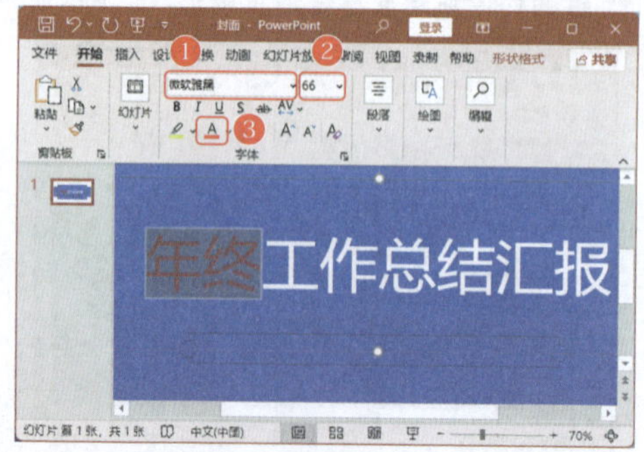

第 3 步 选择下面的小矩形，将鼠标光标定位到矩形中，输入需要的文本"雅图科技有限公司（湖北分部）"，如下图所示。

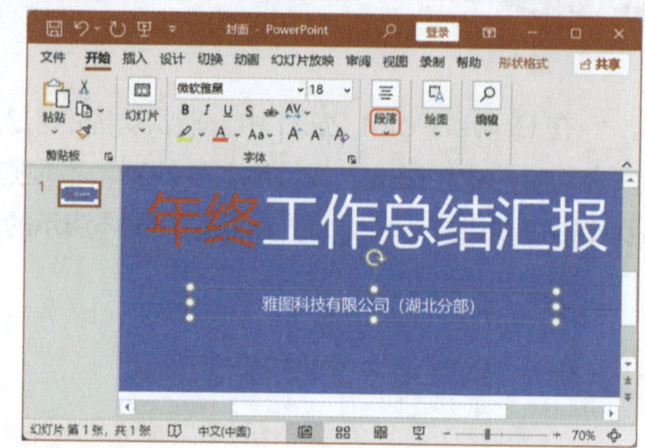

154 迅速变换：轻松更改形状

实用指数 ★★★★★

>>> 使用说明

若对绘制的形状不满意，可以通过 PowerPoint 2021 提供的编辑形状功能快速对形状进行更改。

>>> 解决方法

例如，继续上例操作，将直角矩形更改为圆角矩形，具体操作方法如下。

第 1 步 选择需要更改的矩形形状，❶单击"形状格式"选项卡下"插入形状"组中的"编辑形状"按钮；❷在弹出的下拉列表中选择"更改形状"选项；❸在弹出的子列表中选择"矩形：圆角"选项，如下图所示。

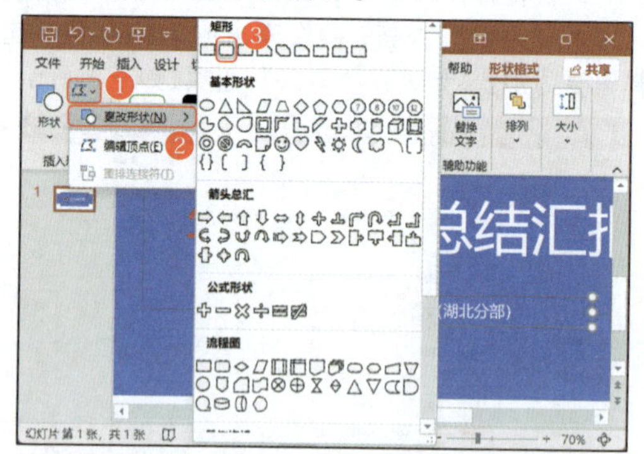

第 2 步 所选矩形将更改为圆角矩形，效果如下图所示。

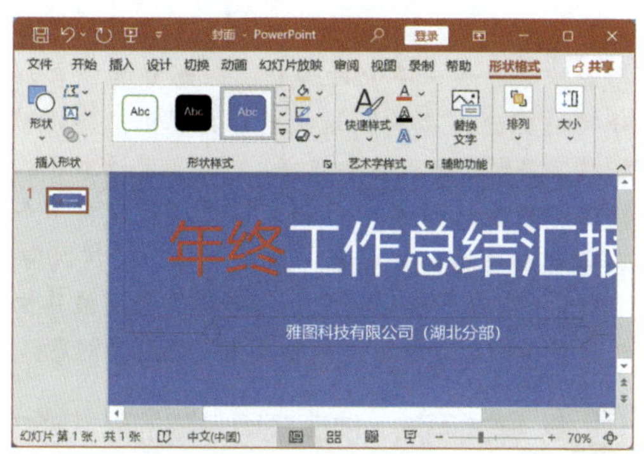

155 顶点编辑技巧：创造独特形状

实用指数 ★★★★★

>>> 使用说明

虽然 PowerPoint 2021 中提供了一系列的简单形状可选择，但有时为了追求更具个性化的演示效果，可能需要更复杂的形状。这时，利用编辑形状顶点的功能可以轻松地将基本图形转换为独特且复杂的新形状，使演示内容更加引人注目。

>>> 解决方法

例如，继续上例操作，通过编辑形状顶点来改变形状外形，具体操作方法如下。

第 1 步 ❶选择幻灯片最下方的长矩形；❷单击“形状格式”选项卡下“插入形状”组中的“编辑形状”按钮；❸在弹出的下拉列表中选择“编辑顶点”选项，如下图所示。

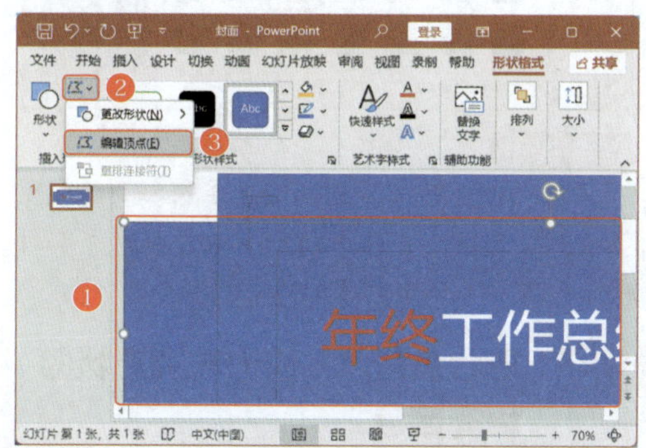

第 2 步 此时形状进入顶点编辑状态，可以看到矩形的 4 个角上分别有 4 个可编辑的顶点。选择左下角的顶点并按住鼠标左键向右拖动，即可移动该顶点的位置，如下图所示。

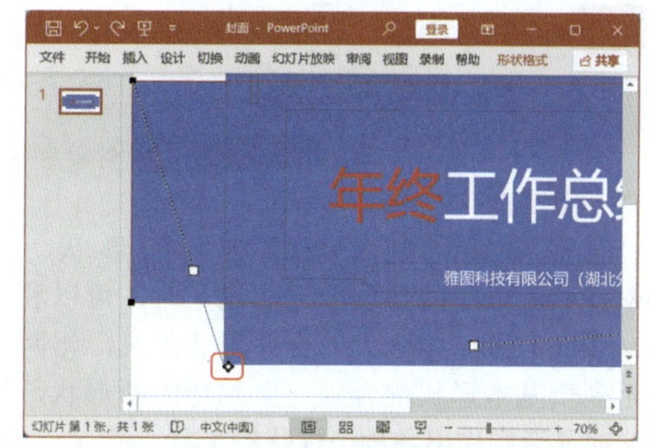

第 3 步 选中形状右下角的顶点，按住鼠标左键不放向左下角拖动，如下图所示。

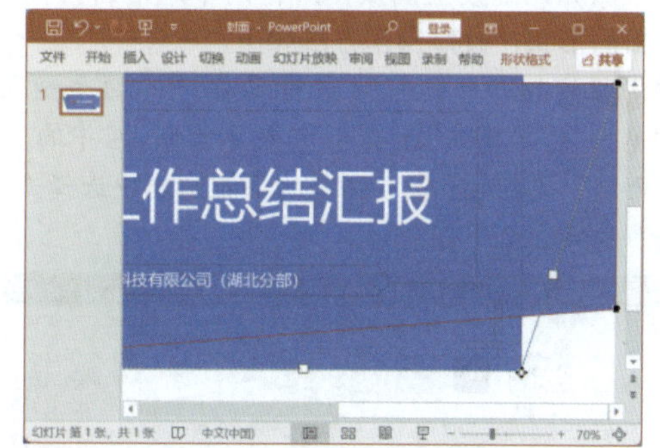

第 4 步 调整完成后，在幻灯片空白区域单击，退出形状编辑状态，可以查看编辑顶点后的效果，如下图所示。

知识拓展

进入形状顶点编辑状态，在顶点或形状边线上右击，在弹出的快捷菜单中选择“添加顶点”命令，表示为形状添加顶点；选择“开放路径”命令，表示将原本闭合的路径断开；选择“关闭路径”命令，表示将断开的路径闭合；选择“删除顶点”命令，表示删除形状当前的顶点；选择“平滑顶点”命令，表示顶点所在形状边的连接线将变成平滑的曲线。

156 合并巧思：将多个形状融合为一个创意新图形

实用指数 ★★★★★

>>> 使用说明

面对需要特别复杂或定制的形状，而PowerPoint 2021的形状库无法满足时，可以利用PowerPoint 2021中强大的合并形状工具，将两个甚至多个基本形状融合成一个独特的新形状，从而能够灵活制作出各种个性化的形状。

>>> 解决方法

例如，继续上例操作，将两个矩形合并为一个新的形状，具体操作方法如下。

第1步 ❶选择幻灯片中需要合并的两个矩形；❷单击"形状格式"选项卡下"插入形状"组中的"合并形状"按钮；❸在弹出的下拉列表中选择"结合"选项，如下图所示。

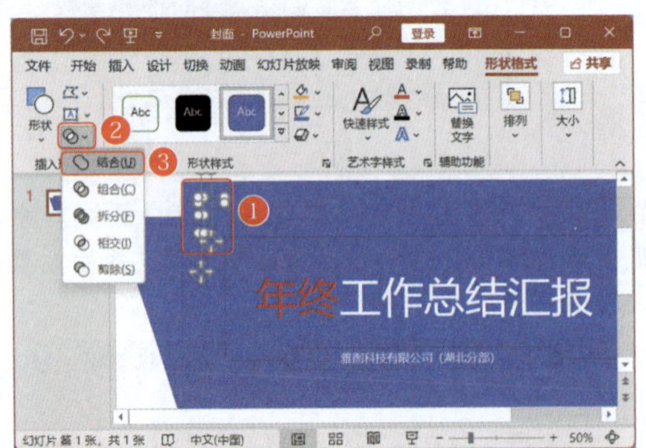

第2步 所选的两个矩形合并成一个新的形状。使用相同的方法将右下角的两个形状合并为一个形状，如下图所示。

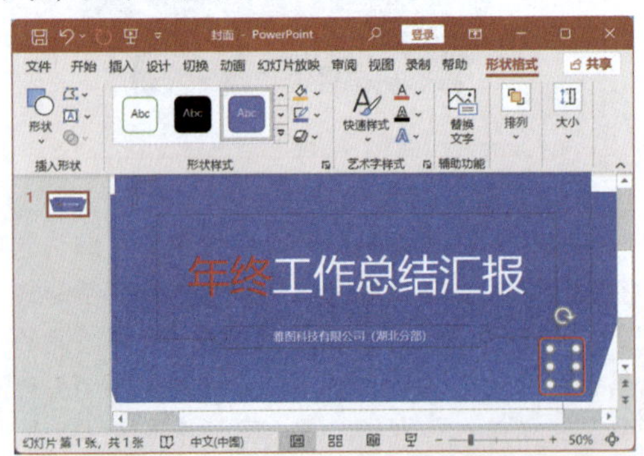

知识拓展

"合并形状"下拉列表中的"结合"选项表示将两个或多个形状合并成一个包含所有重叠部分的新形状；"组合"选项表示将两个或多个形状合并成一个新的形状，但形状的重合部分将被剪除；"拆分"选项表示将根据重叠的形状线条将形状分成多个部分，可以单独选取和编辑这些新生成的形状；"相交"选项表示将多个形状未重叠的部分剪除，重叠的部分将被保留；"剪除"选项表示将被剪除的形状覆盖或被其他对象覆盖的部分清除，从而产生一个新的对象。

157 样式魔法：快速应用吸睛的形状样式

实用指数 ★★★★★

>>> 使用说明

在调整和编辑绘制的形状之后，可以通过应用各种预设样式来增强形状的视觉吸引力。

>>> 解决方法

例如，继续上例操作，为形状应用内置样式的具体操作方法如下。

选择幻灯片中需要应用样式的形状，单击"形状格式"选项卡下"形状样式"组中的"其他"按钮，在弹出的下拉列表中选择需要的形状样式即可，如下图所示。

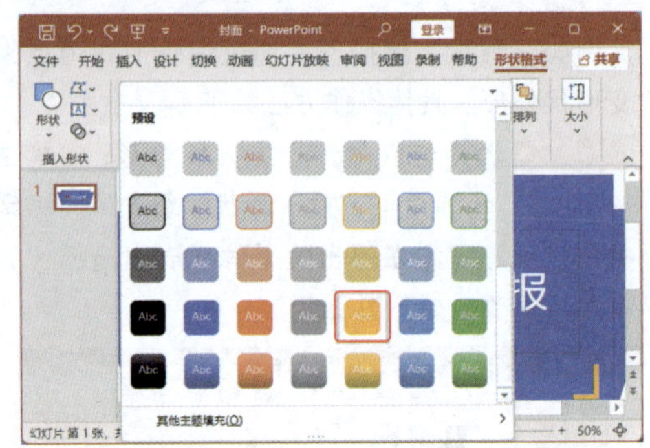

温馨提示

在"形状样式"下拉列表中选择"其他主题填充"选项，在弹出的子列表中提供了几种颜色，用户可以根据需要进行选择。

158 形状色彩术：快速改变形状的填充颜色

实用指数 ★★★★★

>>> 使用说明

通常，新插入的形状默认会被填充为蓝色，但为了满足不同设计或需求，可以轻松地为形状选择并应用需要的颜色。

>>> 解决方法

例如，继续上例操作，在幻灯片中对形状的填充色进行设置，具体操作方法如下。

第 1 步 选择幻灯片最下方的形状，❶单击“形状格式”选项卡下“形状样式”组中的“形状填充”按钮右侧的下拉按钮 ⌄；❷在弹出的下拉列表中选择需要的颜色，如选择“最近使用的颜色”栏中的“红色”选项，形状将立即填充为红色，如下图所示。

第 2 步 使用相同的方法把其他形状填充为需要的颜色，并将“工作总结汇报”文本的字体设置为“黑色”，如下图所示。

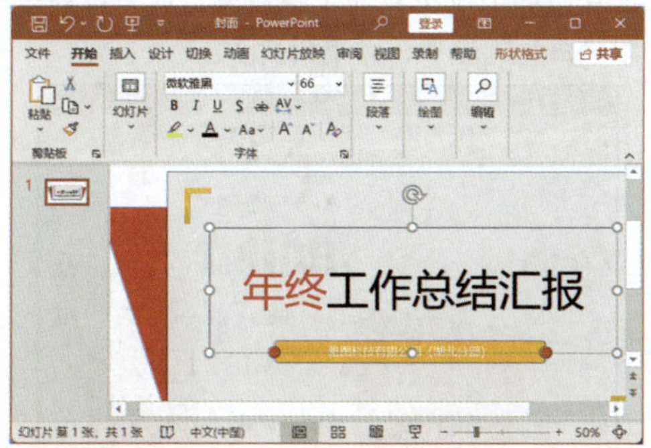

温馨提示

在“形状填充”下拉列表中选择“无填充”选项，可以取消形状的填充颜色。

159 形状线条艺术：定制和改善形状轮廓

实用指数 ★★★★★

>>> 使用说明

在 PowerPoint 2021 中，形状轮廓不仅代表了形状的边框，更是提升演示视觉效果的重要元素。通过其强大的形状轮廓功能，用户不仅能够自定义形状的边框颜色，还能灵活调整线条的样式和粗细，从而使演示文稿更具个性且专业感更强。

>>> 解决方法

例如，继续上例操作，为幻灯片中的形状设置相应的轮廓，具体操作方法如下。

第 1 步 选择幻灯片中的矩形、圆角矩形和圆形，❶单击“形状格式”选项卡下“形状样式”组中的“形状轮廓”按钮右侧的下拉按钮 ⌄；❷在弹出的下拉列表中选择“无轮廓”选项，取消形状轮廓，如下图所示。

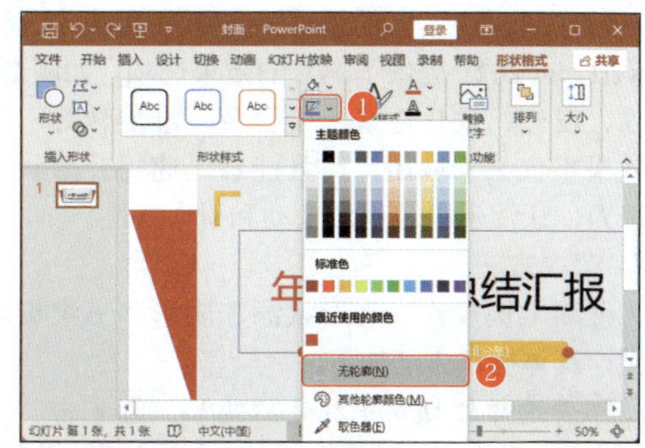

温馨提示

在“形状轮廓”下拉列表中选择“取色器”选项，此时，鼠标光标变成吸管形状，在需要的颜色上单击，可以吸取颜色并填充到形状轮廓中。

第 2 步 选择带边框的矩形，❶单击“形状格式”选项卡下“形状样式”组中的“形状轮廓”按钮右侧的下拉按钮 ⌄；❷在弹出的下拉列表中选择“粗细”选项；❸在弹出的子列表中选择线条粗细，如选择“0.5 磅”选项，如下图所示。

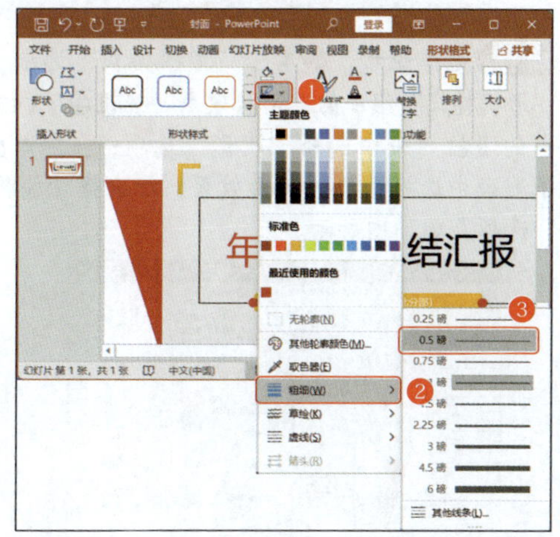

温馨提示

在“形状轮廓”下拉列表的“粗细”子列表中选择“其他线条”选项，可以打开“设置形状格式”任务窗格，在其中可以对形状轮廓进行更详细的设置。

160 形状效果：增强形状的外观

实用指数 ★★★★☆

>>> 使用说明

为了增强形状的视觉吸引力和立体感，PowerPoint 2021 提供了丰富的效果选项，如阴影、映像、发光、柔化边缘、棱台及三维旋转等。这些效果不仅易于应用，而且能够迅速提升形状的表现力，让演示内容更加生动和引人入胜。

>>> 解决方法

继续上例操作，为形状添加阴影和三维旋转效果，具体操作方法如下。

第 1 步 选择幻灯片中红色的矩形，❶单击“形状格式”选项卡下“形状样式”组中的“形状效果”按钮；❷在弹出的下拉列表中选择“三维旋转”选项；❸在弹出的子列表中选择需要的三维旋转效果，如选择“离 1：右”选项，如下图所示。

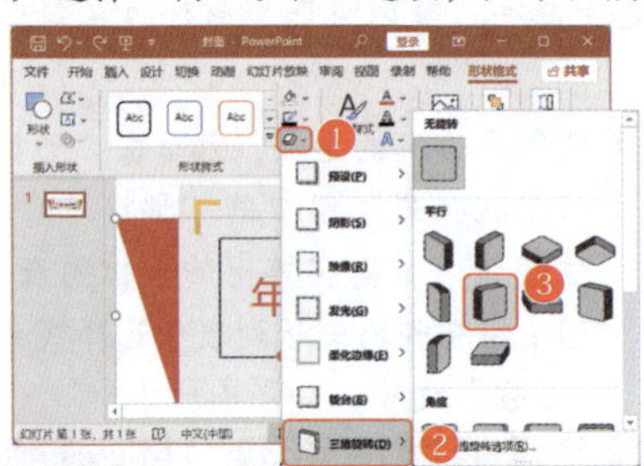

第 2 步 选择矩形，❶单击“形状格式”选项卡下“形状样式”组中的“形状效果”按钮；❷在弹出的下拉列表中选择“阴影”选项；❸在弹出的子列表中选择需要的阴影效果，如选择“偏移：中”选项，如下图所示。

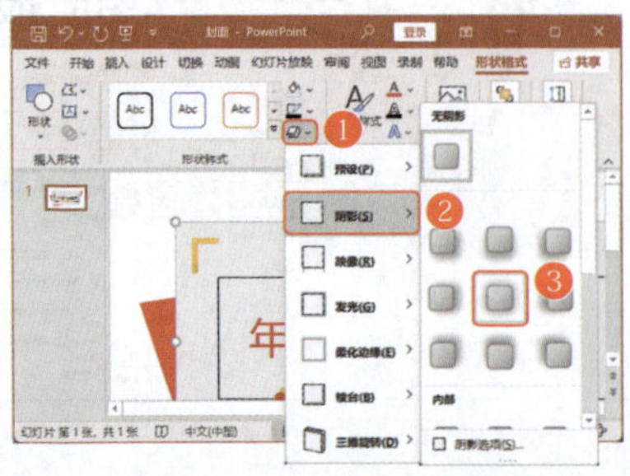

第 3 步 在幻灯片中可以查看为矩形设置的阴影效果，如下图所示。

161 图片填充：为形状赋予全新外观

实用指数 ★★★★☆

>>> 使用说明

使用图片填充形状，不仅能够让图片以各类独特的外形呈现，更能赋予形状一种别具一格的填充效果，使原本平凡无奇的形状瞬间焕发出令人惊艳的视觉效果，为幻灯片增添无穷魅力。

>>> 解决方法

例如，在幻灯片中使用联机图片来填充形状，具体操作方法如下。

第 1 步 选择幻灯片中的形状，❶单击“形状格式”选项卡下“形状样式”组中的“形状填充”按钮右侧的下拉按钮；❷在弹出的下拉列表中选择“图片”选项，如下图所示。

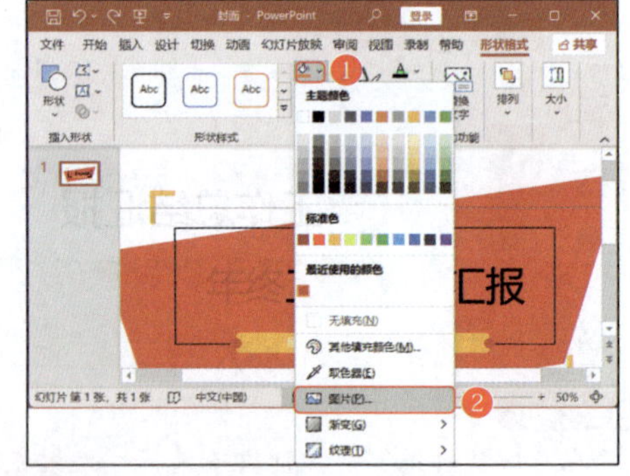

第 2 步 打开“插入图片”对话框，选择“联机图片”选项，如下图所示。

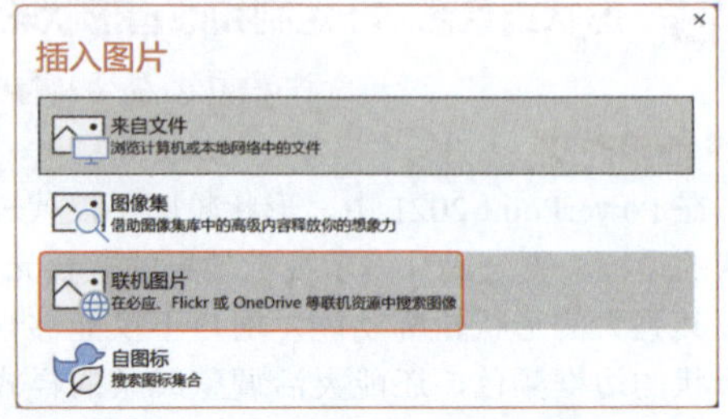

第 3 步 打开“联机图片”对话框，在下面的图片分类中选择“背景”选项，如下图所示。

第 4 步 显示出“背景”分类下的所有图片，❶选择需要的图片；❷单击“插入”按钮，如下图所示。

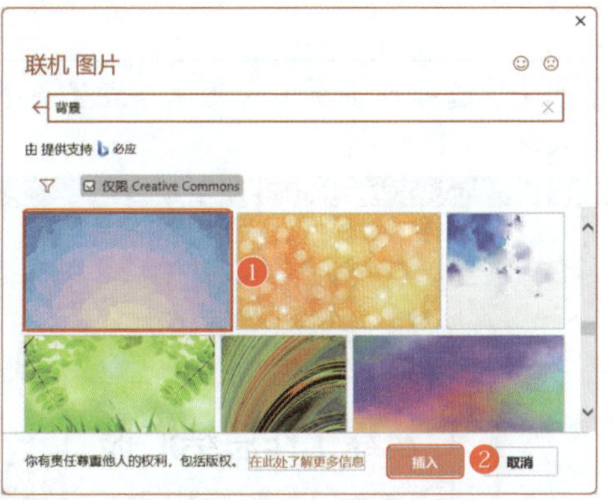

第 5 步 开始下载，下载完成后即可将图片填充到形状中，效果如下图所示。

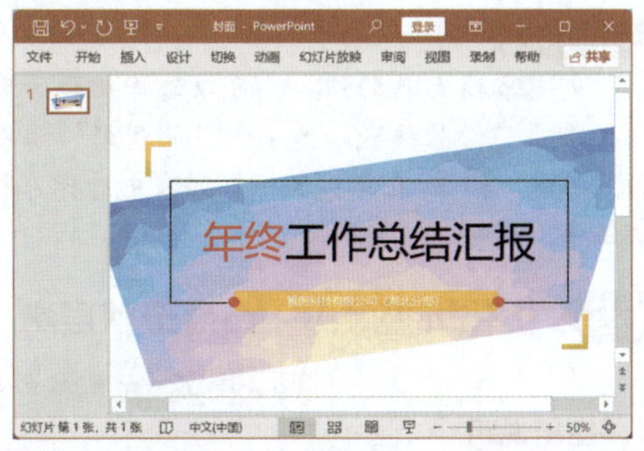

162 色彩渐变魅力：让形状更具吸引力

实用指数 ★★★★★

>>> 使用说明

当发现纯色填充的形状在视觉效果上略显单调、缺乏吸引力时，不妨尝试运用渐变色的填充效果来丰富和提升形状的表现力，为形状带来层次感和动态美。

>>> 解决方法

例如，使用渐变色填充幻灯片中的形状，具体操作方法如下。

第 1 步 选择幻灯片中的形状，❶单击“形状格式”选项卡下“形状样式”组中的“形状填充”按钮右侧的下拉按钮 ⌄；❷在弹出的下拉列表中选择“渐变”选项；❸在弹出的子列表中显示了根据形状填充色提供的渐变配色方案，选择需要的配色方案，如下图所示。

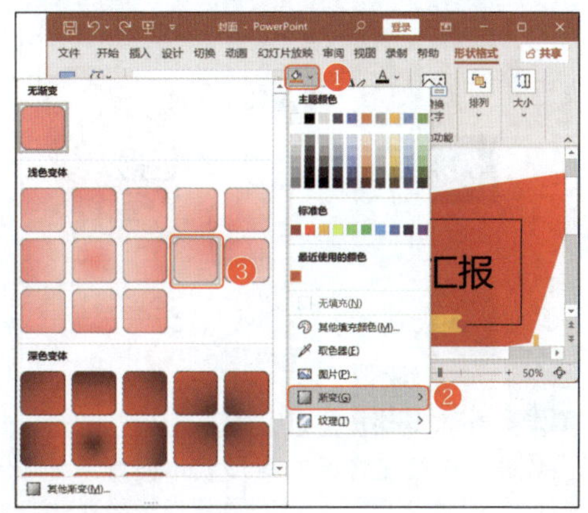

温馨提示

若对提供的渐变配色方案不满意可以在“设置形状格式”任务窗格中根据需要设置渐变效果。

第 2 步 为形状填充选择的渐变效果如下图所示。

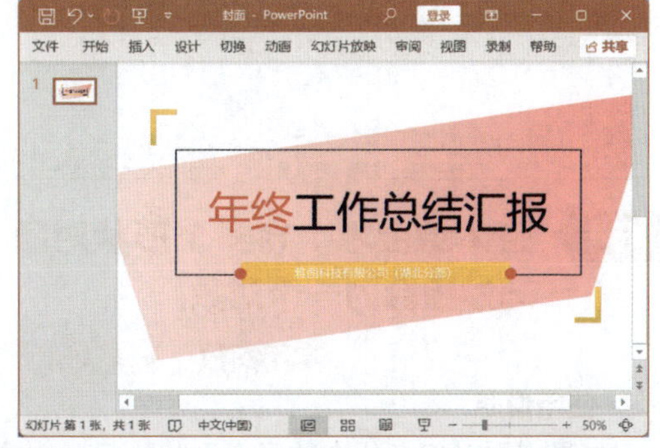

163 纹理填充：增加形状的质感

实用指数 ★★★★★

>>> 使用说明

巧妙地利用纹理填充不仅能够显著提升其视

觉吸引力，更能为形状赋予丰富的质感和层次感。

>>> **解决方法**

例如，使用纹理填充幻灯片中的形状，具体操作方法如下。

第 1 步 选择幻灯片中的形状，❶单击“形状格式”选项卡下“形状样式”组中的“形状填充”按钮右侧的下拉按钮 ⌄；❷在弹出的下拉列表中选择“纹理”选项；❸在弹出的子列表中选择需要的纹理，如下图所示。

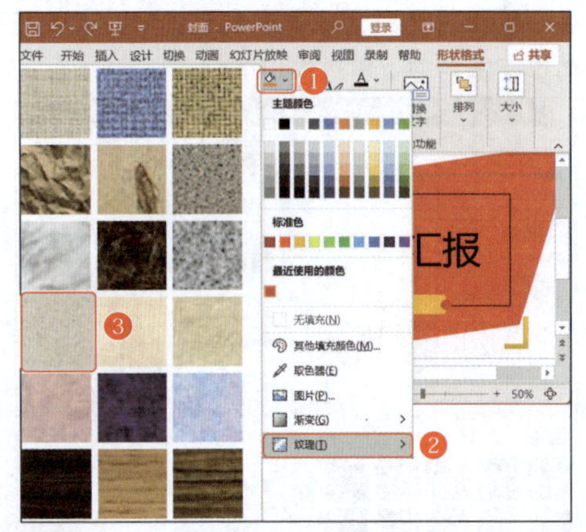

第 2 步 所选纹理将填充到形状中，效果如下图所示。

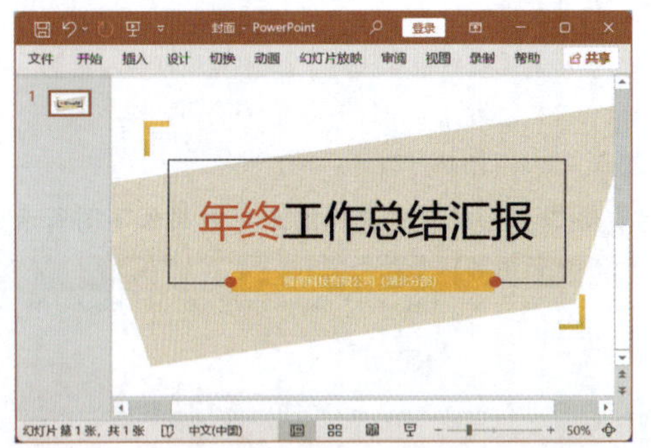

164 整体组合术：将多个形状对象巧妙组合为一个对象

实用指数 ★★★☆☆

>>> **使用说明**

如果需要对幻灯片中的多个形状执行一致的编辑或操作，则可以利用组合功能将它们组合成一个整体。这样不仅简化了工作流程，还确保了多个形状在移动、调整大小或应用样式时能够保持协调一致，从而大大提高了幻灯片的制作效率。

>>> **解决方法**

例如，将幻灯片中的多个形状组合成一个对象，具体操作方法如下。

第 1 步 按住 Ctrl 键选择幻灯片中需要组合的多个对象，❶单击“形状格式”选项卡下“排列”组中的“组合”按钮；❷在弹出的下拉列表中选择“组合”选项，如下图所示。

第 2 步 所选择的多个形状便组合成了一个整体，效果如下图所示。

知识拓展

若想取消形状的组合，可以选择组合的形状，单击“形状格式”选项卡下“排列”组中的“组合”按钮，在弹出的下拉列表中选择“取消组合”选项。

165 优化堆叠顺序，凸显形状层次

实用指数 ★★★★★

>>> **使用说明**

在设计幻灯片或布局页面时，形状之间的堆叠顺序是影响其视觉层次和整体美感的关键因素。为了创造出更加清晰、专业的视觉效果，有必要精心优化这些堆叠顺序，确保每个形状都能在恰当的层级上展现出其独特的作用，从而使幻灯片整体更加和谐。

>>> 解决方法

在幻灯片中调整形状堆叠顺序的具体操作方法如下。

第 1 步 在幻灯片中选择需要调整堆叠顺序的形状，❶单击“形状格式”选项卡下“排列”组中的“下移一层”按钮下方的下拉按钮 ⌄；❷在弹出的下拉列表中选择“置于底层”选项，如下图所示。

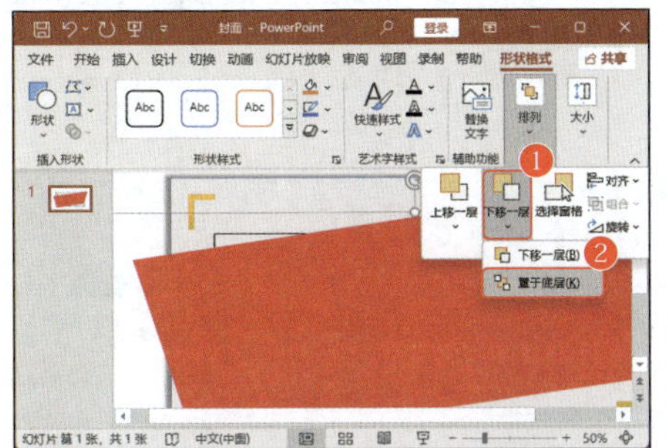

第 2 步 所选形状将置于幻灯片最底层，❶选择圆角矩形形状，❷单击“形状格式”选项卡下“排列”组中的“上移一层”按钮，如下图所示。

第 3 步 圆角矩形将上移一层，效果如下图所示。

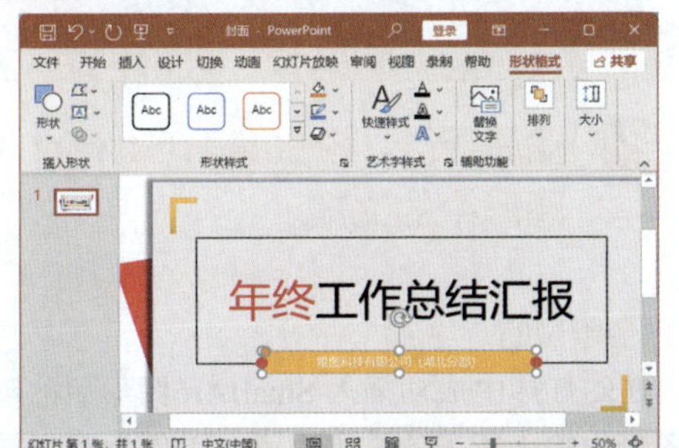

166 另存为图片，避免形状效果变动

实用指数 ★★★☆☆

>>> 使用说明

为了确保经过精心设置的形状效果能够持久保持，避免在后续编辑或使用过程中发生意外变动，可以在形状制作完成后将其另存为图片格式，这样就可以确保形状效果的稳定性和一致性，让形状始终保持设置的视觉效果。

>>> 解决方法

将形状另存为图片的具体操作方法如下。

第 1 步 选择幻灯片中的所有形状并右击，在弹出的快捷菜单中选择“另存为图片”命令，如下图所示。

第 2 步 ❶打开“另存为图片”对话框，在地址栏中选择保存的位置；❷在“文件名”文本框中输入保存的名称；❸在“保存类型”下拉列表中选择保存格式；❹单击“保存”按钮，如下图所示。

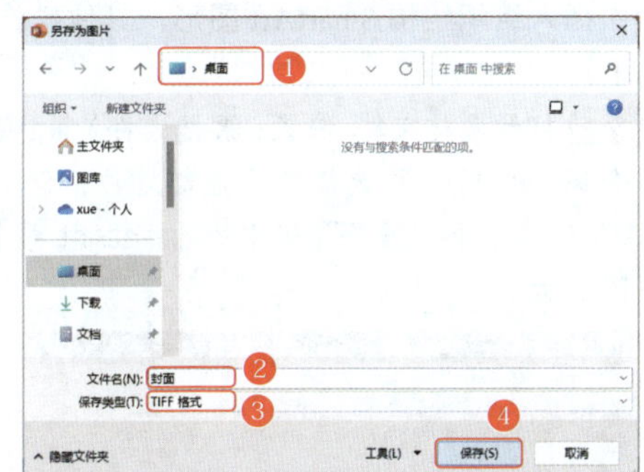

第 3 步 所选形状将保存为图片。此时，可将幻灯片中的形状删除，将保存的图片插入幻灯片中，效果如下图所示。

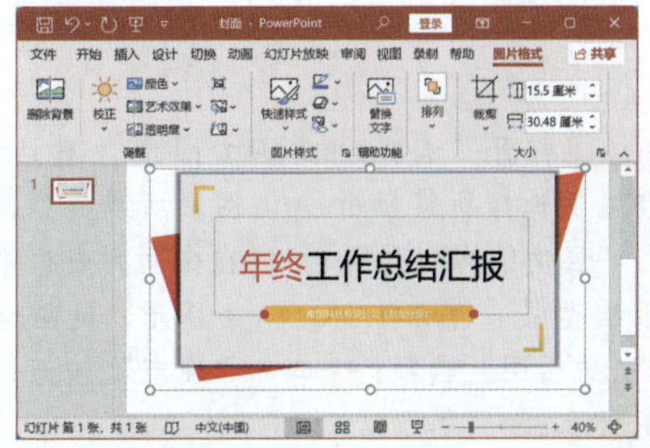

9.2 SmartArt 图形的使用技巧

扫一扫 看视频

在 PowerPoint 2021 中，利用 SmartArt 图形能够更为迅速和直观地构建出各种常见的层级关系、附属关系、并列关系及循环关系等，不仅文字内容得以图示化，而且整个信息的传达和呈现过程也变得更加简洁和高效。

167 快速构建图示：插入 SmartArt 图形

实用指数 ★★★★★

>>> 使用说明

SmartArt 图形库丰富多样，涵盖了列表、流程、循环、层次结构、关系、矩阵等多种类型，使用户能够根据具体需求选择最合适的图形，从而以直观图示的方式有效呈现幻灯片中的文字内容，增强信息的传达效果。

>>> 解决方法

例如，在“公司介绍”演示文稿的第 3 张幻灯片中插入组织结构 SmartArt 图形，具体操作方法如下。

第 1 步 打开素材文件(位置：素材文件\第9章\公司介绍.pptx)，❶选择第 3 张幻灯片；❷单击“插入”选项卡下“插图”组中的 SmartArt 按钮，如下图所示。

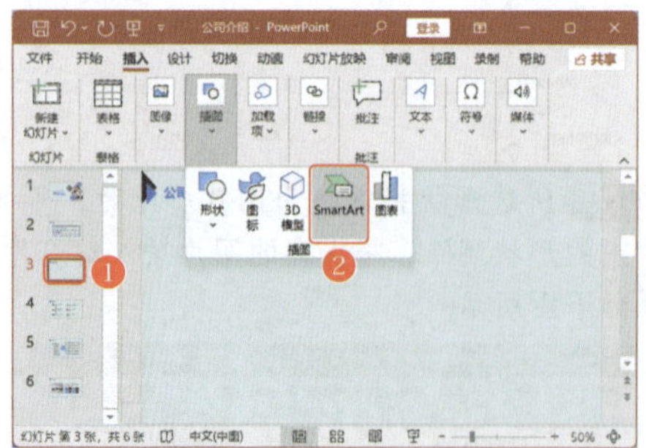

第 2 步 打开“选择 SmartArt 图形”对话框，❶在左侧选择所需 SmartArt 图形所属类型，如单击“层次结构”选项卡；❷在中间列表框中将显示该类型下的所有 SmartArt 图形，这里选择“组织结构图”选项；❸单击“确定”按钮，如下图所示。

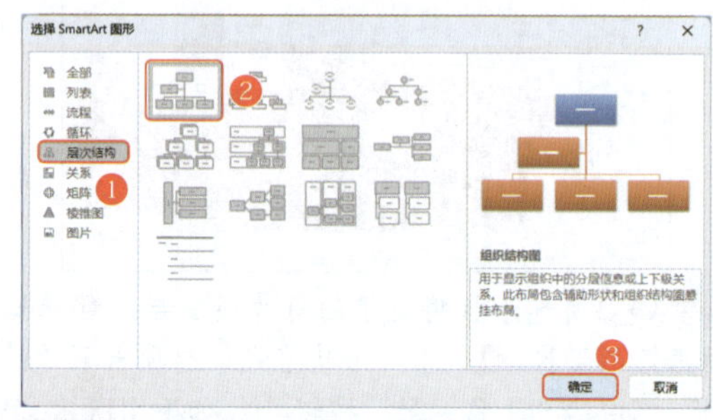

第 3 步 返回幻灯片编辑区，即可看到插入的 SmartArt 图形，效果如下图所示。

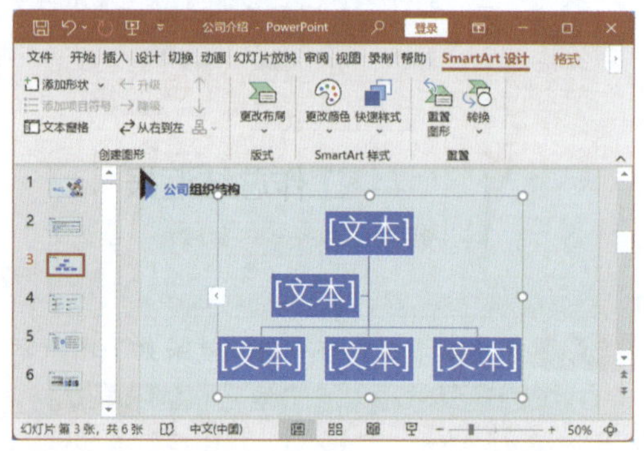

168 信息智录：轻松编辑 SmartArt 图形中的文本

实用指数 ★★★★☆

>>> 使用说明

在幻灯片中成功插入 SmartArt 图形后，需要向图形中输入所需的文本内容，以便为观众提供清晰明了的说明和解释。

>>> 解决方法

例如，继续上例操作，在插入的 SmartArt 图形中输入需要的文本，具体操作方法如下。

选择 SmartArt 图形，❶单击“SmartArt 设

计”选项卡下“创建图形”组中的“文本窗格”按钮；❷打开“在此处键入文字”对话框，在项目符号中分别输入需要的内容，则会自动添加到SmartArt图形对应的形状中，如下图所示。

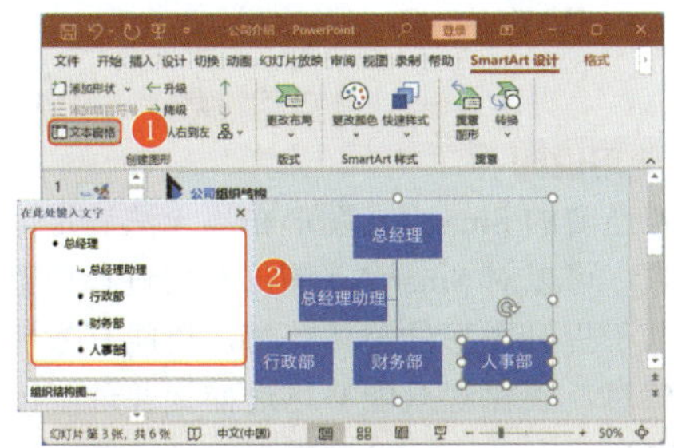

温馨提示

若单击SmartArt图形左侧边框线中部的 › 图标，则可以快速展开或折叠“在此处键入文字”对话框。

169 形状管理：轻松添加SmartArt图形中的形状

实用指数 ★★★★★

>>> 使用说明

对于SmartArt图形，虽然每种类型都预设了特定的形状，但当预设形状数量不符合当前文本信息的要求时，用户可以灵活地添加或删除形状，以确保图形与文本内容完美匹配。

>>> 解决方法

例如，继续上例操作，在SmartArt图形中添加需要的形状，具体操作方法如下。

第 1 步 ❶选择“总经理”形状；❷单击“SmartArt设计”选项卡下“创建图形”组中的“添加形状”下拉按钮 ⌄；❸在弹出的下拉列表中选择形状添加的位置，如选择“在上方添加形状”选项，如下图所示。

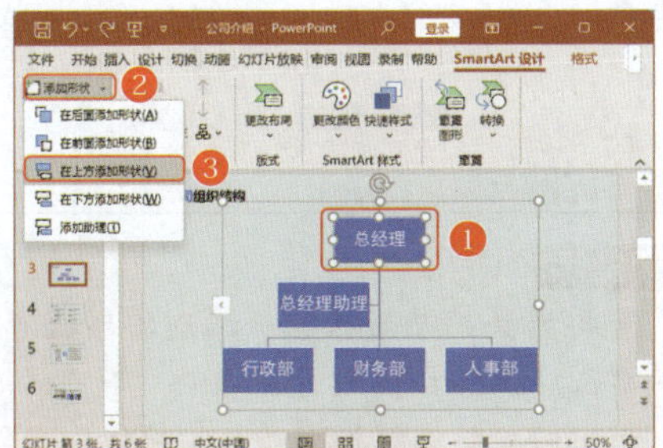

第 2 步 在所选形状上方添加一个高一级别的形状，输入“董事长”文本。❶选择“行政部”形状；❷单击“SmartArt设计”选项卡下“创建图形”组中的“添加形状”下拉按钮 ⌄；❸在弹出的下拉列表中选择“在下方添加形状”选项，如下图所示。

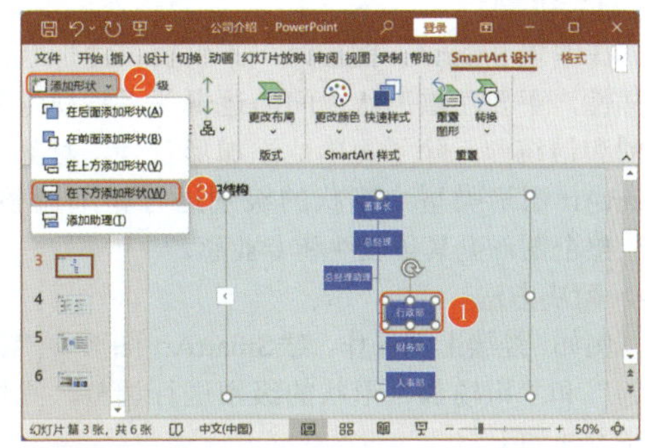

第 3 步 在所选形状下方添加一个低一级别的形状，输入“销售部”文本。❶选择“销售部”形状；❷单击“SmartArt设计”选项卡下“创建图形”组中的“添加形状”下拉按钮 ⌄；❸在弹出的下拉列表中选择“在后面添加形状”选项，如下图所示。

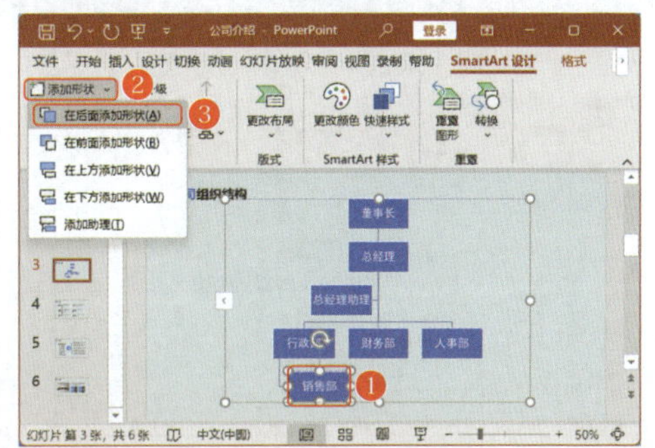

第 4 步 在所选形状后面添加一个同级别的形状，输入“市场部”文本，效果如下图所示。

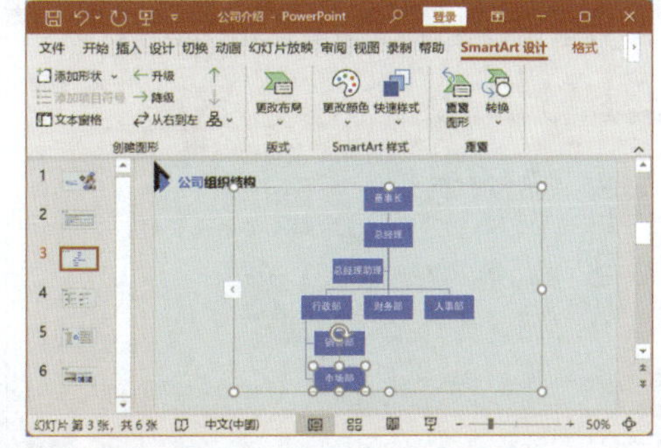

温馨提示

在SmartArt图形中选择多余的形状，按Delete键可以删除。

170 层级调整：快速更改 SmartArt 图形中形状的级别

实用指数 ★★★★★

>>> 使用说明

在编辑 SmartArt 图形时，不仅要关注形状的多样性，更要注重形状之间的逻辑关系与视觉效果的和谐统一。除了简单地添加形状外，对部分 SmartArt 图形类型中形状的级别进行精细调整，能让整个图形更具条理性和专业感。

>>> 解决方法

例如，继续上例操作，对 SmartArt 图形中“销售部”和“市场部”形状的级别进行调整，具体操作方法如下。

第 1 步 ❶按住 Ctrl 键选择 SmartArt 图形“销售部”和“市场部”形状；❷单击“SmartArt 设计”选项卡下“创建图形”组中的“升级”按钮，如下图所示。

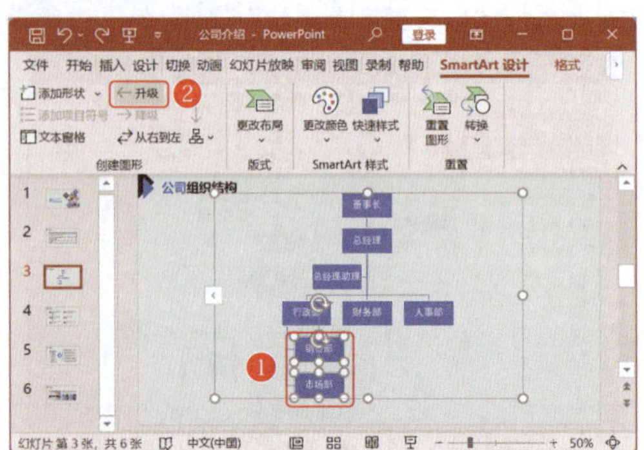

第 2 步 选择的形状级别将提升一级，效果如下图所示。

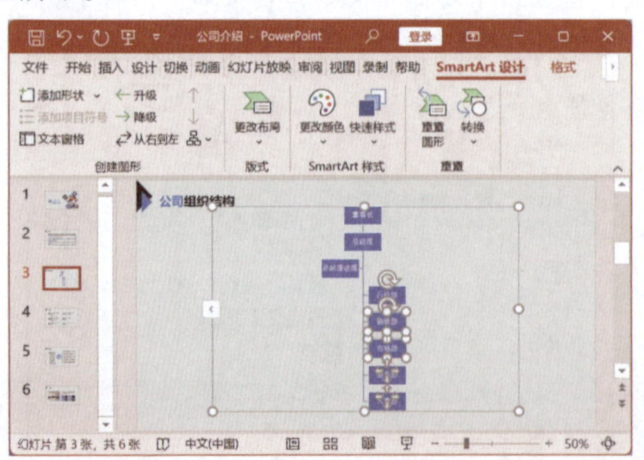

温馨提示

单击“SmartArt 设计”选项卡下“创建图形”组中的“降级”按钮，或在“在此处键入文字”对话框中定位鼠标光标，按 Tab 键可以降低文本所在形状的级别。

171 布局调整：优化 SmartArt 图形布局

实用指数 ★★★★★

>>> 使用说明

若当前的 SmartArt 图形布局无法满足信息传达需求，可以对 SmartArt 图形布局进行调整，不仅有助于提升图形的整体美感，更能有效地突出关键信息，确保观众能够迅速捕捉并理解图形的核心内容。

>>> 解决方法

例如，继续上例操作，对 SmartArt 图形的布局进行调整，具体操作方法如下。

第 1 步 选择 SmartArt 图形，❶单击“SmartArt 设计”选项卡下“版式”组中的“更改布局”按钮；❷在弹出的下拉列表中选择需要的版式，如选择“姓名和职务组织结构图”选项，如下图所示。

第 2 步 所选 SmartArt 图形将更改为选择的 SmartArt 图形布局，效果如下图所示。

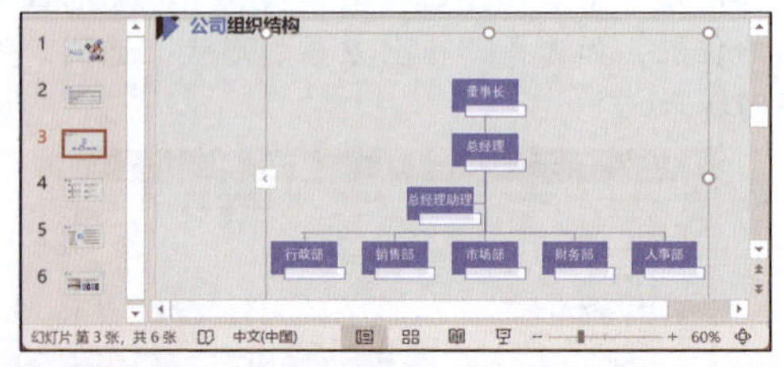

温馨提示

若要调整某个形状下一级别的形状布局，可以单击“SmartArt 设计”选项卡下“创建图形”组中的“组织结构图布局”按钮，在弹出的下拉列表中选择需要的布局选项。

172 样式应用：一键美化 SmartArt 图形

实用指数 ★★★★★

>>> 使用说明

PowerPoint 2021 中提供了丰富的 SmartArt 样式，通过一键应用这些样式，能够迅速提升 SmartArt 图形的视觉吸引力，轻松实现专业级别的演示效果。

>>> 解决方法

例如，继续上例操作，为 SmartArt 图形应用内置的样式，具体操作方法如下。

第 1 步 ❶选择幻灯片中的 SmartArt 图形；❷单击“SmartArt 设计”选项卡下“SmartArt 样式”组中的“快速样式”按钮；❸在弹出的下拉列表中选择需要的 SmartArt 样式，如选择“强烈效果”选项，如下图所示。

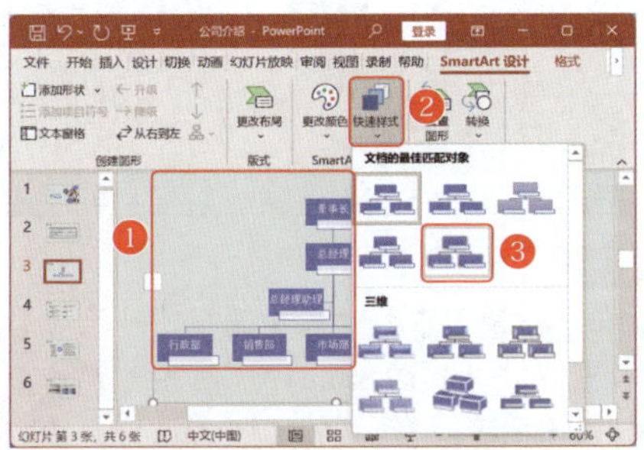

第 2 步 可以看到为 SmartArt 图形应用所选 SmartArt 样式后的效果，如下图所示。

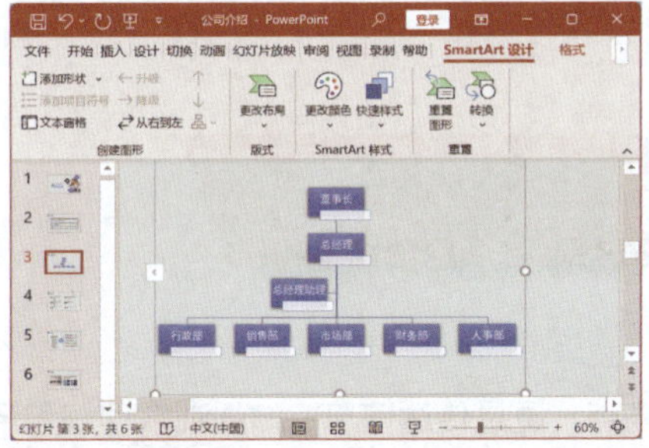

173 一键焕彩：快速调整 SmartArt 图形颜色

实用指数 ★★★★★

>>> 使用说明

除了应用多样化的 SmartArt 图形样式，用户还能轻松地对 SmartArt 图形的颜色进行一键式更改，迅速调整图形的视觉风格，以满足不同的演示需求。

>>> 解决方法

例如，继续上例操作，对 SmartArt 图形颜色进行相应的更改，具体操作方法如下。

选择幻灯片中的 SmartArt 图形，❶单击“SmartArt 设计”选项卡下“SmartArt 样式”组中的“更改颜色”按钮；❷在弹出的下拉列表中选择需要的颜色，如选择“深色 2 填充”选项，将其应用于 SmartArt 图形，如下图所示。

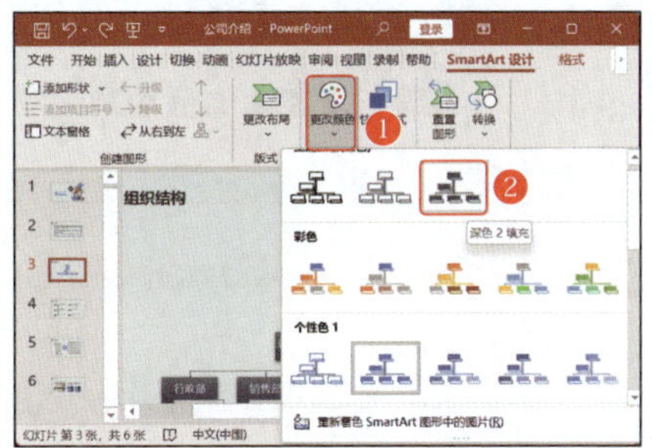

174 文本转图形：轻松创建 SmartArt 视觉展示

实用指数 ★★★★★

>>> 使用说明

当幻灯片中包含结构清晰的文本内容时，为了更有效地呈现这些信息，可以先整理文本，使其更具条理性，随后利用 PowerPoint 2021 中提供的转换为 SmartArt 功能，轻松将文本转换为生动直观的 SmartArt 图形，使演示更加引人入胜。

>>> 解决方法

例如，将文本转换为 SmartArt 图形的具体操作方法如下。

第 1 步 选择幻灯片中需要转换为 SmartArt 图形的文本，❶单击“开始”选项卡下“段落”组中的“转换为 SmartArt”按钮；❷在弹出的下拉列表中选择需要的 SmartArt 图形，如选择“组织结构图”选项，如下图所示。

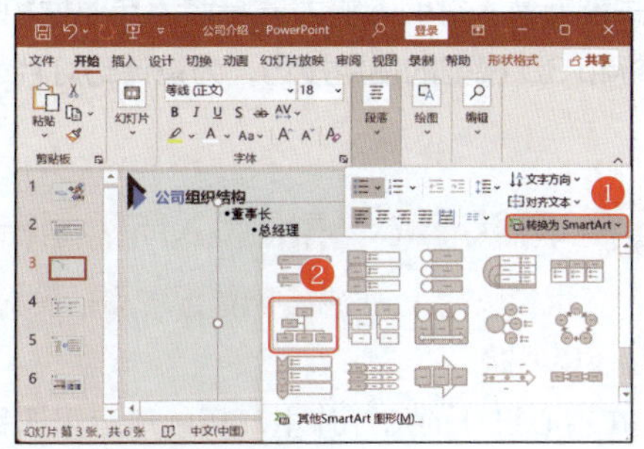

第 2 步 所选文本框中的文本将转换为选择的 SmartArt 图形，效果如下图所示。

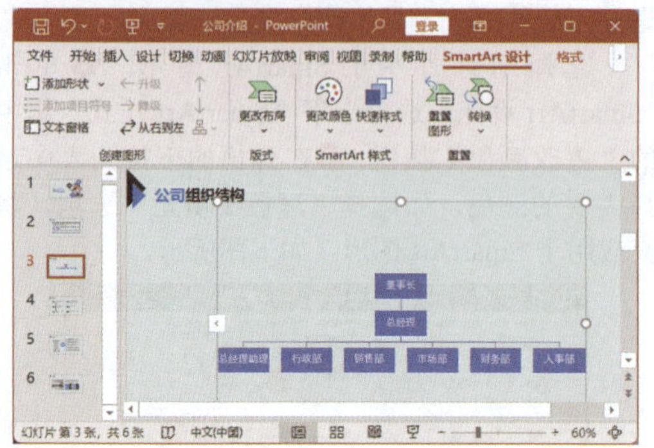

175 图形转文本：SmartArt 内容轻松提取

实用指数 ★★★☆☆

>>> 使用说明

除了可以将文本转换为 SmartArt 图形外，还可以将幻灯片中的 SmartArt 图形转换为文本。

>>> 解决方法

例如，将 SmartArt 图形转换为文本的具体操作方法如下。

第 1 步 ❶选择幻灯片中的 SmartArt 图形；❷单击"SmartArt 设计"选项卡下"重置"组中的"转换"按钮；❸在弹出的下拉列表中选择"转换为文本"选项，如下图所示。

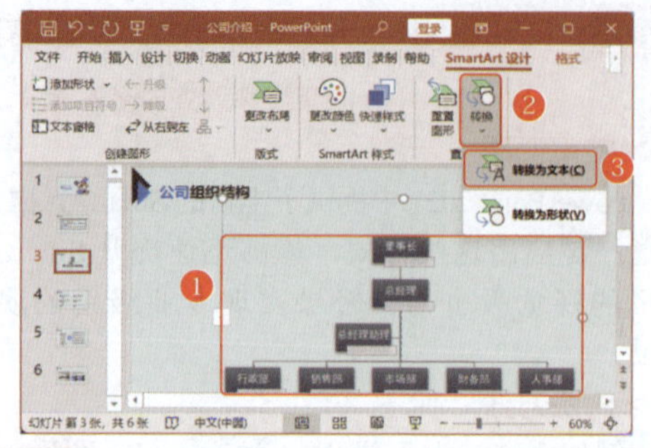

第 2 步 将选择的 SmartArt 图形转换为文本内容，效果如下图所示。

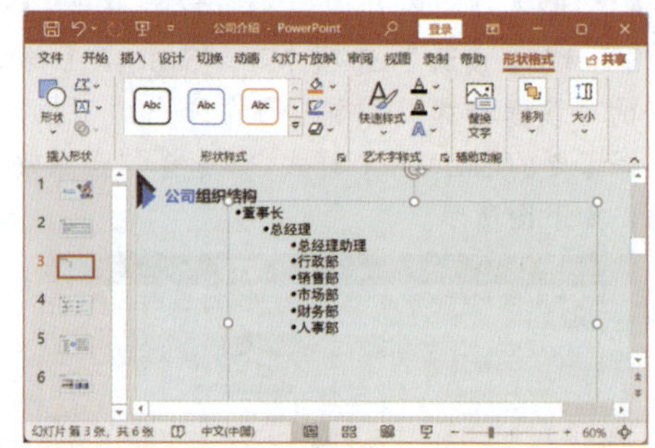

知识拓展

在"转换"下拉列表中选择"转换为形状"选项，可以将选择的 SmartArt 图形转换为形状。转换为形状后，形状外观与 SmartArt 图形外观一致，只是不能对其进行与 SmartArt 图形相关的操作。

9.3 图标和 3D 模型的使用技巧

在设计幻灯片时，图标和 3D 模型不仅是视觉上的亮点，更是传达信息、增强观众理解和记忆的关键元素。它们能够为演示增添专业性和吸引力，使内容更加生动、直观。接下来，将深入讲解图标和 3D 模型的使用技巧，为设计幻灯片增添更多价值。

176 图标速选：精准插入所需图标

实用指数 ★★★★★

>>> 使用说明

在精心设计的幻灯片中，巧妙地运用图标不仅能够精准地传达核心信息，还能够有效地帮助观众迅速把握要点，使演示内容更加直观易懂，进而增强整体演示的吸引力和专业性。

>>> 解决方法

在幻灯片中插入图标的具体操作方法如下。

第 1 步 在幻灯片中单击"插入"选项卡下"插图"组中的"图标"按钮，如下图所示。

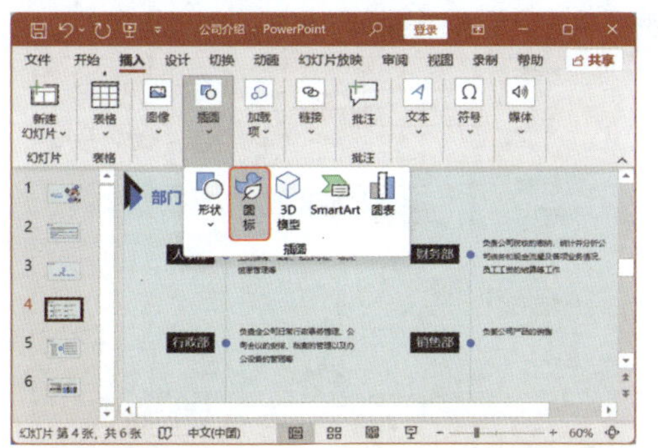

温馨提示

在内容占位符中单击"插入图标"按钮，也可以打开"图像集"对话框。

第 2 步 打开"图像集"对话框，❶在搜索框中输入关键字"人"，按 Enter 键；❷下方显示与人相关的图标，选择需要的图标；❸单击"插入"按钮，如下图所示。

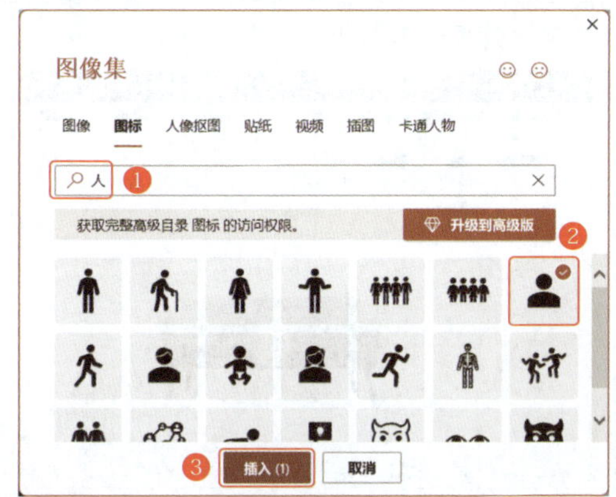

第 3 步 开始下载图标，下载完成后可以插入幻灯片中，效果如下图所示。

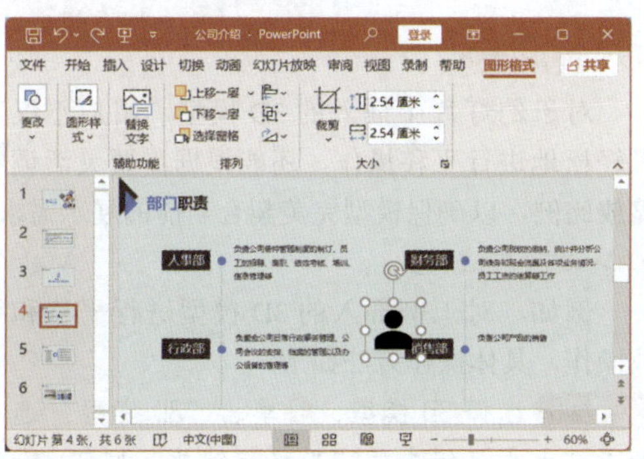

177 图标精编：属性调整更自如

实用指数 ★★★★☆

>>> 使用说明

为了确保图标能够更有效地传达信息并融入整体设计，还需要对图标的位置、大小、图标样式和图形效果等进行细致的调整和优化，进一步提升图标的视觉层次感和动态感，使幻灯片更加生动。

>>> 解决方法

例如，对幻灯片中图标的大小、位置、图形样式和图形效果进行设置，具体操作方法如下。

第 1 步 ❶选择幻灯片中的图标；❷在"图形格式"选项卡下"大小"组中的"高度"数值框中输入"1.5 厘米"，按 Enter 键，将等比例调整图标的大小，如下图所示。

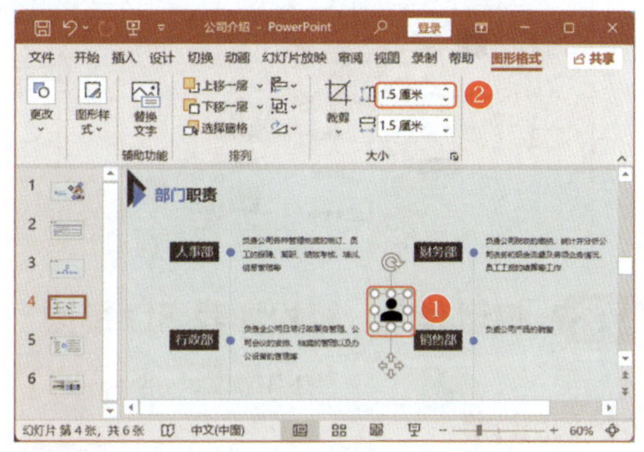

第 2 步 选择图标，按住鼠标左键不放拖动鼠标，将图标拖动到目标位置后释放鼠标，如下图所示。

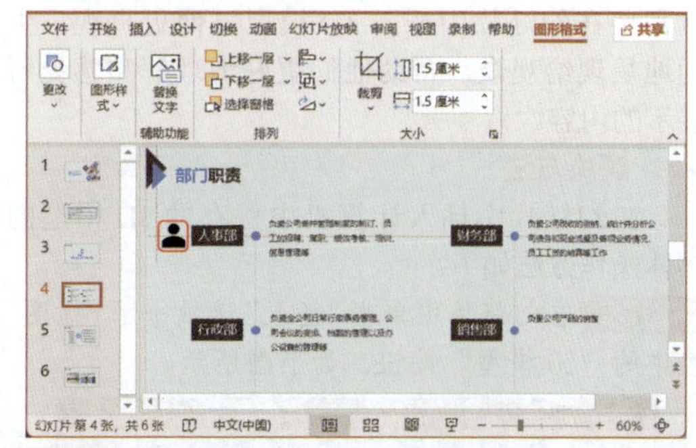

第 3 步 选择图标，单击"图形格式"选项卡下"图形样式"组中的"其他"按钮，在弹出的下拉列表中选择需要的选项，如"彩色填充 - 强调颜色 1、无轮廓"，如下图所示。

第4步 选择图标，❶单击“图形格式”选项卡下“图形样式”组中的“图形效果”按钮；❷在弹出的下拉列表中选择“预设”选项；❸在弹出的子列表中选择“预设2”选项，如下图所示。

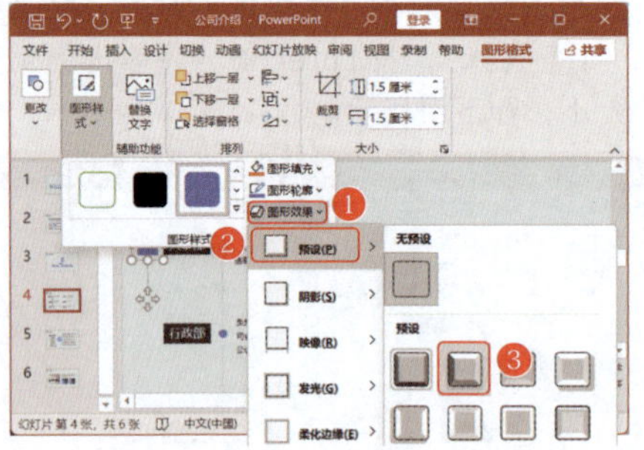

178 模型导入：轻松加载3D模型

实用指数 ★★★☆☆

>>> 使用说明

在制作与产品演示、建筑设计、工业设计、医学教学、科学解释或艺术展示等相关的幻灯片时，当需要从平面的内容过渡到展示3D模型时，就需要在幻灯片中插入3D模型以便更直观、生动地呈现给观众，帮助他们更好地理解和感受所展示的内容。

>>> 解决方法

在幻灯片中插入计算机中保存的3D模型的具体操作方法如下。

第1步 在幻灯片中单击“插入”选项卡下“插图”组中的“3D模型”按钮，如下图所示。

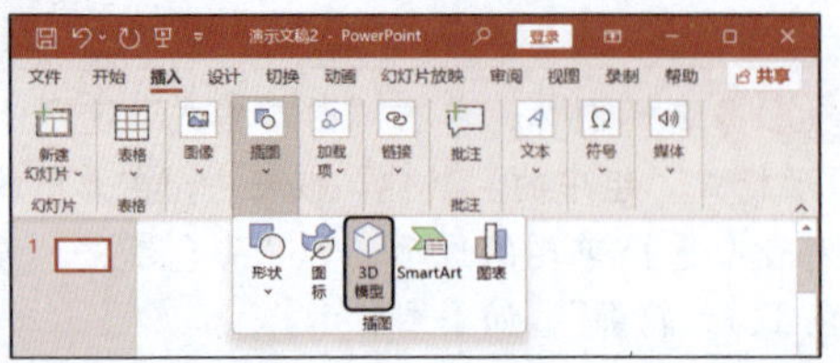

第2步 打开“插入3D模型”对话框，❶在地址栏中选择模型所保存的位置；❷选择需要的3D模型文件；❸单击“插入”按钮，如下图所示。

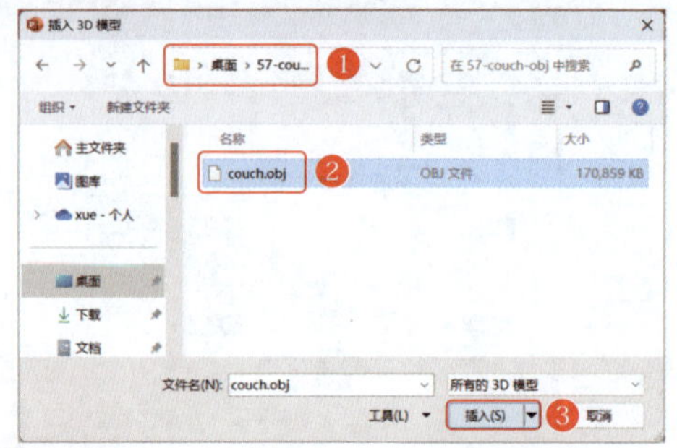

第3步 开始插入3D模型，并在打开的“插入”对话框中显示插入的3D模型种数及进度，如下图所示。

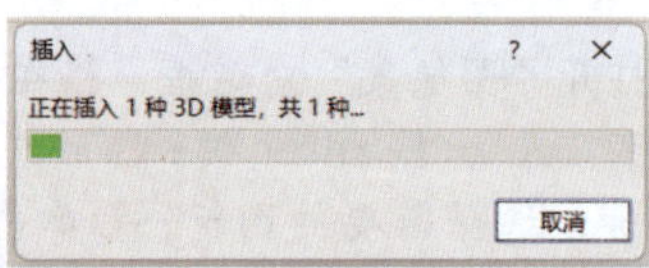

第4步 插入完成后，将在幻灯片中显示插入的3D模型，效果如下图所示。

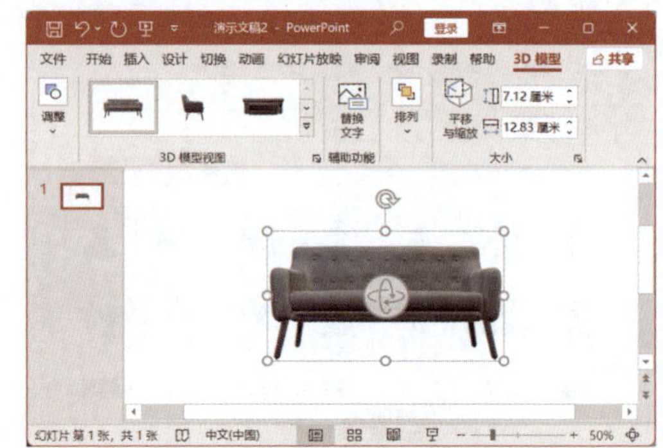

179 平移和缩放：轻松掌控3D模型方向

实用指数 ★★★☆☆

>>> 使用说明

对于幻灯片中插入的3D模型，用户不仅可以轻松地进行平移操作，还能根据需要灵活调整缩放比例，以确保模型完美契合当前的展示需求。

>>> 解决方法

例如，对上例插入的3D模型进行平移和缩放操作，具体操作方法如下。

第1步 选择3D模型，❶单击“3D模型”选项卡下“大小”组中的“平移与缩放”按钮；❷将鼠标光标移动到 3D 模型图标上，按住鼠标左键不放拖动鼠标，可以平移 3D 模型，如下图所示。

第 2 步 将鼠标光标移动到图标上，按住鼠标左键不放向上拖动，可以放大 3D 模型的中心区域，如下图所示。

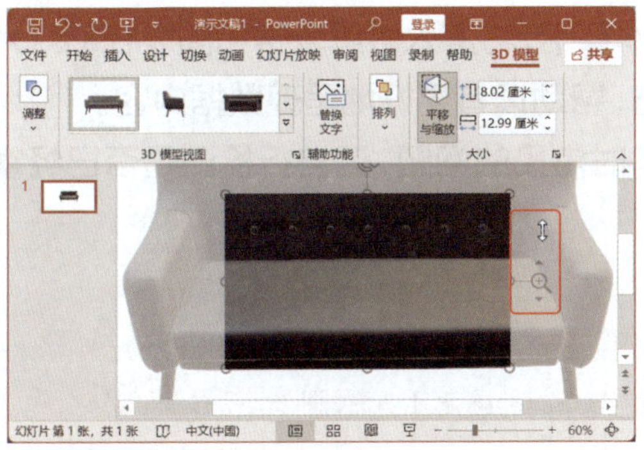

温馨提示

将鼠标光标移动到图标上，按住鼠标左键不放向下拖动，可以缩小 3D 模型。

第 3 步 释放鼠标，3D 模型将只显示缩放的区域，效果如下图所示。

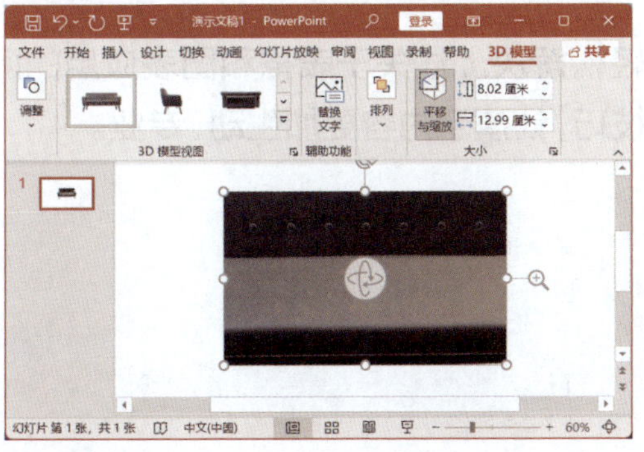

180 3D 模型视图：轻松掌握展示角度

实用指数 ★★★☆☆

>>> 使用说明

在 PowerPoint 2021 中，不仅拥有丰富的编辑和演示功能，还特别引入了多样化的 3D 模型视图样式，应用这些视图样式可以使展示角度的设置变得快速而直观。

>>> 解决方法

为幻灯片中的 3D 模型应用视图样式的具体操作方法如下。

第 1 步 选择 3D 模型，单击“3D 模型”选项卡下“3D 模型视图”组中的“其他”按钮，在弹出的下拉列表中选择需要的视图样式，如下图所示。

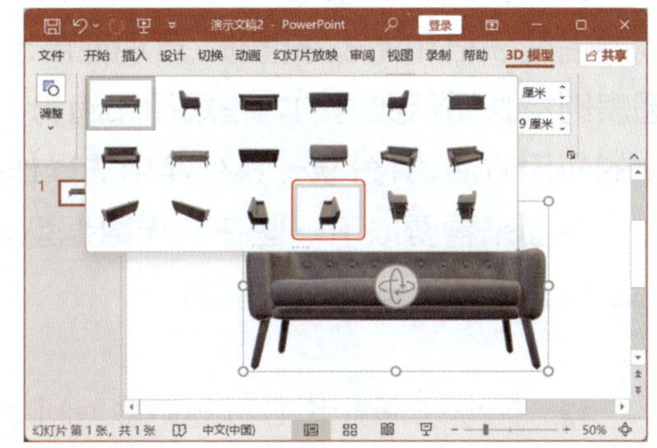

第 2 步 3D 模型将应用所选择的视图模型角度进行展示，效果如下图所示。

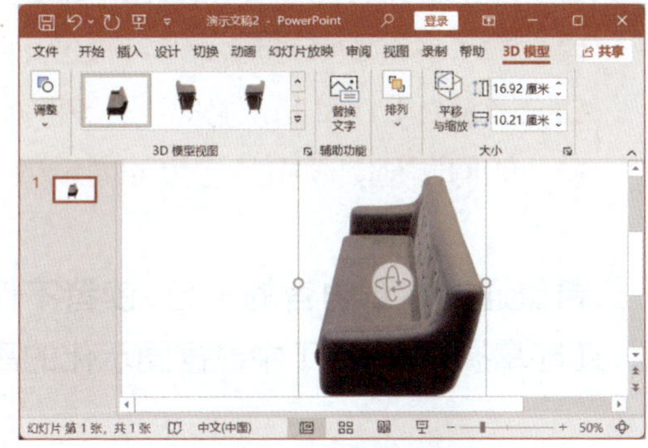

第10章

表格图表数据可视化：PPT表格和图表应用技巧

在制作数据驱动的PPT时，确保数据呈现既准确又引人入胜至关重要。为此，需要借助表格和图表来清晰、直观地展示数据。表格是罗列大量数据的得力工具，而图表则擅长揭示数据的内在规律和趋势。在本章中，将深入讲解表格和图表在幻灯片中的应用方法，并分享一系列实用的操作技巧，帮助读者更好地呈现数据内容。

下面来看看以下一些在制作数据型PPT时常见的问题，请自行检测是否已经掌握或具备处理这些问题的能力。

- PowerPoint 2021支持多种创建表格的方式，如何选择合适的创建方法呢？
- 当需要调整表格的大小时，知道如何在表格中快速插入或删除行或列吗？
- 如何合并幻灯片中的表格单元格？
- 除了基本的数据展示外，你还知道哪些方法可以提升表格的视觉效果？
- PowerPoint 2021提供了多种图表类型，如何根据数据内容选择合适的图表？
- 如何调整图表中各元素的显示效果以突出关键信息？

希望通过本章内容的学习，读者不仅能轻松解决上述关于表格和图表应用的问题，还能掌握更多PPT中数据图示化的高级技巧，让演示内容更加生动、专业。

10.1 表格的使用技巧

扫一扫 看视频

当幻灯片需要承载大量数据时，表格无疑是展示数据的最佳工具，它能确保数据呈现得规范且清晰。在 PowerPoint 2021 中，创建表格的方法多种多样，可以根据具体需求和偏好选择最合适的创建方式。同时，高效使用表格还需要掌握一些实用的技巧。

181 一键拖动，高效创建指定行列数的表格

实用指数 ★★★★★

>>> 使用说明

在幻灯片中，如果要创建的表格行数和列数很规则，而且在 10 列 8 行以内，就可以通过在虚拟表格中拖动鼠标选择行列数的方法来快速创建表格。

>>> 解决方法

使用拖动鼠标选择行列数的方法是最常用的表格创建方法，具体操作方法如下。

第 1 步 ❶在演示文稿中选择需要创建表格的第 4 张幻灯片；❷单击“插入”选项卡下“表格”组中的“表格”按钮；❸在弹出的下拉列表中拖动鼠标选择“6×7 表格”，如下图所示。

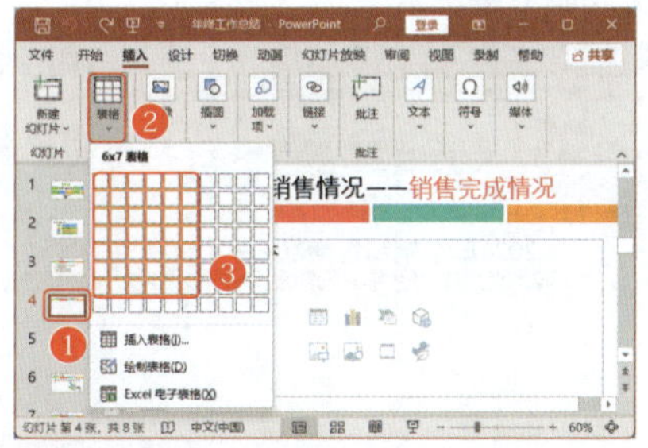

第 2 步 在幻灯片中创建一个 6 列 7 行的表格，效果如下图所示。

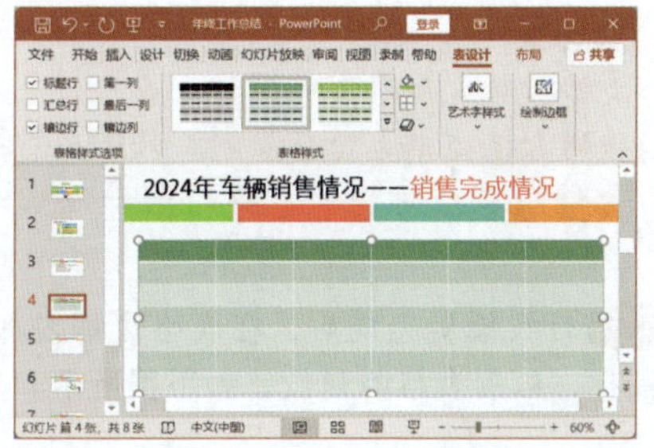

182 精确设定，快速创建行列分明的表格

实用指数 ★★★★★

>>> 使用说明

当需要在幻灯片中插入超过 10 列 8 行的较大表格时，传统的拖动方式可能不再适用。此时，更高效的方法是利用“插入表格”对话框，通过精确设定行列数来快速创建所需的表格。

>>> 解决方法

例如，通过指定行列数的方法在幻灯片中插入 12 行 6 列的表格，具体操作方法如下。

第 1 步 ❶在幻灯片中单击“插入”选项卡下“表格”组中的“表格”按钮；❷在弹出的下拉列表中选择“插入表格”选项，如下图所示。

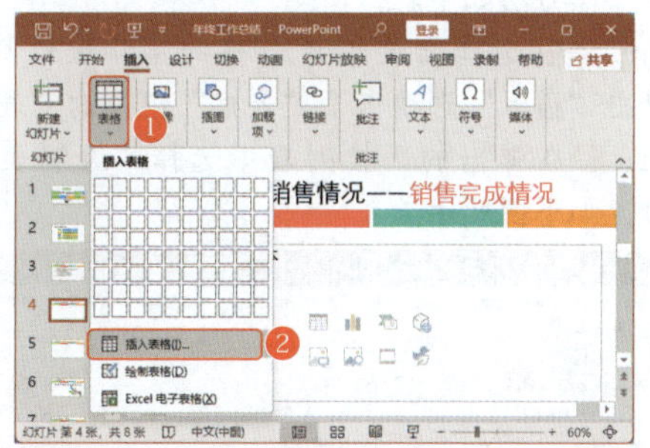

第 2 步 打开“插入表格”对话框，❶在“列数”数值框中输入要插入的列数，这里输入 6；❷在“行数”数值框中输入要插入的行数，这里输入 12；❸单击“确定”按钮，如下图所示。

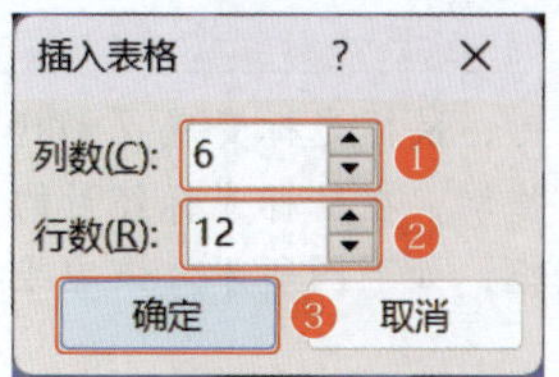

温馨提示

在幻灯片占位符中单击“插入表格”图标，也可以打开“插入表格”对话框。

第 3 步 在幻灯片编辑区可以看到插入的表格，效果如下图所示。

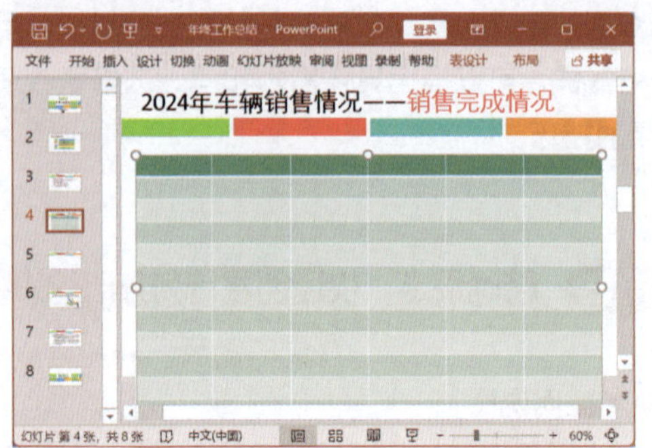

183 手绘定制，灵活绘制所需表格结构

实用指数 ★★★★★

>>> 使用说明

手动绘制表格是利用画笔工具直接在幻灯片中勾勒出表格的边线，可以轻松创建任意行数或列数的表格，特别适用于那些需要打破常规、具有不规则布局的表格设计。

>>> 解决方法

通过手动绘制的方式在幻灯片中制作表格的具体操作方法如下。

第 1 步 ❶选择需要创建表格的第 4 张幻灯片；❷单击“插入”选项卡下“表格”组中的“表格”按钮；❸在弹出的下拉列表中选择“绘制表格”选项，如下图所示。

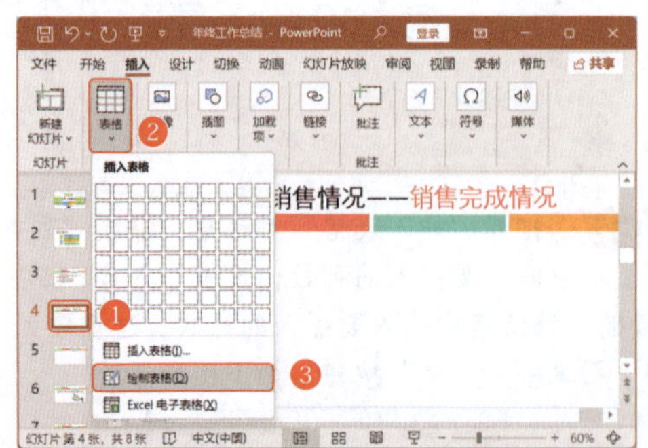

第 2 步 此时，鼠标光标变成✎形状，按住鼠标左键不放并拖动，在鼠标光标经过的位置可以看到一个虚线框，如下图所示。该虚线框是表格的外边框。

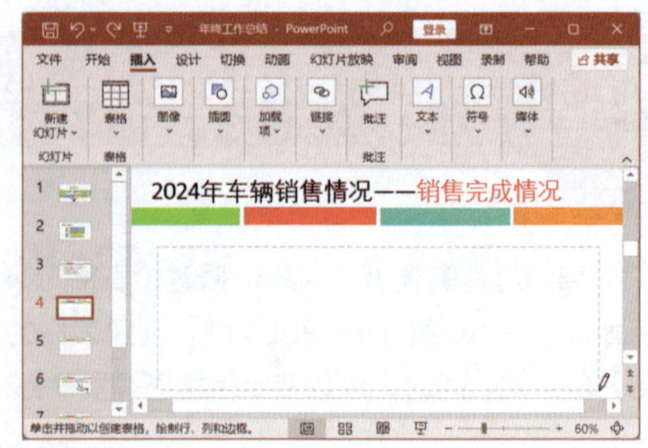

第 3 步 拖动到合适位置后释放鼠标，绘制出表格外框，并且鼠标光标恢复到默认状态。单击“表设计”选项卡下“绘制边框”组中的“绘制表格”按钮，如下图所示。

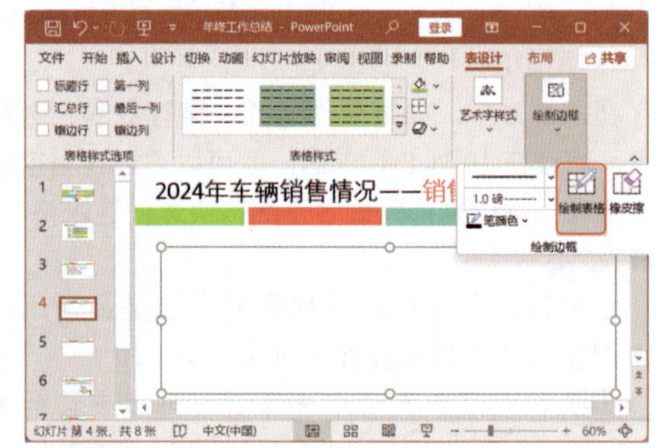

第 4 步 此时，鼠标光标变成✎形状，将鼠标光标移动到表格边框内部，横向拖动鼠标绘制表格的行线，如下图所示。

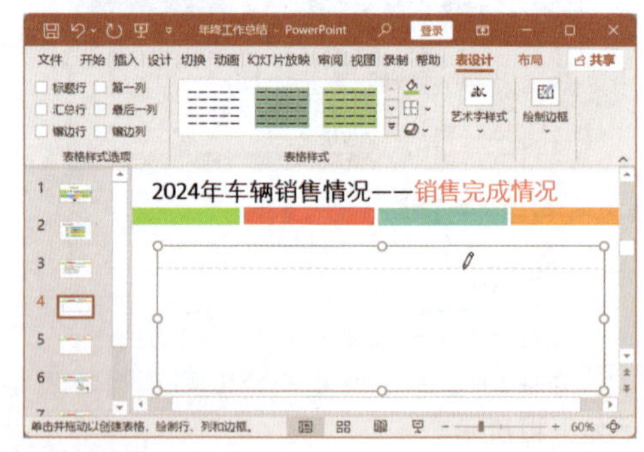

温馨提示

手动绘制表格内部框线时，不能将鼠标光标移动到表格边框上进行绘制，只需在表格边框内部横向或竖向拖动鼠标绘制行线或列线即可。

第 5 步 行线绘制完成后，在表格边框内部竖向拖动鼠标，绘制表格的列线，如下图所示。

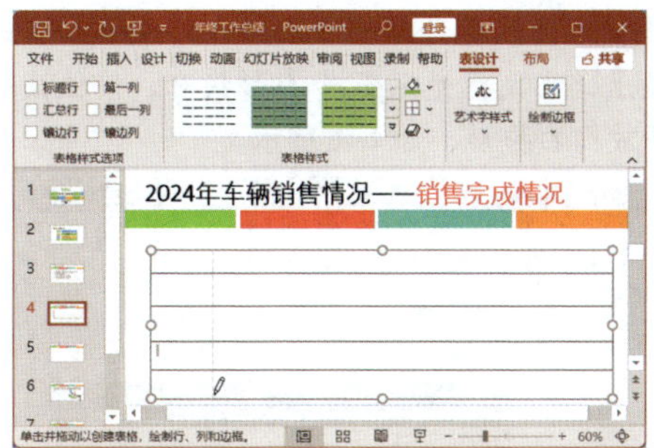

知识拓展

在绘制过程中，如果绘制错误，可以单击“表设计”选项卡下“绘制边框”组中的“橡皮擦”按钮。此时鼠标光标变成⌀形状，将鼠标光标移动到需要擦除的表格边框线上并单击，擦除该边框线。

第 6 步 继续在表格内部向下拖动鼠标绘制其他列线。表格绘制完成后，单击“绘制边框”组中的“绘制表格”按钮，如下图所示，退出表格的绘制状态，使鼠标光标恢复到正常状态。

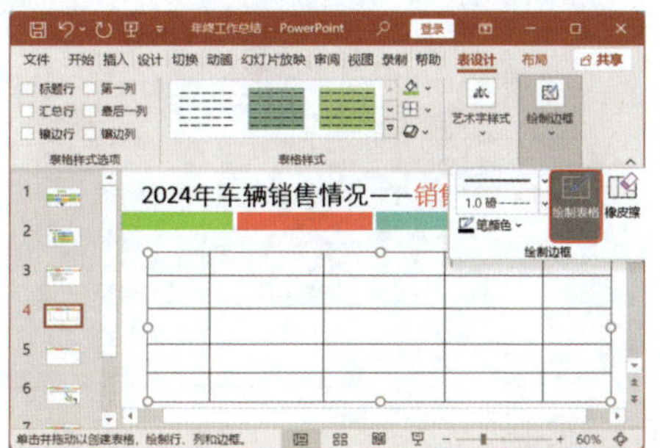

184 轻松增删，灵活调整表格行列布局

实用指数 ★★★★★

>>> 使用说明

在表格的制作过程中，若预设的行数或列数不符合实际需求，用户可以轻松地添加或删除行、列。具体来说，当需要增加表格的容量以容纳更多数据时，用户可以选择在特定位置插入新的行或列；而当表格中存在多余的行或列时，用户同样可以选择将其删除，以保持表格的简洁性和清晰度。

>>> 解决方法

例如，在“年终工作总结”演示文稿中输入表格内容，删除行并添加列，具体操作方法如下。

第 1 步 打开素材文件（位置：素材文件\第 10 章\年终工作总结.pptx），选择第 4 张幻灯片中的表格。将鼠标光标定位到表格第 1 个单元格中，输入“车型”，继续在表格其他单元格中输入数据，如下图所示。

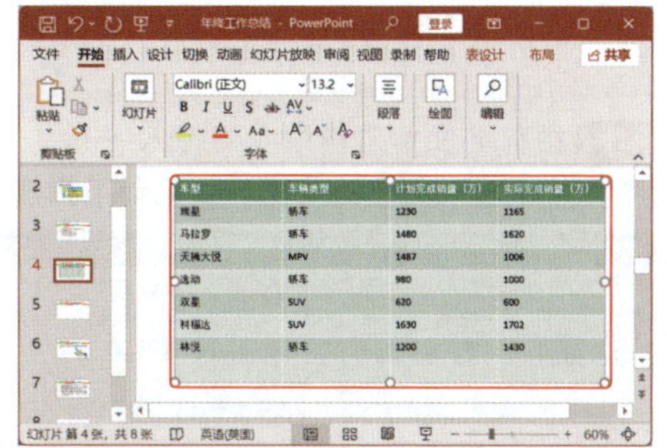

第 2 步 ❶将鼠标光标定位到表格最后一行第 1 个单元格中，按住鼠标左键不放向右拖动至该行最后一个单元格，选择最后一行；❷单击“布局”选项卡下“行和列”组中的“删除”按钮；❸在弹出的下拉列表中选择“删除行”选项，如下图所示。

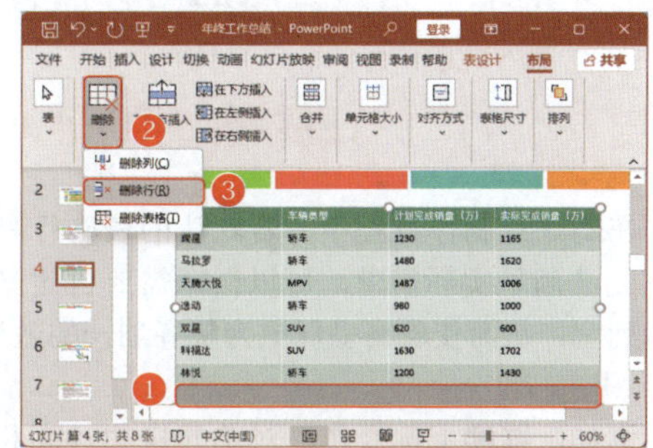

温馨提示

若选择的是多行或多列，则在插入行或列时，会同时插入多行或多列。

第 3 步 ❶将鼠标光标定位到表格最后一列的第 1 个单元格中；❷单击“布局”选项卡下“行和列”组中的“在右侧插入”按钮，如下图所示。

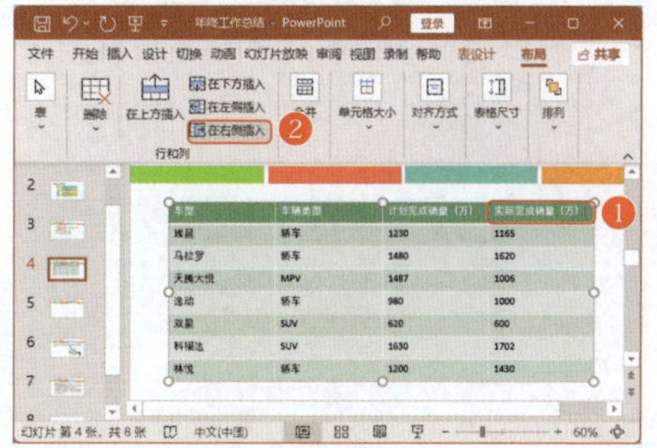

温馨提示

在“行和列”组中单击“在上方插入”或“在下方插入”按钮，可以在所选单元格或所选行上方或下方插入空白行；单击“在左侧插入”按钮，可以在所选单元格或所选列的左侧插入一列。

第4步 在所定位单元格的右侧插入一列，并在该列单元格中输入相应的数据，效果如下图所示。

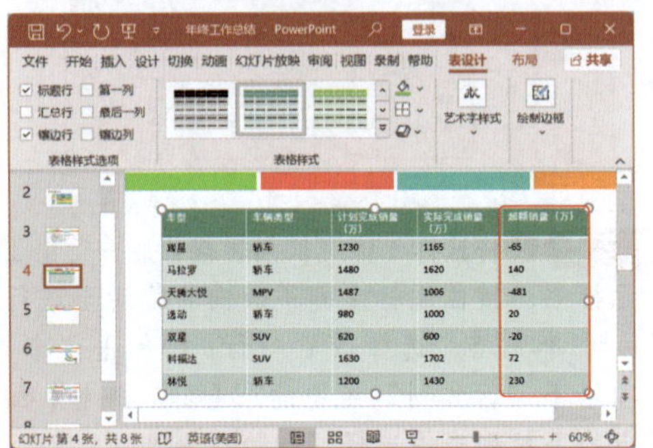

185 精细调整，迅速优化表格行高和列宽

实用指数 ★★★★★

>>> 使用说明

在幻灯片制作过程中，若默认的表格行高和列宽无法满足实际需求，可以根据需要自定义行高和列宽，从而使表格呈现更为整齐划一的效果。

>>> 解决方法

例如，继续上例操作，对单元格的行高和列宽进行调整，使其符合页面排版要求，具体操作方法如下。

第1步 将鼠标光标移动到第2列和第3列的分隔线上，当鼠标光标变成⟛形状时。按住鼠标左键不放向左拖动，如下图所示，拖动到合适位置后释放鼠标，调整第2列的行距。

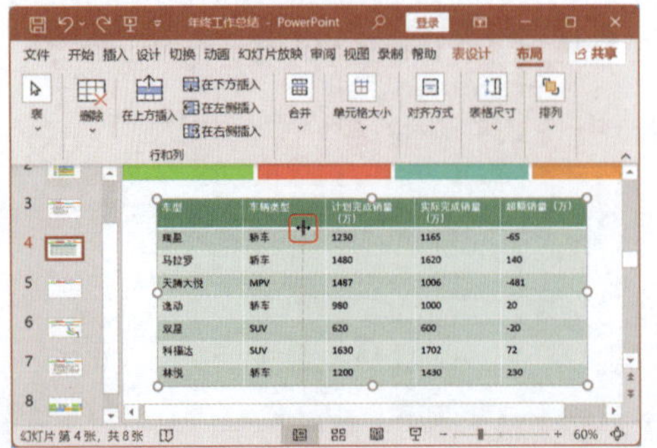

第2步 将鼠标光标移动到第4列和第5列的分隔线上，当鼠标光标变成⟛形状时，按住鼠标左键不放向右拖动，如下图所示。

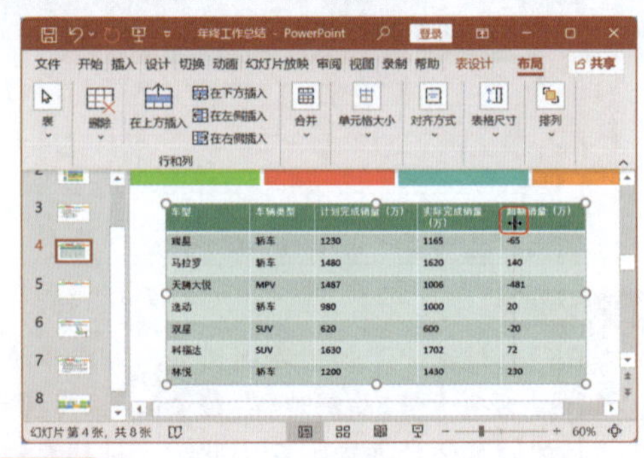

第3步 ❶拖动鼠标选择整个工作表；❷在“布局”选项卡下“单元格大小”组中的“高度”数值框中输入单元格需要的行高值，如输入“1.1厘米”，按Enter键确认，可以将整个表格的单元格行距调整为1.1厘米，如下图所示。

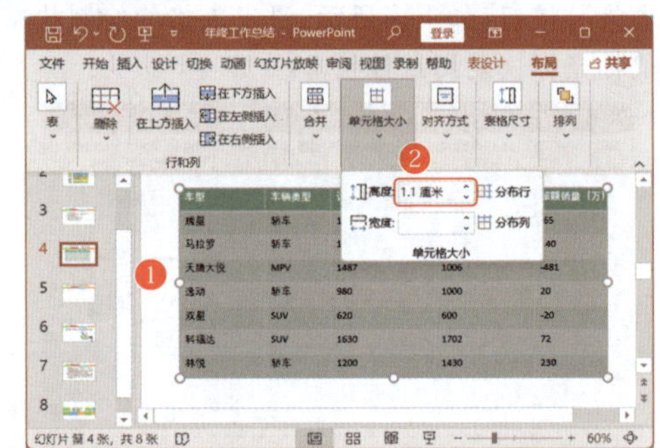

知识拓展

若需要对整个表格的大小进行设置，可以选择表格，将鼠标光标移动到表格4个角上并按住鼠标左键不放进行拖动，同时调整表格行高和列宽；若在表格上下中间的控制点上按住鼠标左键不放进行拖动，只能调整表格高度；若在表格左右中间的控制点上按住鼠标左键不放进行拖动，只能调整表格的宽度。

186 均匀分布，平均分布表格行或列

实用指数 ★★★★★

>>> 使用说明

面对PowerPoint 2021中的表格，若需要确保多行或多列的行高与列宽保持统一，可以借助“分布行”与“分布列”功能迅速调整表格的行间距和列间距，确保整个表格的视觉效果和谐一致，

提升演示的专业度与美观度。

>>> 解决方法

平均分布行或列是指在让表格大小保持不变的基础上对行或列进行平均分布，具体操作方法如下。

第 1 步 ❶选择幻灯片中的表格；❷单击“布局”选项卡下“单元格大小”组中的“分布行”按钮，如下图所示。

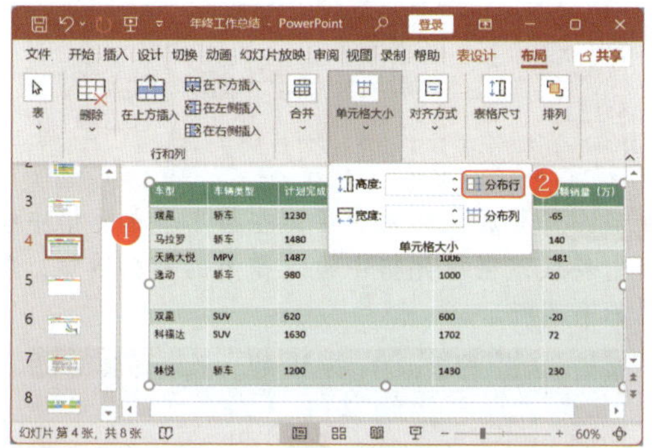

第 2 步 对表格所有单元格的行进行平均分布。保持表格选择状态，单击“单元格大小”组中的“分布列”按钮，如下图所示。

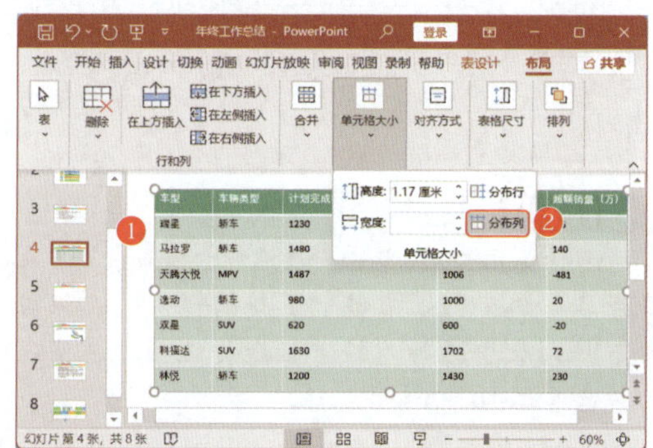

第 3 步 对表格所有单元格的列进行平均分布，效果如下图所示。

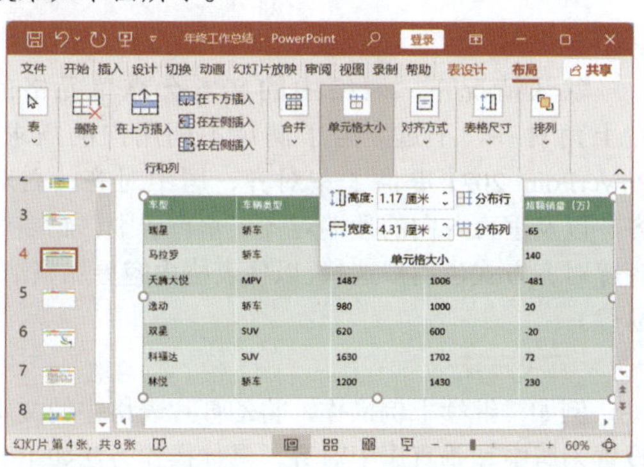

187 合并拆分，灵活调整表格单元格布局

实用指数 ★★★★★

>>> 使用说明

合并单元格是指将两个或更多紧密相连的单元格合并为一个更大的单元格；而拆分单元格则是将一个单元格精细地分隔为多个独立的部分，使表格的布局更加灵活，更直观地呈现数据间的关联和差异。

>>> 解决方法

例如，根据需要对幻灯片表格中的单元格进行合并与拆分操作，具体操作方法如下。

第 1 步 ❶选择幻灯片表格中的第 1 行单元格；❷单击“布局”选项卡下“合并”组中的“合并单元格”按钮，如下图所示。

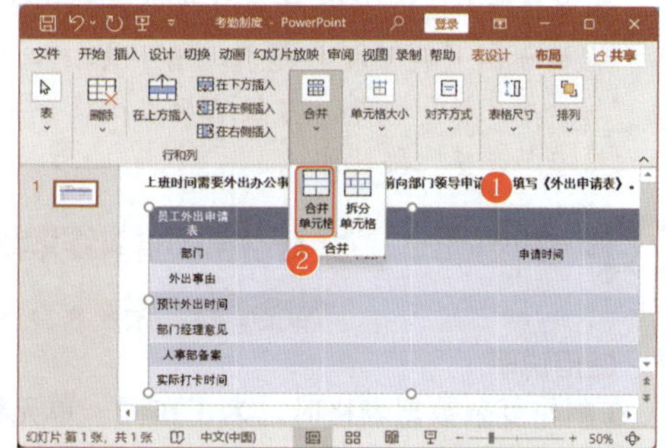

第 2 步 所选的第 1 行将合并为 1 个单元格，并且单元格中的文本将居中对齐于单元格，然后使用相同的方法对表格中的单元格进行合并操作。

第 3 步 ❶将鼠标光标定位到“实际打卡时间”单元格后面的单元格中；❷单击“布局”选项卡下“合并”组中的“拆分单元格”按钮，如下图所示。

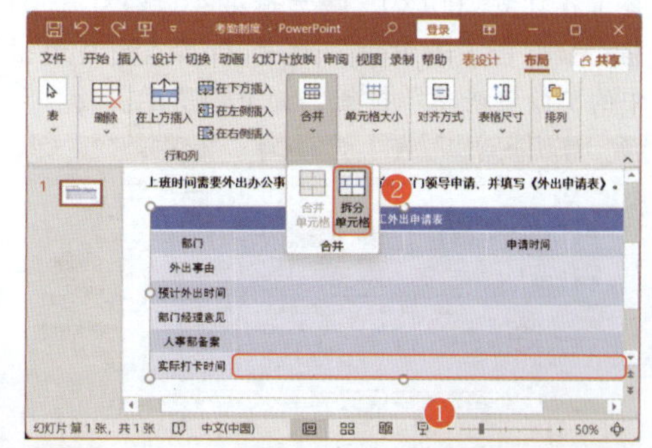

第 4 步 打开“拆分单元格”对话框，❶在“列数”数值框中输入要拆分的列数，如输入 6，在“行数”数值框中输入要拆分的行数，如输入 1；❷单击

"确定"按钮，如下图所示。

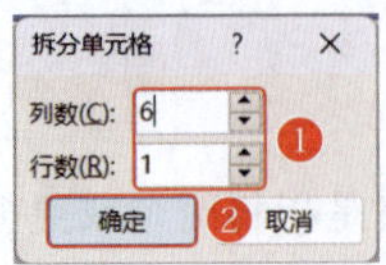

第 5 步 将选择的单元格拆分为 6 列，然后在单元格中输入相应的文本，效果如下图所示。

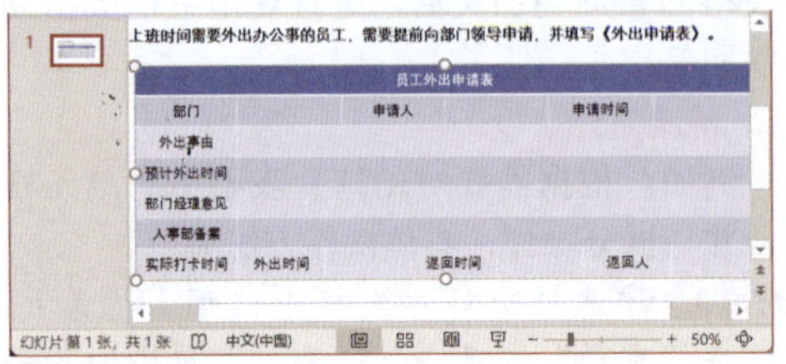

知识拓展

选择需要合并或拆分的单元格，在其上右击，在弹出的快捷菜单中选择"合并单元格"或"拆分单元格"命令，可按照要求执行合并单元格与拆分单元格操作。

188 快速画线，为单元格添加斜线装饰

实用指数 ★★★☆☆

>>> 使用说明

在制作复杂数据表格时，为了在同一单元格内有效地展示多个相关联的信息，可以用斜线分隔的方式来区分不同的内容。

>>> 解决方法

例如，为第 4 张幻灯片中表格的第 1 个单元格添加斜线，并输入相应的信息，具体操作方法如下。

第 1 步 打开素材文件（位置：素材文件\第 10 章\销售工作计划.pptx），❶选择第 4 张幻灯片中的表格；❷单击"表设计"选项卡下"绘制边框"组中的"绘制表格"按钮，如下图所示。

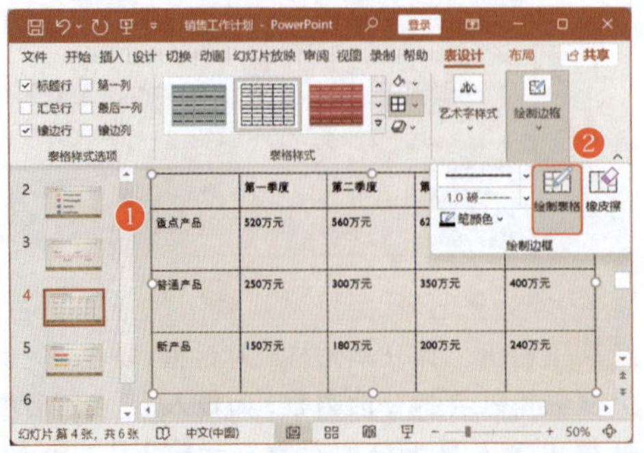

第 2 步 此时鼠标光标将变成✎形状，在表格的第 1 个单元格中斜向拖动鼠标绘制一条斜线，如下图所示。

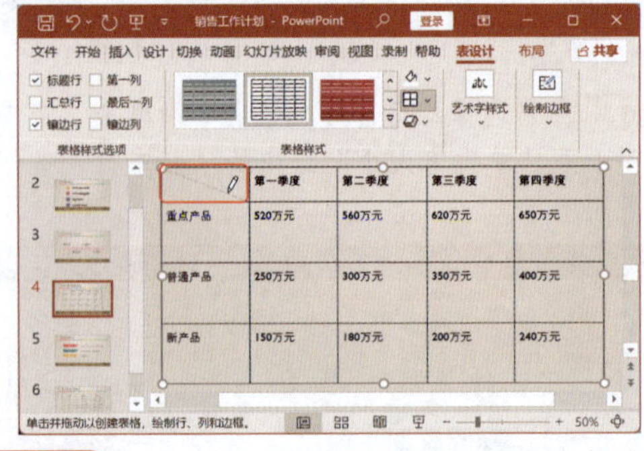

第 3 步 释放鼠标左键后，在第 1 个单元格中绘制出斜线，在单元格中输入需要的表格数据，效果如下图所示。

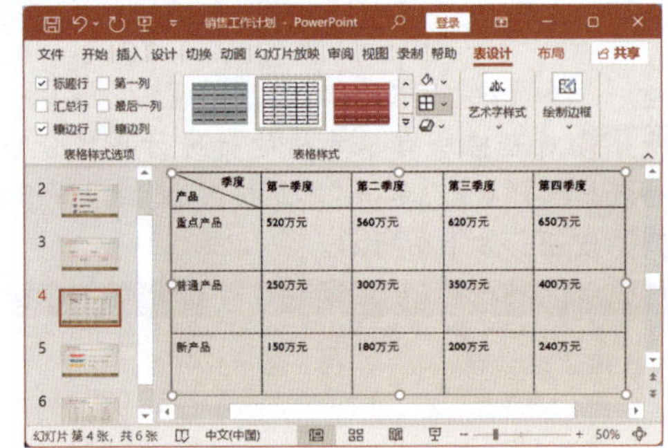

知识拓展

选择单元格后，单击"表设计"选项卡下"表格样式"组中的"边框"下拉按钮⌄，在弹出的下拉列表中选择"斜下框线"选项，也可以为所选单元格添加斜线。

189 对齐文本，精确设置表格内容排版

实用指数 ★★★★★

>>> 使用说明

默认情况下，表格中的文本会靠单元格的左上角对齐。不过，为了满足不同用户的需求，PowerPoint 2021 提供了左对齐、居中对齐、右对齐，以及垂直方向的顶端对齐、垂直居中、底端对齐等对齐方式供用户选择，以使表格内容更加整洁、易读。

>>> 解决方法

例如，继续上例操作，将幻灯片表格中的文本设置为居中和垂直居中对齐，具体操作方法如下。

第 1 步 ❶选择整张表格；❷单击"布局"选项卡下"对齐方式"组中的"居中"按钮☰，如下图所示。

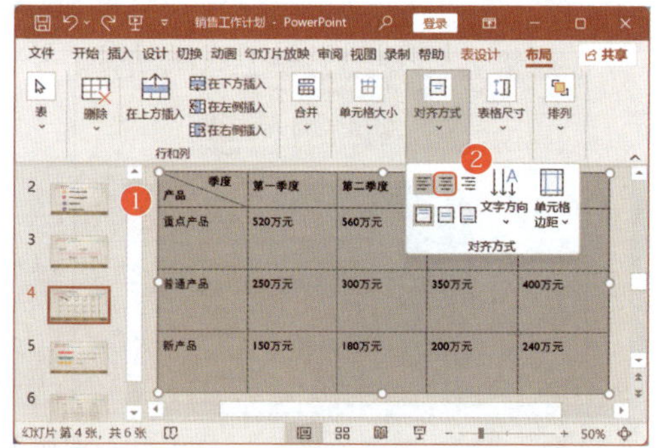

第 2 步 保持表格的选中状态，单击"对齐方式"组中的"垂直居中"按钮☰，如下图所示。

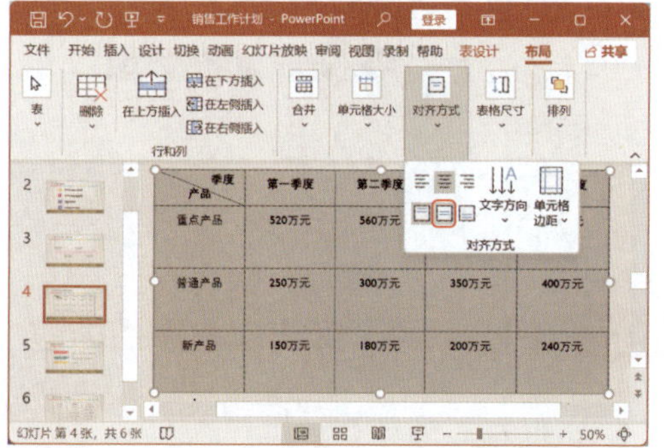

第 3 步 表格中的文本将水平居中并垂直居中于单元格中，效果如下图所示。

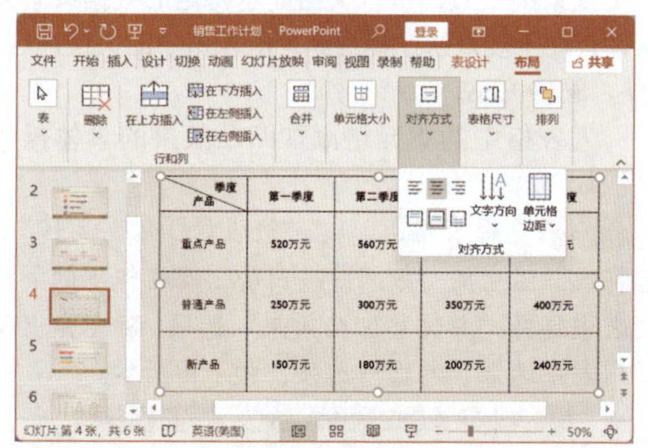

190 方向调整，轻松改变表格文本排列

实用指数 ★★★☆☆

>>> 使用说明

默认情况下，表格单元格中的文字方向是横排显示的，若需要以其他方向显示单元格中的文本，就需要对排列方向进行设置。

>>> 解决方法

例如，继续上例操作，将第 1 列的部分单元格中的文本方向设置为竖排显示，具体操作方法如下。

第 1 步 ❶选择第 1 列中除第 1 个单元格以外的所有单元格；❷单击"布局"选项卡下"对齐方式"组中的"文字方向"按钮；❸在弹出的下拉列表中选择所需的文字方向，如"竖排"选项，如下图所示。

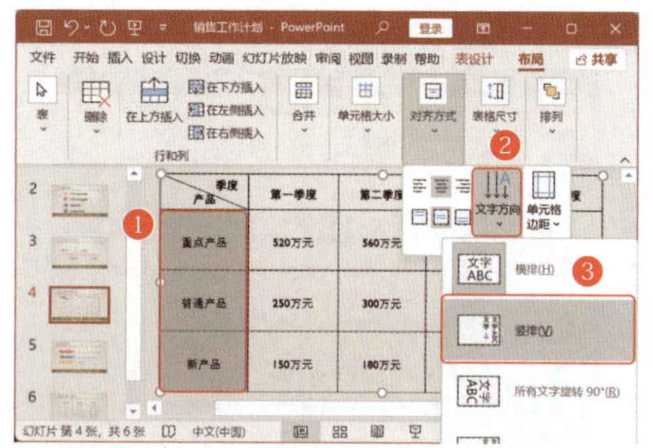

第 2 步 将所选单元格中的文字竖向排列后的效果如下图所示。

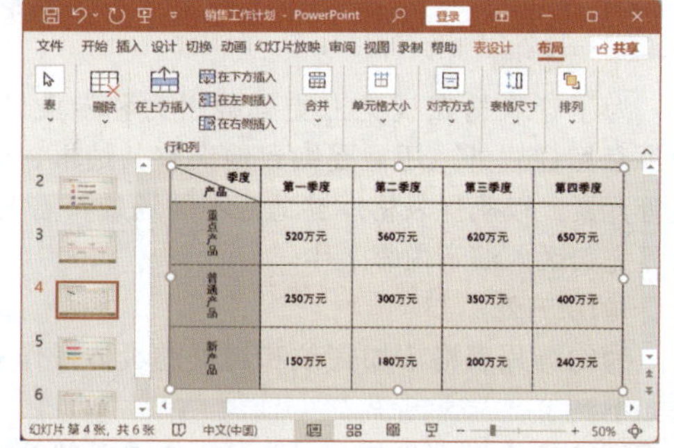

191 一键美化，快速套用专业表格样式

实用指数 ★★★★★

>>> 使用说明

当幻灯片中插入的表格默认采用主题颜色时，为了让表格更具吸引力和个性化，可以通过应用预设的表格样式来迅速提升表格的整体美感。

>>> 解决方法

PowerPoint 2021 中预设了丰富的表格样式，可直接套用于表格中，具体操作方法如下。

第 1 步 选择幻灯片中需要套用表格样式的表格，单击"表设计"选项卡下"表格样式"组中的"其他"按钮⊽，在弹出的下拉列表中选择需要的表格样式，如下图所示。

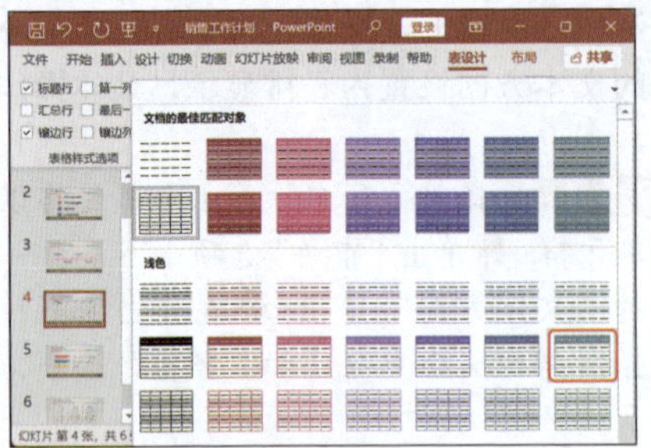

第 2 步 将选择的样式应用到表格中，效果如下图所示。

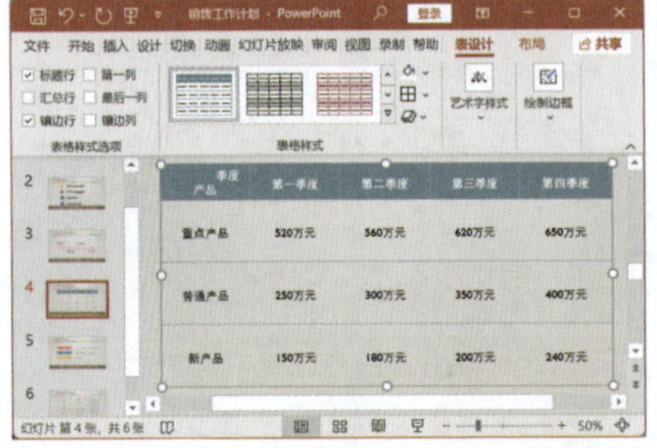

192 边框底纹，为表格增添视觉层次感

实用指数 ★★★★★

>>> 使用说明

为了让表格在视觉上更具吸引力和专业性，除了套用样式外，还需要细致地调整其边框、底纹等元素，以确保表格能够适应不同场景和需求，从而完美融入演示内容之中。

>>> 解决方法

为幻灯片表格添加底纹和边框的具体操作方法如下。

第 1 步 ❶选择表格第 1 列除第 1 个单元格外的所有单元格；❷单击“表设计”选项卡下“表格样式”组中的“底纹”下拉按钮；❸在弹出的下拉列表中选择需要的底纹颜色，如选择“蓝 - 灰，个性色 6”选项，如下图所示。

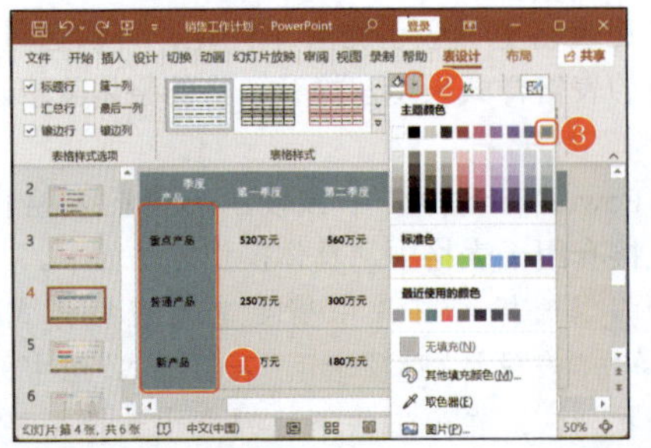

第 2 步 选择表格，❶单击“表格样式”组中的“边框”下拉按钮；❷在弹出的下拉列表中选择需要的边框样式，如选择“内部框线”选项，如下图所示。

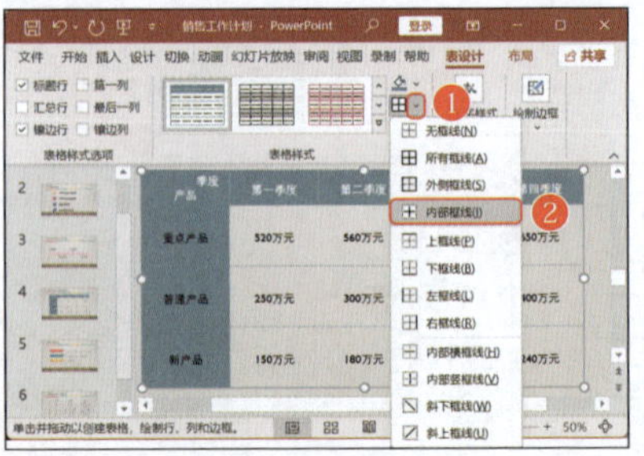

第 3 步 为表格内部添加边框线，效果如下图所示。

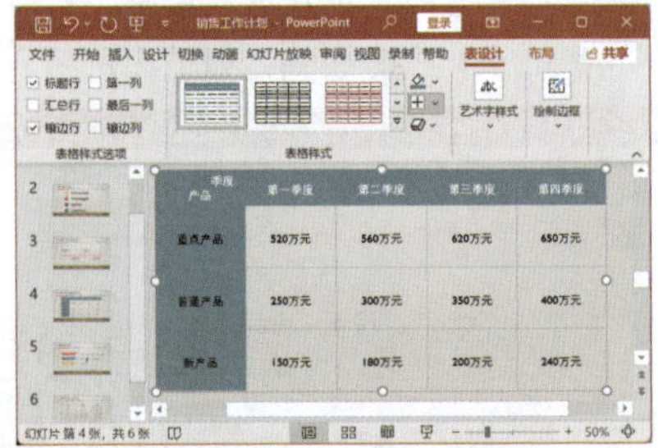

193 凹凸效果，突出表格重点内容

实用指数 ★★★☆☆

>>> 使用说明

幻灯片表格单元格的凹凸效果是一种增强表格视觉效果的工具，可以突出显示特定的数据或单元格，有助于观众快速捕捉和理解表格中的关键内容。

>>> 解决方法

为表格中的单元格添加凹凸效果的具体操作方法如下。

第 1 步 选择表格，❶单击“表设计”选项卡下“表格样式”组中的“效果”按钮；❷在弹出的下拉列表中选择“单元格凹凸效果”选项；❸在弹出的子列表中选择“斜面”选项，如下图所示。

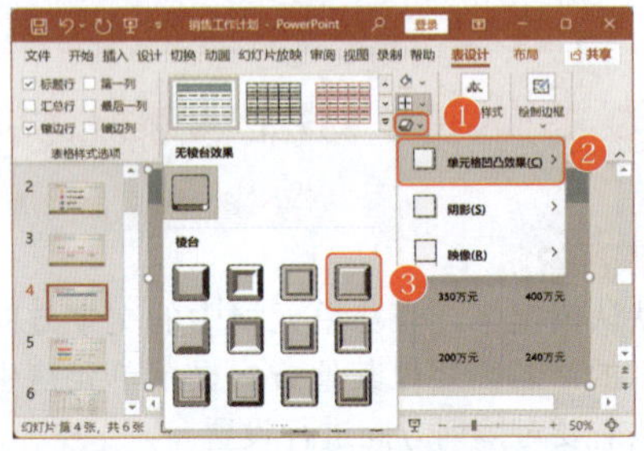

第 2 步 为表格应用选择的单元格凹凸效果如下图所示。

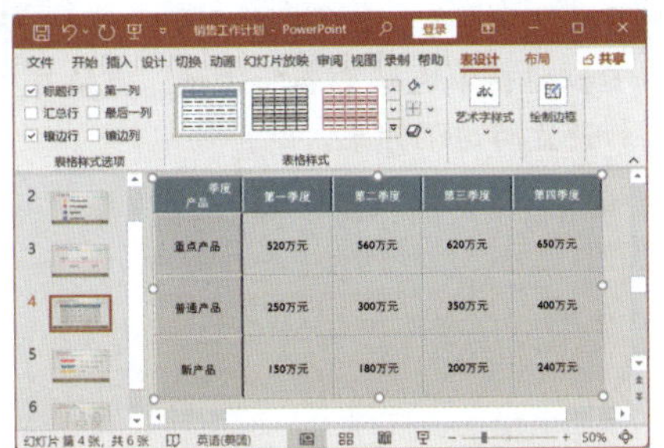

知识拓展

选择表格，单击“表设计”选项卡下“表格样式”组中的“效果”按钮；在弹出的下拉列表中选择“阴影”或“映像”选项，在弹出的子列表中可为表格添加需要的阴影效果或映像效果。

194 边框绘制，打造专业创意表格

实用指数 ★★★★★

>>> 使用说明

在设计幻灯片表格时，虽然直接应用默认的边框样式和颜色能够根据表格主题提供基础的视觉效果，但需要追求独特性和个性化时，就需要通过更精细的绘制操作来自定义边框。不仅能选择边框的样式和颜色，还能对边框的粗细进行精确调整，从而实现更加灵活和个性化的表格边框效果。

>>> 解决方法

绘制表格边框时，需要先对边框样式、粗细和颜色进行设置，再拖动鼠标进行绘制，具体操作方法如下。

第 1 步 ❶单击“表设计”选项卡下“绘制边框”组中的“笔样式”下拉按钮；❷在弹出的下拉列表中选择需要的边框样式，如选择第 6 种边框样式，如下图所示。

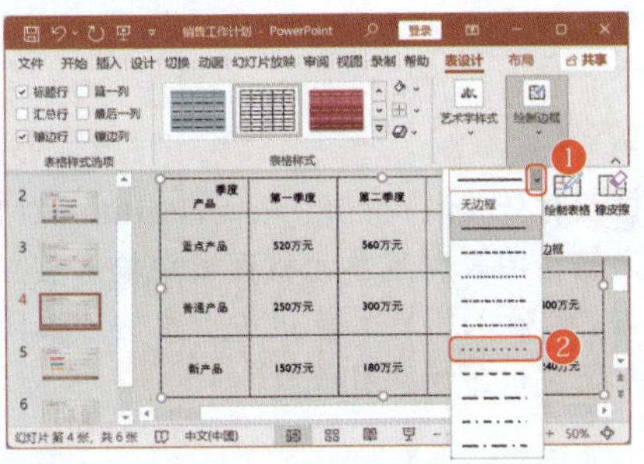

第 2 步 ❶单击“表设计”选项卡下“绘制边框”组中的“笔画粗细”下拉按钮；❷在弹出的下拉列表中选择需要的边框粗细，如选择“2.25 磅”选项，如下图所示。

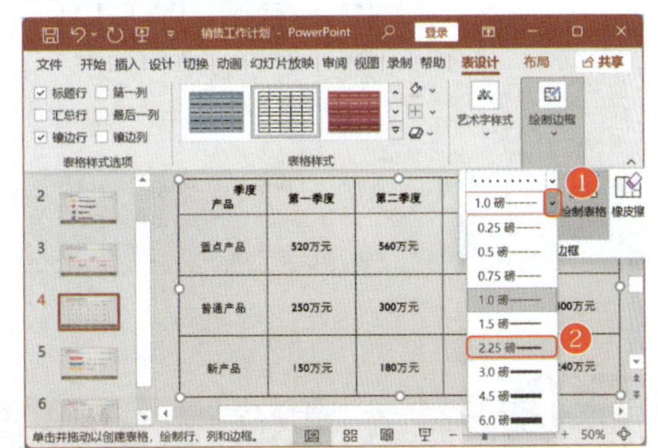

第 3 步 ❶单击“表设计”选项卡下“绘制边框”组中的“笔颜色”下拉按钮；❷在弹出的下拉列表中选择需要的边框颜色，如选择“蓝色”选项，如下图所示。

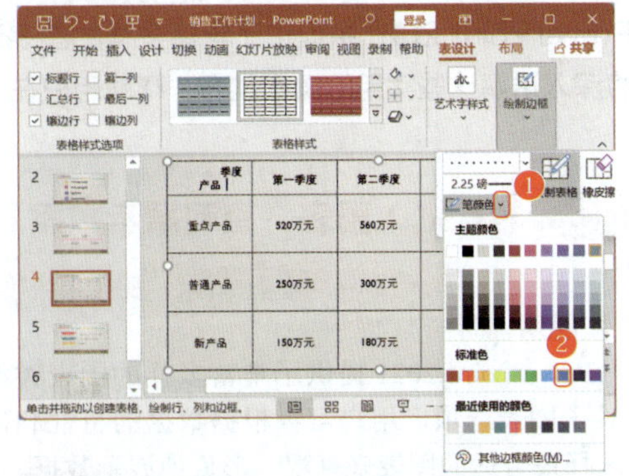

第 4 步 鼠标光标已变成形状，在表格第 1 列和第 2 列的边框上拖动鼠标重新绘制边框，如下图所示。

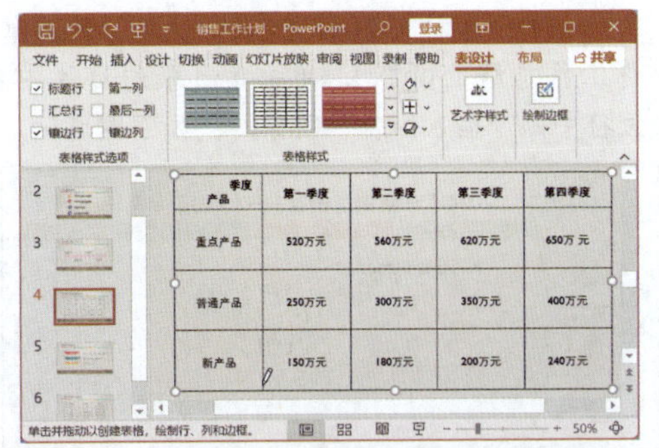

第 5 步 使用相同的方法继续绘制表格其他边框，完成后的效果如下图所示。

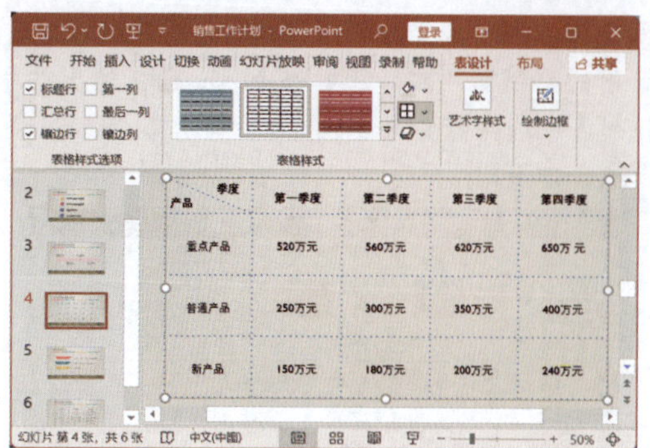

温馨提示

自定义表格边框时，也可以在设置笔样式、笔粗细和笔颜色后，在“表格样式”组中的“边框”下拉列表中选择需要的边框，可快速为表格添加设置的边框效果。

10.2 图表的使用技巧

扫一扫 看视频

在幻灯片中呈现数据时，为了确保信息的直观性和易于理解，经常使用图表来阐述数据。PowerPoint 2021 中提供了丰富多样的图表选项和设置功能，以满足不同数据呈现的需求。下面将深入讲解这些实用的操作技巧，帮助用户在幻灯片中更加精准、高效地引用和展示数据。

195 轻松插入图表，直观展示数据

实用指数 ★★★★★

>>> 使用说明

PowerPoint 2021 提供了丰富多样的图表类型及其子图表选项，用户可以根据数据的特性和需求选择最合适的图表来直观、形象地展示数据。

>>> 解决方法

例如，在演示文稿第 5 张幻灯片中插入折线图，具体操作方法如下。

第 1 步 打开素材文件（位置：素材文件\第 10 章\年终工作总结 1.pptx），单击第 5 张幻灯片内容占位符中的“插入图表”图标，如下图所示。

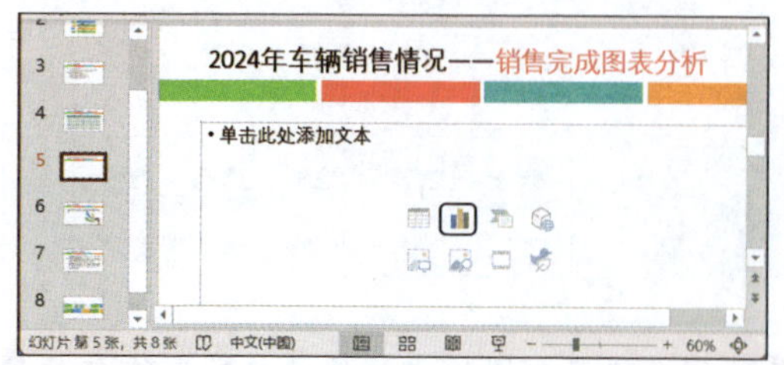

第 2 步 打开“插入图表”对话框，❶在左侧选择需要的图表类型，如选择“折线图”选项；❷在右侧选择“带数据标记的折线图”选项；❸单击“确定”按钮，如下图所示。

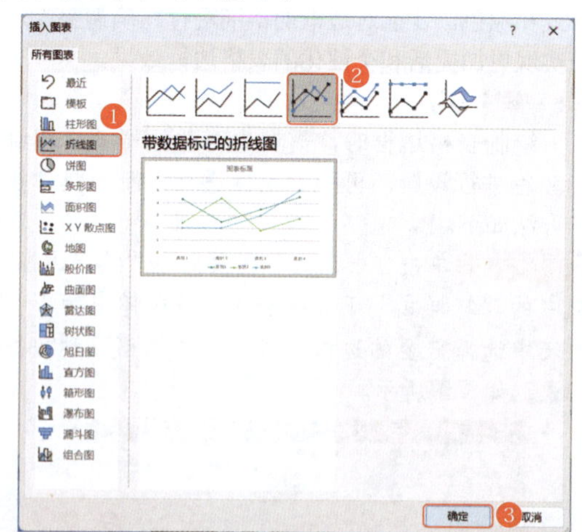

第 3 步 打开“Microsoft PowerPoint 中的图表”窗口，❶在图表引用单元格区域中输入相应的图表数据；❷输入完成后单击右上角的“关闭”按钮关闭窗口，如下图所示。

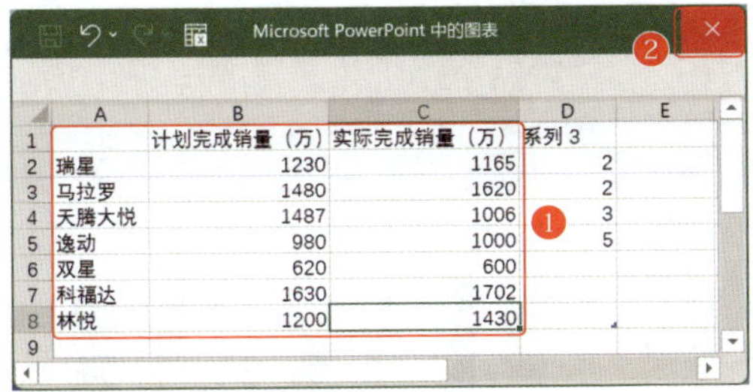

	A	B	C	D
1		计划完成销量（万）	实际完成销量（万）	系列 3
2	瑞星	1230	1165	2
3	马拉罗	1480	1620	2
4	天腾大悦	1487	1006	3
5	逸动	980	1000	5
6	双星	620	600	
7	科福达	1630	1702	
8	林悦	1200	1430	

温馨提示

在“Microsoft PowerPoint 中的图表”窗口的数据区域中，用彩色线框住的区域为图表中要展示的数据区域。将鼠标光标移动到彩色线框的四角，当鼠标光标变成黑色双向箭头时，按住鼠标左键不放进行拖动，可以调整图表需要展示的数据区域。

第 4 步 返回幻灯片编辑区，可以看到插入的图表，效果如下图所示。

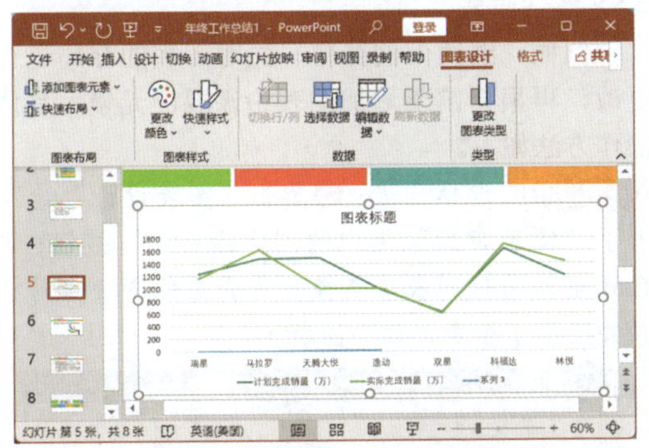

196 编辑图表数据，确保信息准确

实用指数 ★★★★☆

>>> 使用说明

当发现 PowerPoint 2021 中创建的图表数据有误时，可以直接对图表数据进行编辑，以确保图表准确反映所需信息。

>>> 解决方法

例如，继续上例操作，对图表中的数据进行编辑，具体操作方法如下。

第 1 步 ❶选择第 5 张幻灯片中的图表；❷单击“图表设计”选项卡下“数据”组中的“编辑数据”按钮，如下图所示。

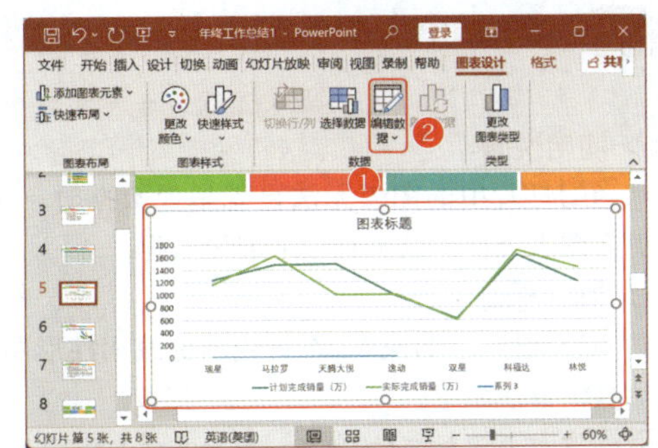

第 2 步 打开“Microsoft PowerPoint 中的图表”窗口，选择 D 列数据，在其上右击，在弹出的快捷菜单中选择“删除”命令，如下图所示。

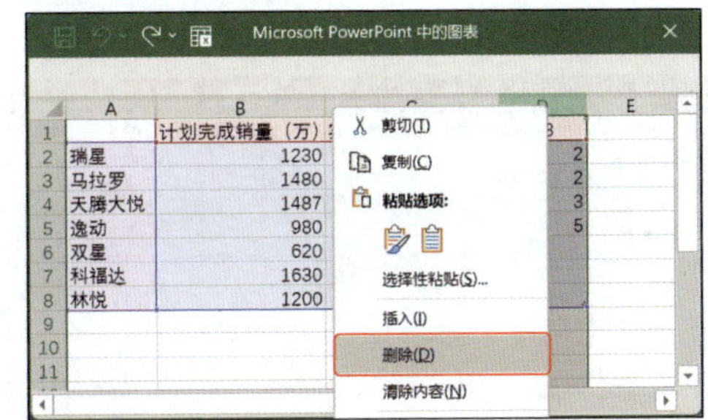

知识拓展

若图表中提供的数据系列和水平轴标签不正确，那么可以在选择图表后单击“图表设计”选项卡下“数据”组中的“选择数据”按钮，将同时打开“Microsoft PowerPoint 中的图表”窗口和“选择数据源”对话框。在“选择数据源”对话框中可以对图表数据区域、图例项和水平分类轴等进行更详细的编辑。

第 3 步 删除 D 列数据，单击窗口右上角的“关闭”按钮✕关闭窗口，返回幻灯片编辑区。可以看到修改数据后的图表效果，如下图所示。

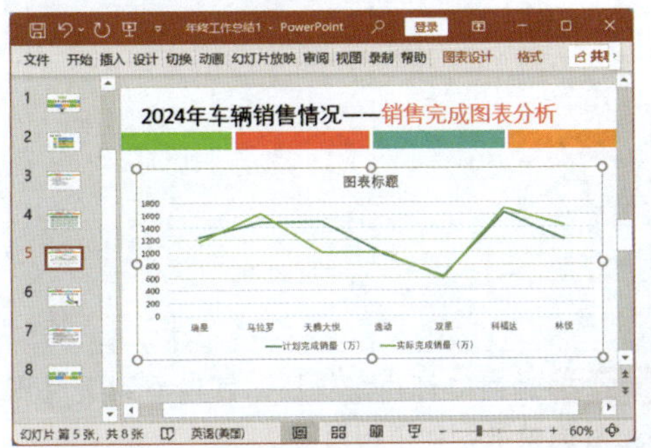

197 灵活切换图表类型，满足不同需求

实用指数 ★★★★☆

>>> 使用说明

当幻灯片中的图表无法直观呈现数据时，可以更换图表类型，以更有效地展示数据。

>>> 解决方法

例如，继续上例操作，将折线图更改为柱形图，具体操作方法如下。

第 1 步 打开素材文件（位置：素材文件\第 10 章\年终总结汇报 1.pptx），❶选择第 5 张幻灯片中的第 1 个图表；❷单击“图表设计”选项卡下“类型”组中的“更改图表类型”按钮，如下图所示。

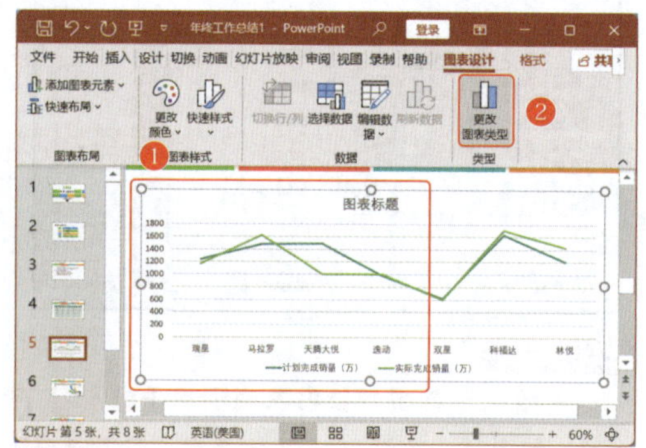

第 2 步 打开“更改图表类型”对话框，❶在左侧选择“柱形图”选项；❷在右侧保持选择“簇状柱形图”选项；❸单击“确定”按钮，如下图所示。

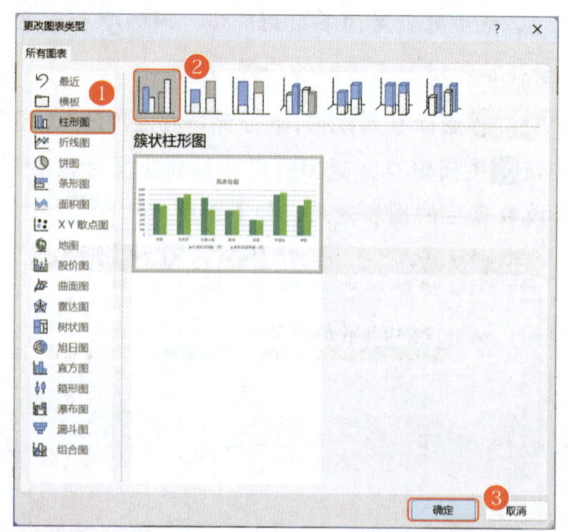

第 3 步 返回幻灯片编辑区，可以看到更改图表类型后的效果，如下图所示。

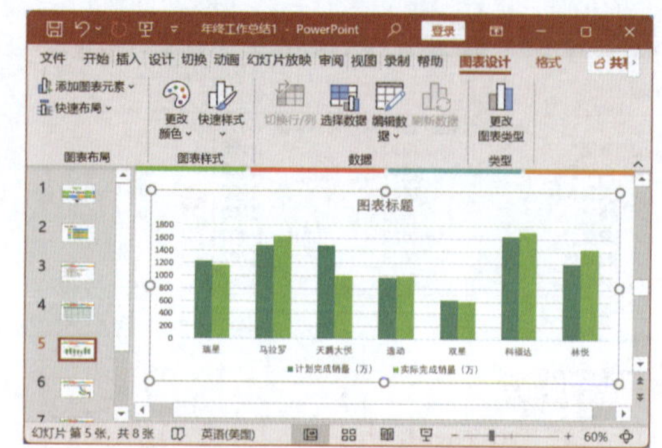

198 自定义图表布局，提升视觉效果

实用指数 ★★★★★

>>> 使用说明

默认创建的图表往往采用固定的布局效果，但其中的图表元素可能并不完全符合实际需求，因此经常需要对图表中的元素重新进行布局和调整，以保证图表呈现的数据更精准。

>>> 解决方法

例如，继续上例操作，先对图表的布局进行更改，再根据需要添加图表中需要的元素，具体操作方法如下。

第 1 步 ❶选择图表；❷单击“图表设计”选项卡下“图表布局”组中的“快速布局”按钮；❸在弹出的下拉列表中选择一种需要的图表布局样式并应用于图表，如下图所示。

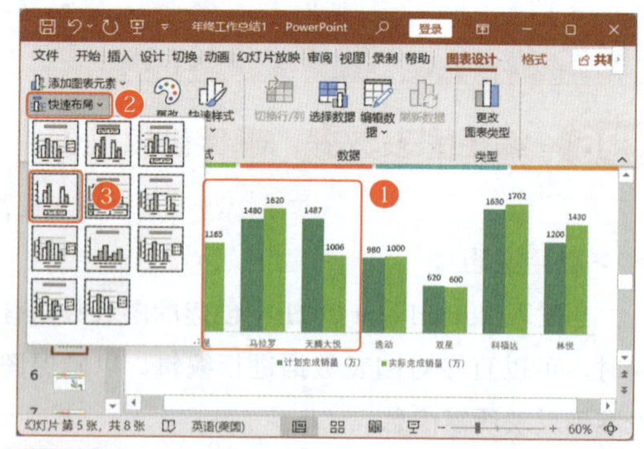

第 2 步 保持图表的选择状态，选择第 2 个图表，❶单击“图表设计”选项卡下“图表布局”组中的“添加图表元素”按钮；❷在弹出的下拉列表中选择需要添加的图表元素，如选择“网格线”选项；❸在弹出的子列表中选择“主轴主要水平网格线”选项，如下图所示，可快速添加主要网格线。

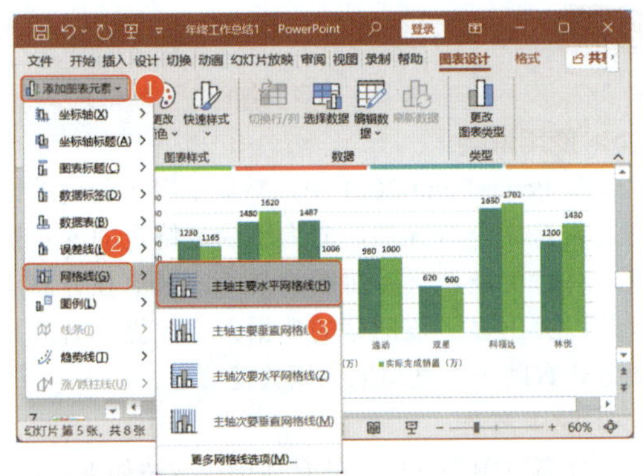

温馨提示

图表中的所有元素都可以通过“添加图表元素”下拉列表来添加。若图表中不需要某种元素，可以在选择这种元素后按 Delete 键进行删除。

199 应用图表样式，统一设计风格

实用指数 ★★★★★

>>> 使用说明

PowerPoint 2021 内置了丰富的图表样式，用户可以直接应用这些样式来快速美化图表，使其外观更加专业且吸引人。

>>> 解决方法

例如，继续上例操作，为柱形图应用内置图表样式进行美化，具体操作方法如下。

第 1 步 选择图表，❶单击“图表设计”选项卡下“图表样式”组中的“快速样式”按钮；❷在弹出的下拉列表中选择需要的图表样式并应用于图表，如下图所示。

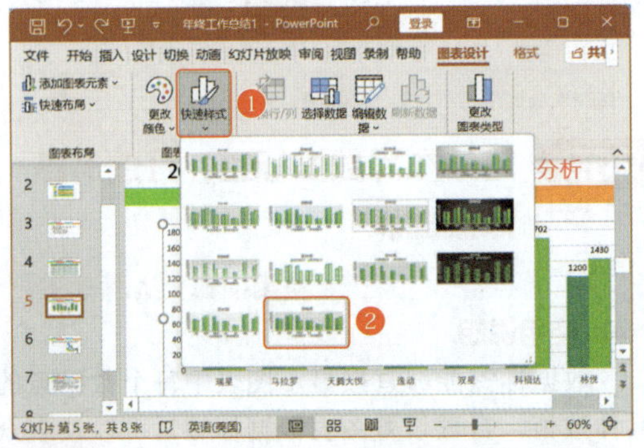

第 2 步 为图表应用选择的图表样式，效果如下图所示。

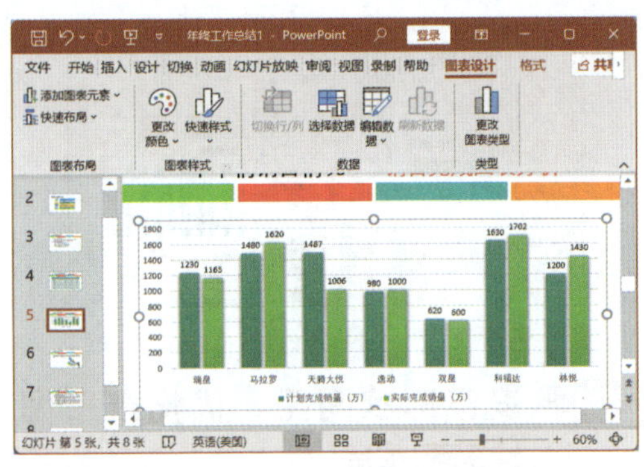

200 调整图表颜色，突出数据重点

实用指数 ★★★☆☆

>>> 使用说明

除了可以调整图表样式外，还能对图表颜色进行个性化设置。恰当的配色方案将极大地提升图表的美观度，并确保其与幻灯片的整体设计风格和谐统一。

>>> 解决方法

调整图表颜色既可以对图表整体颜色进行更改，也可以对图表某组成部分的颜色进行更改。例如，继续上例操作，更改图表颜色和数据系列的颜色，具体操作方法如下。

第 1 步 选择图表，❶单击“图表设计”选项卡下“图表样式”组中的“更改颜色”按钮；❷在弹出的下拉列表中选择需要的配色应用于图表，如下图所示。

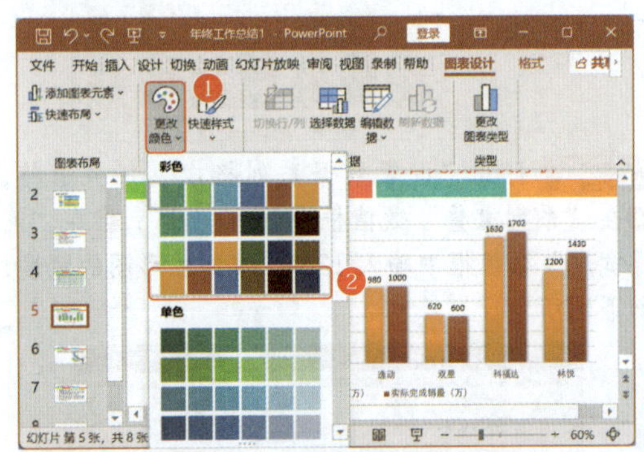

第 2 步 选择图表中的“实际完成销量（万）”数据系列，❶单击“格式”选项卡下“形状样式”组中的“形状填充”下拉按钮⌄；❷在弹出的下拉列表中选择“浅绿”选项，如下图所示，快速更改所选数据系列颜色。

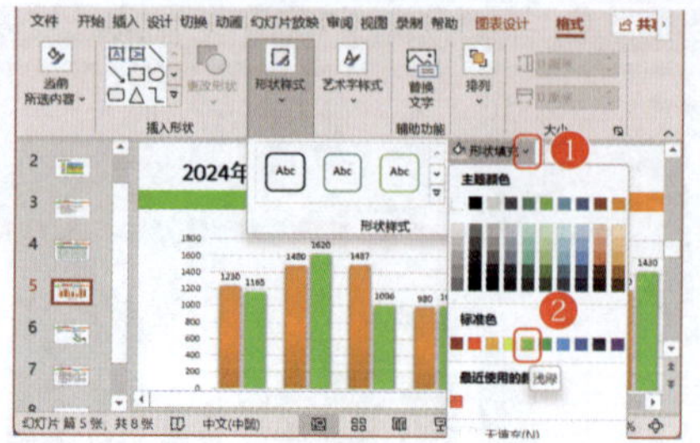

201 设置形状间距，优化条形图/柱形图布局

实用指数 ★★★☆☆

>>> 使用说明

为了提升条形图或柱形图的视觉效果，建议适当减小各条形或柱形之间的间隙，并相应地增加条形或柱形的宽度，可以使图表元素更加紧凑且易于比较。

>>> 解决方法

例如，继续上例操作，对柱形图形状间距进行调整，具体操作方法如下。

第 1 步 ❶选择图表任意数据系列；❷单击“格式”选项卡下“当前所选内容”组中的“设置所选内容格式”按钮，如下图所示。

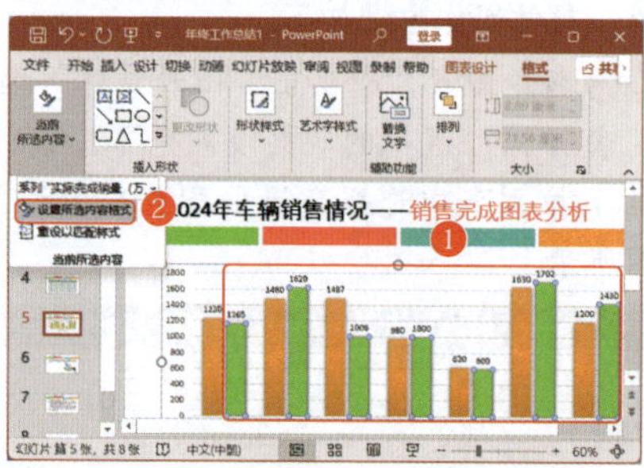

第 2 步 打开“设置数据系列格式”任务窗格，❶在“系列重叠”数值框中输入-30%；❷在“间隙宽度”数值框中输入120%，增加柱形图的宽度，如下图所示。

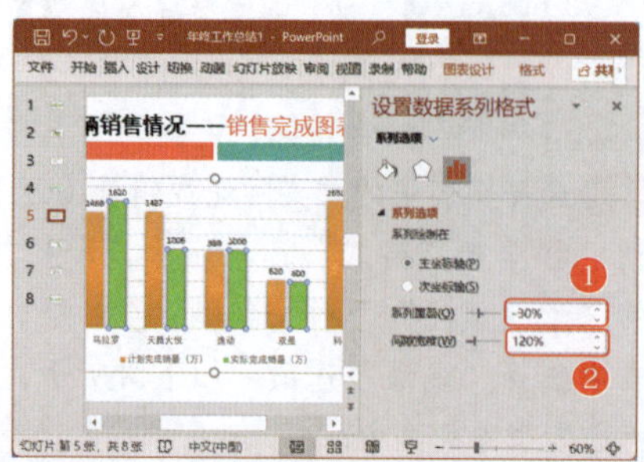

202 分离饼图扇区，清晰展示数据比例

实用指数 ★★★☆☆

>>> 使用说明

在 PowerPoint 2021 中，默认情况下创建的饼图通常是完全合拢的，但为了满足特定的展示需求，有时可能希望将饼图的某一扇区单独分离出来，以突出显示该部分的数据。这种优化后的呈现方式有助于更直观地强调关键信息。

>>> 解决方法

分离饼图部分扇区的具体操作方法如下。

第 1 步 选择饼图中需要分离的扇区，并按住鼠标左键将其向外拖动，如下图所示。

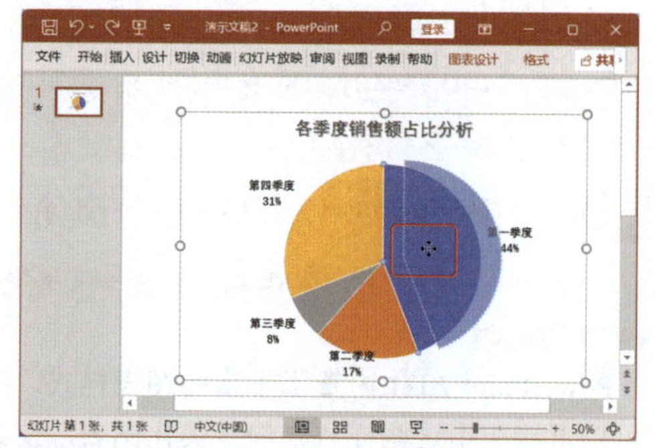

第 2 步 释放鼠标左键后，即可看到将所选扇区分离出来的效果，如下图所示。

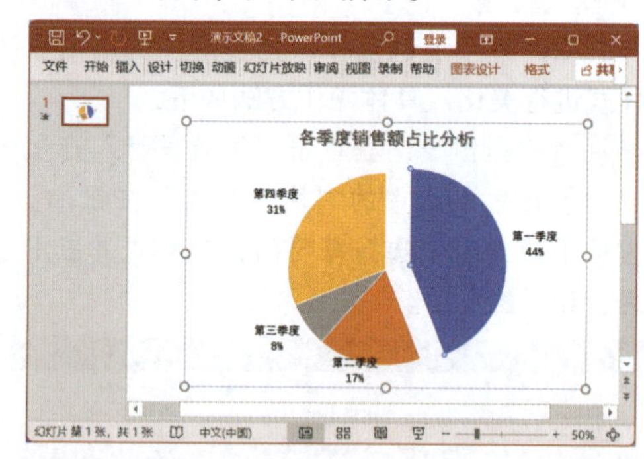

203 巧妙布局数据标签，打造清晰数据图表

实用指数 ★★★★☆

>>> 使用说明

数据标签能够直接显示图表中每个数据点的具体数值，合理设置图表数据标签，可以使观众更全面地了解数据的分布情况、趋势以及各数据点之间的关系。

>>> 解决方法

设置图表数据标签的具体操作方法如下。

第1步 在图表数据标签上右击，在弹出的快捷菜单中选择"设置数据标签格式"命令，如下图所示。

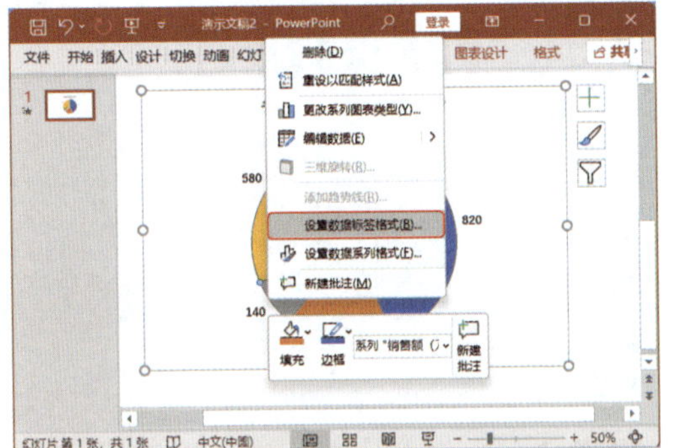

第2步 打开"设置数据标签格式"任务窗格，在"标签选项"栏中取消勾选"值"复选框，勾选"类别名称"和"百分比"复选框，可使饼图中的数据标签显示类别名称和所占百分比，如下图所示。

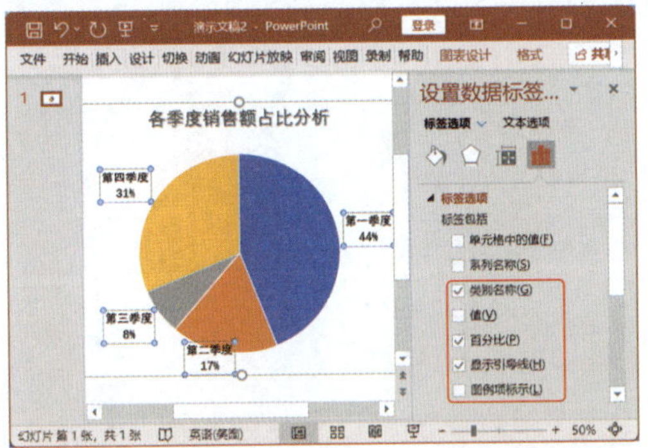

204 设置坐标轴格式，强化数据分析

实用指数 ★★★★★

>>> 使用说明

图表坐标轴精确地界定了数据的范围，经过细致的设置与调整，能够确保图表以直观且准确的方式展现数据信息，从而为深入分析数据和制定明智的决策奠定坚实的基础。

>>> 解决方法

设置坐标轴格式主要是对纵坐标轴的刻度大小、单位大小、数据格式等进行设置，具体操作方法如下。

第1步 ❶选择图表纵坐标；❷在其上右击，在弹出的快捷菜单中选择"设置坐标轴格式"命令，如下图所示。

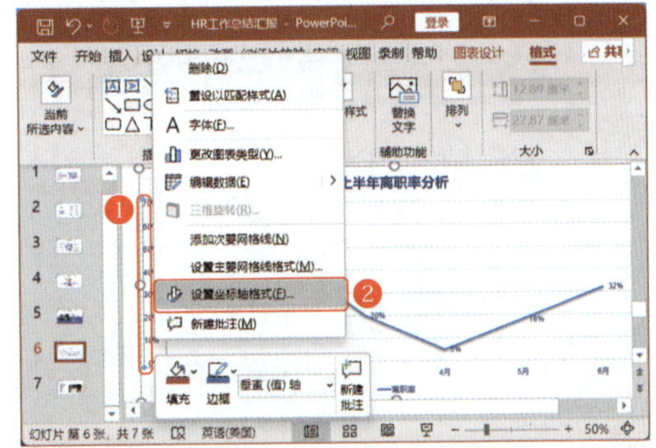

第2步 打开"设置坐标轴格式"任务窗格，❶在"边界"栏中设置刻度最大值和最小值；❷在"单位"栏中设置刻度值的间隔大小，如下图所示。

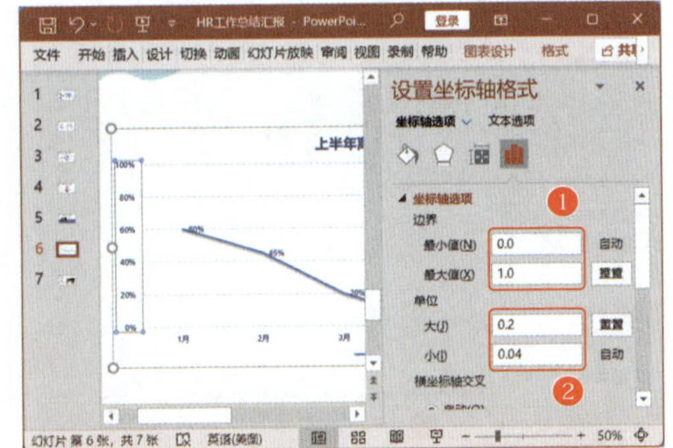

知识拓展

在"设置坐标轴格式"任务窗格中的"坐标轴选项"页面中单击"数据格式"选项，展开该选项。在"数据"下拉列表中可以选择纵坐标轴数据的数据类型；在"小数位数"数值框中可以设置纵坐标轴数据的小数位数。

205 保存图表为模板，快速复用设计成果

实用指数 ★★★☆☆

>>> 使用说明

对于已经精心制作的图表，可以将其保存为模板，以便在后续需要制作同类型或具有相同视觉效果的图表时，只需对模板中的数据进行更新处理即可快速应用，极大地提高了工作效率。

>>> 解决方法

例如，将幻灯片中的柱形图保存为模板，具体操作方法如下。

第 1 步 在制作好的图表上右击，在弹出的快捷菜单中选择“另存为模板”命令，如下图所示。

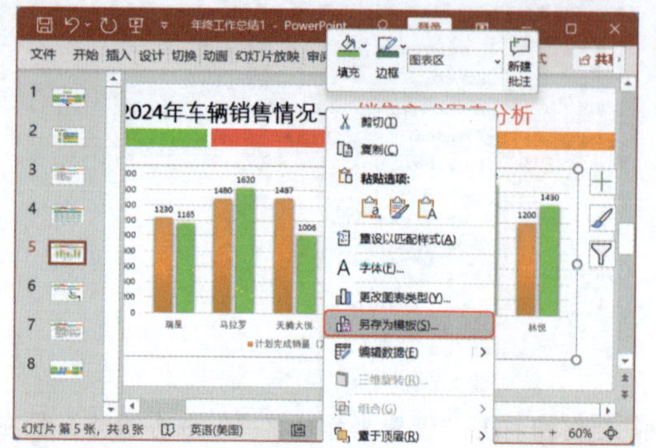

第 2 步 打开“保存图表模板”对话框，❶在“文件名”文本框中输入保存的名称；❷单击“保存”按钮，如下图所示。

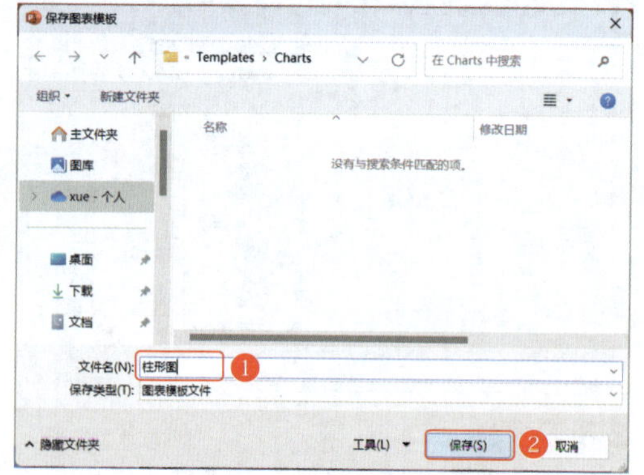

第 3 步 将选择的图表保存为模板，并显示在“插入图表”对话框的“模板”选项中，如下图所示。

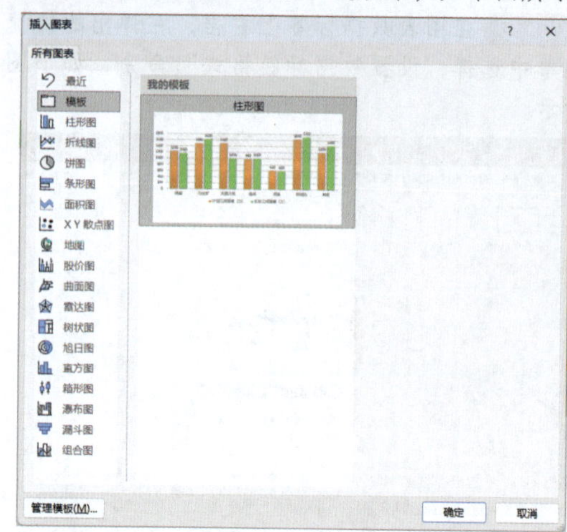

第11章

统一设计母版风格：PPT幻灯片母版设计技巧

在构建包含众多幻灯片的大型演示文稿时，为了显著提升工作效率并避免重复性操作，利用幻灯片母版功能对统一版式、格式、配色及动画等元素进行集中设置显得尤为重要。这不仅能有效减少烦琐步骤，还能确保整个演示文稿在视觉上保持高度的协调性和一致性。本章将深入讲解幻灯片母版的操作技巧与设计策略，帮助用户轻松打造出既高效又美观的演示内容。

下面来看看以下一些幻灯片母版设计与编辑过程中常见的问题，请自行检测是否会处理或已掌握。

- 幻灯片母版有哪些？作用分别是什么？
- 如何通过幻灯片母版统一占位符的格式？
- 能不能为幻灯片母版应用多个主题？
- 能不能对幻灯片母版中的版式进行修改？
- 如何通过幻灯片母版为幻灯片设置统一的页眉和页脚？

希望通过本章内容的学习，读者能够解决以上问题，并熟练掌握运用幻灯片母版技术来统一设计幻灯片，从而提升工作效率与演示文稿的整体品质。

11.1 幻灯片母版设置技巧 

扫一扫 看视频

利用幻灯片母版设计幻灯片，能够确保整个演示文稿在视觉上达到高度统一，有效避免重复性工作，显著提升制作效率，还能赋予其更加专业、精致且引人入胜的视觉表现力。

206 认识幻灯片母版视图，掌握基础操作

实用指数 ★★★★☆

>>> 使用说明

PowerPoint 2021 提供了幻灯片母版、备注母版及讲义母版 3 种母版视图，每种视图均支持特定类型的设计操作，从而满足多样化的演示准备需求。通过灵活运用这些母版视图，用户可以高效地进行个性化定制，确保演示内容的整体协调性与专业性。

>>> 解决方法

各母版视图的作用分别介绍如下。

幻灯片母版是幻灯片设计过程中使用最多的母版，它相当于一种模板，能够存储幻灯片的所有信息，包括字形、占位符大小或位置、背景设计、配色方案、主题、动画等，如下图所示。当幻灯片母版发生变化时，其对应的幻灯片中的效果也将随之发生变化。

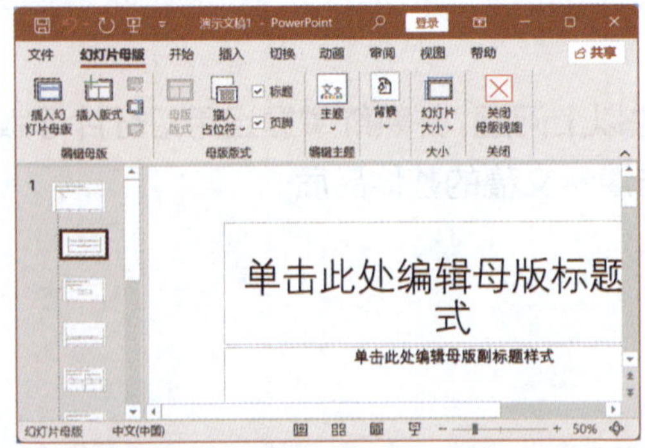

备注母版主要用于定义演示文稿中备注页的外观和格式，它决定了备注页上各个元素（如幻灯片图像、备注文本、页眉和页脚等）的显示方式和位置，以便在打印或查看备注时，能够清晰地看到幻灯片的内容、备注信息以及任何相关的注释或说明，如下图所示。

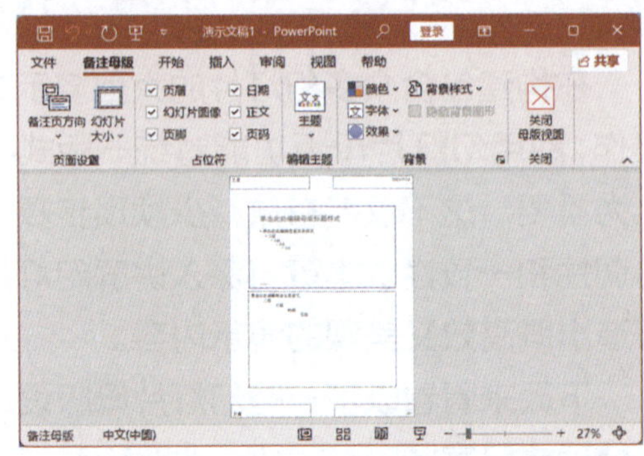

讲义母版专门用于定制幻灯片在打印成纸质讲义时的布局风格，灵活设置每页纸上展示的幻灯片张数、它们之间的排列组合，以及添加个性化的页眉、页脚信息，如标题、日期和页码等，如下图所示。

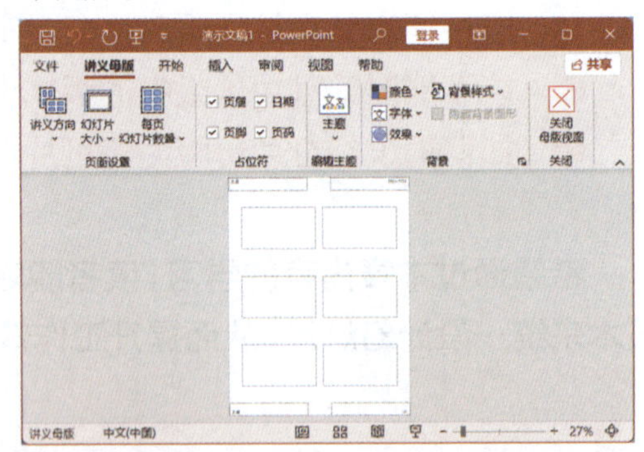

温馨提示

对讲义母版和备注母版进行设置后，只有打印出来后才能看到效果，在放映演示文稿的过程中不会显示出来。

207 背景格式设置，打造个性化母版

实用指数 ★★★★★

>>> 使用说明

当需要为幻灯片设置统一的背景格式时，通

过幻灯片母版能迅速达成，其设置方法与在普通视图中的操作相似。但优势在于母版中的设置会自动应用于所有基于该母版的幻灯片，包括后续新建的幻灯片，而在普通视图中设置背景则仅限于当前选中的幻灯片，难以实现整体风格的快速统一。

>>> 解决方法

例如，在幻灯片母版中使用图片填充幻灯片背景，具体操作方法如下。

第 1 步 单击“视图”选项卡下“母版视图”组中的“幻灯片母版”按钮，如下图所示。

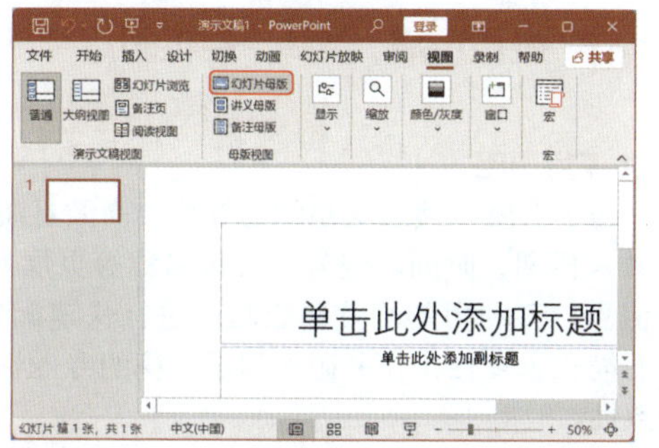

第 2 步 进入幻灯片母版视图，单击“幻灯片母版”选项卡下“背景”组右下角的按钮，打开“设置背景格式”任务窗格。❶选中“图片或纹理填充”单选按钮；❷单击“插入”按钮，如下图所示。

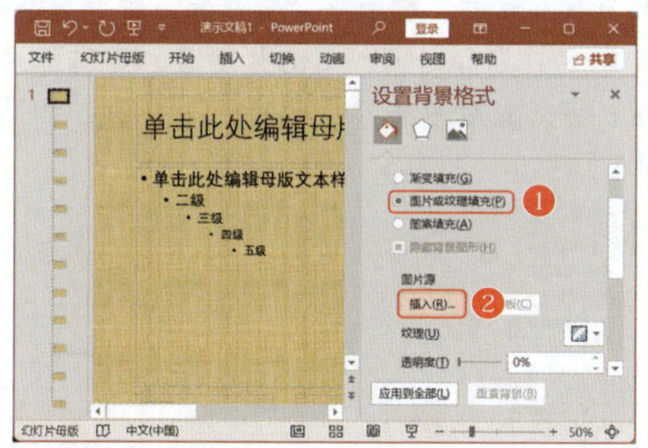

第 3 步 打开“插入图片”对话框，选择“图像集”选项，如下图所示。

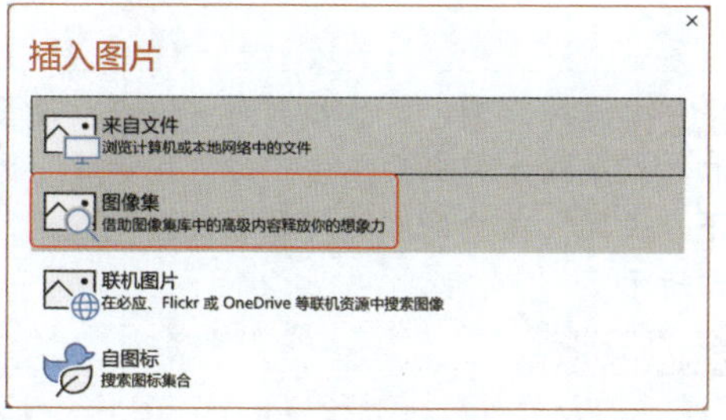

第 4 步 打开“图像集”对话框，❶在搜索框中输入关键词“背景”；❷在下方的列表框中选择需要的背景图片；❸单击“插入”按钮，如下图所示。

第 5 步 所选图片将填充为背景。在“设置背景格式”任务窗格的“透明度”数值框中输入84%，调整背景图片的透明度，如下图所示。

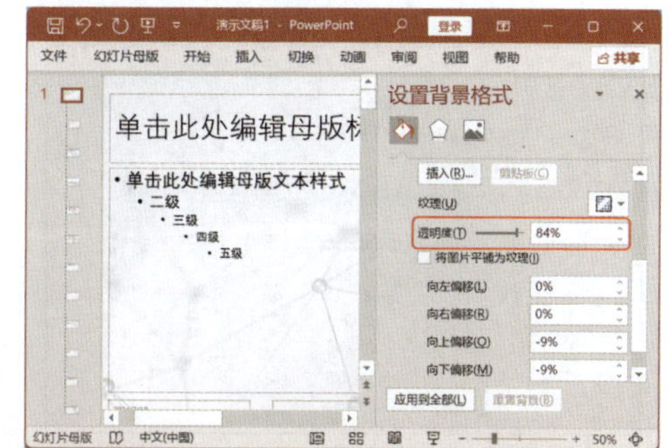

知识拓展

如果要为标题页幻灯片设置不同的版式，可以先设置幻灯片母版中第1张幻灯片版式的背景格式，再选择第2张幻灯片版式。取消勾选“幻灯片母版”选项卡下“背景”组中的“隐藏背景图形”复选框，隐藏已有的背景格式，然后再重新设置需要的背景格式即可。

208 占位符格式设置，实现高效复用

实用指数 ★★★★☆

>>> 使用说明

为了提升演示文稿的制作效率并确保所有幻灯片在字体格式、段落样式等方面保持一致性，可以充分利用幻灯片母版功能进行统一设置和管

理。这样做不仅简化了编辑过程，还确保了整体设计的协调性和专业性。

>>> 解决方法

使用幻灯片母版统一设置占位符格式的具体操作方法如下。

第 1 步 在幻灯片母版视图中选择需要设置格式的占位符，在“字体”组中对字体、字号、加粗效果和字体颜色进行设置，如下图所示。

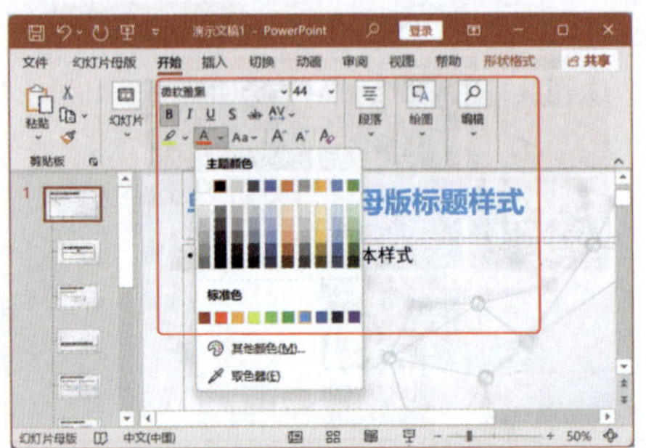

第 2 步 选择标题占位符，在“字体”组中对字体、字号进行设置，然后在“段落”组中设置项目符号，如下图所示。

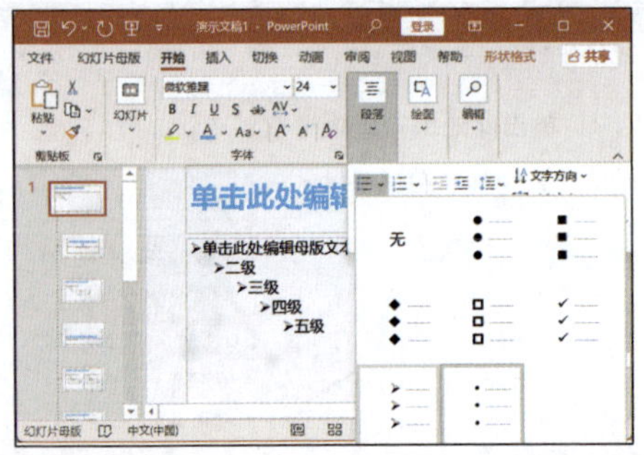

温馨提示

在幻灯片母版中可以设置多种版式的占位符格式，但最好先设置第 1 张幻灯片版式的占位符格式，再设置其他版式的占位符格式，因为第 1 张幻灯片版式作用于所有幻灯片。

209 应用主题，统一幻灯片风格

实用指数 ★★★☆☆

>>> 使用说明

在幻灯片母版中，可以便捷地为整个演示文稿统一应用所需的主题样式，从而实现风格上的整体协调与美观。

>>> 解决方法

在母版中应用主题的具体操作方法如下。

单击“幻灯片母版”选项卡下“主题”组中的“主题”按钮，在弹出的下拉列表中选择需要的主题样式，如下图所示。

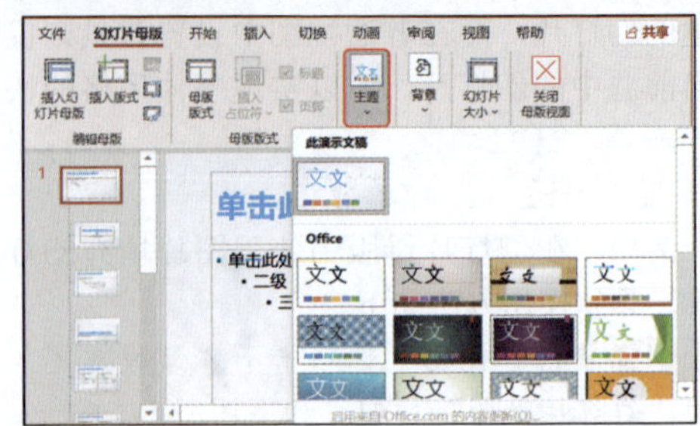

210 设置页眉/页脚，完善幻灯片信息

实用指数 ★★★★★

>>> 使用说明

为了在所有演示文稿的幻灯片中高效且统一地融入日期、时间、编号、公司名称等页眉/页脚信息，可利用幻灯片母版功能进行快速配置，从而简化重复性工作并确保演示文稿的专业性和一致性。

>>> 解决方法

在演示文稿中通过幻灯片母版对页眉/页脚进行设置，具体操作方法如下。

第 1 步 单击“插入”选项卡下“文本”组中的“页眉和页脚”按钮，❶打开“页眉和页脚”对话框，在其中对日期和时间、幻灯片编号、页脚等进行设置；❷完成后单击“全部应用”按钮，如下图所示。

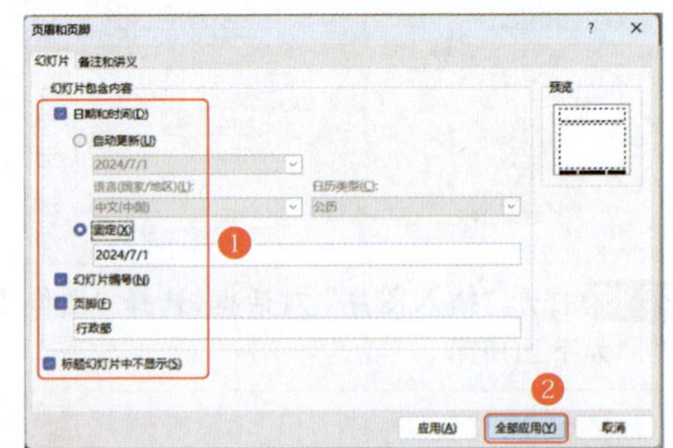

第 2 步 选择日期、页眉和页码占位符，设置字号和加粗效果。完成后单击“幻灯片母版”选项卡下“关闭”组中的“关闭母版视图”按钮，如下图所示。

温馨提示

在幻灯片母版中进行的设置，通常需要在

幻灯片母版视图中进行更改或删除，不能直接在普通视图中进行操作。

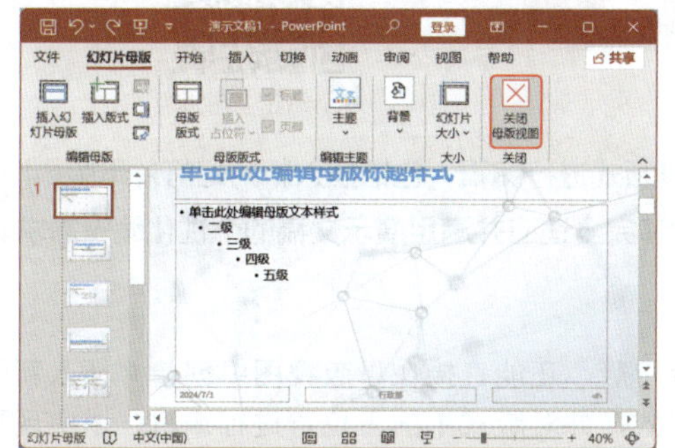

第 3 步 返回到幻灯片普通视图中，按 Enter 键新建一张幻灯片，可以看到设计的幻灯片效果，如下图所示。

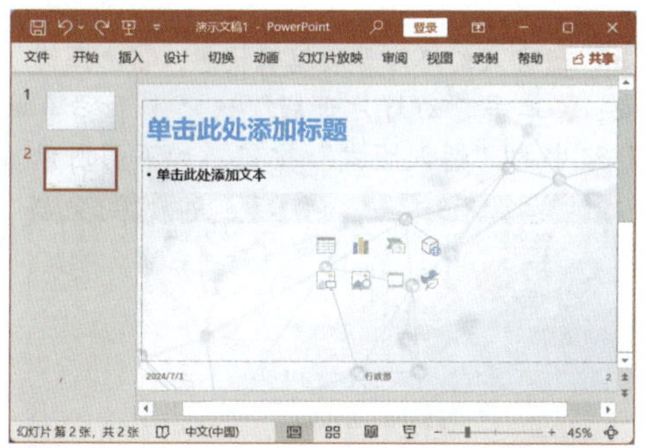

211 调整讲义母版布局，灵活设定每页幻灯片张数

实用指数 ★★★☆☆

>>> 使用说明

为了优化打印效果，可以通过调整讲义母版来设定每张打印纸张上显示的幻灯片数量，从而满足不同的演示文稿打印需求。

>>> 解决方法

在讲义母版中设置幻灯片显示数量的具体操作方法如下。

第 1 步 单击"视图"选项卡下"母版视图"组中的"讲义母版"按钮，进入讲义母版视图。

第 2 步 在讲义页面中显示了幻灯片数量，❶单击"讲义母版"选项卡下"页面设置"组中的"每页幻灯片数量"按钮；❷在弹出的下拉列表中选择需要的选项，如选择"2 张幻灯片"选项，如下图所示。

第 3 步 在讲义页面中显示了设置显示的幻灯片数量，效果如下图所示。

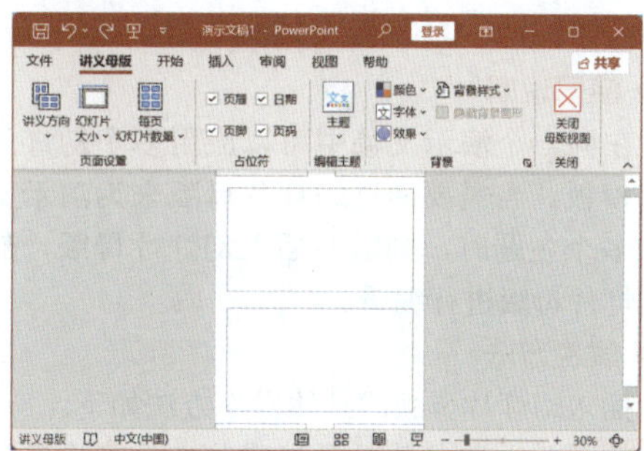

212 设置备注内容，方便记录与分享

实用指数 ★★★☆☆

>>> 使用说明

利用备注母版功能可以方便地设置和定制备注内容，无论是用于个人记录还是团队分享，都能实现高效且条理清晰的备注管理。

>>> 解决方法

在备注母版中添加备注内容的具体操作方法如下。

单击"视图"选项卡下"母版视图"组中的"备注母版"按钮，进入备注母版视图。选择备注框，在其中输入需要的备注内容，然后在"开始"选项卡下的"字体"组中对备注内容的格式进行设置，如下图所示。

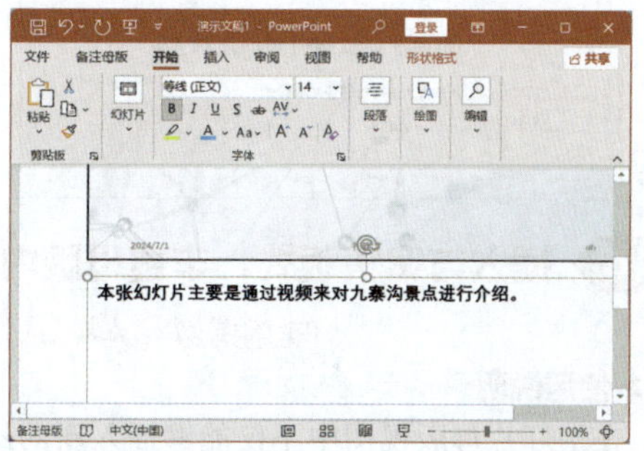

11.2 幻灯片母版编辑技巧

扫一扫 看视频

在幻灯片母版视图中，可以灵活对幻灯片母版及其版式进行编辑，包括插入新的幻灯片母版、添加或删除版式、重命名版式等操作，确保幻灯片母版能够完全适应并满足演示文稿的个性化编辑需求。

213 插入幻灯片母版，构建基础框架

实用指数 ★★★★☆

>>> 使用说明

在同一个演示文稿中可以应用多个幻灯片主题和模板。当需要通过幻灯片母版来为演示文稿添加多个主题时，则需要插入幻灯片母版，然后对幻灯片母版进行编辑。

>>> 解决方法

插入幻灯片母版的具体操作方法如下。

第 1 步 进入幻灯片母版编辑状态，❶选择幻灯片母版；❷单击“幻灯片母版”选项卡下“编辑母版”组中的“插入幻灯片母版”按钮，如下图所示。

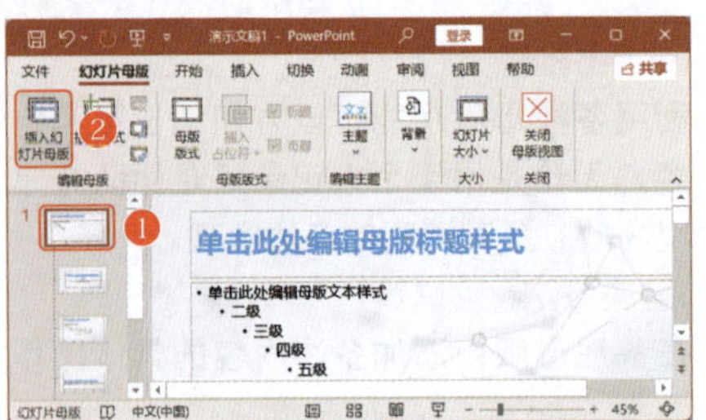

第 2 步 在版式最后插入一个新幻灯片母版，如下图所示。

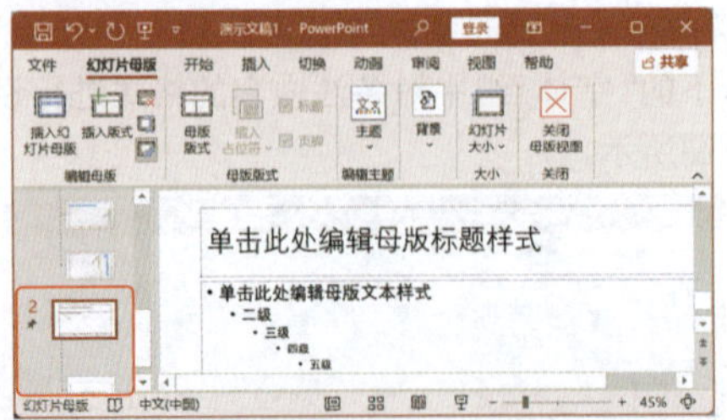

214 插入与编辑版式，丰富母版内容

实用指数 ★★★☆☆

>>> 使用说明

在幻灯片母版视图中不仅能够插入新的幻灯片母版，还能直接在母版视图中创建并插入新的版式，并对版式中的占位符进行编辑，以实现更加个性化和灵活的幻灯片布局设计。

>>> 解决方法

在幻灯片母版中插入版式的具体操作方法如下。

第 1 步 进入幻灯片母版编辑状态，❶选择第 3 个版式；❷单击“幻灯片母版”选项卡下“编辑母版”组中的“插入版式”按钮，如下图所示。

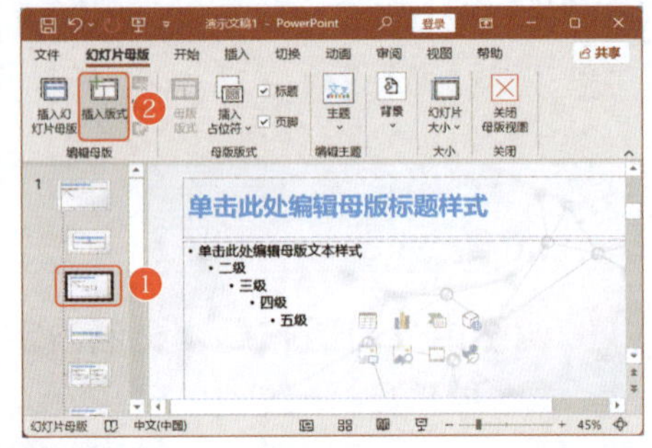

第 2 步 在第 3 个版式下方插入一个新版式，❶单击“幻灯片母版”选项卡下“母版版式”组中的“插入占位符”按钮；❷在弹出的下拉列表中选择需要的占位符，如选择“图片”选项，如下图所示。

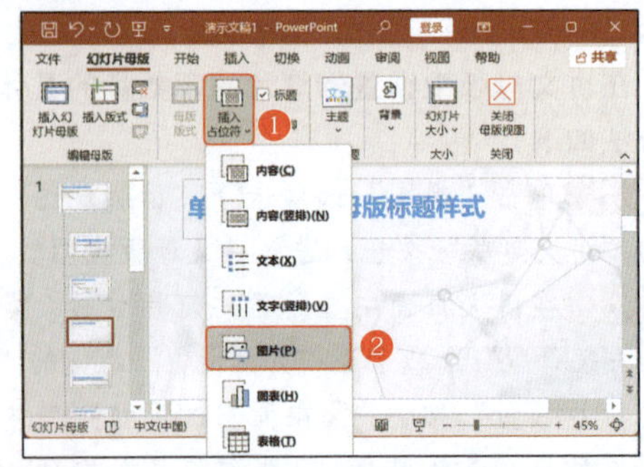

第 3 步 此时，拖动鼠标可在版式中绘制图片占位符，如下图所示。

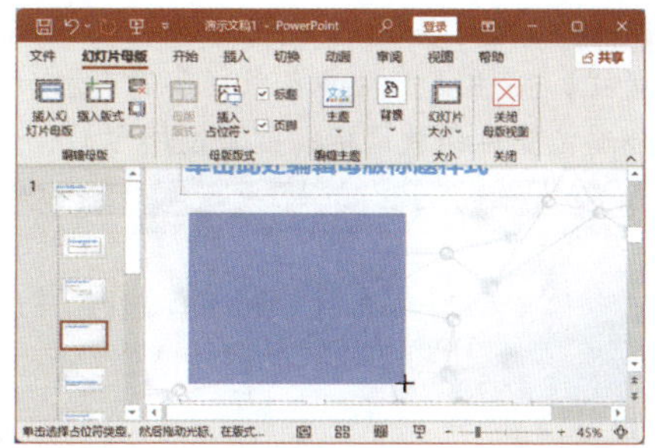

第 4 步 绘制完成后释放鼠标，使用相同的方法继续在图片占位符右侧绘制一个“文本占位符”，效果如下图所示。

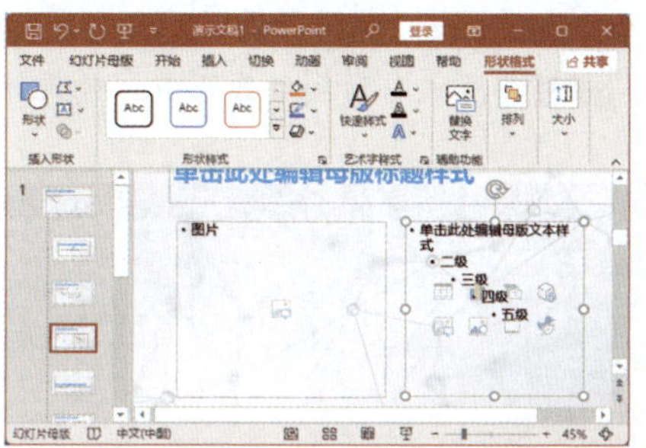

215 删除多余版式，精简母版结构

实用指数 ★★★☆☆

>>> 使用说明

当幻灯片母版视图中包含过多的幻灯片母版或版式，且其中一部分不再需要时，为了更有效地管理版式，可以方便地选择并删除这些无用的母版或版式。

>>> 解决方法

在幻灯片母版视图中删除多余版式的具体操作方法如下。

第 1 步 ❶按住 Ctrl 键的同时，选择幻灯片母版中需要删除的不连续的版式；❷单击“幻灯片母版”选项卡下“编辑母版”组中的“删除幻灯片”按钮，如下图所示。

第 2 步 将选择的幻灯片版式删除，效果如下图所示。

216 重命名母版与版式，提升管理效率

实用指数 ★★★☆☆

>>> 使用说明

为了提升记忆与查找效率，可以对插入的幻灯片母版和版式进行重命名，使其名称更加直观易懂，便于后续管理与使用。

>>> 解决方法

在幻灯片母版中重命名母版和版式的具体操作方法如下。

第 1 步 ❶选择第 4 个幻灯片版式；❷单击“幻灯片母版”选项卡下“编辑母版”组中的“重命名”按钮；❸打开“重命名版式”对话框，在“版式名称”文本框中输入幻灯片母版版式名称；❹单击“重命名”按钮，如下图所示。

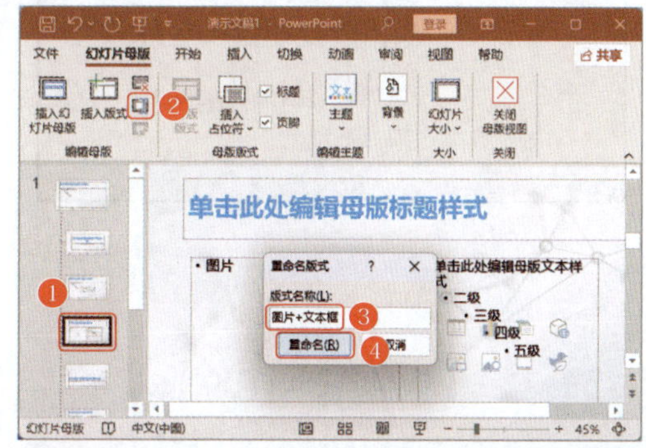

第 2 步 将幻灯片母版版式的名称命名为更改的名称，退出幻灯片母版视图，返回幻灯片普通视图中。❶单击“开始”选项卡下“幻灯片”组中的“版式”按钮；❷在弹出的下拉列表中可以看到重命名幻灯片母版版式后的效果，如下图所示。

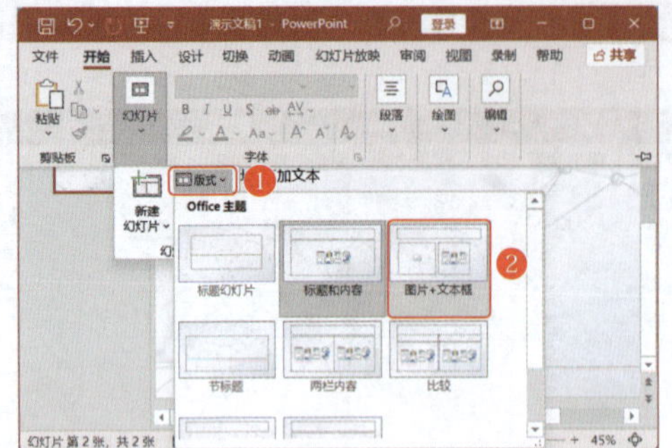

217 移动与复制版式，灵活调整布局

实用指数 ★★★☆☆

>>> 使用说明

在幻灯片母版的设计过程中，用户可以灵活地对母版中的版式进行移动和复制操作，以满足多样化的布局需求。

>>> 解决方法

在幻灯片母版中移动和复制版式的具体操作方法如下。

第 1 步 ❶在幻灯片母版视图中选择标题页幻灯片版式；❷在其上右击，在弹出的快捷菜单中选择“复制版式”命令，如下图所示。

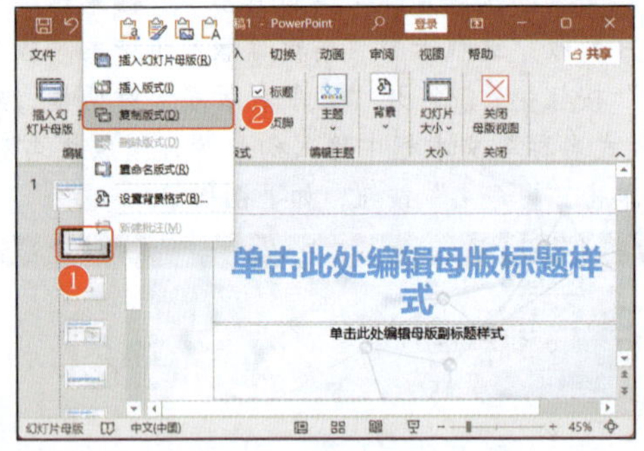

第 2 步 在所选版式下复制一个相同的版式，选择该版式，按住鼠标左键不放向下进行拖动，拖动到合适位置后释放鼠标，如下图所示。

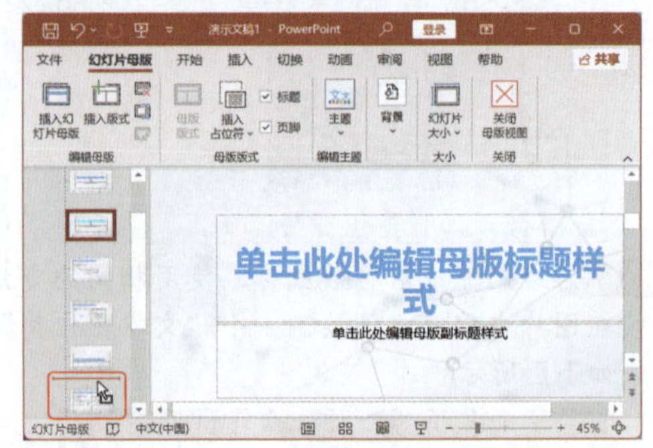

第 3 步 可将版式移动到红线下方，效果如下图所示。

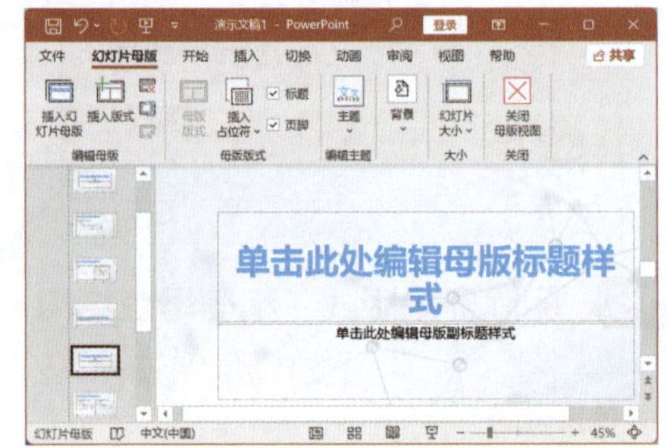

第12章

多媒体融合生动呈现：PPT多媒体应用技巧

在幻灯片中巧妙地嵌入音频和视频等多媒体元素，能够显著提升演示的吸引力和互动性，使内容表达更加生动鲜活，加深观众的理解与记忆。为了最大化音频与视频等多媒体文件在演示中的效用，PowerPoint 2021精心设计了多样化的插入与高级设置选项。本章将深入剖析一系列实用技巧，旨在助力用户高效利用这些功能，打造更加引人入胜的演示体验。

下面来看看以下一些在处理音频和视频过程中经常遇到的问题，请自行检测是否已掌握相应的解决方法或准备学习这些技巧。

- 在幻灯片中可以通过哪些途径插入音频文件？
- 在PPT中插入的音频文件是否可以设置为仅在当前幻灯片放映时播放，或者设置为在整个PPT放映过程中循环播放？
- 插入的音频文件太长了，能不能进行剪辑？
- 图像集中的视频怎么插入？
- 视频的显示画面不美观，可以将喜欢的画面设置为视频封面吗？
- 怎么将视频中的某一帧的画面设置为视频的封面？

希望通过本章内容的学习，读者能够轻松解决上述关于音频和视频处理的问题，并熟练掌握利用多媒体文件增强幻灯片播放效果的技巧。

12.1 音频文件使用技巧

扫一扫 看视频

在创作演示文稿时，为了丰富观众的听觉体验，可以在演示文稿中插入音频文件，并且可以调整音频时长、属性及图标效果，确保音频与演示文稿的整体风格和谐统一，提升演示的吸引力和感染力。

218 一键插入音频，让幻灯片更生动

实用指数 ★★★★★

>>> 使用说明

通过 PowerPoint 2021 的便捷音频插入功能，能够轻松地将所需音频文件融入幻灯片中，瞬间为演示增添活力与趣味性，使内容更加引人入胜。

>>> 解决方法

例如，在幻灯片中插入计算机中保存的音频文件，具体操作方法如下。

第 1 步 打开素材文件（位置：素材文件\第 12 章\如何高效阅读一本书 .pptx），❶选择第 1 张幻灯片；❷单击“插入”选项卡下“媒体”组中的“音频”按钮；❸在弹出的下拉列表中选择“PC 上的音频”选项，如下图所示。

第 2 步 打开“插入音频”对话框，❶在地址栏中设置插入音频保存的位置；❷选择需要插入的音频文件“轻音乐 .mp3”；❸单击“插入”按钮，如下图所示。

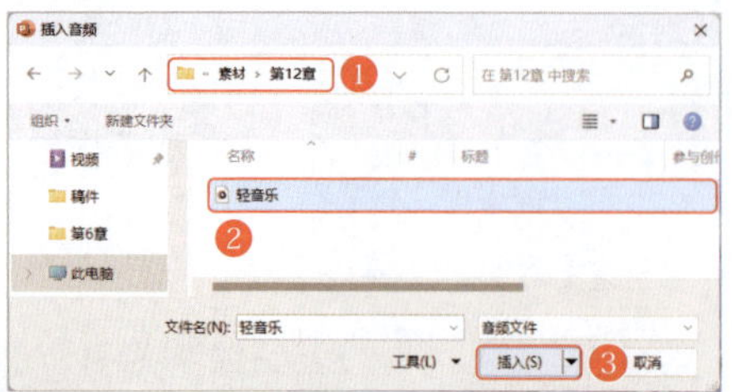

第 3 步 选择的音频文件将插入幻灯片中，并在幻灯片中显示音频文件的图标，效果如下图所示。

知识拓展

在“插入”选项卡下“媒体”组中的“音频”下拉列表中选择“录制音频”选项，打开“录制声音”对话框。在“名称”文本框中输入声音名称，单击 ◉ 按钮开始录制声音；录制完成后单击 □ 按钮暂停，再单击“确定”按钮，如下图所示。

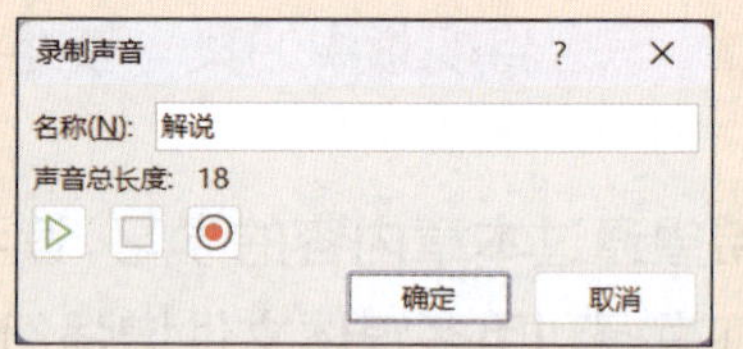

219 美化声音图标，提升演示效果

实用指数 ★★★☆☆

>>> 使用说明

在幻灯片中插入音频文件后，默认的小喇叭图标有时可能与整体布局不相协调。为了提升幻灯片的视觉美感与统一性，可以灵活地将声音图标替换为与演示主题相契合的精美图片，从而实现布局上的和谐与美观。

>>> 解决方法

对幻灯片中的音频文件图标可以像图片一样进行编辑和美化操作，具体操作方法如下。

第 1 步 ❶选择声音图标，单击“音频格式”选项卡下“调整”组中的“颜色”按钮；❷在弹出的下拉列表中选择“橙色，个性色 2 浅色”选项，如下图所示。

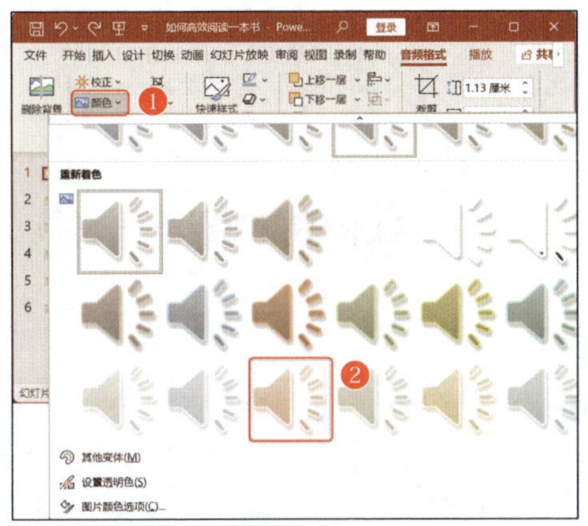

第 2 步 保持声音图标的选择状态，❶单击“音频格式”选项卡下“图片样式”组中的“快速样式”按钮；❷在弹出的下拉列表中选择“简单框架，白色”选项应用于声音图标，如下图所示。

220 剪辑音频多余部分，精练内容

实用指数 ★★★★☆

>>> 使用说明

在幻灯片中，若插入的音频文件播放时长超出需求或仅需保留其高潮段落，可以通过适当的裁剪操作来优化音频内容，确保演示的流畅性和重点的突出。

>>> 解决方法

对音频进行裁剪的具体操作方法如下。

第 1 步 ❶选择声音图标；❷单击“播放”选项卡下“编辑”组中的“剪裁音频”按钮，如下图所示。

第 2 步 打开“剪裁音频”对话框，❶将鼠标光标移动到▌图标上，当鼠标光标变成⟺形状时，按住鼠标左键不放向左拖动调整声音播放的结束时间；❷单击▶按钮对剪裁的音频进行试听；❸试听完成后，确认不再剪裁后，单击“确定”按钮确认，如下图所示。

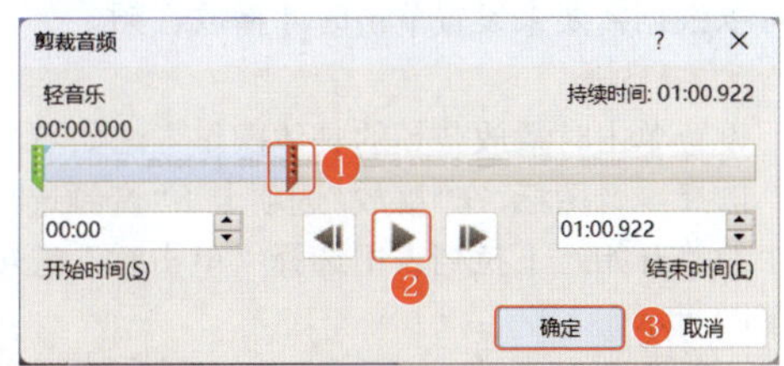

温馨提示

在“剪裁音频”对话框中的“开始时间”和“结束时间”数值框中可以直接输入音频的开始时间和结束时间进行剪裁。

221 为音频添加淡入和淡出效果，提升听觉体验

实用指数 ★★★☆☆

>>> 使用说明

淡入效果是指音频在开始播放时，音量由低逐渐增强至正常播放水平，营造出一种柔和的开场氛围；而淡出效果则是指音频在即将结束时，音量由正常播放水平逐渐减弱至完全消失，为观众带来平滑的收尾体验。

>>> 解决方法

为幻灯片中的音频添加淡入和淡出效果的具体操作方法如下。

选择声音图标，在“播放”选项卡下“编辑”

组中的“渐强”数值框中输入音频淡入时间，在“渐弱”数值框中输入音频淡出时间，如下图所示。

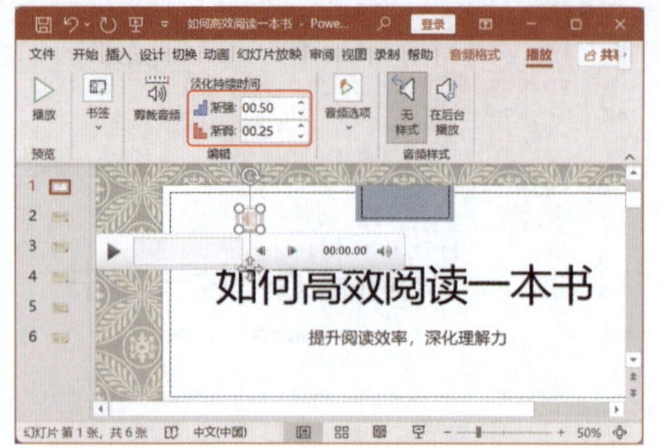

222 精确操控，确保音频播放时间

实用指数 ★★★☆☆

>>> 使用说明

默认情况下，声音图标在演示文稿的哪种幻灯片上，放映到该幻灯片时便会自动播放，当然也可以根据需要来设置单击时才播放音频。

>>> 解决方法

设置单击时播放音频的具体操作方法如下。

选择声音图标，在“播放”选项卡下“音频选项”组中的“开始”下拉列表中选择“单击时”选项，如下图所示。

223 跨幻灯片播放音频，声音无缝贯穿多个幻灯片

实用指数 ★★★★★

>>> 使用说明

默认情况下，PPT 中的音频仅在所在幻灯片放映时播放。为营造持续氛围，可设置音频跨幻灯片播放，确保声音贯穿整个演示过程，增强连贯性和沉浸感。

>>> 解决方法

设置音频跨幻灯片播放的具体操作方法如下。

❶选择声音图标；❷在“播放”选项卡下“音频选项”组中勾选“跨幻灯片播放”复选框，如下图所示。

224 循环播放音乐，营造持续氛围

实用指数 ★★★★★

>>> 使用说明

在 PPT 中，默认情况下音乐播放一遍后会自动停止，若演示还未完成但音乐停止了，则有可能破坏现场氛围。因此，可以通过设置让音频循环播放，以确保音乐持续伴随整个演示过程，维护氛围的连贯与和谐。

>>> 解决方法

让音乐循环播放的具体操作方法如下。

❶选择声音图标；❷在“播放”选项卡下“音频选项”组中勾选“循环播放，直到停止”复选框，如下图所示。

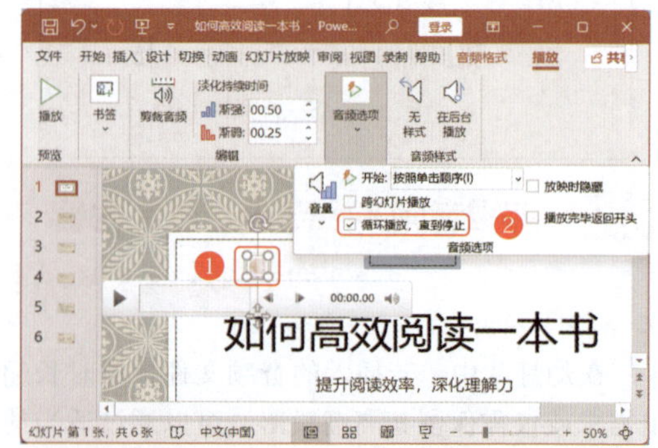

知识拓展

在“音频选项”组中勾选“放映时隐藏”复选框，在播放幻灯片中的音频时，会隐藏幻灯片中的声音图标。

12.2 视频文件使用技巧

在幻灯片的制作中，除音频外，视频文件同样是不可或缺的元素。下面将深入介绍视频文件的插入方法及其高效设置技巧，帮助用户打造生动丰富的演示内容。

225 轻松插入计算机中保存的视频

实用指数 ★★★★★

>>> 使用说明

PowerPoint 2021 内置强大的视频功能，允许用户无缝插入计算机中存储的视频文件，从而显著提升幻灯片的视觉吸引力和动态展示效果。

>>> 解决方法

例如，在“景点介绍”演示文稿中插入计算机中保存的视频文件，具体操作方法如下。

第 1 步 打开素材文件(位置：素材文件\第12章\景点介绍.pptx)，❶选择第 3 张幻灯片；❷单击“插入”选项卡下“媒体”组中的“视频”按钮；❸在弹出的下拉列表中选择“此设备”选项，如下图所示。

第 2 步 打开“插入视频文件”对话框，❶在地址栏中设置计算机中视频保存的位置；❷选择需要插入的视频文件“九寨沟”；❸单击“插入”按钮，如下图所示。

第 3 步 将选择的视频文件插入幻灯片中，选择视频图标，可以像调整图片、形状一样调整视频图标的大小和位置，效果如下图所示。

226 在幻灯片中插入库存视频

实用指数 ★★★☆☆

>>> 使用说明

库存视频是指 PowerPoint 2021 软件内置的一组预置视频素材，尽管其数量有限，但用户仍然可以直接将这些视频无缝插入演示文稿的幻灯片中，以满足特定的展示需求。

>>> 解决方法

在幻灯片中插入库存视频的具体操作方法如下。

第 1 步 ❶选择第 3 张幻灯片；❷单击“插入”选项卡下“媒体”组中的“视频”按钮；❸在弹出的下拉列表中选择“库存视频”选项，如下图所示。

第 2 步 打开“图像集”对话框，❶在搜索框中输入视频关键字“森林”；❷在下方的列表框中显示搜索到的结果，选中视频的单选按钮；❸单击“插入”按钮，如下图所示。

第 3 步 开始下载视频，下载完成后将插入所选择的幻灯片中，效果如下图所示。

知识拓展

在 PowerPoint 2021 支持的联机视频网站中打开需要的视频，并复制视频的链接。然后在“视频”下拉列表中选择“联机视频”选项，打开如下图所示的对话框，在其中粘贴视频的链接，单击“插入”按钮即可。

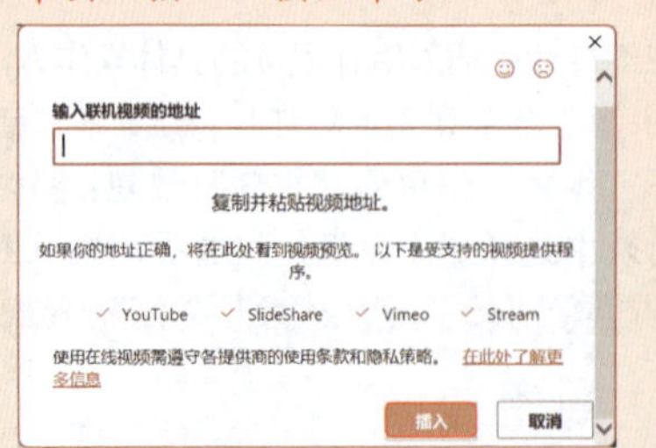

227 插入屏幕录制视频，展示实时操作

实用指数 ★★★☆☆

>>> 使用说明

若需要展示网站视频中的特定片段或实际操作步骤，用户可以通过屏幕录制功能有针对性地录制所需内容，并随后将录制的视频文件插入幻灯片中，以实现更加个性化和精确的演示效果。

>>> 解决方法

例如，在“景点介绍”演示文稿中插入录制的网页视频，具体操作方法如下。

第 1 步 先打开视频所在的网站，如下图所示。

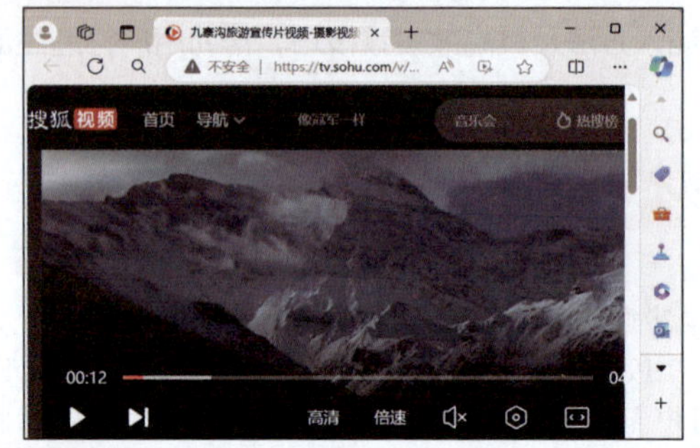

第 2 步 打开素材文件（位置：素材文件\第 12 章\景点介绍.pptx），在第 3 张幻灯片中单击“插入”选项卡下“媒体”组中的“屏幕录制”按钮，如下图所示。

第 3 步 此时将自动切换到系统桌面正显示的网页视频播放窗口，并且窗口以灰色半透明状显示。单击工具栏中的“选择区域”按钮，如下图所示。

第 4 步 此时，鼠标光标变成 ＋ 形状，拖动鼠标绘制需要截取的屏幕区域，绘制完成后开始播放

视频，并单击工具栏中的“录制”按钮，如下图所示。

第 5 步 开始录制视频，❶录制完成后单击工具栏中的“暂停”按钮暂停录制；❷单击工具栏右上角的×按钮，如下图所示。

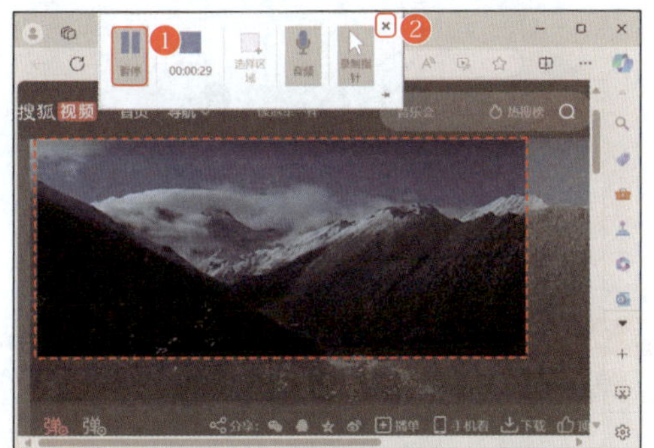

第 6 步 将录制的视频插入幻灯片中，如下图所示。

228 按需剪辑视频，精确控制内容展示

实用指数 ★★★★☆

>>> 使用说明

在幻灯片中插入视频后，用户可以根据实际需求对视频的开始部分和结束部分进行剪裁，以确保视频内容更加贴合演示需求，提升整体演示的流畅性和专业性。

>>> 解决方法

对视频进行剪裁的具体操作方法如下。

第 1 步 ❶选择幻灯片中的视频图标；❷单击“播放”选项卡下“编辑”组中的“剪裁视频”按钮，如下图所示。

第 2 步 打开“剪裁视频”对话框，❶在“开始时间”和“结束时间”数值框中输入视频的开始时间和结束时间，单击▶按钮查看视频；❷确认后单击“确定”按钮，如下图所示。

229 设置视频播放选项，实现个性化播放控制

实用指数 ★★★★★

>>> 使用说明

对于幻灯片中插入的视频，还需要细致设置视频选项，以确保视频能够按照需求进行流畅、适宜的播放。

>>> 解决方法

对视频设置播放选项的具体操作方法如下。

第 1 步 选择视频，在“播放”选项卡下“视频选项”组中勾选相应的复选框进行设置。例如，勾选“全屏播放”复选框，如下图所示。

第 2 步 放映幻灯片时，放映完第 3 张幻灯片后会全屏放映视频，效果如下图所示。

230 添加书签，实现跳转播放

实用指数 ★★★★☆

>>> 使用说明

在幻灯片中播放视频时，若需要频繁回顾或重复播放某段特定内容，而又希望保持视频完整性不进行剪裁，可以通过为视频设置书签的方式来实现，这样单击书签时，可自动从书签处开始播放。

>>> 解决方法

为视频添加书签，实现视频跳转播放，具体操作方法如下。

第 1 步 ❶选择幻灯片中的视频，单击下方进度条中的▶按钮开始播放视频，当视频播放到需要添加书签的位置时，单击⏸按钮暂停；❷单击“播放”选项卡“书签”组中的“添加书签”按钮，如下图所示。

第 2 步 在视频暂停的位置添加一个黄色圆点，也就是书签。继续再添加一个标签，然后单击第 1 个书签，如下图所示。

第 3 步 从第 1 个书签处开始播放视频，如下图所示。

知识拓展

若书签位置添加有误，可以单击相应的标签，单击“播放”选项卡下“书签”组中的“删除书签”按钮删除当前书签，再根据需要重新添加书签。

231 选取视频某一画面作为视频封面

实用指数 ★★★☆☆

>>> 使用说明

在幻灯片中嵌入视频后，默认显示的视频图标画面通常是视频的第 1 个场景。为了提升幻灯片的整体视觉美感，可以手动选取视频中视觉效果更佳的一帧作为视频图标的展示画面，从而确保视频图标与幻灯片风格和谐统一。

>>> 解决方法

将视频中的某一帧画面设置为视频封面的具体操作方法如下。

第 1 步 单击▶按钮播放视频，当播放到需要的画面时，单击⏸按钮暂停播放，❶单击“视频格式”选项卡下“调整”组中的“海报框架”按钮；❷在弹出的下拉列表中选择“当前帧”选项，如下图所示。

第 2 步 将当前画面标记为视频的显示画面，如下图所示。

知识拓展

在“海报框架”下拉列表中选择“文件中的图像”选项，打开“插入图片”对话框。按照提示进行操作，可以将视频图标的显示画面更改为其他图片。

若对设置的视频封面不满意，那么可以在“海报框架”下拉列表中选择“重置”选项，使视频显示画面恢复到默认状态。

232 应用视频样式，美化视频展示效果

实用指数 ★★★☆☆

>>> 使用说明

PowerPoint 2021 内置了丰富的视频样式选项，能够迅速美化视频图标，让演示文稿更加专业且更具吸引力。

>>> 解决方法

为视频图标应用内置视频样式的具体操作方法如下。

第 1 步 ❶选择视频图标，单击“视频格式”选项卡下“视频样式”组中的“视频样式”按钮；❷在弹出的下拉列表中选择需要的视频样式，如选择“简单框架，白色”选项，如下图所示。

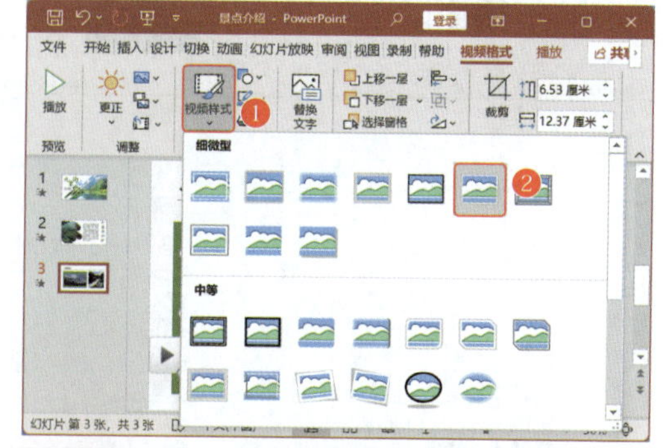

第 2 步 为视频图标应用选择的视频样式，效果如下图所示。

233 更改视频形状，适应不同演示场景

实用指数 ★★★★☆

>>> 使用说明

如果视频图标的外观与当前幻灯片的布局不协调，可以利用 PowerPoint 2021 的视频形状调整功能轻松更改视频图标的形状，以完美匹配幻灯片设计需求。

>>> 解决方法

更改视频图标形状的具体操作方法如下。

第 1 步 ❶选择视频图标，单击“视频格式”选项卡下“视频样式”组中的“视频形状”按钮；❷在弹出的下拉列表中选择需要的形状，如下图所示。

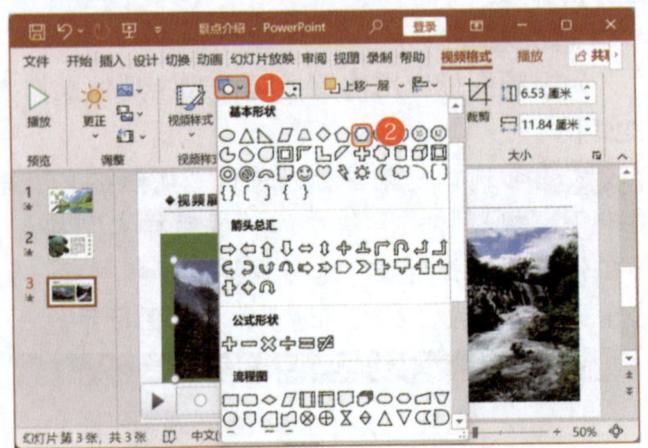

第 2 步 将视频图标更改为选择的形状外观效果，如下图所示。

第13章

动画过渡生动有趣：PPT过渡效果与动画技巧

在现代商务演示中，一份生动有趣的PPT不仅可以吸引观众的注意力，更能够提升演示的专业度和影响力。而动画过渡与动画技巧，正是让PPT变得生动有趣的关键所在。通过巧妙的动画设置，不仅可以吸引观众的注意力，还能提升演示文稿的专业性和视觉冲击力。本章将带领读者深入探索PPT动画过渡的奥秘，揭示幻灯片切换效果与动画设置的技巧，让演示文稿焕然一新。

下面来看看以下一些PPT过渡效果和动画设计中常见的问题，请自行检测是否会处理或已掌握。

- 你是否曾经觉得自己的PPT过渡效果过于单调，缺乏吸引力？
- 如何个性化设置切换效果参数，让幻灯片切换更加自然流畅？
- 你是否知道如何为幻灯片切换添加声音，增强观众的听觉体验？
- 如何利用动画技巧，让幻灯片中的对象呈现出独特的视觉效果？
- 你是否了解如何通过调整动画播放顺序和计时，确保演示的节奏和连贯性？
- 如何利用触发动画和声音效果增强演示的交互性和冲击力？

希望通过本章内容的学习，读者能够解决以上问题，并掌握PPT动画过渡的核心技巧，让演示文稿在视觉上更具吸引力，在听觉上更加生动。

13.1 幻灯片切换效果设置技巧

完整的幻灯片演示不仅局限于单张幻灯片的精彩呈现，幻灯片之间的切换效果同样至关重要。它们能够增添演示的趣味性，提升观众的视觉享受，同时也能够让演示流程更加流畅自然。本节将深入讲解幻灯片切换效果设置技巧，包括如何为幻灯片赋予炫酷切换效果、个性化设置切换效果参数、为幻灯片切换添加声音以及精确设置切换时间和方式等。接下来一起探索这些技巧，将幻灯片演示提升到一个新的高度吧！

234 为幻灯片赋予炫酷切换效果

实用指数 ★★★★★

>>> 使用说明

在制作幻灯片时，赋予其炫酷的切换效果是一种提高演示文稿观赏性和吸引观众注意力的有效方法。

>>> 解决方法

PowerPoint 2021 中提供了很多幻灯片切换动画效果，用户可以根据幻灯片的内容和主题选择与之相匹配的切换效果，使上一幻灯片与下一幻灯片之间的切换更自然。

例如，如果幻灯片内容较为严肃，可以选择渐变或推移等稳重型的切换效果；如果幻灯片内容较为活泼，可以尝试使用动画、旋转等生动有趣的切换效果。

在设置幻灯片的切换效果时，可以先挑选一个广受欢迎且应用广泛的幻灯片效果作为整体的基调。随后，利用“应用到全部”这一便捷功能，将这一效果迅速应用于演示文稿中的所有幻灯片，从而确保整体风格的统一性和协调性。当然，为了满足某些特定幻灯片的个性化需求，还需要针对这些幻灯片单独进行设置，赋予它们独特的切换效果。通过这种结合批量设置与个别调整的方式，能够显著提高工作效率，让演示文稿的制作过程更加流畅、高效。

例如，要为“人力资源工作总结”演示文稿中的所有幻灯片设置切换效果，具体操作方法如下。

第 1 步 打开“人力资源工作总结”演示文稿，❶选择第 1 张幻灯片；❷单击“切换”选项卡下“切换到此幻灯片”组中的“切换效果”按钮；❸在弹出的下拉列表中选择需要的切换效果选项，如选择“平滑”选项，如下图所示。

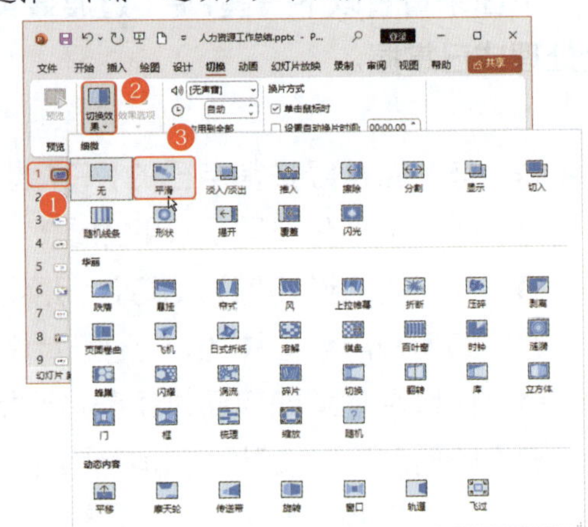

第 2 步 经过以上操作后，即可为所选幻灯片添加对应的页面切换效果，并预览到一次效果。如果想再次查看切换效果，可以单击“预览”按钮，如下图所示。

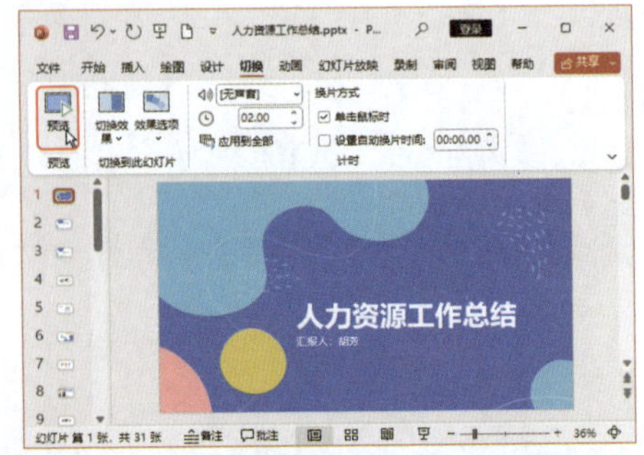

第 3 步 单击“计时”组中的“应用到全部”按钮，如下图所示，即可将刚刚设置的“平滑”切换效果应用到该演示文稿的所有幻灯片中。

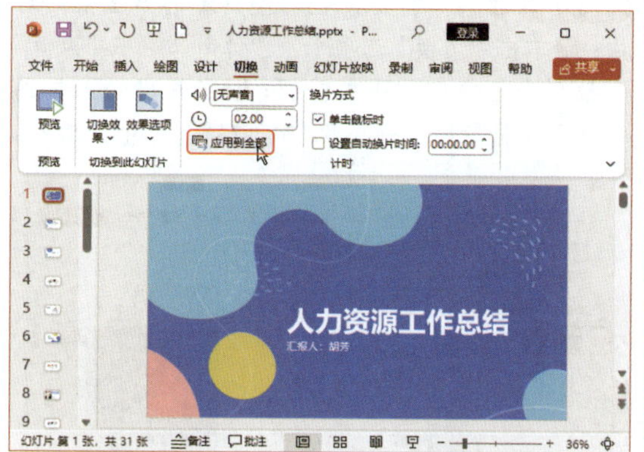

第 4 步 为幻灯片添加切换效果后，在幻灯片窗格中的幻灯片编号下会添加★图标。如果窗格太窄没有显示出来，可以单击状态栏中的“幻灯片浏览”图标 ，切换到幻灯片浏览视图，这时可以看到添加了切换效果的幻灯片缩览图右下方添加了★图标。这里在所有幻灯片缩览图右下方都添加了★图标，如下图所示。

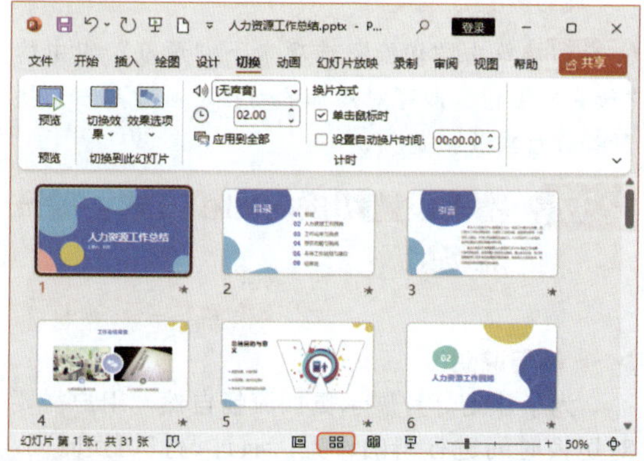

第 5 步 ❶选择需要单独设置切换效果的幻灯片，如第 4 张幻灯片；❷单击“切换”选项卡下“切换到此幻灯片”组中的“切换效果”按钮；❸在弹出的下拉列表中选择需要的切换效果选项，如选择“推入”选项，如下图所示。

温馨提示

一个演示文稿中不适合拥有太多种不同的页面切换效果。

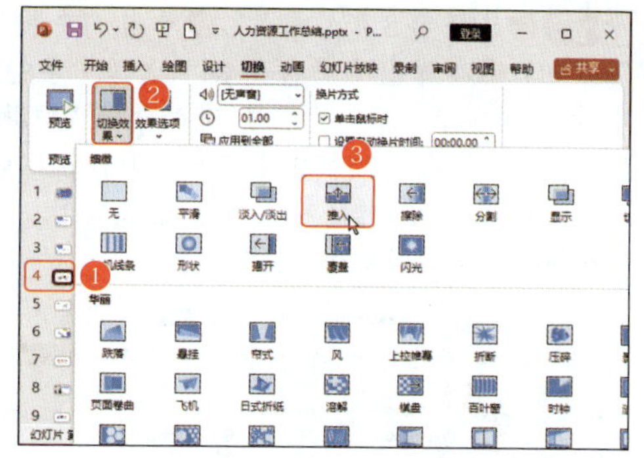

235 个性化设置切换效果参数

实用指数 ★★★★★

>>> 使用说明

为幻灯片添加切换动画后，为了让幻灯片的切换更加符合个人风格和内容特点，用户可以对切换效果的参数进行个性化设置。

>>> 解决方法

PowerPoint 2021 中，不同的幻灯片切换动画，其提供的可设置切换效果参数不同。用户可以通过选择来预览不同的效果。

例如，在“人力资源工作总结”演示文稿中对部分幻灯片切换动画的切换效果进行设置，具体操作方法如下。

第 1 步 ❶选择第 2 张幻灯片；❷单击“切换”选项卡下“切换到此幻灯片”组中的“效果选项”按钮；❸在弹出的下拉列表中可以看到“平滑”切换动画提供了 3 种可设置的切换效果参数，选择需要的切换效果选项，如选择“文字”选项，如下图所示。预览效果时，可以发现“文字”参数通过在本张和上一张幻灯片中查找相同的词语，然后设置为“平滑”切换动画，同时实现页面的切换。

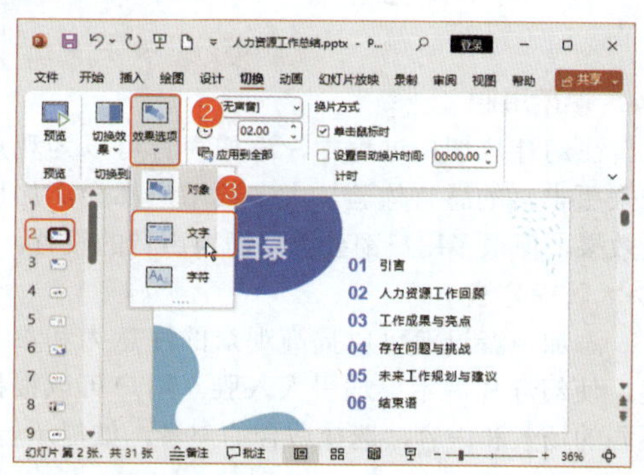

第 2 步 ❶选择第 3 张幻灯片；❷单击“效果选项”按钮；❸在弹出的下拉列表中选择“字符”选项，如下图所示。预览效果时，可以发现“平滑”切换动画的“字符”切换效果参数是通过在本张和上一张幻灯片中找相同的文字，然后设置为“平滑”切换动画，同时实现页面的切换。

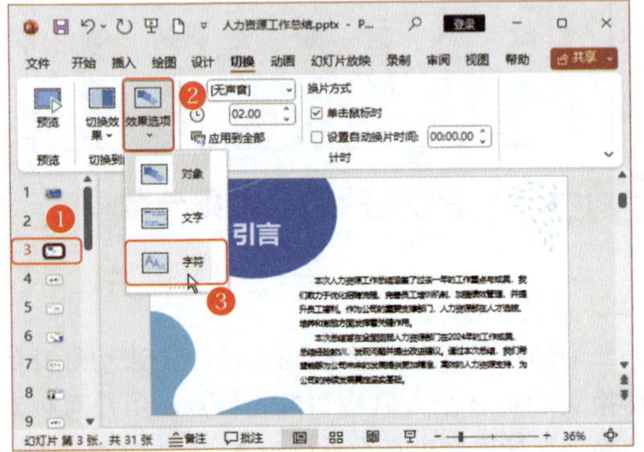

第 3 步 ❶选择第 4 张幻灯片；❷单击“效果选项”按钮；❸在弹出的下拉列表中选择“自左侧”选项，如下图所示。此时，该幻灯片的“推入”切换动画方向将变为从左侧推入。

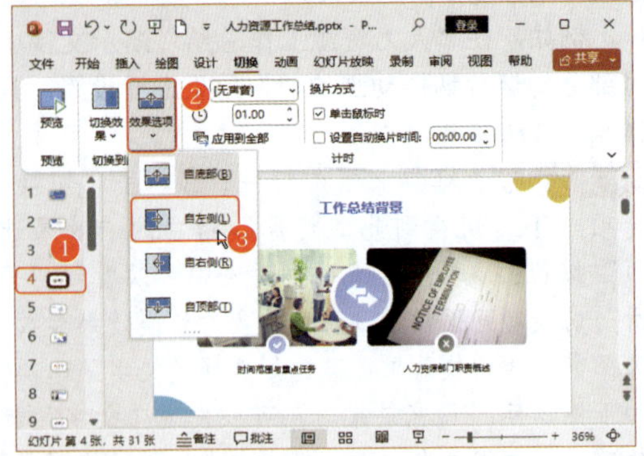

236 为幻灯片切换添加声音，增强听觉体验

实用指数 ★★★☆☆

>>> 使用说明

在幻灯片切换过程中，添加声音可以为观众带来更丰富的感官体验。大多数用户都会添加切换效果，但很多用户都会忽略切换声音的设置。

>>> 解决方法

添加声音过渡可以提高观众的注意力和参与度，使幻灯片展示更加引人入胜。用户可以根据不同的场景和内容，选择适合的声音，如提示音、背景音乐等。

例如，要为“人力资源工作总结”演示文稿中的幻灯片添加切换声音，具体操作方法如下。

第 1 步 ❶选择需要设置切换声音的第 1 张幻灯片；❷单击“切换”选项卡下“计时”组中“声音”下拉列表框右侧的下拉按钮；❸在弹出的下拉列表中选择需要使用的声音，如“鼓掌”，如下图所示。

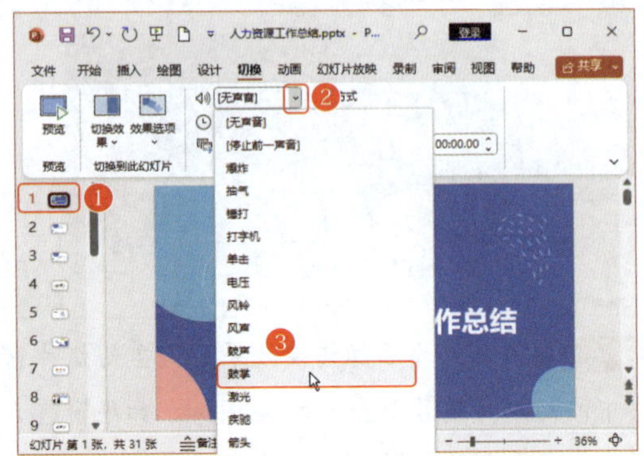

知识拓展

在“声音”下拉列表中选择“其他声音”选项，在打开的对话框中可以选择本地计算机中保存的音频文件作为切换声音。在设置声音时，应注意音量须适中，避免过于刺耳或影响观众的听觉舒适度。

第 2 步 单击“切换”选项卡下“预览”组中的“预览”按钮，即可对添加的切换动画效果和切换声音进行播放预览。

237 精确设置切换时间和方式，提升流畅度

实用指数 ★★★★☆

>>> 使用说明

为了让幻灯片展示更加流畅自然，用户需要对切换时间进行精确设置。通过调整切换时间，使幻灯片在播放时能够实现平滑过渡，提高观众的观看体验。

此外，默认情况下，幻灯片进行放映时，只有单击幻灯片才会进行页面切换。但如果是在某些特定的场合下进行演讲，演讲者是不能或不方便操作的，这时就需要将幻灯片设置为自动切换。

>>> 解决方法

为幻灯片添加切换动画效果后，可以根据实际情况对动画效果的放映时间进行控制，从而调

整整个切换动画的快慢。

此外，用户还可以设置切换方式，如手动单击播放下一张幻灯片或自动播放。在设置自动播放时，可以利用计时器功能，确保幻灯片按照预定的顺序和时间自动切换，提升整体展示效果。

例如，继续上例操作，调整第 2 张幻灯片的切换时间和切换方式，具体操作方法如下。

第 1 步 ❶选择第 2 张幻灯片，❷在“切换”选项卡下“计时”组中的“持续时间”数值框中输入幻灯片切换持续的时间，如输入“02.50”，如下图所示。此时，会放慢整个页面切换动画效果。

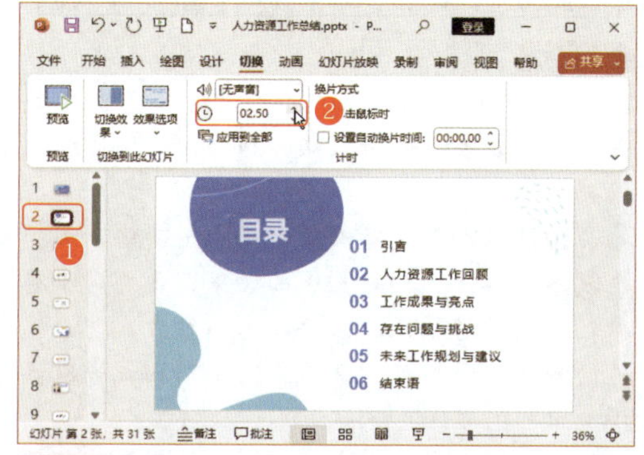

第 2 步 在“计时”组中勾选“设置自动换片时间”复选框，并设置切换时间，如下图所示。这意味着，在放映幻灯片时，如果在 1 分 30 秒内单击，就切换到下一张幻灯片；如果没有在此时间内单击，到 1 分 30 秒后也会自动切换到下一张幻灯片。

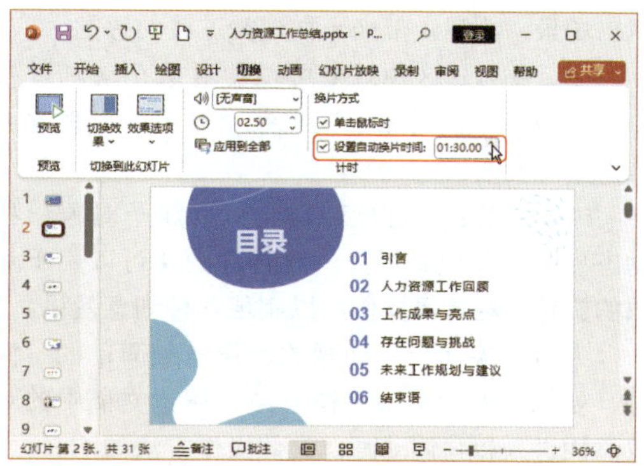

小提示

如果需要为演示文稿中的所有幻灯片添加页面切换效果，可以先设置大多数幻灯片都采用的页面切换效果，同时设置好切换效果参数、声音、切换时间和方式等，再单击“应用到全部”按钮，最后单独设置少数幻灯片需要的页面切换效果。若要删除幻灯片中的切换效果，可以在“切换效果”下拉列表中选择“无”选项。

13.2 幻灯片对象动画设置技巧

扫一扫　看视频

除了为幻灯片添加页面切换效果，还可以为幻灯片中的元素添加切换动画，让演示更加生动有趣。本节将详细介绍幻灯片对象动画设置的技巧，从简单的单个动画效果添加，到复杂的自定义路径动画设置，再到动画播放顺序的调整和动画效果的精确控制，让用户能够轻松掌握幻灯片动画设置的精髓。

238 轻松为对象添加单个动画效果

实用指数 ★★★★★

>>> 使用说明

在 PPT 中，为对象添加单个动画效果是一种常见的操作。通过运用各种动画效果，可以让静态的内容焕发出活力，提升视觉效果。

>>> 解决方法

PowerPoint 2021 中内置了多种动画效果，包括进入动画、强调动画、退出动画以及动作路径等 4 种类型的动画效果，每种动画效果下又包含了多种相关的动画，不同的动画效果能带来不一样的效果。用户可以根据实际情况为幻灯片中的对象添加动画。

选择动画效果时，应考虑与幻灯片内容的匹配度以及整体演示的连贯性。常用的动画有以下几种。

（1）淡化：这是一种让对象从无到有，或者从有到无的动画效果。它可以用于对象的进入和退出场景，给观众带来一种视觉过渡的感觉。

（2）缩放：这种效果可以使对象在动画过程中变大或变小，常用于突出某个对象或在视觉上强调某一元素。

（3）旋转：通过旋转动画可以赋予对象一种动态感，使其更具活力。旋转动画还可以用于对象的旋转、翻转等操作，以实现各种创意效果。

为对象添加单个动画的操作是最简单的。例如，要为“人力资源工作总结”演示文稿中的对象添加进入和强调动画，具体操作方法如下。

第1步 打开“人力资源工作总结”演示文稿，❶选择第8张幻灯片中右侧的第1个文本框；❷单击“动画”选项卡下“动画”组中的“动画样式”按钮，如下图所示。

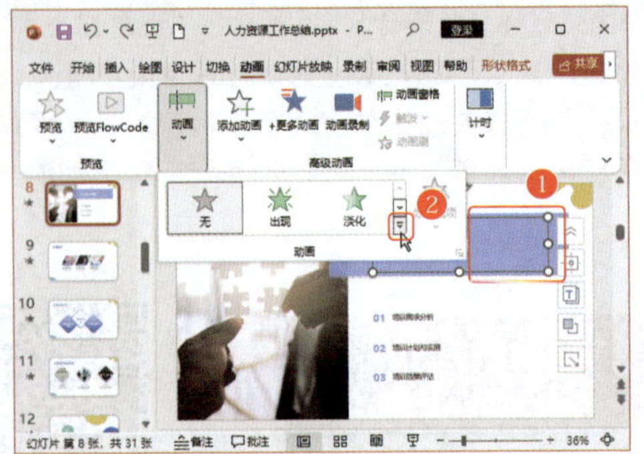

第2步 在弹出的下拉列表中的“进入”栏中选择需要的动画，如选择“飞入”选项，如下图所示。随后会预览一次使用该动画后的效果。

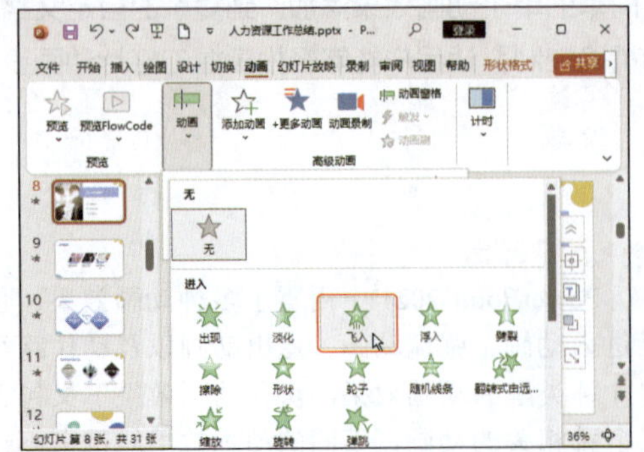

第3步 ❶选择幻灯片中右侧第2行的两个文本框；❷单击“形状格式”选项卡下“排列”组中的“组合”按钮；❸在弹出的下拉列表中选择“组合”选项，如下图所示。

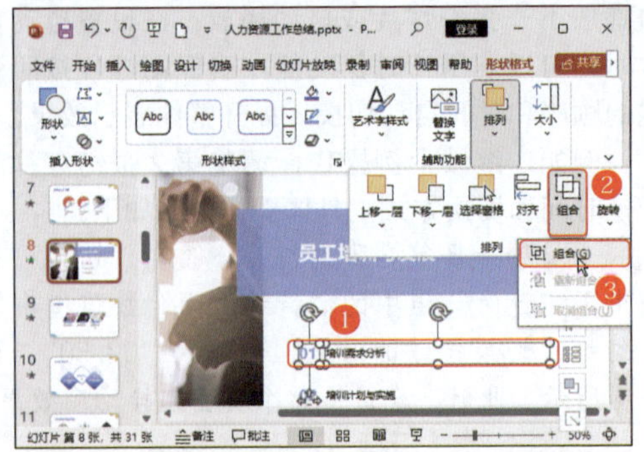

小提示

进入动画是指对象进入幻灯片的动作效果，可以实现多种对象从无到有、陆续展现的动画效果。

强调动画是指对象从初始状态变化到另一个状态，再回到初始状态的效果。主要用于对象已出现在屏幕上，需要以动态的方式作为提醒的视觉效果情况，常用在需要特别说明或强调突出的内容上。

退出动画是让对象从有到无、逐渐消失的一种动画效果。退出动画实现了画面的连贯过渡，是不可或缺的动画效果，主要包括消失、飞出、浮出、向外溶解、层叠等动画。

动作路径动画是让对象按照绘制的路径运动的一种高级动画效果，可以实现动画的灵活变化，主要包括直线、弧形、六边形、漏斗、衰减波等动画。

第4步 ❶选择组合后的文本框；❷单击“动画”组中的“动画样式”按钮；❸在弹出的下拉列表中的“强调”栏中选择需要的强调动画，如选择“脉冲”选项，如下图所示。

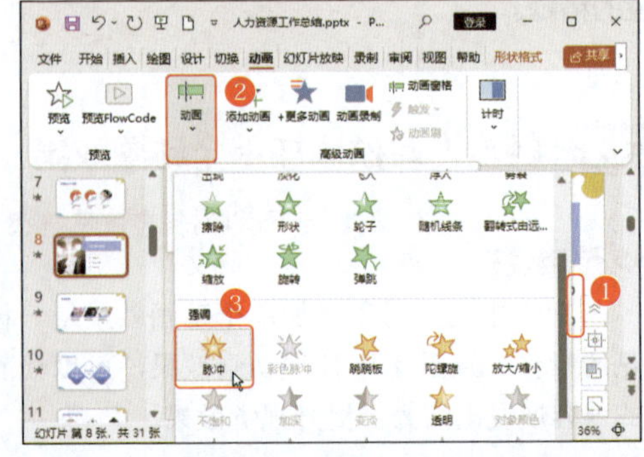

第 5 步 使用相同的方法，先分别组合下面两行的文本框，并分别添加“陀螺旋”和“放大 / 缩小”强调动画，完成后的效果如下图所示。在对象前方会显示 1、2、3、4 图标，代表了动画执行的先后顺序。

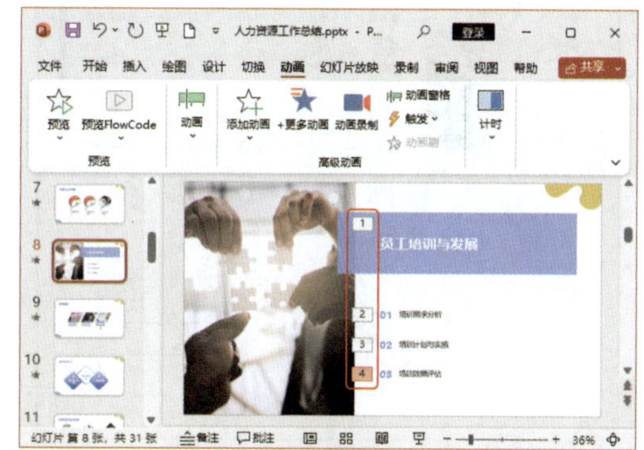

239 深入设置对象动画效果选项，实现精细控制

实用指数 ★★★★☆

>>> 使用说明

前面为幻灯片右侧的文本框添加“飞入”动画的初衷是想让文本框实现从页面右侧飞入页面内的效果，但是，实际添加后是从页面下方往上飞入的效果。

>>> 解决方法

事实上，为幻灯片中的对象添加动画效果后，还可以对动画的动画效果选项进行设置。

在动画制作过程中，深入设置对象动画效果选项是非常重要的环节。通过对动画效果的精细控制，可以使动画更具生动性和真实感。

不同的动画提供的可设置动画效果参数也有所不同。下面通过对“人力资源工作总结”演示文稿中的部分对象动画进行动画效果选项设置，简单了解一下设置技巧。

第 1 步 ❶选择第 8 张幻灯片中添加了“飞入”动画的第 1 个文本框；❷单击“动画”选项卡下“动画”组中的“效果选项”按钮；❸在弹出的下拉列表中选择动画需要的效果选项，如选择“自右侧”选项，如下图所示。此时，动画的播放路径方向将发生变化。

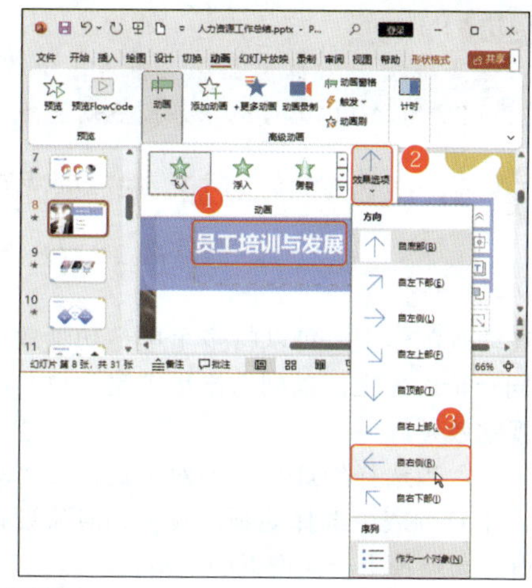

第 2 步 ❶选择第 8 张幻灯片中添加了“陀螺旋”动画的组合文本框；❷单击“效果选项”按钮；❸在弹出的下拉列表中选择“逆时针”选项，如下图所示。此时，动画的旋转方向将发生变化。

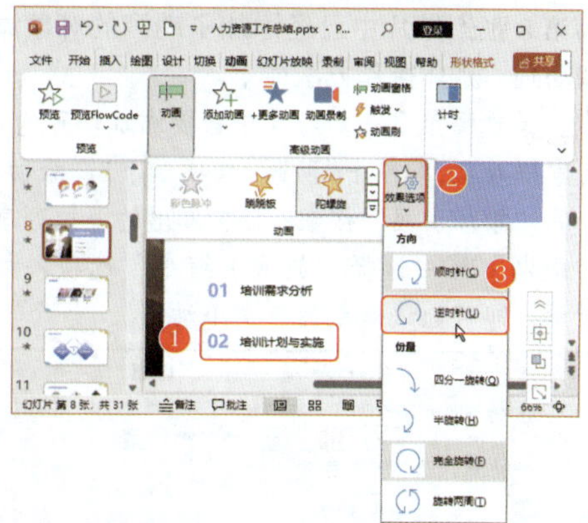

第 3 步 ❶选择第 3 张幻灯片中的文本框；❷为其添加“淡化”进入动画；❸单击“效果选项”按钮；❹在弹出的下拉列表中选择“按段落”选项，如下图所示。此时，文本框中的文字按照各段落为一个整体应用“淡化”进入动画。

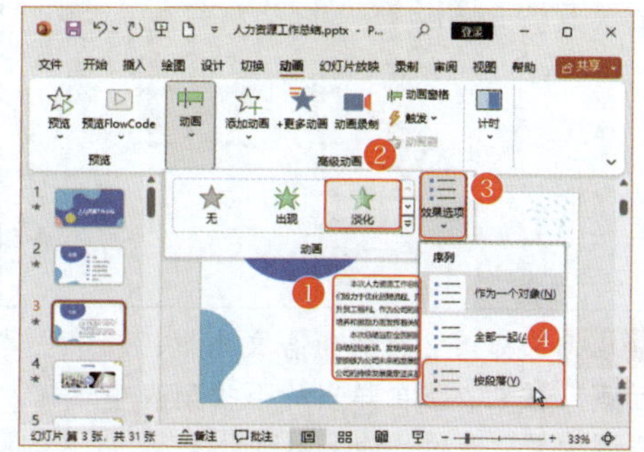

小提示

"效果选项"下拉列表中包含的选项内容并不是固定的，可以通过选择来预览动画效果。

240 同一对象多动画叠加，丰富视觉层次

实用指数 ★★★★★

>>> 使用说明

在动画制作中，可以将多个单一动画效果叠加在同一个对象上，以创造出更丰富、更具层次感的视觉效果。

但是，当选择幻灯片中的对象后，在"动画样式"下拉列表中选择动画，就会为对象设置新的动画，替换掉上一次设置的动画。

>>> 解决方法

在 PowerPoint 2021 中，要为某个对象叠加多个动画，需要通过"添加动画"功能来实现。

例如，在"人力资源工作总结"演示文稿中，要为第 8 张幻灯片中已经添加了动画的对象添加强调动画，具体操作方法如下。

第 1 步 选择第 8 张幻灯片中需要添加动画的第 1 个文本框对象，❶单击"动画"选项卡下"高级动画"组中的"添加动画"按钮；❷在弹出的下拉列表中的"强调"栏中选择"放大 / 缩小"选项，如下图所示，即可让该对象拥有两个动画。

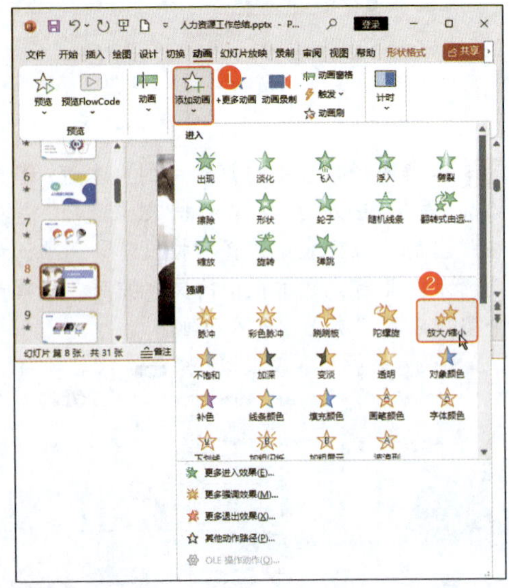

第 2 步 选择第 2 行的组合文本框，❶单击"添加动画"按钮；❷在弹出的下拉列表中选择"更多强调效果"选项，如下图所示。

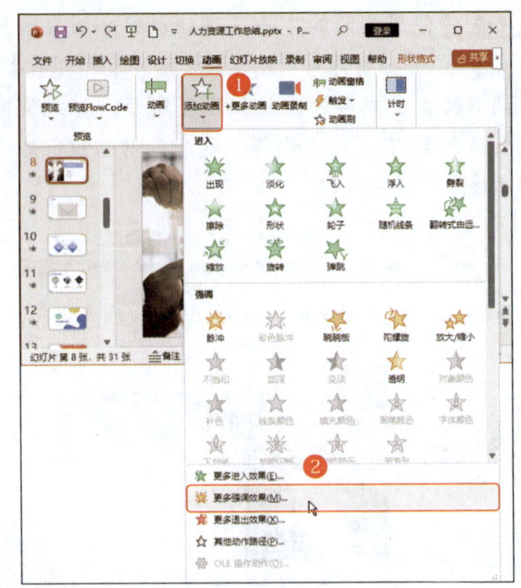

第 3 步 打开"添加强调效果"对话框，❶选择所需使用的动画，这里选择"华丽"栏中的"闪烁"选项；❷单击"确定"按钮，如下图所示，即可为该对象添加第 2 个动画。

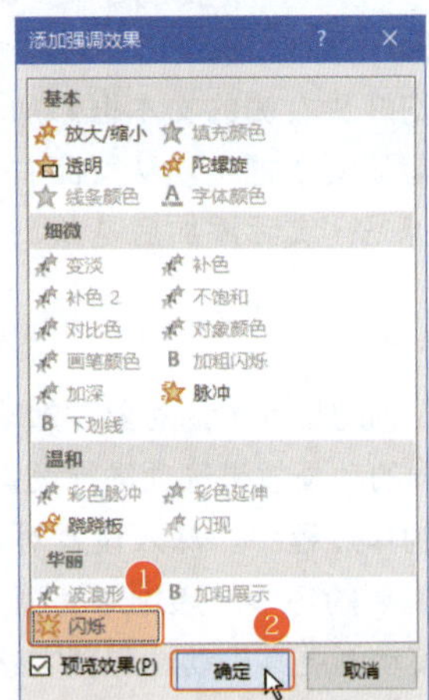

温馨提示

多动画叠加可以使对象在运动、形态、颜色等方面发生变化，从而增强观众的视觉体验。多动画叠加方式包括以下几种。

（1）顺序叠加：将多个动画效果按照一定的顺序依次播放，使对象在不同的动画效果之间产生平滑过渡。

（2）同时叠加：将多个动画效果同时应用在同一个对象上，使其在运动过程中同时具有多种变化效果。

（3）叠加并融合：将多个动画效果融合在一起，创造出独特的视觉效果。例如，在一个旋转动画的基础上，再添加一个缩放动画，使旋转和缩放效果相互影响，形成一种丰富的视觉体验。

这些效果还需要适当调整动画的播放时间、开始方式和播放顺序等，相关内容在后面会讲到。

241 自定义路径动画，打造独特动画轨迹

实用指数 ★★★★☆

>>> 使用说明

当 PowerPoint 2021 中内置的动画不能满足需要时，用户也可以为幻灯片中的对象添加自定义的路径动画。

>>> 解决方法

路径动画是一种让对象沿着设定的路径运动的动画效果。通过自定义路径可以创造出独特的动画轨迹，为作品增添趣味。

要为幻灯片中的对象添加自定义的路径动画，首先需要根据动画的运动来绘制动画的运动轨迹。例如，要为“人力资源工作总结”演示文稿中第10张幻灯片中的菱形对象绘制动作路径，具体操作方法如下。

第 1 步 选择第10张幻灯片中中间的菱形图形，❶单击“动画”选项卡下“动画”组中的“动画样式”按钮；❷在弹出的下拉列表中选择“动作路径”栏中的“自定义路径”选项，如下图所示。

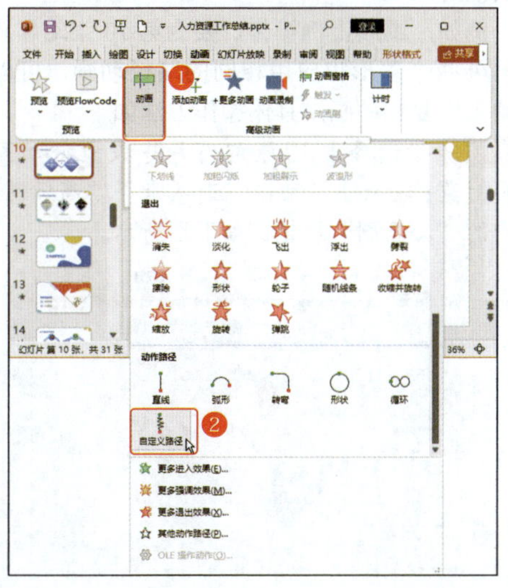

第 2 步 此时鼠标光标将变成十形状，❶在需要绘制动作路径的开始处拖动鼠标绘制动作路径，如下图所示；❷绘制到合适位置后双击（或按 Esc 键），即可完成路径的绘制。

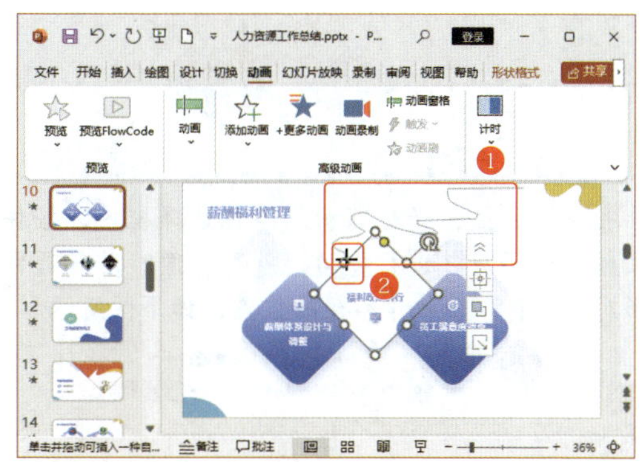

小提示

如果将动作路径的起点绘制到幻灯片外，则在播放时该动画会变成进入动画；如果将路径的终点绘制到幻灯片外，则会变成退出动画。

242 灵活调整路径动画，控制动画效果

实用指数 ★★★★☆

>>> 使用说明

绘制的动作路径事实上是动画行进时的轨迹描绘。然而，当绘制的动作路径并不完全契合我们的需求时，需要删除后重新绘制吗？

>>> 解决方法

初步绘制的动作路径可能并不完全契合我们的需求。这时，还可以在动画制作的后期阶段，通过对动作路径的长度、位置、方向，甚至某个节点进行精细的调整与优化，以确保路径动画最终能够完美地满足我们的设计需求，呈现出我们期望的视觉效果。

例如，继续上例操作，对幻灯片中绘制的动作路径进行调整，具体操作方法如下。

第 1 步 ❶选择第10张幻灯片中绘制的动作路径，此时动作路径四周将显示控制点；❷将鼠标光标移动到任意控制点上，这时鼠标光标将变成双向箭头，拖动鼠标即可像调整普通图形的大小一样调整动作路径的大小，如下图所示。

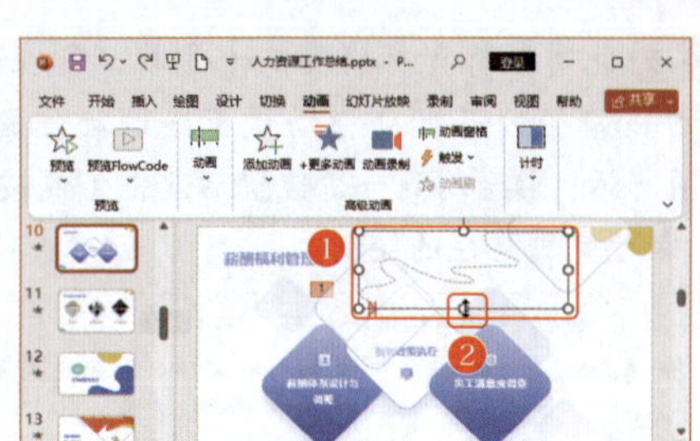

第 2 步 将鼠标光标移动到路径选择框内，按住鼠标左键不放并进行拖动，就可以像移动普通图形对象一样移动动作路径的位置，如下图所示。

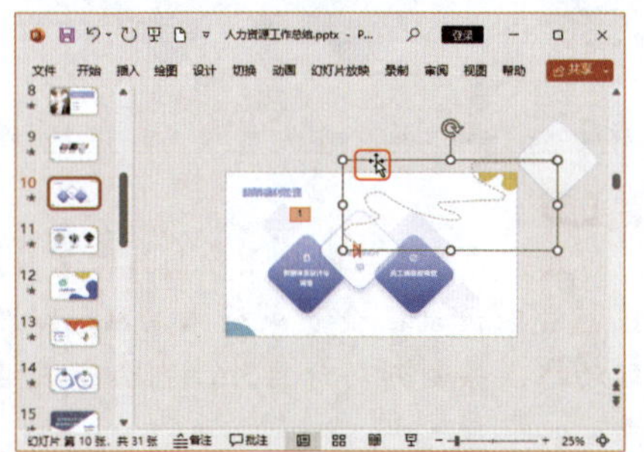

第 3 步 将鼠标光标移动到动作路径上方的旋转控制柄上，并按住鼠标左键不放进行拖动，就可以像旋转普通图形一样旋转动作路径的方向，如下图所示。

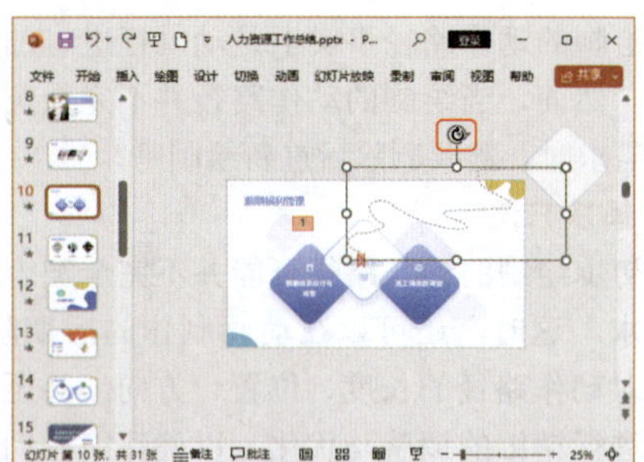

第 4 步 选择动作路径后，在其上右击，在弹出的快捷菜单中选择"编辑顶点"命令，如下图所示。

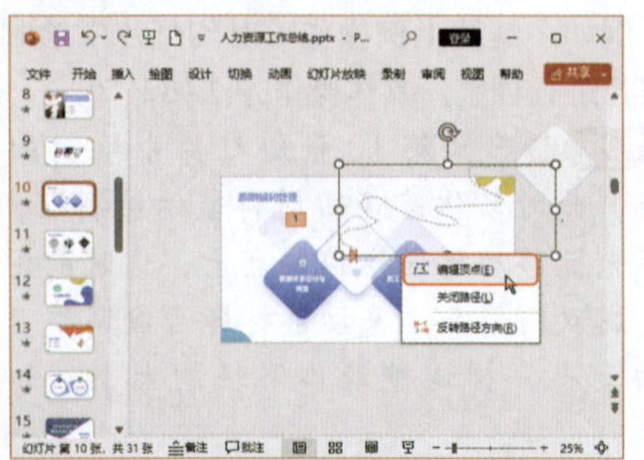

第 5 步 此时在动作路径中将显示动作路径的所有顶点，在需要编辑的顶点上单击即可选择该顶点。按住鼠标左键不放并拖动，即可调整顶点位置，从而改变动作路径，如下图所示。编辑动作路径顶点的方法与编辑形状顶点的方法基本相同。

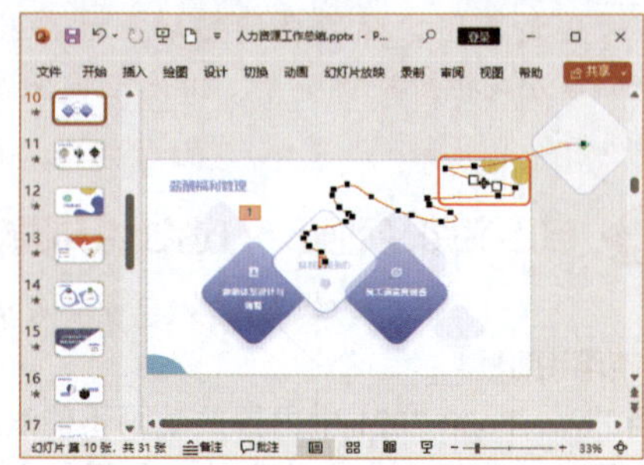

小提示

动作路径中绿色的三角形表示路径动画的开始位置；红色的三角形表示路径动画的结束位置。

243 动画刷快速复制，动画效果一键应用

实用指数 ★★★★★

>>> 使用说明

有时需要为不同的对象设置相同的动画效果，有没有办法进行动画复制呢？

>>> 解决方法

在动画制作过程中，重复使用相同的动画效果可以提高工作效率。动画刷工具正是为此而设计的，它可以快速地将一个对象的动画效果复制到其他对象上。

例如，继续上例操作，要为第 10 张幻灯片中的另外两个菱形也应用相同的路径动画，可以使用动画刷复制动画，具体操作方法如下。

第 1 步 ❶选择第 10 张幻灯片中设置好动画的菱形对象；❷双击"动画"选项卡下"高级动画"组中的"动画刷"按钮，如下图所示。

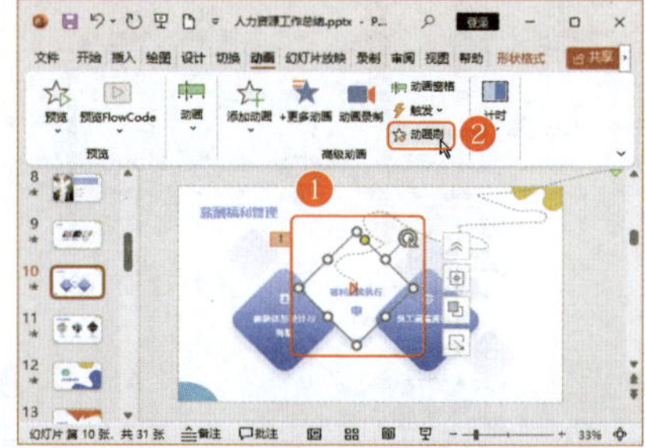

第 2 步 此时鼠标光标将变成形状，将鼠标光标移动到需要复制动画效果的对象上，单击即可为该对象应用复制的动画效果，如下图所示。

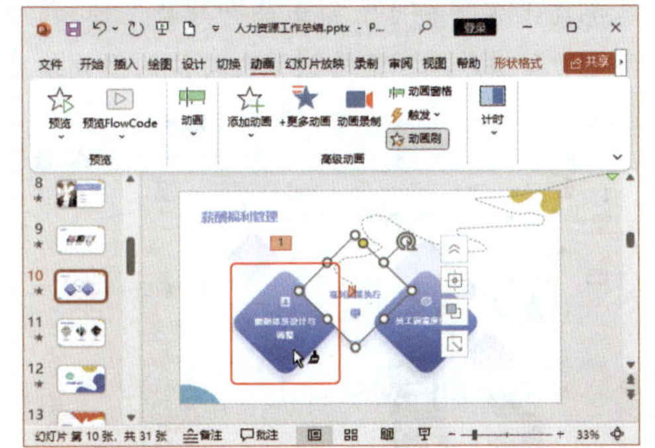

第 3 步 使用相同的方法为另一个菱形对象复制动画效果，完成后按 Esc 键取消动画刷命令，如下图所示。

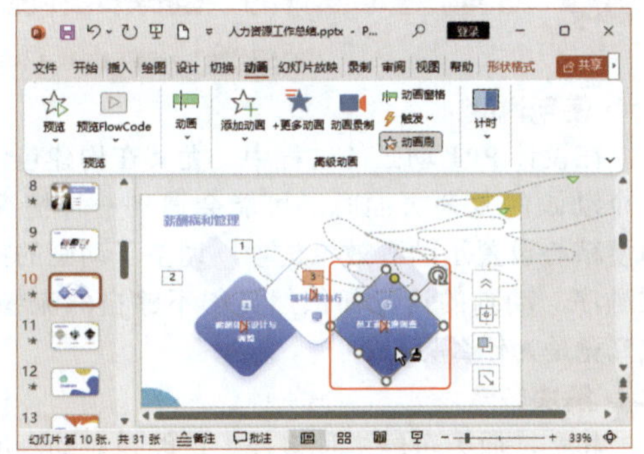

知识拓展

单击"动画刷"按钮，可以对单个对象进行动画效果的复制。选择已设置好动画效果的对象后，按 Alt+Shift+C 组合键也可以对对象的动画效果进行复制。此外，动画刷还可以实现动画效果的混合和叠加，从而创造出更加丰富多样的动画效果。

244 动画窗格助力，调整动画播放顺序

实用指数 ★★★★★

>>> 使用说明

默认情况下，幻灯片中各个对象的播放顺序是依据动画效果的添加顺序来确定的。然而，在实际的应用场景中，这种自动排序的方式往往无法完全满足需求。因为在编辑幻灯片的过程中，可能无法确保每次添加的动画效果都是按照理想的顺序进行的。因此，经常需要对已经设置的动画播放顺序进行灵活调整，以确保幻灯片内容的呈现效果能够符合预期，给观众带来更为流畅和精彩的视觉体验。

>>> 解决方法

在动画制作过程中，动画窗格是不可或缺的工具。通过动画窗格可以清晰地看到所有添加的动画效果，并且可以通过拖动来调整它们的播放顺序，使动画效果更加连贯。

例如，在"人力资源工作总结"演示文稿中，第 8 张幻灯片中的部分动画需要调整播放顺序，使同一个对象的多种动画效果得以按顺序播放，具体操作方法如下。

第 1 步 ❶选择第 8 张幻灯片；❷单击"动画"选项卡下"高级动画"组中的"动画窗格"按钮，如下图所示。

第 2 步 显示出"动画窗格"任务窗格，在其中可以看到该幻灯片中已经添加的所有动画效果选项。❶选择需要调整顺序的动画效果选项，这里选择与第 1 个文本框有关的第 5 个动画效果选项；❷单击"动画窗格"任务窗格右上角的按钮，如下图所示。

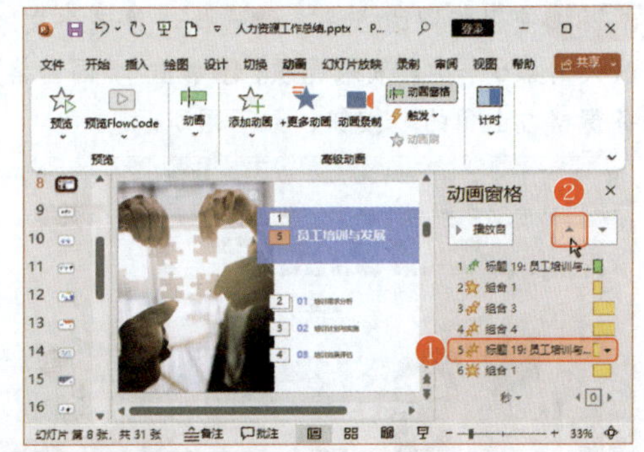

知识拓展

在"动画窗格"任务窗格中选择动画效果选项后，单击窗格右上角的按钮，可以逐步

向下调整该动画效果选项的播放位置；单击“动画”选项卡下“计时”组中的“向前移动”按钮，可以将动画效果选项向前移动一步；单击“向后移动”按钮，可以将动画效果选项向后移动一步。

第 3 步 经过以上操作后，即可向上调整一次所选动画效果的位置，如下图所示。

第 4 步 继续单击[▲]按钮，直到将选择的动画效果选项移动到所选文本框第 1 个动画的后面，即变成第 2 个动画效果选项，如下图所示。

第 5 步 使用相同的方法，❶选择与第 2 个文本框有关的第6个动画效果选项；❷单击“动画窗格”任务窗格右上角的[▲]按钮，如下图所示。

第 6 步 ❶再次单击[▲]按钮，使选择的动画效果选项移动到所选文本框第 1 个动画的后面，即变成第 4 个动画效果选项，如下图所示；❷单击“动画”选项卡下“预览”组中的“预览”按钮，预览调整动画播放顺序后的该张幻灯片的播放效果。

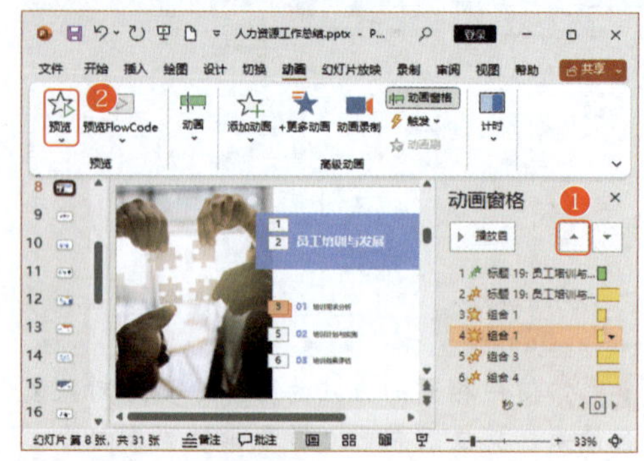

245 精确设置动画计时，确保节奏同步

实用指数 ★★★★★

>>> 使用说明

在设计 PPT 动画的过程中，尤其在构建包含多个动画的复杂页面时，可能会遇到一种情况：即便精心设置了动画效果选项，调整了动画的播放顺序，动画的运行却依然显得不够自然流畅，这究竟是为什么呢？

>>> 解决方法

其实，原因可能多种多样。可能是对动画的节奏把握得不够精准，导致动画间的衔接不够平滑；也可能是动画的触发方式设置得不够巧妙，使观众在观赏时感到突兀或不协调。

为了提升 PPT 动画的自然度和观赏性，可以尝试以下策略：首先，根据页面的内容和风格选择合适的动画类型，确保动画与整体设计相协调；其次，确保动画的节奏与内容的讲述节奏相匹配，避免动画过快或过慢；最后，灵活运用动画的触发方式，如单击时、上一动画之后等，使动画的展现更加自然流畅。

在 PowerPoint 2021 的“动画”选项卡的“计时”组中可以针对每个动画效果设置开始方式、持续时间、延迟时间。例如，继续上例操作，对幻灯片中的各动画的计时进行设置，使整个动画效果更加流畅，具体操作方法如下。

第 1 步 ❶选择“动画窗格”任务窗格中的第 2 个动画效果选项；❷单击“动画”选项卡下“计时”

组中的“开始”下拉按钮；❸在弹出的下拉列表中选择开始播放方式，如选择“上一动画之后”选项，如下图所示。这意味着在播放完该幻灯片的第 1 个动画后，就会开始播放这个动画。

知识拓展

“开始”下拉列表中提供的“单击时”选项表示单击后才开始播放动画；“与上一动画同时”选项表示当前动画与上一动画同时开始播放；“上一动画之后”选项表示上一动画播放完成后才开始进行播放。如果是针对某张幻灯片的第 1 个动画效果进行设置，则是依据该幻灯片的页面切换动画而论的。例如，选择“上一动画之后”选项，意味着在完成该幻灯片的页面切换动画后，就会开始播放设置的第 1 个动画。

第 2 步 在“计时”组中的“持续时间”数值框中输入动画的播放时间，如输入“01.00”，如下图所示，即可更改动画的播放时间。

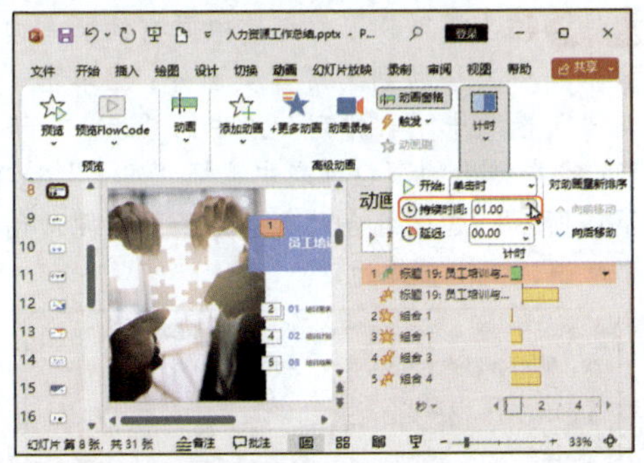

温馨提示

PPT 中的动画涉及多个组成部分，包括动画类型、动画方向、动画速度、动画开始方式等。在设计动画时，可以针对每个组成部分进行详细的调整。

第 3 步 在“计时”组中的“延迟”数值框中输入动画开始播放的延迟时间，如输入“00.25”，如下图所示。

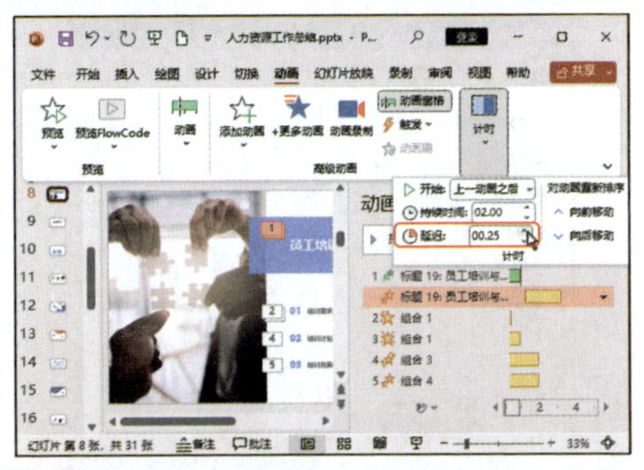

第 4 步 ❶在“动画窗格”任务窗格中选择第 3 个动画效果选项；❷在“计时”组中的“开始”下拉列表中选择“上一动画之后”选项；❸在“持续时间”数值框中输入“01.00”；❹在“延迟”数值框中输入“00.50”，如下图所示。

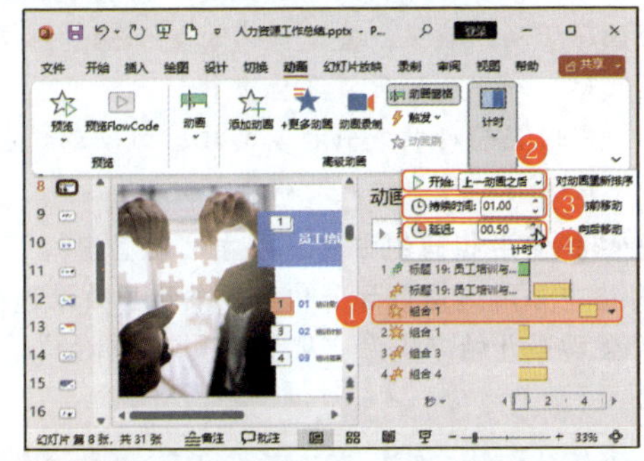

第 5 步 ❶在“动画窗格”任务窗格中选择第 4 个动画效果选项；❷单击动画效果选项后的下拉按钮；❸在弹出的下拉列表中选择“从上一项之后开始”选项；❹再次单击该动画效果选项后的下拉按钮，在弹出的下拉列表中选择“计时”选项，如下图所示。

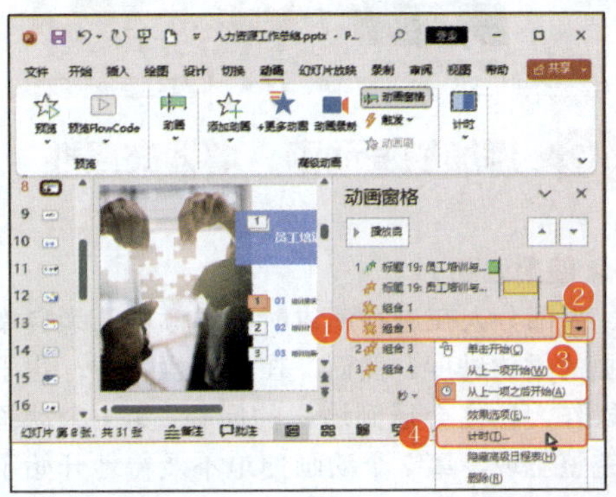

第 6 步 打开“闪烁”对话框，❶单击“计时”选项卡；❷在“重复”下拉列表中选择“直到幻灯片末尾”选项；❸单击“确定”按钮，如下图所示。

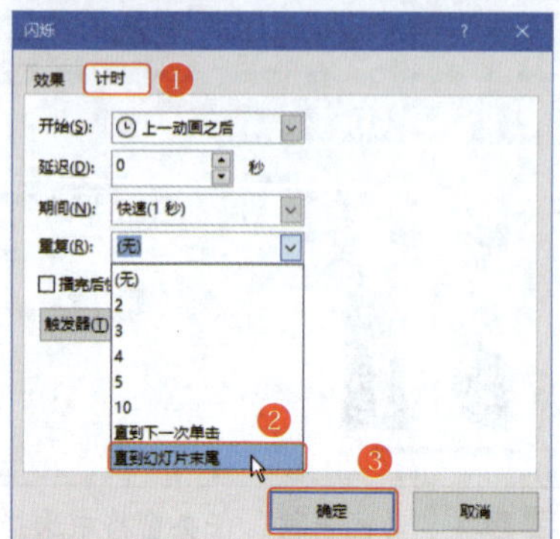

温馨提示

“重复”下拉列表中提供了用于精确调整动画重复播放时间的关键选项。这一功能常用于突出幻灯片中的特定内容，通过为其设置不断循环的动画效果，使这些内容更加醒目且富有动感。一旦正确设置了重复播放的时间，这些特定内容将持续吸引观众的注意力，以便有效地强调幻灯片中的关键信息。

第 7 步 使用相同的方法，❶在“动画窗格”任务窗格中分别选择第 5 个和第 6 个动画效果选项；❷设置动画开始方式为“从上一项之后开始”，如下图所示。

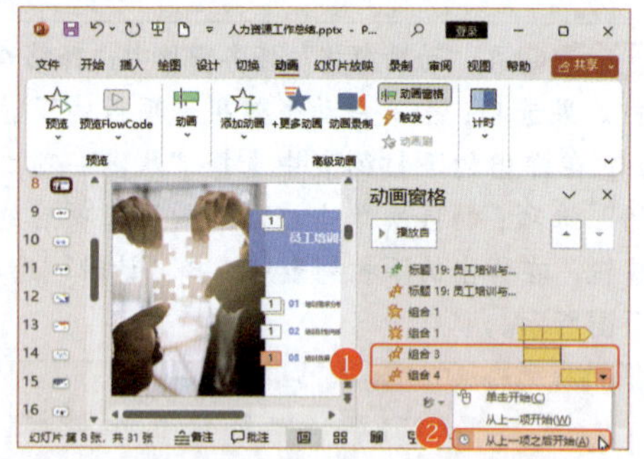

246 添加触发动画，增强交互性

实用指数 ★★★★☆

>>> 使用说明

大部分人在进行演讲时，都倾向于亲自掌控动画的播放进度。然而，在实际操作中，由于误触操作，往往会遇到这样的问题：第 1 个动画尚未完整呈现，第 2 个动画便迫不及待地开始了它的表演。

>>> 解决方法

为了妥善解决这一问题，可以巧妙地运用触发器来打造交互式动画，从而实现对动画播放的精准控制。

触发器，顾名思义，就是通过单击某个特定对象，触发另一对象或动画的相应动作。与普通动画相比，触发动画就是添加了触发动画的条件，如单击、悬停等。

在幻灯片编辑过程中，触发器的形式多种多样，它既可以是一张图片、一个图形元素，也可以是一个按钮，甚至还可以是一个段落文本或文本框。通过灵活运用这些触发器，可以为观众带来更加流畅、精准的视觉体验。

触发动画的实际应用场景比较多，下面罗列出主要的 4 个场景。

（1）导航菜单：在演示文稿中制作导航菜单，可以使用触发动画来使菜单项更具吸引力，提高用户体验。

（2）数据展示：在展示动态数据时，使用触发动画可以让数据更加直观，便于观众理解。

（3）产品展示：在产品介绍中，运用触发动画可以突出产品的特点，提高观众的兴趣。

（4）教育培训：在教学课件中，添加触发动画可以使知识点更加生动，提高学生的学习兴趣。

下面以在“人力资源工作总结”演示文稿中使用触发器来触发幻灯片具体内容的呈现为例进行讲解，具体操作方法如下。

第 1 步 ❶选择第 9 张幻灯片中原有的所有内容元素，并将其移动到幻灯片页面外；❷单击“形状格式”选项卡下“排列”组中的“组合”下拉按钮；❸在弹出的下拉列表中选择“组合”选项，如下图所示。这里组合对象是为了更方便地创建一个动画，实现整体运动。

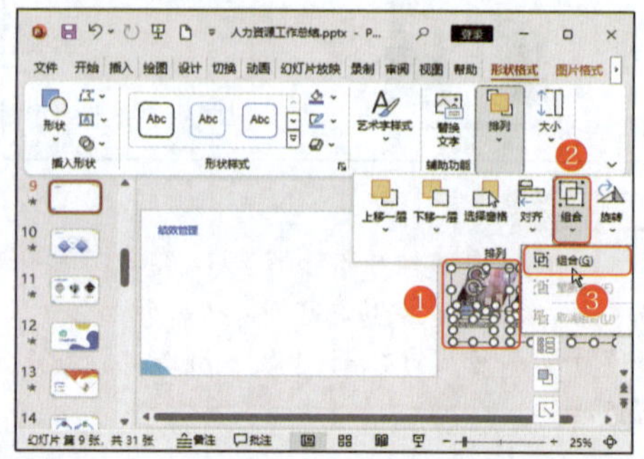

第 2 步 ❶选择组合后的内容；❷单击“动画”选项卡下“动画”组中的“动画样式”按钮；❸在弹出的下拉列表中选择“直线”动画，如下图所示。

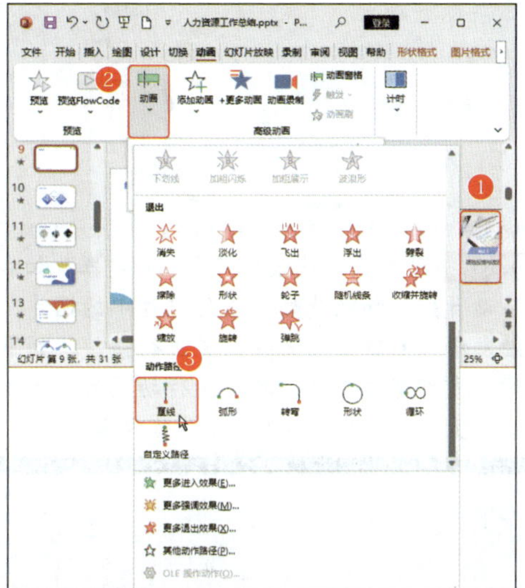

温馨提示

要为对象添加触发器（除视频和音频文件外），首先需要为对象添加动画效果，然后才能激活触发器功能。

第 3 步 拖动鼠标调整直线路径为从页面右侧到页面中心点的直线路径，如下图所示。

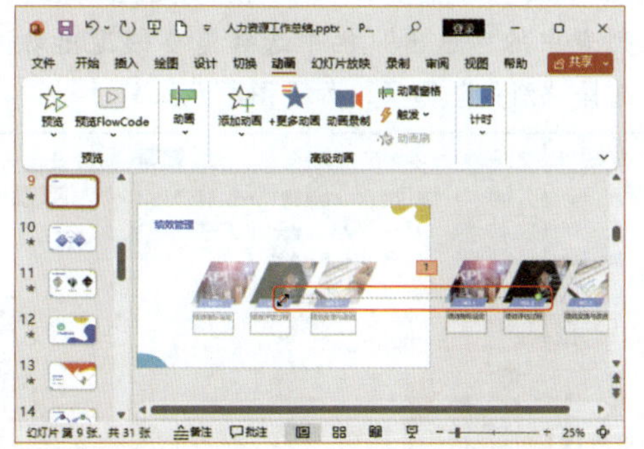

温馨提示

如果要实现一个触发对象触发多个动画的效果，需要先将多个动画的开始方式设置为“从上一项之后开始”，然后对第 1 个动画设置触发条件。

第 4 步 ❶单击“插入”选项卡下“图像”组中的“图片”下拉按钮；❷在弹出的下拉列表中选择“此设备”选项，如下图所示。然后在打开的对话框中选择插入“信封”图片，作为触发动画的对象。

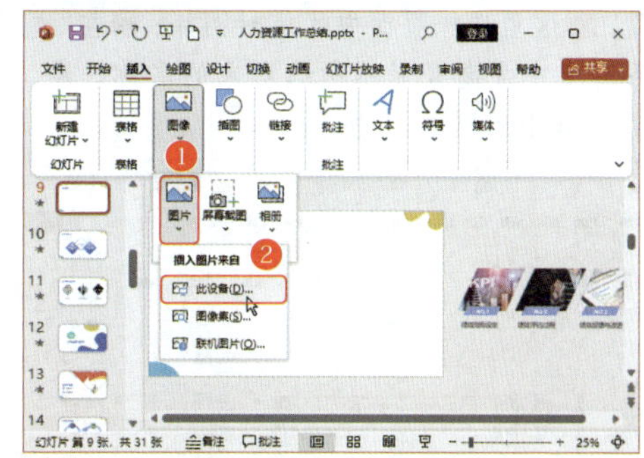

第 5 步 选择插入的图片，调整其大小和位置，还可以适当地进行剪裁，最终使图片成为整张幻灯片中的主体内容，如下图所示。在放映该幻灯片时，因为没有具体内容，一般会下意识地单击图片，这样就触发了动画。

第 6 步 因为设置触发动画时需要指明具体的触发对象名称，当幻灯片中的对象很多时，就不容易分辨对象名称了。可以通过“选择”任务窗格来查看。❶单击“开始”选项卡下“编辑”组中的“选择”按钮；❷在弹出的下拉列表中选择“选择窗格”选项，如下图所示。

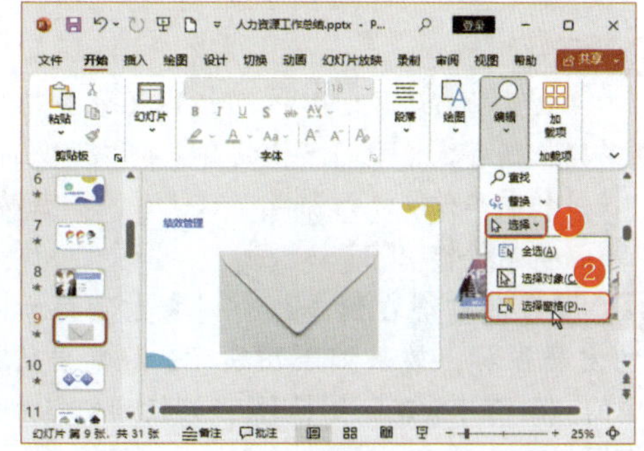

第 7 步 显示出“选择”任务窗格，幻灯片中的所有对象都会显示在该窗格中。选择选项就可以选择相应的对象，同理，选择对象也会高亮显示选项。❶这里选择页面中的信封图片；❷在“选择”任务窗格中会高亮显示所选对象的名称，即“图片 4”，如下图所示。

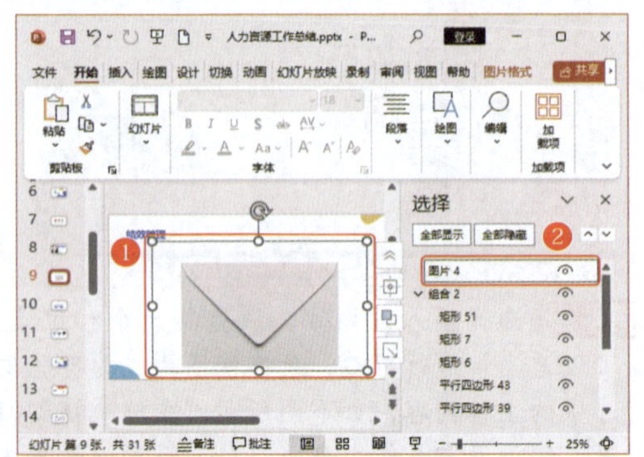

第 8 步 ❶单击“动画”选项卡下“高级动画”组中的“动画窗格”按钮；❷显示出“动画窗格”任务窗格，在其中选择需要设置触发动画的动画效果选项；❸单击“高级动画”组中的“触发”按钮；❹在弹出的下拉列表中选择“通过单击”选项；❺在弹出的子列表中选择需要单击的对象，这里选择“图片 4”选项，如下图所示。

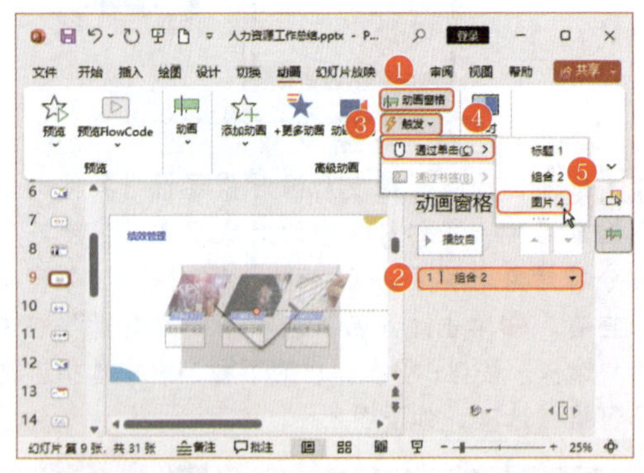

知识拓展

在设置动画计时过程中，可以通过单击“动画窗格”任务窗格中的“播放自”按钮，及时对设置的动画效果进行预览，以便及时调整动画的播放顺序和计时等。

第 9 步 ❶随即会在所选组合对象前面添加一个触发器图标，效果如下图所示；❷单击状态栏中的“幻灯片放映”图标，切换到幻灯片放映视图。

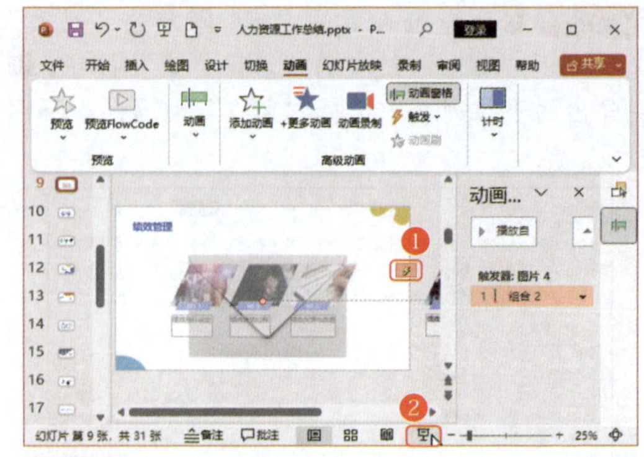

第 10 步 开始放映该张幻灯片，触发器犹如动画的启动开关，如在此处单击幻灯片中的图片，就会触发组合对象的动画效果并进行播放，如下图所示。通过观察发现，单击执行动画后，信封图片依然显示在页面中，遮挡了具体内容。

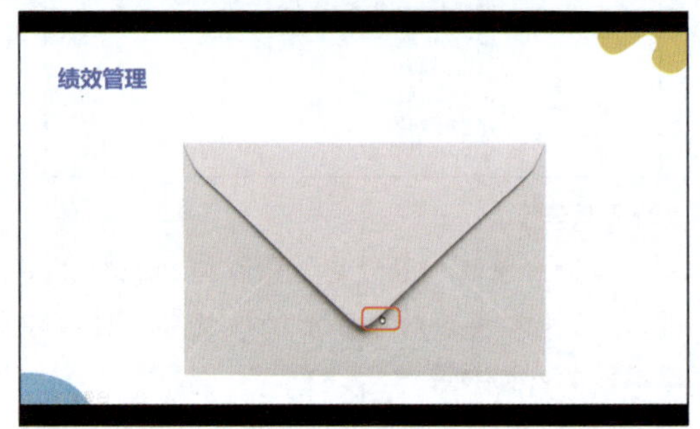

第 11 步 ❶选择图片；❷单击“动画”选项卡下“动画”组中的“动画样式”按钮；❸在弹出的下拉列表中的“退出”栏中选择需要的退出动画，如选择“消失”选项，如下图所示。

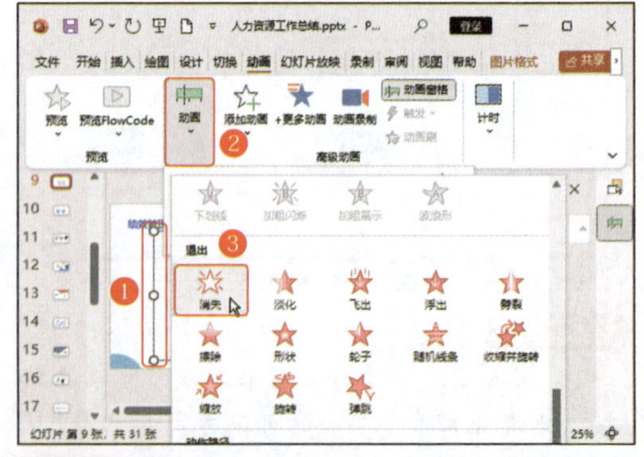

第 12 步 ❶单击“高级动画”组中的“动画窗格”按钮；❷在显示出的“动画窗格”任务窗格中选择刚刚添加的退出动画效果选项；❸单击任务窗格右上角的按钮。

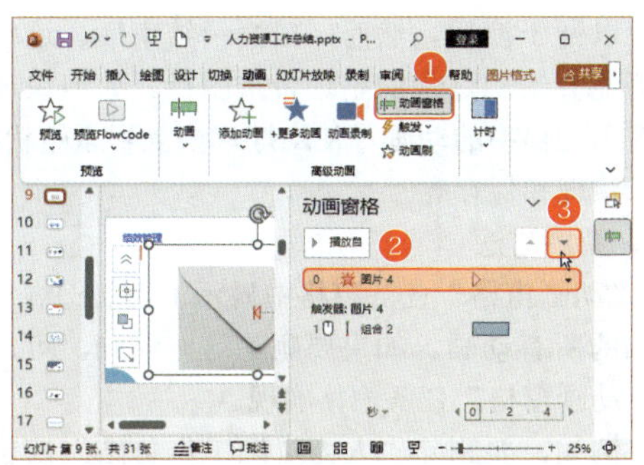

第 13 步 ❶直到将所选动画选项移动到“动画窗格”任务窗格的底部；❷在“计时”组中的“开始”下拉列表中选择“与上一动画同时”选项，如下图所示。再次进入放映状态查看触发动画的播放效果，可以发现实现了想要的效果。

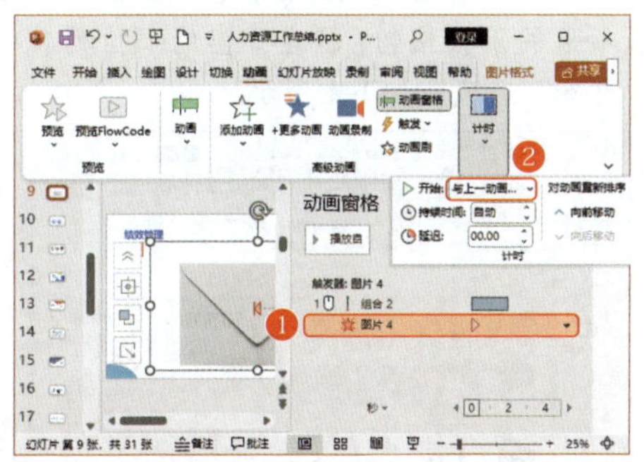

247 为动画添加声音，增强听觉冲击力

实用指数 ★★★★☆

>>> 使用说明

在幻灯片放映的过程中，为了使演示更为生动和引人入胜，时常需要巧妙地结合运用动画与声音。动画的出现，往往会伴随着声音的渲染，这种巧妙的搭配不仅能在动画开始之前给予观众明确的提示，引导他们将注意力聚焦于即将到来的视觉盛宴；同时，声音的加入还能进一步丰富动画的播放效果，使观众沉浸于一个多维度的感官体验中。这样的设计，无疑会使幻灯片放映更具吸引力和观赏性，让信息传达得更为高效且深刻。

>>> 解决方法

声音可以增强动画的趣味性，给观众带来更直观的感知。在为动画添加声音时，要注意选择与动画内容相匹配的声音，避免使用过于刺耳或不符合主题的声音。此外，还可以通过调整声音的音量、音调和节奏来增强动画的听觉冲击力。

例如，要为幻灯片中的“飞入”动画添加“风声”声音，具体操作方法如下。

第 1 步 ❶选择第 8 张幻灯片；❷在“动画窗格”任务窗格中选择需要添加声音的动画效果选项，并单击其后的下拉按钮；❸在弹出的下拉列表中选择“效果选项”选项，如下图所示。

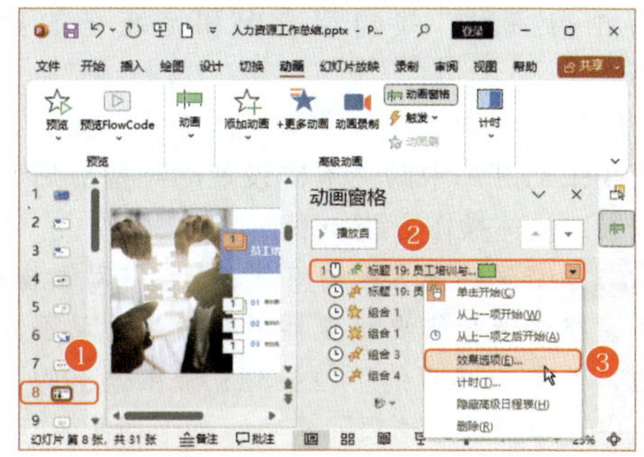

> **温馨提示**
>
> 在“动画窗格”任务窗格中，选择动画效果选项后，幻灯片中相应对象左上角的动画序号将呈现为橙色。因此在选择时可以观察此处，务必谨慎操作，以免误选目标对象。

第 2 步 打开“飞入”对话框，❶在“效果”选项卡中的“声音”下拉列表中选择需要添加的声音，如“风声”；❷单击“确定”按钮即可，如下图所示。

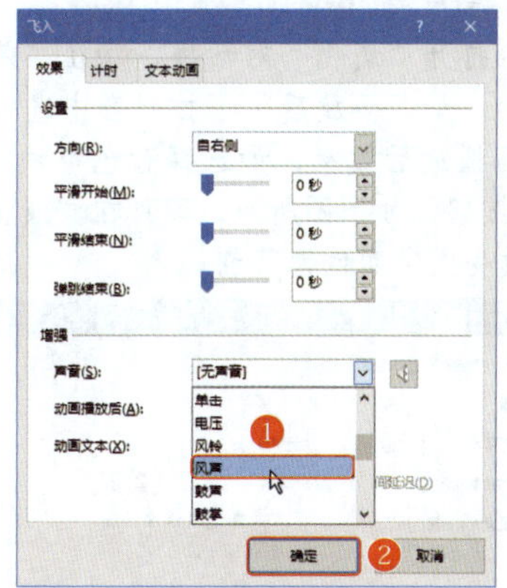

248 设置动画播放后效果，提升连贯性

实用指数 ★★★★☆

>>> 使用说明

在动画制作过程中，有时需要设置动画播放后的效果。

>>> 解决方法

通过精心选择的播放后效果，能够显著增强动画的连贯性与整体性，使得观众在观赏时得以体验流畅的视觉效果与舒适的观看感受。

在众多的播放后效果中，改变文本的颜色、使对象变暗以及隐藏对象等技巧均被广泛运用。在选择这些效果时，应深入考虑动画的整体风格以及特定场景的需求，确保所选效果与动画内容相得益彰，共同营造出和谐统一的视觉盛宴。

例如，要为“人力资源工作总结”演示文稿中第3张幻灯片中的文本框设置动画播放后变色的效果，具体操作方法如下。

第1步 ❶选择第3张幻灯片；❷在“动画窗格”任务窗格中选择需要设置播放后效果的动画效果选项，并单击其后的下拉按钮；❸在弹出的下拉列表中选择“效果选项”选项，如下图所示。

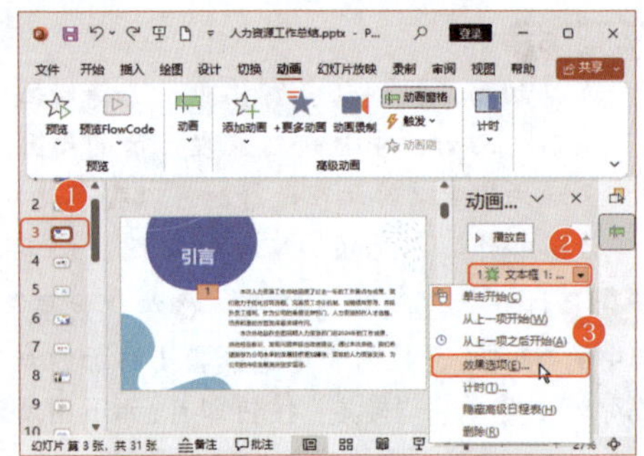

第2步 打开“淡化”对话框，❶在“效果”选项卡下的“动画播放后”下拉列表中选择需要设置的动画播放后效果，如选择蓝色色块；❷单击“确定”按钮，如下图所示，即可在“淡化”动画播放后改变文字颜色为蓝色。

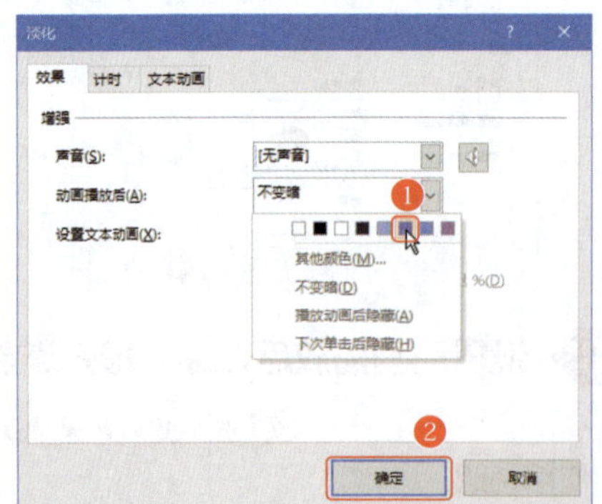

249 一键删除所有动画，轻松整理幻灯片

实用指数 ★★★★☆

>>> 使用说明

在幻灯片制作过程中，可能会添加大量的动画，以便于演示。然而，在演示结束后，这些动画可能会给幻灯片的整理带来困扰。如何快速删除演示文稿中的动画，使幻灯片恢复到原始状态，便于整理和保存呢？

>>> 解决方法

“动画窗格”任务窗格中显示了当前幻灯片中添加的所有动画。如果要删除这些动画，可以通过“动画窗格”任务窗格实现。

例如，要删除“人力资源工作总结”演示文稿中第8张幻灯片中添加的所有动画，具体操作方法如下。

第1步 ❶选择第8张幻灯片；❷在“动画窗格”任务窗格中选择任意动画效果选项，按Ctrl+A组合键选中所有动画效果选项；❸单击任意动画效果选项后的下拉按钮；❹在弹出的下拉列表中选择“删除”选项，如下图所示。

第2步 快速删除所有动画效果，如下图所示。

知识拓展

在“动画窗格”任务窗格中选择对应的动画效果选项后，在其上右击，在弹出的快捷菜单中选择“删除”命令，或直接按Delete键，可以快速删除所选动画效果。

第14章

交互缩放精准定位：PPT交互设计和缩放定位技巧

在信息化社会，PPT已成为商务、教育等领域中不可或缺的信息展示工具。要让PPT的呈现效果更加出色，交互设计和缩放定位技巧的应用就显得尤为重要。在本章中，将深入讲解PPT交互设计和缩放定位的核心技巧，助力读者打造专业、高效的演示文稿。

下面来看看以下一些PPT交互设计和缩放定位中常见的问题，请自行检测是否会处理或已掌握。

- 如何利用链接技巧实现演示文稿内部的快速跳转？
- 如何为幻灯片添加外部文件或网页链接，提升演示文稿的信息量？
- 如何在超链接中添加描述性文字，提高用户点击意愿？
- 如何绘制个性化的动作按钮，增强演示文稿的视觉效果？
- 如何利用缩放定位技巧快速导航到演示文稿的特定部分？
- 在使用缩放定位时，如何精确应用并个性化设置缩放选项？

希望通过本章内容的学习，读者能够解决以上问题，并掌握PPT交互设计和缩放定位的核心技巧，从而打造出更具吸引力和实用性的演示文稿。无论是商务汇报、教育培训还是学术交流，这些技巧都将为演示效果增添一抹亮色。

14.1 链接应用技巧

扫一扫 看视频

在 PowerPoint 2021 中，链接功能是一项强大且实用的工具，可以帮助用户实现各种对象的互动和跳转。另外，超链接还可以让观众看到隐藏幻灯片、某个网站或数据文件等外部资源，可以极大地扩展演讲的范围。下面将详细介绍如何在演示文稿中运用各种链接技巧，提升演示效果和用户体验，提高观众的参与度和兴趣。在实际制作过程中，可以根据需求灵活运用这些技巧，为演示文稿增色添彩。

250 实现对象与演示文稿内部位置的链接

实用指数 ★★★★☆

>>> 使用说明

为了增添演示文稿播放时的趣味性，或者快速跳转播放有联系的幻灯片内容，会为幻灯片中的某个对象添加链接其他幻灯片页面的链接。

>>> 解决方法

在演示文稿中，可以为文本框、形状、图片等对象添加链接，使其与其他对象或页面产生关联。

例如，要为“研学项目介绍”演示文稿中第 24 张幻灯片的第 1 个文本框添加链接到第 13 张幻灯片的链接，具体操作方法如下。

第 1 步 打开“研学项目介绍”演示文稿，❶选择第 24 张幻灯片中需要设置链接的文本框对象；❷单击“插入”选项卡下“链接”组中的“链接”按钮，如下图所示。

第 2 步 打开“插入超链接”对话框，❶在“链接到”列表框中选择“本文档中的位置”选项；❷在“请选择文档中的位置”列表框中选择需要链接的幻灯片页面，这里选择第 13 张幻灯片；❸单击“确定”按钮，如下图所示。

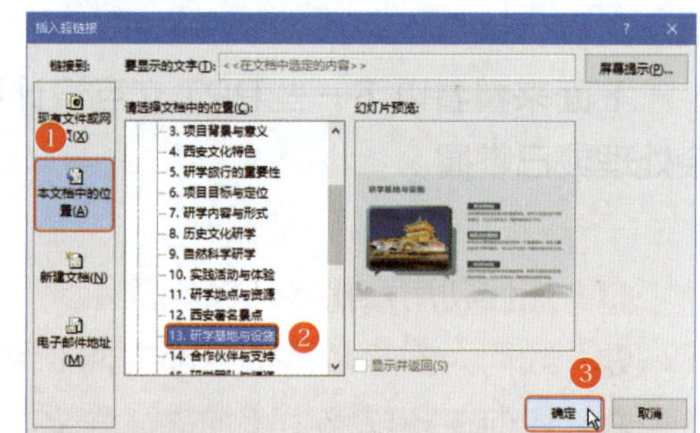

第 3 步 此时就为文本框设置了超链接，将鼠标光标移动到该文本框上时，会显示出链接提示框，如下图所示。

第 4 步 单击状态栏中的“幻灯片放映”图标 ，切换到幻灯片放映视图。在放映到设置了超链接的页面，将鼠标光标悬停在设置了超链接的文本框上，鼠标光标会变为手形，表示这是一个可单击的链接。单击设置了超链接的文本框，如下图所示。

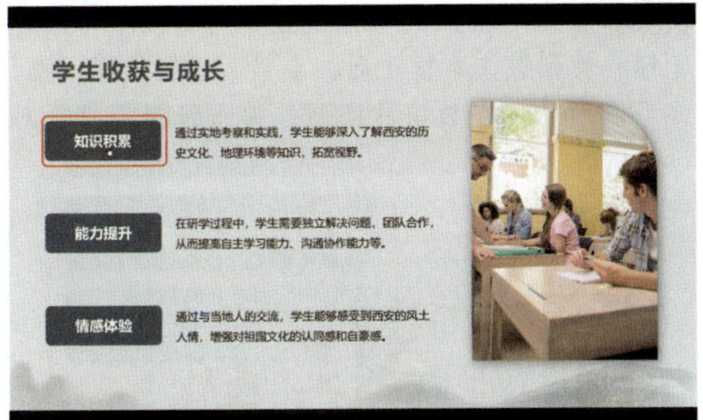

第 5 步 跳转到链接的页面，如下图所示。

251 幻灯片与外部文件的链接设置

实用指数 ★★★★★

>>> 使用说明

在播放幻灯片的过程中，为了更好地阐述幻灯片的内容，时常需要借助一些辅助文件来增强表达的清晰度与丰富度。然而，如果在播放幻灯片的过程中退出放映模式，再另行打开其他文件，无疑会增添许多麻烦和不必要的操作步骤。

>>> 解决方法

为了提高操作的便捷性和流畅度，可以在幻灯片中添加外部链接，以便在需要时直接单击链接，即可轻松打开目标文件。这样一来，不仅能够省去反复切换操作的烦琐，还能够保证演讲的连贯性和观众的注意力不被打断。

在演示文稿中，可以将幻灯片与外部文件（如 Word、Excel 等）进行链接。例如，要在“研学项目介绍”演示文稿中添加文本文件的链接，具体操作方法如下。

第 1 步 ❶选择第 8 张幻灯片中需要设置链接的文本框对象；❷单击“插入”选项卡下“链接”组中的“链接”按钮，如下图所示。

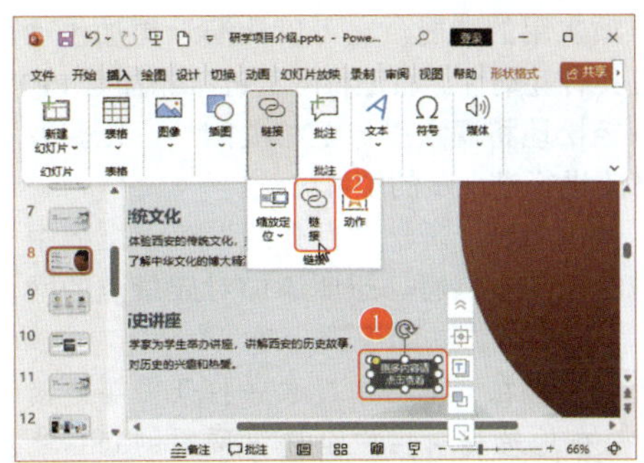

第 2 步 打开“插入超链接”对话框，❶在“查找范围”下拉列表中选择目标文件的保存位置；❷在列表框中选择需要链接的“西安历史文化研学之旅 .docx”文件；❸单击“确定”按钮，如下图所示。

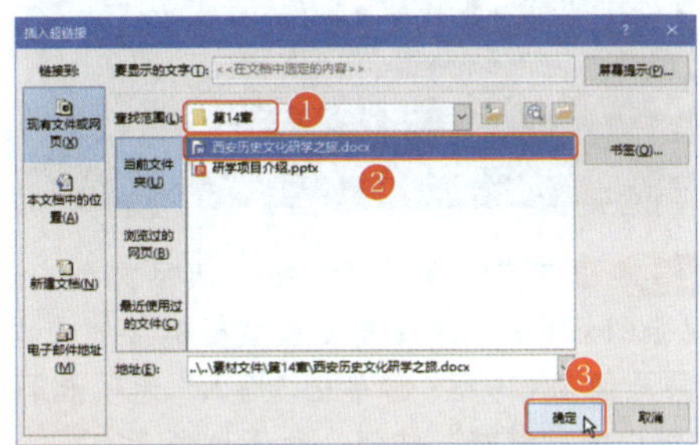

第 3 步 此时就为文本框设置了超链接。将鼠标光标移动到该文本框上时，会显示出链接提示框，如下图所示。在放映状态时，单击链接将打开“西安历史文化研学之旅 .docx”文件。

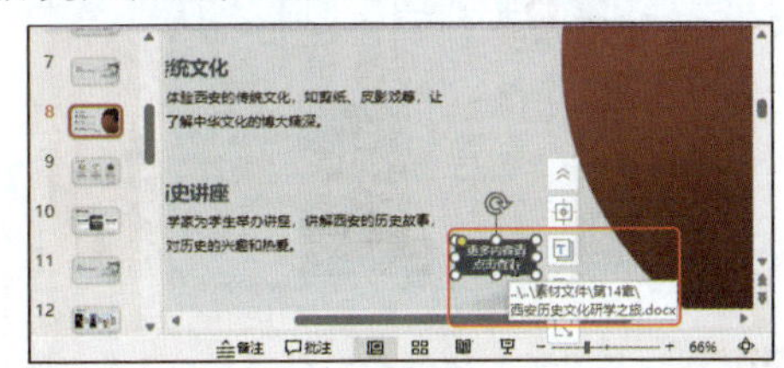

252 为对象添加网页链接

实用指数 ★★★★☆

>>> 使用说明

在演示 PPT 时，有时可能需要联网以获取或核实某些实时信息，如查看公司网站上的最新产品信息。为了更加高效和便捷地达到这一目的，可以在幻灯片中巧妙地添加指向公司网站的链接。

>>> 解决方法

在 PowerPoint 2021 中，为对象添加网页链接是一项实用的功能，它可以让演示更加生动、有趣且具有互动性。通过将网页链接添加到PPT中，可以轻松地将观众引导至相关网站，以获取更多信息或进行进一步的了解。

例如，在“研学项目介绍”演示文稿中介绍西安的著名景点时，想要添加对应景点的网页链接，具体操作方法如下。

第1步 ❶在浏览器中搜索并打开需要链接的网页；❷在地址编辑栏中全选该网页的URL地址并复制，如下图所示。

第2步 ❶在“研学项目介绍”演示文稿中选择第12张幻灯片；❷选择需要设置超链接的文本框，即“兵马俑”文本框；❸单击“插入”选项卡下“链接”组中的“链接”按钮，如下图所示。

第3步 打开“插入超链接”对话框，❶在“地址”下拉列表中输入刚刚复制的网页URL地址；❷单击“确定”按钮，如下图所示。

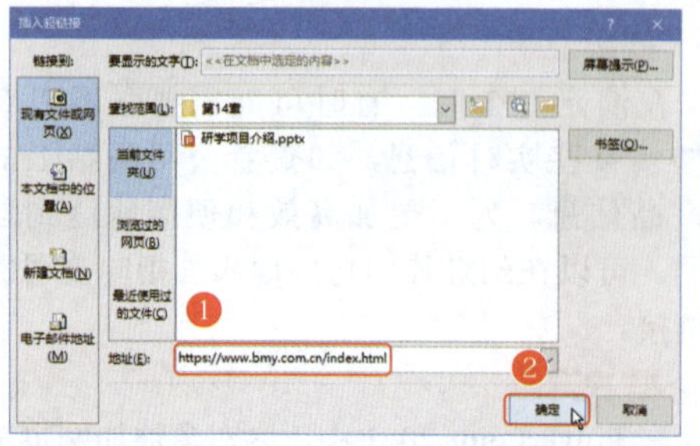

第4步 此时就为文本框设置了超链接。将鼠标光标移动到该文本框上时，会显示出链接提示框，如下图所示。在放映状态时，单击链接将打开对应的网页。

温馨提示

在演示之前，务必测试一下添加的网页链接是否正常运作。例如，可以单击链接。确认是否能正确跳转至目标网页。如果遇到问题，则可以检查输入的网址是否正确，或重新设置链接。

253 超链接描述性文字的添加技巧

实用指数 ★★★★☆

>>> 使用说明

在为幻灯片添加超链接时，可能会链接到不同的目标内容，包括但不限于其他幻灯片、计算机中存储的各类文件以及互联网上的网址。然而，如果不能清晰地记住每个链接的具体指向内容，那么在播放幻灯片时很容易将这些链接混淆，甚至可能导致观众对演示内容产生误解。

为了有效地避免这种尴尬情况的发生，提升演示的流畅性和准确性，可以为超链接设置屏幕显示的描述性文字。

>>> 解决方法

在PPT中，超链接描述性文字主要用于引导观众单击链接，从而跳转到其他幻灯片、网页或文件。通过使用描述性文字，观众可以更加容易地理解链接的目的地，从而提高单击的意愿，同时也有助于演示者更加自信地掌控整个演示过程。

例如，为幻灯片中刚刚添加链接的文本框设置屏幕提示，具体操作方法如下。

第1步 ❶选择设置了链接的文本框对象；❷再次单击“链接”按钮，如下图所示。

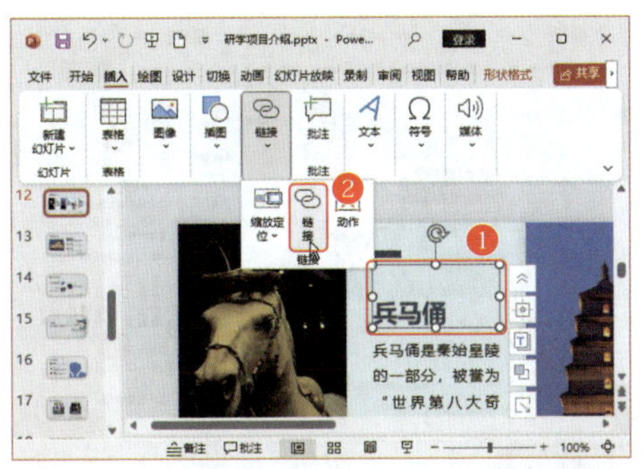

第 2 步 打开“编辑超链接”对话框（或直接在设置好链接对象后），单击“屏幕提示”按钮，如下图所示。

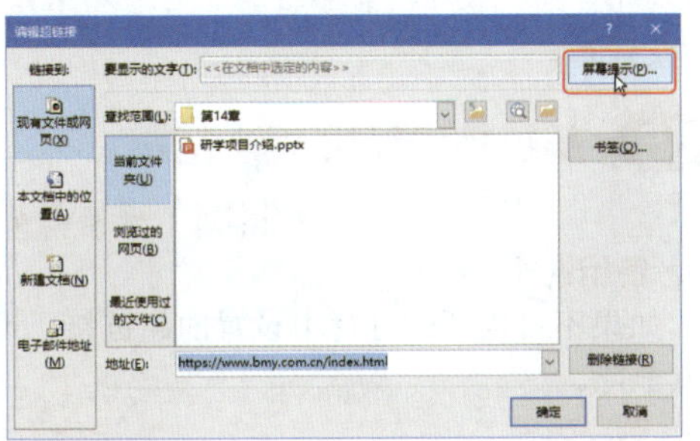

知识拓展

在“编辑超链接”对话框中单击“删除链接”按钮，可以删除当前选择的链接。

第 3 步 打开“设置超链接屏幕提示”对话框，❶在文本框中输入需要用于提示的屏幕显示内容；❷单击“确定”按钮，如下图所示。

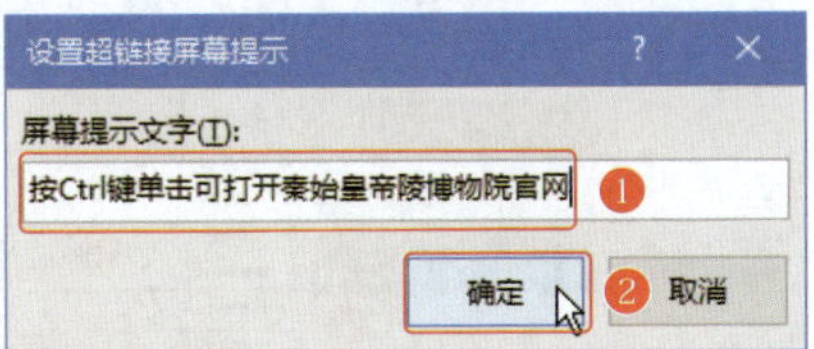

第 4 步 返回“编辑超链接”对话框，单击“确定”按钮。这样，只要将鼠标光标移动到设置了链接的内容上，即可显示出设置的提示信息，如下图所示。

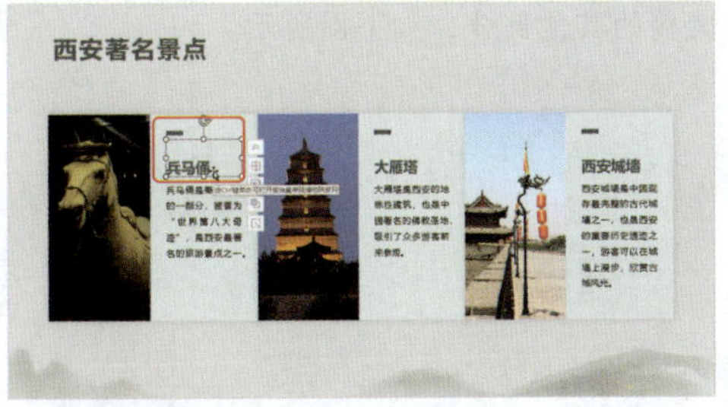

254 创建对象到电子邮件的链接

实用指数 ★★★★☆

>>> 使用说明

在 PowerPoint 2021 中还可以为对象添加电子邮件链接，尤其是在展示和分享资料时。

>>> 解决方法

在 PowerPoint 2021 中创建对象到电子邮件的链接是一种实用的技巧。通过这种方式，观众可以在现场或会后轻松地获取更多的相关信息。这样，不仅有助于提高观众的参与度，还有助于收集反馈信息。

例如，要在“研学项目介绍”演示文稿最后提供电子邮件的链接，方便相关人员直接发送邮件进行联系，具体操作方法如下。

第 1 步 ❶选择第 27 张幻灯片；❷在左下角插入文本框，输入合适的文本；❸选择需要设置超链接的文本内容；❹单击“插入”选项卡下“链接”组中的“链接”按钮，如下图所示。

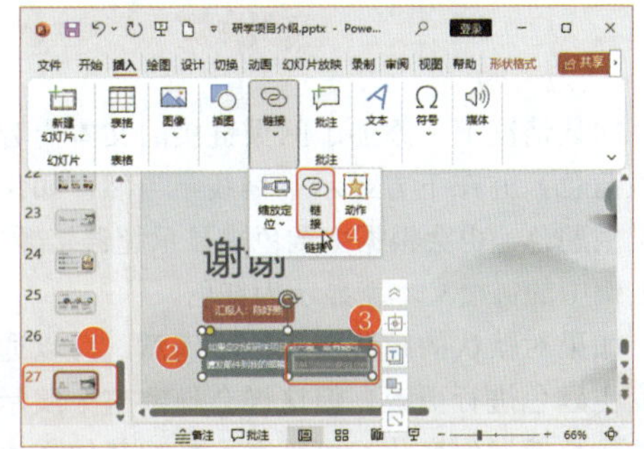

第 2 步 打开“插入超链接”对话框，❶在“链接到”列表框中选择“电子邮件地址”选项；❷在“电子邮件地址”文本框中输入所需的收件人电子邮件地址，在“主题”文本框中输入邮件主题；❸单击“确定”按钮，如下图所示。

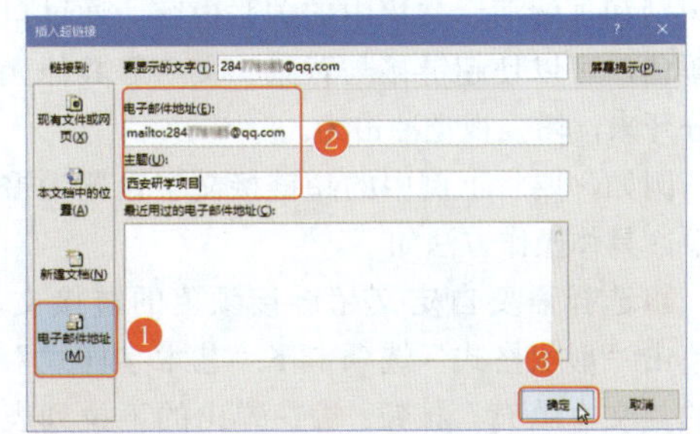

第 3 步 这样，只要将鼠标光标移动到设置了电子邮件链接的内容上，即可显示出提示信息，如

下图所示。在放映状态时，单击链接将打开邮件撰写界面，准备发送邮件。

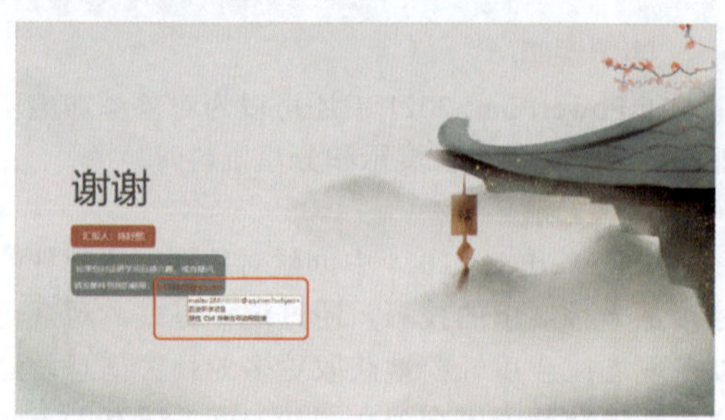

温馨提示

需要注意的是，在演示过程中，必须确保电子邮件地址是正确的，以便观众能够顺利地发送邮件。此外，为了确保链接的稳定性，避免在PPT中使用过于复杂的电子邮件地址。

255 自定义超链接颜色，提升视觉效果

实用指数 ★★★★☆

>>> 使用说明

默认情况下，添加了网页链接的文本内容会变成蓝色，并在下方显示下划线。当然，如果设置了主题色，也会根据主题色来显示超链接颜色，如上例中的链接文本就显示为红色。

如果对默认的超链接颜色不满意，可以通过改变主题色进行更改，但这样会导致整个演示文稿的颜色都发生变化。可以在不影响其他文本格式的情况下只对超链接颜色进行修改吗？

>>> 解决方法

为了让超链接更美观、醒目，可以自定义超链接颜色。合理设置超链接颜色，有助于观众快速识别和理解演示文稿中的关联内容。通过自定义颜色，可以使超链接与背景、文字等其他元素区分开来，增强视觉冲击力。

例如，要将上例中的超链接文字设置为橙色效果，具体操作方法如下。

❶选择需要自定义超链接颜色的链接文本；❷单击“形状格式”选项卡下“艺术字样式”组中的“文本填充”按钮；❸在弹出的下拉列表中选择需要采用的橙色，即可快速改变链接的颜色为指定色，如下图所示。

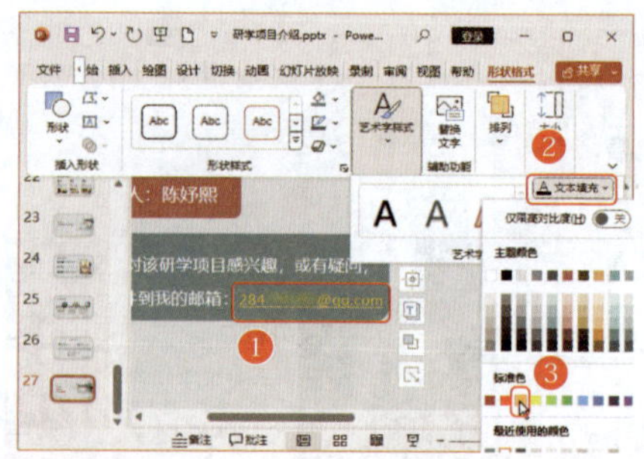

温馨提示

在自定义超链接颜色时，应确保颜色搭配协调，避免过于突兀或刺眼。保持一定的颜色层次感，避免使用过多相近的颜色，以免影响视觉效果。

256 超链接的轻松删除方法

实用指数 ★★★★☆

>>> 使用说明

如果不再需要幻灯片中设置的超链接，可以将其删除。

>>> 解决方法

删除超链接的具体操作方法如下。

第 1 步 ❶选择设置了超链接的对象，这里选择邮箱信息文本，并在其上右击；❷在弹出的快捷菜单中选择“删除链接”命令，如下图所示。

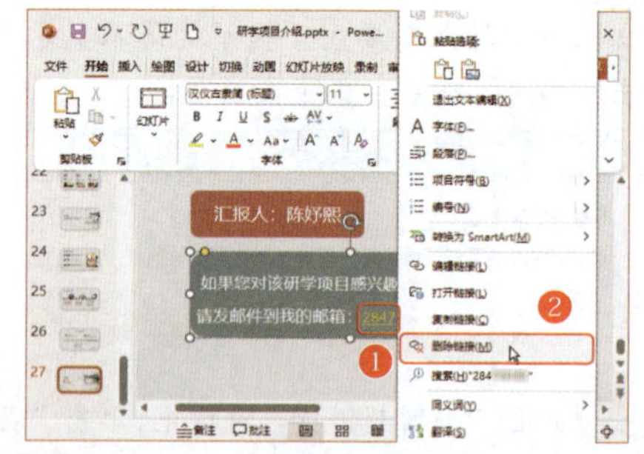

第 2 步 这样，就将超链接轻松删除了，可以看到原来的链接下划线也消失了，但是不会影响演示文稿的其他部分，如下图所示。

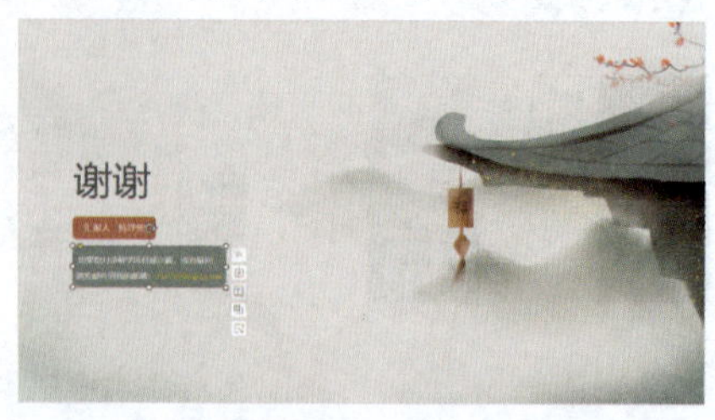

14.2 动作按钮与动作应用技巧

扫一扫　看视频

在前面的章节中，讲解了通过插入链接实现交互的 PPT 制作技巧，接下来将深入讲解如何通过动作按钮与动作应用技巧为幻灯片增添交互性。将从绘制个性化的动作按钮开始，逐步学习如何为对象添加动态动作效果、如何设置鼠标悬停时的幻灯片链接，以及如何为动作增添声音以增强交互体验。

257 绘制个性化的动作按钮

实用指数 ★★★★☆

>>> 使用说明

在演示文稿中，经常需要链接到上一张幻灯片、首页幻灯片、结束页幻灯片或打开文件，除了为对象添加链接外，有没有什么方法可以快速实现呢？

>>> 解决方法

PowerPoint 2021 为了让用户能够更好地实现多样化的展示效果，提供了一类独具特色的形状——动作按钮。这类形状不仅具有普通形状的功能，更能实现特殊的效果，为演示文稿增添活力与互动性。

动作按钮的功能在于，当观众在观看演示文稿时，单击这些按钮，即可实现瞬间跳转到指定的页面。这种方式不仅可以提高演示文稿的观赏性，还能让观众更加投入，跟着演讲者的思路一同探索。

在 PowerPoint 2021 中，动作按钮的运用场景非常广泛。例如，在制作产品演示类 PPT 时，可以在结束页通过设置动作按钮来实现跳转到首页，具体操作方法如下。

第 1 步 ❶选择需要插入动作按钮的第 27 张幻灯片；❷单击“插入”选项卡下“插图”组中的“形状”按钮；❸在弹出的下拉列表中的“动作按钮”栏中选择需要绘制的动作按钮形状，如“动作按钮：转到开头”，如下图所示。

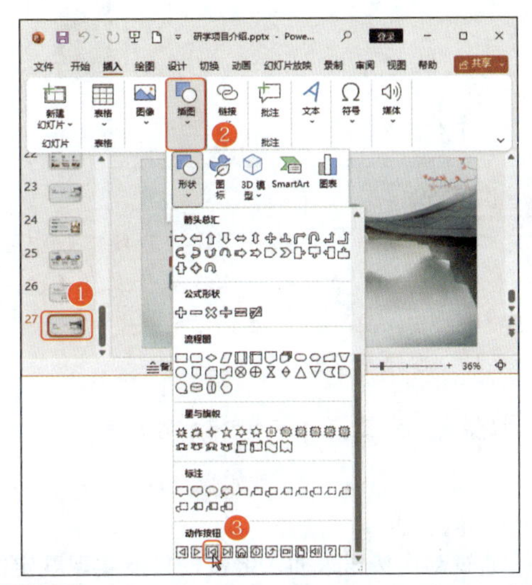

第 2 步 按住鼠标左键不放并在幻灯片右下角拖动绘制出动作按钮，如下图所示。

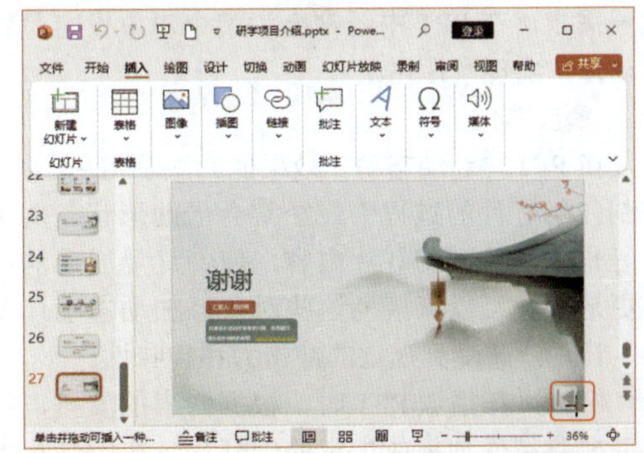

知识拓展

添加动作按钮后，用户还可以通过“形状格式”选项卡对其进行个性化设置。例如，可以更改按钮的样式、颜色、大小等，使其更符合演示文稿的整体风格。

第 3 步 绘制完动作按钮后，会自动弹出“操作设置”对话框，❶选中“超链接到”单选按钮，在下方的下拉列表中默认选择“第一张幻灯片”选项；❷单击“确定”按钮即可完成动作按钮的链接设置，如下图所示。在放映状态时，单击该按钮将跳转显示第 1 张幻灯片。

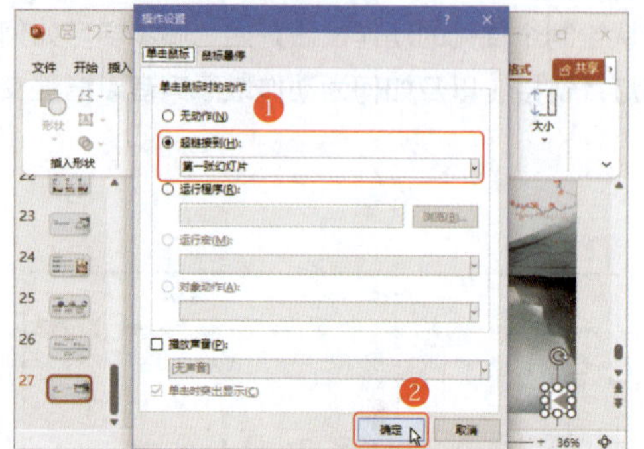

> **温馨提示**
>
> 在复杂的演示文稿中，动作按钮可以帮助观众厘清思路，更快地理解演讲内容。通过设置动作按钮，也可以让观众在感兴趣的部分自由跳转，增强互动性。

258 为对象添加动态动作效果

实用指数 ★★★★★

>>> 使用说明

通过动作按钮来插入链接，只能实现既定的链接效果，而且形状都是固定的。在当今的数字时代，个性化已成为一种时尚和需求。为了满足这一需求，在 PPT 中经常会为某个对象设定具体的动作，实现个性化。

>>> 解决方法

在 PPT 中，动态动作效果能为演示增色不少。在制作幻灯片的过程中，经常会借助形状、文本框等来灵活排列幻灯片内容，使幻灯片展现的内容更形象。可以直接为这些对象添加动态动作效果，让观众感受到视觉的冲击力和趣味性。

例如，在播放 PPT 时，根据内容的安排，可能需要跳越性地播放指定的幻灯片。在幻灯片中添加动作可以制作交互式幻灯片，实现幻灯片跳越播放。要在“研学项目介绍”演示文稿中实现幻灯片间的交互，具体操作方法如下。

第 1 步 ❶选择第 24 张幻灯片中需要设置动作的第 2 个标题文本框；❷单击“插入”选项卡下“链接”组中的“动作”按钮，如下图所示。

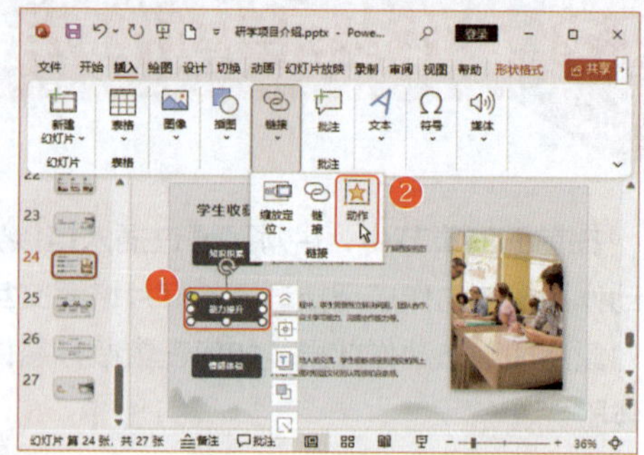

第 2 步 打开“操作设置”对话框，❶选中“超链接到”单选按钮；❷在下方的下拉列表中选择“幻灯片”选项，如下图所示。

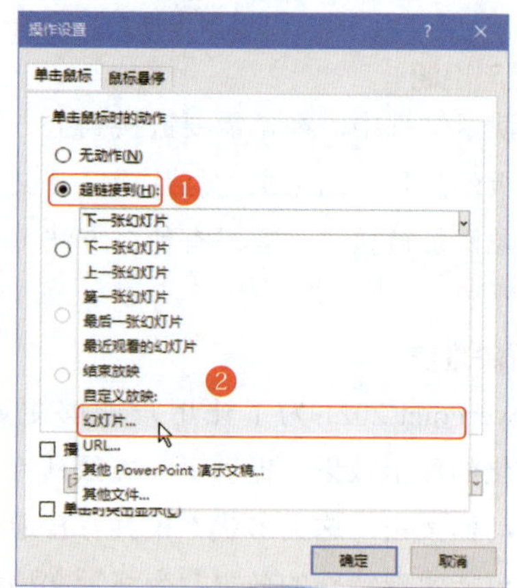

> **温馨提示**
>
> 还可以为动作按钮和动态动作效果对象设置触发其他动作效果的功能，如自定义放映方式、放映其他演示文稿等，为演示文稿增加视觉冲击力。

第 3 步 打开“超链接到幻灯片”对话框，❶在左侧的列表框中选择需要链接到的目标幻灯片；❷单击“确定”按钮，如下图所示。

第 4 步 完成上述操作后，返回“操作设置”对话框，单击“确定”按钮即可完成动作链接设置，如下图所示。

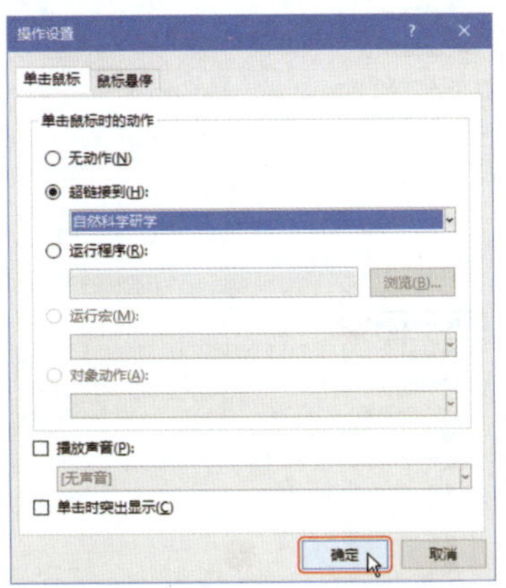

第 5 步 这样，只要将鼠标光标移动到设置了链接的内容上，就可以显示出链接的提示信息，如下图所示。在放映状态时，单击该文本框将跳转显示第 9 张幻灯片。

259 设置鼠标悬停时的幻灯片链接

实用指数 ★★★☆☆

>>> 使用说明

演讲者在演讲时，用得最多的就是鼠标，因此针对鼠标的动作设置一些交互将会非常实用。鼠标动作不仅包括单击鼠标，还包括鼠标移过。

>>> 解决方法

在幻灯片展示过程中，为了让观众更好地理解和掌握内容，可以设置当鼠标悬停在幻灯片的动作按钮或动作效果对象上时，链接到其他幻灯片或网页。这样，当观众将鼠标悬停在某个关键点上时，就会自动显示相关内容的幻灯片。

例如，要实现当鼠标悬停在“研学项目介绍”演示文稿中第 5 张幻灯片中的第 1 个文本框上时，切换播放第 4 张幻灯片，具体操作方法如下。

第 1 步 ❶选择第 5 张幻灯片中需要设置动作的第 1 个标题文本框；❷单击“插入”选项卡下“链接”组中的“动作”按钮，如下图所示。

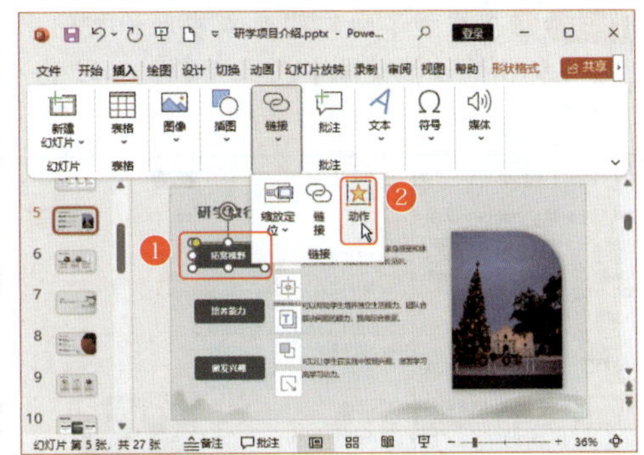

第 2 步 打开“操作设置”对话框，保持“单击鼠标”选项卡的默认设置状态，❶单击“鼠标悬停”选项卡；❷选中“超链接到”单选按钮；❸在下方的下拉列表中选择“上一张幻灯片”选项；❹单击“确定”按钮，如下图所示。

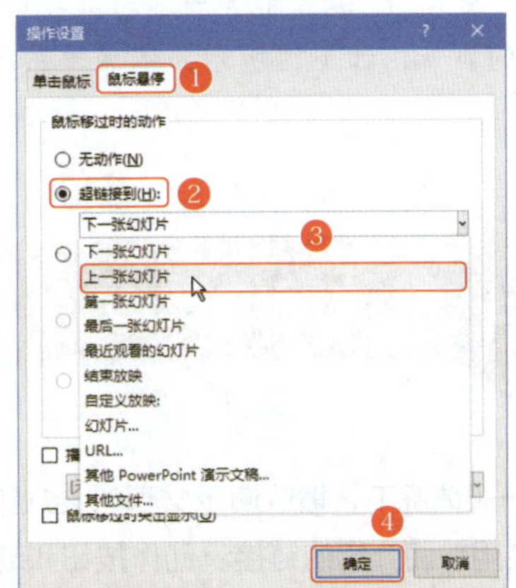

知识拓展

在“操作设置”对话框的“鼠标悬停”选项卡下，勾选“鼠标移过时突出显示”复选框，将设置当鼠标移过设置了该动作链接的对象时突出显示效果，以引起观众的注意。

260 为动作增添声音，增强交互体验

实用指数 ★★★☆☆

>>> 使用说明

在幻灯片中，通过动作实现效果时，有时会很突兀，突然就变了页面。这时如果为动作增添

声音，可以让观众在视觉和听觉上都能感受到互动体验。

>>> 解决方法

为动作增添声音，可以让观众在执行动作时获得更丰富的感官体验，具体操作方法如下。

第 1 步 ❶在添加了动作的对象或动作按钮上右击；❷在弹出的快捷菜单中选择“编辑链接”命令，如下图所示。

第 2 步 打开“操作设置”对话框，❶勾选“播放声音”复选框；❷在下方的下拉列表中选择需要采用的声音，如下图所示，然后单击“确定”按钮。

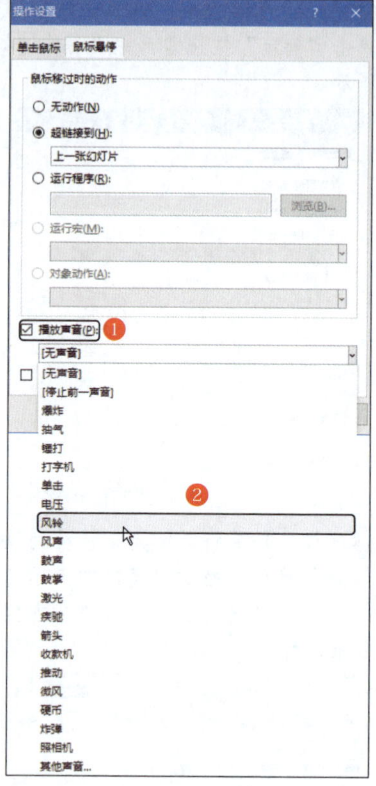

14.3 缩放定位技巧

扫一扫 看视频

一般情况下，播放演示文稿时会从第 1 张幻灯片开始依次进行播放。如果需要实现页面跳转，除了使用前面介绍的链接、动作按钮和动作应用外，还可以通过缩放定位技巧来实现。本节首先学习如何插入和管理摘要缩放定位，然后讲解插入节缩放定位和幻灯片缩放定位的精确应用，最后学习缩放定位的个性化设置技巧。

261 插入摘要缩放定位，快速导航演示文稿

实用指数 ★★★★★

>>> 使用说明

在快节奏的办公环境中，高效利用时间、提升工作效率是每个职场人士的追求。在日常工作中，经常需要制作和演示各种演示文稿，而在这些演示文稿中，内容往往非常丰富，包括多个幻灯片、多个段落、各种图表等。在演示过程中，如何快速定位到需要讲解的内容成为一个亟待解决的问题。

>>> 解决方法

通过插入摘要缩放定位，可以将演示文稿中的关键内容或重要章节进行提炼，形成一个摘要页面。这个摘要页面就像一张地图，清晰地展示

了整个演示文稿的结构和关键内容。在演示过程中，只需单击摘要页面上的相应区域，即可快速跳转到对应的幻灯片，实现快速导航。

例如，要为“研学项目介绍”演示文稿插入摘要缩放定位，具体操作方法如下。

第 1 步 ❶选择第 1 张幻灯片；❷单击“插入”选项卡下“链接”组中的“缩放定位”按钮；❸在弹出的下拉列表中选择“摘要缩放定位”选项，如下图所示。

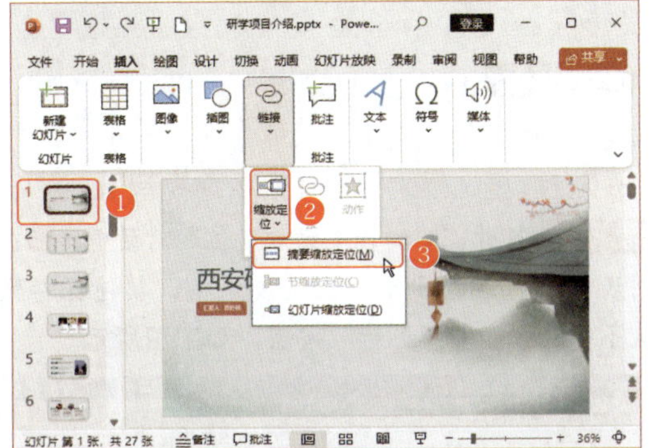

第 2 步 打开“插入摘要缩放定位”对话框，❶在列表框中选择需要创建为摘要的幻灯片，这里选择每个部分的首张幻灯片；❷单击“插入”按钮，如下图所示。

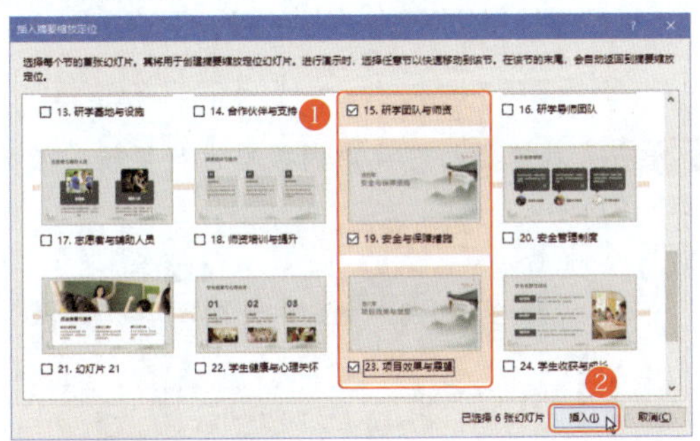

> **温馨提示**
>
> 如果演示文稿本身是分节的，那么执行“摘要缩放定位”命令后，在“插入摘要缩放定位”对话框的列表框中将自动选择每节的首张幻灯片。

第 3 步 根据选择的幻灯片在合适的位置自动创建一张摘要页幻灯片，并默认按摘要页进行分节管理，在左侧的窗格中可以清晰地看到各节包含的幻灯片，如下图所示。单击状态栏中的“幻灯片放映”图标，切换到幻灯片放映视图。

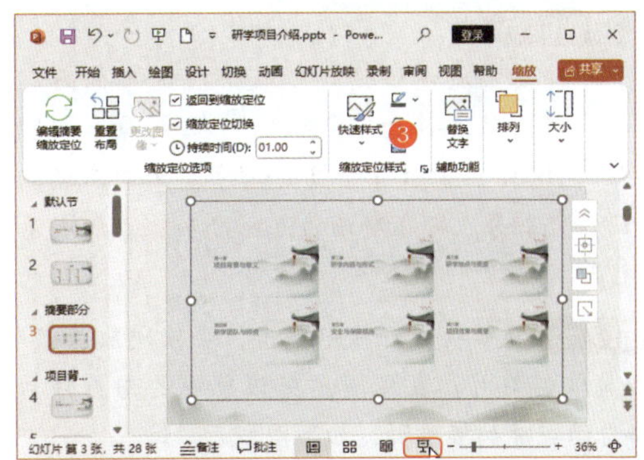

第 4 步 放映幻灯片时，单击摘要页中某节的幻灯片缩略图，如单击第 2 张幻灯片缩略图，如下图所示。

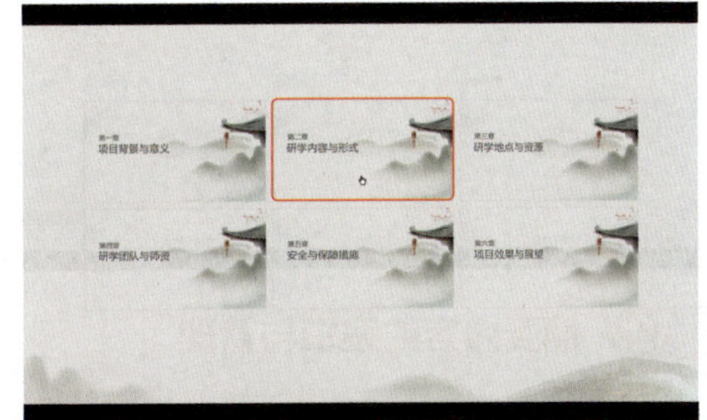

第 5 步 放大单击的幻灯片，如下图所示。

第 6 步 在幻灯片中单击，便开始放映该节的幻灯片，如下图所示。

温馨提示

摘要缩放定位是针对整个演示文稿而言的，可以将选择的节或幻灯片生成一个“目录”，这样在演示时可以快速导航至演示文稿的特定部分，提高演示的流畅度和观众的观看体验。

第7步 继续在幻灯片中单击，会依次放映该节的其他幻灯片。直到演示完该节中的幻灯片后，将自动缩放到摘要页，如下图所示。

262 摘要内容的编辑与管理

实用指数 ★★★☆☆

>>> 使用说明

在演示文稿中插入摘要缩放定位是一种非常实用的办公技巧，它能够简洁明了地概括演示文稿的内容，方便观众快速了解主题。在实际应用中，还可以帮助用户快速导航演示文稿，提升工作效率。

如果在后期对演示文稿的内容进行了修改，那么摘要内容作为演示文稿中的核心部分，更需要精心编辑和管理，以确保信息的准确传达和高效沟通。具体如何对摘要内容进行编辑与管理呢？

>>> 解决方法

为了确保演示文稿信息的准确性和时效性，对于插入的摘要缩放定位，用户可以根据需要在摘要缩放定位中更新、添加或删除节。例如，在“研学项目介绍”演示文稿的摘要缩放定位中对摘要进行编辑，具体操作方法如下。

第1步 ❶选择第3张幻灯片中的摘要文本框；❷单击“缩放”选项卡下“缩放定位选项”组中的“编辑摘要缩放定位”按钮，如下图所示。

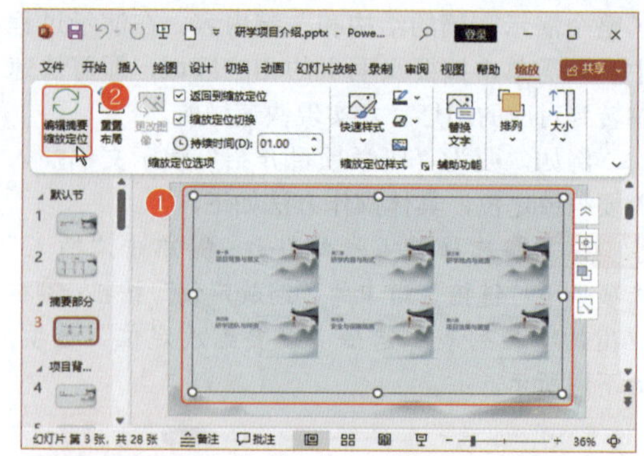

知识拓展

当摘要页中有多余的摘要时，可以选择该摘要缩略图，然后按Delete键将其删除。

第2步 打开“编辑摘要缩放定位”对话框，❶在列表框中勾选第1节对应的复选框，其他保持默认不变；❷单击“更新”按钮，如下图所示。

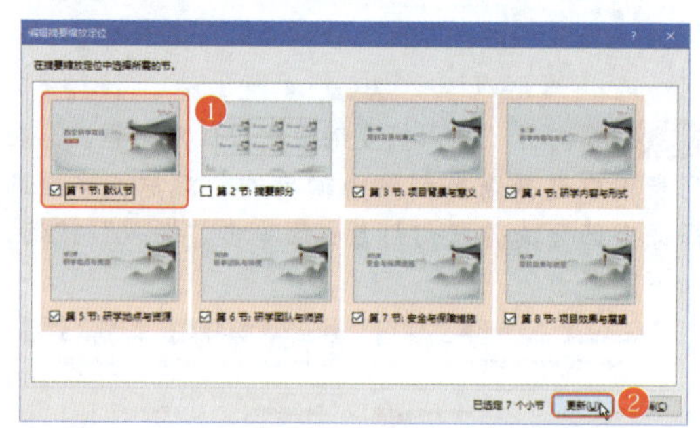

第3步 对摘要幻灯片中的摘要进行更新，效果如下图所示。

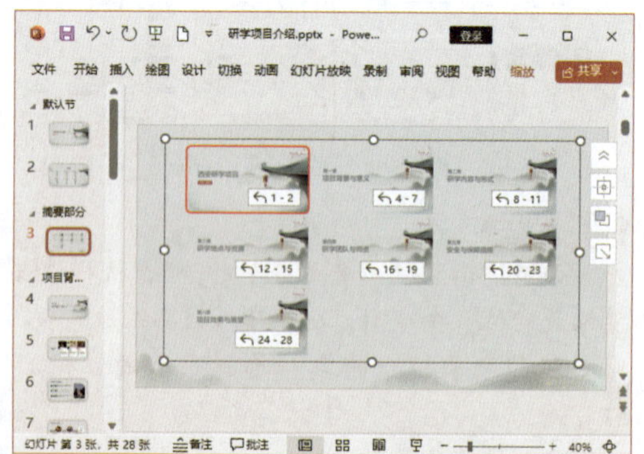

温馨提示

在摘要页的每张幻灯片缩略图右下角会显示出该节包含的幻灯片具体有哪几张，但当缩放比例太小时会隐藏。

263 节缩放定位的插入与设置

实用指数 ★★★★☆

>>> 使用说明

如果演示文稿中创建有节，那么可以通过节缩放定位快速创建指向某个节的链接。

>>> 解决方法

为了让观众更好地理解演示文稿的结构，可以在各个章节之间插入节缩放定位。通过设置不同的缩放效果，可以引导观众关注重点内容。在演示时，选择该链接就可以快速跳转到该节中的幻灯片进行放映。

与插入摘要缩放定位不同的是，插入节缩放定位时不会插入新幻灯片，而是将其插入当前选择的幻灯片中。

例如，要在“人力资源工作总结”演示文稿中插入节缩放定位，具体操作方法如下。

第 1 步 打开“人力资源工作总结”演示文稿，❶在第 2 张幻灯片后插入一张新幻灯片，并在标题文本框中输入“目录”；❷单击“插入”选项卡下“链接”组中的“缩放定位”按钮；❸在弹出的下拉列表中选择“节缩放定位”选项，如下图所示。

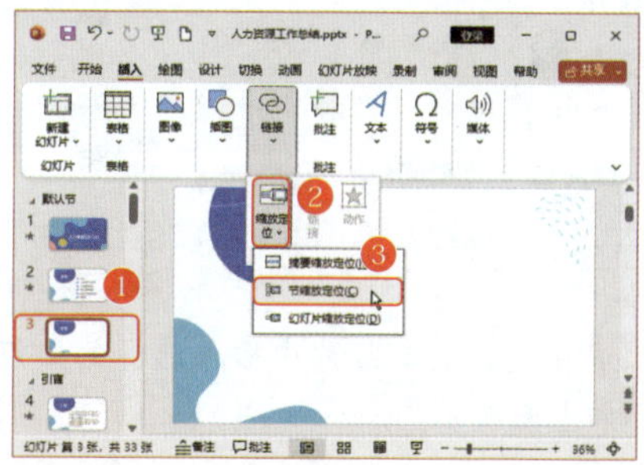

温馨提示

如果演示文稿中没有节，则节缩放功能不能使用。

第 2 步 打开“插入节缩放定位”对话框，❶在列表框中选择要插入的一个或多个节，这里选择第 2 ~ 7 节；❷单击“插入”按钮，如下图所示。

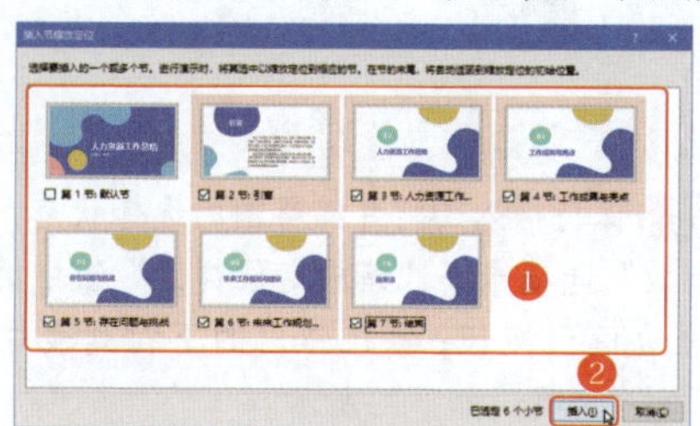

第 3 步 在选择的幻灯片中插入选择的节缩略图，如下图所示。

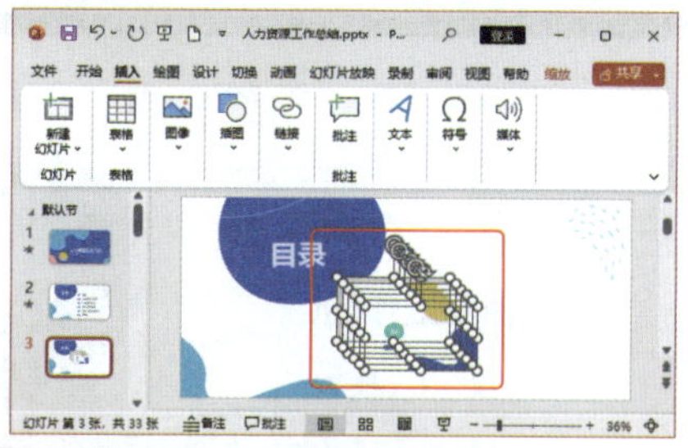

第 4 步 保持插入节缩略图的选择状态，❶单击“缩放”选项卡下“缩放定位样式”组中的“快速样式”按钮；❷在弹出的下拉列表中选择一种图片样式，对所有缩略图进行美化，如下图所示。

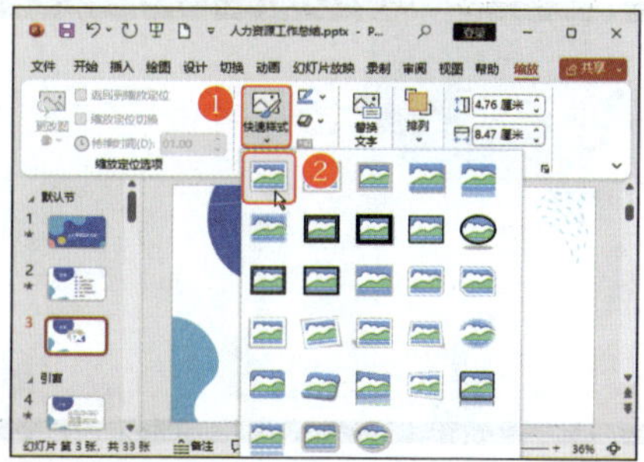

第 5 步 像调整图片一样，将节缩略图调整到合适的大小和位置，如下图所示，就完成了本例中节缩放定位的插入和设置操作。

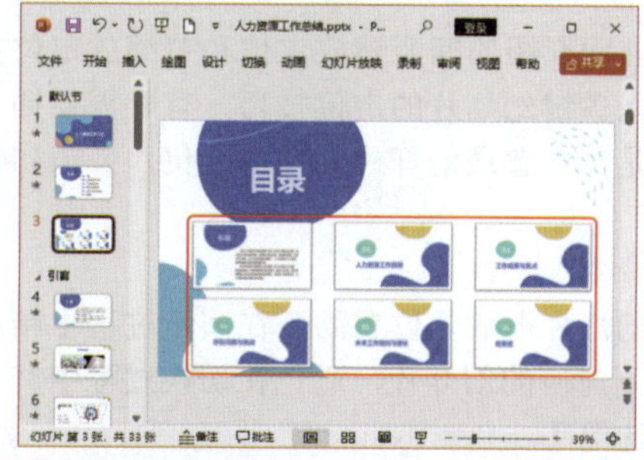

第 6 步 放映幻灯片时，单击该页中某节的幻灯片缩略图，如单击第 2 张幻灯片缩略图，如下图所示。

第 7 步 放大单击的幻灯片，如下图所示，在幻灯片中单击便开始放映该节的幻灯片。

第 8 步 继续在幻灯片中单击，会依次放映该节中的其他幻灯片。直到演示完该节中的幻灯片后，将自动缩放到摘要页，如下图所示。

264 幻灯片缩放定位的精确应用

实用指数 ★★★★★

>>> 使用说明

前面介绍的摘要缩放定位和节缩放定位主要是插入关键幻灯片的定位技巧，有时需要插入的可能是某些普通幻灯片的缩放定位，又该如何实现呢？

>>> 解决方法

幻灯片缩放定位有助于在演示过程中精准地定位到对应的幻灯片，避免在切换过程中产生不必要的混乱。

实际上幻灯片缩放定位就是在演示文稿中创建某个指向幻灯片的链接。幻灯片缩放定位的应用可以让用户根据自己的需要，为演示文稿添加更加细致的缩放定位点，有效突出重点内容。

例如，想在“中国美食之旅”演示文稿的正文内容介绍前制作一页与全文内容有关的美食展示幻灯片，就可以使用幻灯片缩放定位来完成，具体操作方法如下。

第 1 步 打开“中国美食之旅”演示文稿，❶在第 2 张幻灯片后插入一张新幻灯片，并在标题文本框中输入“美食一览”；❷单击“插入”选项卡下“链接”组中的“缩放定位”按钮；❸在弹出的下拉列表中选择“幻灯片缩放定位”选项，如下图所示。

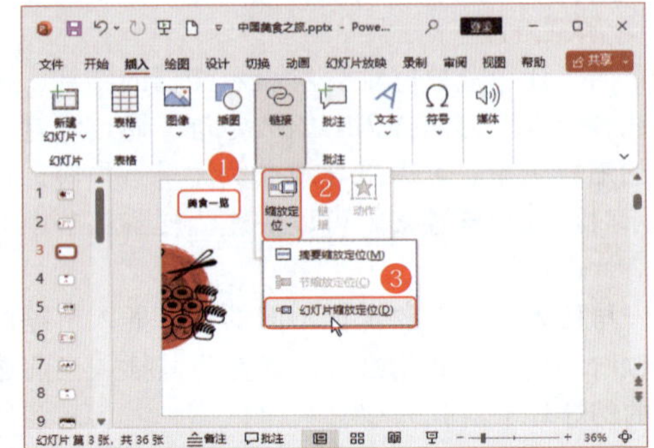

第 2 步 打开“插入幻灯片缩放定位”对话框，❶在列表框中选择需要插入的一张或多张幻灯片，这里选择页面中有比较好看的美食图片的幻灯片；❷单击“插入”按钮，如下图所示。

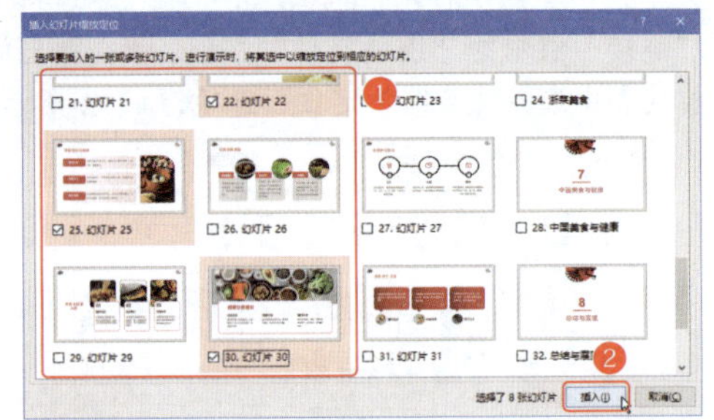

第 3 步 在选择的幻灯片中插入选择的幻灯片缩略图，如下图所示。

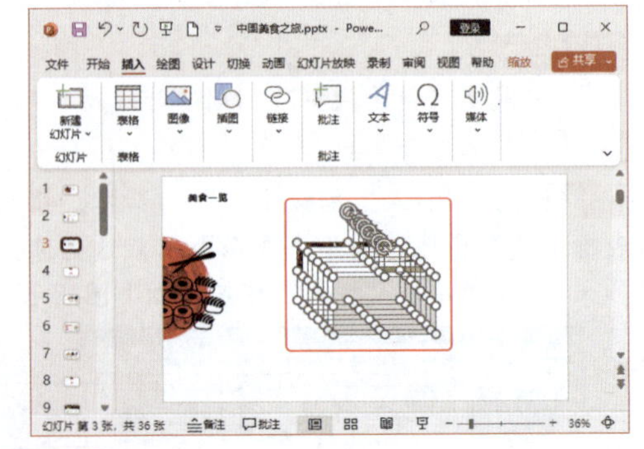

第 4 步 保持插入幻灯片缩略图的选择状态，❶单击“缩放”选项卡下“缩放定位样式”组中的“缩放定位边框”按钮；❷在弹出的下拉列表中选择“取色器”选项，如下图所示。

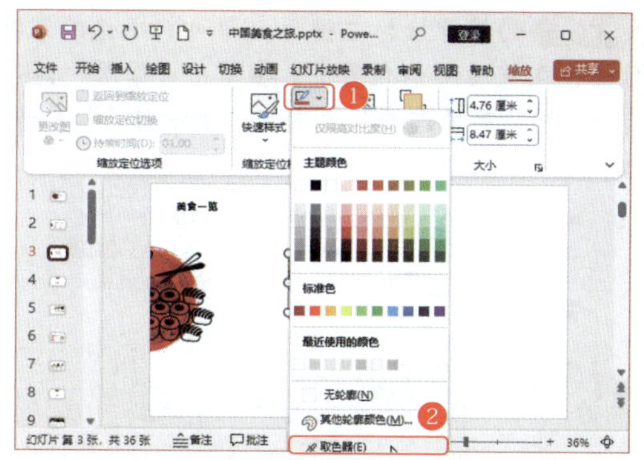

第 5 步 此时鼠标光标变成了吸管形状，移动鼠标光标到页面中的图片上并单击，即可吸取单击处的颜色作为缩放定位边框的颜色，如下图所示。

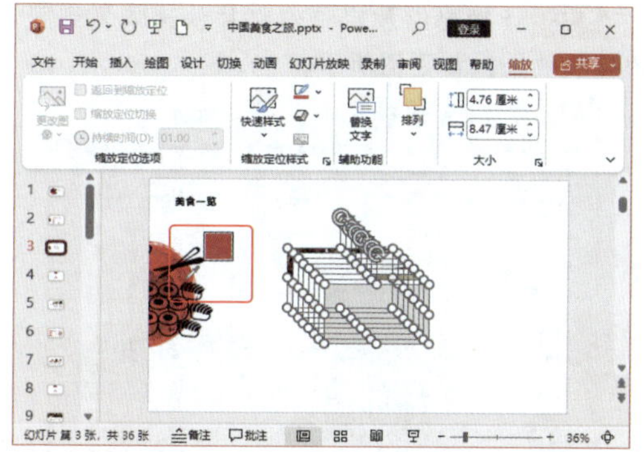

第 6 步 ❶再次单击“缩放定位边框”按钮；❷在弹出的下拉列表中选择“粗细”选项；❸在弹出的子列表中选择需要的边框粗细，这里选择“1 磅”，如下图所示。

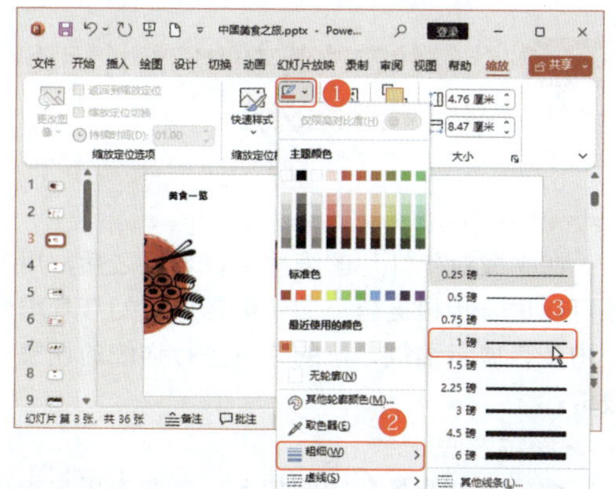

第 7 步 ❶像调整图片一样，将幻灯片缩略图调整到合适的大小和位置；❷单击状态栏中的“幻灯片放映”图标，切换到幻灯片放映视图，如下图所示。

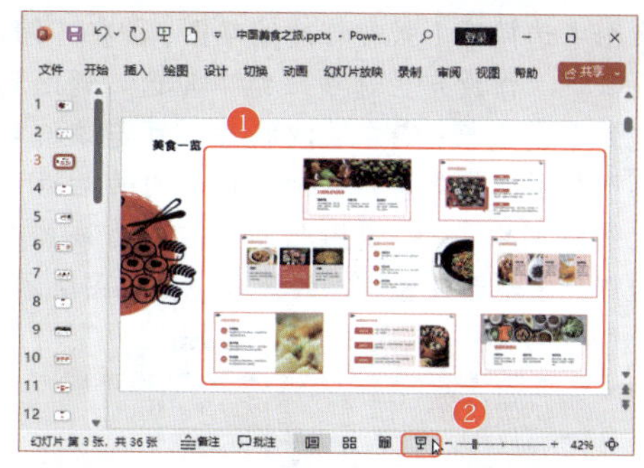

第 8 步 放映幻灯片时，单击该页中某个幻灯片缩略图，如单击倒数第 2 个幻灯片缩略图，如下图所示。

第 9 步 放大演示该幻灯片，在幻灯片中单击，如下图所示。

第 10 步 此时会继续按顺序放映该幻灯片后的幻灯片，如下图所示。放映结束后，返回幻灯片缩略图中。

第 11 步 这并不是我们想要的效果，我们只是想让其放大显示对应的幻灯片，然后再返回幻灯片缩略图中。所以，返回普通视图，❶在幻灯片

缩略图中选择第 1 张幻灯片缩略图；❷在“缩放”选项卡下“缩放定位选项”组中勾选“返回到缩放定位”复选框；❸在放映状态下预览该幻灯片缩略图效果，就能在放映对应的幻灯片后返回幻灯片缩略图中了；❹使用相同的方法为该页中其他幻灯片缩略图设置同样的效果，如下图所示。

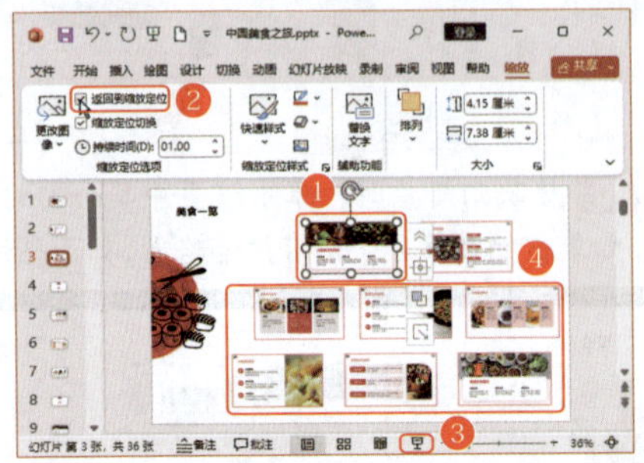

265 改变摘要缩放定位幻灯片的布局效果

实用指数 ★★★★☆

>>> 使用说明

节缩放定位和幻灯片缩放定位功能生成的幻灯片缩略图都类似于图片，可以自由调整其大小和位置。那么，摘要缩放定位生成的幻灯片缩略图可以调整布局效果吗？

>>> 解决方法

摘要缩放定位生成的幻灯片缩略图也可以在摘要文本框内进行调整，还可以快速恢复到默认的排版效果。

例如，要对“研学项目介绍”演示文稿中的摘要缩放定位幻灯片布局效果进行调整，具体操作方法如下。

第 1 步 ❶选择第 3 张幻灯片；❷选择摘要文本框中需要调整的幻灯片缩略图，这里选择最后一张幻灯片缩略图，并拖动鼠标移动该缩略图的摆放位置，如下图所示。

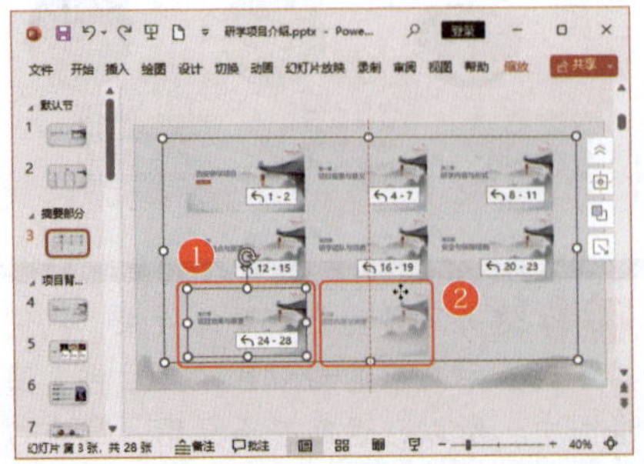

第 2 步 ❶松开鼠标左键后，即可将所选的缩略图摆放在拖动到的位置处；❷单击“缩放”选项卡下“缩放定位选项”组中的“重置布局”按钮，如下图所示。

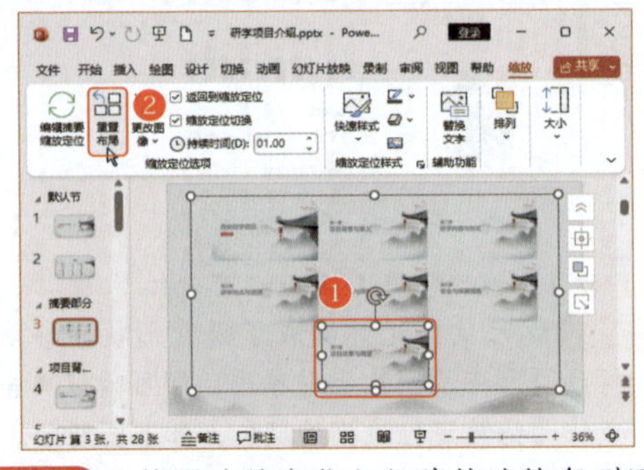

第 3 步 让摘要缩放定位幻灯片快速恢复到默认的排版效果，如下图所示。

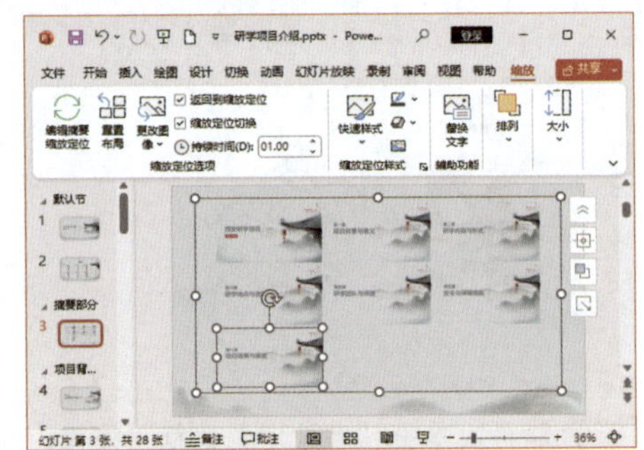

知识拓展

选择摘要文本框中的幻灯片缩略图后，还可以通过拖动鼠标调整其大小和旋转效果。

266 让缩放定位页中的幻灯片缩略图不显示背景效果

实用指数 ★★★★☆

>>> 使用说明

在完成对幻灯片的缩放定位设置之后，用户还可以进一步根据自己的实际需要对幻灯片缩略图中是否展示缩放定位的背景进行详细的调整和设定。

>>> 解决方法

缩放定位背景功能的加入，旨在为用户提供更加灵活和个性化的幻灯片浏览体验，使用户在查看和编辑幻灯片时，能够更加直观地看到缩放定位的效果，从而提高工作效率和准确性。

例如，要让“研学项目介绍”演示文稿中的

摘要缩放定位幻灯片不显示出缩放定位背景，具体操作方法如下。

第1步 ❶选择第3张幻灯片中的摘要文本框；❷单击"缩放"选项卡下"缩放定位样式"组中的"缩放定位背景"按钮，如下图所示。

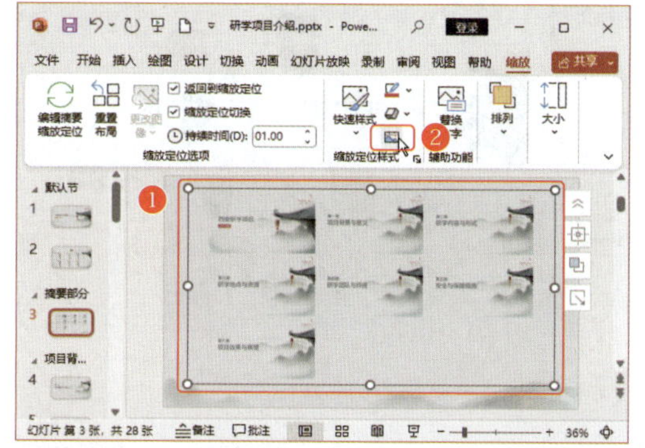

第2步 此时该张幻灯片中所有的幻灯片缩略图都取消了背景效果，仅显示文字内容，如下图所示。

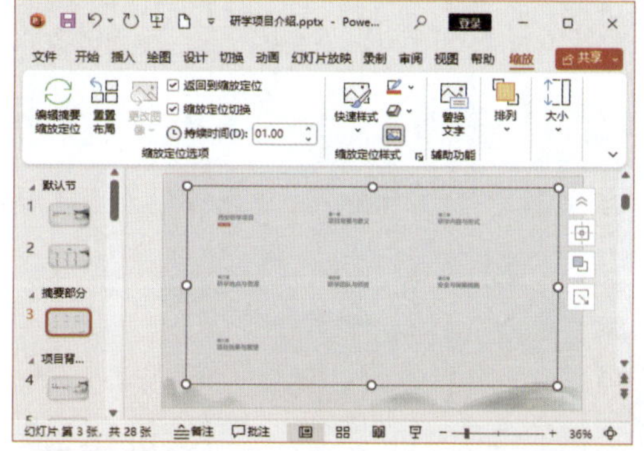

知识拓展

再次单击"缩放定位背景"按钮，又可以显示出幻灯片缩略图中的背景效果。

267 缩放选项的个性化设置技巧

实用指数 ★★★★☆

>>> 使用说明

设置缩放定位幻灯片后，为了让演示文稿更具特色，还可以根据需要对幻灯片缩放选项进行个性化设置。

>>> 解决方法

在对幻灯片缩放选项进行设置时，除了前面提到的可以对是否返回缩放定位进行设置外，还可以对幻灯片缩放图像、缩放定位切换、缩放持续时间进行设置。

例如，在"中国美食之旅"演示文稿中要通过设置幻灯片缩放选项，将幻灯片缩略图替换为精美的美食图片，具体操作方法如下。

第1步 ❶选择第3张幻灯片缩放定位中的第1张幻灯片缩略图；❷单击"缩放"选项卡下"缩放定位选项"组中的"更改图像"按钮，如下图所示。

知识拓展

缩放切换是指在进行缩放定位时，幻灯片将以缩放的形式进行切换。如果在"缩放定位选项"组中勾选"缩放定位切换"复选框，那么在"持续时间"数值框中可以设置缩放切换的时间。

第2步 打开"插入图片"对话框，选择"来自文件"选项，如下图所示。

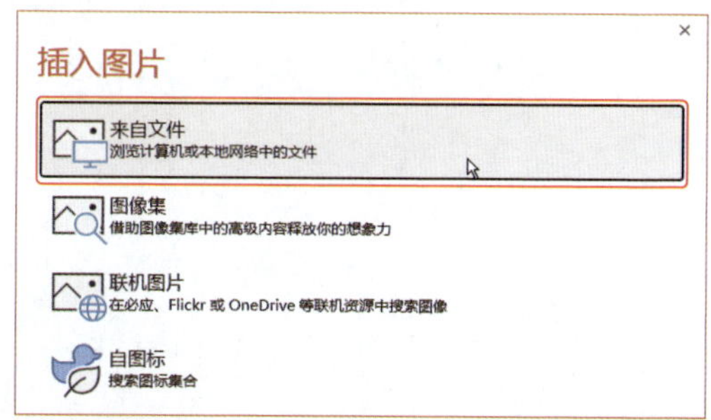

温馨提示

选择"自图标"选项，还可以将幻灯片缩略图替换为图标。

第3步 打开"插入图片"对话框，❶在地址栏中选择图片所保存的位置；❷选择需要插入的图片"川菜"；❸单击"插入"按钮，如下图所示。

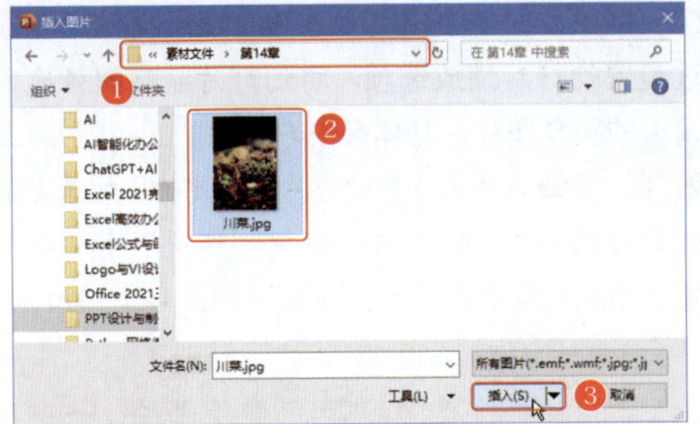

温馨提示

更改节缩放定位时，应注意与幻灯片主题和内容的协调，避免过于花哨的效果，以避免影响观众的注意力。

第 4 步 将选择的图片作为幻灯片缩放定位的封面，如下图所示。

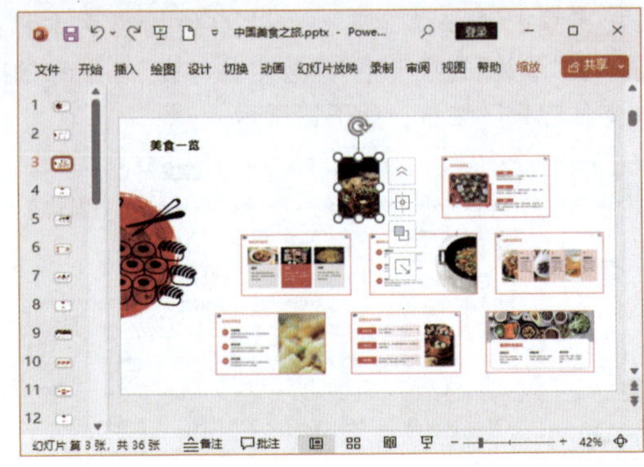

第15章

放映演讲自信呈现：PPT放映与演讲技巧

当精心制作的PPT即将面向观众时，如何让放映过程流畅自如，同时又能与观众进行深入的互动，无疑是每位演讲者都面临的挑战。本章将针对PPT的放映设置和演讲互动策略两方面，讲解一些实用技巧。

下面来看看以下一些PPT的放映设置和演讲中常见的问题，请自行检测是否会处理或已掌握。

- 如何处理无法精准控制放映内容的情况？
- 如何有效利用隐藏幻灯片功能，让演示更加聚焦？
- 不同类型的放映设置，如何适应不同场合的需求？
- 如何通过排练计时，确保演示节奏恰到好处？
- 在演讲过程中，如何运用跳转与标注技巧让内容更生动？
- 如何准备一份既详细又精练的演讲资料，为成功演讲奠定基础？

希望通过本章内容的学习，读者能够解决以上问题，并学会更多PPT的放映设置技巧以及演讲互动策略，从而在演讲舞台上展现自信，赢得观众的掌声。

15.1 幻灯片放映设置技巧

扫一扫 看视频

在创建幻灯片的过程中，不仅要注重内容的丰富性和准确性，还要关注放映时的效果与体验。好的放映设置不仅能让观众更好地理解演示内容，还能提升演示的专业度和吸引力。接下来，将深入讲解幻灯片放映设置的一些实用技巧，帮助读者更好地掌控演示过程，确保每一次放映都能达到预期的效果。

268 指定并筛选幻灯片，精准控制放映内容

实用指数 ★★★★★

>>> 使用说明

在日常的演示准备过程中，经常会遇到一个问题：如何精确地控制幻灯片的放映内容，确保在演示过程中只展示想要展示的部分，同时避免不必要的混淆或信息过载。尤其是在大型会议或重要场合，这一点尤为重要。

假设你正在准备一场关于公司新产品的发布会，这场发布会对于公司来说至关重要，因为它将决定市场对新产品的接受程度以及公司的未来发展。你精心准备了一系列幻灯片，包括产品介绍、市场分析、竞争对手对比等多个方面。然而，在演示过程中，你发现有些幻灯片的内容过于深入，可能对于非专业观众来说难以理解；而有些幻灯片又过于简单，可能无法满足专业观众的需求。

面对这样的困境，你该如何解决呢？

>>> 解决方法

一般情况下，针对这种有多用途的PPT，而且每一份PPT的框架都没有太大的调整，那么便无须反复制作PPT。可以先制作出一个比较完善的版本，然后使用演示文稿的自定义放映功能来快速实现。

在准备幻灯片放映时，首先需要对幻灯片进行仔细的筛选和指定。这包括对幻灯片的顺序进行调整，确保重要内容的连续性和逻辑性。可以选择性地隐藏或不展示那些非关键性或辅助性的幻灯片，以便于在放映时能够更加精准地控制观众所看到的内容。这一步骤对于确保演示的焦点和提高观众的理解度至关重要。

例如，在“人力资源工作总结”演示文稿中指定要放映的幻灯片，具体操作方法如下。

第1步 打开“人力资源工作总结”演示文稿，❶单击“幻灯片放映”选项卡下“开始放映幻灯片”组中的“自定义幻灯片放映”按钮；❷在弹出的下拉列表中选择“自定义放映”选项，如下图所示。

第2步 打开“自定义放映”对话框，单击“新建”按钮，如下图所示。

第3步 打开“定义自定义放映”对话框，❶在“幻灯片放映名称”文本框中输入放映名称；❷在“在演示文稿中的幻灯片”列表框中勾选需要放映的幻灯片；❸单击“添加”按钮，如下图所示。

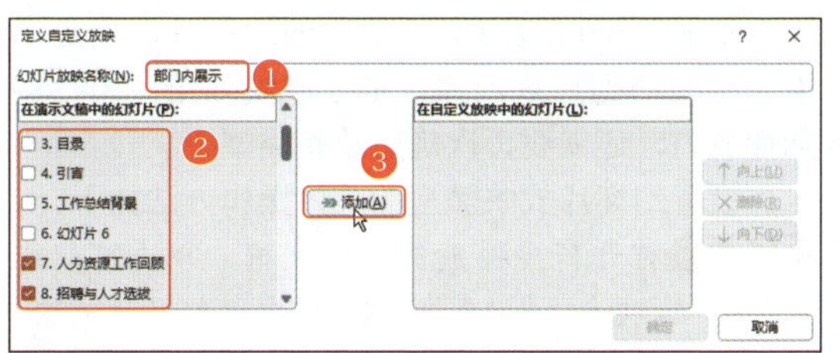

第 4 步 将选择的幻灯片添加到“在自定义放映中的幻灯片”列表框中。❶在列表框中选择幻灯片名称，如选择第 8 张幻灯片；❷单击右侧的按钮可以调整幻灯片的位置，如单击“向上”按钮，如下图所示。

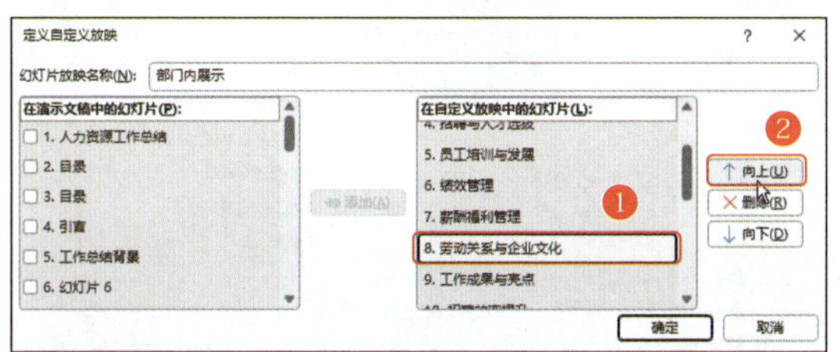

第 5 步 将第 8 张幻灯片向上调整一位，如下图所示，继续调整幻灯片到合适位置，如果有误添加的幻灯片，也可以单击“删除”按钮进行删除，完成后单击“确定”按钮。

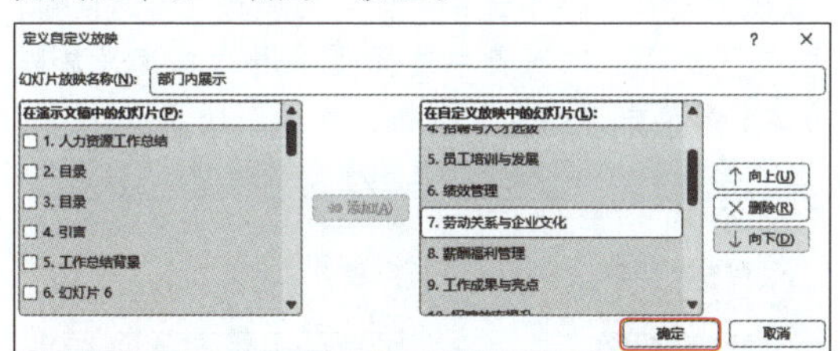

第 6 步 返回“自定义放映”对话框，在其中显示了自定义放映幻灯片的名称，单击“放映”按钮，如下图所示，即可对指定的幻灯片进行放映。

第 7 步 如果在后期想要选择自定义放映，❶可以单击“幻灯片放映”选项卡下“开始放映幻灯片”组中的“自定义幻灯片放映”按钮；❷在弹出的下拉列表中选择需要放映的自定义放映幻灯片的名称，如下图所示。

温馨提示

在“自定义放映”对话框中单击“编辑”按钮，可以对幻灯片放映名称、需要放映的幻灯片等进行设置；单击“删除”按钮，可以删除自定义要放映的幻灯片。

269 隐藏非关键幻灯片，让演示更聚焦

实用指数 ★★★★☆

>>> 使用说明

在播放演示文稿前才发现准备的内容太多，实在没有时间讲解所有幻灯片，临时决定减少少数的幻灯片，应该直接删除吗？

>>> 解决方法

其实可以将不需要放映的幻灯片隐藏起来，不做删除，以便以后在其他演讲中使用。

另外，在演示过程中，并非所有的幻灯片都是同等重要的。有些幻灯片可能包含额外的信息或是对主要内容的重复，这些幻灯片可以被暂时隐藏起来。

通过隐藏幻灯片的方式可以使演示更加聚焦于那些关键的信息和观点，帮助观众更好地抓住演示的重点，从而提高演示的整体效果。

例如，在“人力资源工作总结”演示文稿中制作了两个目录页，需要隐藏一个传统的目录页，具体操作方法如下。

第 1 步 ❶选择需要隐藏的第 2 张幻灯片；❷单击“幻灯片放映”选项卡下“设置”组中的“隐藏幻灯片”按钮，如下图所示。

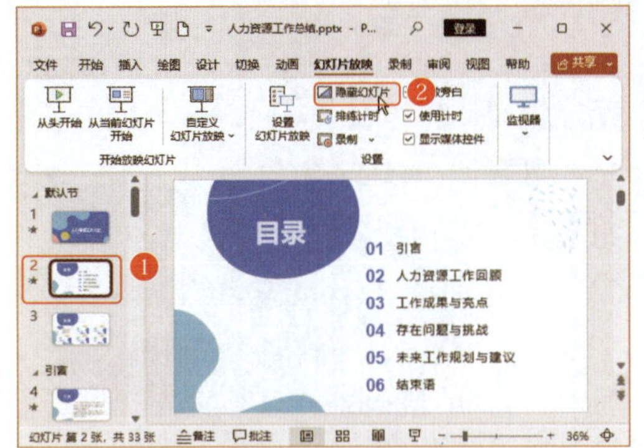

第 2 步 此时该幻灯片前的编号上将出现删除标记，如下图所示。同时，在放映时不会再进行播放。

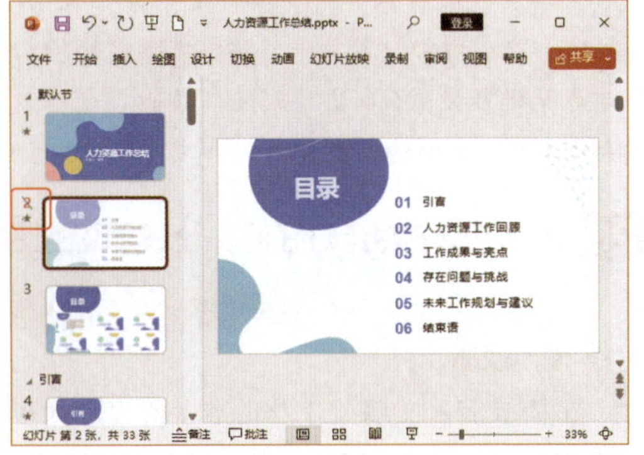

270 设置放映类型，适应不同场合的需求

实用指数 ★★★★★

>>> 使用说明

不同的场合和观众群体可能需要不同的幻灯片放映方式。例如，在一个小型的研讨会中，可能需要进行互动式的放映，而在一个大型会议上，可能需要进行静态的展示。

因此，还需要了解如何根据不同的场合设置不同的放映类型。

>>> 解决方法

演示文稿的放映类型主要有演讲者放映（全屏幕）、观众自行浏览（窗口）和在展台浏览（全屏幕）3 种。在放映之前，用户需要根据实际情况来设置合适的放映类型，以确保演示能够以最佳的方式呈现给观众。

另外，还可以指定要放映的幻灯片内容。当需要播放指定放映的幻灯片时，可以直接指定部分连续的幻灯片，也可以按设置的自定义放映方式进行播放。例如，前面介绍了为避免在放映时让观众看到一些没有必要放映的幻灯片，指定了用于放映的幻灯片，并预览了放映效果。但在实际播放前，还需要再次确定放映类型。

设置幻灯片放映类型的具体操作方法如下。

第 1 步 打开需要播放的演示文稿，单击“幻灯片放映”选项卡下“设置”组中的“设置幻灯片放映”按钮，如下图所示。

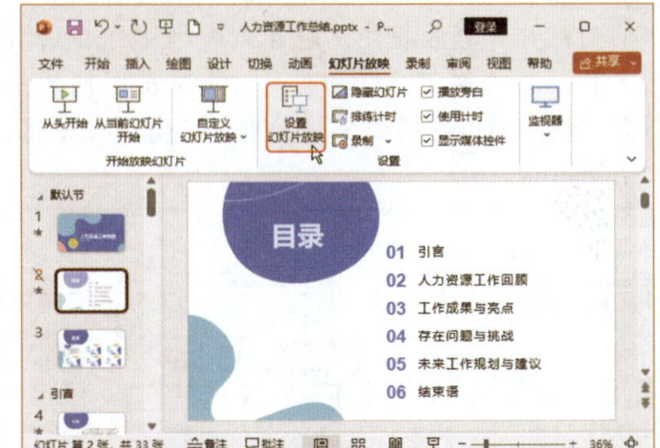

第 2 步 打开“设置放映方式”对话框，❶在“放映类型”栏中选择放映类型，如选中“观众自行浏览（窗口）”单选按钮；❷在“放映选项”栏中勾选“循环放映，按 ESC 键终止”复选框；❸在“放映幻灯片”栏中选中“自定义放映”单选按钮，并在下方的下拉列表中选择要采用的自定义放映方式；❹单击“确定”按钮，如下图所示。

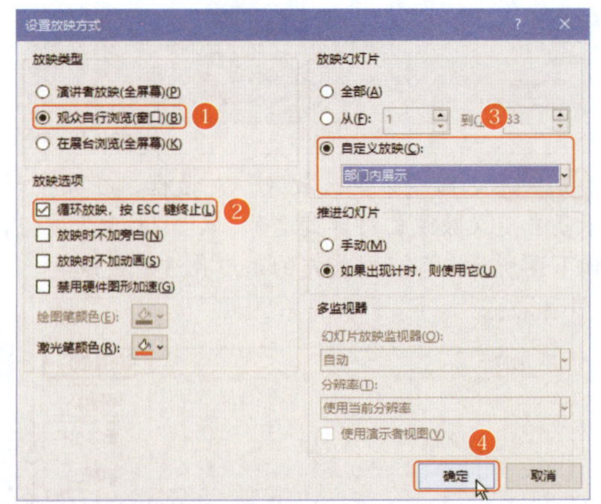

知识拓展

在“放映类型”中，“演讲者放映（全屏幕）”就是由演讲者本人来播放幻灯片，演讲者对放映进行完全控制并需要对内容进行解说；“观众自行浏览（窗口）”与“在展台浏览（全屏幕）”两种放映类型的区别在于观众对放映的控制程

度不同。当设置为“观众自行浏览（窗口）”时，观众可以对幻灯片进行控制，如可以勾选“循环放映，按ESC键终止”复选框，以便观众可以结束放映；当设置为“在展台浏览（全屏幕）”时，观众对幻灯片的放映完全不可控制。

第3步 放映幻灯片时，将以窗口的形式进行放映，效果如下图所示。

知识拓展

在“设置放映方式”对话框的“放映选项”栏中可以指定放映时的解说或动画在演示文稿中的运行方式等；在“推进幻灯片”栏中可以设置幻灯片动画的切换方式。

271 排练计时，确保演示节奏恰到好处

实用指数 ★★★★☆

>>> 使用说明

在演示PPT时如果时间没有拿捏好，就会出现演示时间不够或演示时间多余的尴尬状况。

>>> 解决方法

好的演示不仅需要内容的精准和聚焦，还需要合适的节奏和流畅的过渡。为了达到这一点，需要事先进行排练，并对每一张幻灯片的展示时间进行计时。通过这种方式，可以确保演示的节奏既不会太快导致观众无法跟上，又不会太慢使观众感到无聊，更不会因时间不足而匆忙结束，或者因时间过长而让观众感到乏味。

排练计时有助于更好地掌握演示的节奏，使演示更加生动和有趣。为每张幻灯片设置排练计时的具体操作方法如下。

第1步 单击“幻灯片放映”选项卡下“设置”组中的“排练计时”按钮，如下图所示。

第2步 进入幻灯片放映状态，并在界面左上角打开“录制”窗格记录第1张幻灯片的播放时间，如下图所示。

温馨提示

若在排练计时过程中出现错误，单击“录制”窗格中的“重复”按钮↶，可以重新开始当前幻灯片的录制；单击“暂停”按钮⏸，可以暂停当前排练计时的录制。

第3步 第1张幻灯片录制完成后，单击进行第2张幻灯片的录制，如下图所示。

温馨提示

对于隐藏的幻灯片，将不能对其进行排练计时。

第4步 继续单击，进行下一张幻灯片的录制，直至录制完最后一张幻灯片的播放时间后，按

Esc键打开提示对话框，在其中显示了录制的总时间，单击“是”按钮进行保存，如下图所示。

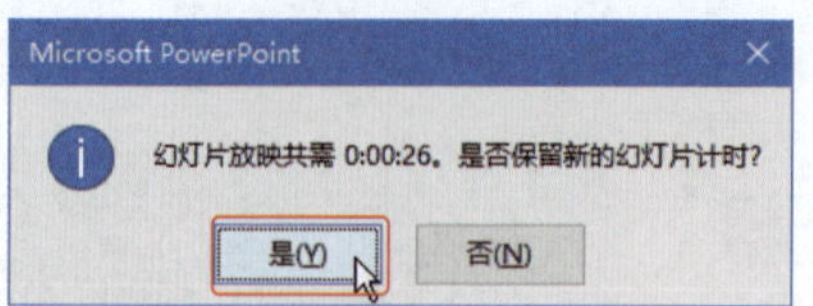

知识拓展

设置了排练计时后，打开“设置放映方式”对话框，选中“如果出现计时，则使用它”单选按钮，可自动放映演示文稿。

第5步 返回幻灯片编辑区，单击“视图”选项卡下“演示文稿视图”组中的“幻灯片浏览”按钮，如下图所示。

第6步 切换到幻灯片浏览视图，如下图所示，可以看到在每张幻灯片下方显示的录制时间。

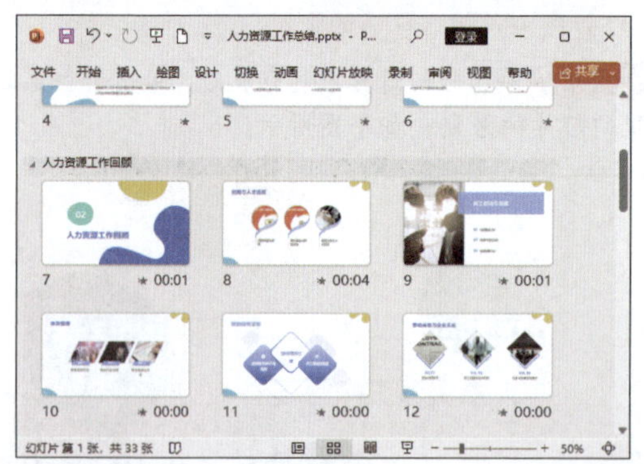

272 录制幻灯片，把握节奏呈现完美演示

实用指数 ★★★★☆

>>> 使用说明

有时候，教师、培训师或演讲者无法亲自到场演讲，录制幻灯片及其讲解可以确保观众能够获取完整的学习内容。这种方式允许观众随时回放和复习，以加深对知识点的理解。

在某些会议中，如果需要对重要的幻灯片内容和讨论进行记录，也可以通过录制幻灯片来帮助保留完整的视觉信息和声音信息，方便后续的回顾和整理。

>>> 解决方法

幻灯片录制在多种情况下都是非常有用的。在录制幻灯片时，要确保内容清晰、准确，并且声音质量良好，以便为观众提供良好的观看体验。同时，也要注意语速和语调的变化，以保持观众的兴趣。通过精确掌控节奏，可以使演示更加生动有趣，让观众在轻松愉快的氛围中接收信息。

例如，在“人力资源工作总结”演示文稿中录制幻灯片演示，具体操作方法如下。

第1步 ❶选择第1张幻灯片；❷单击“幻灯片放映”选项卡下“设置”组中的“录制”下拉按钮；❸在弹出的下拉列表中选择“从当前幻灯片开始”选项，如下图所示。

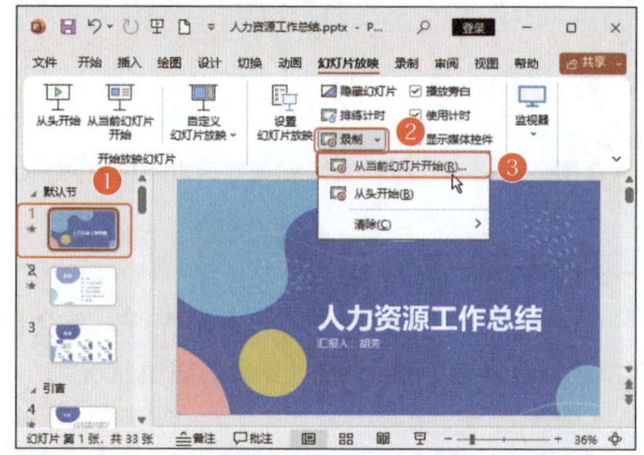

第2步 打开演示窗口，并显示出当前选择的幻灯片，也就是要开始录制的幻灯片。单击左上角的“录制”按钮，如下图所示。

第 3 步 开始放映第 1 张幻灯片，并对其播放时间进行录制，如下图所示。

温馨提示

在“录制”下拉列表中选择“从头开始”选项，可以从第 1 张幻灯片开始进行录制。

第 4 步 第 1 张幻灯片录制完成后，可以单击“进入下一张幻灯片”按钮，如下图所示。

第 5 步 播放下一张幻灯片，并在窗口左下方显示该幻灯片放映的时间和总录制的时间，如下图所示。

第 6 步 该张幻灯片录制完成后，继续对其他幻灯片进行录制。当遇到需要标注的内容时，在窗口中幻灯片播放区下方单击“荧光笔”按钮，如下图所示。

第 7 步 此时鼠标光标变成粗线条形状，颜色默认为黄色，如果需要更改笔的颜色，那么单击“荧光笔”按钮后所需颜色对应的色块，即可更改笔的颜色。这里单击红色色块，如下图所示。

第 8 步 在需要添加墨迹标记的文本下方拖动鼠标，即可为文本添加墨迹标记，以突出显示文本，如下图所示。

第 9 步 ❶继续录制未完成的幻灯片；❷录制完成后，单击窗口左上角的“停止”按钮，即可暂停录制；❸单击窗口右上角的“关闭”按钮，关闭录制演示窗口，如下图所示。

第 10 步 返回普通视图，再切换到幻灯片浏览视图中，即可查看到每张幻灯片录制的时间，效果如下图所示。

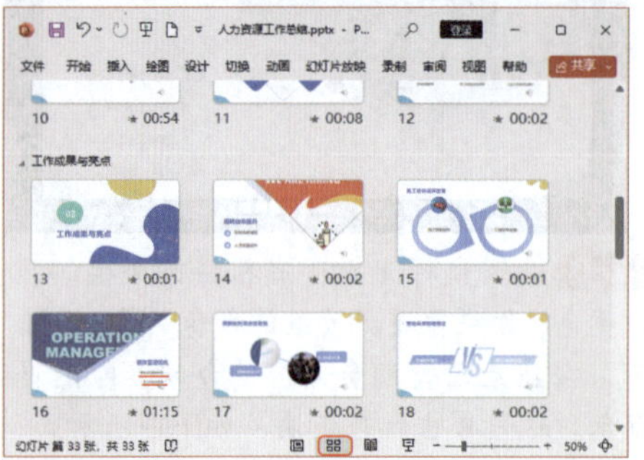

273 灵活切换放映方式，从头开始或从当前幻灯片开始

实用指数 ★★★★★

>>> 使用说明

在实际放映 PPT 时，可能需要根据实际情况灵活地切换放映方式。例如，可能需要从头开始放映所有的幻灯片，或者只放映某个特定的部分。

>>> 解决方法

在 PowerPoint 2021 中放映演示文稿的方法包括从头开始放映、从当前幻灯片开始放映和自定义放映等。无论是从头开始放映还是从指定幻灯片开始，都需要掌握这些切换技巧，以便在演示过程中随时调整放映方式，确保演示的顺利进行。

前面已经介绍了自定义放映的操作方法，下面以从演示文稿的第 1 张幻灯片开始放映为例进行介绍，具体操作方法如下。

第 1 步 单击“幻灯片放映”选项卡下“开始放映幻灯片”组中的“从头开始”按钮，如下图所示。

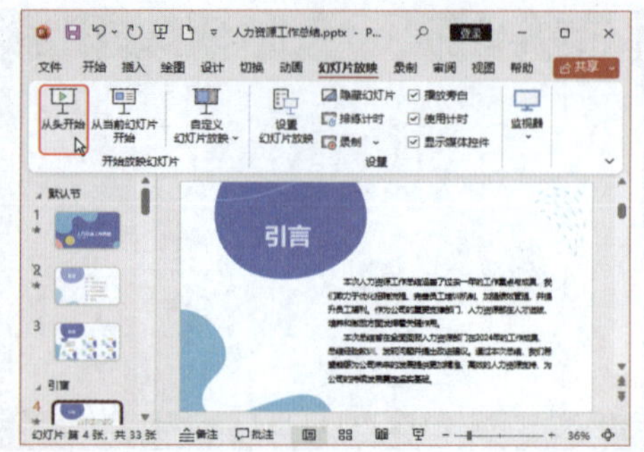

第 2 步 进入幻灯片放映状态，并从演示文稿第 1 张幻灯片开始进行全屏放映，效果如下图所示。第 1 张幻灯片放映完成后，单击即可放映第 2 张幻灯片。

知识拓展

单击“幻灯片放映”选项卡下“开始放映幻灯片”组中的“从当前幻灯片开始”按钮，可以从当前选择的幻灯片开始放映。

15.2 幻灯片演讲互动技巧

扫一扫 看视频

在繁忙的工作节奏中，时常需要演示幻灯片，无论是项目汇报、产品发布还是学术交流，演示的成功与否往往关乎到工作成果能否得到他人的认可。然而，幻灯片制作与演示并非易事，即使制作出了优秀的 PPT，也需要完美的呈现和演示。接下来就深入讲解幻灯片演讲的互动技巧，学习如何通过一系列的操作和策略，使演讲更加生动、有吸引力，并与观众建立紧密的联系。

在本节中，将详细讲解几个关键要点。首先，将学习如何快速跳转与标注，让演讲内容更加丰富和灵活；然后，将讲解白屏/黑屏切换的妙用，以便更好地吸引观众的注意力；此外，精心准备演讲资料的重要性不言而喻，将讲解如何为成功的演讲奠定坚实的基础；当然，在演讲前对PPT进行细致的检查也是必不可少的，这有助于确保演讲过程中的顺畅无误；最后，还会讲解如何明确演讲的主题与目标，以及如何流畅地表达并与观众进行互动，从而在演讲结束时给观众留下深刻的印象。

274 快速跳转幻灯片，让演讲更生动

实用指数 ★★★★☆

>>> 使用说明

在放映 PPT 时，要是突然发现没有设置链接和动作可以实现跳转，但是又想跳转到其他页面，该怎么办呢？这时，只需用鼠标进行控制即可。

>>> 解决方法

通过快速跳转幻灯片功能，演讲者可以灵活地引导观众的思维，使演讲内容更加生动有趣。这种技术的应用，不仅让演讲者能够更好地控制演讲节奏，还能使观众更容易理解和接受演讲内容，从而提高演讲的整体效果。

例如，要在“研学项目介绍”演示文稿中快速跳转到指定的幻灯片进行放映，具体操作方法如下。

第 1 步 打开“研学项目介绍”演示文稿，并进入幻灯片放映状态，在放映的幻灯片上右击，在弹出的快捷菜单中选择“下一张”命令，如下图所示。

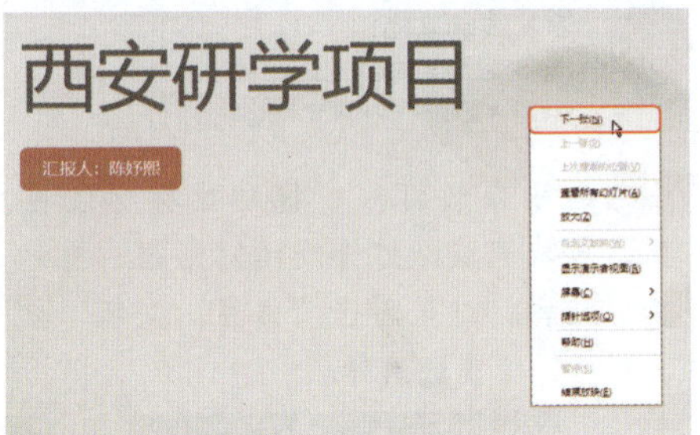

第 2 步 放映下一张幻灯片，在该幻灯片上右击，在弹出的快捷菜单中选择“查看所有幻灯片”命令，如下图所示。

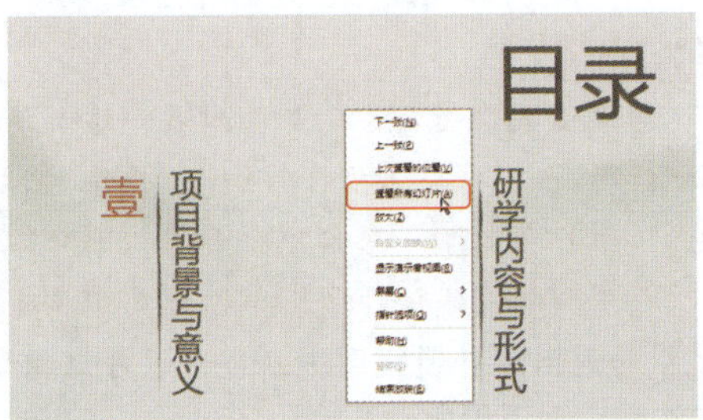

第 3 步 在打开的页面中显示了演示文稿中的所有幻灯片，如下图所示，单击需要查看的幻灯片，如单击第 9 张幻灯片。

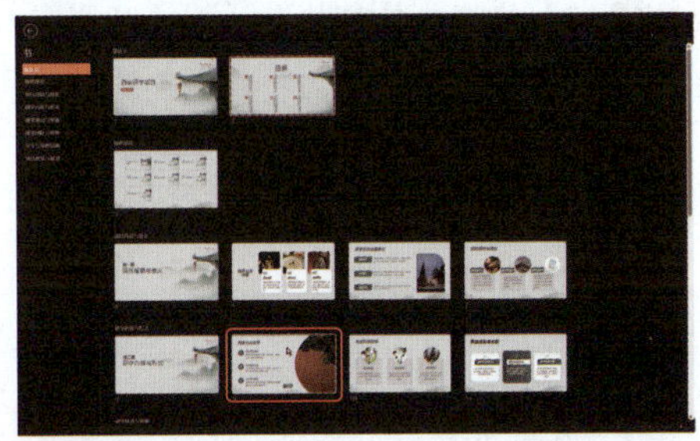

第 4 步 切换到第 9 张幻灯片，并对其进行放映，效果如下图所示。

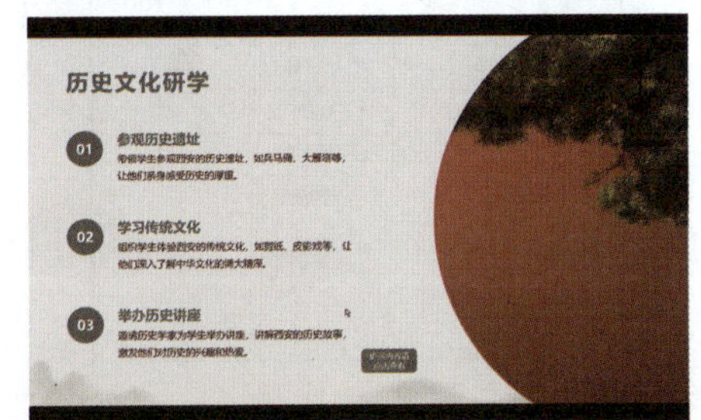

知识拓展

在放映幻灯片的过程中，按 Home 键可以快速跳转到第 1 张幻灯片。

275 即时标注幻灯片，提升演讲互动性

实用指数 ★★★★★

>>> 使用说明

除了可以在录制过程中为重点内容添加标注外，在放映过程中也常常需要为幻灯片中的重点内容添加标注。

>>> 解决方法

即时标注幻灯片，可以在演讲过程中实时突出重点信息，增强与观众的互动性。这种功能使演讲者能够根据观众的反应和提问，及时调整和补充讲解内容，使演讲更加生动有趣，更具有针

对性。同时，即时标注幻灯片也可以帮助演讲者更好地组织语言和思路，提升演讲的整体效果。

PowerPoint 2021 提供了丰富的标注工具，让演讲者能够在幻灯片中自由添加标注，强调关键信息或解释难点。这些标注可以是文字、线条、箭头等，用户可以根据需要选择合适的标注形式。

例如，在演讲“研学项目介绍”演示文稿内容时，要为幻灯片中的重要内容添加标注，具体操作方法如下。

第 1 步 进入幻灯片放映状态，放映到需要标注重点的幻灯片时右击，❶在弹出的快捷菜单中选择“指针选项”命令；❷在弹出的下级子菜单中选择“笔”命令，如下图所示。

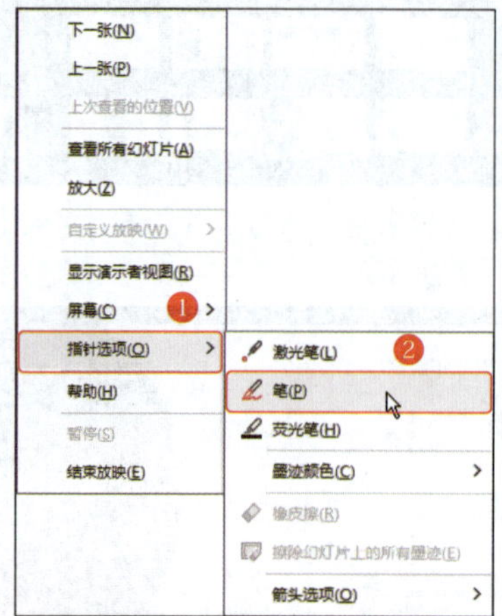

知识拓展

在快捷菜单中选择“指针选项”→“荧光笔”命令，可以使用荧光笔效果对幻灯片中的重点内容进行标注。

第 2 步 此时鼠标光标变成红色的小点状态，拖动鼠标即可使用笔对幻灯片中的重点内容进行标注，如下图所示。

历史文化研学
01 参观历史遗址
带领学生参观西安的历史遗址，如兵马俑、大雁塔等，让他们亲身感受历史的厚重。
02 学习传统文化
组织学生体验西安的传统文化，如剪纸、皮影戏等，让他们深入了解中华文化的博大精深。

第 3 步 再次右击，❶在弹出的快捷菜单中选择“指针选项”命令；❷在弹出的下级子菜单中选择“墨迹颜色”命令；❸在弹出的下一级子菜单中选择笔需要的颜色，如蓝色，如下图所示。

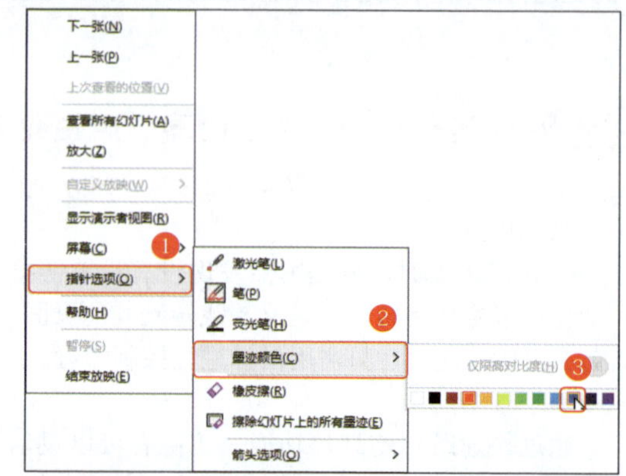

第 4 步 改变笔的颜色为蓝色，在需要标注的文本上拖动鼠标圈出来即可，如下图所示。

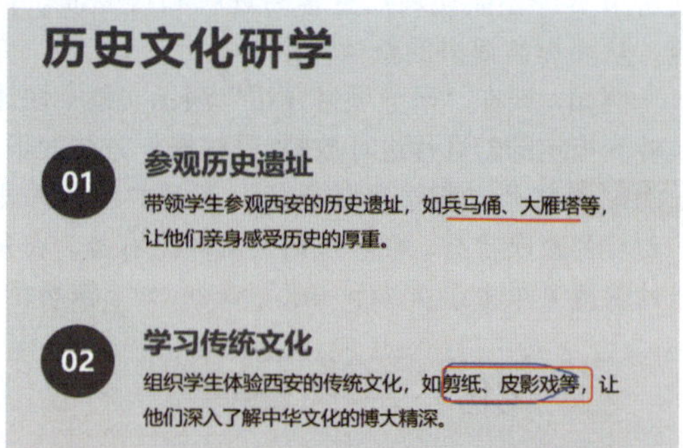

第 5 步 继续在幻灯片中拖动鼠标标注重点内容，直到放映完成，打开提示对话框，提示是否保留墨迹注释，这里单击“保留”按钮，如下图所示，即可保留墨迹注释。

知识拓展

当不需要保留放映幻灯片过程中添加的墨迹注释时，可以在结束放映时单击“放弃”按钮。如果已经结束放映，也可以在普通视图中选择幻灯片中的墨迹注释，按 Delete 键进行删除。

第 6 步 返回到普通视图中，也可以看到保留的墨迹注释，如下图所示。

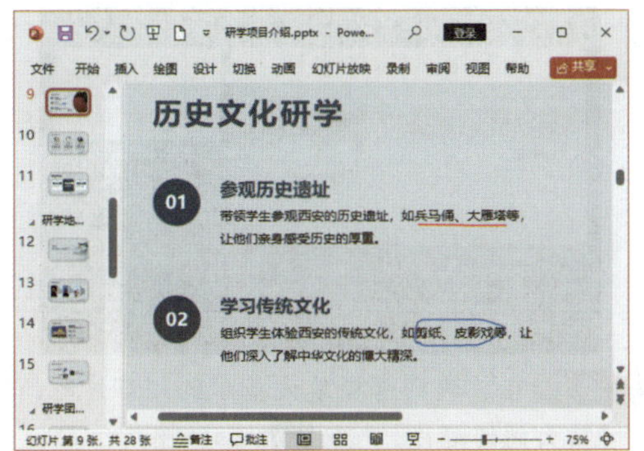

276 白屏/黑屏切换，吸引观众注意力

实用指数 ★★★★☆

>>> 使用说明

在正式进行演示之前，或者在演示过程中希望观众不要过度关注幻灯片本身，而将注意力集中在演讲者或讨论内容上时，可以采取一种策略，即设置白屏或黑屏。

>>> 解决方法

在放映演示文稿时，巧妙地运用白屏或黑屏，不仅能有效地吸引观众的注意力，还能为整个演示增添一份神秘与节奏感。

当演示内容到达一个关键节点或是需要观众深入思考某个问题时，可以选择将屏幕切换至白屏。白屏的纯净与简洁使观众的视线聚焦在屏幕上，仿佛整个空间都被这单一的色彩所占据。此时，演讲者可以稍作停顿，用语言引导观众深入思考，或是制造一种悬念感，让观众对接下来的内容充满期待。

而黑屏的切换则能为演示带来一种截然不同的氛围。当演讲者需要强调某个重要观点，或是需要展示一些特别震撼的图片或视频时，黑屏的突然出现能够立刻吸引观众的注意力。在黑暗中，观众的感官会被放大，对于接下来即将呈现的内容，他们会更加充满期待和好奇。

除了单纯地切换白屏和黑屏外，还可以结合其他元素，如文字、图片等。例如，在白屏或黑屏上突然出现几个醒目的大字，能进一步吸引观众的注意力。

例如，在播放完一小节的内容后，需要切换到白屏对所讲知识进行总结，具体操作方法如下。

第1步 在播放幻灯片的任意一处右击，❶在弹出的快捷菜单中选择“屏幕”命令；❷在弹出的下级子菜单中选择屏幕显示的颜色，如“白屏”，如下图所示。

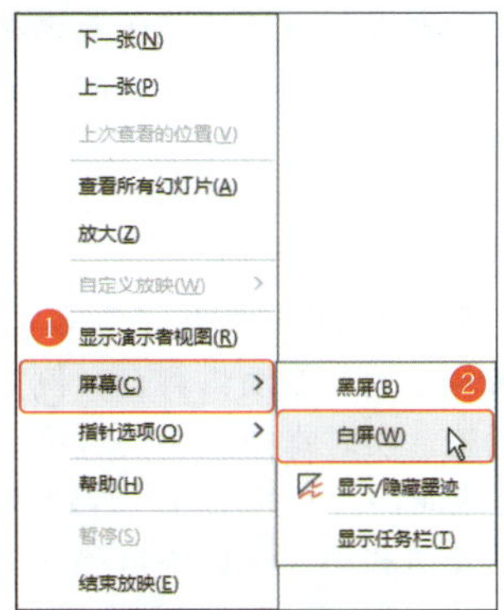

第2步 此时进入白屏显示状态，在幻灯片上右击，在弹出的快捷菜单中选择“笔”命令，就可以通过书写标记来手动总结内容了，如下图所示。

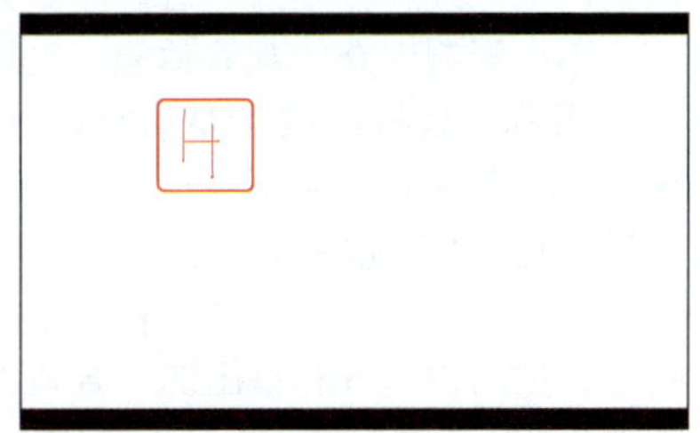

知识拓展

默认情况下，幻灯片放映结束后会显示黑色屏幕。若要取消黑屏，可以在“PowerPoint选项”对话框中单击“高级”选项卡，取消勾选“以黑幻灯片结束”复选框。

277 启用演示者视图，轻松驾驭演讲舞台

实用指数 ★★★★★

>>> 使用说明

在庄重的会议室中，灯光精准地投射在演讲者身上，每位与会者的视线都汇聚于此，满含期待。此刻，正是展现专业素养与个人自信的重要节点。对于某些演讲者而言，他们能够从容不迫地表达，对PPT内容的掌握犹如行云流水般自然流畅；然而，也有部分演讲者在此刻稍显局促。

总体来说，面对正式场合的演讲，所有人肯定都会精心准备演讲内容，做得不好难道只是准备不够充分，抑或是忽略了什么演讲技巧吗？

>>> 解决方法

为了确保每一次演讲都能达到最佳效果，除

了精心准备的演讲内容，还需要一个得力的助手——PowerPoint 2021 中的“演示者视图”。

启用演示者视图后，可以在演讲舞台上更加游刃有余。首先，演示者视图将演讲稿与观众所看到的屏幕上的内容分隔开来，可以在不干扰观众的前提下，轻松浏览下一张幻灯片中的内容，确保演讲的连贯性和流畅性。

此外，演示者视图还提供了许多实用的功能，助力演讲者轻松地驾驭演讲舞台。例如，可以利用计时器功能，实时掌握演讲的进度，确保在规定时间内完成演讲。同时，还可以看到观众的反应，通过他们的表情和动作来调整自己的演讲方式和节奏。

更重要的是，演示者视图还支持注释功能。在演讲过程中，可以随时在幻灯片中添加注释或标记，以突出重点或解释难点。这些注释只有自己能看到，不会影响观众的观看体验。这样，即使在演讲中遇到突发情况或需要临时调整内容，也能迅速应对，确保演讲顺利进行。

除了以上功能外，演示者视图还支持多种幻灯片切换方式，让演讲者在演讲过程中更加灵活自如。可以根据演讲内容和氛围选择合适的切换方式，为观众带来更加生动、有趣的视觉体验。

总之，启用 PowerPoint 2021 中的演示者视图功能，将为演讲带来诸多便利。它将成为演讲舞台上的得力助手，助力演讲者轻松驾驭演讲舞台，从而展现出更加专业、自信的风采。

例如，在“研学项目介绍”演示文稿中使用演示者视图进行放映，具体操作方法如下。

第 1 步 从头开始放映幻灯片，在第 1 张幻灯片中的任意一处右击，在弹出的快捷菜单中选择“显示演示者视图”命令，如下图所示。

第 2 步 打开演示者视图窗口，如下图所示。在幻灯片放映区域中单击，可切换到下一张幻灯片进行放映。

第 3 步 在放映到需要放大显示的幻灯片时，单击“放大到幻灯片”按钮，如下图所示。

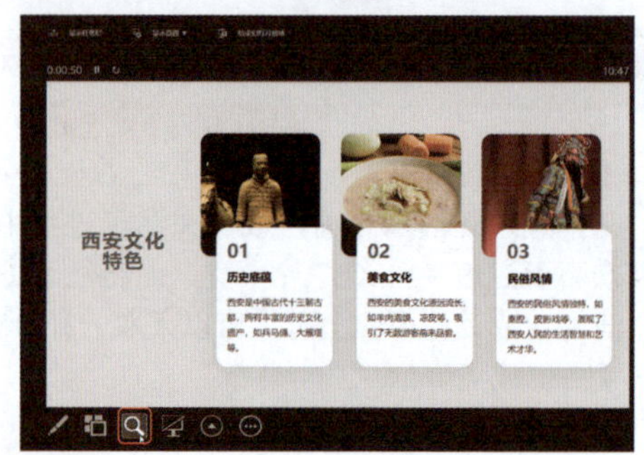

第 4 步 此时鼠标光标变成形状，并自带一个半透明框，将鼠标光标移动到放映的幻灯片上，将半透明框移动到需要放大查看的内容上，如下图所示。

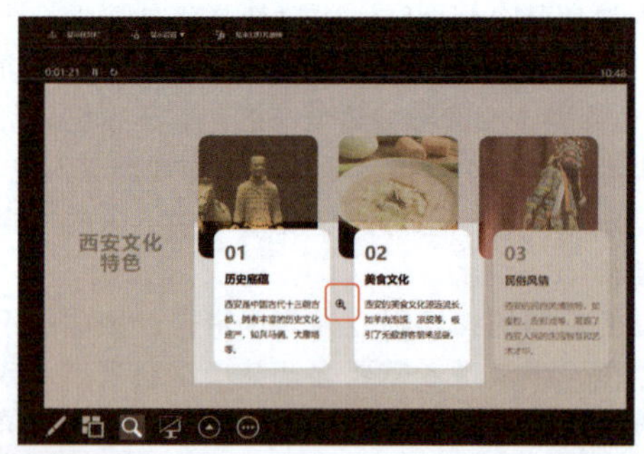

第 5 步 单击即可放大显示半透明框中的内容，效果如下图所示。

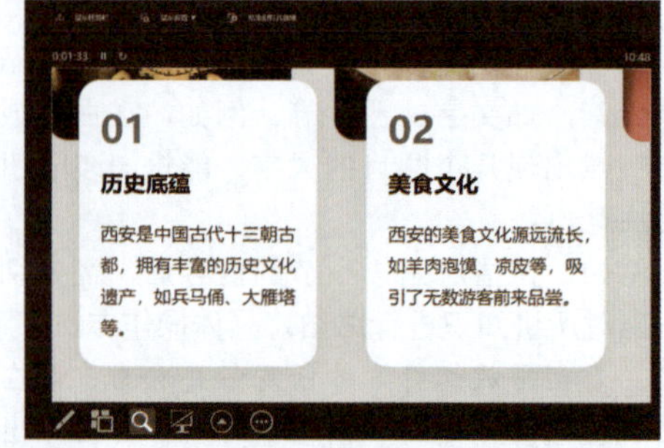

第 6 步 将鼠标光标移动到放映的幻灯片上，鼠标光标变成形状，按住鼠标左键不放，拖动放映的幻灯片，可调整放大显示的区域，效果如下图所示。

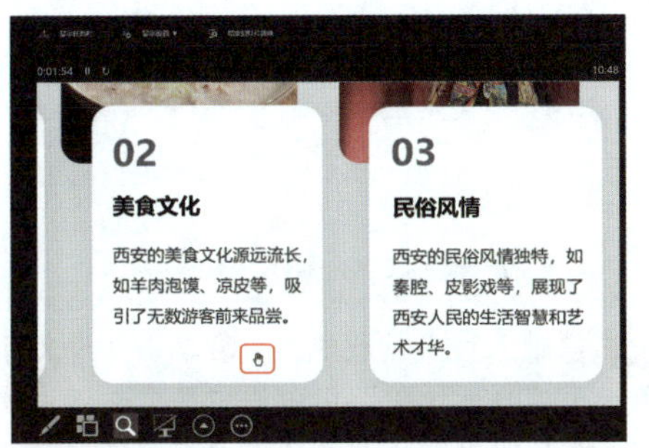

第 7 步 查看完成后，再次单击“放大到幻灯片”按钮，使幻灯片恢复到正常大小，如下图所示。

知识拓展

在演示者视图中单击“笔和激光笔工具”按钮，可以在该视图中标记重点内容；单击“查看所有幻灯片”按钮，可以查看演示文稿中的所有幻灯片；单击“变黑或还原幻灯片放映”按钮，放映幻灯片的区域将变黑，再次单击可以还原；单击“更多幻灯片放映选项”按钮，可以执行隐藏演示者视图、结束放映等操作。

第 8 步 继续放映其他幻灯片，放映完成后，将黑屏显示，如下图所示，再次单击，即可退出演示者视图。

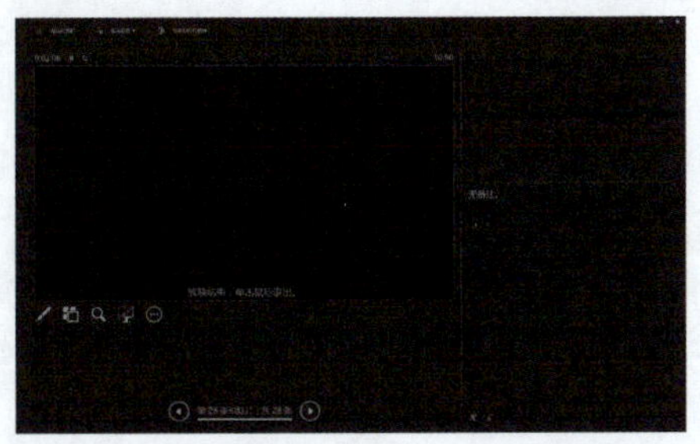

278 精心准备演讲资料，奠定成功基础

实用指数 ★★★★☆

>>> 使用说明

一场成功的演讲离不开精心准备的演讲资料。演讲者需要根据演讲的主题和目标选择合适的资料，并通过合理的组织结构使演讲内容更加有逻辑性和条理性。通过这种方式，演讲者可以更好地展示自己的专业知识和经验，赢得观众的信任和尊重，为演讲的成功奠定基础。

>>> 解决方法

当站在演讲的舞台上时，每一个细节都可能成为决定成败的关键。精心准备的演讲资料，不仅能让演讲者的表达更加流畅，还能让听众更加深入地理解演讲者的观点。因此，作为一位演讲者，需要以极大的耐心和细心去准备演讲资料，为演讲的成功奠定坚实的基础。

除了常见的 PPT 外，还需要准备备注与讲义。

1. 备注

备注是演讲时的秘密武器。在 PPT 的每一张幻灯片下方，可以添加详细的备注信息，包括这一页的主题、关键点、要强调的数据或案例等。这样，在演讲时，即使忘记了某些细节，也能迅速通过备注找回思路。同时，备注也可以帮助演讲者更好地掌控时间，确保演讲的流畅性。

在 PPT 的编辑模式下，可以在每一张幻灯片的下方添加备注。❶在普通视图中单击幻灯片编辑窗口下方的“备注”按钮；❷在显示出的备注框中可以直接添加和编辑备注文字，如下图所示。

知识拓展

单击“视图”选项卡下“演示文稿视图”组中的“备注页”按钮，在对应幻灯片下的备

注框中也可以输入备注内容。

为了使备注更加清晰易读，可以使用不同的颜色、字体和大小来区分不同的信息。同时，还需要注意备注的长度，避免过长导致无法迅速找到关键信息。

温馨提示

为了让演讲更具吸引力和说服力，可以在准备过程中注重内容的丰富性和多样性。可以通过引用生动的案例、有趣的故事或引人深思的问题来增强演讲的趣味性，使观众更容易产生共鸣和认同感。这些如果不方便放进幻灯片中，都可以添加到备注里。

2. 讲义

讲义与备注之间的关系，从功能性与形式上来看，可以理解为讲义是备注的纸质化呈现。讲义的价值往往在于其被打印成纸张后，能够作为实体文档进行传阅、讲解和记录。在未经打印的状态下，讲义与备注在形式和内容上相似，但打印后的讲义则具有更明确的教学和沟通作用。

讲义是演讲的详细脚本，包括演讲者想要说的每一句话。对于初学者或需要严格遵循议程的演讲者来说，讲义是不可或缺的。它可以帮助演讲者避免遗漏重要信息，确保演讲的完整性。同时，讲义还可以作为演讲者与观众互动时的参考，让演讲者更加自信地面对各种情况。

在制作讲义时，需要将演讲的内容逐句写下来。这可能需要花费一些时间，但这是值得的。在制作讲义时，要注意语言的流畅性和逻辑性，确保每一个观点都有充分的论据支持。同时，还可以根据需要在讲义中添加一些提示信息，如“这里可以与观众互动”或“这里可以插入一个有趣的例子”。

讲义母版是为制作讲义而准备的，讲义母版的设置大多和打印页面有关。它允许在一页讲义中设置包含几张幻灯片，还可以设置页眉、页脚和页码等基本信息。

通过讲义母版设置幻灯片打印版面的具体操作方法如下。

第1步 单击“视图”选项卡下“母版视图”组中的“讲义母版”按钮，如下图所示。

第2步 进入讲义母版视图，❶单击“讲义母版”选项卡下“页面设置”组中的“每页幻灯片数量”按钮；❷在弹出的下拉列表中选择要在一页中显示的幻灯片张数，如“3张幻灯片”，如下图所示。

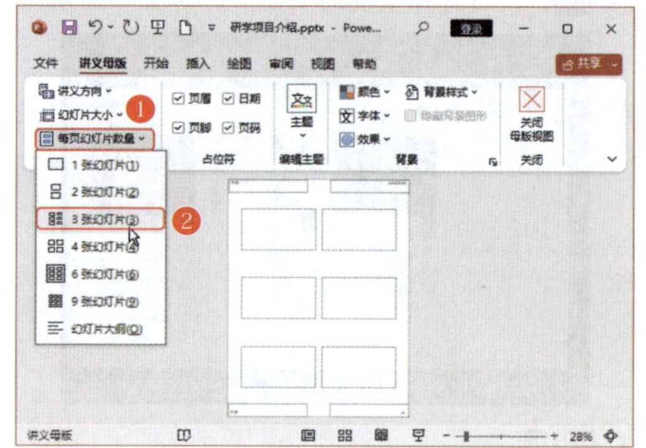

第3步 可以看到调整幻灯片数量后的页面效果。❶单击“页面设置”组中的“讲义方向”按钮；❷在弹出的下拉列表中选择讲义的排布方向，如“横向”，如下图所示。

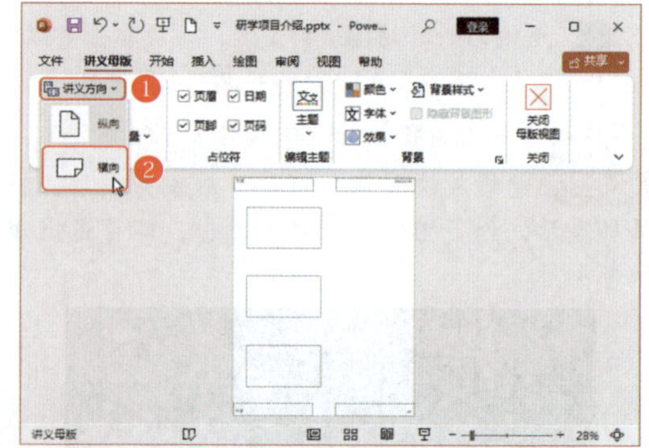

第4步 ❶单击“文件”选项卡，在打开的界面左侧选择“打印”选项；❷在中间栏中选择“3张幻灯片”选项，完成以上操作后，打印预览将呈现3张横向排列的幻灯片讲义效果，如下图所示。

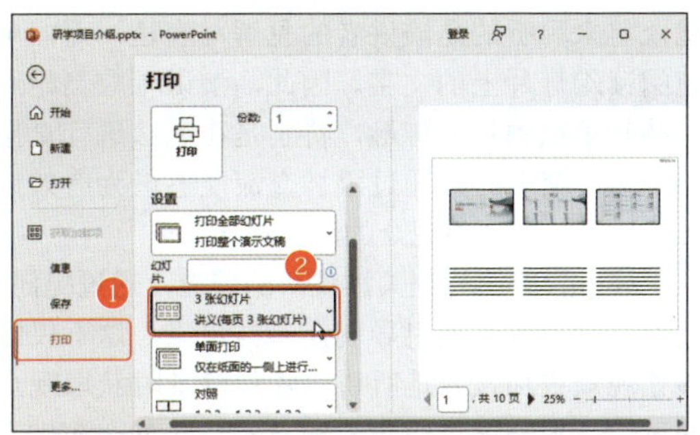

温馨提示

虽然备注和讲义有助于更好地进行演讲，但也要避免过度依赖它们。在演讲时，应该保持自然、流畅的表达方式，而不是机械地朗读备注或讲义。在演讲前，需要提前熟悉备注和讲义。这样，在演讲时，就能更加自信地面对各种情况，即使遇到突发状况，也能迅速应对。

279 PPT细致检查，确保演示无误

实用指数 ★★★★☆

>>> 使用说明

在演讲前，对PPT进行细致的检查是保证演讲顺利进行的重要环节。演讲者需要检查PPT中的文字、图片、链接等是否正确无误，确保在演讲过程中不会出现意外的错误。通过这种方式，演讲者可以确保将演讲的内容准确无误地传达给观众，以提高演讲的效果。

>>> 解决方法

完成PPT的初步设计和内容填充之后，接下来的一步就是进行细致的检查，确保在演讲过程中能够准确无误地传达出想要表达的信息。

首先，需要对PPT中的每一张幻灯片进行细致的审查，包括但不限于检查文字的拼写和语法是否正确，图片和图表是否清晰、准确，以及各个元素之间的布局是否协调美观。在这个过程中，还需要特别关注PPT的逻辑性和连贯性，确保每一张幻灯片的内容都能够紧密地联系在一起，形成一个完整、流畅的故事线。

温馨提示

对于一些专业性很强的PPT，要注重检查所用内容的准确性和完整性。可以通过查阅权威资料、统计数据和专业文献来确保演讲内容的可靠性和科学性。同时，还需要注意资料的时效性，避免使用过时的信息或数据。

除了对内容进行检查外，还需要对PPT的播放效果进行测试。可以进行充分的排练和模拟演讲来测试播放效果，同时检查动画效果是否流畅自然，切换方式是否符合预期，以及是否存在任何可能导致播放中断的技术问题。通过不断地练习和调整，可以熟悉演讲内容，掌握演讲节奏，提高自己的表达能力。同时，排练和模拟演讲也有助于发现并纠正可能存在的问题和不足，为正式演讲做好充分的准备。

温馨提示

为了确保演示的顺利进行，还需要提前了解演示设备的性能和特点，并根据实际情况进行必要的调整和优化。

最后，在正式演示之前，还可以邀请同事或朋友进行预演，从他们的反馈中发现问题并进行改进。通过这种方式，可以更加全面地了解PPT的优缺点，并在正式演示中发挥出最佳的水平。

总之，细致的检查是确保PPT演示无误的关键步骤。只有通过认真审查、测试和调整，才能确保在演示过程中能够更好地掌握演讲技巧和演讲时间，准确无误地传达出想要表达的信息，达到预期的效果。

280 明确主题与目标，让演讲更有方向

实用指数 ★★★★☆

>>> 使用说明

明确的主题和目标是演讲成功的关键。演讲者需要根据演讲的内容和目标，确定一个清晰的主题，并通过合理的方式使观众理解这个主题。同时，演讲者还需要设定明确的目标，通过演讲，引导观众达到这个目标。通过这种方式，演讲者可以更好地引导观众的思维，提高演讲的效果。

>>> 解决方法

在准备一场演讲时，首先需要明确演讲的主题和目标观众。了解目标观众的背景、需求和兴趣，有助于更好地调整演讲内容和风格，使演讲更具针对性和吸引力。同时，也要对演讲主题与目标进行深入的研究，确保自己对该领域有充分的了解，从而能够在演讲中自信地表达自己的观点，使观众更加明确演讲的重点。明确主题与目标，可以让演讲更有方向，更能引起观众的兴趣。

主题是整个演讲的灵魂，明确主题，就是要确定演讲的中心思想。主题应该具有鲜明性、单一性和深度，不宜过于宽泛。确定主题后，就需要围绕主题来选择和组织材料，确保所有的论点、事例和数据都紧扣主题，避免偏离主题或重复无用的信息。

明确目标，就是要明确演讲的目的和期望达到的效果。目标应该具体、明确，能够量化。例如，是希望观众了解某个知识点，还是希望观众改变某种行为，或是希望观众对某个问题产生思考。明确目标后，就可以根据目标来设计演讲的结构和内容，确保能够达到预期的效果。

在明确了主题和目标后，就可以开始撰写演讲稿了。在撰写过程中，要时刻提醒自己不要偏离主题，同时要确保每一部分的内容都能够帮助实现目标。在演讲过程中，也要时刻关注观众的反应，根据观众的反馈适时调整内容和表达方式，以确保演讲能够达到预期的效果。

281 流畅表达与互动，拉近与观众的距离

实用指数 ★★★★☆

>>> 使用说明

流畅的表达和互动，可以拉近演讲者与观众之间的距离。演讲者需要通过清晰的语言、适当的语速和语调，以及适当的肢体语言表达自己的思想和观点。同时，演讲者还需要与观众进行适当的互动，鼓励观众提问和参与，使观众更加投入和关注演讲内容。通过这种方式，演讲者可以拉近与观众的距离，提高演讲的效果。

>>> 解决方法

在演讲的过程中，流畅表达与互动是拉近演讲者与观众距离的关键所在。

流畅表达不仅是讲话的语速和语调，更是内容的连贯性和逻辑性。一位优秀的演讲者，能够将复杂的概念和信息以清晰、简洁的方式传达给观众。他们善于运用生动的比喻、有力的例证，使内容更具吸引力和说服力。同时，他们还会注意语速的控制，避免过快或过慢，让观众能够轻松跟上节奏，理解演讲的核心要点。

互动则是拉近演讲者与观众距离的另一个重要手段。众多演讲者在演讲过程中常有的一个倾向是过度聚焦于幻灯片的内容展示，以至于将PPT视为一种提词工具。然而，必须明确的是，观众前来聆听的是演讲者的见解与表达，而非单纯阅读幻灯片上的文字。因此，演讲者应当始终保持与观众的目光接触，特别是在无法进行直接的一对一交流时，通过眼神交流能够最为有效地传达信息，实现与观众的深入沟通。

演讲者应该时刻关注观众的反应，通过提问、回答、讨论等方式引导观众参与进来。这不仅能够让观众更加投入地听讲，还能够及时获取观众的反馈，调整演讲的内容和方式。此外，演讲者还可以利用肢体语言、面部表情等非语言元素，与观众建立更深的情感联系。

温馨提示

在演讲过程中，PPT的使用并不意味着演讲者必须始终固守讲台，持续操作鼠标。相反，演讲者可以选择离开讲台，走近观众，边行走边阐述观点。这种方式不仅有助于演讲者与观众建立更紧密的互动，还能通过身体语言的展现传达出更为生动和具有说服力的信息。相较于固守讲台，这种互动方式更能有效地传达演讲者的活力和信念。

通过流畅表达与互动，演讲者能够拉近与观众的距离，使演讲更加生动、有趣，同时也能够增强演讲的说服力和影响力。因此，在进行演讲时，应该注重表达与互动，不断提升自己的演讲技巧和水平。

282 结尾总结，留下深刻印象

实用指数 ★★★★☆

>>> 使用说明

结尾总结，对于一篇文章而言，如同乐曲的尾声，既能总结全文，又能留下深刻印象。在演讲的结尾，进行总结和归纳，也有异曲同工的妙用，可以给观众留下深刻的印象。

>>> 解决方法

PPT的结尾总结是演讲者向观众传达信息、加深其印象的重要环节。在这一部分，不仅要简明扼要地回顾整个演讲的核心内容，更要通过独特的设计和精彩的表述给观众留下深刻的印象。

首先，结尾总结应紧扣主题，突出演讲的重点。可以将各个部分的要点进行提炼，用精练的语言串联起来，形成一个完整、连贯的总结。这

样既能加深观众对演讲内容的理解，又能让他们对演讲的主题有更深刻的认识。同时，演讲者还可以通过适当的强调和重复加深观众对演讲内容的印象。

其次，为了让结尾总结更加生动有力，可以采用一些富有创意的展示方式。例如，利用图表、动画或视频等多媒体元素将总结内容以更加直观、形象的方式呈现出来。同时，还可以加入一些幽默或感人的元素，让结尾总结更加引人入胜，激发观众的情感共鸣。

最后，在结尾总结时，还要注意与观众的互动。可以通过提问、讨论或分享等方式让观众参与到总结中来，增强他们的参与感和体验感。同时，还可以适当加入一些鼓励或感谢的话语，表达对观众的尊重和感激之情，为整个演讲画上一个圆满的句号。

总之，PPT 的结尾总结是演讲中不可或缺的一部分。通过精心设计和精彩呈现，可以给观众留下深刻的印象，让他们对演讲内容有更深刻的理解和记忆。

第16章

高效协作轻松输出：PPT高效协作与输出技巧

在繁忙的工作和学习中，PPT作为演示文稿的重要工具，其高效协作与输出技巧显得尤为重要。本章将深入讲解如何在PPT制作中实现高效的团队协作与灵活的输出方式，旨在帮助读者提升工作效率，让演示文稿的制作与分享变得更加轻松与高效。

下面来看看以下一些PPT高效协作与输出中常见的问题，请自行检测是否会处理或已掌握。

- 在PPT中直接插入Word文档，这一功能如何具体操作？它的应用场景主要是什么？
- 将Word文档轻松导入PPT后，是否会遇到格式错乱的问题？如何解决？
- 将PPT转为Word后，能否保持原有的动画效果和交互设计？如果不能，有哪些替代方案？
- 在PPT中嵌入Excel文件，除了直观展示数据，还能如何进行更深层次的数据分析与交互？
- 嵌入字体后，是否就能确保演示文稿在任何平台上都能完美播放？如果不是，还需要注意哪些细节？
- 创建视频和动态GIF作为演示文稿的输出方式，它们各自的优势和适用场景是什么？如何根据需求选择合适的输出方式？

希望通过本章内容的学习，读者能够解决以上问题，并学会更多PPT的高效协作与输出技巧。

16.1 高效协作技巧

扫一扫 看视频

在探讨高效协作技巧的过程中不难发现，对于许多职场人士来说，将不同的文档和文件格式高效融合、互相转换是提升工作效率的关键。接下来将详细讲解如何在 Office 套件中，特别是 PowerPoint、Word 和 Excel 之间，实现高效协作。

283 在 PPT 中插入 Word 文档，使内容展示更便捷

实用指数 ★★★★☆

>>> 使用说明

在快节奏的工作和学习环境中，有效的内容展示和沟通至关重要。你是否曾经遇到过这样的情况：想要将精心准备的 Word 文档内容在 PPT 中展示给观众，但复制粘贴既烦琐又容易导致格式错乱，影响展示效果。有什么办法可以在确保内容完整、格式统一的前提下，将 Word 文档中的信息快速、便捷地展示在 PPT 中呢？

>>> 解决方法

在 PPT 中直接插入 Word 文档，使内容展示变得更加便捷。用户可以在 PPT 中直接调用 Word 文档，无须在另外的软件中打开，这样可以节省时间，提高工作效率。同时，Word 文档中的内容可以直接在 PPT 中显示，使演示更加流畅。

直接在 PPT 中插入 Word 文档，还具有以下优点。

（1）保持原样展示：插入的 Word 文档将保持原有的格式和排版，无须担心内容变形或丢失。

（2）快速更新内容：如果 Word 文档内容有所更新，只需在 PPT 中刷新一下，就能立即看到最新的内容。

（3）节省时间：无须手动复制粘贴，大大节省了制作 PPT 的时间。

例如，要在“研学项目介绍”演示文稿的第 14 张幻灯片中插入 Word 文档，具体操作方法如下。

第 1 步 打开“研学项目介绍”演示文稿，❶选择第 14 张幻灯片；❷单击“插入”选项卡下“文本”组中的“对象”按钮，如下图所示。

第 2 步 打开“插入对象”对话框，❶选中“由文件创建”单选按钮；❷单击“浏览”按钮，如下图所示。

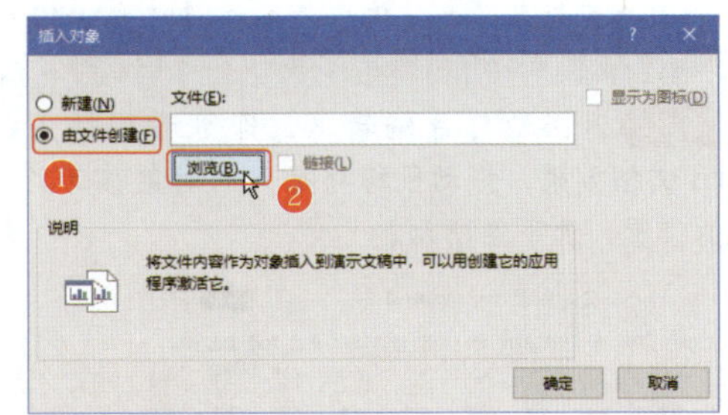

知识拓展

在“插入对象”对话框中选中“新建”单选按钮，并在“对象类型”列表框中选择需要的对象类型，如 Microsoft Word Document，会在 PowerPoint 窗口中出现一个 Word 编辑窗口，在其中可以输入需要的文本。

第 3 步 打开“浏览”对话框，❶在地址栏中选择 Word 文档保存的位置；❷选择需要插入的“西安碑林博物馆”Word 文档；❸单击“确定”按钮，如下图所示。

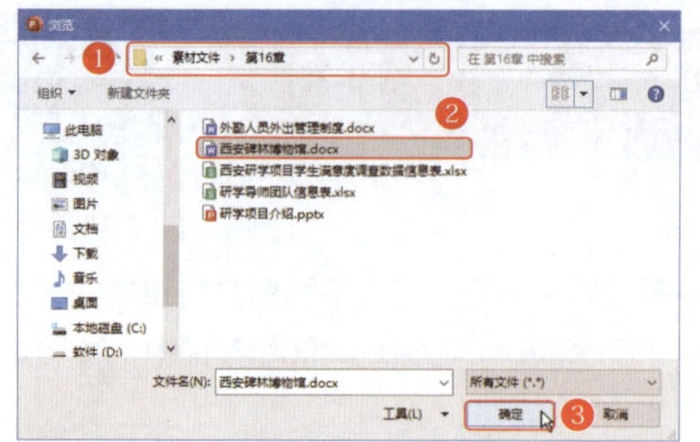

第 4 步 返回“插入对象”对话框，在“文件”文本框中显示了 Word 文档的保存路径，单击“确定”按钮，如下图所示。

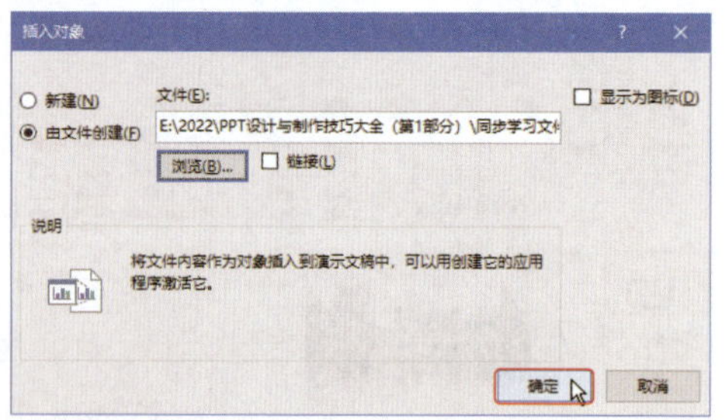

知识拓展

在“插入对象”对话框中勾选“显示为图标”复选框，那么在幻灯片中插入 Word 文档后，不会直接显示 Word 中的内容，而是显示 Word 文档图标，双击该图标后，才能在 Word 程序中打开 Word 文档，对其内容进行查看。

第 5 步 返回幻灯片编辑区，即可看到插入的 Word 文档效果，拖动鼠标将插入的对象移动到合适的位置，如下图所示。

温馨提示

通过插入对象方法插入的 Word 文档会自动变为形状，如果直接拖动鼠标调整其大小，会对形状和其中文字的显示效果同时进行缩放。

第 6 步 在对象上双击，如下图所示。

第 7 步 立即进入编辑状态，在 Word 编辑窗口中可以编辑文本内容，还可以像在 Word 中一样编辑文本和段落的格式，如下图所示。

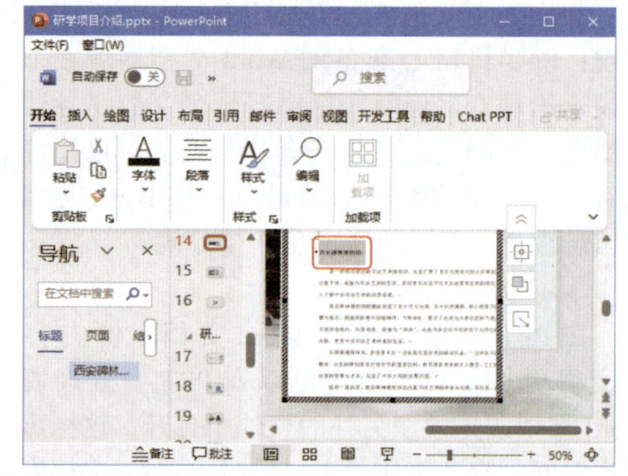

第 8 步 ❶完成内容编辑后，在 Word 编辑窗口的边框控制点上拖动鼠标调整对象的大小；❷在幻灯片空白区域单击，退出 Word 编辑窗口，如下图所示。

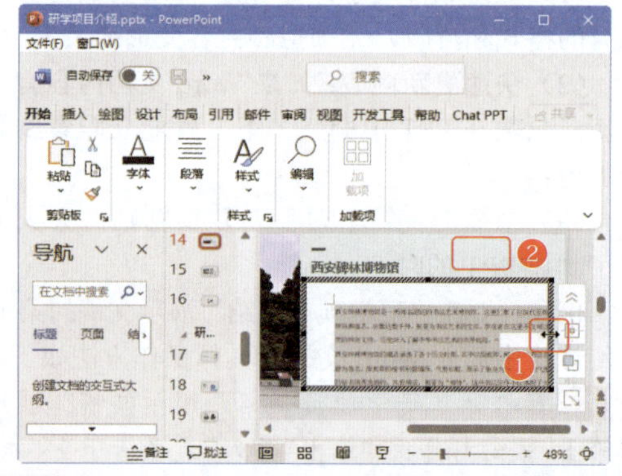

第 9 步 返回 PowerPoint 窗口中，在幻灯片编辑

区可以看到设置的文本效果，如下图所示。

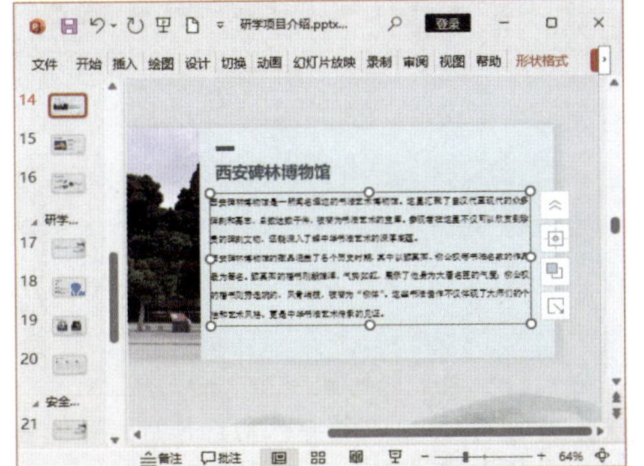

温馨提示

通过插入对象方法在 PPT 中插入 Word 文档前，建议先对文档进行优化，如去除不必要的格式、调整字体和字号等，以确保在 PPT 中展示的效果最佳。

284 将 Word 文档轻松导入 PPT，使演示内容更丰富

实用指数 ★★★★★

>>> 使用说明

在日常工作中，经常会遇到需要将 Word 文档中的内容快速且有效地导入 PPT 中进行演示的情况。想象一下，你正在准备一个重要的项目汇报，手中有一份详尽的 Word 文档，里面包含了项目的背景、目标、实施步骤和成果等多个部分。然而，如何将这份文档中的精华内容提炼出来，并以更直观、更具吸引力的方式展示给观众，却成了一个亟待解决的问题。

这时，通过上例中讲解的方法导入 Word 文档，只能将内容生成到一页中，不符合要求。你需要的是文档中的精华，一般是标题结构，通过手动复制粘贴 Word 文档中的内容到 PPT 中也可以实现，只是过程相对烦琐。

>>> 解决方法

在日常工作和学术交流中，Word 文档和 PPT 都扮演着不可或缺的角色。Word 文档以其强大的文字编辑和排版功能帮助用户整理思路、撰写报告；而 PPT 则以其直观、生动的展示效果助力用户在会议上、课堂上高效传达信息。

当遇到上面的情况时，可以先在 Word 中为文件设置好大纲级别，然后导入 PPT 中，根据大纲创建幻灯片，提高创建效率。

例如，要根据“外勤人员外出管理制度” Word 文档创建演示文稿，具体操作方法如下。

第 1 步 在 Word 中打开要导入至 PPT 中的文档，这里打开“外勤人员外出管理制度” Word 文档，单击“视图”选项卡下“视图”组中的“大纲”按钮，如下图所示。

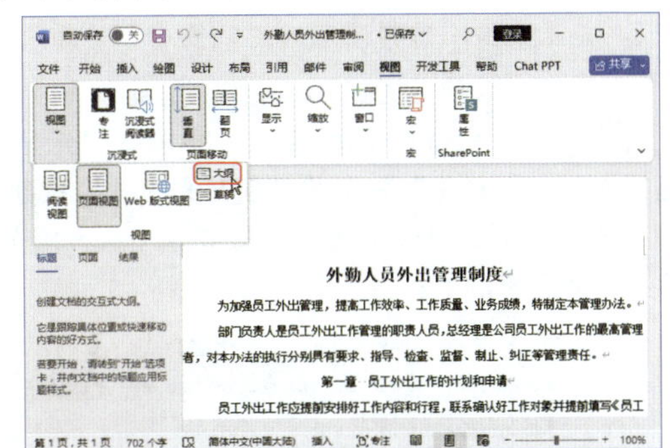

第 2 步 进入大纲视图，❶选择要设置级别的所有标题；❷在“大纲显示”选项卡下“大纲工具”组中的下拉列表中设置标题级别，这里选择“1 级”，如下图所示。

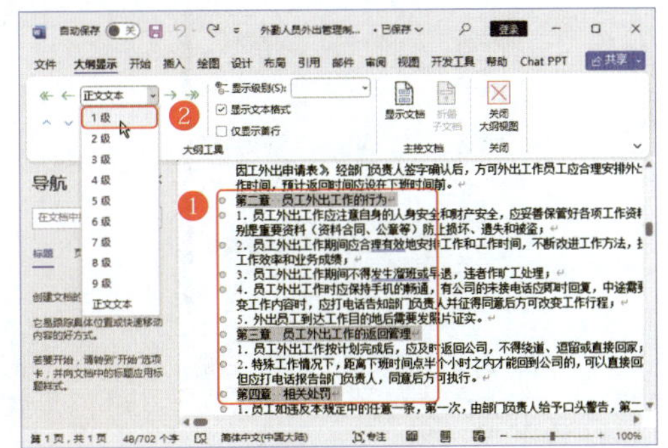

第 3 步 设置好各级标题后，❶单击“大纲显示”选项卡下“关闭”组中的“关闭大纲视图”按钮，退出大纲视图；❷保存文档并关闭，如下图所示。

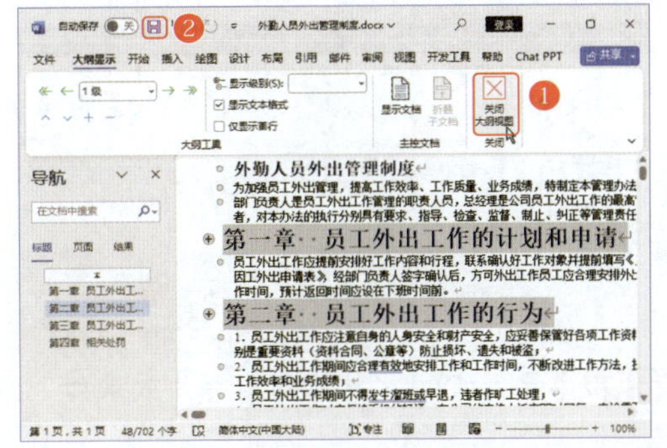

温馨提示

要想将Word文档中的内容成功导入幻灯片中，必须对Word文档段落的级别进行设置，这样才能将内容合理地分配到每张幻灯片中。针对同一份文档内容，设置的标题级别不同，导入PPT中的效果也会不同。如果对导入效果不满意，则可以重新设置大纲级别后再导入，尤其是长文档，这样做反而能减少导入后的调整操作，节约时间。

第4步 打开PowerPoint程序，❶单击“开始”选项卡下“幻灯片”组中的“新建幻灯片”按钮；❷在弹出的下拉列表中选择“幻灯片（从大纲）”选项，如下图所示。

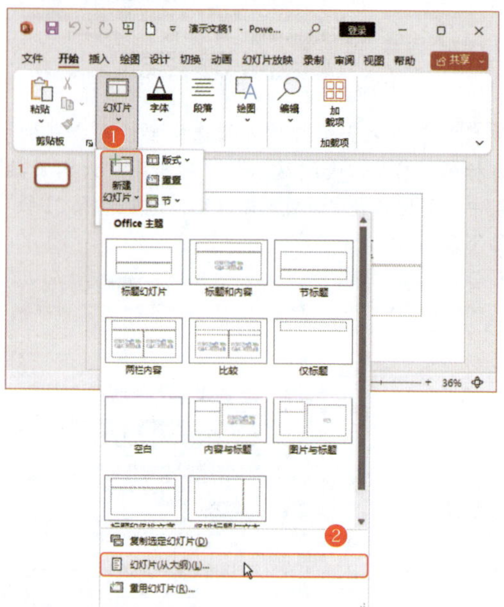

第5步 打开“插入大纲”对话框，❶选择之前设置好的Word文档；❷单击“插入”按钮，如下图所示。

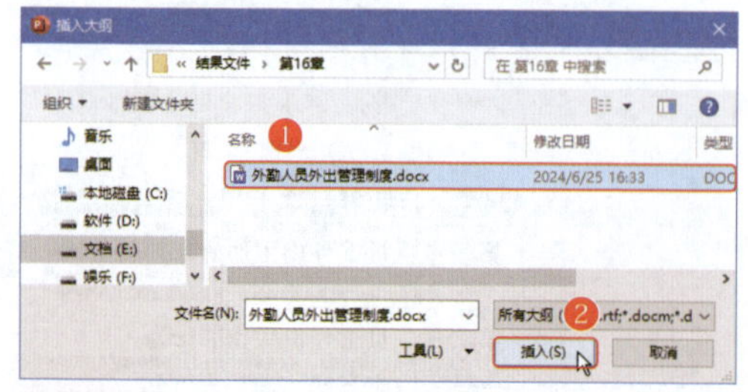

第6步 导入Word文档后的幻灯片效果如下图所示。

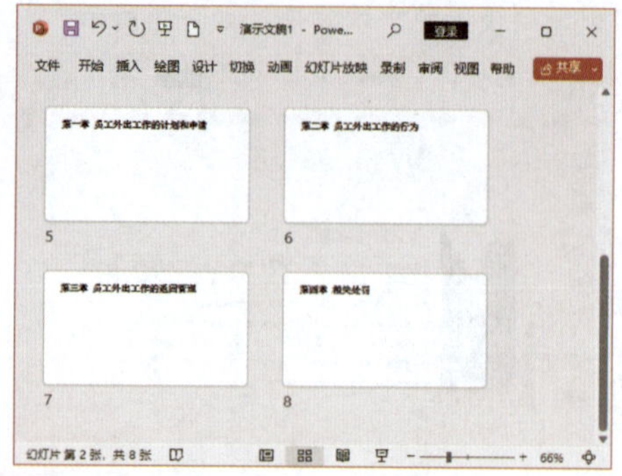

第7步 ❶将Word文档导入幻灯片后，可能一些幻灯片中的内容过多，那么就需要在PowerPoint 2021中将内容进行合理的分配，这里对第1～3张幻灯片进行相应的编辑；❷在“设计”选项卡下为演示文稿应用主题效果，完成后的效果如下图所示，基本就完成了该演示文稿的框架搭建。

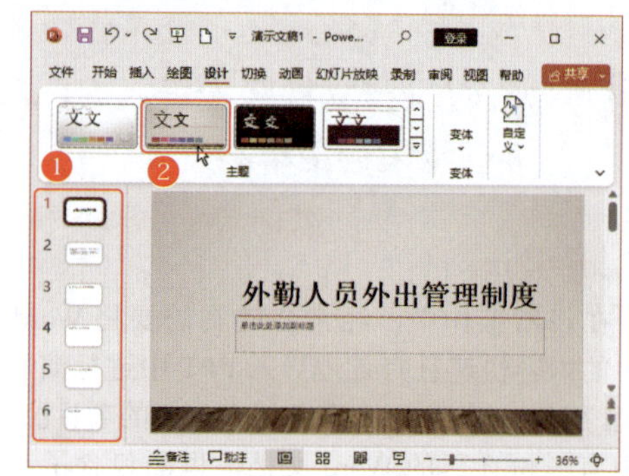

285 将PPT转换为Word，使内容整理更高效

实用指数 ★★★★☆

>>> 使用说明

在日常工作中，经常需要制作和分享PPT来进行演示和汇报。然而，当PPT内容较多，需要将其转换为文档形式以便后续编辑、整理或打印时，往往会面临一些挑战。例如，你可能正在准备一个重要的项目报告，PPT中包含了大量的图表、数据和文字描述，但你希望将这些内容整理成一份更易于阅读和编辑的Word文档。

传统的做法可能是手动复制粘贴，但这样做不仅耗时耗力，还容易出错。复制后的格式也可能与原PPT相差甚远，影响文档的整体效果。此外，如果PPT中包含了复杂的布局和特效，手动复制粘贴更是难以保持原有的呈现效果。

那么，有没有一种更高效的方法可以将 PPT 快速转换为 Word 文档呢？答案是肯定的！

>>> 解决方法

将 PPT 转换为 Word 文档，可以使内容整理更加高效。用户可以通过将 PPT 转换为 Word 文档，方便对演示内容进行整理和编辑。这样可以使内容更加清晰、更加有条理，可以提高演示的效果。

在第 15 章中介绍了讲义的作用，讲义主要用于打印。如果暂时不需要打印，也可以先将其保存为独立的电子文档。

例如，要将“中国美食之旅”演示文稿转换为 Word 文档，生成讲义即可，具体操作方法如下。

第 1 步 打开“中国美食之旅”演示文稿，❶单击“文件”选项卡，在打开的界面左侧选择“导出”选项；❷在中间栏选择“创建讲义”选项；❸单击“创建讲义”按钮，如下图所示。

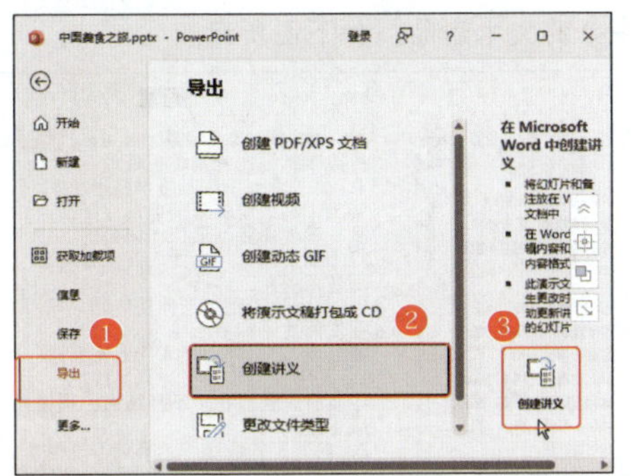

第 2 步 打开“发送到 Microsoft Word”对话框，❶选择所需的讲义版式，如选中“空行在幻灯片旁”单选按钮；❷单击“确定”按钮，如下图所示。

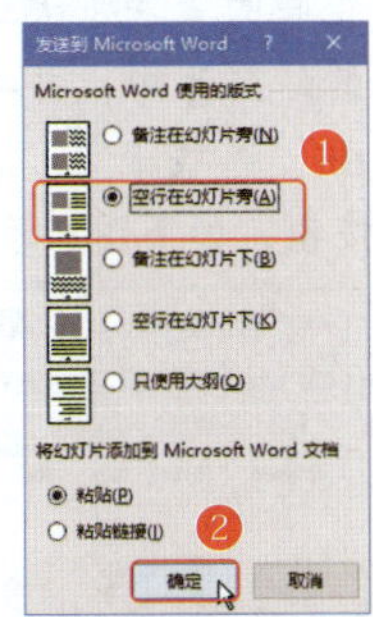

知识拓展

在“发送到 Microsoft Word”对话框中选中“只使用大纲”单选按钮，将会把 PPT 中所有幻灯片占位符的文本导入 Word 空白文档中。

第 3 步 完成以上操作后，即可开始转换 PPT，转换完成后，将在 Word 空白文档中显示所有幻灯片，并在幻灯片旁添加空行，以添加备注信息。适当对表格格式进行调整，让内容显示完整，如下图所示，进行保存即可。

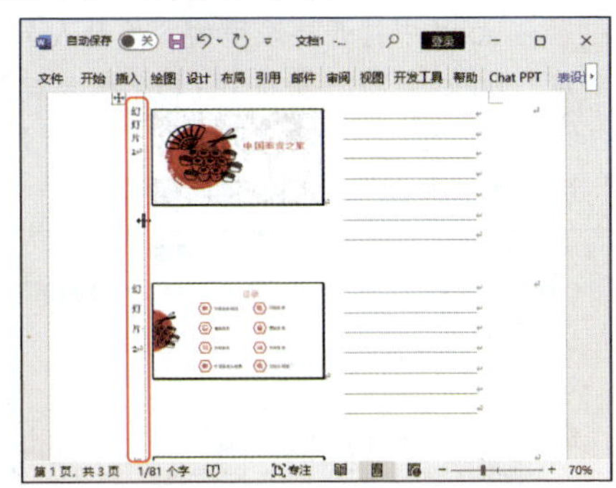

温馨提示

在转换过程中，PPT 和 Word 在排版和格式上存在差异，可能会导致部分元素的布局发生变化。因此，在转换完成后，需要对 Word 文档进行适当的调整和优化，以确保内容的准确性和可读性。另外，如果 PPT 中包含了大量的图片和图表等元素，建议在转换前进行适当的压缩和优化处理，以降低文件的大小并提高转换速度。

286 将 Word 文本轻松复制到 PPT，灵活调整排版布局

实用指数 ★★★★☆

>>> 使用说明

在日常工作中，经常会遇到需要将 Word 文档中的文本内容快速、高效地转移到 PPT 中的场景。有时需要将整份 Word 文档中的内容整理成 PPT，要求根据内容结构制作不同的幻灯片并保留所有内容，使用前面介绍的两种方法都不能完美实现。

面对这样的挑战，需要一个简单而高效的解决方案，以确保能够轻松将 Word 文档中的内容复制到 PPT 中，并且能够灵活调整排版布局。

>>> 解决方法

在 PowerPoint 2021 中创建演示文稿时，如果需要依据 Word 文档中的内容进行制作，建议采用以下方法：将 Word 文档中的相关文本内容复制到 PowerPoint 2021 的大纲视图中，随后通过大纲视图的功能将这些文本合理分布至演示文稿的各

个幻灯片中，以确保内容的准确传递与展示。

例如，要将“外勤人员外出管理制度”Word文档中的内容分布到演示文稿的幻灯片中，具体操作方法如下。

第 1 步 在 Word 中打开要采用的“外勤人员外出管理制度”Word 文档，❶按 Ctrl+A 组合键选择文档中的所有内容；❷单击“开始”选项卡下“剪贴板”组中的“复制”按钮，如下图所示。

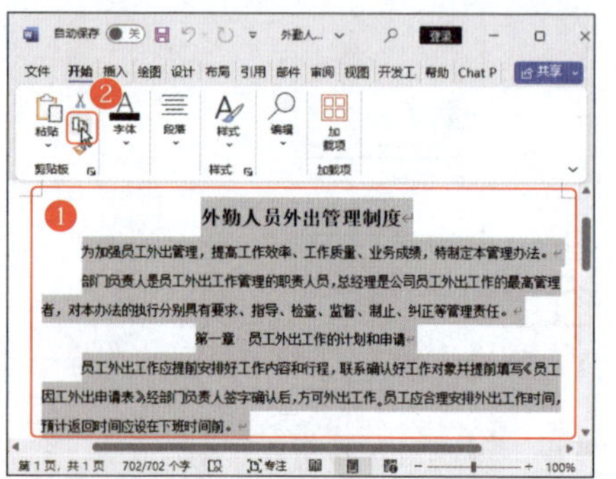

第 2 步 切换到 PowerPoint 窗口，新建一个空白演示文稿，❶进入大纲视图中，将鼠标光标定位到第 1 张幻灯片后；❷单击“开始”选项卡下“剪贴板”组中的“粘贴”按钮，如下图所示。

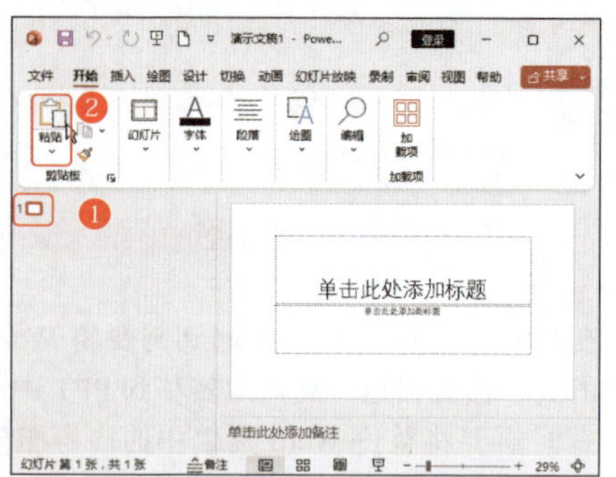

第 3 步 将复制的内容粘贴到大纲窗格中，效果如下图所示。

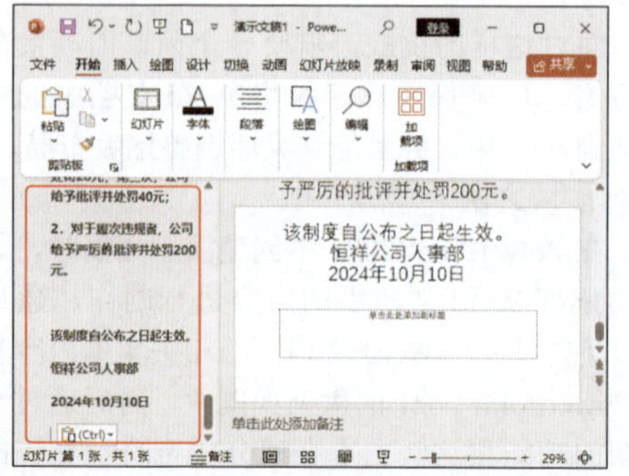

第 4 步 将鼠标光标定位到“外勤人员外出管理制度”文本后，按 Enter 键，即可新建一张幻灯片，并且鼠标光标后的文本全部放置在新建的幻灯片中，如下图所示。

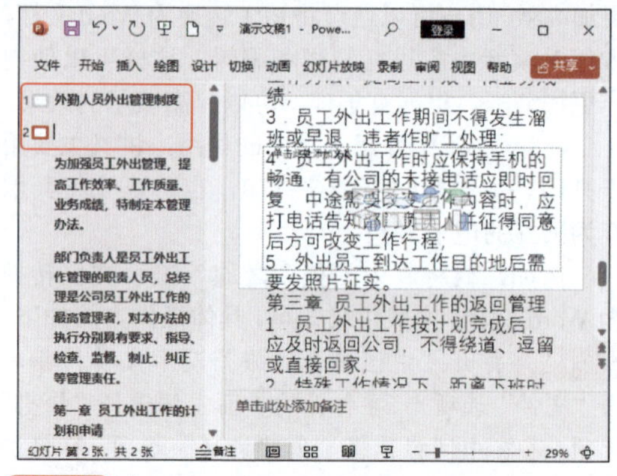

第 5 步 使用相同的方法再新建一张幻灯片，并将多余的文本删除，如下图所示。

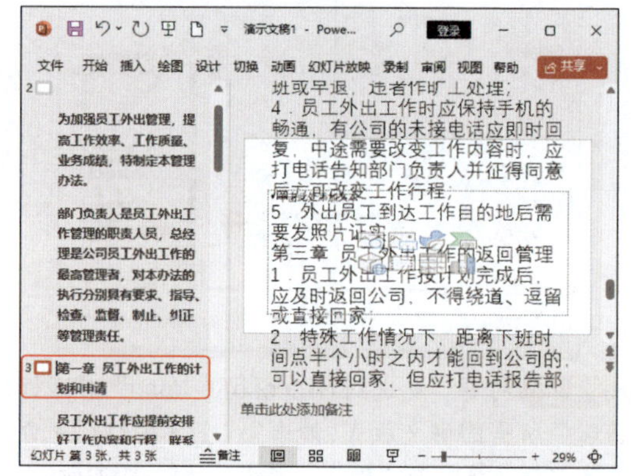

第 6 步 ❶使用相同的方法将大纲窗格中的文本内容分配到相应的幻灯片中，并将多余的文本删除；❷单击“视图”选项卡下“演示文稿视图”组中的“普通”按钮，如下图所示。

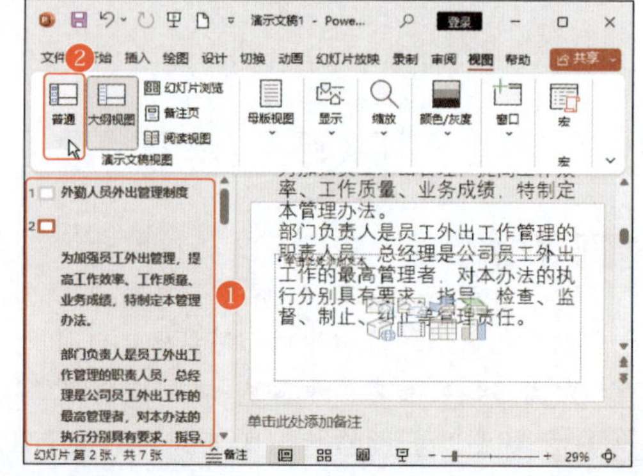

温馨提示

PPT和Word文档都是日常工作中常用的工具。在实际工作中，经常会遇到需要将PPT和Word文档格式进行转换的情况，如何将内容快速、准确地从一种形式转换到另一种形式，成为提高工作效率的关键。具体使用中可以根据需要，选择最适合的技巧进行转换，有时甚至需要结合使用多种技巧来完成具体任务。

第7步 切换到普通视图中，更容易发现粘贴在大纲窗格中的文本会全部放在幻灯片的标题占位符中，所以还需要进一步处理，❶选择第2张幻灯片；❷选择标题占位符中的所有文本；❸单击"开始"选项卡下"剪贴板"组中的"剪切"按钮，剪切选择的文本，如下图所示。

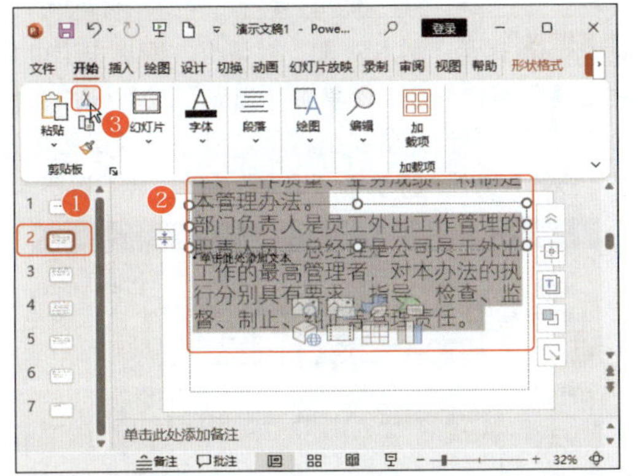

第8步 ❶将文本插入点定位在内容占位符中；❷单击"开始"选项卡下"剪贴板"组中的"粘贴"按钮，如下图所示。

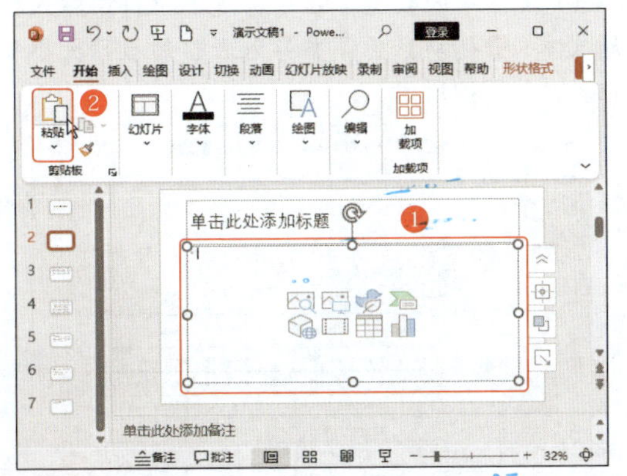

第9步 将剪切的文本粘贴到内容占位符中，如下图所示。

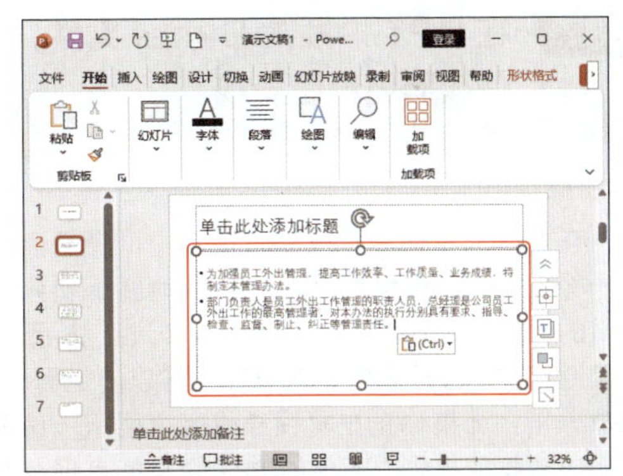

第10步 ❶使用相同的方法继续对其他幻灯片中除标题外的文本的位置进行调整；❷选择第7张幻灯片中的最后两行文本，按Tab键将文本降低一个级别；❸单击"开始"选项卡下"段落"组中的"项目符号"按钮，如下图所示，取消段落前自动显示的项目符号。

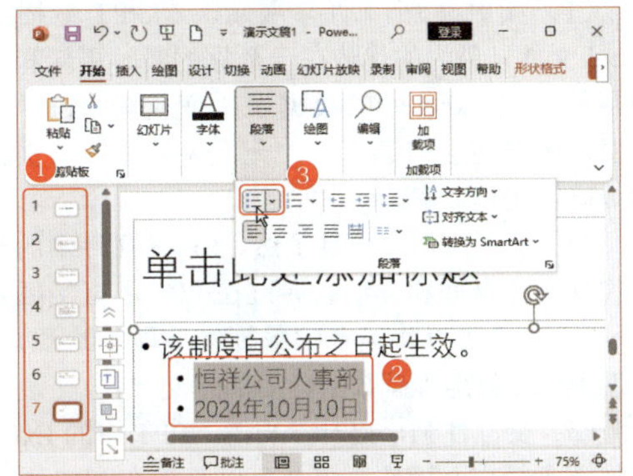

第11步 ❶使用相同的方法取消显示部分段落前的项目符号；❷在"设计"选项卡下为演示文稿应用主题效果，完成后的效果如下图所示，基本就完成了该演示文稿的制作。将文件以"外勤人员外出管理制度2"为名进行保存。

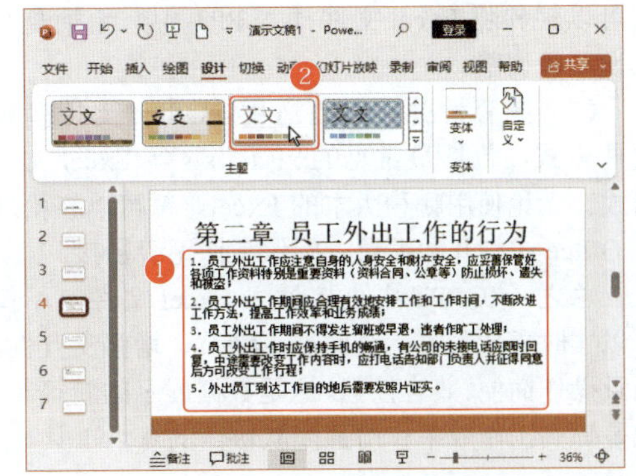

287 在 PPT 中插入 Excel 文件，使数据展示更直观

实用指数 ★★★★★

>>> 使用说明

在日常的工作汇报或项目展示中，经常会遇到一个问题：如何更直观、更高效地展示和分析大量的数据？尤其是在需要使用 PPT 进行演示时，仅仅通过文字描述或静态图表往往难以满足需求。想象一下，如果你正在向领导或客户展示一份关于销售数据的报告，而你的 PPT 中只能呈现一些静态的表格和图表，那么你可能无法充分传达数据的动态性和趋势性。

>>> 解决方法

为了解决这个问题，可以采用一种更高效、更直观的方法——在 PPT 中直接插入 Excel 文件。这种方法主要可以带来以下便利和效率提升。

（1）实时更新，动态展示。在 PPT 中插入 Excel 文件，最大的优势在于数据的实时更新和动态展示。当 Excel 中的数据发生变化时，PPT 中的对应内容也会自动更新，无须手动修改，极大地提高了工作效率。

（2）全面展示，一目了然。Excel 文件中的数据往往更为全面和详细。通过在 PPT 中直接插入 Excel 文件，可以将更多的数据细节展示给观众，帮助他们更好地理解数据背后的意义。

（3）交互性强，提升参与感。PPT 中的 Excel 文件还支持交互操作。观众可以直接在 PPT 中查看、筛选、排序 Excel 数据，甚至可以进行简单的数据计算和分析，极大地提升了观众的参与感和兴趣。

（4）操作简便，易于上手。Office 为用户提供了简便易用的操作方式。只需简单的几步操作，就可以轻松将 Excel 文件插入 PPT 中，无须复杂的设置和调整。

（5）兼容性强，广泛适用。Office 支持多种文件格式，包括最常见的 xlsx、xls 等 Excel 文件格式。无论使用哪种版本的 Excel，都可以轻松地在 Office 中打开和编辑，确保工作无缝衔接。

总之，在 PPT 中直接插入 Excel 文件，不仅可以实时更新数据、全面展示细节、增强交互性，而且操作简便、兼容性强。这是数据展示的新篇章，也是提高工作效率、增强团队协作的有力工具。

例如，要在“研学项目介绍”演示文稿中通过插入 Excel 表格数据来增加研学导师团队信息介绍的幻灯片，具体操作方法如下。

第 1 步 打开“研学项目介绍”演示文稿，❶在第 18 张幻灯片后新增一张幻灯片；❷单击“插入”选项卡下“文本”组中的“对象”按钮，如下图所示。

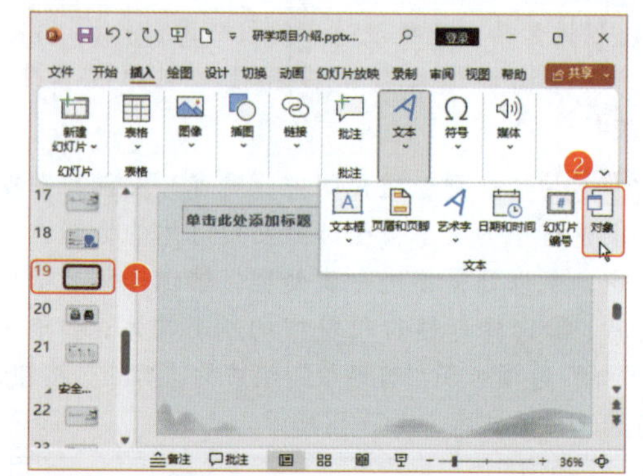

第 2 步 打开“插入对象”对话框，❶选中“由文件创建”单选按钮；❷单击“浏览”按钮，并在打开的对话框中选择需要插入的“研学导师团队信息表”Excel 文件；❸单击“确定”按钮，如下图所示。

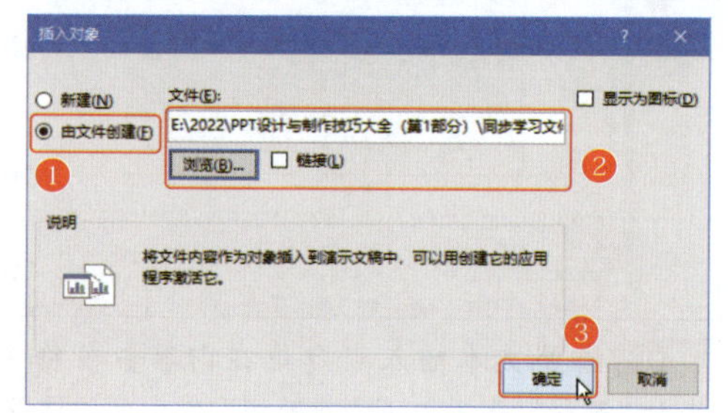

第 3 步 返回幻灯片编辑区，即可看到插入的 Excel 文件中的数据，❶在标题占位符中输入标题文本；❷拖动鼠标调整导入表格的显示大小和位置，如下图所示。

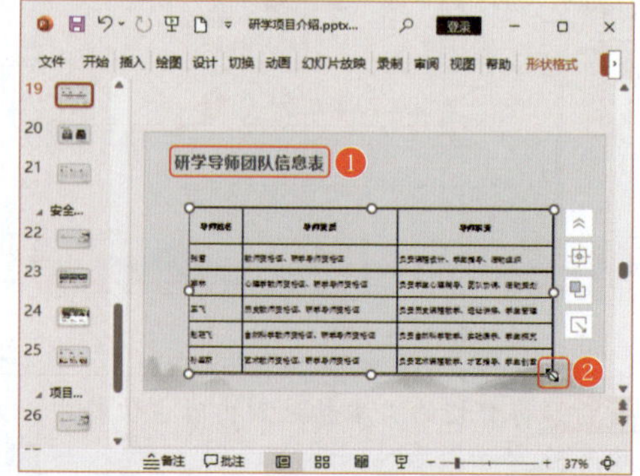

288 一键调用 Excel 图表，使数据可视化更便捷

实用指数 ★★★★☆

>>> 使用说明

在数字时代，数据是决策的基石，而将这些冰冷的数据转换为直观、生动的图表是每一位职场人士都在追求的技能。但是，在 Excel 中制作好的图表，如何通过 PPT 来进行演示呢？

>>> 解决方法

在 PowerPoint 2021 中插入图表操作起来有时会比较复杂，甚至完全无法制作。其实在 PPT 中插入图表可以使用其他简便的方法，如直接将 Excel 中的图表导入或复制到 PPT 中。

1. 导入图表

在 PowerPoint 2021 中导入 Excel 图表的方法与导入 Excel 文件的方法基本相同，只不过在导入图表的过程中，为确保操作的顺利进行，应先将图表准确地放置在 Excel 工作簿的第 1 张工作表中，同时，该工作表内不应包含任何表格数据。若存在表格数据，则将其迁移至其他工作表，以避免潜在的冲突或错误。

例如，要在“研学项目介绍”演示文稿中导入 Excel 中制作好的图表，具体操作方法如下。

第 1 步 在 Excel 中打开“西安研学项目学生满意度调查数据信息表”素材文件，❶选中要插入 PPT 中的图表；❷单击“图表设计”选项卡下“位置”组中的“移动图表”按钮，如下图所示。

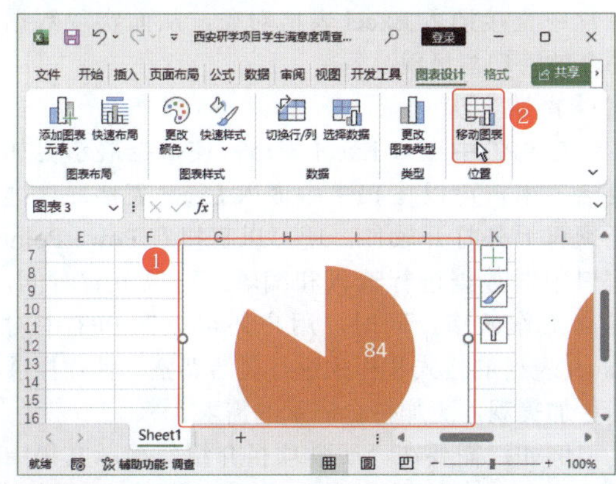

第 2 步 打开“移动图表”对话框，❶选中“新工作表”单选按钮；❷单击“确定”按钮，如下图所示，即可将所选图表移动到该工作簿的第 1 张工作表中。

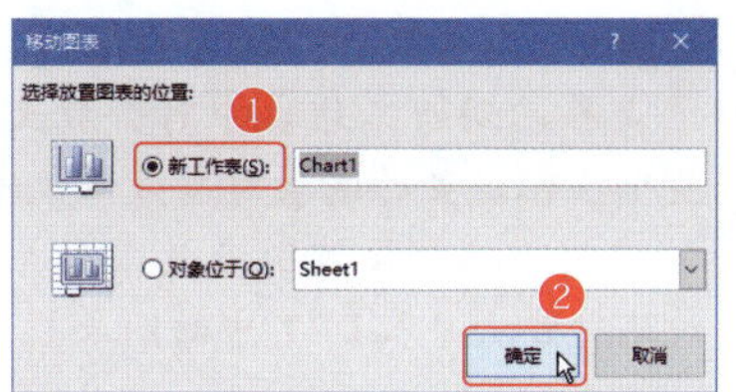

第 3 步 在 PowerPoint 2021 中，❶在第 27 张幻灯片后新增一张幻灯片，并输入标题；❷单击“插入”选项卡下“文本”组中的“对象”按钮，如下图所示。

第 4 步 打开“插入对象”对话框，❶选中“由文件创建”单选按钮；❷单击“浏览”按钮；❸在打开的对话框中选择需要插入到幻灯片的图表所在的工作簿；❹单击“确定”按钮，如下图所示。

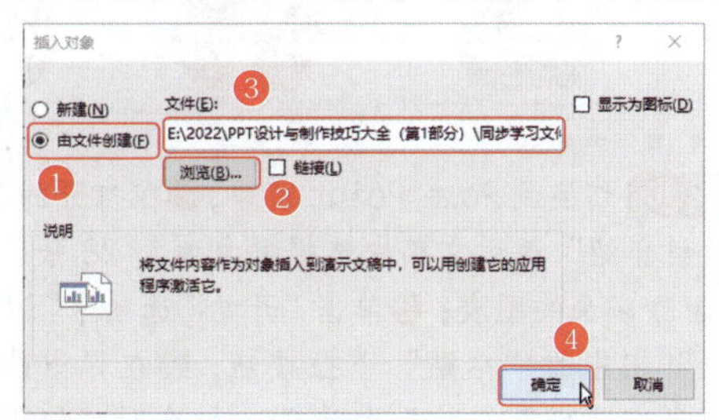

第 5 步 返回幻灯片中，即可看到插入的图表，效果如下图所示。

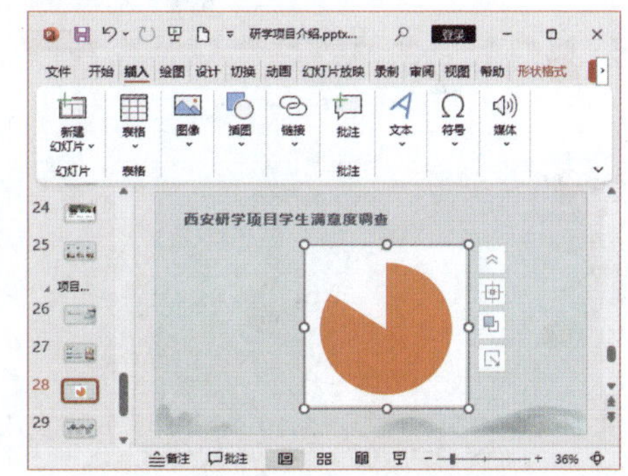

温馨提示

将图表移动到新工作表中时会放大处理，其中一些个性化设置的图表对象效果没有得到等比例的缩放，就会导致图表效果发生改变，所以通过这种方法导入PPT中的图表效果不一定完美。

2. 复制图表

在幻灯片中制作图表时，如果需要的图表已使用Excel软件制作好，那么通过复制功能直接调用Excel中的图表是最简单的。

例如，要在“研学项目介绍”演示文稿中复制Excel中制作好的3个图表，具体操作方法如下。

第1步 在Excel中打开“西安研学项目学生满意度调查数据信息表”素材文件，❶选择工作表中的第1个图表；❷单击“开始”选项卡下“剪贴板”组中的“复制”按钮，如下图所示。

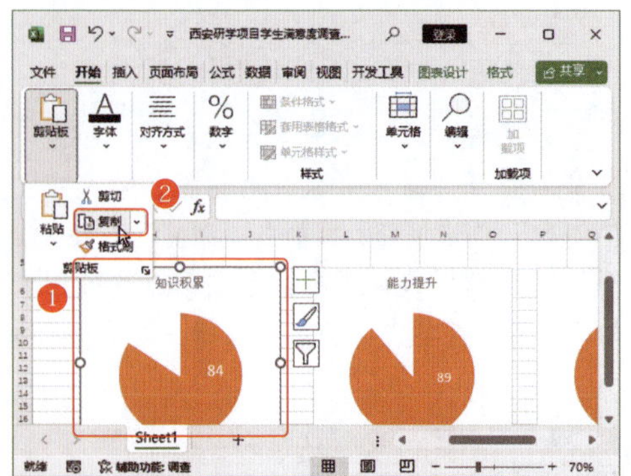

第2步 切换到PowerPoint窗口，❶在打开的“研学项目介绍”演示文稿中选择并复制第28张幻灯片，删除多余的图表；❷单击“开始”选项卡下“剪贴板”组中的“粘贴”下拉按钮；❸在弹出的下拉列表中选择需要的粘贴选项，如选择“使用目标主题和嵌入工作簿”选项，如下图所示。

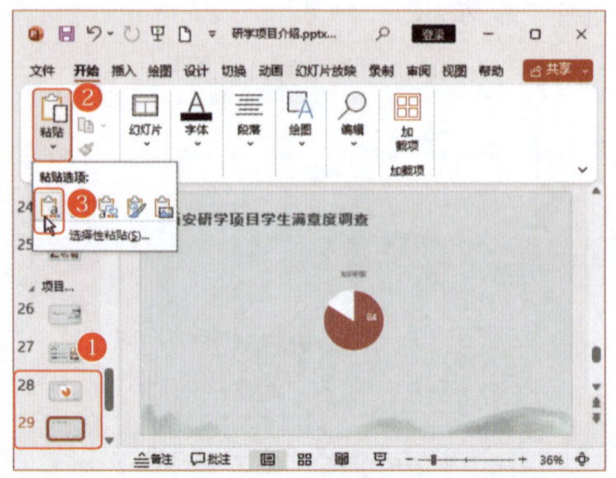

第3步 将从Excel中复制的图表粘贴到幻灯片中，并且可以对图表进行各种编辑操作。使用相同的方法，复制Excel中其他两个图表并进行粘贴，可以发现能一次性实现多张图表的复制操作，完成后的效果如下图所示。

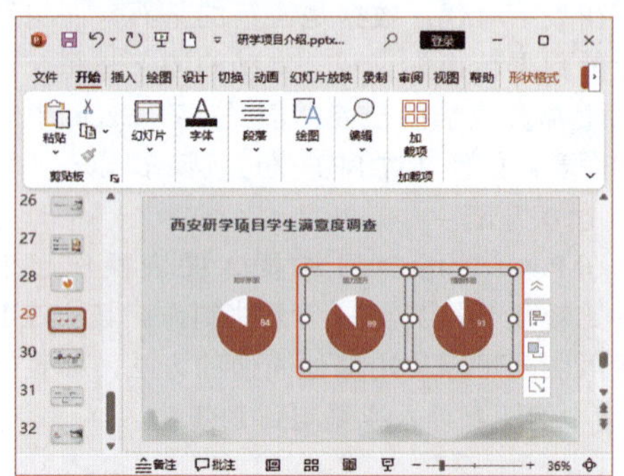

289 在PPT中嵌入Excel表格，使数据展示更灵活

实用指数 ★★★★☆

>>> 使用说明

在制作涉及数据展示的幻灯片时，表格等内容的嵌入是常见的需求。例如，在商务演示、数据分析或教学课件中，经常需要展示大量的数据。若已存在现成的Excel文件，则可以依照前面两种方法，直接将其嵌入幻灯片中，以确保数据的准确性和一致性。

若需要在幻灯片中创建并编辑表格，同时希望利用Excel强大的表格编辑功能，也可以在幻灯片中直接插入Excel表格对象，从而实现数据的高效管理与呈现。

>>> 解决方法

在PPT中嵌入Excel表格，使数据展示更加灵活。用户可以在PPT中嵌入Excel表格，这样无须再另外打开软件，便可以直接在PowerPoint窗口中对数据进行输入和编辑，可以节省时间，提高工作效率。同时，用户还可以在PPT中对Excel表格的格式和样式进行灵活调整，使数据展示更加美观，更加符合演示的需求。

例如，需要在“研学项目介绍”演示文稿中插入Excel表格，具体操作方法如下。

第1步 ❶在第29张幻灯片后新建一张幻灯片，并输入标题文本；❷单击“插入”选项卡下“表格”组中的“表格”按钮；❸在弹出的下拉列表中选择“Excel 电子表格”选项，如下图所示。

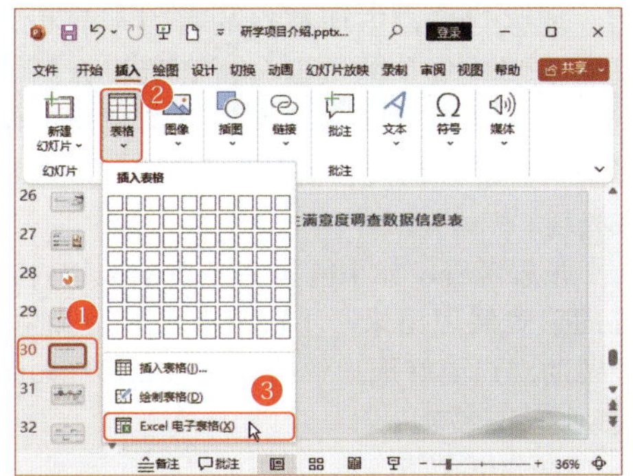

第 2 步 在幻灯片中插入 Excel 电子表格，并打开 Excel 编辑窗口，拖动可以调整显示的单元格大小，如下图所示。

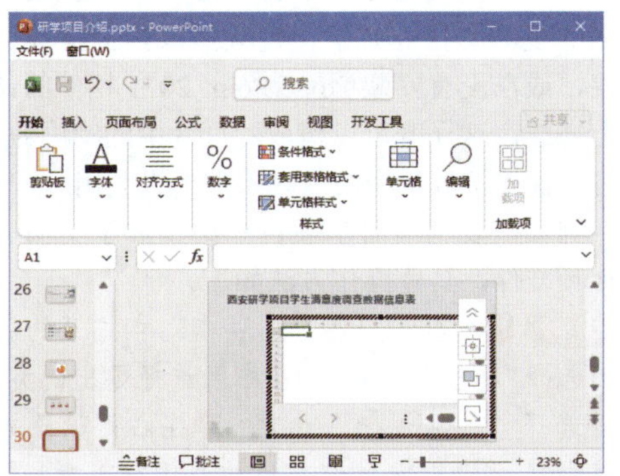

第 3 步 在出现的 Excel 编辑窗口中像在 Excel 中一样进行数据输入和编辑，完成后在幻灯片编辑区空白处单击即可，如下图所示。

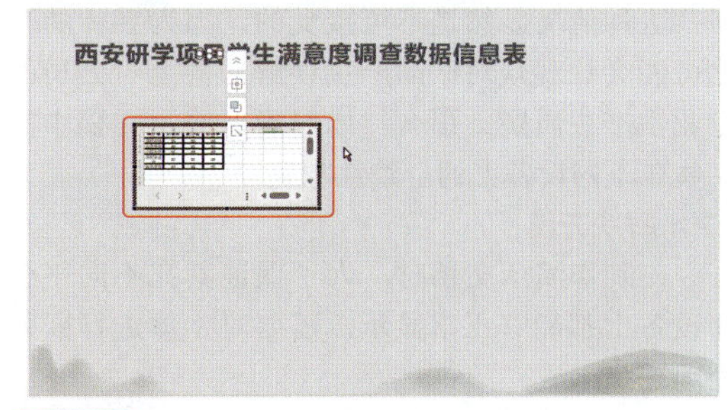

第 4 步 返回幻灯片编辑区，可以看到插入的 Excel 电子表格显示效果。对表格效果不满意时，双击表格区域，可以再次显示出 Excel 编辑窗口进行编辑，如这里拖动鼠标调整单元格的行高，如下图所示，完成后单击空白处退出。

西安研学项目学生满意度调查数据信息表

调查项目	知识积累	能力提升	情感体验
课程内容	85	90	88
实践操作	80	85	92
小组合作	82	88	87
课程满意度	87	91	89
整体体验	84	89	91

16.2 演示文稿输出技巧

扫一扫 看视频

在完成了演示文稿的基本编辑和设计之后，通常需要将其输出为不同的格式以适应不同的应用场景。接下来将详细介绍一系列演示文稿输出技巧，帮助用户轻松实现跨平台播放、动态演示、内容提取、离线分享以及满足不同阅读需求。

290 嵌入字体，确保演示文稿跨平台播放

实用指数 ★★★★★

>>> 使用说明

当将精心制作的演示文稿发送到其他设备或平台上播放时，有时会遇到字体不一致的问题，这可能导致信息的误传，甚至破坏整个演示的视觉效果。

想象一下，你正在准备一份关于公司新产品的演示文稿，其中包含了大量的文字内容和精美的排版设计。你选择了一款独特而富有艺术感的字体来强调产品的独特性。然而，当你将演示文稿发送给合作伙伴，并在另一台计算机上播放

时，却发现原本精心挑选的字体被替换成了默认的宋体或黑体，原本精心设计的排版也变得杂乱无章。

这种情况显然是不可接受的，因为字体的变化可能会让观众对产品产生误解，甚至对公司的专业性产生质疑。那么，如何确保演示文稿中的字体在不同设备上的一致性呢？

>>> 解决方法

在制作演示文稿时，为了保证其在不同平台和设备上都能够正常显示，需要对字体进行嵌入处理。

嵌入字体是一种将演示文稿中使用的字体文件与演示文稿本身一起保存的技术。通过嵌入字体，可以让演示文稿摆脱平台和设备的限制，使字体的显示效果更加统一和稳定。

嵌入字体的具体操作方法如下。

打开“PowerPoint 选项”对话框，❶单击“保存”选项卡；❷勾选“将字体嵌入文件”复选框；❸单击“确定”按钮，如下图所示。以后保存演示文稿时就会嵌入字体了。

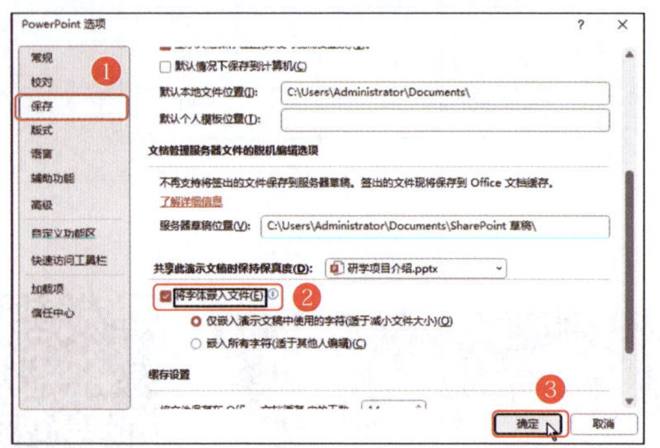

> **温馨提示**
>
> 嵌入字体不仅能确保演示文稿的视觉效果不受影响，还能提升演示文稿的专业性和可信度。因此，在制作演示文稿时，请务必记得嵌入字体，确保演示文稿跨平台播放时的字体一致性。

291 创建视频，使动态演示更生动

实用指数 ★★★★☆

>>> 使用说明

在繁忙的办公室中，小张正紧张地准备着他的项目汇报。他手中的 PPT 内容充实、逻辑清晰，但小张却有些担心。因为他知道，单纯的 PPT 展示虽然能传达信息，但在吸引观众注意力、增强记忆点方面往往显得力不从心。特别是对于那些复杂的数据分析和流程介绍，即使提前为 PPT 制作了讲义并发送给观众以便他们了解，但静态的内容也很难让观众迅速理解并产生兴趣。

小张思考着，如果能将 PPT 中的关键内容以动态的形式展现出来，不仅能让汇报更加生动，还能帮助观众更好地理解内容。但如何在短时间内实现这一转变呢？

>>> 解决方法

PowerPoint 2021 中有一个强大的功能——将 PPT 创建为视频。这一功能能够将 PPT 中的幻灯片、动画、过渡效果以及音频等元素整合成一个流畅的视频文件。方便在视频播放器上播放演示文稿，或在没有安装 PowerPoint 2021 软件的计算机上播放，这样既可以播放幻灯片中的动画效果，又可以保护幻灯片中的内容不被他人利用。

例如，要将“研学项目介绍”演示文稿导出为视频文件，具体操作方法如下。

第 1 步 ❶单击“文件”选项卡，在打开的界面左侧选择“导出”选项；❷在中间选择导出的类型，这里选择“创建视频”选项；❸在右侧设置视频的清晰度、放映每张幻灯片的时间等参数；❹单击“创建视频”按钮，如下图所示。

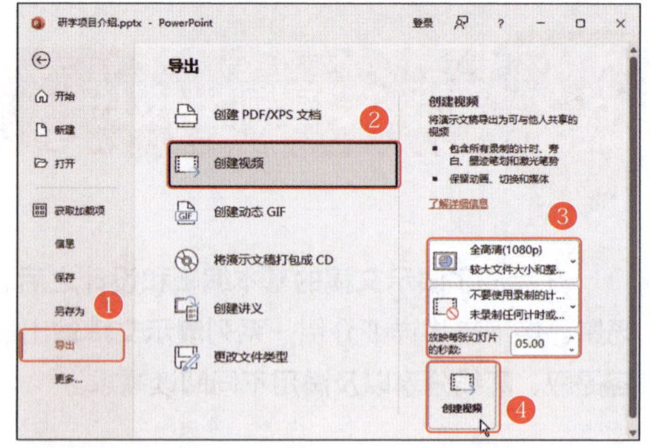

> **温馨提示**
>
> 默认情况下，将幻灯片导出为视频后，每张幻灯片播放的时间为 5 秒，用户可以根据幻灯片中动画的多少来设置幻灯片播放的时间。

第 2 步 打开“另存为”对话框，❶设置视频保存的位置；❷其他保持默认设置，单击“保存”按钮，如下图所示。

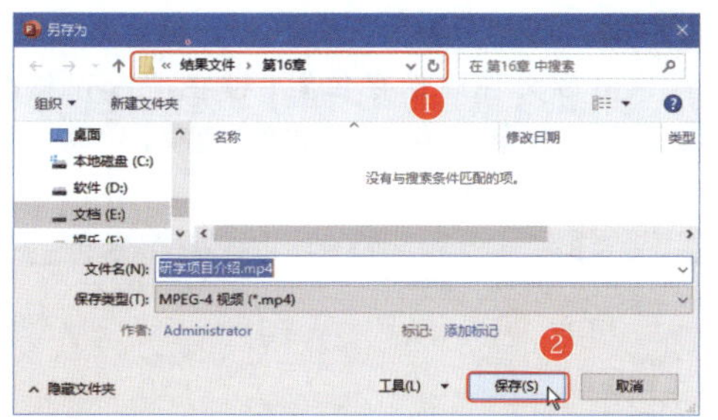

第3步 开始制作视频，并在PowerPoint 2021工作界面的状态栏中显示视频导出进度，如下图所示。

第4步 导出完成后，即可使用视频播放器将其打开，预览演示文稿的播放效果，如下图所示。

知识拓展

如果需要将演示文稿导出为其他视频格式，那么可以在“另存为”对话框的“保存类型”下拉列表中选择需要的视频格式选项。

292 创建动态GIF，轻松分享生动演示

实用指数 ★★★★☆

>>> 使用说明

在商务演示或教学讲解中，常常需要借助PPT来传达我们的想法和观点。然而，单纯的文字和静态图片往往难以吸引观众的注意力，更无法生动展现我们的意图。尤其是在远程会议或线上分享时，如何让观众在“屏幕的另一端”也能感受到演示的生动与活力成为一个亟待解决的问题。

>>> 解决方法

除了可以将PPT制作成视频外，还可以将PPT创建为动态GIF。动态GIF不仅具有生动有趣的视觉效果，而且文件体积小，加载速度快，非常适合在各类分享平台上使用。

例如，要将“研学项目介绍”演示文稿创建为动态GIF，具体操作方法如下。

第1步 ❶单击“文件”选项卡，在打开的界面左侧选择“导出”选项；❷在中间选择“创建动态GIF”选项；❸在右侧设置要创建为GIF的幻灯片和花在每张幻灯片上的时间等参数；❹单击“创建GIF”按钮，如下图所示。

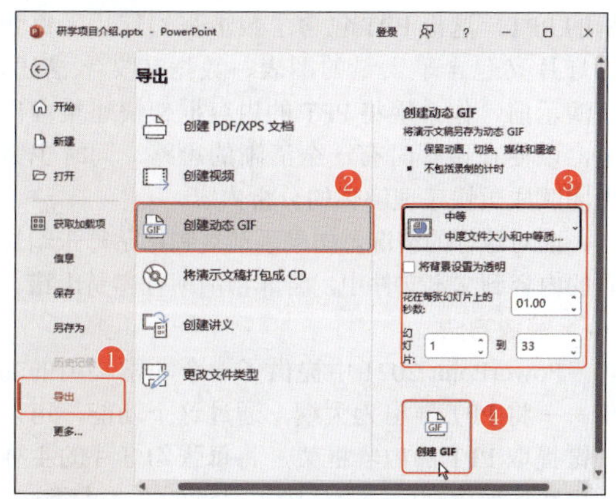

第2步 打开“另存为”对话框，❶在地址栏中设置生成GIF文件的保存位置；❷单击“保存”按钮，如下图所示。

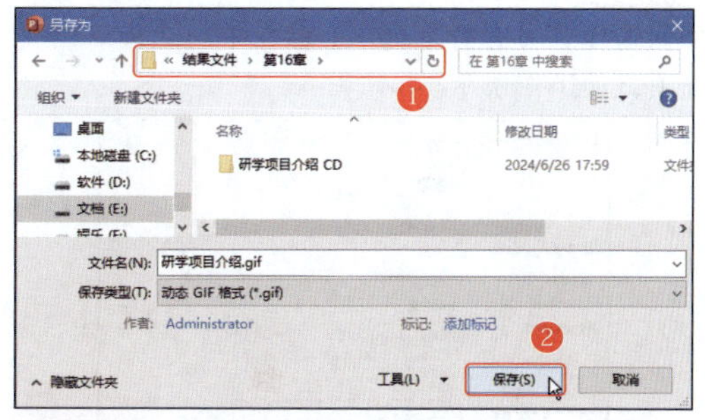

第3步 导出完成后，即可使用看图软件将其打开，预览GIF的播放效果，如下图所示。

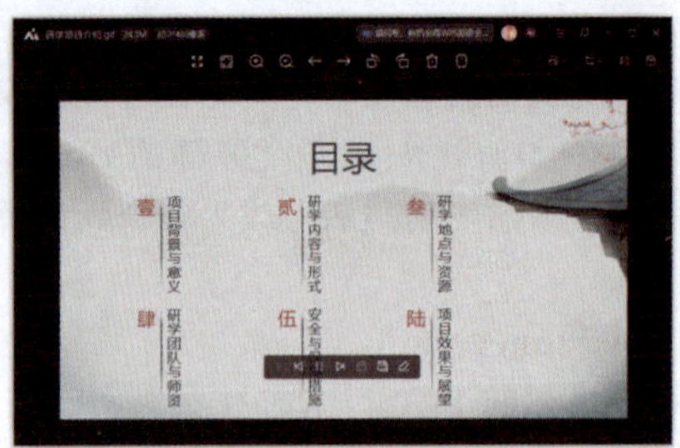

293 导出为大纲，内容框架一键提取

实用指数 ★★★★★

>>> 使用说明

在日常工作中，经常需要制作 PPT 来展示项目进展、工作汇报或教学内容。然而，当 PPT 内容繁多、结构复杂时，可能会遇到一个问题：如何快速、准确地提取 PPT 的内容框架，以便更好地理解或分享给他人？

想象一下，你正在准备一份关于市场趋势分析的 PPT，这份 PPT 包含了数十张幻灯片，每张幻灯片又包含了大量的图表、数据和文字描述。在演示前，你希望将 PPT 的内容框架快速整理出来，以便在讲解时有一个清晰的思路，同时也方便团队成员快速理解你的分析内容。

面对这样的情况，如果手动复制粘贴每张幻灯片的内容到文本文件中，将非常烦琐且容易出错。

>>> 解决方法

PowerPoint 2021 中提供了一个非常实用的功能——将 PPT 导出为大纲，通过这个功能，可以一键提取 PPT 的内容框架，将每张幻灯片的主要内容和标题整理成一个清晰、易读的文本大纲。

例如，将“研学项目介绍”演示文稿导出为大纲文件，具体操作方法如下。

第 1 步 ❶单击“文件”选项卡，在打开的界面左侧选择“另存为”选项；❷在中间选择“浏览”选项，如下图所示。

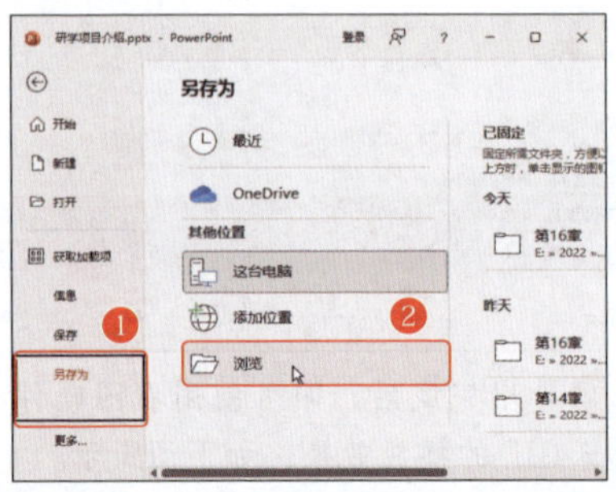

第 2 步 打开“另存为”对话框，❶在地址栏中设置导出后文件的保存位置；❷在“保存类型”下拉列表中选择“大纲/RTF 文件”选项；❸单击“保存”按钮，如下图所示。

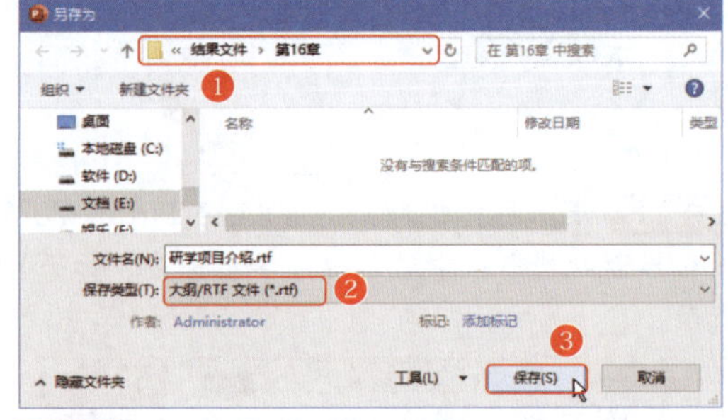

第 3 步 将演示文稿导出为大纲文件，使用 Word 打开导出的大纲文件即可看到效果，如下图所示。

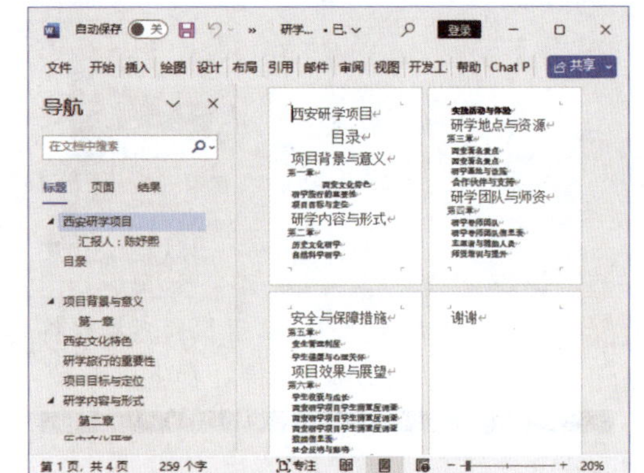

> **温馨提示**
>
> 在将演示文稿导出为大纲文件时，只能将幻灯片占位符中的文本导出，不能导出其他对象或其他对象中的文本。

294 打包成 CD，方便离线演示与分享

实用指数 ★★★★☆

>>> 使用说明

当在没有网络连接的环境中，如外出参加会议、研讨会或向客户展示时，往往面临一个棘手的问题：如何确保 PPT 文件及其相关资源（如图片、视频、字体等）能够顺利地在其他计算机上播放，而不会出现资源缺失或格式错误的情况呢？

>>> 解决方法

面对这一问题，可以采用“将演示文稿打包成 CD”的方法，轻松地将 PPT 及其相关资源打包成一个完整的文件夹，并在没有网络连接的环

境下进行离线演示和分享。这不仅能确保 PPT 及其相关资源的完整性和兼容性，还能提高工作的便利性。

例如，对“研学项目介绍”演示文稿进行打包，具体操作方法如下。

第 1 步 ❶单击“文件”选项卡，在打开的界面左侧选择“导出”选项；❷在中间选择“将演示文稿打包成 CD”选项；❸在右侧单击“打包成 CD”按钮，如下图所示。

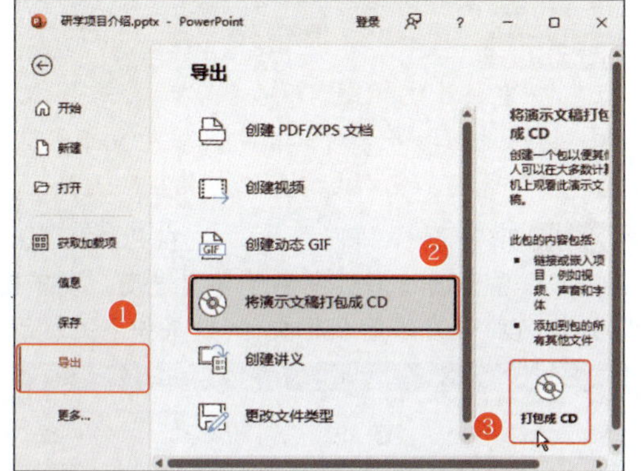

第 2 步 打开“打包成 CD”对话框，❶输入文件夹名称；❷单击“复制到文件夹”按钮，如下图所示。

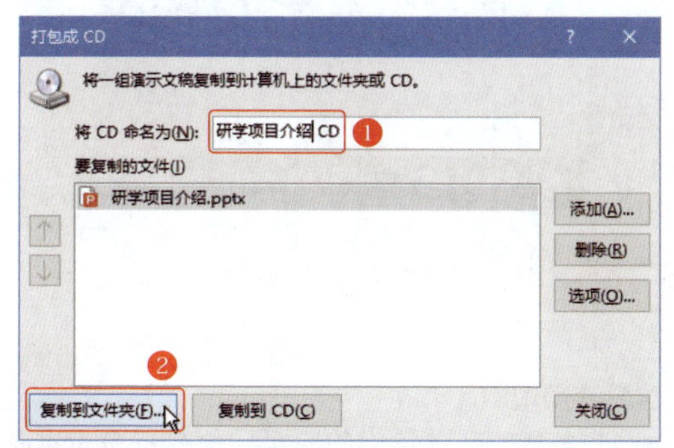

第 3 步 打开“复制到文件夹”对话框，单击“浏览”按钮，如下图所示。

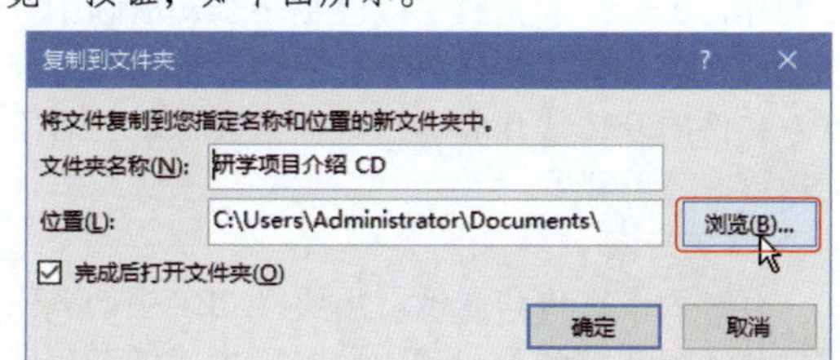

第 4 步 打开“选择位置”对话框，❶选择演示文稿打包后的文件夹要保存的位置；❷单击“选择”按钮，如下图所示。

第 5 步 返回“复制到文件夹”对话框，单击“确定”按钮，如下图所示。

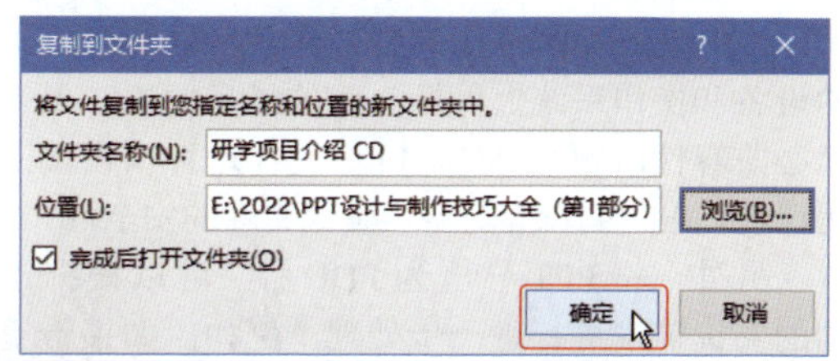

第 6 步 完成以上操作后，将弹出一个对话框，提示用户是否打包演示文稿中的所有链接文件，这里单击“是”按钮开始复制到文件夹，如下图所示。

第 7 步 完成以上操作后，程序将自动弹出对话框显示打包完成进度，打包完成后将自动打开演示文稿被指定打包的文件夹，在其中可以看到打包的文件，如下图所示。

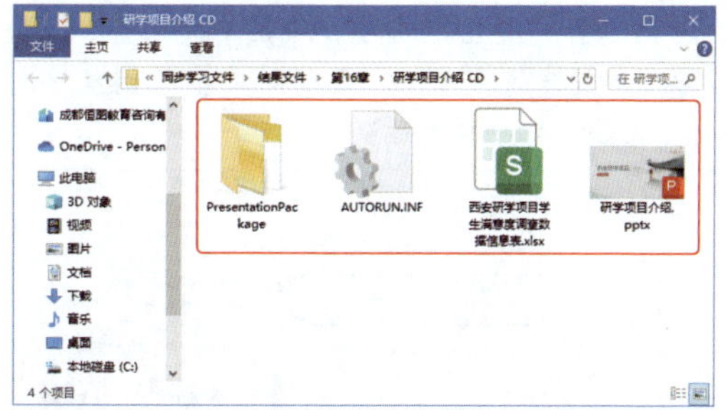

295 导出为 PDF，满足不同阅读需求

实用指数 ★★★★★

>>> 使用说明

在分享或传输 PPT 时，常常会遇到一个问题：不同的设备或软件对 PPT 的兼容性各异，可能会导致显示效果失真、排版混乱甚至无法正常打开。

这无疑给工作和学习带来了不小的困扰。

想象一下，你精心准备了一份 PPT，准备在重要的会议上展示。然而，在会议现场，参会者使用的软件版本或设置问题导致 PPT 的显示效果大打折扣，甚至无法正常播放。这不仅会影响你的专业形象，而且可能让会议效果大打折扣。

通过前面介绍的打包成 CD 的方法可以解决这个问题，但是打包文件一般很大。而对于一些静态的 PPT，因为没有动态演示的困扰，则可以直接将 PPT 导出为 PDF 格式来解决这个问题。

>>> 解决方法

PDF 是一种跨平台的文件格式，能够在不同的设备和操作系统上保持一致的显示效果，无须担心兼容性问题。另外，PDF 文件还可以设置密码保护、限制编辑等功能，确保文件的安全性。

另外，将 PPT 导出为 PDF 后，可以根据不同的阅读需求进行进一步处理。例如，如果希望将 PDF 文件分享给没有安装 PPT 软件的用户，可以直接发送 PDF 文件；如果需要在平板或手机上查看 PPT，可以将 PDF 文件导入相应的阅读器中；如果需要打印 PPT，也可以将 PDF 文件发送到打印机进行打印。

总之，将 PPT 导出为 PDF 是一种简单而有效的解决方案，能够满足不同阅读需求，确保演示内容在各种情况下都能呈现出最佳效果。

例如，要将“研学项目介绍”演示文稿导出为 PDF 文件，具体操作方法如下。

第 1 步 ❶单击“文件”选项卡，在打开的界面左侧选择“导出”选项；❷在中间选择“创建 PDF/XPS 文档”选项；❸在右侧单击“创建 PDF/XPS”按钮，如下图所示。

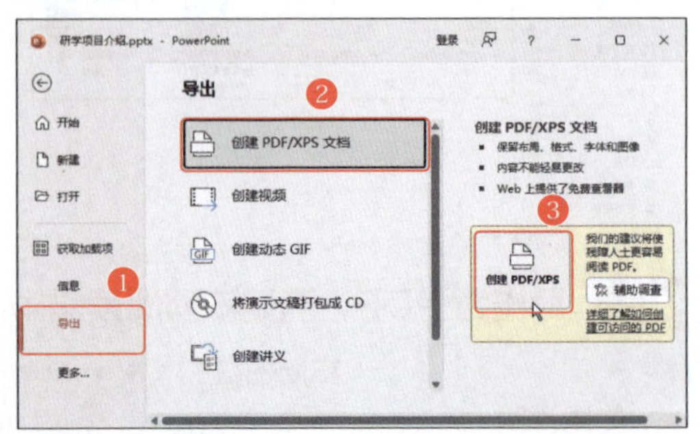

第 2 步 打开“发布为 PDF 或 XPS”对话框，❶在地址栏中设置发布后文件的保存位置；❷单击“发布”按钮，如下图所示。

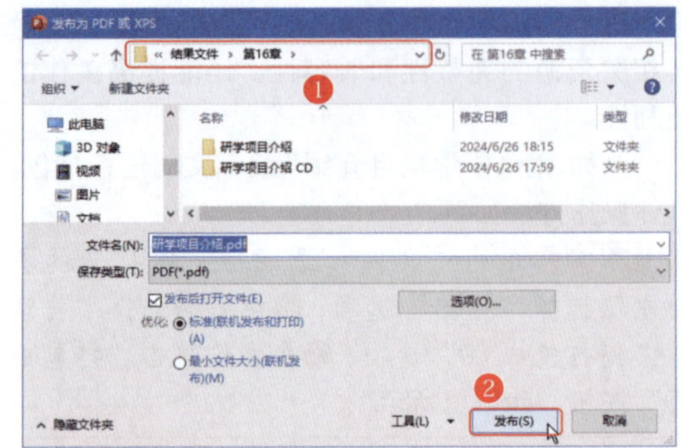

知识拓展

在“发布为 PDF 或 XPS”对话框中，单击“选项”按钮，在打开的对话框中可以对发布的范围、发布选项、发布内容等进行相应的设置。

第 3 步 开始制作 PDF 文件，并在 PowerPoint 2021 工作界面的状态栏中显示导出进度。发布完成后，即可打开发布的 PDF 文件，效果如下图所示。

296 导出为图片，轻松分享每一页

实用指数 ★★★★★

>>> 使用说明

小李是一名市场部的职员，他最近负责准备一个关于新产品发布的 PPT 报告。经过几天的精心制作，PPT 终于完成了，但是小李却面临了一个挑战：他需要将这份 PPT 分享给不能直接打开 PPT 文件的合作伙伴和客户，而且要保证内容不能被再次简单利用。

>>> 解决方法

有时为了宣传和展示，需要将 PPT 中的多张幻灯片（包含背景）导出，此时，可以通过导出为图片功能将 PPT 中的幻灯片导出为图片。这个方法不仅保留了 PPT 的视觉效果，还方便了合作伙伴和客户的查看。

例如，要将“研学项目介绍”演示文稿中的幻灯片导出为图片，具体操作方法如下。

第1步 ❶单击“文件”选项卡，在打开的界面左侧选择“导出”选项；❷在中间选择“更改文件类型”选项；❸在右侧的“图片文件类型”栏中选择导出的图片格式，如选择“JPEG文件交换格式”选项；❹单击“另存为”按钮，如下图所示。

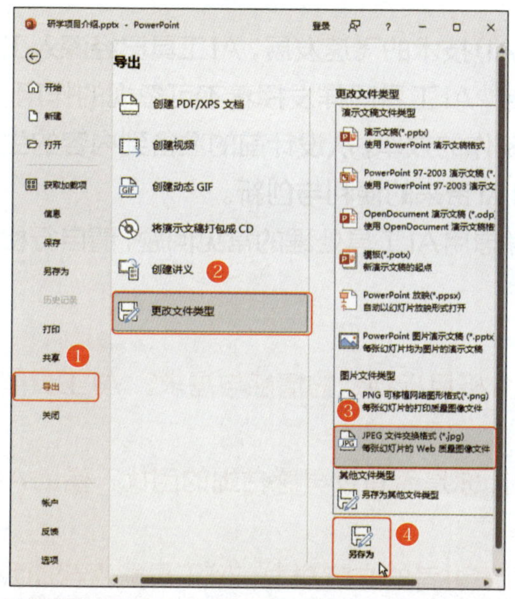

温馨提示

在“导出”命令右侧选择“更改文件类型”选项后，在“演示文稿文件类型”栏中还提供了模板、PowerPoint放映等多种类型，用户也可以选择需要的演示文稿文件类型进行导出。

第2步 打开“另存为”对话框，❶在地址栏中设置导出文件的保存位置，其他保持默认设置不变；❷单击“保存”按钮，如下图所示。

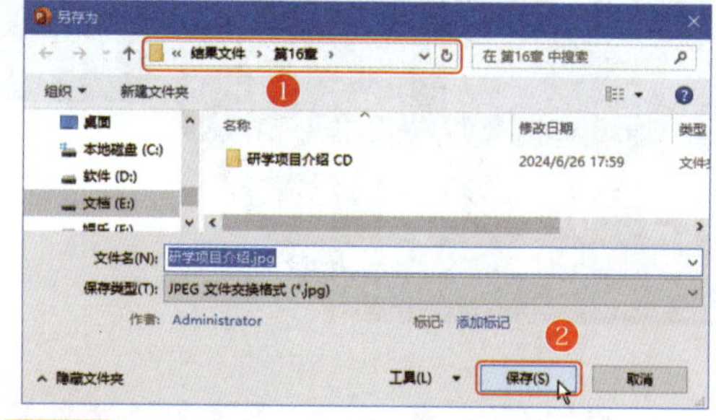

第3步 打开Microsoft PowerPoint对话框，询问用户选择导出哪些幻灯片，这里单击“所有幻灯片”按钮，如下图所示。

温馨提示

若在Microsoft PowerPoint对话框中单击“仅当前幻灯片”按钮，则只将选择的幻灯片导出为图片。

第4步 在打开的提示对话框中单击“确定”按钮，如下图所示。

第5步 将PPT中的所有幻灯片导出为图片，导出成功后就可以在设置的文件夹保存位置看到这些图片，如下图所示。

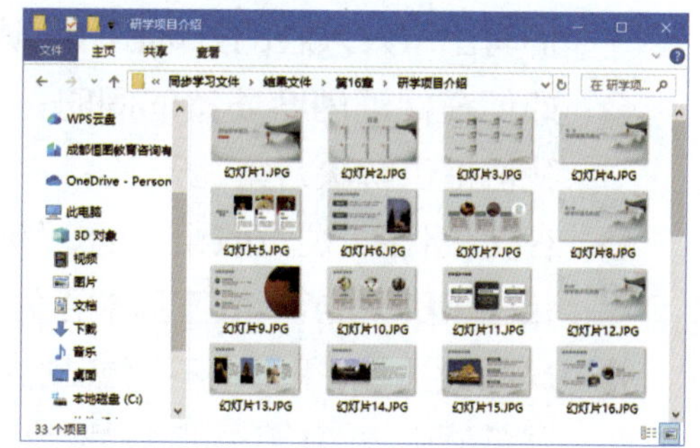

第17章

使用AI工具提升PPT制作效率的技巧

随着人工智能(Artificial Intelligence, AI)技术的飞速发展，AI工具已经深入工作和生活的方方面面。在PPT制作这一领域，AI工具同样发挥着不可忽视的作用。本章将深入讲解如何利用AI工具提升PPT制作的效率，从设计前的准备到内容的生成，再到视觉效果的优化，每一步都能感受到AI带来的便利与创新。

下面来看看以下一些PPT制作环节中考虑用AI工具处理的常见问题，请自行检测是否会处理或已掌握。

- 在进行PPT设计前，你通常会如何分析目标观众的情感与需求？AI工具能否为我们提供更精准的分析结果？
- 在寻找PPT设计的新思路与主题时，你是否有过灵感枯竭的困扰？借助AI工具，我们能否打开创意的大门？
- 撰写PPT的开头与结尾往往考验着演讲者的文字功力，AI工具能否帮助我们写出引人入胜的开场白和结语？
- 如何在保证内容质量的同时，提高PPT内容的生成效率？有哪些工具能为我们提供解决方案呢？
- 在美化PPT视觉效果方面，你通常是如何选择与主题匹配的字体、颜色方案和图表类型的？AI工具能否为我们提供更专业的建议？
- 动画效果是PPT中不可或缺的一部分，但如何添加才能既不过于花哨又不显单调呢？AI工具能否为我们提供合适的动画建议？

希望通过本章内容的学习，读者能够解决以上问题，并打开思路，在制作PPT时多思考能否用AI工具来提升工作效率，并主动寻找有哪些AI工具能帮助自己解决问题。

17.1 利用 AI 工具做好 PPT 设计前的准备

当深入探索 PPT 设计的艺术时，前期的准备工作显得尤为关键。这不仅关乎到最终作品的呈现效果，更是确保信息传达准确、高效的重要步骤。在本节中，将重点关注如何利用 AI 工具为 PPT 设计做好充分的前期准备。

首先，探讨 AI 工具在分析目标观众情感与需求的应用，以了解他们的喜好和兴趣，为 PPT 制作奠定基础。接着，挖掘 AI 工具在 PPT 设计方面的潜力，借助其自然语言处理能力，探索创新的设计思路与主题，打破传统框架。AI 工具还能激发头脑风暴，产生更多创意内容，为 PPT 设计注入活力。引入 AI 助手，提升讲故事和写作能力，使 PPT 内容更生动、有趣。最后，介绍 AI 工具在整理 PPT 内容架构的作用，确保信息具有逻辑性和连贯性，使 PPT 呈现更清晰、有条理。

在当前的科技浪潮中，AI 工具如雨后春笋般涌现，令人目不暇接。为了帮助读者更好地了解这些工具，将重点介绍几款主流的 AI 工具：ChatGPT、文心一言、讯飞星火，以及那些专为 PPT 制作而设计的常用 AI 工具。

接下来一同探讨如何利用这些 AI 工具为 PPT 设计做好充分的准备吧！

297 利用 ChatGPT 分析目标观众的情感与需求

实用指数　★★★★☆

>>> 使用说明

ChatGPT 作为自然语言处理领域的佼佼者，其智能对话的能力让人惊叹。它不仅能理解人类的语言，还能进行流畅的对话，为用户提供准确、有用的信息。

在 PPT 设计过程中，深入剖析并理解目标观众的需求与情感波动无疑占据了举足轻重的地位。为此，可以借助 ChatGPT 来助力用户对目标观众进行情感分析和需求调研。这将有助于更好地了解观众的兴趣点和对 PPT 内容的态度，从而为设计出符合他们期望的 PPT 奠定基础。

>>> 解决方法

在开始制作 PPT 之前，可以利用 ChatGPT 进行详尽的目标人群剖析与情感洞察。ChatGPT 凭借其卓越的能力，能够协助用户精确地把握目标观众的心理脉动，从而为用户提供别具一格、富有创意的 PPT 设计思路和新颖的主题。通过这一智能化的工具，不仅能够更加贴近观众的内心世界，还能为 PPT 的设计注入更多的灵感与活力。

首先，需要明确 PPT 的目标观众。这是进行情感分析和需求调研的第 1 步。明确了观众群体，就可以进一步分析他们的年龄、职业、兴趣爱好、知识水平等因素，以便更好地了解他们的需求和期望。

接下来，可以利用 ChatGPT 的情感分析功能分析观众对 PPT 主题和内容的潜在情感。这将有助于用户了解观众对特定话题的喜好程度，以及观众可能对哪些内容有所反感。通过对情感的分析，可以对 PPT 的内容和结构进行调整，以更好地满足观众的期望。

此外，还可以通过 ChatGPT 进行需求调研。可以向 ChatGPT 提出一系列与 PPT 主题相关的问题，并通过其生成的回答来了解观众的需求和期望。这些问题可以包括他们对主题的理解程度、对相关问题的看法、对未来发展的期望等。通过对这些需求的了解，可以更有针对性地设计 PPT，使其更符合观众的期望。

在完成了情感分析和需求调研之后，可以开

始设计PPT。根据观众的兴趣点和需求，可以选择合适的内容和形式，以吸引他们的注意力。例如，如果观众对某个主题有很大的兴趣，可以在这个部分增加更多的细节和亮点；如果他们对某个部分有所反感，可以适当调整或删减相关内容。

通过以上步骤，可以利用ChatGPT对目标观众进行情感分析和需求调研，从而制作出更符合他们期望的PPT。在实际应用中，还可以根据观众的反馈和互动，不断调整和优化PPT的内容与形式，以提高其效果和影响力。

例如，要为多款智能家居产品制作介绍类PPT，那么可以先了解可能查看本PPT内容的观众，然后让ChatGPT帮忙分析目标观众的需求和喜好，以便撰写更具针对性的文案。下面借助ChatGPT来进行模拟分析。

• 提问：

我需要针对多款智能家居产品制作介绍类PPT，请帮我分析一下这份PPT的目标观众情况。

• ChatGPT：

针对多款智能家居产品制作介绍类PPT，目标观众可以分为以下几种情况。

• 普通消费者：这类观众对智能家居产品可能不太熟悉，他们可能对智能家居产品的功能、优势以及购买方式感兴趣。因此，你可以在PPT中以简洁清晰的方式介绍各款智能家居产品的基本信息、使用场景和实际效果，帮助他们更好地了解产品。

• 技术爱好者：这类观众可能对智能家居产品的技术细节和创新功能更感兴趣，他们可能关心产品的技术规格、智能互联性以及未来发展方向。在PPT中，你可以加入更多的技术细节、数据和趋势分析，满足他们对技术内容的需求。

• 家庭用户：家庭用户可能更关心智能家居产品对日常生活的实际影响，如如何提升家庭生活的便利性、安全性和舒适度等。在PPT中，你可以通过案例分析或用户体验分享，展示智能家居产品在家庭生活中的应用场景和效果，引起他们的共鸣和兴趣。

• 根据不同观众的需求和兴趣，你可以在PPT中合理安排信息展示和内容设计，以确保吸引不同类型的观众，并有效传达所要表达的信息。

ChatGPT将要制作的PPT的目标观众分为三类进行了归类介绍，并分别给出了针对具体观众的PPT的制作方式。在实际制作前，还要结合智能家居产品的潜在消费者画像进行PPT内容规划。例如，购买智能家居产品用户的年龄在25～45岁，具有中等及以上教育水平，对科技产品有兴趣。

那么，在进一步思考的过程中，就会有更多的问题冒出来，这时可以进一步向ChatGPT提问。例如，"在智能家居产品中，哪些功能是消费者最希望看到的？""对于智能家居产品的价格，你认为这个群体的消费者通常会有怎样的期望？""消费者在购买智能家居产品时，最看重的是哪些因素（如品牌、口碑、性价比等）？"

下面举一个例子，来看看ChatGPT可以带给我们什么样的启发。

• 提问：

在智能家居产品中，哪些功能是普通消费者最希望看到的？

• ChatGPT：

• 普通消费者在智能家居产品中最希望看到的功能通常包括以下几个方面。

• 便利性：普通消费者希望智能家居产品能够提供更便捷的生活体验，如通过手机App控制家居设备，实现远程控制和自动化操作，如智能灯光控制、智能家庭电器控制等。

• 节能环保：消费者对节能环保的意识越来越强，因此他们希望智能家居产品能够有效节能，如智能温控系统、智能能源监控设备等，帮助他们更加环保地管理家庭能源消耗。

• 安全性：家庭安全是消费者非常关注的问题，智能家居产品中的安全功能可以包括智能监控摄像头、智能门锁系统、智能烟雾报警器等，帮助他们实时监控家庭安全状况。

• 舒适度：消费者追求舒适的居家环境，智能家居产品可以提供智能温控系统、智能音响系统、智能窗帘系统等，提升家庭居住的舒适度和生活品质。

• 智能互联：消费者希望不同的智能家居产品能够实现互联互通，构建智能化的家庭生态系统，让各个智能设备可以联动协作，提供更智能、更便利的家居体验。

综上所述，普通消费者最希望智能家居产品具备的功能主要围绕便利性、节能环保、安全性、舒适度和智能互联等方面，帮助他们实现更智能、便捷、安全和舒适的家居生活。

在与 ChatGPT 进行深入的交流后，能够获取到某个特定领域的详尽信息。通过从多元的视角展开对话，得以更加立体地把握目标观众的全貌，不仅可以洞察他们的实际需求，而且可以敏锐地捕捉到他们的期待与愿景。这样的交流使用户能够对即将制作的 PPT 内容有更为全面而精准的掌握，确保每一页都充满针对性与实用性。

知识拓展

在深入探索 ChatGPT 的魅力时，实际上是在与这个智能对话引擎进行深度交流，更准确地说，是通过巧妙的提示词来诱导 ChatGPT 揭示所期待的信息宝藏。具体如何构建既高效又准确的提示词才能轻松捕获心之所向的每一个细节呢？基础要求便是要包含以下三点核心元素。

(1) 设定角色：需要清晰地定义自己在对话中的角色，以便 ChatGPT 能更好地理解立场和期望，进而提供更贴切的回应。

(2) 精确描述要求：准确而详尽地描述需求至关重要。这包括希望 ChatGPT 回答的具体问题、希望获取的信息类型以及任何特定的背景信息，这样 ChatGPT 才能提供最为精准的答案。

(3) 提供结果模板：为了更高效地整理和利用 ChatGPT 的回应，可以提前提供一个结果模板。这有助于将 ChatGPT 的回答整理成所需要的格式，使信息更加条理化和易于理解。

298 借助 ChatGPT 探索创新的 PPT 设计思路与主题

实用指数 ★★★★★

>>> 使用说明

为了打破传统思维框架，创造出更具创意和吸引力的 PPT 作品，可以借助 AI 助手（如 ChatGPT）来探索创新的 PPT 设计思路与主题。

>>> 解决方法

作为一款先进的 AI 技术，ChatGPT 具有强大的自然语言处理能力，能够理解并生成高质量的自然语言文本。这使得它在创意构思、内容生成等方面具有显著优势，也意味着用户可以与 ChatGPT 进行对话，获取关于 PPT 设计的新颖思路和主题方向。

可以通过以下步骤与 ChatGPT 展开对话，以获取新颖的 PPT 设计思路和主题方向。

1. 提出问题

针对 PPT 的主题和内容，向 ChatGPT 提出具有开放性和探索性的问题。例如，“什么样的主题能够引起观众的兴趣？”“如何设计 PPT 才能让内容更具吸引力？”等等，也可以提出关于 PPT 设计的问题，ChatGPT 会根据问题提供相关建议和答案，这些答案有可能帮助用户找到创新的 PPT 设计思路和主题。

例如，要制作关于未来城市规划的讲座 PPT，可以这样询问 ChatGPT。

• 提问：

如何为一场关于未来城市规划的讲座设计富有创意的 PPT？

• ChatGPT：

设计一场关于未来城市规划的富有创意的 PPT 可以帮助吸引观众的注意力，以下是一些设计建议。

• 主题选择：选择一个引人注目的主题，如“未来之城：数字化时代的智慧城市规划”。

• 色彩搭配：选择现代感强烈的色彩搭配，如鲜艳的蓝色、绿色和橙色，突出未来科技感。

• 图片和图表：使用高质量的图片和图表来展示现代化的城市景观和数据统计，增强观众对未来城市规划的认知。

• 动画效果：适量使用动画效果，让 PPT 更具有活力和吸引力，但不要过度使用以避免分散观众注意力。

• 交互设计：添加一些互动元素，如单击按钮展示不同城市规划方案或触发动画效果，使演示更加生动和引人入胜。

• 前景展望：通过引用专家观点、未来技术发展趋势等方式展示未来城市规划的潜力和前景，激发观众的想象力和好奇心。

通过以上设计建议，可以打造一份富有创意和吸引力的关于未来城市规划的PPT，让观众留下深刻印象并更好地理解未来城市发展的趋势和挑战。希望对你有所帮助！

2. 倾听建议

ChatGPT会根据它所训练的大量文本数据给出关于主题、结构、视觉设计等方面的建议。即使针对同一个问题，ChatGPT的每一次回答也会不同。例如，上面这个问题，它也可能会提议从“人本主义”“绿色环保”等角度来阐述未来城市规划。

3. 拓展思路

在获得ChatGPT的建议后，可以进一步提问，以激发更多创意。例如，“在PPT中如何体现数字化时代的智慧城市？”“如何将绿色环保理念融入PPT设计？”“请根据目标观众，帮我设定未来城市规划讲座文案的风格。”“最终我要根据这些文案制作成PPT，针对这些观众的喜好，有什么新奇的设计风格可以应用于我的PPT呢？”

4. 迭代优化

在与ChatGPT的对话中会得到许多PPT设计的想法。需要对这些想法进行不断筛选和整合、调整和完善，通过多次迭代，最终形成一个具有创新性和独特性的PPT设计方案。

5. 实际操作

在确定PPT设计思路和主题后，可以利用PowerPoint 2021将创意付诸实践。在实际操作过程中，可以不断调整和优化设计方案，以实现最佳效果；可以充分利用ChatGPT生成的文本内容，如标题、摘要、正文等，以提高PPT的质量和效率；还可以再次请教ChatGPT，寻求关于PPT优化方面的建议。

通过以上步骤，可以借助ChatGPT的强大能力，打破传统思维框架，探索出创新的PPT设计思路与主题。这将有助于用户创造出更具创意的PPT作品，并且有助于用户在职场、教育、商业等领域中更好地展示自己的想法和成果，提高沟通效果。同时，这种方法也有助于提高用户的创新能力，使用户在职场、学术、生活中更加脱颖而出。

总之，借助ChatGPT探索创新的PPT设计思路与主题是一种高效、实用的方法。只要善于提问、倾听和建议，就能充分发挥AI助手的作用，为PPT作品注入源源不断的创新能量。

温馨提示

在各种不同的提问和多样化的语料聊天互动场景中，AI工具的回应总是不同的。当提问变得繁复而冗杂时，AI工具或许会因为信息过载而混淆，未能精准把握问题背后的逻辑，从而给出不尽如人意的答复。然而，这并不意味着无法改善。

可以通过多角度的引导与陪练帮助AI工具更好地理解并适应自己的需求。观察其回应，洞察其中的不足，然后根据这些反馈进行细致的修正和优化。这种有针对性的调整和改善，不仅能够提升AI工具的智能水平，更能够逐步增强对话的流畅性和用户体验，进而提升用户的满意度。

299 通过ChatGPT激发头脑风暴与创意内容

实用指数 ★★★★☆

>>> 使用说明

在设计PPT的过程中，激发创意和独特性至关重要。以前，为了达到这一目的，可能会开展一场团队成员之间的头脑风暴。

在开始头脑风暴之前，首先邀请团队成员参与。可以通过邮件、微信或其他通信工具通知团队成员，让他们准备好参与头脑风暴。确保团队成员了解头脑风暴的目的是收集有关PPT设计的创意和建议。

然后，确定一个合适的时间限制，如30分钟。在规定时间内，团队成员会进行互动，提出各种创意。当然，在头脑风暴过程中，一般会有一个主导人鼓励团队成员提出各种关于PPT设计的想法，如主题、布局、色彩、图表等。同时，让他们充分利用联想，以获取更多灵感。还会指定一名团队成员负责记录所有提出的创意。可以使用便签、笔记本或在线协作工具（如Trello、Notion等）记录这些创意。

温馨提示

设定时间限制，可以激发团队成员在有限的时间内提出更多创意，同时保持头脑风暴的紧张感和活力。

头脑风暴结束后，指定一个时间节点，让团队成员对记录的创意进行整理和分析。在这个过程中，团队成员可以就创意的可行性、优缺点等方面展开讨论。通过讨论，筛选出最具潜力的创意，并为 PPT 设计提供指导。

最后，根据头脑风暴中筛选出的创意，开始 PPT 的设计工作。

>>> 解决方法

现在，在设计 PPT 的过程中，可以借助 AI 助手的力量。例如，这些团队成员间的头脑风暴工作都可以交给 ChatGPT 来完成。

在构建 PPT 的过程中，通过与 ChatGPT 的互动，可以输入一些关于演示主题的关键词或问题，ChatGPT 就能够根据这些信息生成相关的句子、段落，甚至是对话，从而帮助用户从不同的角度思考问题，产生新颖的想法和创意。

例如，当需要制作一份关于环保的 PPT 时，可以向 ChatGPT 提问。

• 提问：

环保为什么重要?

• ChatGPT：

环保的重要性体现在以下几个方面。

• 保护生态系统：环保有助于保护生物多样性，维持生态系统的平衡和稳定。这对于人类的生存和发展至关重要，因为我们依赖于生态系统提供的各种生态服务，如空气净化、土壤肥沃、水资源供应等。

• 减少污染：环保可以减少环境污染，包括大气污染、水污染和土壤污染。污染会对人类健康造成危害，也会破坏生态系统的平衡，影响生物多样性。

• 应对气候变化：环保有助于减缓气候变化的影响，包括减少温室气体排放、提倡可再生能源利用等措施。气候变化给人类社会和自然环境带来的影响已经显现，环保是我们应对气候变化挑战的重要手段之一。

• 可持续发展：环保有助于促进资源的可持续利用和经济的可持续发展。通过环保措施，我们可以更好地保护资源，延长资源的利用寿命，为未来世代留下更好的生存条件。

总的来说，环保不仅关乎我们当前生活的质量，也关系到未来人类和地球的命运。因此，环保是每个人都应该关注和积极参与的重要议题。

通过这样的回答，就可以得到关于环保重要性的深入解析，将其作为 PPT 中的一个重要观点进行展示。

此外，ChatGPT 还可以帮助用户生成一些创意的视觉元素，如图片、图表的设计灵感。只需告诉 ChatGPT 希望传达的信息或情感，它就能够根据这些信息生成相应的设计建议。例如，当需要一张表达“保护地球”的图片时，可以向 ChatGPT 描述自己的需求。

• 提问：

我需要设计一张表达“保护地球”的图片，应该如何构图呢?

• ChatGPT：

当设计一张表达“保护地球”的图片时，你可以考虑以下构图要点。

• 地球作为主题：将地球放置在图片的中心位置，突出其作为整个作品的核心。

• 自然风光：在地球周围加入大自然的元素，如蓝天、白云、青山绿水、森林等，展现出地球上美丽的自然景观。

• 人与地球：在设计中添加人类的元素，如小孩、成人或老人，他们可以是手拉手环抱地球的形象，或者在保护环境的活动中展现出来。

• 可持续发展的符号：可以添加一些象征可持续发展的符号，如太阳能板、风车、再生能源等，突出图片的环保主题。

• 互助团结：可以通过多个人物或生物一起保护地球的形象，展现出我们需要共同努力来保护地球的信息。

• 温馨的色彩：使用明亮丰富的色彩，如蓝色、绿色、黄色，来表达对地球的温暖和关怀。

• 简洁明了：设计上尽量简洁明了，让人一眼就能明白这张图片的主题和意义。

通过以上构图要点，你可以设计出一张主题鲜明、有力传达“保护地球”的图片。

综上所述，ChatGPT 作为一款 AI 工具，可以帮助用户在制作 PPT 的过程中激发头脑风暴和创意内容，提高工作效率和质量。

通过利用 ChatGPT 的创新力，能够在 PPT 内容的构思上实现更丰富的多元化。ChatGPT 的参与为用户带来了诸多令人眼前一亮的主题、别出心裁的展示手法，以及别具一格的图表和图形设计，这些独特的创意元素无疑为 PPT 注入了新鲜血液，使之更具吸引力。

当 ChatGPT 源源不断地为用户提供关键词或创意灵感时，同时会进行一场头脑风暴。在这个过程中，思维导图无疑成了一个强有力的辅助工具。思维导图以图形化方式展现和组织思维的手段，不仅能够帮助记录和整理大量的想法，还能促进创造性思维的涌现和问题的有效解决。

通过精心绘制思维导图，可以将头脑中的种种观念、想法和关联点以视觉化的形式展现出来。这种形式的图形化表达能够清晰地揭示不同概念之间的联系和层次结构。以中心主题为核心，逐步拓展出各个分支，将相关的点一一串联起来，形成一张紧密的思维网络。这样一来，便可以更加直观地洞察想法之间的内在关联，进而对思考进行进一步的拓展和深化。

例如，根据与 ChatGPT 的交流，针对城市环保宣传 PPT 的制作，展开了一场深入的头脑风暴，并绘制了如下图所示的思维导图。

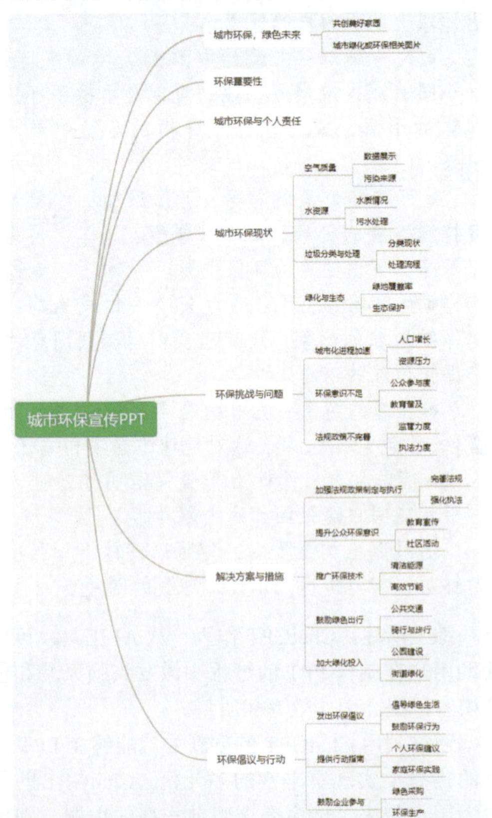

思维导图不仅有助于用户整理和可视化想法，更能激发用户的创造力和灵感。在整理和可视化的过程中，可能会发现新的思路、发展出新的概念，并提醒自己不要遗漏任何重要的细节。此外，思维导图还能帮助用户更好地组织和分类想法，使思考更加系统化，从而达到更全面、更深入的头脑风暴效果。

为了绘制思维导图，有许多工具可供选择。其中，功能强大的有 Xmind、MindManager、iMindMap 等，而免费使用的 Freemind 和百度脑图也备受推崇。这些思维导图软件内置了多种思维模型，对于启发思维、梳理逻辑具有极大的帮助。

如下图所示，这些思维导图软件内部包含的思维模型多种多样。

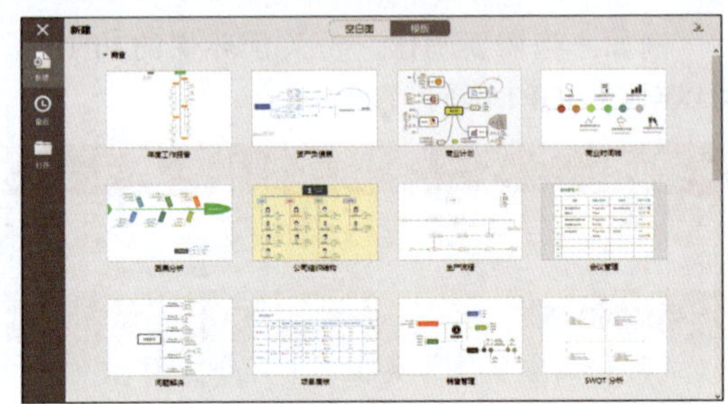

Freemind 的安装相对简单，只需从官网下载并安装即可，但需要注意的是，安装过程中需要 Java 支持。安装完成后即可直接使用，无须注册登录。而百度脑图的使用则更为便捷，只需搜索相应网址并登录百度账号即可。由于它是云端存储，因此无须手动保存。下次登录时可以继续编辑，还可以将自己制作的脑图一键分享给他人，如同使用百度网盘分享文件一般。

300 与文心一言对话，提升讲故事与写作能力

实用指数 ★★★★☆

>>> 使用说明

在日常生活中，沟通交流是不可或缺的一环。同样，在职场、教育、娱乐等领域，讲故事和写作能力也占据了至关重要的地位。

一个生动有趣的故事可以让人印象深刻，更容易传达出我们表达的思想和观点。同样，一篇高质量的文章能够让人愿意花时间去阅读，从而达到传达信息的目的。

>>> 解决方法

对于提升 PPT 的吸引力和信息传达效果，加入故事元素和提高写作能力是两个不可或缺的方面。

首先，在 PPT 中嵌入故事，不仅能为观众带来一种身临其境的体验，还能使其更深入地理解我们所要传达的信息。想象一下，如果你正在制作一份关于团队协作的 PPT，与其直接列出团队协作的种种好处，不如讲述一个真实的案例，描述一个团队如何克服困难、携手合作并最终取得成功的故事。这样的故事能够触动人心，让观众更加直观地感受到团队协作的力量。

在编写这样的故事时，要注意故事的逻辑性和连贯性，确保情节紧凑、引人入胜。同时，还要关注故事的细节，通过生动的描绘和具体的例子，让观众能够更加真实地感受到故事中的情境和人物。这样的故事不仅能够吸引观众的注意力，还能让他们更加深入地理解我们所要传达的信息。

除了加入故事元素外，提高写作能力也是提升 PPT 质量的关键。一份优秀的 PPT 不仅要有吸引人的内容，还要有清晰、简洁、有力的表达方式。

如今，AI 助手文心一言的出现，为用户提供了一个与之大胆对话、提升讲故事与写作能力的平台。通过与文心一言的互动，可以为 PPT 内容注入更多生动有趣的元素，使讲述的故事更具吸引力，提升写作水平。

接下来讲解如何与文心一言对话，以提升讲故事与写作能力。首先，要了解文心一言的功能和特点。文心一言作为一款 AI 工具，具备强大的自然语言处理能力，可以理解用户的意图，并提供有针对性的建议和指导。在与文心一言交流的过程中，可以提出自己想要讲述的故事或撰写的文章主题，然后请教文心一言如何构思、组织结构和表达。文心一言会根据用户的需求给出相应的建议和意见，帮助用户完善故事和文章。

例如，在上个设定环节中，想编制一个故事作为团队协作 PPT 演讲的开场白，求助文心一言随机生成一个故事时，只需告诉它讲故事的场合和需求即可。

• 提问：

你是一名故事创作者，现在我需要一个适合作为团队协作 PPT 演讲开场白的故事，描述一个团队如何克服困难、携手合作并最终取得成功，凸显出团队协作的好处，请创作。

• 文心一言：

在一个遥远的山谷里，有一座被古老传说环绕的智慧之峰，峰顶藏有能够引领世界进入新纪元的“光明之钥”。这不仅仅是一把钥匙，更是智慧、勇气与团结的象征。然而，通往峰顶的路途布满了未知的挑战与危险，无数探险者都曾尝试，却无一成功。

故事的主角是一支由 5 位性格迥异、技能互补的探险者组成的队伍：智慧过人的学者艾莉、力大无穷的勇士布鲁诺、敏捷如风的潜行者菲奥娜、精通医术的修女莉娅及拥有敏锐直觉的向导扎克。他们因一个共同的梦想——寻找“光明之钥”，而走到了一起。

起初，团队内部并不和谐。艾莉的严谨与布鲁诺的直率时常产生摩擦，菲奥娜的独行侠作风也让团队一度陷入分裂的边缘。但面对第一个难关——穿越迷雾森林时，他们不得不放下成见，共同面对。迷雾中，方向难辨，危机四伏，是扎克凭借对自然的深刻理解找到了前行的道路；而莉娅则及时救治了被毒草所伤的布鲁诺，展现了团队中不可或缺的支持与关怀。

随着旅程的深入，挑战愈发艰难。在一次攀爬险峻山崖时，艾莉用智慧设计出了一套巧妙的绳索系统，让全队得以安全通过；菲奥娜则利用她的敏捷在关键时刻解救了卡在裂缝中的扎克。这些经历，让每个人深刻体会到了彼此的价值，团队间的默契与信任逐渐建立。

最终，当团队站在智慧之峰的最后一道障碍——一片变幻莫测的迷雾阵前时，他们没有退缩，而是手拉手，心连心，共同面对。艾莉运用知识分析迷雾的规律，布鲁诺与菲奥娜则作为先锋，莉娅与扎克则负责后援与保护。在团队的共同努力下，他们找到了通过迷雾的唯一路径，成功抵达了峰顶。

在那里，他们不仅找到了“光明之钥”，更重要的是，他们收获了比宝藏更宝贵的东西——团队协作的力量。他们意识到，正是这份力量让他们能够克服一切困难，实现不可能的目标。

“在团队合作中，没有完美的个人，只有

完美的团队。”艾莉在后来的一次演讲中这样说道，“当我们携手同行，心往一处想，劲往一处使，就没有什么是我们不能克服的。”

这个故事不仅是一段传奇的冒险，更是一曲团队协作的赞歌，提醒着我们：在追求梦想的路上，团结与合作永远是最强大的武器。

从上面的案例可以看出，文心一言在文本创作领域表现出色。无论是文章写作、故事创作还是诗歌创作，它都能提供丰富的灵感和创意。针对它编写的故事，还可以进一步咨询关于故事结构、角色发展、情绪表达等方面的问题，以获得更深刻的洞察和建议。

此外，还可以向文心一言请教关于PPT制作的相关问题。例如，如何选用合适的图片、图表和动画效果，使PPT更具吸引力。文心一言会根据内容和风格需求给出专业建议，让PPT更具生动有趣的元素。

最后，要善于总结和反思。在与文心一言交流的过程中，要学会筛选和吸收有益的建议，不断地修改与优化自己的故事和文章。同时，还要关注自己在讲故事和写作过程中的不足，有针对性地加以改进。只有这样，讲故事与写作能力才能得到真正的提升。

301 使用讯飞星火整理PPT内容架构

实用指数 ★★★★★

>>> 使用说明

在制作PPT的过程中，确保内容的架构清晰、层次分明是非常重要的。因为这直接影响到演讲的逻辑性和观众的理解程度。

在制作PPT前，强烈推荐进行一次深入且周密的规划与梳理。这一环节不仅涵盖了PPT的整体结构框架，更是精确到了每个章节所需展现的详尽内容。通过这样的细致规划，能够确保整份PPT的逻辑链条紧密而连贯，内容完整且富有层次感。同时，这也为后续制作过程减少了不必要的修改和调整，极大地节约了时间和精力。

在内容的整理与组织过程中，AI工具可以成为用户不可或缺的得力助手。在众多的AI工具中，讯飞星火就是一个很好的选择。它可以帮助用户有效地整理PPT内容架构，使整个演讲更具说服力和吸引力。

>>> 解决方法

讯飞星火可以帮助用户梳理PPT内容的架构，确保整个演讲逻辑清晰、层次分明。

首先，讯飞星火能够帮助用户梳理PPT的主题和核心观点。通过分析PPT的内容，讯飞星火可以提炼出关键信息，帮助用户确定主题，让演讲更加聚焦。同时，它还可以为用户提供相关的话题和观点，使演讲更加丰富多元。

例如，在设计“智能家居技术发展趋势”PPT内容架构前，可以将相关的文本资料、研究数据和初步想法输入讯飞星火。讯飞星火通过自然语言处理技术，迅速识别出关键信息，如智能家居技术的核心要素、当前的发展阶段以及未来的潜在趋势。基于这些信息，讯飞星火提炼出PPT的主题为“智能家居技术的未来展望”，并确定了几个核心观点，如“技术进步推动智能家居普及”“用户需求引领技术发展方向”和“跨界合作加速智能家居生态构建”。

其次，讯飞星火在PPT结构的划分上也有显著优势。它可以智能地将PPT内容分为引言、正文和结论等部分，使整个演讲具有明确的层次感。在引言部分，讯飞星火可以帮助用户设置吸引人的标题和摘要，激发观众的兴趣；在正文部分，它可以协助用户组织有条理的内容，使演讲更具逻辑性；在结论部分，讯飞星火可以辅助用户总结演讲要点，强化观众的记忆。

例如，在确定了主题和核心观点后，讯飞星火开始智能地划分PPT的结构。

• 提问：

请你以“智能家居技术的未来展望”为主题，根据前面分析的核心观点，为这份PPT进行结构划分。

• 讯飞星火：

为了制作一份主题为“智能家居技术的未来展望”的PPT，我们可以按照以下结构进行划分。

（1）引言：介绍背景和目的。

- 简述智能家居技术的发展历史和现状。
- 强调智能家居技术对于现代生活的重要性。

（2）技术进步推动智能家居普及。

- 列举近年来智能家居领域的关键技术突

破，如云计算与大数据、人工智能与机器学习、物联网技术等。

- 分析这些技术进步如何降低产品成本，提高用户体验，从而推动智能家居的普及。

（3）用户需求引领技术发展方向。

- 通过市场调研数据展示用户对智能家居的具体需求。

- 讨论企业如何根据用户需求调整技术研发方向，以满足市场的个性化需求。

（4）跨界合作加速智能家居生态构建。

- 举例说明不同行业（如家电、互联网、房地产）之间的合作案例。

- 分析跨界合作如何促进资源共享，加快智能家居生态系统的完善。

（5）未来展望：挑战与机遇并存。

- 探讨智能家居技术面临的主要挑战，如隐私保护、数据安全等。

- 预测智能家居技术的发展趋势，包括潜在的创新点和市场机遇。

（6）结语：总结核心观点，提出建议。

- 重申技术进步、用户需求和跨界合作在智能家居发展中的作用。

- 鼓励行业内外的持续创新与合作，以实现智能家居技术的长远发展。

（7）Q&A：准备回答观众可能提出的问题。

这样的结构安排能够确保PPT的内容条理清晰，逻辑连贯，同时涵盖了智能家居技术未来展望的核心观点。

从上面的回答中，讯飞星火差不多为关键的幻灯片设置了一个引人注目的标题，在引言部分附上简短的摘要，简要介绍PPT的主要内容。在正文部分，讯飞星火协助用户将内容组织为“技术进步推动智能家居普及”“用户需求引领技术发展方向”“跨界合作加速智能家居生态构建”和“未来展望：挑战与机遇并存”4个主要章节，每个章节下再细分若干小节，确保内容条理清晰、逻辑严密。在结论部分，讯飞星火提醒用户总结演讲要点，强调智能家居技术的重要性和未来潜力。

此外，讯飞星火还能在PPT内容的展示上给予我们有力的支持。通过讯飞星火的智能排序功能，可以按照重要性、关联性等因素对内容进行合理排列，使演讲更加连贯。例如，在“技术进步推动智能家居普及”章节中，讯飞星火将“云计算与大数据”“人工智能与机器学习”和“物联网技术”等关键技术点按照它们在智能家居技术中的重要程度进行排序。

同时，讯飞星火还提供了丰富的可视化元素，如图表、图片等，可以帮助用户更好地展示数据和观点，提高演讲的说服力。例如，在介绍云计算与大数据在智能家居技术中的应用时，讯飞星火可以为用户生成一个直观的柱状图或饼图，展示不同技术在智能家居领域的市场份额和增长趋势。

总之，运用讯飞星火整理PPT内容架构，不仅可以确保演讲逻辑清晰、层次分明，还能提升演讲的质量和效果。

温馨提示

讯飞星火以其强大的语音识别和语音合成技术而闻名。它不仅能准确识别用户的语音指令，还能将文字转换为自然流畅的语音，为用户带来更加便捷、智能的交互体验。

17.2 使用AI工具助力生成PPT内容

在深入讲解如何高效制作PPT的过程中，不得不提及AI工具在内容生成方面的巨大潜力。随着AI技术的不断进步，越来越多的AI工具被应用于PPT的创建和优化中，极大地提高了工作效率和创作质量。接下来将重点介绍如何利用这些AI工具助力生成PPT内容，以及它们各自的优势和适用场景。

302 使用 ChatGPT 助力撰写引人入胜的开头与结尾

实用指数 ★★★★☆

>>> 使用说明

通过第 17.1 节中的案例，已经了解了 AI 工具的强大作用，只要是文字编写方面的，AI 工具都能轻松实现。那么，在具体制作 PPT 内容时，也可以让 AI 工具生成，然后再进行适当修改。例如，使用 ChatGPT 撰写吸引人的开头与结尾，为 PPT 增色添彩。

>>> 解决方法

无论是制作 PPT 还是构思文章，出彩的开头和结尾往往能够起到画龙点睛的作用，使整个作品更具吸引力。以下是 ChatGPT 如何帮助用户撰写吸引人的开头与结尾的一些建议。

首先，来看看如何在开头抓住观众的注意力。一个引人入胜的开头应该具备以下几个特点：简洁、生动、引人入胜。ChatGPT 建议从以下几个方面入手。

（1）利用趣事、热点事件或流行文化激发观众的兴趣。例如，在介绍一部电影时，可以用最近的热门话题作为引子，引起观众的关注。

（2）利用悬念或提问来刺激观众的好奇心。提出一个引人入胜的问题，然后逐步解答，使观众产生共鸣。

（3）利用数据或统计数据展示一个令人惊讶的事实，激发观众的好奇心。例如，在介绍一座建筑时，可以提到这座建筑的一些惊人数据，如高度、造价等。

（4）使用一个有趣的故事或个人经历作为引子，使观众更容易接受接下来的内容。

在具体的 PPT 制作时，可以将要求写得更详细一些，直接让 ChatGPT 生成引人入胜的开头。

• 提问：

我要制作一款速干运动套装推广的 PPT，通过对化学纤维进行物理改性，这款速干运动套装的面料的整体吸湿性得到了提高。请用疑问句为我撰写一个引人入胜的开头，便于我制作成对应的幻灯片。

• ChatGPT：

你是否曾想过：在速干运动套装的面料中，通过对化学纤维进行物理改性，是否能够实现整体吸湿性的显著提高呢？

ChatGPT 的这个回复有些牵强，但是它又是按照要求回复的。所以，需要再改进一下问题的描述。

• 提问：

我要制作一款速干运动套装推广的 PPT，通过对化学纤维进行物理改性，这款速干运动套装的面料的整体吸湿性得到了提高。请用多个疑问句为我撰写一个引人入胜的开头，便于我制作成对应的幻灯片。

• ChatGPT：

你是否知道，通过对化学纤维进行物理改性，速干运动套装的面料是否可以在吸湿性方面有所突破？这一创新技术是否将重新定义你对运动装的舒适体验？你是否愿意一探究竟，了解这款提升整体吸湿性的速干运动套装带来的革命性变化？

由此可见，正确向 ChatGPT 提问，就可以快速获得想要的文案，而且可以不断改进问题描述，让得到的答案更完美。

一个出色的结尾应该能够做到以下几点。

（1）总结全文，强调关键观点。通过简洁明了的总结，让观众能够清楚地了解到演讲的主旨。

（2）留下深刻印象。可以使用一些令人难以忘怀的语句、图片或音频，使观众在结束后仍然回味无穷。

（3）激发行动。在结尾处提出一个具体的行动建议，鼓励观众付诸实践。

（4）表达感激之情。在结尾向观众、合作者或支持者表示感谢，体现出真诚和尊重。

（5）创造幽默。适时地加入一些幽默元素，使整个演讲更加生动有趣。

具体 PPT 制作时，可以告诉 ChatGPT 更多详细的要求，让它根据具体的情况进行编写。

总之，ChatGPT 可以提供许多关于撰写引人入胜的开头与结尾的宝贵建议。通过运用这些建议，可以使自己的作品更具吸引力，更好地抓住观众的注意力。在实际应用中，还可以根据不同的场合和观众对象进行灵活调整，以达到最佳的演讲效果。

303 使用 MINDSHOW 快速生成 PPT 内容

实用指数 ★★★★★

>>> 使用说明

前面已经见识了几个主流 AI 工具在文本生成方面的强大功能，并且其可以为用户提供一些具体的 PPT 设计建议和方案。但是，要制作的是 PPT，即使拥有了这些文字内容和方案，要变成完美的 PPT 还是有一段距离的，如何来实现呢？

>>> 解决方法

这里需要介绍另一个得力助手——MINDSHOW，它是一款功能强大的 PPT 生成工具，它能够根据用户的需求迅速地生成高质量的 PPT 内容。

在如今这个信息爆炸的时代，制作一份引人入胜的 PPT 变得愈发重要，它不仅能提升用户的工作效率，还能提升用户在职场、教育、商务等领域的表现。那么，如何让 MINDSHOW 更好地为用户服务，快速生成满足用户需求的 PPT 内容呢？以下几个步骤将能很好地解答这个问题。

首先，需要了解 MINDSHOW 的特点和功能。MINDSHOW 拥有丰富的模板库，涵盖了各种行业和场景，可以为用户提供极大的便利。此外，它还支持智能排版、自动生成目录、一键替换图片等实用功能，能够帮助用户高效地完成 PPT 制作。

其次，在使用 MINDSHOW 生成 PPT 内容时，需要明确自己的需求和目标。这样，才能在 MINDSHOW 的模板库中找到最适合的模板，并在此基础上进行修改和调整。此外，还可以利用 MINDSHOW 的智能推荐功能，根据需求自动筛选出合适的模板。

接下来，要学会利用 MINDSHOW 的自动化功能，一键生成 PPT。在选择好模板后，可以让 MINDSHOW 自动生成 PPT 内容。当然，如果需要对某个部分进行个性化修改，也可以手动调整。此外，MINDSHOW 还支持实时预览功能，让用户在修改过程中能及时看到效果，提高工作效率。

最后，要掌握一些 PPT 制作技巧，以便在生成内容后，能对 PPT 进行进一步优化。例如，可以学习如何运用色彩、排版、动画等元素，让 PPT 更具吸引力。

1. 一键生成 PPT

在 MINDSHOW 的首页界面的文本框中输入需要生成的 PPT 标题，即可快速生成 PPT。

例如，要制作一份人力资源的工作总结 PPT，具体操作方法如下。

第 1 步 在浏览器中打开 MINDSHOW 的首页界面，❶在文本框中输入“人力资源工作总结”；❷单击“AI 生成内容”按钮，如下图所示。

第 2 步 此时会从窗口底部弹出一个新界面，并自动生成 PPT 的内容，在右侧的列表框中可以看到具体内容，如下图所示，如果满意，单击“生成 PPT”按钮即可生成对应的 PPT，如果不满意，可单击“重新生成内容”按钮，根据主题重新生成新的 PPT 内容。

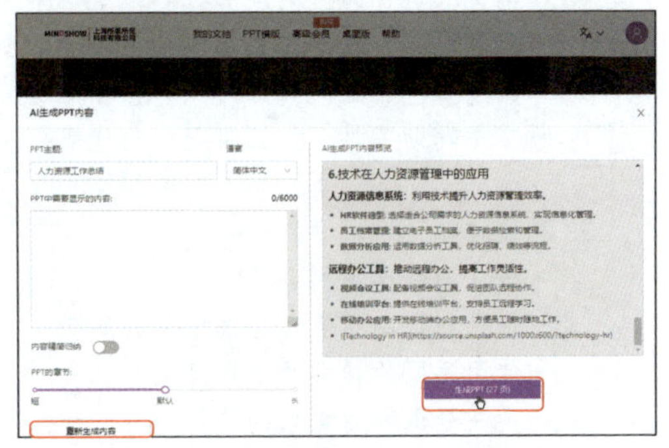

2. 导入文档生成 PPT

如果已经有 PPT 的内容或内容框架，也可以导入相关文档内容来生成 PPT。

例如，可以结合 ChatGPT 和 MINDSHOW 各自的优势来生成 PPT。首先，可以向 ChatGPT 提问关于 PPT 制作的问题，寻求它的建议和指导，并生成制作 PPT 的文案；然后，根据 ChatGPT 的建议进行修改和完善，最终生成 Markdown 文件，再导入 MINDSHOW 中生成 PPT，具体操作方法如下。

第 1 步 在对 PPT 的构思框架形成初步认知后，可以借助 ChatGPT 等辅助工具，以更为严谨和系统的方式对PPT的内容架构进行深化整理与组织。通过精确输入关键信息，能够生成条理清晰的大纲和结构，确保PPT的逻辑性和可读性，如下所示。

• 提问：

请帮我编写一份手机短视频拍摄PPT的提纲，主要包含4个主题，分别是“策划短视频内容”“手机拍摄前的准备”“拍摄技巧”“剪辑技巧”。

• ChatGPT：

当然可以帮你编写手机短视频拍摄PPT的提纲，以下是你可以使用的4个主题和对应的内容点。

1. 策划短视频内容
   - 确定视频主题和目的
   - 制定故事情节或大纲
   - 设定拍摄地点和时间
   - 确定目标观众和传达的信息

2. 手机拍摄前的准备
   - 确保手机存储空间足够
   - 清洁镜头，避免拍摄模糊
   - 调整相机设置，如分辨率、帧率等
   - 准备辅助工具，如三脚架、灯光等

3. 拍摄技巧
   - 确保光线充足和合适
   - 保持稳定的拍摄姿势或使用三脚架
   - 使用不同的拍摄角度和镜头
   - 关注景深和对焦点的选择

4. 剪辑技巧
   - 选择合适的剪辑软件
   - 剪辑前先制定好剧情板或剪辑脚本
   - 控制视频时长和节奏
   - 添加合适的过渡效果和音频

希望这个提纲能帮助你准备一份全面而有条理的手机短视频拍摄PPT！

第2步 ChatGPT已经对PPT课件的结构进行了初步划分，然而其中部分内容未能完全符合具体制作需求。因此，有进一步的定制需求，并期待进行相应的调整。然而，这涉及诸多细节考量，且ChatGPT未必能完全按照期望修订其回复。为了提升效率，可以直接利用其已生成的提纲，进一步细化成完整的幻灯片内容，并在后续阶段有针对性地修改内容。基于此，继续向ChatGPT提出了以下问题。

• 提问：

请根据这个目录模拟一些拍摄具体案例帮我完善各张幻灯片中的详细内容，注意用Markdown格式呈现。

• ChatGPT：

策划短视频内容

- 确定视频主题和目的

可以选择一个有趣或具有情感共鸣的主题，如“日常生活中的小美好”或“友谊的力量”。明确视频的主题是为了娱乐、启发、宣传或其他目标。

- 制定故事情节或大纲

确定视频的开始、中间和结尾，构思一个引人入胜的故事情节或大纲，确保故事情节紧凑、有逻辑性。

- 设定拍摄地点和时间

根据故事情节和主题选择适合的拍摄地点，考虑光线和背景因素。同时确定拍摄的时间计划，避免因时间不足而匆忙拍摄。

- 确定目标观众和传达的信息

针对不同的目标观众，考虑他们的喜好和期望，调整视频内容和风格。同时明确要传达的信息，确保视频内容清晰、有意义。

手机拍摄前的准备

- 确保手机存储空间足够

在拍摄前清理手机内部存储空间，确保有足够的空间来存储视频素材。

- 清洁镜头，避免拍摄模糊

使用干净的布或特制镜头清洁布小心擦拭手机摄像头，确保镜头清晰无尘。

- 调整相机设置

根据拍摄需求适当地调整相机设置，如分辨率、帧率、白平衡等，以获得高质量的视频素材。

- 准备辅助工具

根据需求准备辅助工具，如三脚架、稳定器、外置麦克风等，以提高拍摄质量和稳定性。

拍摄技巧

- 确保光线充足和合适

选择在自然光线充足的环境下拍摄，避免强光或暗光情况，利用光线营造画面效果。

- 保持稳定的拍摄姿势或使用三脚架

手持拍摄时注意保持稳定的拍摄姿势，或使用三脚架等辅助工具来确保画面稳定。

- 使用不同的拍摄角度和镜头

尝试多种拍摄角度和镜头，如高角度、低角度、特写等，以增加画面层次感和视觉冲击力。

- 关注景深和对焦点的选择

考虑景深的影响，选择合适的对焦点和焦距，确保拍摄主体清晰突出，背景虚化或清晰。

剪辑技巧

- 选择合适的剪辑软件

根据自身需求和技术水平选择合适的剪辑软件，如 iMovie、Adobe Premiere Rush、Kinemaster 等。

- 剪辑前先制定好剧情板或剪辑脚本

在剪辑前制定好剧情板或剪辑脚本，明确每个镜头的位置和时长，以便更高效地进行剪辑。

- 控制视频时长和节奏

控制视频时长，剪辑过程中注意保持节奏感和视听效果，避免过长或过短的视频内容。

- 添加合适的过渡效果和音频

在剪辑中添加合适的过渡效果和音频，如淡入/淡出音效、背景音乐等，提升视频的观赏性和吸引力。

第 3 步 在浏览器中打开 MINDSHOW 的首页界面，❶登录账户；❷在操作界面左侧单击“导入生成PPT”选项卡，如下图所示。

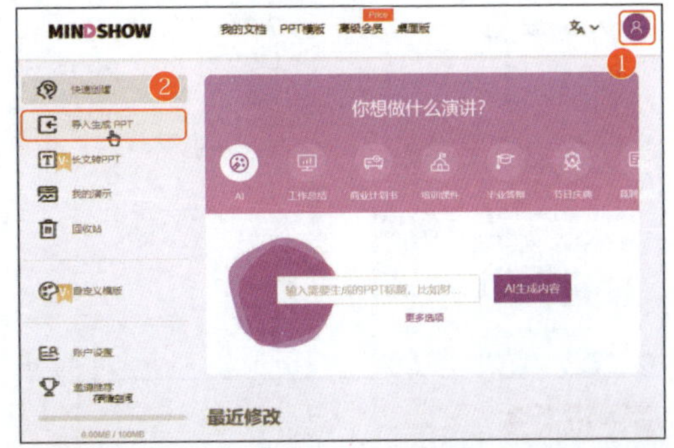

第 4 步 切换到新的界面，❶在中间的文本框中粘贴刚刚通过 ChatGPT 生成的 Markdown 格式的PPT 提纲；❷单击“导入创建”按钮，如下图所示。

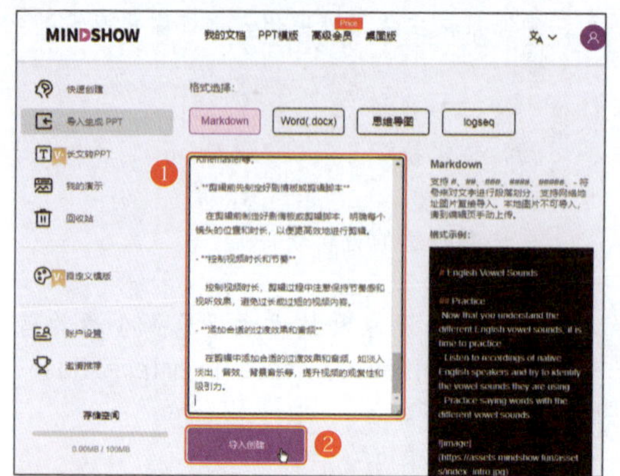

第5步 稍等片刻后，❶在新打开的界面左侧编辑各幻灯片中的具体内容；❷在右侧单击“模板”选项卡；❸选择需要加载的模板效果；❹在右侧上方就可以通过操作浏览各幻灯片的效果了，如下图所示。

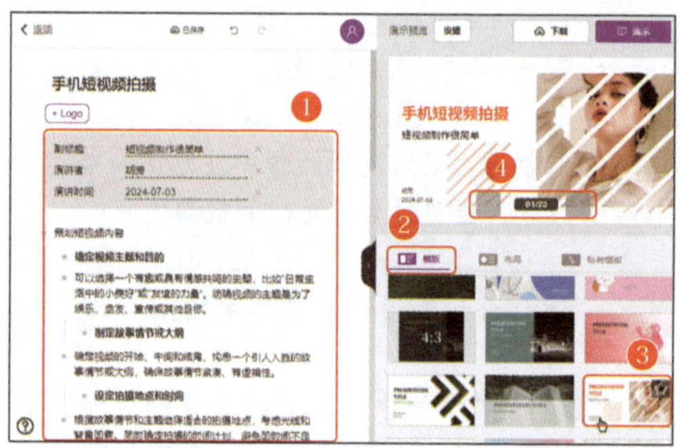

第6步 在预览幻灯片效果时，如果发现有不需要的幻灯片，可以单击预览界面右上角的“隐藏此页”按钮，如下图所示。被隐藏的幻灯片会半黑显示，在生成PPT时也不会导出该页效果。

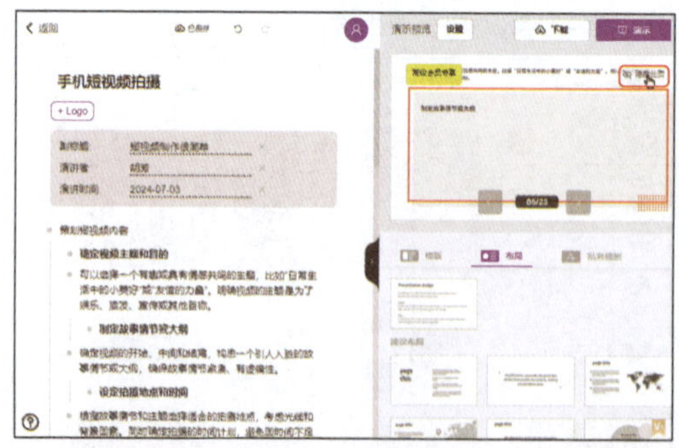

温馨提示

在当前阶段，仅需针对显而易见的错误内容进行修正。对于尚存疑虑或不确定的部分，可暂时搁置，待PPT生成后，在幻灯片编辑阶段有针对地性进行调整和完善。

第7步 使用相同的方法大致检查和编辑整份PPT中各幻灯片的内容，完成后❶单击页面右上角的“下载”按钮；❷在弹出的下拉列表中选择“PPTX格式”选项，如下图所示，然后在打开的对话框中设置下载地址，并下载该PPT。

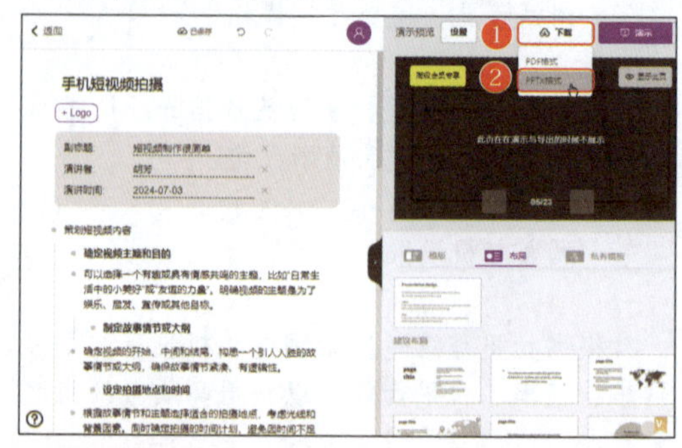

温馨提示

随着PowerPoint软件的持续演进，其功能日益优化，向着更为便捷和高效的方向发展。然而，在PPT的制作过程中，诸多专业任务仍依赖于专业软件的辅助。因此，适度地安装和使用某些工具网站或软件，可以有效地为用户节省时间，使其能够更多地专注于创意内容的构思和设计细节的打磨，进而提升PPT的整体质量。MINDSHOW作为一款优秀的工具，为用户提供了一个月的免费试用期，之后将转为收费模式。在本书的后续部分，将推荐一些对PPT制作具有实际帮助的工具网站或软件（请注意，由于版权问题，请用户自行搜索并下载）。

304 使用讯飞星火一键生成PPT

实用指数 ★★★★★

>>> 使用说明

在现代化办公中，效率往往是衡量工作成果的重要指标。随着AI技术的不断发展，人们迎来了更多能够提升工作效率的工具。其中，科大讯飞研发的讯飞星火除了可以进行智能对话外，还集成了多项智能功能的应用，为工作和生活带来了诸多便利。特别是其一键生成PPT的功能，极大地简化了制作PPT的过程。

>>> 解决方法

在使用讯飞星火一键生成PPT时，用户只需将所需内容输入指定的文本框中，或者选择已有的文档进行导入。讯飞星火凭借其强大的自然语言处理能力和深度学习能力，能够迅速分析文本内容，提取关键信息，并根据这些信息自动生成结构清晰、内容丰富的PPT页面。

生成的PPT不仅包含了文本内容，还可以根据需要自动插入图片、图表、动画等元素，使PPT更加生动有趣。同时，讯飞星火还支持对生成的PPT进行自定义编辑，用户可以根据自己的需求调整页面的布局、字体、颜色等，以满足不同的演示需求。

例如，要使用讯飞星火快速生成一本书的阅读分享PPT，具体操作方法如下。

第1步 在浏览器中打开讯飞星火大模型网页的首页界面，注册账号并登录，进入讯飞星火大模型的使用界面。在下方的文本框中可以输入要提问的内容，这里先单击上方的“PPT生成”按钮，如下图所示。

温馨提示

在文本框上方还提供了“内容写作”“图像生成”“文本润色”“网页摘要”“中英翻译”“学习计划”“居家健身”“儿童教育”“短视频脚本”等多种功能，足见讯飞星火的强大，可以让一部分复杂的工作完成得更顺利。

第2步 在弹出的新界面中，❶选择要采用的PPT模板；❷在文本框中输入生成PPT的主题；❸单击“发送”按钮，如下图所示。

第3步 稍后系统就会自动生成PPT，并在右侧的“个人空间”栏中显示出上传进度。上传成功后，单击文件名称链接，如下图所示。

第4步 进入在线编辑PPT界面，在这里可以查看每一张幻灯片的内容，还可以对内容进行编辑。❶选择幻灯片中的内容后会出现对应的快捷编辑按钮栏，还可以插入对象或进行播放。此时也可以邀请多人同时进行协同编辑；❷编辑完成后，单击“保存为新文档”按钮，如下图所示。

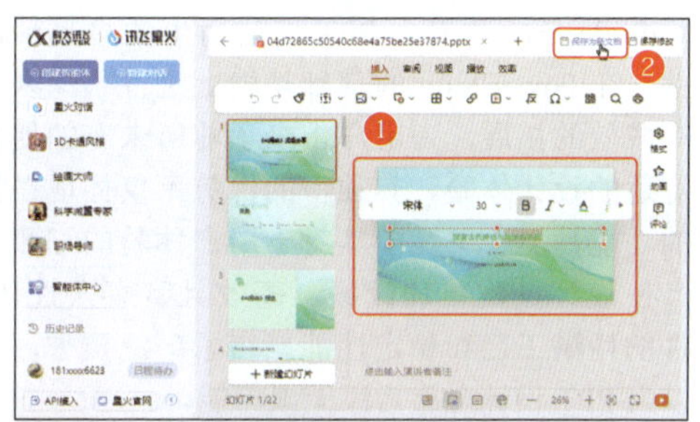

第5步 在弹出的对话框中，❶输入新文档的名称；❷单击“确认保存”按钮，如下图所示。

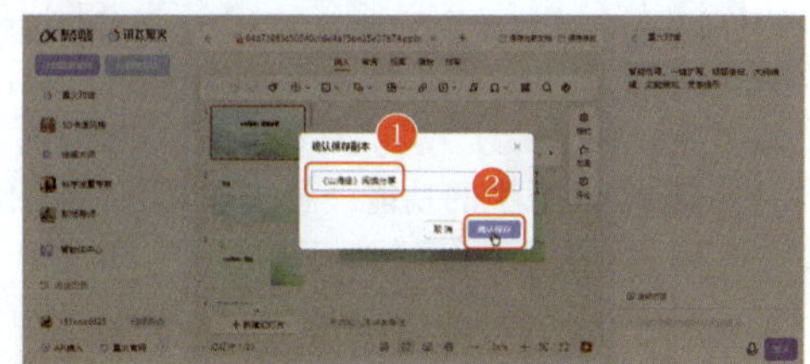

第6步 此时就修改了文档的名称，❶单击“效率”选项卡；❷在下方单击“导出为PDF”按钮；❸在右侧的窗格中设置导出参数；❹单击“导出”按钮，如下图所示。

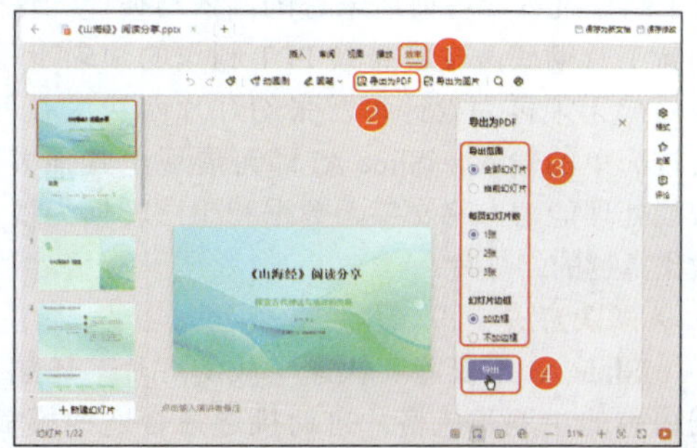

第 7 步 打开“新建下载任务”对话框，❶设置文件的保存位置；❷单击“下载”按钮，如下图所示，即可将 PPT 导出为 PDF 格式的本地文件。

305 使用 iSlide AI 一键生成 PPT 内容

实用指数 ★★★★★

>>> 使用说明

iSlide 是一款专为 PPT 设计而生的卓越辅助插件，在 PowerPoint 的基础功能上进行了深入且富有成效的拓展，为用户带来了前所未有的便利和舒适的设计体验。其独特的优势不仅体现在强大的功能性上，更在于其对于用户体验的细致考量，使设计过程更加流畅、高效且富有人性化。插件的精湛工艺和稳定性能赢得了广泛赞誉，其可以为 PPT 设计之旅增添无限可能。

安装 iSlide 插件非常简单，只需在官网下载并安装即可。安装完成后，可以发现在 PowerPoint 软件窗口上方多了一个名为 iSlide 的选项卡，如下图所示。这个选项卡下包含“设计”“资源”“动画”“工具”等几个功能组，它们的工具和 PowerPoint 原生的功能一样，非常方便易用。

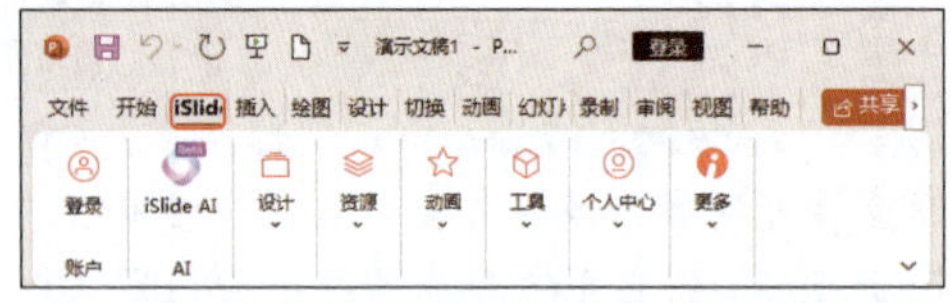

iSlide 插件在 PPT 制作的多个方面都提供了很大的帮助，最新推出的 iSlide AI 功能更是能让 PPT 制作过程变得前所未有的高效与便捷。这一创新工具彻底改变了传统 PPT 制作的烦琐步骤，使用户无须再为设计每一张幻灯片而费尽心思。通过简单的输入，iSlide AI 即可展现出其强大的智能处理能力，将文字、数据和想法转换为视觉效果卓越的幻灯片。

>>> 解决方法

iSlide AI 不仅能够快速生成幻灯片，还能根据内容的主题和风格，自动挑选最合适的模板、布局和设计元素。无论是商务报告、教育培训还是产品展示，iSlide AI 都能提供恰到好处的视觉呈现，让 PPT 更加专业、有说服力。

此外，iSlide AI 还内置了丰富的图片库、图标集和图表资源，这些资源都经过精心挑选和设计，能够完美融入 PPT。用户可以直接从资源库中挑选合适的图片、图标和图表，无须再到其他网站搜索或自行制作，大大提高了制作效率。

使用 iSlide AI，不仅可以轻松创建出精美的 PPT，还能将更多的时间和精力投入到内容的策划和表达上。这种智能化的制作方式可以让 PPT 更具深度、广度和说服力，能够更好地展示用户的专业能力和创新思维。因此，不妨尝试一下 iSlide AI，让 PPT 制作变得更加轻松、高效和出色。

例如，要使用 iSlide AI 快速生成一份演讲的艺术魅力 PPT，具体操作方法如下。

第 1 步 安装 iSlide 插件，单击 iSlide 选项卡下的 iSlide AI 按钮，如下图所示。

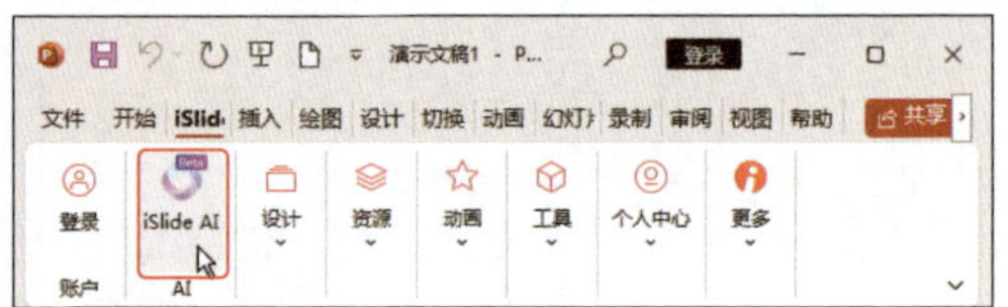

第 2 步 在弹出的窗口中选择“生成 PPT”选项，如下图所示。

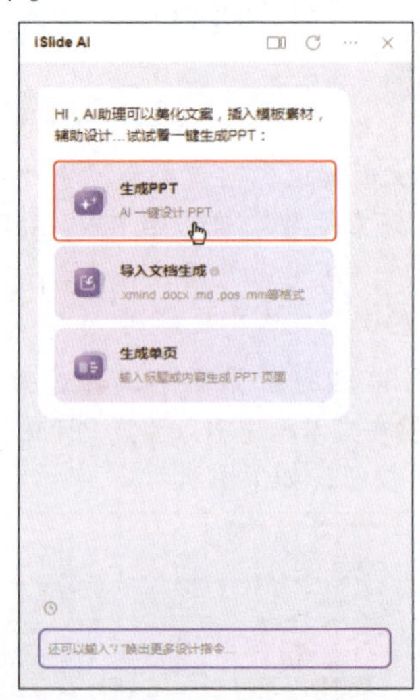

温馨提示

如果没有登录 iSlide 账户，此时会提醒用户进行登录。登录方式有手机号、邮箱号码、账号、微信号等多种方式，根据提示进行操作即可。

第 3 步 ❶单击从页面底部弹出的文本框，会弹出一个下拉列表，其中推荐了一些 PPT 主题，通过选择可以快速输入对应的指令，也可以直接在文本框中输入 PPT 主题关键信息，这里选择“演讲的艺术魅力”选项；❷单击“发送”按钮 ▶，如下图所示。

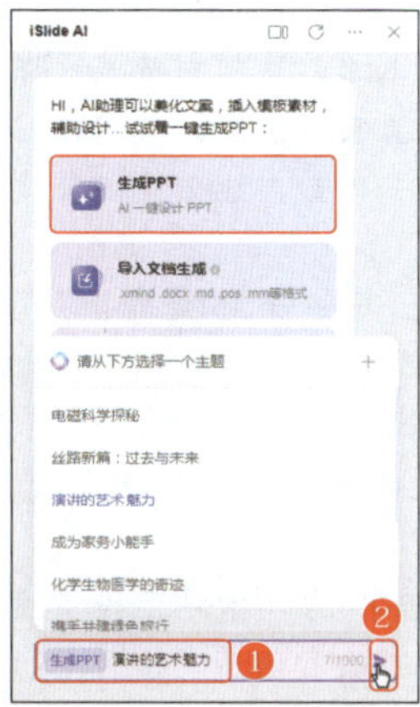

温馨提示

iSlide 插件提供了丰富且高质量的素材资源，如 PPT 模板（主题库）、色彩方案、图示、图表、图标、图片、插图等。如果注册成为会员，日常制作 PPT 时，其中的资源已基本够用，几乎无须再到网上查找。iSlide 还提供了许多实用的快捷工具，如自动排版、一键调整字体风格、批量修改图表数据等。

第 4 步 等待片刻后，可以看到系统返回的答复，拖动鼠标查看，并单击下方的“生成 PPT”按钮，如下图所示。

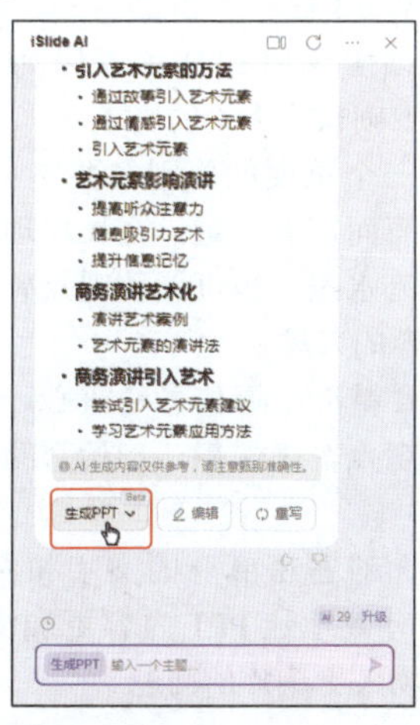

知识拓展

如果对 iSlide AI 生成的 PPT 大纲不满意，可以单击“重写”按钮，让系统重新编写。如果只是想让生成的 PPT 大纲更完美，可以单击“编辑”按钮，修改大纲中还需要完善的部分内容。

第 5 步 稍后就可以看到系统根据 PPT 大纲生成的 PPT 效果，如下图所示。

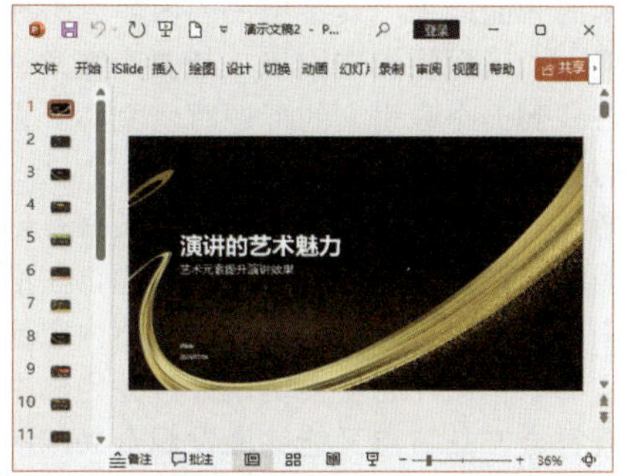

第 6 步 在 iSlide AI 窗口中还提供了其他主题皮肤供用户选择，以更改 PPT 的效果，如下图所示。选择某个主题皮肤后，单击其上的“预览”按钮，可以查看该主题的幻灯片母版设计效果；单击“替换”按钮，可以直接更改当前 PPT 的主题为所选主题；如果不满意，可以单击“换一组”按钮查看其他主题皮肤。

306 让文心一言提供吸引人的标题与金句建议

实用指数 ★★★★☆

>>> 使用说明

在快节奏的办公环境中，吸引人的 PPT 标题和金句，往往能够迅速吸引观众的注意力，提升整个演示的效果。然而，对于许多职场人士来说，如何构思出既独特又富有吸引力的标题和金句往往是一项挑战。

>>> 解决方法

在这个问题上，文心一言可以带来全新的解决方案。文心一言作为一款基于先进自然语言处理技术的智能助手，具备出色的内容分析和创意生成能力。当面临创作困境，想要为文章、报告或项目找到一个吸引人的标题时，文心一言将是最佳的合作伙伴。

通过文心一言可以轻松获取多条富有创意和吸引力的标题建议。想象一下，当你正在准备一份关于新产品发布的PPT时，只需将内容或主题输入文心一言中，它便会迅速分析并为你生成一系列既符合产品特点又能够激发观众兴趣的标题选项。这些标题不仅具备较高的可读性和吸引力，还能够精准地传达内容的核心价值。

此外，文心一言还能够为内容提供金句建议。金句是PPT中能够激发观众兴趣、突出主题或传达重要信息的句子。通过文心一言的智能分析，可以快速找到这些金句，并在PPT中加以运用，使内容更加生动、有趣且富有说服力。

例如，我制作了一份研学PPT，涉及到大自然中去探险学习，那么可以先让文心一言帮我拟定几个比较吸引人的标题。

• 提问：

我制作了一份研学PPT，其中涉及带领小朋友到大自然中去探险学习，请帮我拟定几个鼓励小朋友探险的金句，要求能吸引人。

• 文心一言：

“小朋友们，想象一下，当我们踏入那片神秘的自然王国，每一步都藏着未知的惊喜，就像翻开一本活生生的探险故事书，等待着我们去发现每一个奇妙的篇章！”

“勇敢的探险家们，大自然是我们最广阔的教室，它藏着无数等待解锁的秘密。带上你的好奇心，让我们一起成为小小科学家，探索这个世界的无限奥秘吧！”

“在这片绿意盎然的天地间，每一次呼吸都是自然的馈赠，每一次观察都能发现生命的奇迹。来吧，小朋友们，让我们手拉手，踏上这场充满乐趣与发现的探险之旅吧！”

“不要害怕脚下的未知路，因为最美的风景往往就在最陡峭的坡后。穿上你的小探险鞋，带上探索的勇气和梦想，我们一起去征服那些看似不可能的地方吧！”

“想象一下，当你亲手触摸到古老的树干，听到树叶在低语，感受到微风轻拂过脸颊，那是大自然最直接的问候。加入我们，成为这场奇妙探险的一部分，让心灵在自然的怀抱中自由飞翔吧！”

“记住，每一个伟大的探险家都是从小小的脚步开始的。今天，你就是那个即将开启非凡旅程的小小探险家。带上你的好奇心和勇气，让我们一起创造属于我们的精彩故事吧！”

“在大自然的怀抱中，没有固定的路线，只有无限的想象和创造。小朋友们，让我们一起用眼睛捕捉美景，用耳朵聆听自然的声音，用心感受这份独一无二的探险乐趣吧！”

文心一言提供的句子有时并不能满足用户的需要，这时可以进一步限定需求，让它再次生成新的内容，然后人工将这些内容进行结合、调整和重组。这样也能提高创作的效率。

307 让文心一言简化并优化正文内容排版

实用指数 ★★★★★

>>> 使用说明

PPT与Word有着本质的区别。在精心打造PPT时，必须警惕将幻灯片误用为Word页面，避免一味地堆砌长篇大论的文本。

这里有一个重要的原则需要铭记：PPT上的文字应当精简而富有力量。冗长烦琐的文字内容就像无味的流水账，极可能使观众感到乏味，甚至失去对内容的兴趣。

因此，要精准把握信息的核心，用精练的文字传达核心观点，确保每一句话都能引起观众的思考和共鸣。

然而，面对密密麻麻的文字和复杂的排版，如何快速、有效地让PPT内容更加清晰、易读，成为许多职场人士头疼的问题。

>>> 解决方法

文心一言同样具备智能优化功能，它可以轻松简化并优化 PPT 中的正文内容排版。

文心一言作为智能文本处理工具，能够深入分析 PPT 中的文字内容，理解其结构和含义。在正文排版方面，它可以根据文本的重要性和逻辑关系，智能识别并删除冗余词句，让 PPT 内容更加精练、紧凑。

例如，在上个案例中，文心一言自动生成的金句都很长，如果需要精简，则可以继续与它对话。

• 提问：

这些句子太长了，帮我精简一下。

• 文心一言：

当然可以，以下是精简后的鼓励小朋友探险的金句。

“踏入自然，每步都是新惊喜，像翻开探险故事书！”

“大自然是教室，藏奥秘，做小小科学家，探索去！”

“呼吸绿意，观察生命，手牵手，探险乐无穷！”

“勇敢迈步，风景在陡坡后，探险鞋带你走！”

“触摸古树，听风低语，自然问候，等你探索！”

“小小脚步，大大探险，创造属于你的精彩！”

“自然无界，想象无限，用心感受探险乐！”

最终选择一个满意的文案，并制作出对应的幻灯片，效果如下图所示。

鉴于文心一言在文字内容简化方面的能力，目前可能无法全面契合用户的期望，因此有必要在实际应用中对其简化效果进行进一步的优化与增强。具体而言，可以尝试增加相关的提问词，以此锻炼并提升文心一言在简化文本方面的能力。同时，用户自身也需要掌握一定的简化技巧，以便更有效地向文心一言提问，确保在精简内容的过程中不会遗漏重要信息，并能给观众留下深刻的印象。

在进行文字删减时，明确目的至关重要。应如同推敲广告文案一般，细致入微地推敲与考量，精准地提取出关键信息，确保所留下的文字能够最大限度地突出主题，传达核心意义。

308 让讯飞星火生成合适的引用与名人名言

实用指数 ★★★☆☆

>>> 使用说明

在追求 PPT 内容的丰富性和专业度时，引用与名人名言的巧妙运用往往能为 PPT 增添不少色彩。接下来，将继续讲解如何利用讯飞星火这一强大的 AI 工具，为 PPT 生成合适的引用与名人名言。

>>> 解决方法

首先，需要明确 PPT 的主题和核心观点。无论是关于科技创新、市场营销、团队协作还是个人成长，都有一个或多个核心观点需要被强调和阐述。在这个基础上，讯飞星火可以凭借其强大的语义理解和知识库为用户推荐与主题紧密相关的引用与名人名言。

例如，如果 PPT 主题是关于科技创新的，可以向讯飞星火输入关键词“科技创新”和“引用”。讯飞星火会立即在其庞大的知识库中搜索相关的引用和名人名言，并呈现一系列精心筛选的结果。

• 提问：

请根据关键词“科技创新”推荐一些合适的引用或名人名言。

• 讯飞星火：

科技创新作为推动社会进步的重要力量，始终是时代发展的先导。历史上，不乏对科技创新具有深远影响的名言引用，它们不仅体现了科技的重要性，也彰显了人类对于知识与未来的向往和追求。以下将详细探讨一些与科技创新相关的名人名言。

1. 关于科技创新的重要性

“科学技术是第一生产力。” ——邓小平

这句话深刻揭示了科学技术在现代社会生产力结构中的核心地位，强调了科技创新在推动经济发展、提升国家竞争力中的决定性作用。

“创新是科学房屋的生命力。”——阿西莫夫

阿西莫夫此言指出，科学的发展离不开持续的创新。正是不断的创新保证了科学不断进步，持续为人类社会带来新的变革和动力。

2. 关于科技创新的思维

“若无某种大胆放肆的猜想，一般是不可能有知识的进展的。” ——爱因斯坦

爱因斯坦以此表达了科学探索中大胆假设的重要性，强调了科技创新需要跳出传统观念的框架，通过想象和创造来推进。

“科学是人类的共同财富，而真正科学家的任务就是丰富这个全人类都能受益的知识宝库。”

——科尔莫戈罗夫

科尔莫戈罗夫的话提醒人们，科学探索不仅是一项个人的追求，更应该是为了整个人类的利益服务，强调了科研活动的利他性和普遍性。

3. 关于承担风险与科技创新

“如果你不愿意承担风险，那就别从事创新。”

——蒂姆·库克

库克的观点指出，创新过程中不可避免地要面对失败和风险，只有具备冒险精神的人，才能在创新的道路上走得更远。

4. 关于持续探索与科技创新

“科学是对狂热和狂言最好的解毒剂。”

——亚当·斯密

亚当·斯密此言暗示，科学的理性探究和持续探索能够解构无知和偏执，通过不懈的科学研究来增进人类对世界的理解。

“科学经历的是一条非常曲折、非常艰难的道路。” ——钱三强

钱三强的这句话描绘了科研之路的曲折不易，告诫人们在科技创新的过程中需要有耐心和毅力，不畏艰难，勇往直前。

综上所述，从这些名言中可以领会到科技创新不仅是技术层面的飞跃，更是精神层面的升华。它需要勇气、想象力、坚持和对人类福祉的深切关怀。科技创新无疑是推动人类文明进步的关键动力，每一次创新都是对未知世界的一次勇敢探索。

当然，不仅可以简单地使用讯飞星火推荐的引用和名人名言，还可以根据需要进行一定的加工和修改。例如，可以将某些关键词替换为更具针对性的词汇，或是调整句子的结构和语气，使其更符合PPT风格和观众需求。

此外，为了让引用和名人名言在PPT中更加突出和引人注目，还可以采用一些视觉设计技巧。例如，可以将引用和名人名言放在PPT的显著位置，如标题、副标题或关键信息点附近；还可以使用不同的字体、颜色和大小来区分正文和引用部分；甚至可以考虑使用动画和过渡效果来增强观众的视觉体验。

总之，通过讯飞星火这一智能工具的运用，可以轻松地为PPT生成合适的引用与名人名言，从而提升演示的专业度和吸引力。同时，也需要根据实际需求进行一定的加工和修改，并结合视觉设计技巧来让这些内容在PPT中更加突出和生动。

17.3 使用AI工具美化PPT视觉效果 

视觉效果的优化对于PPT设计来说也同结构和内容一样重要，因为它能够增强信息的传达效率，让内容更易于被理解和记忆。接下来将深入讲解如何使用AI工具来美化PPT的视觉效果，从而提升PPT的整体吸引力。

309 让文心一言提供与主题匹配的字体建议

实用指数 ★★★★☆

>>> 使用说明

在准备一份 PPT 时，字体的选择对于整个演示的视觉效果和信息的传达至关重要。字体种类很多，具体如何选择，有些人是根据使用经验来选择的，而有些人是在字体列表中通过选择使用、查看效果进行挑选的。

为了让 PPT 更具吸引力和专业性，可以让 AI 工具根据 PPT 主题和内容提供适合的字体建议。

>>> 解决方法

字体选择在塑造 PPT 的风格和氛围上占有举足轻重的地位。一般而言，字体主要可归类为衬线体和无衬线体两大类。衬线体的显著特征在于笔画起始与结束处设有额外装饰，因此其笔画宽度呈现不一致的特性，如 Times New Roman、Georgia、宋体等。相对而言，无衬线体则以其简约无修饰、笔画宽度统一为特点，如 Verdana、Arial、黑体等。下图直观地展示了这两种字体类型之间的区别。

衬线体　　无衬线体

修饰　　无修饰

在制作 PPT 时，推荐优先采用无衬线体字体。此类字体因笔画宽度一致，整体呈现简洁明朗的视觉效果。特别是在投影环境下，无衬线体因其无过多修饰的特性，使文字显示更为清晰，便于远距离观众的阅读。

另外，可以让文心一言根据主题精心挑选几款与之匹配的字体。下面向文心一言咨询常见主题的 PPT 字体应该如何选择。

• **提问：**

请帮我罗列常见主题类型的 PPT 适合选择哪些字体。

• **文心一言：**

● 在制作 PPT 时，选择恰当的字体对于提升演示效果至关重要。不同的主题类型往往需要不同风格的字体来匹配，以达到最佳的视觉效果和信息传达效率。以下是一些常见主题类型的 PPT 及其适合的字体选择。

1. 商务风格

● 庞门正道标题体：适合作为标题使用，简洁明了。

● 思源黑体：多种粗细可选，适合正文和标题。

● 汉仪旗黑：提供多种粗细，适合全方位内容设计。

● 微软雅黑：计算机自带，适合正文，但注意不可商用。

● 文悦后现代体：简约大气，适合极简商务风正文。

2. 科技风格

● 站酷高端黑体：有活力，识别性高。

● 站酷酷黑体：精致，适合科技风标题。

● 阿里汉仪智能黑体：粗体，视觉冲击力强。

● 汉仪菱心体：笔画有特色，适合科技风正文。

● Futura LT Book：字形锐利，适合科技感的数字或目录页。

3. 复古文艺风格

● 汉仪新蒂唐朝体：书法和木刻风格，适合标题。

● 喜鹊聚珍体：古典清新风格，适合正文。

● 方正清刻本悦宋：经典雕刻字体，字形修长。

● 文悦古典明朝体：蕴含人文感，适合复古风标题。

● 造字工房黄金时代：适用于电影字幕、文字标题。

4. 可爱风格

● 站酷庆科黄油体：儿童圆角字体，适合儿童产品展示。

● 汉仪小麦体：硬笔涂绘感，活泼可爱。

● 汉仪糯米团：矮矮圆圆，适合母婴产品展示。

● 造字工房童心体：形态类似胖妞，活泼稳重。

● 喜鹊小轻松体：像小朋友写字，适合轻松氛围。

5. 哲理或思想类

● 思源宋体：粗体适合用于标题，表现出思想的深度。

●汉仪尚巍手书：毛笔质感突出，适合引用名言或哲理句。

●禹卫书法行书：古风味道十足，笔锋飘逸，适合传统文化类主题。

6. 时尚或潮流风格

●现代感较强的英文字体：如Roboto系列、Arial系列，适合现代时尚风格。

●手写体：如自由流畅的手写体，适合女性、节日等主题。

在选用字体时，要注意以下事项。

●版权问题：使用字体时需要注意版权问题，尽量选择可免费商用或已获得授权的字体。

●字体搭配：尽量保持同一PPT中的字体风格统一，标题和正文使用不同粗细或风格的字体以区分层级。

●字体嵌入：为避免字体丢失，可在保存PPT时选择将字体嵌入文件。

综上所述，选择合适的字体能够为PPT增色不少，使其更加符合主题要求，提升观众的阅读体验。

文心一言给出了很多建议，这些建议仅供参考，需要在PPT中进行设置，观察效果。另外，还可以根据PPT的具体内容和个人喜好进行字体的选择。不过需要注意的是，在选择字体时，要确保其与PPT的整体风格相协调，避免过于突兀或花哨的字体影响观众的阅读体验。同时，也要考虑到字体的可读性和清晰度，确保观众能够轻松理解PPT所传达的信息。例如，文心一言会给出一些衬线字体建议，如果PPT中的内容不多，字号也比较大，使用起来也不受影响；如果文字很多，字号又小，使用建议的衬线字体就看不清了。总之，无论选择哪种字体，都要确保字体清晰、易读，并且注意在整份PPT中保持一致性。尽量避免在一份PPT中使用过多的字体样式，以保持整体的统一性和专业感。

310 让讯飞星火推荐主题相关的排版技巧

实用指数 ★★★★☆

>>> 使用说明

字体是PPT中承载信息的重要元素，除了字体，在排版方面也要注意文字的清晰度和可读性。避免使用过小或过于拥挤的字体，以及过多的文字堆砌。可以通过使用标题、副标题、列表等方式来区分和强调不同内容的重要性和层次关系。同时，注意保持文字的对齐和间距的合理性，使整体排版看起来更加整洁和美观。

>>> 解决方法

为了让PPT设计更加引人注目和专业，讯飞星火可以精心推荐一系列与PPT主题紧密相关的页面排版技巧。

首先，保持整体风格的一致性十分关键。在选择字体时，推荐使用简洁明了、易于阅读的字体，并与PPT主题风格相契合。同时，颜色搭配也要合理，使用与主题相符的色调能够营造出独特的氛围和视觉感受。

在排版布局上，合理的对齐和间距能让内容更加清晰易读。可以通过设置合适的对齐方式，如左对齐、右对齐、居中对齐等，使文字、图片等元素在页面中形成有序的排列。同时，合理设置元素之间的间距，不仅能让页面看起来更加舒适美观，还能引导观众的视线，增强内容的层次感。

除了基本的文字排版外，还可以利用图片、图表和图标等视觉元素来丰富PPT的表现力。通过插入高质量的图片和图表，能够直观地展示数据和信息，增强观众的理解和记忆。而图标则可以在页面中起到点缀和引导的作用，使PPT更加生动有趣。

在创新方面，可以尝试一些新颖的排版布局方式，如采用不规则的形状、动态的线条等，来打破传统的排版模式，使页面更具视觉冲击力。这些创新的设计元素能够吸引观众的注意力，提高PPT的吸引力。

最后，还需要注意在排版中保持足够的留白。留白是设计中不可或缺的一部分，它能够营造出一种轻松舒适的氛围，让观众更容易集中精力在PPT的内容上。同时，适当的留白还能让页面看起来更加透气和宽敞，避免让观众感到拥挤和压抑。通过巧妙地运用这些排版技巧，一定能够打造出更加优秀的PPT作品，更好地传达主题和信息。

下面以一个具体的案例来看看讯飞星火会推荐哪些与主题相关的排版技巧。

● 提问：

我制作了一份“中国美食之旅”PPT，其中介绍了各地域的特色美食，包含很多大图，请从文字内容排版的角度给我一些排版技巧。

● 讯飞星火：

在制作“中国美食之旅”PPT时，文字内容排版是非常关键的一环，它能够影响观众对信息的接收和理解。以下是一些排版技巧，可以帮助你提升 PPT 的整体视觉效果和信息传达效率。

（1）标题与副标题：确保每张幻灯片都有一个清晰的标题，如果需要，可以加上副标题来进一步说明内容。标题字体大小要大于正文，颜色和样式也要有所区分。

（2）字体选择：选择易读性好的字体，如微软雅黑、宋体或黑体。避免使用过于花哨的字体，因为这可能会分散观众的注意力。

（3）字号层次：使用不同大小的字号来区分不同级别的信息，如标题、小标题和正文。通常标题最大，小标题次之，正文最小。

（4）行距和字距：适当的行距和字距可以提高阅读舒适度。不要将文字排得太紧，也不要过于稀疏。

（5）文本对齐：保持文本对齐方式一致，通常使用左对齐或居中对齐。避免使用右对齐或两端对齐，这可能会造成视觉上的不整齐。

（6）颜色对比：确保文字颜色与背景色有足够的对比度，以便观众能够轻松阅读。避免使用过于鲜艳的颜色组合，以免造成视觉疲劳。

（7）文字数量：每张幻灯片上的文字不宜过多，尽量精简并突出重点。可以使用项目符号或编号来组织信息。

（8）图片与文字配合：如果幻灯片中有大图，可以将文字放在图片的空白处或者使用半透明的形状作为文字背景，以增强文字的可读性。

（9）留白：适当留白可以让幻灯片看起来更清爽，避免信息过载。留白也是设计的一部分，有助于引导观众的视线。

（10）统一风格：整份 PPT 的风格应该保持一致，包括字体、颜色、排版等，这样可以使演示更加专业和协调。

（11）动画和过渡：适当使用动画和过渡效果可以增加演示的趣味性，但过多使用会分散观众的注意力。确保动画和过渡效果简洁且与内容相关。

（12）校对：最后，不要忘记校对文字内容，确保没有错别字或语法错误。

通过以上排版技巧，你的“中国美食之旅”PPT 将会更加吸引人，也更容易让观众理解和记忆。

讯飞星火给出的建议比较宽泛，具体内容回答也比较简单，实际应用中，可以向它提供关于 PPT 主题、情感和所需效果的信息，然后询问它关于某一个排版方面的建议。这样就可以得到有关字体选择、颜色搭配、字距调整和行间距等方面的具体提示，帮助我们实现与主题相符的创意文字排版。

311 基于讯飞星火建议，选择与主题相符的配色方案

实用指数 ★★★★★

>>> 使用说明

色彩是 PPT 设计中非常重要的元素之一。在选择主题色时，应考虑到主题的性质和观众的喜好。此外，色彩的搭配也非常关键。可以通过使用相近色、对比色或渐变色等方式来增强 PPT 的视觉效果和层次感。

但如果对色彩不敏感，确实不会配色，那么可以遵循讯飞星火的智慧建议来配色。

>>> 解决方法

在挑选颜色时，需要考虑的不仅是颜色的美观性，更重要的是它如何与 PPT 的主题和内容相互呼应，从而增强信息的传达效果。

假设 PPT 主题是“绿色生态与可持续发展”，那么配色方案的选择就应当围绕这一主题展开。首先，可以选择一种清新的绿色作为主色调，这种颜色既符合主题，又能带给观众一种生机勃勃、充满希望的视觉感受。

除了主色调，还需要挑选几种辅助色来丰富整份 PPT 的视觉效果。辅助色就没有主色调那么好确定了，涉及配色是否和谐统一的问题。下面来咨询一下讯飞星火。

• 提问：

我正在制作“绿色生态与可持续发展”主题的 PPT，请给我一些配色方案建议，包括主色调和对应的辅助色。

• 讯飞星火：

在制作关于“绿色生态与可持续发展”主题的 PPT 时，选择恰当的配色方案非常关键，因为它能够强化主题信息并给观众留下深刻印象。以下是一些配色建议。

1. 主色调

绿色：作为生态和可持续性的象征，绿色是这个主题的自然之选。可以选择不同深浅的绿色来表达不同的层次感。

蓝色：蓝色通常与清洁的水和空气联系在一起，也是可持续发展的一个很好的代表色。

棕色：棕色可以代表土壤和自然，适合用来强调生态和自然保护的主题。

2. 辅助色

白色或灰色：作为中性色，白色或灰色可以平衡其他鲜艳的颜色，提供清晰的背景或用于文字，确保内容的可读性。

黄色或金色：黄色或金色可以用来吸引注意力，或者突出某些关键点，但应谨慎使用，以免过于夺目。

浅蓝色或水色：浅蓝色或水色可以与主色调中的绿色搭配，营造出清新自然的氛围。

草绿色或橄榄绿：这些颜色的绿色调可以与主色调中的绿色形成层次，但不会竞争视觉焦点。

橙色或珊瑚色：橙色或珊瑚色可以作为亮点使用，为设计增添活力和温暖的感觉。

3. 配色方案示例

方案一：深绿色（#006600）作为主色调，浅绿色（#bfffc4）作为辅助色，白色（#ffffff）作为背景和文字颜色。

方案二：蓝色（#0099cc）作为主色调，绿色（#99cc00）作为辅助色，灰色（#f0f0f0）作为背景和文字颜色。

方案三：棕色（#8b4513）作为主色调，绿色（#008000）作为辅助色，米色（#f5deb3）作为背景和文字颜色。

4. 设计提示

保持颜色的一致性，整份PPT中使用的颜色不要过多，通常不超过3～4种主色调加辅助色。

使用色彩对比来突出重要信息，如标题或关键数据。

考虑色盲友好的配色，确保所有观众都能舒适地阅读内容。

利用透明度和渐变来增加视觉深度和层次感。

通过以上配色建议，你的PPT将能够有效地传达“绿色生态与可持续发展”的主题，同时保持视觉上的吸引力和专业性。

讯飞星火推荐了几个符合主题需求的主色调、辅助色以及配色方案和设计提示，包括特定配色方案中颜色的精确值，旨在为用户提供源源不断的创意与灵感，有效节省时间与精力。用户可以直接采纳这些方案，或通过与讯飞星火进一步互动，获取更多个性化的配色建议，以满足不同需求。

312 通过讯飞星火自动创建表格数据

实用指数 ★★★★☆

>>> 使用说明

在众多工作场景中，处理庞大数据量并将其系统化地整理为表格形式是一项必要任务。然而，手动构建这些表格数据不仅效率低下，而且容易出错。因此，需要采取更为高效且准确的方法来完成此类工作。

除了普通的文字内容外，利用尖端的AI技术，还可以更加便捷和高效地在PPT中自动生成表格数据。

>>> 解决方法

讯飞星火凭借其卓越的自然语言处理能力，为用户提供了一个智能的解决方案，让数据表格的创建过程变得轻松愉快。用户不再需要手动输入烦琐的数据，只需与讯飞星火进行简单明了的交流，明确告知所需数据的类型、格式以及特定的要求，讯飞星火便能迅速理解并生成符合需求的表格数据。

讯飞星火的自动化创建过程极大地节省了用户的时间和精力，让制作PPT的过程更加高效。同时，由于机器生成的精确性，人为输入错误的风险也会大大降低，可以进一步提升数据表格的质量。无论用户需要的是简单的行列表格，还是包含复杂计算和条件判断的交叉表和子表格，讯飞星火都能精确无误地生成。

例如，在PPT中要对唐代诗人的生平进行介绍，为了方便读者对比查看相关数据，想制作成一份整理出唐代重要诗人的生平数据，并将其记录在表格中。通过讯飞星火自动化创建表格，只需提问“请以表格形式生成唐代重要诗人的生平介绍内容”，即可得到如下图所示的回答。

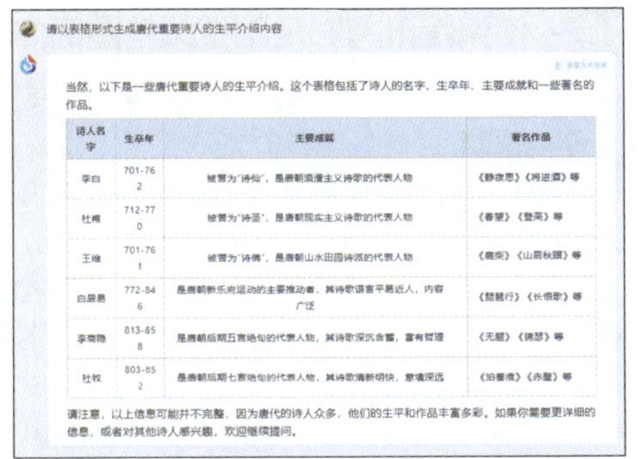

请以表格形式生成唐代重要诗人的生平介绍内容

当然，以下是一些唐代重要诗人的生平介绍。这个表格包括了诗人的名字、生卒年、主要成就和一些著名的作品。

诗人名字	生卒年	主要成就	著名作品
李白	701-762	被誉为"诗仙"，是唐朝浪漫主义诗歌的代表人物	《静夜思》《将进酒》等
杜甫	712-770	被誉为"诗圣"，是唐朝现实主义诗歌的代表人物	《春望》《登高》等
王维	701-761	被誉为"诗佛"，是唐朝山水田园诗派的代表人物	《鹿柴》《山居秋暝》等
白居易	772-846	是唐朝新乐府运动的主要推动者，其诗歌语言平易近人，内容广泛	《琵琶行》《长恨歌》等
李商隐	813-858	是唐朝后期五言绝句的代表人物，其诗歌深沉含蓄，富有哲理	《无题》《锦瑟》等
杜牧	803-852	是唐朝后期七言绝句的代表人物，其诗歌清新明快，意境深远	《泊秦淮》《赤壁》等

请注意，以上信息可能并不完整，因为唐代的诗人众多，他们的生平和作品丰富多彩。如果你需要更详细的信息，或者对其他诗人感兴趣，欢迎继续提问。

复制其中的表格内容，并粘贴到Excel中，即可得到表格效果，稍微调整单元格的大小就完成了表格制作，如下图所示。

诗人名字	生卒年	主要成就	著名作品
李白	701-762	被誉为"诗仙"，是唐朝浪漫主义诗歌的代表人物	《静夜思》《将进酒》等
杜甫	712-770	被誉为"诗圣"，是唐朝现实主义诗歌的代表人物	《春望》《登高》等
王维	701-761	被誉为"诗佛"，是唐朝山水田园诗派的代表人物	《鹿柴》《山居秋暝》等
白居易	772-846	是唐朝新乐府运动的主要推动者，其诗歌语言平易近人，内容广泛	《琵琶行》《长恨歌》等
李商隐	813-858	是唐朝后期五言绝句的代表人物，其诗歌深沉含蓄，富有哲理	《无题》《锦瑟》等
杜牧	803-852	是唐朝后期七言绝句的代表人物，其诗歌清新明快，意境深远	《泊秦淮》《赤壁》等

温馨提示

直接复制讯飞星火生成的表格内容，会粘贴为以" "隔开的短句，如"李白 701—762 被誉为'诗仙'，是唐朝浪漫主义诗歌的代表人物。《静夜思》《将进酒》等"，需要进行表格转换才能变成表格。选择内容后，在"插入"选项卡下的"表格"下拉列表中选择"文本转换成表格"选项即可进行转换。

讯飞星火之所以能做到这一点，得益于其强大的自然语言理解能力。它能够准确捕捉用户的意图，并根据这些意图智能生成表格数据。这使用户在与讯飞星火的交互中，能够享受到更加智能化、个性化的服务体验。因此，通过利用讯飞星火自动创建PPT中的表格数据，不仅可以大大提高工作效率，还能确保数据表格的准确性和专业性，使演示内容更加严谨和可靠。

313 与ChatGPT探讨最佳图表类型与数据可视化方法

实用指数 ★★★★☆

>>> 使用说明

图表是展示数据的重要工具。在选择图表类型时，应根据数据的性质和展示需求进行选择。例如，柱状图适用于展示不同类别之间的数据对比；折线图适用于展示数据随时间的变化趋势等。

对于不熟悉图表性能的用户来说，在选择图表时可能会感到困惑。此外，某些数据实际上可以采用多种图表形式来展示，那么在具体应用中应该如何作出选择呢？

>>> 解决方法

数据可视化的目的是将复杂的数据以直观、易于理解的方式呈现出来。选择合适的图表类型对于有效传达数据背后的故事至关重要。可以与ChatGPT进行深入的探讨和研究，以在PPT制作过程中挑选出最贴切、最具有表现力的图表类型，以及制定出高效、专业的数据可视化策略。在众多图表类型中，如生动形象的柱状图、流畅连贯的折线图、直观易懂的饼图等，需要细致地分析数据的本质特征，并结合所要传达的信息和目的，谨慎选择最合适的图表类型。

例如，假设你是一名市场营销经理，你的团队刚刚完成了一项关于新产品市场接受度的调研。你们收集了关于消费者对产品外观、功能、价格以及整体满意度的数据。现在，你需要将这些数据呈现给高层管理团队，以便他们了解产品的市场反应，并据此作出进一步的决策。

面对这些数据，你意识到需要一种直观的方式来呈现它们。但是，你并不确定应该选择哪种图表类型。

首先，你考虑使用柱状图。柱状图可以清晰地展示每个因素（如外观、功能、价格）的评分情况，但如果你还想展示这些因素之间的对比关系，柱状图可能就不够直观了。

然后，你想到了饼图。饼图可以很好地展示各个因素在整体满意度中所占的比例，但它并不能直观地显示每个因素的具体评分。

接下来，你考虑了折线图。折线图可以清晰地展示每个因素评分的变化趋势，但如果你的数据是静态的，没有时间序列的变化，那么折线图可能就不是最佳选择。

下面来咨询ChatGPT应该如何选择。

• 提问：

你刚完成了一项关于新产品市场接受度的调研，收集了关于消费者对产品外观、功能、

价格以及整体满意度的数据，想要制作成图表展示每个因素的影响程度，需要用什么图表类型？

● ChatGPT:

根据你提供的数据类型，展示每个因素的影响程度可以使用多个种类的图表。以下是一些常用的图表类型建议。

● 条形图（Bar Chart）：可以用来比较不同因素之间的影响程度，每一个条形表示一个因素的影响程度。

● 饼图（Pie Chart）：适合展示每个因素在整体影响中的占比，方便看清楚各因素对整体的贡献度。

● 雷达图（Radar Chart）：适合展示多个因素在不同维度上的影响强度，可以一目了然地比较各个因素。

● 折线图（Line Chart）：如果你想展示随着时间的推移每个因素的变化趋势，折线图可以更清晰地展示数据的变化。

选择合适的图表类型取决于你想要传达的信息和数据的特点，可以根据具体情况选择最适合的图表类型。

由于提出的问题不够明确，ChatGPT的回复有些宽泛，但是给出了一个选择范围，通过前面的思考，排除那些图表类型后，最后，你大概会决定使用雷达图。雷达图可以同时展示多个因素，并通过连接每个因素的评分点形成一个多边形，从而直观地展示每个因素相对于其他因素的强弱。这样，高层管理团队可以一目了然地看到消费者对新产品的整体评价，以及各个因素之间的对比关系。

此外，还可以充分利用ChatGPT的智能建议和指导对数据进行精准的处理和个性化的可视化设计。ChatGPT可以根据用户的需求和数据的特征，提供一系列具有针对性和实用性的建议，帮助用户更好地理解和处理数据。同时，ChatGPT还可以协助用户进行可视化设计，使PPT更加美观、专业，从而更好地传达用户的观点和信息。

314 使用腾讯智影定制视频与图像内容

实用指数 ★★★★☆

>>> 使用说明

在PPT中巧妙地融入适宜的图像和视频内容，可以极大地提升演示的吸引力和表现力。然而，当难以找到恰当的素材时，也可以借助先进的AI工具来生成，从而确保演示内容的丰富性和专业性。

>>> 解决方法

目前，市场上涌现了众多功能丰富的图像、视频类AI工具，这些工具能实现文字生成图像/视频、智能配音、智能编辑等，极大地提升了视频自媒体创作者的内容生产效率。在国外，Synthesia、Runway、Fliki、Artflow等工具享有较高的声誉；而在国内，同样涌现出了一系列优秀工具，包括创客贴AI画匠、腾讯智影、一帧秒创、万彩微影以及剪映App等。

其中，腾讯智影作为腾讯公司推出的智能影音制作工具，功能全面且强大。它支持图片生成、视频剪辑、文章转视频、文本配音、数字人播报、数字人与音色定制、字幕识别、智能抹除、智能横转竖、智能变声以及视频解说等多种功能。虽然免费版每月的使用次数有所限制，但对于初次体验的用户来说，已经足够满足其需求。

1. 生成图片

如果想为PPT添加一些独特的个性化图片效果，使用腾讯智影是一个不错的选择。不仅可以节省时间，而且还可以快速产生高质量的作品。

例如，要通过文字描述生成一张幼儿园老师带着孩子上课的图片，具体操作方法如下。

第1步 在浏览器中打开腾讯智影的首页界面，领取会员权限并登录，就可以开始体验了。在首页界面的左侧提供了操作选项卡，在右侧进行选择即可，这里单击“AI绘画”按钮，如下图所示。

第2步 进入“AI绘画”创作界面，❶在左侧上方的文本框中输入画面的描述；❷根据画面风格需求选择模型主题，如下图所示。

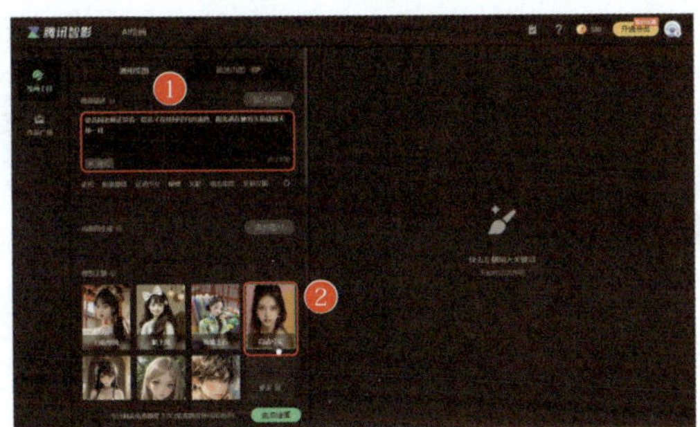

温馨提示

如果想在已有的图片上进行操作生成新的图片，可以单击“由底图生成”栏右侧的“添加图片”按钮，并上传要作为底图的图片。

第 3 步 ❶继续在左侧设置画面比例、效果等；❷单击“生成绘画”按钮；❸稍等片刻后，会在右侧显示出生成的图片，默认生成 4 张图片供选择，选择即可在右上方查看图片的大图效果；❹单击想要下载的图片右下角的“下载”按钮，如下图所示。

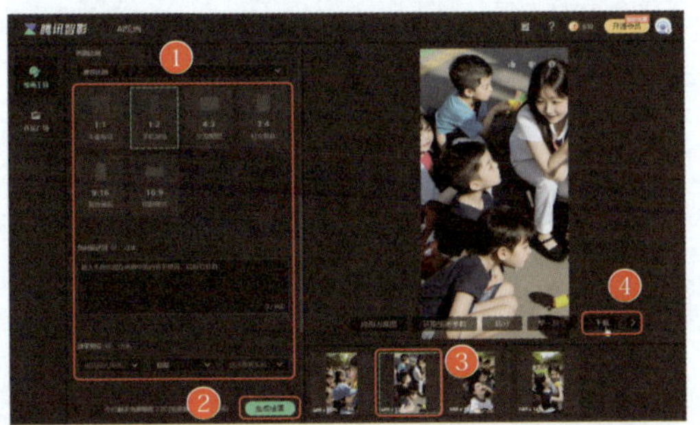

第 4 步 打开“新建下载任务”对话框，❶设置图片下载后的名称和保存的位置；❷单击“下载”按钮即可，如下图所示。

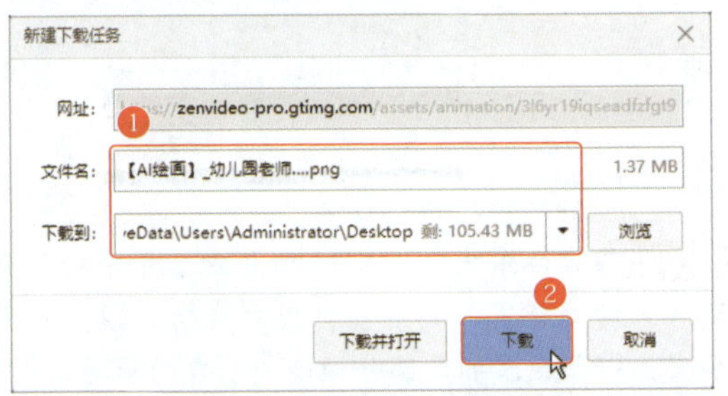

2. 生成视频

还可以使用腾讯智影的强大视频剪辑功能对 PPT 中需要展示的视频进行生成、剪辑和编辑。

例如，要生成一个数字人报告视频，具体操作方法如下。

第 1 步 在腾讯智影首页界面中单击“数字人播报”按钮，如下图所示。

第 2 步 进入“数字人播报”创作界面，如下图所示，❶在左侧单击“模板”选项卡；❷选择要采用的模板；❸在弹出的对话框中可以预览该模板的效果，单击“应用”按钮，应用所选模板。

第 3 步 ❶在左侧单击“数字人”选项卡；❷选择需要采用的数字人形象；❸在右侧编辑要使用的文案内容，这里在右侧上方的文本框中输入关键词；❹单击“创作文章”按钮，稍后即可在下方的文本框中显示出系统创作出的文章内容；❺单击“保存并生成播报”按钮，稍等片刻生成播报，如下图所示。

第 4 步 ❶单击“播放”按钮，即可预览播放效果；❷发现首页中的文字内容有误，选择需要修改的文本框；❸在右侧的“文本”文本框中输入合适的文本内容；❹在下方可以设置字符格式，如文本的字体、颜色、字号、对齐方式等；❺修改完成并预览无误后，可以再次单击“保存并生成播报”按钮进行保存，最后单击上方的“合成视频”按钮，并在打开的对话框中设置合成视频的名称、

分辨率、格式等即可，如下图所示。

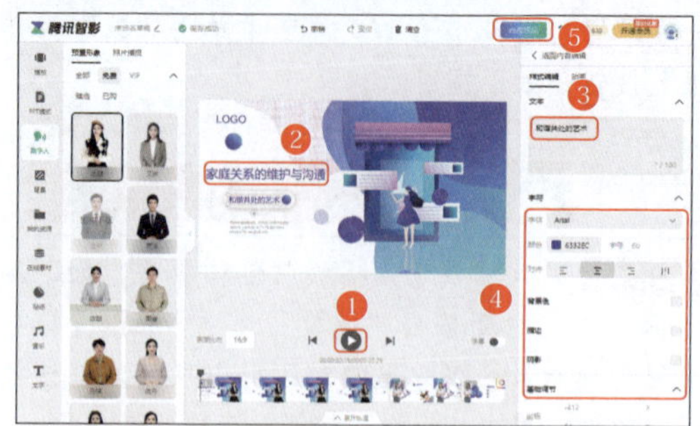

温馨提示

在界面左侧还可以选择视频的PPT模式、背景、在线素材、贴纸和音乐等内容。视频合成完成后会显示在“我的资源”界面，选择即可打开查看、剪辑、发布该视频。

315 通过ChatPPT轻松添加动画效果

实用指数 ★★★★★

>>> 使用说明

在快节奏的办公环境中，生动有趣的PPT演示可以为汇报、会议或培训增添不少亮点。然而，许多人在制作PPT时，常常因为对动画效果的设置不够熟悉，导致演示内容显得单调乏味。

>>> 解决方法

ChatPPT作为一款智能的PPT制作工具，不仅具备丰富的模板和素材，更拥有强大的动画效果编辑功能。只需简单的操作，就能为PPT添加各种炫酷的动画效果，让演示内容更加引人入胜。

安装ChatPPT后，会在PowerPoint窗口上方增加Motion Go和ChatPPT选项卡。ChatPPT选项卡主要用于AI生成PPT，Motion Go选项卡中集成了动画制作的各种功能，如下图所示。

使用Motion Go选项卡下的动画功能按钮，可以便捷地打造复杂且流行的动画效果，显著提升PPT的动画品质。该选项卡集成了智能动画库、在线动画库、全文动画库、快闪动画库、交互动画库、FlowCode、3D动态云图和MotionBoard等八大在线动画资源，为用户提供了超过7000种智能动画的选择。

ChatPPT极大地简化了PPT动画制作的流程，让用户能更轻松地完成动画设计，并在PPT动画效果上探索更多创新可能。

下面以添加全文动画为例，介绍具体操作方法。

第1步 打开演示文稿，单击Motion Go选项卡下在线Motion组中的“全文动画”按钮，如下图所示。

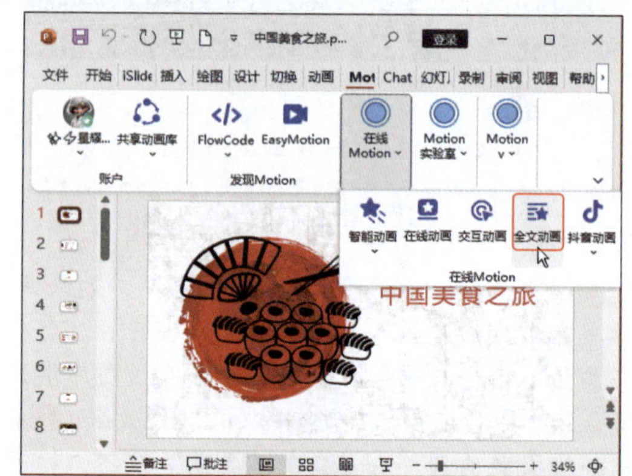

第2步 在窗口右侧显示出“全文动画库”任务窗格，在下方选择一种全文动效，并单击“下载动画”按钮，如下图所示。

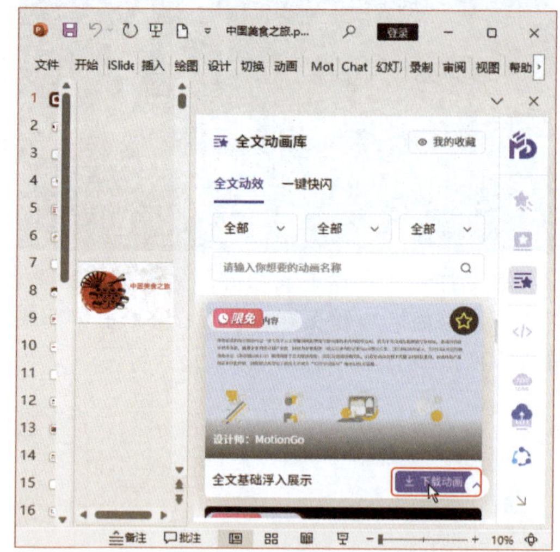

第3步 等待系统连接Motion资源应用中心并下载所选动画样式，稍后便可应用成功。因为原演示文稿中已经添加了部分动画，所以弹出对话框，提示是否重置所有动画再应用新的动画效果，单击“保留原动画”按钮，如下图所示。稍后单击“幻灯片放映”选项卡下的“从头开始”按钮，即可查看添加的动画效果。

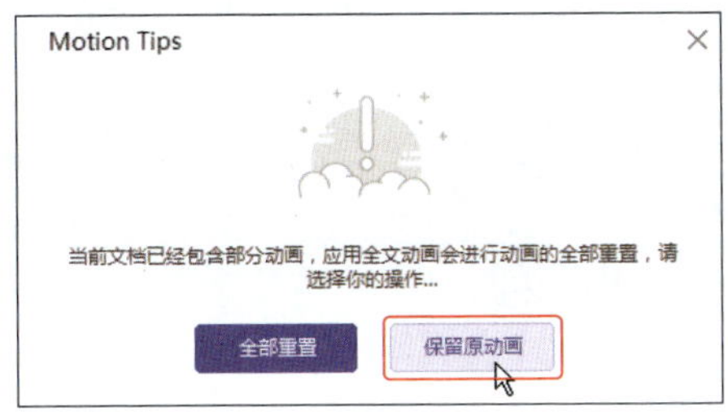

温馨提示

ChatPPT不仅具备基础的动画效果支持，更兼容多媒体元素的集成，涵盖图片、音频、视频等，以此极大地丰富了动画制作的多样性。用户可以根据个人需求，灵活运用这些多媒体元素，以打造出极具视觉冲击力和吸引力的动画作品。